J. Michael Hollas

Moderne Methoden in der Spektroskopie

J. Michael Hollas

Moderne Methoden in der Spektroskopie

Übersetzt von
Martin Beckendorf und Sabine Wohlrab

Mit 244 Abbildungen und 72 Tabellen

Springer Fachmedien
Wiesbaden GmbH

CIP-Codierung angefordert

Ursprünglich erschienen bei Friedr. Vieweg & Sohn Verlagsgesellschaft mbH, Braunschweig/Wiesbaden, 1995

Der Verlag Vieweg ist ein Unternehmen der Bertelsmann Fachinformation GmbH.

Gedruckt auf säurefreiem Papier

ISBN 978-3-540-67008-7 ISBN 978-3-642-57849-6 (eBook)
DOI 10.1007/978-3-642-57849-6

Inhaltsverzeichnis

Vorwort zur ersten Auflage

Modern Spectroscopy[1] wurde geschrieben, um dem Bedarf nach einem aktuellen Lehrbuch über Spektroskopie gerecht zu werden. Es richtet sich hauptsächlich an Studierende der Fächer Chemie und Physik im Hauptstudium.

Die Spektroskopie deckt einen weiten Bereich ab, der noch weiter ausgedehnt wurde, als in der Mitte der sechziger Jahre die Laser entwickelt wurden. In dieser Zeit kamen auch die Photoelektronenspektroskopie und verwandte Techniken hinzu. Insbesondere hat die Spektroskopie der chemischen und physikalischen Prozesse, die in Planeten, Sternen, Kometen und im interstellaren Raum ablaufen, an Bedeutung gewonnen. Das liegt zum einen an der weiter zunehmenden Verwendung von Satelliten. Zum anderen wurden Radioteleskope für den Mikrometer- und Millimeterwellenbereich entwickelt.

Beim Entwurf dieses Buches stellten sich mir drei größere Probleme. Erstens sollten sowohl analytische als auch mehr grundlegende Aspekte berücksichtigt werden. Die Anwendung der Spektroskopie ist zwar in der analytischen Chemie unverzichtbarer Bestandteil, aber es ist nicht unbedingt erforderlich, im Detail die dabei ablaufenden Prozesse aller zugänglichen Techniken zu verstehen. Ich habe daher versucht, nur dann auf die experimentellen Methoden und ihre Anwendung in der Analytik zu verweisen, wenn diese auch relevant sind.

Die Symmetriebetrachtung von Molekülen in das Buch aufzunehmen oder auszulassen, stellt das zweite Problem dar. Es ist nicht von der Hand zu weisen, daß zum Verständnis der Molekülsymmetrie eine gewisse Hürde überwunden werden muß (wenn ich auch meine, daß es nur eine kleine Hürde ist). Diese Symmetriebetrachtungen helfen aber, die Auswahlregeln für Schwingungsübergänge und elektronische Übergänge von mehratomigen Molekülen zu verstehen. In Kapitel 4 dieses Buches wird diese Hürde überwunden, denn es widmet sich ausschließlich der Symmetrie von Molekülen, aber auf nicht-mathematische Weise. Wird dieses Kapitel ausgelassen, bleibt der nachfolgende Stoff verständlich, jedoch in manchen Bereichen auf eine weniger befriedigende Art.

Auch das dritte Problem resultiert aus dem Zwist, einen bestimmten Stoff in diesem Buch zu berücksichtigen oder auszulassen. Im Rahmen dieses Buches kann unmöglich jede spektroskopische Methode berücksichtigt werden. Die Entscheidung war nicht leicht, aber ich habe mich dazu entschlossen, die Spinresonanzspektroskopien (NMR und ESR), die Quadrupolresonanzspektroskopie (NQR) und die Mössbauer-Spektroskopie auszulassen. Diese Methoden werden schon sehr gut in anderen Büchern behandelt. Dafür habe ich in Kapitel 8 die Photoelektronenspektroskopie (Ultraviolett- und Röntgen-PES), die Auger-Elektronenspektroskopie und die Spektroskopie der Röntgenabsorptionsfeinstruktur aufgenommen und dabei auch ihre Anwendung bei der Untersuchung von Festkörperoberflächen vorgestellt. Kapitel 9 befaßt sich mit der Theorie von Lasern. Es werden einige Lasertypen vorgestellt und die Anwendung von Lasern in der Spektroskopie diskutiert. Gerade der Stoff dieser beiden Kapitel fehlt in vergleichbaren Lehrbüchern, ist aber von großer Bedeutung für die heutige Spektroskopie.

[1] (Anm. des Übersetzers: Titel der englischen Originalausgabe.)

Mein Verständnis von Spektroskopie verdanke ich den vielen Diskussionen mit Professor I. M. Mills, Dr. A. G. Robiette, Professor J. A. Pople, Professor D. H. Whiffen, Dr. J. K. G. Watson, Dr. G. Herzberg, Dr. A. E. Douglas, Dr. D. A. Ramsay, Professor D. A. Craig, Professor J. H. Callomon und Professor G. W. King (in mehr oder weniger umgekehrter historischer Reihenfolge), mit denen ich auch das Glück hatte, arbeiten zu dürfen. Ich bin ihnen allen dankbar.

Als mein vorheriges Buch *High Resolution Spectroscopy* 1982 von Butterworths veröffentlicht wurde, hatte ich bereits den Gedanken, zu einem späteren Zeitpunkt Ausschnitte aus diesem Buch speziell für Studierende zugänglich zu machen. Das habe ich mit dem vorliegenden Buch *Modern Spectroscopy* versucht. Ich möchte Butterworths meine Wertschätzung zum Ausdruck bringen, daß ich einen Teil der Texte und insbesondere viele Abbildungen aus *High Resolution Spectroscopy* verwenden konnte. Neue Zeichnungen wurden sachverständig von Herrn M. R. Barton angefertigt.

Obwohl ich in keinem Kapitel *High Resolution Spectroscopy* in die Bibliographie aufgenommen habe, möchte ich es an dieser Stelle als weiterführende Literatur empfehlen.

Herr M. R. Barton hat mir sehr dadurch geholfen, daß er das Manuskript Korrektur gelesen hat. Ich möchte mich bei ihm für seine sehr sorgfältige Arbeit bedanken. Zum Schluß möchte ich auch meinen besonderen Dank an Frau A. Gillett aussprechen, die in hervorragender Arbeit das Manuskript getippt hat.

J. Michael Hollas

Vorwort zur zweiten Auflage

Eine Neuauflage eines jeden Buches bietet dem Autor Möglichkeiten, die er aus mehreren Gründen begrüßt. Zum einen kann er die konstruktive Kritik an der vorangegangenen Auflage berücksichtigen, sofern er meint, sie ist berechtigt. Neuer Stoff konnte eingeführt werden, der für Lehrer und Studenten nützlich sein kann in Hinblick auf die Art, wie das Thema und das Unterrichten des Themas sich entwickelt hat. Nicht zuletzt besteht auch die Möglichkeit, jene Fehler zu korrigieren, die der Aufmerksamkeit des Autors entgangen sind.

Fourier-Transform-Techniken sind in der Zwischenzeit gängige Methoden geworden; die neueste Entwicklung bildet hier die Fourier-Transform-Raman-Spektroskopie. Ich habe daher in Kapitel 3 die Diskussion dieser Techniken sehr stark erweitert und erstmalig die Fourier-Transform-Raman-Spektroskopie mit einbezogen.

Ich habe festgestellt, daß es einfacher ist, bei den Studierenden die Fourier-Transform-Technik am Beispiel der Radiofrequenzstrahlung einzuführen. Die Signaländerung kann hier sofort detektiert werden, wie es ja auch in jedem gewöhnlichen Radio passiert. Die Fourier-Transformation von Radiosignalen - und nichts anderes tut ein Radio - kann in einfacher Weise ohne großen mathematischen Aufwand dargestellt werden. Das Michelson-Interferometer ist bei Strahlung im infraroten, sichtbaren und ultravioletten Bereich erforderlich, weil hier die Detektoren zu langsam auf die hochfrequente Signaländerung reagieren. Wie nun genau dieses Problem bewältigt wird, ist eine andere Frage. In dieser zweiten Ausgabe führe ich also die Fourier-Transform-Technik an Hand der Radiofrequenzen ein, und gehe erst dann auf die entsprechenden Methoden für hochfrequente Strahlung ein.

In der ersten Ausgabe von *Modern Spectroscopy* habe ich immer versucht, den scheinbar existierenden Widerspruch zwischen der hochauflösenden Spektroskopie und der in der Analytik üblichen Spektroskopie bei niedriger Auflösung zu überbrücken. In dieser Ausgabe habe ich zusätzlich auch die Röntgenfluoreszenzspektroskopie und die Induktiv gekoppelte Plasma-Atom-Emissionsspektroskopie aufgenommen. Beide Techniken werden nahezu ausschließlich für analytische Zwecke verwendet. Ich glaube, es ist wichtig, die Elementarschritte zu verstehen, die bei den angewendeten Analysenmethoden ablaufen.

In Kapitel 4 über die Molekülsymmetrie habe ich zwei weitere Abschnitte aufgenommen. Einer befaßt sich mit der Beziehung zwischen Symmetrie und Chiralität, die von großer Bedeutung in der Organischen Chemie ist. Der andere Abschnitt untersucht den Zusammenhang zwischen der Symmetrie eines Moleküls und ob dieses Molekül ein permanentes Dipolmoment besitzt oder nicht.

Das Kapitel 6 über Schwingungsspektroskopie habe ich um die Inversions-, Ring-Buckel- und Torsionsschwingungen erweitert und hierfür auch einige Potentialfunktionen angegeben. Diese Schwingungen spielen eine wichtige Rolle bei der Strukturbestimmung von Molekülen.

Auch die Entwicklung der Laser hat in den letzten Jahren weiter Fortschritte gemacht. Ich habe die Diskussion von zwei weiteren Lasertypen in dieses Buch aufgenommen, nämlich den Alexandrit- und den Titan-Saphir-Laser. Beide sind Festkörperlaser und können über einen weiten Wellenlängenbereich durchgestimmt werden, was für Laser recht ungewöhnlich ist. Dabei ist der Titan-Saphir-Laser ein vielversprechender Kandidat für eine vielseitige Anwendung, denn er kann über einen größeren Wellenlängenbereich durchgestimmt und sowohl kontinuierlich im CW-Modus als auch gepulst betrieben werden.

Die Spektroskopie mit Lasern ist ein weites Feld, wobei zahlreiche raffinierte Techniken eingesetzt werden. Es können ein oder zwei Laser im CW-Modus oder gepulst benutzt werden, um die atomare und molekulare Struktur oder Dynamik zu studieren. Es ist schier unmöglich, in einem Buch wie ***Modern Spectroscopy*** all diese Anwendungen entsprechend zu berücksichtigen. In dieser Auflage habe ich die Überschallstrahlen-Spektroskopie erweitert, die von enormer Bedeutung ist und in vielen Bereichen verwendet werden.

Ich möchte Professor I. M. Mills danken, daß er mir Material für die Bilder 3.14(b) und 3.16 zur Verfügung gestellt hat. Dr. P. Hollins danke ich, daß er die Bilder 3.7(a), 3.8(a), 3.9(a) und 3.10(a) angefertigt hat. Das Spektrum in Bild 9.36 wird in einem Artikel von Dr. J. M. Hollas und Dr. P. F. Taday veröffentlicht werden.

J. Michael Hollas

Einheiten, Dimensionen und Konventionen

In diesem Buch ist, bis auf wenige Ausnahmen, das SI-Einheitensystem benutzt worden. Die Einheit Å hält sich beharrlich, insbesondere wenn Bindungslängen angegeben werden, die von der Größenordnung 1 Å = 10^{-10} m sind. So wurde auch hier verfahren, doch wenn Größenangaben für Wellenlängen des sichtbaren und nahen ultravioletten Lichts gemacht wurden, habe ich das Nanometer (1 nm = 10 Å) verwendet. Auch wenn für diese Größe oft Å verwendet wird, schien es mir genauso bequem zu sein, 352,3 nm wie 3523 Å zu schreiben.

In Photoelektronen- und verwandten Spektroskopien werden Ionisierungsenergien gemessen. Seit vielen Jahren werden diese Energien in eV (1 eV $= 1,602\,177\,38 * 10^{-19}$ J) angegeben; auch ich bin so verfahren.

Druckangaben, die in diesem Buch nicht häufig vorkommen, werden oft in Torr (1 Torr = 133,322 387 Pa) gemacht, was sich als praktisch erweist.

Dimensionen haben physikalische Größen wie Masse, Länge und Zeit. Beispiele von Einheiten, die zu diesen Dimensionen gehören, sind das Gramm (g), das Meter (m) und die Sekunde (s). Wenn etwas 3,5 g wiegt, dann schreiben wir:

$$m = 3,5 \text{ g}.$$

Einheiten, wie hier das Gramm, können algebraisch behandelt werden. Wenn wir beide Seiten durch „g“ teilen, so erhalten wir:

$$m/\text{g} = 3,5.$$

Die rechte Seite der Gleichung ist nun eine reine Zahl, und wenn wir eine Masse in Gramm gegen beispielsweise ein Volumen auftragen wollen, so benennen wir die Massenachse mit „$m/$g“ und können sie dann weiter mit reinen Zahlen beschriften. Genauso verfahren wir beim Anlegen einer Tabelle: In den Kopf einer Spalte schreibt man „$m/$g“ und kann dann eine Reihe von Massen darunter einfach als reine Zahlen angeben. Die alte Form, „m(g)“ zu schreiben, wird heute als falsch angesehen, weil sie algebraisch als $m *$ g interpretiert wird und nicht als $m \div$ g, wie es sein müßte.

Eine Streitfrage, die bis heute nur halb entschieden wurde, betrifft den Gebrauch des Wortes „Wellenzahl“. Während die Frequenz der elektromagnetischen Strahlung über

$$\nu = \frac{c}{\lambda}$$

mit der Wellenlänge verbunden ist (c ist die Lichtgeschwindigkeit), ist die Wellenzahl einfach ihr Reziprokes:

$$\tilde{\nu} = \frac{1}{\lambda}.$$

Da c die Dimension einer Länge pro Zeit (lt^{-1}) und λ einfach die einer Länge hat, ergibt sich die Dimension der Frequenz als t^{-1}, oft gemessen in s^{-1} (oder Hertz). Andererseits hat die Wellenzahl die Dimension l^{-1}, und oft wird die Einheit cm^{-1} verwendet. Für

$$\nu = 15,3\ \mathrm{s}^{-1}\ \text{(oder Hertz)}$$

sollte man sagen „die Frequenz beträgt 15,3 reziproke Sekunden (oder Sekunden hoch minus Eins oder Hertz)“. Ebenso sollte

$$\tilde{\nu} = 20,6\ \mathrm{cm}^{-1}$$

als „die Wellenzahl beträgt 20,6 reziproke Zentimeter (oder Zentimeter hoch minus Eins)“ bezeichnet werden. Das alles scheint einfach und zwingend zu sein, doch viele von uns würden die letzte Gleichung mit folgenden Worten beschreiben: „Die Frequenz beträgt 20,6 Wellenzahlen“. Dies ist, wenn auch weit verbreitet, unlogisch und wird, wie ich hoffe, in diesem Buch nicht so benutzt.

Unlogisch ist weiterhin auch der Gebrauch der Symbole A, B und C für Rotationskonstanten, unabhängig davon, ob sie die Dimension einer Frequenz oder einer Wellenzahl haben. Es ist schlechter Stil, so zu verfahren. Obwohl versucht wurde, die Symbole $\tilde{A}$, $\tilde{B}$ und $\tilde{C}$ für Rotationskonstanten, die die Dimension einer Wellenzahl haben, zu etablieren, hat sich dies in der Praxis nicht durchgesetzt. Ich gehe mit der großen Mehrheit, obwohl ich dies bedauere, und benutze A, B und C unabhängig von der Dimension.

Der Ausgangspunkt für viele Konventionen der Spektroskopie ist der Artikel von R. S. Mulliken in der Zeitschrift *Journal of Chemical Physics* (**23**, 1997, 1955) und das Buch von G. Herzberg. Abgesehen von Empfehlungen für Symbole physikalischer Größen, welche allgemein verwendet werden, gibt es weitere, umstrittene Empfehlungen. Diese schließen die Benennung der kartesischen Achsen zur Diskusion von Molekülsymmetrien genauso wie die Benennung der Vibrationen in mehratomigen Molekülen ein und werden oft, aber nicht durchgehend, verwendet. In unklaren Fällen ist es notwendig, daß der jeweilige Autor verdeutlicht, welche Konventionen er verwendet.

Die Benennung von Vibrationen in beispielsweise Fluorbenzol ist solch ein Fall. Hier zeigt es sich, daß man dabei nötigenfalls flexibel sein muß. Viele der Vibrationen des Fluorbenzols gleichen denen des Benzols. Vor den Empfehlungen von Mulliken von 1955 hatte schon 1934 E. B. Wilson ein Schema für die Numerierung der dreißig Vibrationen des Benzols ersonnen. Dieses war so fest etabliert, daß es auch nach 1955 weiterverwendet wurde. Für Fluorbenzol wird der Fall noch komplizierter. Es wird zwar nach der Mulliken-Schreibweise eingeordnet, genauso zweckmäßig kann aber eine Benzol-ähnliche Schreibweise mit der für Benzol üblichen Numerierung verwendet werden. Hier hat man die Qual der Wahl zwischen den Numerierungen nach Wilson und Mulliken. Natürlich sind nicht alle Konventionsprobleme gelöst, einige sind auch nicht wirklich lösbar, aber wir sollten alle versuchen, der Leserschaft klar zu machen, welche Wahl wir getroffen haben.

Eine sehr nützliche Konvention, die auch in diesem Buch verwendet wird, wurde 1963 von J. C. D. Brand, J. H. Callomon und J. K. G. Watson vorgeschlagen und betrifft die elektronischen Spektren von mehratomigen Molekülen. In diesem System bezeichnet beispielsweise 32^2_1 einen Vibrationsübergang in einem elektronischen Bandensystem, bei dem im unteren elektronischen Zustand $v = 1$ gilt und im oberen $v = 2$, wobei die beteiligte Vibration konventionsgemäß die Nummer 32 trägt. Dies ist ein einfaches System, vergleicht man es mit dem folgenden, wie es häufig für dreiatomige Moleküle verwendet wird: (001)–(100) bezeichnet den Übergang von $v = 1$ der Vibration ν_1 im unteren elektronischen Zustand in das Schwingungsniveau $v = 1$ der Vibration ν_3 im oberen Zustand.

Der vollständige Symbolismus in diesem System ist $(v_1'v_2'v_3')-(v_1''v_2''v_3'')$. Die alternative Benennung $3_0^1\ 1_1^0$ ist kompakter, wird jedoch für kleine Moleküle wenig angewendet. Ich habe, um Konsistenz zu erreichen, durchgehend diese kompakte Version verwendet.

Um diese Konsistenz zu erreichen, habe ich einen analogen Symbolismus auch für reine Vibrationsübergänge verwendet, was nicht oft getan wird. Hierbei bedeutet $N_{v''}^{v'}$ den (Infrarot- oder Raman-) Vibrationsübergang von einem unteren Zustand mit der Vibrationsquantenzahl v'' in den oberen mit der Vibrationsquantenzahl v' der Vibration mit der Nummer N.

Fundamentalkonstanten

Größe	Symbol	Wert und Einheiten*
Lichtgeschwindigkeit (im Vakuum)	c	$2,997\,924\,58 * 10^{8}$ m s^{-1} (exakt)
Permeabilität des Vakuums	μ_0	$4\pi * 10^{-7}$ H m^{-1} (exakt)
Dielektrizitätskonstante des Vakuums	ϵ_0 $(= \mu_0^{-1} c^{-2})$	$8,854\,187\,816 * 10^{-12}$ F m^{-1}
Elementarladung	e	$1,602\,177\,33(49) * 10^{-19}$ C
Planksche Konstante	h	$6,626\,075\,5(40) * 10^{-34}$ J s
Molare Gaskonstante	R	$8,314\,510(70)$ J mol^{-1} K^{-1}
Avogadrokonstante	N_A, L	$6,022\,136\,7(36) * 10^{23}$ mol^{-1}
Boltzmann-Konstante	k $(= RN_A^{-1})$	$1,380\,658(12) * 10^{-23}$ J K^{-1}
atomare Masseneinheit	$u(= 10^{-3}$ kg mol$^{-1} N_A^{-1})$	$1,660\,540\,2(10) * 10^{-27}$ kg
Ruhemasse des Elektrons	m_e	$9,109\,389\,7(54) * 10^{-31}$ kg
Ruhemasse des Protons	m_p	$1,672\,623\,1(10) * 10^{-27}$ kg
Rydberg-Konstante	R_∞	$1,097\,373\,153\,4(13) * 10^{7}$ m^{-1}
Bohrscher Radius	a_0	$5,291\,772\,49(24) * 10^{-11}$ m
Bohrsches Magneton	μ_B $[= e\hbar(2m_e)^{-1}]$	$9,274\,015\,4(31) * 10^{-24}$ J T^{-1}
Kernmagneton	μ_N	$5,050\,786\,6(17) * 10^{-27}$ J T^{-1}
magnetisches Moment des Elektrons	μ_e	$9,284\,770\,1(31) * 10^{-24}$ J T^{-1}
g-Faktor des freien Elektrons	$\frac{1}{2} g_e (= \mu_e \mu_B^{-1})$	$1,001\,159\,652\,193(10)$

* Werte im englischen Original entnommen aus: ***Quantities, Units and Symbols in Physical Chemistry***, International Union of Pure and Applied Chemistry, Blackwells Scientific Publications (1988). In Klammern ist die Ungenauigkeit in den letzten Stellen angegeben.

Nützliche Umrechnungsfaktoren

Einheit	cm^{-1}	MHz	kJ	eV	$kJ\ mol^{-1}$
cm^{-1}	1	29 979,25	$1{,}986\,45 *10^{-26}$	$1{,}239\,84 *10^{-4}$	$1{,}196\,27 *10^{-2}$
MHz	$3{,}335\,64 *10^{-5}$	1	$6{,}626\,08 *10^{-31}$	$4{,}135\,67 *10^{-9}$	$3{,}990\,31 *10^{-7}$
kJ	$5{,}034\,11 *10^{25}$	$1{,}509\,19 *10^{30}$	1	$6{,}241\,51 *10^{21}$	$6{,}022\,14 *10^{23}$
eV	8065,54	$2{,}417\,99 *10^{8}$	$1{,}602\,18 *10^{-22}$	1	96,485
$kJ\ mol^{-1}$	83,593 5	$2{,}506\,07 *10^{6}$	$1{,}660\,54 *10^{-24}$	$1{,}036\,43 *10^{-2}$	1

1 Einige wichtige Ergebnisse der Quantenmechanik

1.1 Spektroskopie und Quantenmechanik

Die Spektroskopie ist naturgemäß ein Experiment. Mit diesem Experiment wird die Wechselwirkung von elektromagnetischer Strahlung mit Materie untersucht, nämlich die Absorption, Emission oder Streuung elektromagnetischer Strahlung an Atomen oder Molekülen. Dabei können die Atome und Moleküle in gasförmigem, flüssigem oder festem Zustand vorliegen oder auch auf einem Festkörper adsorbiert sein. Letzteres ist von großer Bedeutung in der Oberflächenchemie. Wie wir noch in Kapitel 3 sehen werden, reicht die elektromagnetische Strahlung von den Radiowellen bis zur γ-Strahlung, was einem Wellenlängenbereich von 10^3 m bis 10^{-12} m entspricht.

Auf der anderen Seite steht die Theorie der Quantenmechanik. Sie behandelt viele Aspekte der Chemie und der Physik. Der Schwerpunkt liegt aber auf der Spektroskopie.

Die ersten experimentellen Methoden wurden in der Spektroskopie zunächst im sichtbaren Bereich des elektromagnetischen Spektrums entwickelt. Dieser ist zum einen experimentell leicht zugänglich, zum anderen kann hier das Auge als Detektor eingesetzt werden. Bereits 1665 zeigte Newton in seinen berühmten Experimenten die Zerlegung des weißen Lichtes in die Spektralfarben mit Hilfe eines dreieckigen Glasprismas. Aber erst 1860 wurde von Bunsen und Kirchhoff das Prismenspektroskop als eigenständiges analytisches Instrument entwickelt. Als eine der ersten Anwendungen wurde das Emissionsspektrum der Sonne untersucht. Die Emissionspektren verschiedener Proben in einer Flamme, die ebenfalls zu jener Zeit beobachtet wurden, sind die Grundlage des heutigen Flammentests für verschiedene Elemente.

Das sichtbare Spektrum des atomaren Wasserstoffes war schon seit einigen Jahren vom Spektrum der Sonne her bekannt und auch in einer elektrischen Entladung in molekularem Wasserstoff beobachtet worden. Doch erst 1885 fand Balmer empirisch eine mathematische Formel für die Wellenlängen dieser Spektrallinien. Auf diesem Weg entstand die enge Beziehung zwischen Experiment und Theorie in der Spektroskopie: Die Experimente lieferten die Ergebnisse, und die entsprechenden Theorien versuchten, diese zu erklären, sowie die Ergebnisse ähnlicher Experimente vorherzusagen. Im Rahmen der klassischen Newtonschen Mechanik wurde dies jedoch immer schwieriger, bis 1926 Erwin Schrödinger der Durchbruch mit der Entwicklung der Quantenmechanik gelang. Trotz dieses Fortschrittes, dessen Bedeutung nicht genug betont werden kann, muß jedoch hervorgehoben werden, daß auch danach die Theorie den Experimenten hinterherhinkte. Um überhaupt Berechnungen durchführen zu können, mußten gravierende Näherungen in Kauf genommen werden. Die spektroskopischen Daten, mit Ausnahme der der einfachsten Atome und Moleküle, zeigten immer wieder die Grenzen der theoretischen Vorhersagen auf. Als ab 1960 die ersten großen, schnellen Computer verfügbar waren, konnten die Rechnungen mit deutlich weniger Annahmen und Näherungen erfolgen. Heutzutage können, zumindest für hinreichend kleine Moleküle, die spektroskopischen und strukturellen Eigenschaften mit sehr großer Genauigkeit berechnet werden. Die verbleibende rechnerische Ungenauigkeit ist in diesen Fällen vergleichbar mit der experimentellen Meßungenauigkeit.

Obwohl Spektroskopie und Quantenmechanik eng miteinander verknüpft sind, ist es üblich, beide Themen getrennt zu behandeln und bei Gelegenheit auf Gemeinsamkeiten hinzuweisen. Ich werde den gleichen Weg in diesem Buch einschlagen, das sich vorwiegend mit den verschiedenen Techniken der Spektroskopie und der Interpretation der daraus erhältlichen Daten beschäftigt. Referenzen zu den folgenden Ausführungen über Quantenmechanik finden sich in der Bibliographie am Ende dieses Kapitels.

1.2 Die Entwicklung der Quantenmechanik

Gegen Ende des neunzehnten Jahrhunderts wurde immer deutlicher, daß die klassische Mechanik nach Newton zwar makroskopische Phänomene richtig beschreibt, aber versagt, wenn sie auf Probleme der atomaren Ebene angewendet wird.

Bild 1.1 zeigt das Emissionsspektrum des Wasserstoffatoms. Für einen Teil der diskreten Wellenlängen λ fand Balmer 1885 die empirische Formel

$$\lambda = \frac{n'^2 G}{n'^2 - 4}. \tag{1.1}$$

Dabei ist G eine Konstante und $n' = 3, 4, 5, \ldots$. In der Abbildung werden die Wellenzahl[1] $\tilde{\nu}$ und die Wellenlänge λ verwendet, die über die Beziehung

$$\tilde{\nu} = \frac{1}{\lambda} \tag{1.2}$$

miteinander verknüpft sind. Die Beziehung

$$\nu = \frac{c}{\lambda}, \tag{1.3}$$

wobei ν die Frequenz und c die Lichtgeschwindigkeit im Vakuum ist, liefert in Kombination mit Gl. (1.1)

$$\nu = R_{\mathrm{H}} \left(\frac{1}{2^2} - \frac{1}{n'^2} \right). \tag{1.4}$$

Darin ist R_{H} die Rydbergkonstante für Wasserstoff. Diese Gleichung und die Tatsache, daß ein diskretes an Stelle eines kontinuierlichen Spektrums zu beobachten ist, stehen im krassen Widerspruch zur klassischen Mechanik.

1887 wurde von Hertz der photoelektrische Effekt entdeckt, der ebenfalls nicht im Rahmen der klassischen Mechanik erklärt werden konnte. Hertz machte folgende Beobachtung: Trifft ultraviolettes Licht auf die Oberfläche eines Alkali-Kristalls, werden nur dann Elektronen aus dem Metall gelöst, wenn die Frequenz der Strahlung die Grenzfrequenz ν_g des Metalles erreicht. Wird die Frequenz des einfallenden Lichtes erhöht, nimmt die kinetische Energie der emittierten Elektronen, der sogenannten Photoelektronen, linear mit ν zu, wie es in Bild 1.2 dargestellt ist. Wie wir noch in Kapitel 8 sehen werden, ist der photoelektrische Effekt die Basis relativ neuer spektroskopischer Methoden, z.B. der Photoelektronen- und Auger-Elektronenspektroskopie.

[1] s. Abschnitt Einheiten, Dimensionen u. Konventionen auf S. XV

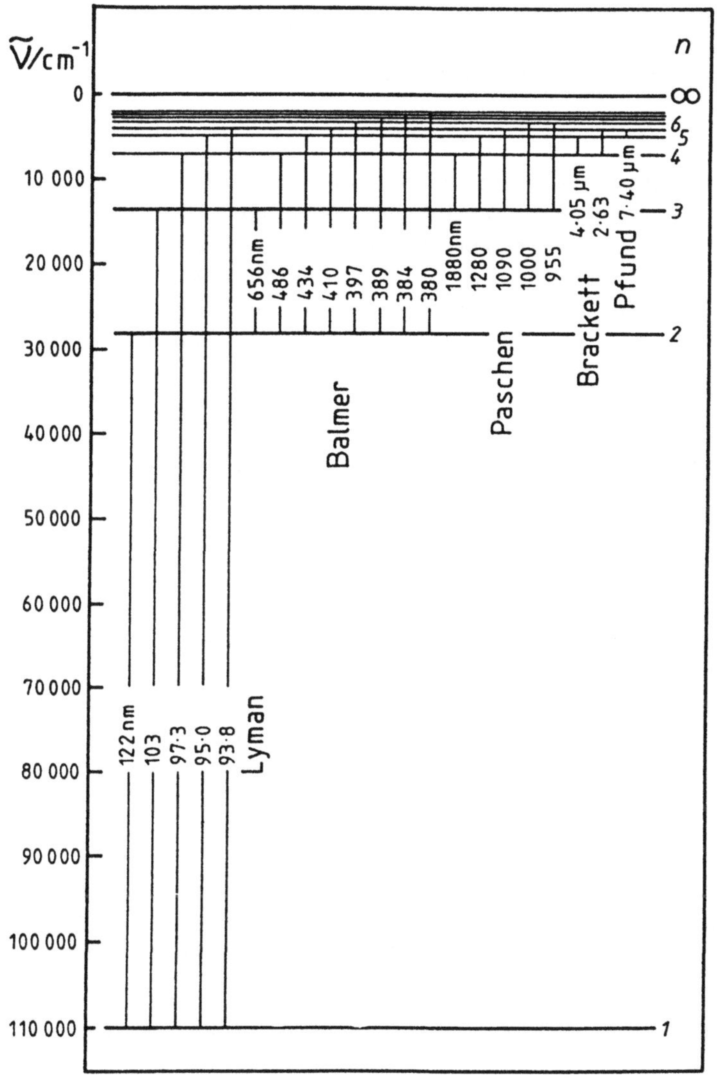

Bild 1.1 Energieniveaus und beobachtete Übergänge des Wasserstoffatoms

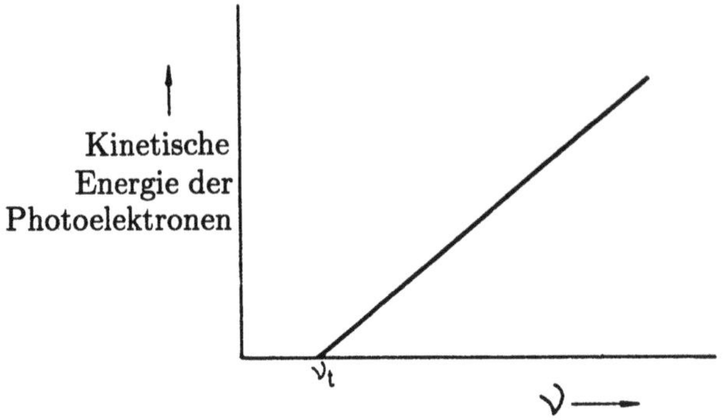

Bild 1.2 Kinetische Energie der Photoelektronen als Funktion der Frequenz der einfallenden Strahlung

Neben dem Linienspektrum des Wasserstoffatoms und dem photoelektrischen Effekt gab es noch weitere ungewöhnliche Beobachtungen, wie beispielsweise das Verhalten der molaren Wärmekapazität C_v eines Festkörpers nahe 0 K oder die Frequenzverteilung der Strahlung eines schwarzen Körpers. Eine Erklärung für all diese Beobachtungen kam 1900 mit Planck auf. Für die Frequenz der mikroskopischen Oszillatoren, aus denen ein schwarzer Strahler besteht, postulierte er eine Verknüpfung mit der Energie E der emittierten Strahlung:

$$E = nh\nu. \tag{1.5}$$

Dabei ist n eine ganze Zahl und h die Planck-Konstante. Der momentan akzeptierte Wert der Planck-Konstanten beträgt

$$h = (6{,}626\,075\,5 \pm 0{,}000\,004\,0) * 10^{-34}\,\mathrm{J\,s}. \tag{1.6}$$

Man sagt, die Energie ist in diskrete Werte quantisiert oder die Energie besitzt Energiequanten, die die Energie $h\nu$ haben. Wegen des sehr kleinen Wertes von h wurde diese Energiequantisierung in makroskopischen Systemen nicht beobachtet, aber sie existiert natürlich für alle Systeme.

1906 wandte Einstein diese Theorie auf den photoelektrischen Effekt an und zeigte, daß folgende Beziehung gilt:

$$h\nu = \frac{1}{2}m_e v^2 + I. \tag{1.7}$$

$h\nu$ ist ein Energiequant der einfallenden Strahlung. Für dieses Energiequant führte Lewis 1924 die Bezeichnung Photon ein. $\frac{1}{2}\,m_e v^2$ ist die kinetische Energie der Photoelektronen, die mit der Geschwindigkeit v den Festkörper verlassen. I ist die Ionisierungsenergie[2] der Metalloberfläche.

[2] I wird häufig, aber völlig falsch, als Ionisierungspotential bezeichnet. Für einen Festkörper nennt man I üblicherweise Austrittsarbeit.

1913 verknüpfte Bohr die klassische und die Quantenmechanik und konnte damit das ganze Emissionsspektrum des Wasserstoffes erklären - also nicht nur die Balmer-, sondern auch die Lyman-, Paschen-, Brackett- und Pfund-Serie u.s.w. (siehe Bild 1.1). Hierzu nahm Bohr empirisch an, daß das Elektron sich nur auf bestimmten kreisförmigen Bahnen um den Atomkern bewegen kann und daß der Drehimpuls p_θ für einen Rotationswinkel θ gegeben ist durch

$$p_\theta = \frac{nh}{2\pi}. \tag{1.8}$$

Mit $n = 1, 2, 3, \ldots$ wird eine bestimmte Kreisbahn definiert. Energie wird emittiert oder absorbiert, wenn das Elektron von einer Kreisbahn mit einem größeren n zu einer mit kleinerem n wechselt, und umgekehrt. Aus der klassischen Mechanik ergibt sich für die Energie E_n eines Elektrons

$$E_n = -\frac{\mu e^4}{8h^2\epsilon_0^2}\left(\frac{1}{n^2}\right). \tag{1.9}$$

Dabei ist $\mu = m_\mathrm{e} m_\mathrm{p}/(m_\mathrm{e} + m_\mathrm{p})$ die reduzierte Masse des Systems, das aus dem Elektron e und dem Proton p besteht. e ist die Elementarladung und ϵ_0 die Permeabilität des Vakuums. Die Energieniveaus sind in Bild 1.1 dargestellt, allerdings in Wellenzahlen als Energieeinheit, $\tilde{\nu} = E_n/hc$. Als Energienullpunkt wird $n = \infty$ gewählt, der Zustand des ionisierten Atoms[3]. Die Energiezustände sind diskret unterhalb $n = \infty$, aber kontinuierlich oberhalb dieses Wertes, da das Elektron mit jeder beliebigen kinetischen Energie emittiert werden kann.

Um das Elektron von einem unterem Niveau n'' zu einem höherliegenden Niveau n' anzuregen[4], wird die Energie ΔE benötigt (vgl. Gl. (1.9)):

$$\Delta E = -\frac{\mu e^4}{8h^2\epsilon_0^2}\left(\frac{1}{n''^2} - \frac{1}{n'^2}\right). \tag{1.10}$$

Unter Verwendung von $\Delta E = h\nu$, kann ΔE auch in Frequenzeinheiten angegeben werden:

$$\nu = -\frac{\mu e^4}{8h^3\epsilon_0^2}\left(\frac{1}{n''^2} - \frac{1}{n'^2}\right). \tag{1.11}$$

Durch Koeffizientenvergleich mit der empirischen Gl. (1.4) erhält man für $R_\mathrm{H} = \mu e^4/8h^3\epsilon_0^2$. Daraus ist auch ersichtlich, daß für die Balmer-Serie $n'' = 2$ gilt. Für die Lyman-, Paschen-, Brackett- und Pfund-Serie beträgt $n'' = 1, 3, 4$, und 5. Prinzipiell gibt es jedoch unendlich viele Serien. So sind im interstellaren Raum, wo eine große Menge atomaren Wasserstoffs existiert, viele Serien mit großem n beobachtet worden. Mit den Methoden der Radioastronomie wurde z.B. der Übergang $(n' = 167) - (n'' = 166)$[5] bei einer Frequenz von $\nu = 1,425$ GHz ($\lambda = 21,04$ cm) detektiert. Die Rydberg-Konstante aus Gl. (1.11) hat die Dimension einer Frequenz, wird aber häufiger in der Dimension einer Wellenzahl angegeben:

[3] Es ist zu beachten, daß für $\mathrm{A} \rightarrow \mathrm{A}^+ + \mathrm{e}$ das Atom A und nicht das Elektron ionisiert wird.

[4] Die Notation (′) für das obere und (″) für das untere Niveau eines Überganges ist üblich in der Spektroskopie und wird in diesem Buch auch durchgängig so benutzt.

[5] Üblicherweise wird in der Spektroskopie die Notation U – L benutzt, um den Übergang von einem höheren Niveau U zu einem niedrigeren Niveau L zu bezeichnen. Diese Notation wird auch im vorliegenden Buch verwendet. (Anm. des Übersetzers: U für upper and L für lower im Englischen.)

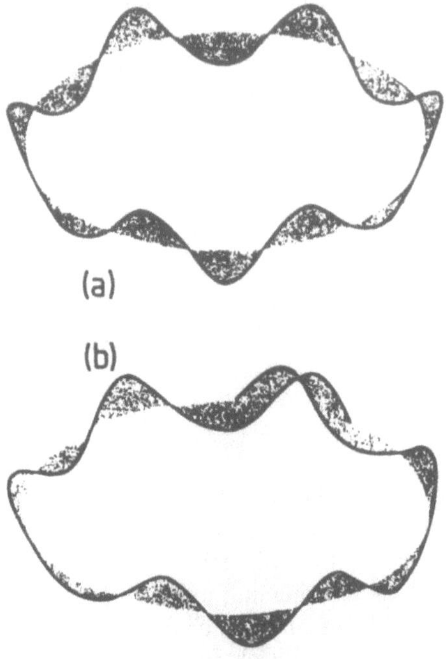

Bild 1.3 (a) Stehende Welle für ein Elektron in einem Orbital mit $n = 6$. (b) Eine fortlaufende Welle entsteht, wenn n keine ganze Zahl ist

$$\tilde{R}_{\mathrm{H}} = \frac{\mu e^4}{8h^3\epsilon_0^2 c} = 1,096\,775\,830\,6 \pm 0,000\,000\,001\,3) * 10^7 \mathrm{m}^{-1}. \tag{1.12}$$

Diese ist eine sehr genau bestimmt Konstante.

Plancks Quantentheorie hatte sehr erfolgreich die Spektren des Wasserstoffatoms, die Wellenlängenverteilung der Strahlung eines schwarzen Körpers, den photoelektrischen Effekt und die Wärmekapazität von Festkörpern bei tiefen Temperaturen erklärt. Aber sie wies auch offensichtliche Unzulänglichkeiten auf, und eine betraf den photoelektrischen Effekt. Fällt ultraviolettes Licht auf eine Alkalimetalloberfläche, verhält es sich beim photoelektrischen Effekt wie ein Teilchen, während die Beugungs- und Interferenzphänomene des Lichtes durch seine Wellennatur erklärt werden. Dieser Welle-Teilchen-Dualismus, der nicht nur für Licht, sondern für jede Art von Teilchen oder Strahlung gilt, wurde 1924 von de Broglie aufgeklärt. Er postulierte, daß

$$p = \frac{h}{\lambda} \tag{1.13}$$

ist und verknüpfte damit den Impuls des Teilchenbildes p mit der Wellenlänge λ des Wellenbildes. Diese Gleichung führte beispielsweise zu der wichtigen Vorhersage, daß sich ein Elektronenstrahl, bei dem sich alle Elektronen mit derselben Geschwindigkeit v und daher auch mit demselben Impuls p bewegen, wellenähnliche Eigenschaften zeigen sollte. Dies wurde 1925 durch einen Versuch von Davisson und Germer bestätigt. Sie zeigten, daß eine kristalline Nickeloberfläche einen monochromatischen Elektronenstrahl reflektiert

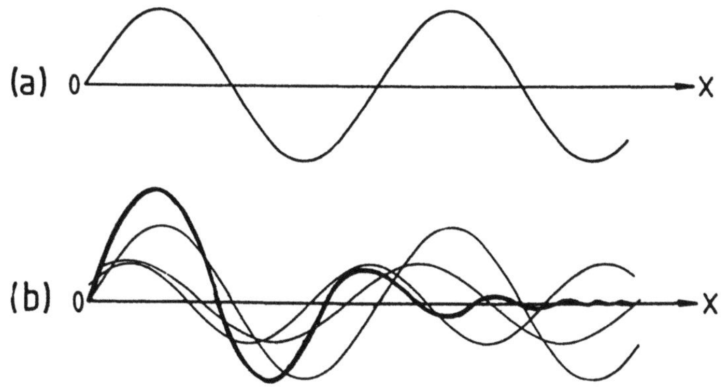

Bild 1.4 (a) Die Welle eines Elektrons, welches sich mit einer bestimmten Geschwindigkeit in x-Richtung bewegt. (b) Überlagerung von Wellen mit unterschiedlicher Wellenlänge, die sich nahe $x = 0$ verstärken

und beugt. Dieses Experiment bildete die Basis für die Entwicklung der LEED-Technik (LEED = low energy electron diffraction), mit der die Struktur eines Kristalles nahe der Oberfläche untersucht werden kann. Auch beim Durchtritt eines Elektronenstrahls durch eine dünne Metallfolie wurden Beugungsphänomene beobachtet. Diese Technik ist eine wichtige Methode, um bei gasförmigen Proben molekulare Geometrien zu bestimmen. Sie wird hier komplementär zu anderen spektroskopischen Methoden eingesetzt.

Nachdem nun Wellen- und Teilchenbild in Einklang gebracht worden waren, wurde auch klar, warum sich das Elektron im Wasserstoffatom nur auf bestimmten Kreisbahnen, mit einem bestimmten Drehimpuls (Gl. (1.8)), aufhalten darf. Im Wellenbild muß der Umfang $2\pi r$ der Kreisbahn mit dem Radius r ein ganzes Vielfaches der Wellenlänge λ sein:

$$n\lambda = 2\pi r. \tag{1.14}$$

Für $n = 1, 2, 3, \ldots, \infty$ ist die Bedingung für eine stehende Welle erfüllt. Eine solche Welle ist in Bild 1.3(a) für $n = 6$ dargestellt. Bild 1.3(b) verdeutlicht das Entstehen einer fortlaufenden Welle, wenn n keine ganze Zahl ist: Die Welle interferiert mit sich selber und wird zerstört.

Das Bild des Elektrons als stehende Welle auf einer Kreisbahn wirft allerdings sofort die wichtige Frage auf, wo sich das Elektron als Teilchen aufhält. Betrachten wir ein Elektron, das sich mit konstanter Geschwindigkeit in x-Richtung bewegt. Das de-Broglie-Bild entspricht einer Welle mit einer bestimmten Wellenlänge, die sich in x-Richtung ausbreitet (Bild 1.4(a)). Es ist klar, daß wir nicht feststellen können, wo sich das Elektron befindet.

Das andere Extrem ist, das Elektron als ein Teilchen zu betrachten, welches als Lichtblitz auf einem Leuchtschirm beobachtet werden kann. Bild 1.4(b) verdeutlicht, wie sich eine große Anzahl von Wellen verschiedener Wellenlängen und Amplituden, die sich in x-Richtung fortbewegen, bei bestimmten Werten von x, z.B. x_s, gegenseitig verstärken, anderenorts aber auch auslöschen können. Die Überlagerung am Ort x_s heißt Wellenpaket, und wir können sagen, daß das Elektron sich so verhält, als befände sich ein Teilchen am Ort x_s.

Für den in Bild 1.4(a) dargestellten Fall ist der Impuls p_x des Elektrons scharf, aber der Ort ist unscharf. Im Gegensatz dazu ist für den in Bild 1.4(b) dargestellten Fall x scharf, aber die Wellenlänge und damit p_x unscharf. 1927 schlug Heisenberg vor, daß, ganz allgemein, die Unschärfen Δp_x und Δx von Impuls p_x und Ort x über folgende Ungleichung verknüpft sein sollten:

$$\Delta p_x \Delta x \geq \hbar. \tag{1.15}$$

Diese Beziehung ist als Heisenbergsche Unschärferelation bekannt. Die Verwendung von $\hbar (= h/2\pi)$ ist eine in Quantenmechanik und Spektroskopie übliche Abkürzung und wird häufig verwendet. Aus Gl. (1.15) ist ersichtlich, daß im extremen Wellenbild $\Delta p_x = 0$ und $\Delta x = \infty$ ist, während im extremen Teilchenbild $\Delta x = 0$ und $\Delta p_x = \infty$ gilt.

Eine weitere, wichtige Form des Prinzips der Unschärfe verbindet die Unbestimmtheit der Zeit t mit der Unbestimmtheit der Energie E:

$$\Delta t \Delta E \geq \hbar. \tag{1.16}$$

Im Falle der exakten Kenntnis der Energie eines Zustandes, also $\Delta E = 0$, gilt $\Delta t = \infty$. Ein solcher Zustand verändert sich nicht mit der Zeit und wird als stationärer Zustand bezeichnet.

Diese Argumente, die das Wellen- und Teilchenbild in Einklang bringen, können auch für jedes andere kleine Teilchen angewendet werden, wie beispielsweise Positronen, Neutronen und Protonen. Analoge Argumente wurden auch zur Erklärung der Natur des Lichtes herangezogen. Bereits 1807 hatte Young Interferenzen beobachtet, indem er zwei dicht zusammenliegende Spalte mit Licht aus derselben Quelle bestrahlte. Das Wellenbild wird herangezogen, um Phänomene wie Interferenz und Beugung zu beschreiben, das Teilchen- (Photonen-)bild auf der anderen Seite löst befriedigend die Probleme der geometrischen Optik.

1.3 Die Schrödinger-Gleichung und einige ihrer Lösungen

Das Hauptthema dieses Buches ist nicht die Quantenmechanik. Referenzen dazu werden am Ende diese Kapitels gegeben. Nichtsdestotrotz ist es an dieser Stelle notwendig, kurz die Entwicklung der Schrödinger-Gleichung vorzustellen, sowie einiger ihrer Lösungen, die für die Interpretation atomarer und molekularer Spektren notwendig sind.

1.3.1 Die Schrödinger-Gleichung

Die Schrödinger-Gleichung kann nicht bewiesen werden, wurde aber als Postulat formuliert und basiert auf der Analogie zwischen der Wellennatur des Lichtes und des Elektrons. Die Gleichung ist gerechtfertigt durch den bemerkenswerten Erfolg ihrer Anwendungen.

Eine sich fortpflanzende Lichtwelle kann dargestellt werden als eine Funktion ihrer Amplitude an einem bestimmten Ort und zu einer bestimmten Zeit. In Anlehnung daran wurde vorgeschlagen, daß eine Wellenfunktion $\Psi(x, y, z, t)$, also eine Funktion von Ort und Zeit, die Amplitude einer Elektronenwelle beschreibt. Born verknüpfte 1926 das Wellen- mit dem Teilchenbild, indem er forderte, man solle nicht von einem Teilchen sprechen, das sich an einem bestimmten Ort zu einer bestimmten Zeit aufhält, sondern vielmehr von einer Wahrscheinlichkeit, das Teilchen dort anzutreffen. Die Wahrscheinlichkeit ist gegeben durch $\Psi^*\Psi$, wobei Ψ^* die zu Ψ komplex konjugierte Funktion ist. Diese erhält man, indem man $i\,(=\sqrt{-1})$ in Ψ durch $-i$ ersetzt. Da die Wahrscheinlichkeit, das Elektron irgendwo im Raum zu finden, Eins sein muß, muß gelten:

$$\int \Psi^*\Psi\,\mathrm{d}\tau = 1, \tag{1.17}$$

wobei $\mathrm{d}\tau$ das Volumenelement $\mathrm{d}x\,\mathrm{d}y\,\mathrm{d}z$ ist. Es erscheint vernünftig, daß diese Wahrscheinlichkeit unabhängig von der Zeit ist:

$$\frac{\partial(\int \Psi^*\Psi\,\mathrm{d}\tau)}{\partial t} = 0. \tag{1.18}$$

Unter dieser Annahme entwickelte Schrödinger auch 1926 die nichtrelativistische Quantenmechanik. Dirac zeigte 1928, daß unter Berücksichtigung der Relativitätstheorie diese Annahme nicht ganz korrekt ist, aber wir wollen uns mit relativistischen Effekten nicht beschäftigen.

Die postulierte Form der Wellenfunktion ist

$$\Psi = b\exp(\frac{iA}{\hbar}). \tag{1.19}$$

Hier ist b eine Konstante und A ist mit der kinetischen Energie T und der potentiellen Energie V verknüpft durch die Gleichung

$$-\frac{\partial A}{\partial t} = T + V = H. \tag{1.20}$$

H, die Summe aus potentieller und kinetischer Energie, wird in der klassischen Mechanik als Hamilton-Funktion bezeichnet. Aus den Gleichungen (1.19) und (1.20) folgt

$$H\Psi = i\hbar\frac{\partial\Psi}{\partial t}. \tag{1.21}$$

Schrödinger postulierte, daß sich die Form der Hamilton-Funktion in der Quantenmechanik ergibt, wenn man die kinetische Energie T in Gl. (1.20) durch den Operator $-(\hbar^2/2m)\,\nabla^2$ ersetzt:

$$H = -\frac{\hbar^2}{2m}\nabla^2 + V. \tag{1.22}$$

Das Symbol ∇ heißt Nabla, in kartesischen Koordinaten wird ∇^2 als Laplace-Operator bezeichnet. Es gilt

$$\nabla^2 = \frac{\partial^2}{\partial x^2} + \frac{\partial^2}{\partial y^2} + \frac{\partial^2}{\partial z^2}. \tag{1.23}$$

Aus den Gleichungen (1.21) und (1.22) erhält man dann die Schrödinger-Gleichung

$$-\frac{\hbar^2}{2m}\nabla^2\Psi + V\Psi = i\hbar\frac{\partial\Psi}{\partial t}. \tag{1.24}$$

Da wir meist stehende Wellen behandeln, werden wir es häufig nur mit dem zeitunabhängigen Teil zu tun haben.

Wir betrachten der Einfachheit halber eine in x-Richtung fortlaufende Welle und nehmen an, daß $\Psi(x,t)$ in einen zeitabhängigen Teil $\theta(t)$ und einen zeitunabhängigen Teil $\psi(x)$ faktorisiert werden kann, also

$$\Psi(x,t) = \psi(x)\theta(t). \tag{1.25}$$

Die Kombination der Gl. (1.24), für den eindimensionalen Fall, mit Gl. (1.25) ergibt

$$-\frac{\hbar^2}{2m\psi(x)}\frac{\partial^2\psi(x)}{\partial x^2} + V(x) = \frac{i\hbar}{\theta(t)}\frac{\partial\theta(t)}{\partial t}. \tag{1.26}$$

Da die linke Seite der Gleichung nur eine Funktion von x ist und die rechte Seite nur eine Funktion von t, müssen beide konstant sein. Weil beide Seiten die gleiche Dimension wie $V(x)$ haben, also die einer Energie, setzen wir sie gleich mit E. Für die linke Seite folgt daraus

$$-\frac{\hbar^2}{2m}\frac{\partial^2\psi(x)}{\partial x^2} + V(x)\psi(x) = E\psi(x). \tag{1.27}$$

Das ist die eindimensionale, zeitunabhängige Schrödinger-Gleichung, häufig einfach als Wellengleichung bezeichnet. Die allgemeine Form lautet

$$H\psi(x) = E\psi(x). \tag{1.28}$$

Hier ist H der Hamilton-Operator aus Gl. (1.22) für den eindimensionalen Fall. H enthält den Ausdruck $\partial/\partial x$, der mathematisch gesehen ein Operator ist. Auch $\mathrm{d}/\mathrm{d}x$ ist ein Operator, der auf x^2 angewandt, $2x$ ergibt. Gl. (1.28) sieht trügerisch einfach aus: Wendet man H auf ψ an, soll das Ergebnis wieder ψ selbst sein, aber multipliziert mit einer Energie E. Ein einfaches Beispiel ist das folgende

$$\frac{\mathrm{d}}{\mathrm{d}x}\exp(2x) = 2\exp(2x). \tag{1.29}$$

Diese Gleichung hat dieselbe Form wie Gl. (1.28).

Für die quantenmechanischen Ergebnisse, die wir brauchen, werden wir es nur mit stationären Zuständen zu tun haben, die manchmal auch als Eigenzustände bezeichnet werden. Die zu diesen Zuständen gehörigen Wellenfunktionen werden Eigenfunktionen genannt und die zugehörigen Energien Eigenwerte.

Die Einzelheiten der Methoden, mit denen die Schrödinger-Gleichung für ψ und E für verschiedene Systeme gelöst wird, betreffen uns hier nicht. Sie können aber in den Büchern gefunden werden, die in der Bibliographie aufgeführt sind. Wir benötigen nur die Ergebnisse, von denen einige im folgenden diskutiert werden.

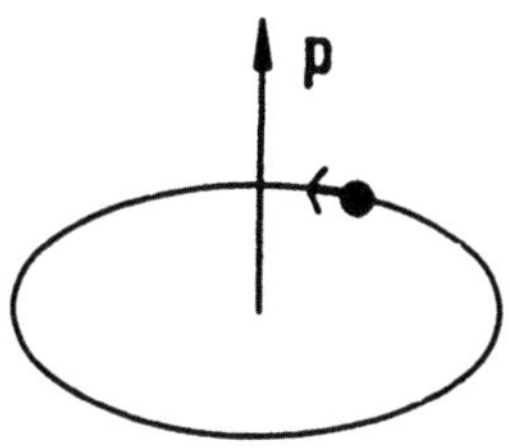

Bild 1.5 Richtung des Drehimpuls-Vektors $\boldsymbol{p}$ für ein Elektron auf einer Kreisbahn

1.3.2 Das Wasserstoffatom

Das Wasserstoffatom, bestehend aus einem Proton und nur einem Elektron, nimmt eine besondere Rolle in der Entwicklung der Quantenmechanik ein, weil die Schrödinger-Gleichung für dieses System exakt gelöst werden kann. Das gilt auch für die wasserstoffähnlichen Ionen He^+, Li^{2+}, Be^{3+} etc. und einfache Ein-Elektron-Molekülionen, wie z.B. H_2^+.

Im quantenmechanischen Bild des Wasserstoffatoms ist die Gesamtenergie E_n quantisiert und nimmt dabei genau die gleichen Werte an wie in Gl. (1.9), die aus der klassischen Mechanik abgeleitet wurde. Der Drehimpuls eines Elektrons auf einer bestimmten Kreisbahn (oder in einem bestimmten Orbital, wie es in der Quantenmechanik heißt) kann ebenfalls nur diskrete Werte annehmen. Dieser Bahndrehimpuls $\boldsymbol{p}$ ist ein Vektor[6] und daher definiert durch seine Größe ***und*** seine Richtung. Im klassischen Bild eines Elektrons, das sich auf einer Kreisbahn in eine bestimmte Richtung bewegt (s. Bild 1.5), ist die Richtung des zugehörigen Bahndrehimpulses, die ebenfalls im Bild 1.5 eingezeichnet ist, durch die Rechte-Hand-Regel gegeben. Zeichnet man eine bestimmte Richtung im Raum aus, beispielsweise durch das Anlegen eines magnetischen Feldes, kann $\boldsymbol{p}$ nur bestimmte Orientierungen relativ zu dieser Richtung annehmen. Die Komponente von $\boldsymbol{p}$ in diese Richtung kann damit ebenfalls nur bestimmte, diskrete Werte annehmen. Dieses Phänomen wird zurückgeführt auf die Raumquantisierung, die man auch in einem halb-klassischen Bild erhält, aber auf einem quantitativ falschen Weg. Dieser Effekt der Richtungsquantisierung ist als der Zeeman-Effekt bekannt.

Der Hamilton-Operator aus Gl. (1.22) lautet für das Wasserstoffatom

$$H = -\frac{\hbar^2}{2\mu}\nabla^2 + \frac{e^2}{4\pi\epsilon_0 r}. \tag{1.30}$$

Der zweite Term auf der rechten Seite ist die potentielle Energie der anziehenden Coulomb-Wechselwirkung zwischen den Ladungen $-e$ und $+e$ im Abstand r. Der erste Term enthält die reduzierte Masse μ $(= m_\mathrm{e} m_\mathrm{p}/(m_\mathrm{e} + m_\mathrm{p}))$ dieses Systems aus einem Elektron mit der Masse m_e und einem Proton mit der Masse m_p. Ebenso ist darin der Laplace-Operator ∇^2 enthalten, der in sphärischen Polarkoordinaten (Bild 1.6) definiert ist als

$$\nabla^2 = \frac{1}{r^2 \sin\theta}\left[\sin\theta \frac{\partial}{\partial r}\left(r^2 \frac{\partial}{\partial r}\right) + \frac{\partial}{\partial \theta}\left(\sin\theta \frac{\partial}{\partial \theta}\right) + \frac{1}{\sin\phi}\sin\phi \frac{\partial^2}{\partial \phi^2}\right]. \tag{1.31}$$

[6]Ein Vektor wird in diesem Buch kursiv und fett gedruckt, sein Betrag einfach kursiv.

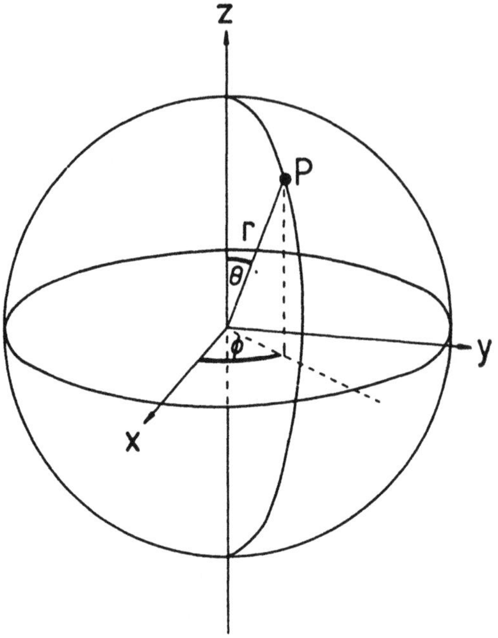

Bild 1.6 Die sphärischen Polarkoordinaten r, θ und ϕ eines Punktes P

Dabei ist r der Abstand eines Punktes P vom Ursprung, θ der Polarwinkel und ϕ der Azimutwinkel. Es mag überraschend sein, aber trotz der Komplexität von Gl. (1.31) ist in Polarkoordinaten die Lösung der Schrödinger-Gleichung erheblich einfacher, als wenn kartesische Koordinaten verwendet würden. Insbesondere kann die Wellenfunktion, die zum Hamilton-Operator der Gl. (1.30) gehört, faktorisiert werden:

$$\psi(r, \theta, \phi) = R_{nl}(r) Y_{lm_l}(\theta, \phi). \tag{1.32}$$

Die Funktionen Y_{lm_l} beschreiben den Winkelanteil der Wellenfunktionen. Sie werden auch als Kugelflächenfunktionen bezeichnet, da sie die Verteilung der Wellenfunktion ψ auf der Oberfläche einer Kugel mit dem Radius r beschreiben. Die Quantenzahl $n = 1, 2, 3, \ldots, \infty$ ist dieselbe wie in der Bohrschen Theorie, l ist die azimutale Quantenzahl, die mit den diskreten Werten des Bahndrehimpulses verknüpft ist, und m_l ist die magnetische Quantenzahl, die aus der Raumquantisierung des Bahndrehimpulses resultiert. Die Quantenzahlen können die Werte

$$l = 0, 1, 2, \ldots, (n-1) \tag{1.33}$$

$$m_l = 0, \pm 1, \pm 2, \ldots, \pm l \tag{1.34}$$

annehmen. Die Funktion Y_{lm_l} kann weiter faktorisiert werden:

$$Y_{lm_l}(\theta, \phi) = (2\pi)^{-1/2} \Theta_{lm_l}(\theta) \exp(i m_l \phi). \tag{1.35}$$

Tabelle 1.1 Einige Θ_{lm_l}-Wellenfunktionen für Wasserstoff und wasserstoffähnliche Atome

l	m_l	$\Theta_{lm_l}(\theta)$	l	m_l	$\Theta_{lm_l}(\theta)$
0	0	$\frac{1}{2^{1/2}}$	2	0	$\frac{10^{1/2}}{4}(3\cos^2\theta - 1)$
1	0	$\frac{6^{1/2}}{2}\cos\theta$	2	± 1	$\frac{15^{1/2}}{2}\sin\theta\cos\theta$
1	± 1	$\frac{3^{1/2}}{2}\sin\theta$	2	± 2	$\frac{15^{1/2}}{4}\sin^2\theta$

Die Funktionen Θ_{lm_l} heißen assoziierte Legendre-Polynome, von denen einige in Tabelle 1.1 angegeben sind. Sie sind unabhängig von der Kernladungszahl Z und daher gleich für alle Atome mit nur einem Elektron.

Die Lösung des nur von r abhängigen Radialanteils $R(r)$ der Schrödinger-Gleichung folgt einer wohlbekannten mathematischen Prozedur und liefert als Lösung die sogenannten assoziierten Laguerre-Funktionen. Einige davon sind in Tabelle 1.2 aufgelistet. Der Bohr-Radius einer Kreisbahn für $n = 1$ ist gegeben durch

$$a_0 = \frac{\hbar^2 4\pi\epsilon_0}{\mu e^2 Z}. \tag{1.36}$$

Für Wasserstoff ist $a_0 = 0{,}529\,\text{Å}$. Eine nützliche Größe ρ ist mit r verknüpft durch

$$\rho = \frac{Zr}{a_0}. \tag{1.37}$$

Die Orbitale werden nach den Werten von n und l benannt. Die etwas seltsamen Symbole $s, p, d, f, g, \ldots$ entsprechen Werten von $l = 0, 1, 2, 3, 4, \ldots$. Die Gründe für diese Bezeichnung werden in Abschnitt 7.1.3 gegeben. Wir sprechen von 1*s*-, 2*s*-, 2*p*-, 3*s*-, 3*p*-,

Tabelle 1.2 Einige R_{nl}-Wellenfunktionen für Wasserstoff und wasserstoffähnliche Atome

n	l	$R_{nl}(r)$
1	0	$\left(\frac{Z}{a_0}\right)^{3/2} 2\exp(-\rho)$
2	0	$\left(\frac{Z}{a_0}\right)^{3/2} \frac{1}{2^{1/2}}\left(1 - \frac{\rho}{2}\right)\exp\left(-\frac{\rho}{2}\right)$
2	1	$\left(\frac{Z}{a_0}\right)^{3/2} \left(\frac{1}{2}\right)\frac{1}{6^{1/2}}\rho\exp\left(-\frac{\rho}{2}\right)$

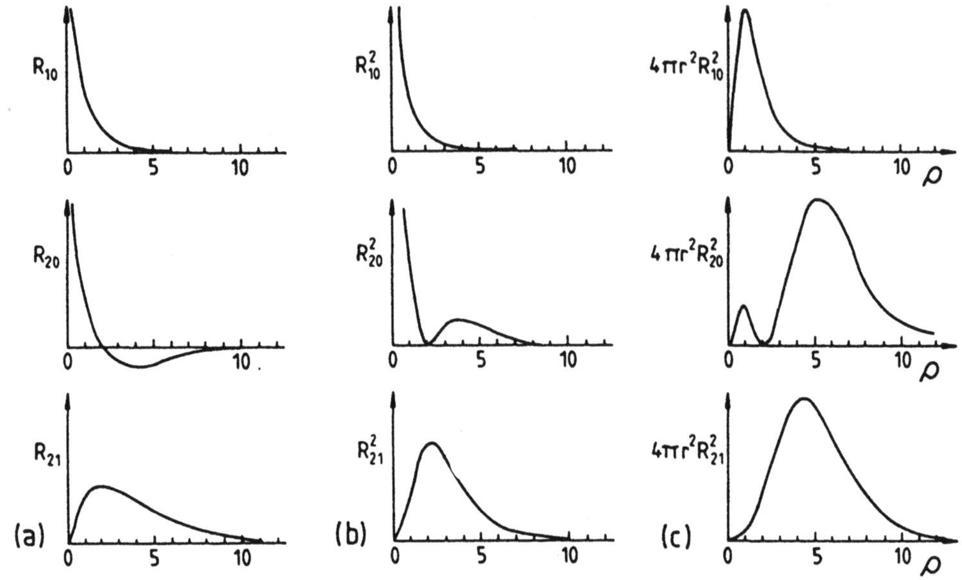

Bild 1.7 Auftragungen der (a) radialen Wellenfunktion R_{nl}, (b) der radialen Wahrscheinlichkeitsdichte R_{nl}^2 und (c) der radialen Ladungsdichte $4\pi r^2 R_{nl}^2$ gegen ρ

$3d$-, ... Orbitalen, wobei $1, 2, 3, \ldots$ den Wert von n angibt. R_{nl} kann auf drei Arten sinnvoll dargestellt werden:

1. Auftragen von R_{nl} gegen ρ (oder r), wie in Bild 1.7(a). Man sieht, daß R_{10} und R_{21} stets positiv sind, aber R_{20} von positiv nach negativ wechselt und bei einem bestimmten Wert von ρ Null ist.

2. Auftragen von R_{nl}^2 gegen ρ (oder r), wie in Bild 1.7(b). Weil $R_{nl}^2\,\mathrm{d}r$ die Wahrscheinlichkeit ist, das Elektron zwischen r und $r + \mathrm{d}r$ zu finden, stellt dieser Graph die radiale Wahrscheinlichkeitsverteilung des Elektrons dar.

3. Auftragen von $4\pi r^2 R_{nl}^2$ gegen ρ (oder r), wie in Bild 1.7(c). Die Größe $4\pi r^2 R_{nl}^2$ wird als radiale Ladungsdichte bezeichnet und ist die Wahrscheinlichkeit, das Elektron in einem Volumenelement zu finden, das aus einer dünnen Kugelschale der Dicke $\mathrm{d}r$, dem Radius r und dem Volumen $4\pi r^2 \mathrm{d}r$ besteht.

Schematische Darstellungen der Y_{lm_l}-Funktionen aus Gl. (1.35) können nicht vorgenommen werden, bevor sie nicht von imaginären in reelle Funktionen umgewandelt worden sind. Eine Ausnahme bilden die Funktionen mit $m_l = 0$, denn diese sind bereits reell.

Ohne das Anlegen eines elektrischen oder magnetischen Feldes sind alle Y_{lm_l}-Funktionen mit $l \neq 0$ $(2l + 1)$-fach entartet. Das bedeutet, es gibt $(2l + 1)$ Funktionen mit derselben Energie. Jede dieser Funktionen gehört zu einem der $(2l + 1)$ möglichen Werte von m_l. Eine Eigenschaft von entarteten Funktionen ist, daß Linearkombinationen von ihnen ebenfalls Lösungen der Schrödinger-Gleichung sind. Sind z.B. $\psi_{2p,1}$ und $\psi_{2p,-1}$ Lösungen, so sind es auch die Funktionen

$$\begin{aligned} \psi_{2p_x} &= 2^{-1/2}(\psi_{2p,1} + \psi_{2p,-1}), \\ \psi_{2p_y} &= -2^{-1/2}(\psi_{2p,1} - \psi_{2p,-1}). \end{aligned} \quad (1.38)$$

Zusammen mit den Θ_{lm_l}-Funktionen aus Tabelle 1.1 ergibt die Kombination aus den Gleichungen (1.32), (1.35) und (1.38)

$$\begin{aligned} \psi_{2p_x} &= \frac{1}{2(4\pi)^{1/2}} R_{21}(r) 3^{1/2} \sin\theta \,[\exp(i\phi) + \exp(-i\phi)]\,, \\ \psi_{2p_y} &= \frac{1}{2(4\pi)^{1/2}} i R_{21}(r) 3^{1/2} \sin\theta \,[\exp(i\phi) - \exp(-i\phi)]\,. \end{aligned} \quad (1.39)$$

Mit

$$\begin{aligned} \exp(i\phi) + \exp(-i\phi) &= 2\cos\phi \\ \exp(i\phi) - \exp(-i\phi) &= 2i\sin\phi \end{aligned} \quad (1.40)$$

wird aus Gl. (1.39)

$$\psi_{2p_x} = \frac{1}{(4\pi)^{1/2}} R_{21}(r) 3^{1/2} \sin\theta \cos\phi, \quad (1.41)$$

$$\psi_{2p_y} = \frac{1}{(4\pi)^{1/2}} R_{21}(r) 3^{1/2} \sin\theta \sin\phi. \quad (1.42)$$

Die dritte entartete Wellenfunktion $\psi_{2p,0}$ ist immer reell und wird als ψ_{p_z} bezeichnet:

$$\psi_{2p_z} = \frac{1}{(4\pi)^{1/2}} R_{21}(r) 3^{1/2} \cos\theta. \quad (1.43)$$

Alle ψ_{ns}-Wellenfunktionen sind reell; das gleiche gilt für die ψ_{nd}-, ψ_{nf},- u.s.w. Funktionen mit $m_l = 0$. Jedoch müssen für die Funktionen ψ_{nd}, für die $m_l = \pm 1$ oder $m_l = \pm 2$ ist, Linearkombinationen aus den imaginären Wellenfunktionen $\psi_{nd,1}$ und $\psi_{nd,-1}$ bzw. $\psi_{nd,2}$ und $\psi_{nd,-2}$ gebildet werden, um reelle Funktionen zu erhalten. Die ψ_{nd}-Funktionen für jedes $n > 2$ werden unterschieden durch die Subskripte $nd_{z^2}(m_l = 0)$, nd_{xz} und $nd_{yz}(m_l = \pm 1)$ sowie nd_{xy} und $nd_{x^2-y^2}(m_l = \pm 2)$. Es gibt sieben nf-Orbitale, die wir hier aber nicht behandeln wollen.

In Bild 1.8 sind die reellen Y_{lm_l}-Wellenfunktionen für die $1s$-, $2p$- und $3d$-Orbitale in Form von Polar-Diagrammen gezeigt. Die Konstruktion soll an dem einfachen Beispiel des $2p_z$-Orbitals erläutert werden. Die Wellenfunktion in Gl. (1.43) ist unabhängig von ϕ und einfach proportional zu $\cos\theta$. Das Polar-Diagramm erhält man auf folgende Weise: Für einen festgehaltenen Wert von $R_{21}(r)$ zieht man vom Kern ausgehende Linien in alle Richtungen; die Länge der Linien ist proportional zu $|\cos\theta|$. Die Endpunkte der Linien bilden dann die gezeigte Oberfläche, die aus zwei sich berührenden Kugeln besteht. Dies ist in Bild 1.8 dargestellt, die auch Polar-Diagramme für alle $1s$-, $2s$-, $2p$- und $3d$-Orbitale zeigt.

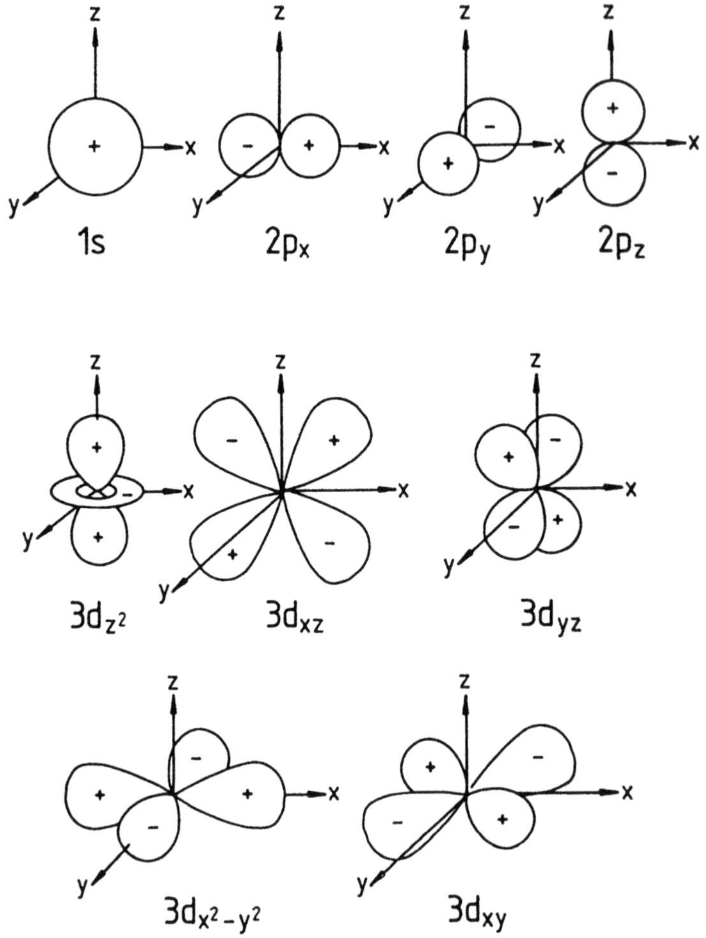

Bild 1.8 Polar-Diagramme für die 1s-, 2p- und 3d-Atomorbitale. Gezeigt sind die winkelabhängigen Wellenfunktionen

Für alle Orbitale, außer dem 1s-Orbital, gibt es Bereiche im Raum, für die $\psi(r, \theta, \phi) = 0$ wird, weil entweder $Y_{lm_l} = 0$ oder R_{nl} ist. In diesen Bereichen ist die Elektronendichte Null. Sie werden als Knotenflächen, oder einfacher Knoten, bezeichnet. Zum Beispiel hat das $2p_z$-Orbital eine Knotenfläche, nämlich die xy-Ebene, während jedes der 3d-Orbitale zwei Knotenflächen aufweist. Es gibt allgemein l solcher Knoten, an denen $Y_{lm_l} = 0$ gilt. Das 2s-Orbital weist eine Kugelknotenfläche (oder einen Radialknoten) auf, wie Bild 1.7 zeigt. Es gibt allgemein $n - 1$ solcher Radialknoten für ein ns-Orbital (oder n, wenn wir noch den Radialknoten bei $r = \infty$ berücksichtigen).

Die Quantenmechanik liefert denselben Ausdruck für die Energieniveaus (Gl. (1.9)) wie die Bohrsche Theorie. In der Tat muß das so sein, denn die Bohrsche Theorie stimmt exakt mit dem Experiment überein. Nur die Feinstruktur im Spektrum kann Bohrs Theorie nicht erklären, was aber auch mit unserer hier verwendeten Quantenmechanik nicht gelingt. Dennoch gibt es gravierende Unterschiede zwischen der Theorie nach Bohr und der quantenmechanischen Behandlung. Einige sind in Bild 1.7 und Bild 1.8 enthalten, die die radiale und die winkelabhängige Wahrscheinlichkeitsdichte darstellen. Die Abbildungen verdeutlichen, daß das Elektron nicht an einem Ort fixiert, sondern über den ganzen Raum verschmiert ist. Stets gilt, daß die Wahrscheinlichkeit für $r \rightarrow \infty$ gegen Null geht. Zusätzlich zeigen die Verteilungen in Bild 1.7 und Bild 1.8 Knotenflächen, bei denen die Wahrscheinlichkeit, das Elektron zu finden, ebenfalls Null ist. Diese Darstellung ist weit entfernt vom klassischen Bild, in dem das Elektron um den Kern kreist, wie der Mond um die Erde. Anders als die Gesamtenergie ist der quantenmechanische Wert P_l des Bahndrehimpulses sehr verschieden zu dem, den die Bohrsche Theorie in Gl. (1.8) angibt. Er ist nun gegeben durch

$$P_l = [l(l+1)]^{1/2}\,\hbar, \tag{1.44}$$

wobei $l = 0, 1, 2, \ldots, (n-1)$ erlaubt ist, wie in Gl. (1.33).

Der Effekt der Raumquantisierung des Bahndrehimpulses kann bei Anlegen eines magnetischen Feldes, z.B. in z-Richtung, beobachtet werden. Der Vektor $\boldsymbol{P}$ des Bahndrehimpulses mit dem Betrag P_l kann nur bestimmte Richtungen annehmen, so daß für die z-Komponente $(P_l)_z$ gilt

$$(P_l)_z = m_l \hbar. \tag{1.45}$$

Hierin ist $m_l = 0, \pm1, \pm2, \ldots, \pm l$, wie in Gl. (1.34). Bild 1.9 verdeutlicht dies für ein Elektron in einem d-Orbital ($l = 3$).

1.3.3 Drehimpulse von Elekronen- und Kernspin

Wir hatten schon des öfteren festgestellt, daß im klassischen Bild das Elektron sich auf einer Kreisbahn um den Kern bewegt, wie sich auch der Mond auf einer Kreisbahn um die Erde dreht. So würde es uns nicht überraschen, daß sich Elektron und Kern um ihre eigene Achse drehen könnten - wie sich eben auch Erde und Mond um ihre eigenen Achsen drehen. Mit dieser Eigendrehung wäre dann jeweils auch ein Drehimpuls verbunden. Aber obwohl uns die Quantenmechanik zwei neue Drehimpulse liefert, einen verbunden mit dem Elektron und einen verbunden mit dem Kern, bricht das einfache physikalische Bild hier zusammen. Denken wir aber beispielsweise an das Wellen- statt an das Teilchenbild des Elektrons, überrascht uns dieses Scheitern nicht. Trotzdem ist es üblich, vom Elektronenspin und vom Kernspin zu sprechen.

In der Quantenmechanik ist der Betrag P_s des Drehimpulses, der sich aus dem „Spin", also dem Eigendrehimpuls, eines Elektrons ergibt, gegeben durch

$$P_s = [s(s+1)]^{1/2}\,\hbar. \tag{1.46}$$

Das ist unabhängig davon, ob es sich nun um ein Wasserstoffatom oder um ein beliebiges anderes Atom handelt. Die Spinquantenzahl s des Elektrons kann ausschließlich den Wert $1/2$ annehmen. Tatsächlich kann dieses Ergebnis nicht aus der Schrödinger-Gleichung abgeleitet werden, sondern nur aus Diracs relativistischer Quantenmechanik. Die Raumquantisierung dieses Drehimpulses liefert die Komponente

$$(P_s)_z = m_s \hbar, \tag{1.47}$$

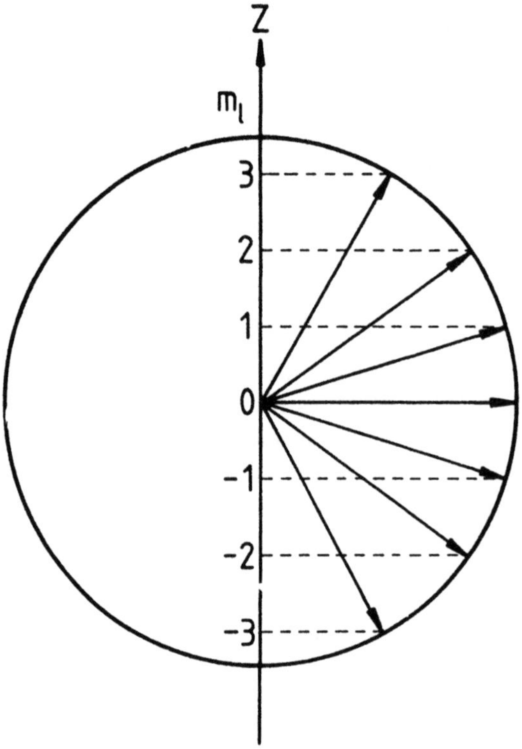

Bild 1.9 Raumquantisierung des Bahndrehimpulses für $l = 3$

wobei nur $m_s = \pm 1/2$ erlaubt ist. Bild 1.10 stellt die Raumquantisierung des Elektronenspin-Drehimpulses dar, während Bild 1.9 die Raumquantisierung des Bahndrehimpulses für ein Elektron in einem d-Orbital ($l = 3$) zeigt.

Entsprechend gilt für den Betrag des Drehimpulses P_I, der vom Kernspin herrührt

$$P_I = [I(I+1)]^{1/2}\,\hbar. \tag{1.48}$$

Die Quantenzahl I des Kernspins kann Null, halb- oder ganzzahlig sein und ist abhängig

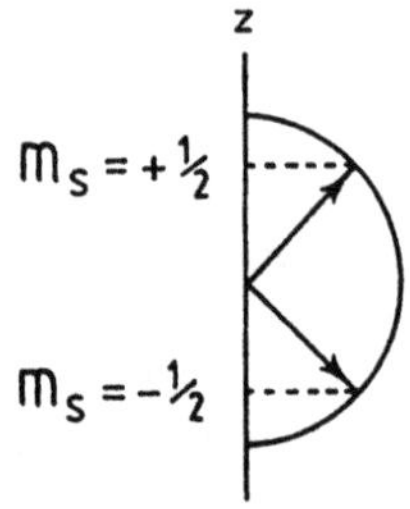

Bild 1.10 Die Raumquantisierung des Elektronenspin-Drehimpulses

Tabelle 1.3 Einige Werte der Kernspinquantenzahl I

Kern	I	Kern	I	Kern	I	Kern	I
^{1}H	1/2	^{12}C	0	^{16}O	0	^{30}Si	0
^{2}H	1	^{13}C	1/2	^{19}F	1/2	^{31}P	1/2
^{10}B	3	^{14}N	1	^{28}Si	0	^{35}Cl	3/2
^{11}B	3/2	^{15}N	1/2	^{29}Si	1/2	^{37}Cl	3/2

vom betrachteten Kern. Atomkerne bestehen aus Protonen und Neutronen, und für beide gilt jeweils $I = 1/2$. Die Art und Weise, wie die Spin-Drehimpulse dieser Elementarteilchen für einen bestimmten Kern miteinander koppeln, legt den Wert von I fest. Beispiele findet man in Tabelle 1.3. Für die magnetische Kernresonanz-Spektroskopie ist es wichtig, daß der untersuchte Kern einen Spin $I \neq 0$ aufweist. Daher ist beispielsweise der ^{12}C-Kern nicht brauchbar für dieses Experiment, wohl aber kann der ^{13}C-Kern mit $I = 1/2$ studiert werden. Bei einer natürlichen Häufigkeit von 1,1 Prozent wird er in zunehmenden Maße mit gepulster Fourier-Transform NMR-Spektroskopie untersucht (NMR: nuclear magnetic resonance).

1.3.4 Die Born-Oppenheimer-Näherung

Der Hamilton-Operator eines zwei- oder mehratomigen Moleküls besteht wie bei einem Atom aus der Summe der kinetischen Energie T, bzw. ihrem quantenmechanischen Äquivalent, und der potentiellen Energie V, genau wie in Gl. (1.20). In einem Molekül tragen zur kinetischen Energie T die Anteile T_e und T_n bei, nämlich die Bewegung der Elektronen und die der Kerne. Die potentielle Energie beinhaltet zwei Terme V_{ee} und V_{nn}, die die abstoßende Coulomb-Wechselwirkung zwischen den Elektronen bzw. den Kernen wiedergeben. Ein dritter Term V_{en} beschreibt die anziehende Elektron-Kern-Wechselwirkung, so daß insgesamt gilt

$$H = T_e + T_n + V_{ee} + V_{nn} + V_{en}. \tag{1.49}$$

Für fixierte Kerne ist $T_n = 0$ und V_n eine Konstante. Es gibt einen Satz elektronischer Wellenfunktionen ψ_e, die der Gleichung

$$H_e \psi_e = E_e \psi_e \tag{1.50}$$

genügen, wobei für H_e gilt

$$H_e = T_e + V_{ee} + V_{en}. \tag{1.51}$$

H_e hängt wegen des Terms V_{en} von den Koordinaten des Kerns ab, und deshalb sind auch ψ_e und E_e von den Kernkoordinaten abhängig. Die 1927 vorgeschlagene Born-Oppenheimer-Näherung nimmt nun an, daß dic Kernbewegung bei einer Molekülschwingung sehr langsam ist im Vergleich zur Elektronenbewegung, so daß ψ_e und E_e die Kernkoordinaten nur als Parameter enthalten. Für ein zweiatomiges Molekül kann dann die potentielle Energie für einen bestimmten elektronischen Zustand mit konstantem T_e und E_e als Funktion des Kernabstandes (oder der Auslenkung aus der Ruhelage) dargestellt werden, wie beispielsweise in Bild 1.13.

Die Born-Oppenheimer-Näherung ist deshalb gültig, weil die Elektronen sofort auf jede Kernbewegung reagieren. Man sagt, sie folgen den Kernen. Daher kann E_e als Teil des Potentials behandelt werden, in dem sich die Kerne bewegen. Der Hamilton-Operator für die Kernbewegung lautet daher

$$H_n = T_n + V_{nn} + E_e, \tag{1.52}$$

und somit lautet die Schrödinger-Gleichung für die Kernbewegung

$$H_n \psi_n = E_n \psi_n. \tag{1.53}$$

Mit der Born-Oppenheim-Näherung kann die Gesamtwellenfunktion ψ faktorisiert werden:

$$\psi = \psi_e(q, Q)\psi_n(Q). \tag{1.54}$$

ψ_e ist sowohl eine Funktion der Elektronenkoordinaten q als auch eine Funktion der Kernkoordinaten Q. Aus Gl. (1.54) folgt

$$E = E_e + E_n. \tag{1.55}$$

Die Wellenfunktion ψ_n kann weiter in einen Vibrationsanteil ψ_v und einen Rotationsanteil ψ_r faktorisiert werden:

$$\psi_n = \psi_v \psi_r. \tag{1.56}$$

Dieser Produktansatz ist aus den gleichen Gründen gerechtfertigt wie die Faktorisierung der Wellenfunktion $\psi(r, \theta, \phi)$ des Wasserstoffatoms in den Radial- und Winkelanteil, $R(r)$ und $Y(\theta, \phi)$ (vgl. Gl. (1.32)). Aus Gl. (1.56) folgt

$$E_n = E_v + E_r, \tag{1.57}$$

so daß nun für die Gesamtwellenfunktion ψ

$$\psi = \psi_e \psi_v \psi_r \tag{1.58}$$

und die Gesamtenergie

$$E = E_e + E_v + E_r \tag{1.59}$$

gilt. Für jedes Atom, das einen Kern mit einem Spin aufweist, kann der entsprechende Teil der Wellenfunktion abgespalten und die Energie additiv behandelt werden. Aus diesen Gründen können wir die elektronische, Schwingungs-, Rotations- und NMR-Spektroskopie getrennt behandeln.

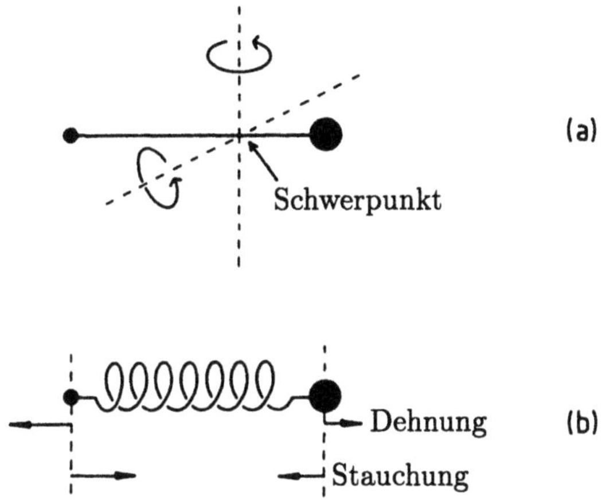

Bild 1.11 (a) Rotation eines zweiatomigen Moleküls aus verschiedenen Atomen um eine Achse senkrecht zur Bindung, die durch den Schwerpunkt geht. (b) Schwingung desselben Moleküls

1.3.5 Der starre Rotator

Das Modell des starren Rotators beschreibt in nützlicher Weise die Drehung eines zweiatomigen Moleküls, bei der die Atome ihre Positionen vertauschen. Die Bindung zwischen den Kernen wird dabei als starre, gewichtslose Verbindung betrachtet, wie es Bild 1.11(a) andeutet. Der Drehimpuls der Rotation ist gegeben durch

$$P_J = [J(J+1)]^{1/2}\,\hbar, \tag{1.60}$$

wobei die Rotationsquantenzahl $J = 1, 2, 3, \ldots$ sein kann. Im allgemeinen ist J mit dem Gesamtdrehimpuls des Moleküls verknüpft. Zum Gesamtdrehimpuls tragen der Drehimpuls der Rotation, der Bahndrehimpuls der Elektronen und der Elektronenspin bei; nur der Kernspin hat keinen Einfluß auf J. Wenn es aber keinen Bahndrehimpuls und keinen Elektronenspin gibt, bezieht sich J ausschließlich auf die Drehbewegung des Moleküls.

Wie auch bei den anderen Drehimpulsen, gibt es eine Raumquantisierung des Rotationsdrehimpulses. Dessen z-Komponente ist gegeben durch

$$(P_J)_z = M_J\hbar, \tag{1.61}$$

wobei $M_J = J, J-1, \ldots, -J$ sein kann. Folglich ist, bei Abwesenheit eines elektrischen oder magnetischen Feldes, jedes Rotationsniveau $(2J+1)$-fach entartet.

Die Lösung der Schrödinger-Gleichung für den starren Rotator zeigt, daß die Rotationsenergie E_r die diskreten Werte

$$E_r = \frac{h^2}{8\pi^2 I} J(J+1) \tag{1.62}$$

annehmen kann. $I(=\mu r^2)$ ist das Trägheitsmoment, wobei r der Kern-Kern-Abstand ist. $\mu(= m_1 m_2/(m_1+m_2))$ ist die reduzierte Masse aus den Kernmassen m_1 und m_2. Aus Gl. (1.62) ergibt sich, daß die Rotationsniveaus mit zunehmendem J divergieren. Bild 1.12 stellt dieses Verhalten graphisch dar.

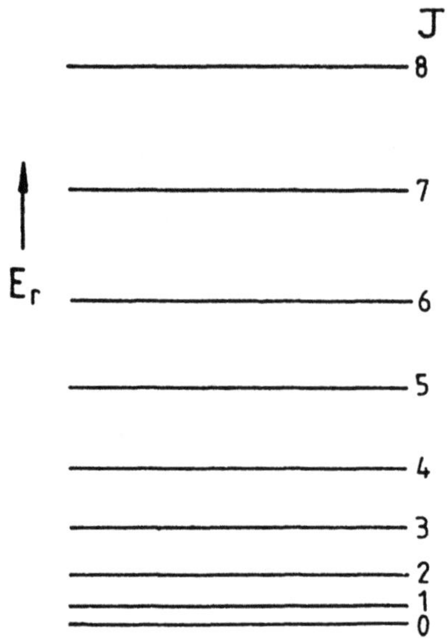

Bild 1.12 Ein Satz von Rotationsenergieniveaus E_r

1.3.6 Der harmonische Oszillator

Das Kugel- und Federmodell stellt eine angemessene Näherung dar, mit der ein schwingendes, zweiatomiges Molekül beschrieben werden kann. Dieses Modell wird in Bild 1.11(b) illustriert. Für kleine Auslenkungen aus der Ruhelage gehorchen die Ausdehnungen und Stauchungen der Bindung, die durch eine Feder symbolisiert wird, dem Hookeschen Gesetz:

$$\text{Rückstellkraft} = -\frac{\mathrm{d}V(x)}{\mathrm{d}x} = -kx. \tag{1.63}$$

V ist hier die potentielle Energie und k die Kraftkonstante, deren Betrag ein Maß für die Bindungsstärke ist. $x(= r - r_e)$ ist die Auslenkung aus der Gleichgewichtslage r_e. Die Integration dieser Gleichung liefert

$$V(x) = \frac{1}{2}kx^2. \tag{1.64}$$

In Bild 1.13 ist $V(r)$ gegen r aufgetragen und verdeutlicht den parabolischen Zusammenhang.

Der quantenmechanische Hamilton-Operator für einen eindimensionalen harmonischen Oszillator ist gegeben durch

$$H = -\frac{\hbar^2}{2\mu}\frac{\mathrm{d}^2}{\mathrm{d}x^2} + \frac{1}{2}kx^2. \tag{1.65}$$

μ ist wieder die reduzierte Masse der Kerne. Die Schrödinger-Gleichung (vgl. Gl. (1.27) lautet damit

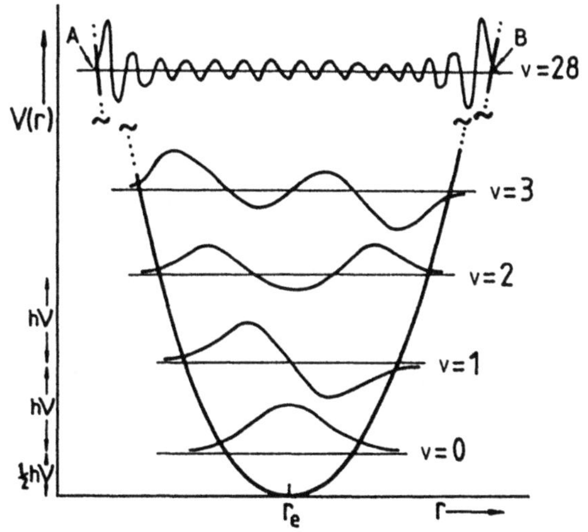

Bild 1.13 Auftragung von $V(r)$ gegen r für den harmonischen Oszillator als Modell für die Schwingung. Einige Energieniveaus und Wellenfunktionen sind eingezeichnet

$$\frac{\mathrm{d}^2\psi_v}{\mathrm{d}x^2} + \left(\frac{2\mu E_v}{\hbar^2} - \frac{\mu k x^2}{\hbar^2}\right)\psi_v = 0. \tag{1.66}$$

Die Lösung der Schrödinger-Gleichung für den harmonischen Oszillator liefert als mögliche Werte für die Energieniveaus E_v

$$E_v = h\nu(v + \frac{1}{2}). \tag{1.67}$$

Die klassische Schwingungsfrequenz ν ist

$$\nu = \frac{1}{2\pi}\left(\frac{k}{\mu}\right)^{1/2}. \tag{1.68}$$

Die Frequenz nimmt mit wachsendem k, also der Steifheit der Bindung, zu und mit zunehmendem μ ab. Üblicherweise werden jedoch statt der Frequenzen Wellenzahlen[7] angegeben:

$$E_v = hc\tilde{\nu}(v + \frac{1}{2}). \tag{1.69}$$

Die Schwingungsquantenzahl kann die Werte $0, 1, 2, \ldots$ annehmen. Gl. (1.69) zeigt, daß die Schwingungsniveaus stets durch den gleichen Energiebetrag $hc\tilde{\nu}$ getrennt sind. Außerdem gibt es für $v = 0$ eine sogenannte Nullpunktsenergie $\frac{1}{2}hc\tilde{\nu}$. Diese ist die kleinste Energie, die das Molekül annehmen kann und die sogar am absoluten Nullpunkt ($T = 0$K) existiert. Sie ist eine Folge des Unschärfeprinzips.

Jeder Schnittpunkt eines Energieniveaus mit der Potentialkurve (s. Bild 1.13) entspricht dem klassischen Umkehrpunkt einer Schwingung. An diesem Punkt ist die Geschwindigkeit der Kerne Null, und sämtliche Energie liegt als potentielle Energie vor. Im Gegensatz dazu liegt am Mittelpunkt eines jeden Energieniveaus alle Energie als kinetische Energie vor.

[7] s. Seite 126

Tabelle 1.4 Hermite-Polynome für $v = 0$ bis 5

v	$H_v(y)$	v	$H_v(y)$
0	1	3	$8y^3 - 12y$
1	$2y$	4	$16y^4 - 48y^2 + 12$
2	$4y^2 - 2$	5	$32y^5 - 160y^3 + 120y$

Die Wellenfunktionen, die sich aus der Lösung der Gl. (1.66) ergeben, lauten

$$\psi_v = \left(\frac{1}{2^v v! \pi^{1/2}}\right)^{1/2} H_v(y) \exp\left(-\frac{y^2}{2}\right). \tag{1.70}$$

$H_v(y)$ sind die sogenannten Hermite-Polynome. Für y gilt

$$y = \left(\frac{4\pi^2 \nu \mu}{h}\right)^{1/2} (r - r_e). \tag{1.71}$$

Die Hermite-Polynome für $v = 0$ bis $v = 5$ sind in Tabelle 1.4 aufgeführt. Einige ψ_v sind in Bild 1.13 dargestellt, wobei die Energieniveaus $\psi_v = 0$ entsprechen. Betrachtet man diese Funktionen, so sind einige wichtige Punkte festzuhalten:

1. Sie reichen in Regionen außerhalb der Parabel hinein, die im klassischen Bild verboten wären.

2. Mit zunehmendem v erscheinen die beiden Punkte, bei denen die Aufenthaltswahrscheinlichkeit ψ_v^2 ein Maximum aufweist, näher an den klassischen Umkehrpunkten. In Bild 1.13 ist das für $v = 28$ illustriert, wobei A und B die klassischen Umkehrpunkte kennzeichnen. Im Gegensatz dazu liegt für $v = 0$ das Maximum der Wahrscheinlichkeit in der Mitte des Niveaus.

3. Die Wellenlänge der kleinen Schwingungen in ψ_v wird zu den klassischen Umkehrpunkten hin kleiner. Das wird um so deutlicher, je größer v wird, und ist recht ausgeprägt für $v = 28$.

Aufgaben

1. Berechnen Sie unter Verwendung der Gleichungen (1.11) und (1.12) die Wellenzahlen der ersten beiden (mit niedrigstem n'') Glieder der Balmer-Serie des Wasserstoffatoms. Rechnen Sie das Ergebnis in Wellenlängen um.

2. Berechnen Sie unter Verwendung der Gleichung (1.7) die Geschwindigkeit der Photoelektronen, die aus einer Natriummetalloberfläche mit einer Austrittsarbeit von 2,46 eV durch Bestrahlen mit UV-Licht der Wellenlänge 250 nm emittiert werden.

3. Zeigen Sie, daß die Wellenlänge λ eines Elektronenstrahls, der durch eine Potentialdifferenz V beschleunigt wird, gegeben ist durch $\lambda = h(2eVm_e)^{-1/2}$. Berechnen Sie die Wellenlänge eines solchen Elektronenstrahls für eine Beschleunigungsspannung von 36,20 kV.

4. Schätzen Sie (in cm^{-1} und Hz) aus der Heisenbergschen Unschärferelation (Gl. (1.16)) die Wellenzahlen- und Frequenzverbreiterung für gepulste Strahlung mit einer Pulsdauer von 30 fs (typisch für einen sehr kurzen Laserpuls im Sichtbaren), bzw. $6\mu s$ (typisch für Strahlung im Radiofrequenzbereich, wie sie in einem Fourier-Transform-NMR Experiment verwendet wird) ab.

5. Berechnen Sie mit Hilfe der Gl. (1.36), bis auf sechs signifikante Stellen genau, den Radius der $n = 1$ Bohr-Kreisbahn für Be^{3+}.

6. Berechnen Sie, in Joule, mit Hilfe der Gl. (1.62) die Rotationsenergieniveaus für $J = 0$ bis 4 für $^{12}C\,^{16}O$ und $^{13}C\,^{16}O$. Wandeln Sie diese Einheit in cm^{-1} um.

7. Berechnen Sie mit Hilfe der Gl. (1.68) die Kraftkonstanten der Moleküle HCl, SO und PN. Die Schwingungswellenzahlen hierfür betragen 2991, 1149 und 1337 cm^{-1}. Diskutieren Sie das Ergebnis im Hinblick auf die Bindungsstärke.

Bibliographie

Atkins, P. W. (1970). ***Molecular Quantum Mechanics***, Oxford University Press, Oxford.

Atkins, P. W. (1993). ***Quanten***, Verlag Chemie, Weinheim.

Bockhoff, F. J. (1969). ***Elements of Quantum Theory***, Addison-Wesley, Reading, Massachusetts.

Feynman, R. P. Leighton, R. B. und Sands, M. (1991, 1992). ***Vorlesungen über Physik***, Oldenbourg, München.

Jørgensen, P. und Oddershede, J. (1983). ***Problems in Quantum Chemistry***, Addison-Wesley, Reading, Massachusetts.

Kauzmann, W. (1957). ***Quantum Chemistry***, Academic Press, New York.

Landau, L. D. und Lifshitz, E. M. (1959). ***Quantum Mechanics***, Pergamon Press, Oxford.

Pauling, L. und Wilson, E. B. (1935). ***Introduction to Quantum Mechanics***, McGraw-Hill, New York.

Schutte, C. J. H. (1968). ***The Wave Mechanics of Atoms, Molecules and Ions***, Arnold, London.

2 Elektromagnetische Strahlung und ihre Wechselwirkung mit Atomen und Molekülen

2.1 Elektromagnetische Strahlung

Elektromagnetische Strahlung beinhaltet nicht nur das, was wir im allgemeinen als Licht bezeichnen, sondern auch Strahlung mit längerer und kürzerer Wellenlänge (siehe auch Kapitel 3.1). Wie der Name bereits andeutet, enthält diese Art von Strahlung sowohl einen elektrischen als auch einen magnetischen Anteil. Am einfachsten verdeutlicht man sich die Verhältnisse an Hand einer linear polarisierten Lichtwelle, wie sie in Bild 2.1 schematisch dargestellt ist. In diesem Fall breitet sich die Strahlung in x-Richtung aus. Der elektrische Anteil der Strahlung ist ein oszillierendes elektrisches Feld mit der Feldstärke $\boldsymbol{E}$; der magnetische Anteil ist ein oszillierendes magnetisches Feld mit der Feldstärke $\boldsymbol{H}$. Diese beiden Felder stehen, wie im Bild gezeigt, senkrecht aufeinander. Zeigen die Vektoren $\boldsymbol{E}$ und $\boldsymbol{H}$ in y- bzw. x-Richtung, gilt für die Komponenten E_y und H_z

$$\begin{aligned} E_y &= A\sin(2\pi\nu t - kx) \\ H_z &= A\sin(2\pi\nu t - kx), \end{aligned} \tag{2.1}$$

wobei A die Amplitude ist. Beide Felder oszillieren also sinusförmig mit der Frequenz $2\pi\nu$. Weil k für die Komponenten E_y und H_z identisch ist, oszillieren die beiden Felder in Phase.

Konventionsgemäß ist die Polarisationsebene der Strahlung die Ebene, die die Richtung des elektrischen Feldes und die Ausbreitungsrichtung enthält. Für das in Bild 2.1 gezeigte Beispiel ist also die xy-Ebene die Polarisationsebene. Der Grund für diese Wahl ist, daß die Wechselwirkung zwischen elektromagnetischer Strahlung und Materie meistens über die elektrische Komponente erfolgt.

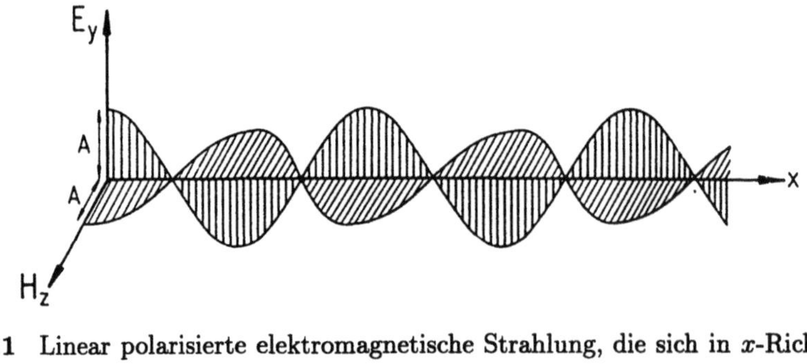

Bild 2.1 Linear polarisierte elektromagnetische Strahlung, die sich in x-Richtung fortpflanzt

2.2 Absorption und Emission von Strahlung

Wir betrachten zwei stationäre Zustände m und n eines Atoms oder Moleküls. Als stationär bezeichnet man einen Zustand, der von der Zeit unabhängig ist (siehe auch Kapitel 1.2). Die beiden Zustände mit den Energien E_m und E_n können sowohl elektronische als auch vibronische oder rotatorische Zustände sein. Bild 2.2(a) stellt ein solches Zwei-Niveau-System schematisch dar. Was passiert nun, wenn man dieses System einer Strahlung mit der Frequenz ν bzw. mit der Wellenzahl $\tilde{\nu}$ aussetzt? Die Energie dieser Strahlung soll genau der Energiedifferenz zwischen den beiden Zuständen m und n entsprechen:

$$\Delta E = E_n - E_m = h\nu = hc\tilde{\nu}. \tag{2.2}$$

Es können folgende Prozesse ablaufen:

1. ***Induzierte Absorption:*** Das Molekül (oder Atom) M absorbiert ein Strahlungsquant und wird dabei vom Zustand m in den Zustand n angeregt:

$$\mathrm{M} + hc\tilde{\nu} \rightarrow \mathrm{M}^*. \tag{2.3}$$

   Das ist der übliche, beobachtbare Absorptionsprozeß: So erscheint eine wäßrige Kupfersulfat-Lösung blau, weil die Komplementärfarbe Rot durch die Lösung absorbiert wird.

2. ***Spontane Emission:*** Das angeregte Molekül M* emittiert beim Übergang von Zustand n in den energieärmeren Zustand m spontan ein Strahlungsquant:

$$\mathrm{M}^* \rightarrow \mathrm{M} + hc\tilde{\nu}. \tag{2.4}$$

   Die spontane Emission machen wir uns im täglichen Leben zur Erzeugung von Licht zunutze. Typische Beispiele sind die Natriumdampflampen und die konventionellen Glühlampen.

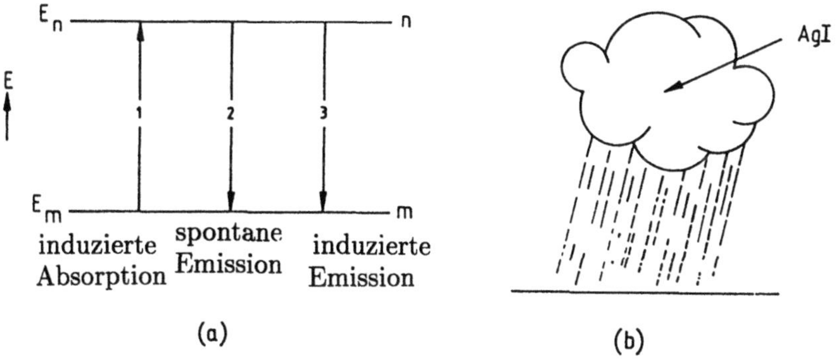

Bild 2.2 (a) Absorptions- und Emissionsprozeß zwischen den Zuständen m und n. (b) Impfen einer Regenwolke, um einen Regenschauer hervorzurufen

3. ***Induzierte oder stimulierte Emission:*** Dieser Prozeß unterscheidet sich grundsätzlich von dem der spontanen Emission. Der Übergang des angeregten Moleküls (oder Atoms) M* aus dem Zustand n in den Zustand m wird hier durch ein Strahlungsquant induziert oder stimuliert, dessen Energie der Gl. (2.2) genügt. Dieser Prozeß wird durch folgende Gleichung beschrieben:

$$\mathrm{M}^* + hc\tilde{\nu} \rightarrow \mathrm{M} + 2hc\tilde{\nu}. \tag{2.5}$$

Das mag etwas ungewöhnlich erscheinen, wenn man sich sonst nur mit spontaner Emission befaßt. Der Prozeß der stimulierten Emission läßt sich anschaulich mit dem Bild 2.2(b) darstellen: Hier wird eine Regenwolke mit Silberiodid geimpft, um einen Regenschauer herbeizuführen, der ohne dieses Impfen nicht stattgefunden hätte. Analog wird bei der stimulierten Emission das angeregte System M* mit einem Strahlungsquant mit der Wellenzahl $\tilde{\nu}$ „geimpft", um den Übergang von Zustand n in den Zustand m herbeizuführen, der bei Abwesenheit des Strahlungsquants mit der passenden Wellenzahl $\tilde{\nu}$ nicht stattfindet. So erscheint es vernünftig, diesen Absorptionsprozeß treffend mit „induzierter" oder „stimulierter" Absorption zu bezeichnen.

Durch induzierte Absorption ändert sich die Besetzungszahl (Population) N_n des Zustands n. Die Änderungsrate beträgt

$$\frac{\mathrm{d}N_n}{\mathrm{d}t} = N_m B_{mn} \rho(\tilde{\nu}). \tag{2.6}$$

B_{mn} ist der sogenannte Einstein-Koeffizient, und $\rho(\tilde{\nu})$ ist die Strahlungsdichte. Sie ist eine Funktion der Wellenzahl $\tilde{\nu}$:

$$\rho(\tilde{\nu}) = \frac{8\pi hc\tilde{\nu}^3}{\exp(hc\tilde{\nu}/kT) - 1}. \tag{2.7}$$

Auch die induzierte Emission ändert die Besetzungszahl N_n mit der Rate

$$\frac{\mathrm{d}N_n}{\mathrm{d}t} = -N_n B_{nm} \rho(\tilde{\nu}). \tag{2.8}$$

B_{nm} ist der Einstein-Koeffizient dieses Prozesses und identisch mit B_{mn}. Nun ist noch die Änderung der Besetzungszahl N_n durch spontane Emission zu berücksichtigen:

$$\frac{\mathrm{d}N_n}{\mathrm{d}t} = -N_n A_{nm}. \tag{2.9}$$

A_{nm} ist ein weiterer Einstein-Koeffizient. In Gl. (2.9) taucht $\rho(\tilde{\nu})$ nicht auf, und das unterstreicht, daß es sich hierbei um einen spontanen Prozeß handelt. Bei Anwesenheit einer Strahlung mit der passenden Wellenzahl $\tilde{\nu}$ setzen alle drei Prozesse gleichzeitig ein. Ist der Gleichgewichtszustand erreicht, ändern sich die Besetzungszahlen nicht mehr:

$$\frac{\mathrm{d}N_n}{\mathrm{d}t} = (N_m - N_n) B_{nm} \rho(\tilde{\nu}) - N_n A_{nm} = 0. \tag{2.10}$$

Das Verhältnis der Besetzungszahlen N_n und N_m wird durch die Boltzmann-Verteilung bestimmt:

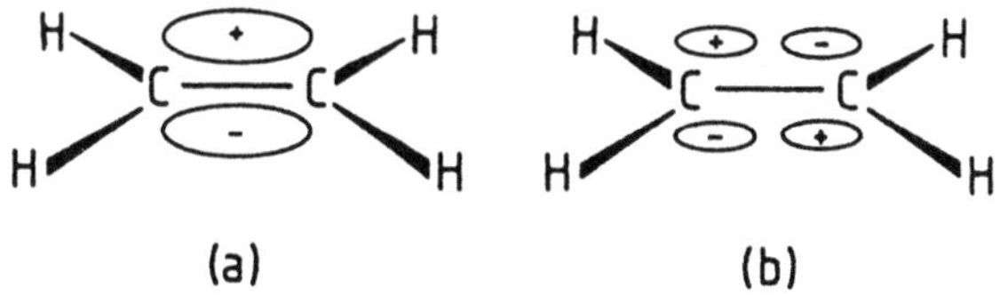

Bild 2.3 (a) Das π und (b) das π^*-Orbital des Ethylens

$$\frac{N_n}{N_m} = \frac{g_n}{g_m} \exp\left(-\frac{\Delta E}{kT}\right) = \exp\left(-\frac{\Delta E}{kT}\right). \tag{2.11}$$

Hier wird vorausgesetzt, daß der Entartungsgrad g_n und g_m für beide Zustände derselbe ist. Unter Verwendung der Gln. (2.11) und (2.7) erhält man aus Gl. (2.10) die Beziehung zwischen den Einstein-Koeffizienten A_{nm} und B_{nm}:

$$A_{nm} = 8\pi hc\tilde{\nu}^3 B_{nm}. \tag{2.12}$$

An Hand dieser Gleichung wird deutlich, daß die spontane Emission mit zunehmender Wellenzahl $\tilde{\nu}$rasch über die induzierte Emission dominiert. Dieser wichtige Gesichtspunkt ist von grundlegender Bedeutung für Planung und Aufbau eines Lasers, denn Laserlicht entsteht ausschließlich durch induzierte Emission. Näheres wird in Kapitel 9.1 erläutert.

Die Einstein-Koeffizienten sind über das Übergangsmoment $\boldsymbol{R}^{nm}$ mit den Wellenfunktionen ψ_m und ψ_n der entsprechenden Zustände verknüpft. Dieser Vektor $\boldsymbol{R}^{nm}$ ist eine wichtige Größe, um die Wechselwirkung mit dem elektrischen Feld des Lichts zu beschreiben. Das Übergangsmoment ist definiert als

$$\boldsymbol{R}^{nm} = \int \psi_n^* \boldsymbol{\mu} \psi_m \mathrm{d}\tau. \tag{2.13}$$

Die Größe $\boldsymbol{\mu}$ ist der Operator des elektrischen Dipolmoments:

$$\boldsymbol{\mu} = \sum_i q_i \boldsymbol{r}_i. \tag{2.14}$$

q_i ist die Ladung, und $\boldsymbol{r}_i$ ist der Positionsvektor des i-ten Teilchens (Elektron oder Kern). Das Übergangsmoment kann man sich als das oszillierende Dipolmoment während eines Übergangs vorstellen. Bild 2.3 soll dies am Beispiel des Ethylens verdeutlichen. Hier sind das π- und das π^*-Orbital des Ethylens dargestellt. Das permanente elektrische Dipolmoment $\boldsymbol{\mu}$ ist Null für einen dieser beiden Zustände. Wird nun während eines elektronischen Übergangs ein Elektron vom π- in das π^*-Orbital angeregt, so ist das resultierende Übergangsmoment von Null verschieden.

Das Betragsquadrat von $\boldsymbol{R}_{nm}$ ist die Übergangswahrscheinlichkeit und mit dem Einstein-Koeffizienten B_{nm} verknüpft durch

$$B_{nm} = \frac{8\pi^3}{(4\pi\epsilon_0)3h^2} \mid \boldsymbol{R}^{nm} \mid^2. \tag{2.15}$$

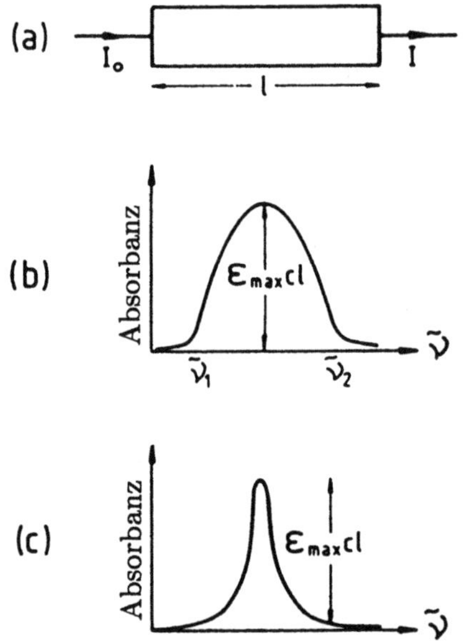

Bild 2.4
(a) Ein Absorptionsexperiment. (b) Eine breite und (c) eine schmale Absorptionsbande mit jeweils demselben ϵ_{max}

B_{nm} ist eine experimentell zugängliche Größe. Ein entsprechendes Absorptionsexperiment ist in Bild 2.4(a) schematisch dargestellt.

Strahlung mit der Intensität I_0 tritt durch die Absorptionszelle, die eine Länge l hat und absorbierendes Material mit der Konzentration c in flüssiger Phase enthält. Die Strahlung verläßt die Zelle mit der Intensität I. Durchfährt man den entsprechenden Wellenzahlenbereich der Absorption, z.B. von ν_1 bis ν_2, und mißt dabei das Verhältnis I_0/I, so erhält man ein Absorptionsspektrum. Anstelle des Intensitätsverhältnisses wird typischerweise die Absorbanz angegeben, die als $\log_{10}(I_0/I)$ definiert ist. Ein solches Spektrum ist in Bild 2.4(b) schematisch dargestellt. Gemäß dem Lambert-Beer-Gesetz ist die Absorbanz A proportional zu c und l:

$$A = \log_{10}\left(\frac{I_0}{I}\right) = \epsilon(\tilde{\nu})cl. \tag{2.16}$$

Der molare Absorptionskoeffizient bzw. die molare Absorptivität ϵ (in der älteren Literatur auch als molarer Extinktionskoeffizient bezeichnet) ist wiederum eine Funktion von $\tilde{\nu}$. Weil A eine dimensionslose Größe ist, hat ϵ die Dimension (Konzentration * Länge)$^{-1}$; als Einheit wird häufig mol^{-1} dm^3 cm^{-1} gewählt. Die Größe ϵ_{max} entspricht dem maximalen Wert von A und wird manchmal als Maß für die gesamte Absorptionsintensität angegeben. Wie irreführend die Verwendung von ϵ_{max} sein kann, verdeutlicht Bild 2.4(c): Das Spektrum weist dasselbe ϵ_{max} auf wie das in Bild 2.4(b), aber eine wesentlich kleinere integrale Intensität. Um solche Unklarheiten zu vermeiden, sollte man stets als Maß für die Absorptionsintensität die integrierte Fläche unter der Absorptionskurve angeben. Dann läßt sich auch eine Beziehung zwischen der experimentell meßbaren Größe der Absorptionsintensität und dem Einstein-Koeffizienten B_{nm} herstellen:

$$\int_{\tilde{\nu}_1}^{\tilde{\nu}_2} \epsilon(\tilde{\nu})\mathrm{d}\tilde{\nu} = \frac{N_A h\tilde{\nu}_{nm} B_{nm}}{\ln 10}. \tag{2.17}$$

Dies gilt jedoch nur unter der Vorraussetzung, daß $N_n \ll N_m$ und somit die Änderung der Besetzungszahl N_n durch spontane Emission vernachlässigt werden kann. In Gl. (2.17) ist $\tilde{\nu}_{nm}$ die mittlere Wellenzahl der Absorption und N_A die Avogadro-Konstante. Wird die Absorption durch einen elektronischen Übergang verursacht, wird als Maß für die Absorptionsintensität häufig die Oszillatorstärke f_{nm} angegeben. Sie berechnet sich aus der integrierten Fläche unter der Absorptionskurve gemäß

$$f_{nm} = \frac{4\epsilon_0 m_e c^2 \ln 10}{N_A e^2} \int_{\tilde{\nu}_1}^{\tilde{\nu}_2} \epsilon(\tilde{\nu}) \mathrm{d}\tilde{\nu}. \tag{2.18}$$

Die Größe f_{nm} ist dimensionslos; maximale Werte liegen in der Größenordnung von Eins. Die Oszillatorstärke ist das Verhältnis einer beobachtbaren Größe und einem theoretischen Wert. Die beobachtbare Größe ist die Stärke eines Übergangs, ausgedrückt als integrierte Fläche unter der Absorptionskurve. Der theoretische Wert wird aus dem Modell eines Elektrons in einem dreidimensionalen Kasten berechnet. Die Bezugsgröße ist dann die Stärke eines Übergangs eines ideal harmonisch oszillierenden Elektrons in drei Dimensionen.

Die Übergangswahrscheinlichkeit $| \boldsymbol{R}^{nm} |^2$ ist maßgeblich für die Auswahlregeln in der Spektroskopie. So spricht man von einem „erlaubten" Übergang, wenn $| \boldsymbol{R}^{nm} |^2$ von Null verschieden ist, und von einem „verbotenen" Übergang, wenn $| \boldsymbol{R}^{nm} |^2$ Null ist. Die Vokabeln „erlaubt" und „verboten" werden meist im Zusammenhang mit den Auswahlregeln der elektrischen Dipolstrahlung verwendet, wenn also Materie mit dem elektrischen Feld der Strahlung wechselwirkt. Der Operator des elektrischen Dipolmoments $\boldsymbol{\mu}$ hat Komponenten entlang der kartesischen Achsen:

$$\mu_x = \sum_i q_i x_i; \qquad \mu_y = \sum_i q_i y_i; \qquad \mu_z = \sum_i q_i z_i. \tag{2.19}$$

q_i ist die Ladung und x_i die x-Koordinate des i-ten Teilchens, usw.. Entsprechend kann auch das Übergangsmoment in drei Komponenten zerlegt werden:

$$R_x^{nm} = \int \psi_n^* \mu_x \psi_m \mathrm{d}x; \qquad R_y^{nm} = \int \psi_n^* \mu_y \psi_m \mathrm{d}y; \qquad R_z^{nm} = \int \psi_n^* \mu_z \psi_m \mathrm{d}z. \tag{2.20}$$

Die Übergangswahrscheinlichkeit setzt sich wiederum aus diesen drei Komponenten zusammen:

$$| \boldsymbol{R}^{nm} |^2 = (R_x^{nm})^2 + (R_y^{nm})^2 + (R_z^{nm})^2. \tag{2.21}$$

2.3 Linienbreiten

Ein experimentell beobachtbarer Übergang wird meist als „Linie" bezeichnet. Der Gebrauch dieses Wortes geht auf die Anfänge der Spektroskopie zurück: Mit Hilfe eines Spektroskops waren die sichtbaren Spektren, z.B. die des Natriumdampfes, tatsächlich als Linien beobachtet worden. Dabei handelte es sich um das Abbild des Eingangsspaltes bei verschiedenen Wellenlängen. Heutzutage wird die Intensität eines Übergangs als Funktion der Wellenlänge, der Frequenz oder der Wellenzahl aufgetragen. Die in einem

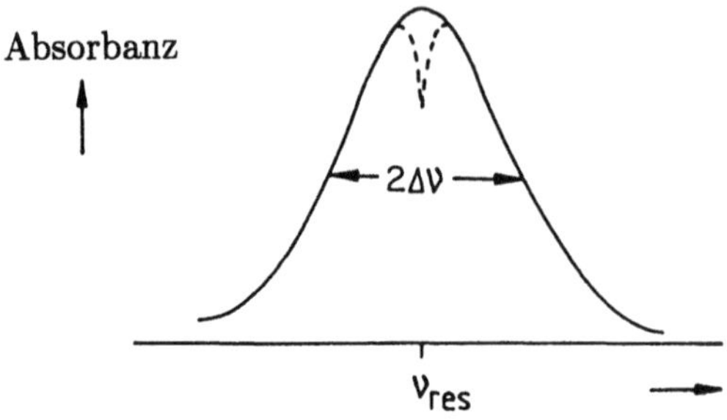

Bild 2.5 Typische (Gauß-) Absorptionslinie mit der Halbwertsbreite $\Delta\mu$. Gestrichelt ist eine Lamb-Senke (Lamb-Dip) eingezeichnet

solchen Spektrum auftretenden Signale (Peaks) werden aber weiterhin als Linien bezeichnet.

Bild 2.5 zeigt eine typische Absorptionslinie einer gasförmigen Probe mit einer Halbwertsbreite (HWHM = half-width at half-maximum) von $\Delta\mu$ und einer charakteristischen Linienform. Die Linie ist nicht unendlich schmal. Das gilt auch, wenn wir keine Verbreiterung durch das verwendete Instrument voraussetzen. Im folgenden betrachten wir die drei wichtigsten Faktoren, die die Linienbreite und -form beeinflussen.

2.3.1 Natürliche Linienverbreiterung

Durch Absorption läßt sich eine Überschußpopulation des Zustands N_n gegenüber der Boltzmann-Verteilung erzielen (vgl. Gl. (2.11)). Das angeregte Molekül (oder Atom) M* wird nun solange in den energieärmeren Zustand m übergehen, bis die Besetzungszahlen der beiden Zustände der Boltzmann-Verteilung entsprechen. Dieser Zerfall gehorcht einem Zeitgesetz erster Ordnung:

$$-\frac{\mathrm{d}N_n}{\mathrm{d}t} = kN_n. \tag{2.22}$$

k ist die Geschwindigkeitskonstante erster Ordnung und beträgt

$$\frac{1}{k} = \tau. \tag{2.23}$$

τ wird als Lebensdauer des Zustands n bezeichnet. In dieser Zeit nimmt die Besetzungszahl N_n auf $1/e$ des Anfangswertes ab (e ist die Basis des natürlichen Logarithmus). Zerfällt M* *nur* durch spontane Emission, erhalten wir durch Vergleich mit Gl. (2.9) für die Geschwindigkeitskonstante

$$k = A_{nm}. \tag{2.24}$$

Die Heisenbergsche Unschärferelation in der Form

$$\tau\Delta E \geq \hbar \tag{2.25}$$

verknüpft die Lebensdauer des Zustands n mit der Unschärfe seiner Energie. Diese Gleichung besagt, daß der Zustand n nur dann eine exakt definierte Energie hat, wenn die Lebensdauer τ dieses Zustands unendlich groß ist. Das ist aber niemals der Fall. Deshalb sind alle Energieniveaus zu einem gewissen Grad auf der Energieskala verschmiert, was dann eine Linienverbreiterung zur Folge hat. Die Kombination der Gln. (2.12) und (2.15) liefert eine Beziehung zwischen A_{nm} und der Übergangswahrscheinlichkeit:

$$A_{nm} = \frac{64\pi^4\nu^3}{(4\pi\epsilon_0)3hc^3} \mid \boldsymbol{R}^{nm} \mid^2 . \qquad (2.26)$$

Mit Gl. (2.25) folgt daraus:

$$\Delta\nu \geq \frac{32\pi^3\nu^3}{(4\pi\epsilon_0)3hc^3} \mid \boldsymbol{R}^{nm} \mid^2 . \qquad (2.27)$$

Auf der Frequenzskala ist also ein Übergang bei der Frequenz ν über einen Frequenzbereich $\Delta\nu$ verschmiert. Wegen dieser ν^3-Abhängigkeit ist die Frequenzspanne $\Delta\nu$ für einen elektronischen Übergang wesentlich größer als für einen rotatorischen Übergang. Das liegt daran, daß die Anregung elektronischer Übergänge Frequenzen in der Größenordnung von 30 MHz erfordert, während rotatorische Übergänge bereits im Frequenzbereich von 10^{-4} bis 10^{-5} Hz stattfinden.

Gl. (2.27) faßt in eine mathematische Formel, was man im allgemeinen unter natürlicher Linienverbreiterung versteht. Jedes Atom oder Molekül verhält sich in dieser Hinsicht homogen, und so resultiert als charakteristische Linienform eine Lorentz-Kurve.

Die natürliche Linienverbreiterung liefert normalerweise den kleinsten Beitrag zur Verbreiterung eines Peaks. Sie ist von beträchtlichem theoretischem Interesse und kann mit Hilfe der Lamb-Dip-Spektroskopie erfaßt werden. Mit der raffinierten Technik dieser Spektroskopie werden nämlich die anderen, nachstehend aufgeführten Ursachen der Linienverbreiterung ausgeblendet.

2.3.2 Doppler-Verbreiterung

Wird Strahlung absorbiert oder emittiert, so hängt die Frequenz, bei der dieser Vorgang stattfindet, von der relativen Geschwindigkeit des Atoms oder Moleküls zum Detektor ab. Im Alltag begegnen wir diesem Phänomen, wenn ein Einsatzwagen mit Martinshorn an uns vorüberfährt: Wir hören das Martinshorn mit scheinbar höherer Frequenz, wenn der Einsatzwagen auf uns zufährt, und mit scheinbar niedrigerer Frequenz, wenn der Einsatzwagen von uns wegfährt. Dieses Phänomen wird als Doppler-Effekt bezeichnet.

Ein Atom oder Molekül bewege sich mit der Geschwindigkeit v_a auf den Detektor zu. Die Frequenz ν_a, bei der ein Übergang im Detektor registriert wird, ist von der tatsächlichen Übergangsfrequenz ν des ruhenden Atoms oder Moleküls verschieden:

$$\nu_a = \nu \left(1 - \frac{v_a}{c}\right)^{-1} . \qquad (2.28)$$

Nun bewegen sich nicht alle Atome oder Moleküle mit derselben Geschwindigkeit v_a, sondern sie unterliegen der Maxwell-Geschwindigkeitsverteilung. Die charakteristische Linienverbreiterung ist daher

$$\Delta\nu = \frac{\nu}{c}\left(\frac{2kT\ln 2}{m}\right)^{1/2} . \tag{2.29}$$

m ist die Masse des Atoms oder Moleküls. Die Linienverbreiterung durch den Doppler-Effekt ist normalerweise wesentlich größer als die natürliche Linienverbreiterung. Auch ist hier die Verbreiterung nicht homogen, weil sich die Teilchen auf Grund der Maxwell-Geschwindigkeitsverteilung unterschiedlich verhalten. Es resultiert eine Gauß-Kurve als Linienform.

2.3.3 Druckverbreiterung

Finden Stöße zwischen den Atomen oder Molekülen in der Gasphase statt, gibt es einen Energieaustausch zwischen den Stoßpartnern, der zu einer wirkungsvollen Verbreiterung der Energieniveaus führt. Ist τ die mittlere Zeit zwischen zwei Stößen und führt jeder Stoß zu einem Übergang zwischen zwei Zuständen, so ist die Linienverbreiterung $\Delta\nu$ des Übergangs

$$\Delta\nu = (2\pi\tau)^{-1} . \tag{2.30}$$

Dieser Ausdruck ist aus der Unschärferelation Gl. (1.16) abgeleitet worden. Wie die natürliche Linienverbreiterung ist auch die Druckverbreiterung homogen und produziert daher eine Lorentz-Kurve. Die Übergänge bei sehr niedrigen Frequenzen weisen dagegen eine unsymmetrische Linienform auf.

2.3.4 Beseitigung der Linienverbreiterung

Von den drei vorgestellten Ursachen der Linienverbreiterung stellt die natürliche Linienverbreiterung den kleinsten Beitrag. Nur die Doppler- und die Druckverbreiterung können experimentell beseitigt oder verringert werden. Die Druckverbreiterung kann einfach durch Arbeiten bei hinreichend niedrigen Drücken bekämpft werden; dies gilt jedoch nur für Übergänge bei nicht zu kleinen Frequenzen. Die Doppler-Verbreiterung kann auf zwei verschiedene Weisen reduziert bzw. beseitigt werden, die an dieser Stelle kurz vorgestellt werden.

2.3.4.1 Atomarer oder molekularer Effusionsstrahl

Ein Strahl effundierender Atome oder Moleküle (siehe „Ramsey" in der Bibliographie) kann hergestellt werden, indem man die Atome oder Moleküle durch einen schmalen Schlitz pumpt. Dieser Schlitz ist typischerweise 20 μm breit und 1 cm lang. Der Druck beträgt einige Torr auf der Eingangsseite des Schlitzes. Der Strahl kann weiter kollimiert werden durch geeigente Wahl von Blenden, die entlang des Strahls aufgebaut werden.

Solche Strahlen finden vielfache Anwendungen, darunter auch einige wichtige in der Spektroskopie. Insbesondere wird die Druckverbreiterung spektraler Linien in diesen Effusionsstrahlen beseitigt. Werden die Spektren senkrecht zur Ausbreitungsrichtung des Effusionsstrahls aufgenommen, wird dadurch zusätzlich die Doppler-Verbreiterung stark reduziert, weil die Geschwindigkeitskomponente in Beobachtungsrichtung sehr klein ist.

2.3.4.2 Lamb-Dip-Spektroskopie

1969 erfand Costain eine sehr elegante Methode, die Doppler-Verbreiterung ohne Verwendung von Effusionsstrahlen zu beseitigen.

Der Aufbau des entsprechenden Absorptionsexperiments in Bild 2.6 weist eine Besonderheit auf: Strahlungsquelle und Detektor befinden sich auf derselben Seite der Absorptionszelle, im Gegensatz zu der Darstellung in Bild 2.4(a). Die einfallende Strahlung wird nach Durchgang durch die Absorptionszelle an einem Reflektor R reflektiert und durchläuft somit als ausfallender Strahl ein zweites Mal die Absorptionszelle, aber in entgegengesetzter Richtung wie der einfallende Strahl. Wir nehmen an, daß die Strahlung im Vergleich zur natürlichen Linienbreite sehr schmalbandig ist. Diese Bedingung kann zum Beispiel durch eine Mikrowelle oder durch einen Laser erfüllt werden. Wir erzeugen nun mit der Quelle eine Strahlung der Frequenz ν_a, die größer sein soll als die Resonanzfrequenz ν_{res} der zu untersuchenden Absorptionsbande (siehe Bild 2.5). Mit dieser Frequenz ν_a können wir einen Übergang nur in solchen Atomen oder Molekülen anregen, die eine Geschwindigkeitskomponente v_a weg vom Detektor aufweisen (Teilchen 1 und 2 in Bild 2.6). Diese Geschwindigkeitskomponente muß der Gl. (2.28) genügen, damit der Übergang stattfindet.

Durch diese Versuchsanordnung wird die Zahl solcher Atome oder Moleküle vermindert, die sich vor der Absorption im unteren Zustand m befanden und deren Geschwindigkeitskomponente v_a ist. Es wird quasi ein „Loch" in die Maxwell-Geschwindigkeitsverteilung der Moleküle im Zustand m „gebrannt"; das ist das sogenannte Lochbrennen (hole burning). Atome oder Moleküle, deren Geschwindigkeitskomponente $-v_a$ beträgt und die sich somit auf den Detektor zubewegen (Teilchen 6 und 7 in Bild 2.6), werden durch reflektierte Strahlung mit der Frequenz ν_a auf dem Rückweg angeregt.

Besitzen die Atome oder Moleküle keine Geschwindigkeitskomponente in Richtung des Detektors (Teilchen 3, 4 und 5 in Bild 2.6), absorbieren sie die Strahlung mit der Frequenz ν_{res}, unabhängig davon, ob sich die Strahlung auf dem Hin- oder auf dem Rückweg durch die Absorptionszelle befindet. Dadurch kann es zu einer Sättigung kommen. Der Begriff „Sättigung" muß erläutert werden. Im thermischen Gleichgewicht ist die Besetzungszahl des energieärmeren Zustands m gemäß der Boltzmann-Verteilung Gl. (2.11) größer als die Besetzungszahl des energiereicheren Zustands n. Setzt man das System einer Strahlung mit hoher Intensität und der Energie $E_n - E_m$ aus, werden die Besetzungszahlen beider Zustände gleich groß. Das System kann dann keine weiteren Strahlungsquanten mehr

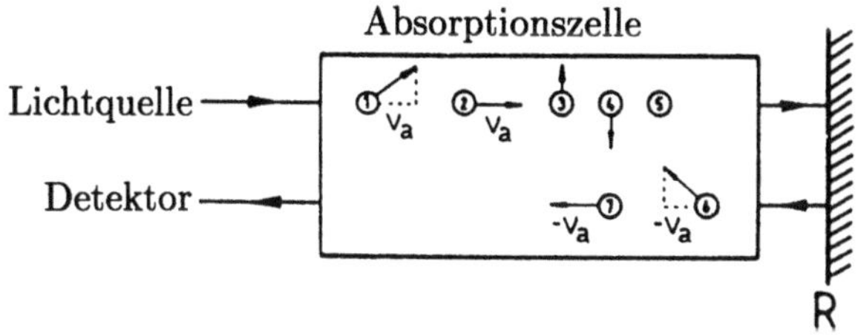

Bild 2.6 Drei Gruppen von Teilchen mit den Geschwindigkeitskomponenten v_a, 0 und $-v_a$ relativ zum Detektor in einem Lamb-Dip-Experiment

absorbieren: Es befindet sich in der Sättigung. Tritt nun eine solche Sättigung für die Teilchensorten 3, 4 und 5 ein, während die Strahlung sich auf den Reflektor zubewegt, kann nach der Reflexion die Strahlung auf ihrem Rückweg nicht mehr absorbiert werden. Im Absorptionsspektrum erscheint bei der Frequenz ν_{res} eine Senke, wie es in Bild 2.5 angedeutet ist. Das ist die sogenannte Lamb-Senke (Lamb-Dip), die von Lamb bereits 1964 vorhergesagt wurde. Die Breite dieses Dips ist die natürliche Linienbreite, und durch das Auftreten des Lamb-Dips kann die Resonanzfrequenz nun wesentlich genauer bestimmt werden.

Sättigung kann offensichtlich sehr schnell erreicht werden, wenn die Zustände m und n energetisch dicht beieinander liegen. Das ist z.B. für Mikrowellen- und NMR-Übergänge der Fall. Für energetisch weit auseinanderliegende Zustände kann Sättigung durch Verwendung eines Lasers mit seiner hohen Strahlungsintensität erzielt werden.

Aufgaben

1. Die Zahl der Stöße z eines Gasphasenmoleküls pro Zeiteinheit ist gegeben durch
$$z = \pi d^2 \left(\frac{8kT}{\pi m}\right)^{1/2} \frac{p}{kT},$$
wenn nur eine Spezies vorhanden ist. In dieser Gleichung ist d der Stoßquerschnitt, m die Molekülmasse, T die Temperatur und p der Druck. Berechnen Sie die Stoßzahl z und daraus die Druckverbreiterung $\Delta\nu$ in Hz für einen beobachtbaren Übergang einer gasförmigen Benzolprobe bei einem Torr und 293 K. Nehmen Sie an, der Stoßquerschnitt betrage 5 Å.
2. Berechnen Sie die Doppler-Verbreiterung $\Delta\nu$ in Hz für Übergänge des HCN-Moleküls bei 25 °C in den Energiebereichen für rotatorische (10 cm^{-1}), vibronische (1500 cm^{-1}) und elektronische Übergänge (60 000 cm^{-1}).
3. Die Strahlungsdichte als Funktion der Frequenz ist gegeben durch
$$\rho(\nu) = \frac{8\pi h\nu^3}{c^3} \frac{1}{\exp(h\nu/kT) - 1}.$$
Berechnen Sie typische Werte für Mikrowellen ($\nu = 50$ GHz) und für den nahen Infrarotbereich NIR ($\tilde{\nu} = 30000\ \text{cm}^{-1}$).
4. Berechnen Sie das Verhältnis der Zahl der Moleküle in einem angeregten rotatorischen, vibronischen und elektronischen Energieniveau zur Zahl der Moleküle im niedrigsten Energieniveau bei 25 °C und bei 1000 °C. Nehmen Sie an, die Zustände lägen um 30, 1000 und 40 000 cm^{-1} über dem jeweils niedrigsten Energieniveau.

Bibliographie

Ramsey, N. F. (1956). ***Molecular Beams***, Oxford University Press, Oxford.

Townes, C. H. und Schawlow, A. L. (1955). ***Microwave Spectroscopy***, McGraw-Hill, New York.

3 Allgemeine Aspekte experimenteller Methoden

3.1 Das elektromagnetische Spektrum

Im Vakuum pflanzt sich jede elektromagnetische Strahlung mit derselben Geschwindigkeit fort, nämlich mit der Lichtgeschwindigkeit c. Die Strahlung wird weiterhin durch ihre Wellenlänge λ charakterisiert, die sowohl für die Ausbreitung im Vakuum als auch in Luft angegeben wird. Die Angaben von Frequenz ν bzw. Wellenzahl $\tilde{\nu}$ beziehen sich dagegen konventionsgemäß auf die Fortpflanzung der elektromagnetischen Strahlung im Vakuum. Es gilt folgende Beziehung:

$$\lambda_{\mathrm{vac}} = \frac{c}{\nu} = \frac{1}{\tilde{\nu}}. \tag{3.1}$$

Bild 3.1 veranschaulicht die Bandbreite des elektromagnetischen Spektrums, angefangen von den energiearmen Radiowellen bis hin zur hochenergetischen γ-Strahlung. Das elektromagnetische Spektrum ist willkürlich in verschiedene Bereiche eingeteilt. Zwischen diesen bestehen nun keine prinzipiellen Unterschiede, aber durch diese Einteilung wird bereits die Anwendung unterschiedlicher Techniken angedeutet. Die angegebenen Bereichsgrenzen, die nicht als Absolutwerte aufzufassen sind, werden in Bild 3.1 in den Einheiten der Wellenlänge (mm oder nm), Frequenz (GHz) und Wellenzahl (cm^{-1}) angegeben. Für hochenergetische Strahlung werden als Energieeinheit häufig Elektronenvolt (eV) benutzt, die zu den anderen bekannten Energieeinheiten in folgender Beziehung steht:

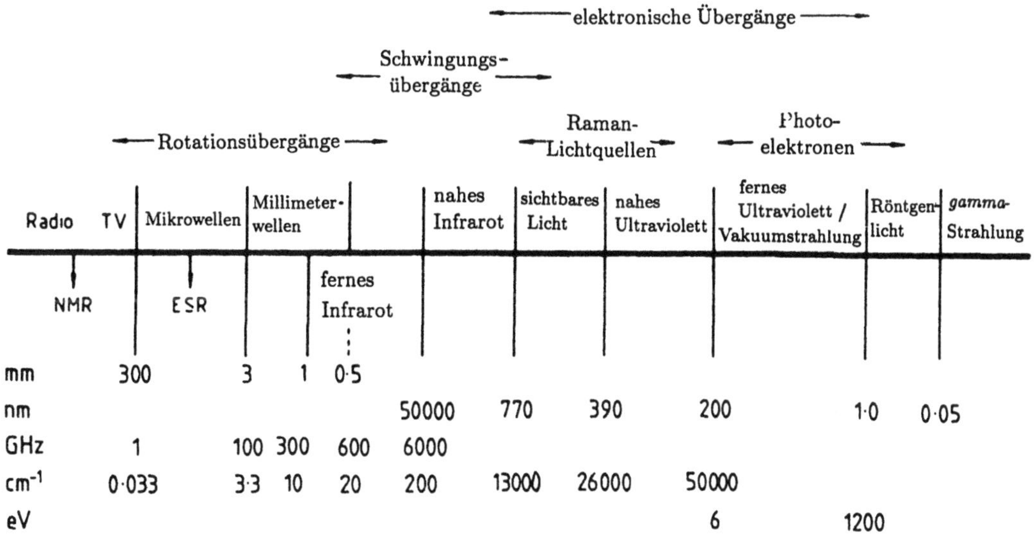

Bild 3.1 Die Bereiche des elektromagnetischen Spektrums

$$1\,\text{eV} = hc\,(8065{,}54\,\text{cm}^{-1}) = h\,(2{,}417\,99 * 10^{14}\,\text{s}^{-1}). \tag{3.2}$$

Zusätzlich sind in Bild 3.1 die Prozesse aufgeführt, die bei Bestrahlung in einem Atom oder Molekül stattfinden können. So kann mit zunehmender Energie in einem Molekül eine Rotation, eine Vibration, ein elektronischer Übergang oder die Ionisation angeregt werden; Bild 3.1 listet die hierfür nötigen typischen Energien auf. Ein Molekül kann auch in einem Raman-Prozeß das Licht streuen; für ein solches Experiment verwendet man dann Lichtquellen des sichtbaren oder nahen Infrarot-Bereiches (siehe Kap. 5.3.1). In einem Atom kann nur ein elektronischer Übergang oder die Ionisation angeregt werden, da es keine Freiheitsgrade der Rotation und der Vibration besitzt. In einem kernmagnetischen Resonanz- (NMR-)Experiment und einem Elektronen-Spin-Resonanz- (ESR-) Experiment werden Übergänge zwischen Kernspin- bzw. Elektronenspin-Energieniveaus angeregt. Um diese Experimente durchführen zu können, muß sich die Probe zwischen den Polschuhen eines Magneten befinden. In diesem Buch werden wir uns nicht damit befassen.

3.2 Prinzipieller Aufbau eines Absorptionsexperiments

Die Emissionsspektroskopie ist zum großen Teil auf den sichtbaren und den ultravioletten Bereich des elektromagnetischen Spektrums beschränkt. Die Spektren werden hierbei in einem Lichtbogen, in einer elektrischen Entladung oder mit einem Laser erzeugt. Demgegenüber wird die Absorptionsspektroskopie häufiger angewendet. Aus diesem Grund wollen wir uns im folgenden mehr auf die Absorption konzentrieren.

In Bild 3.2 sind die vier Hauptkomponeten eines Absorptionsexperiments schematisch dargestellt. Dies sind im einzelen die Lichtquelle, die Absorptionszelle, das dispergierende Element und der Detektor. Idealerweise liefert die Quelle ein kontinuierliches Breitbandspektrum elektromagnetischer Strahlung, deren Intensität über einen weiten Wellenlängenbereich nahezu konstant ist. Das Fenstermaterial der Absorptionszelle, die die Probe enthält, muß durchlässig für die Strahlung sein. Außerdem muß die Absorptionszelle lang genug sein, um den Wert der Absorbanz nach Gl. (2.16) groß genug werden zu lassen.

Auch ist die Wahl des Aggregatzustandes der Probe von entscheidender Bedeutung. Im allgemeinen wählt man für die hochauflösende Spektroskopie gasförmige Proben (der Begriff der Auflösung wird in Kap. 3.3.1 diskutiert). Um Druckverbreiterung zu vermeiden,

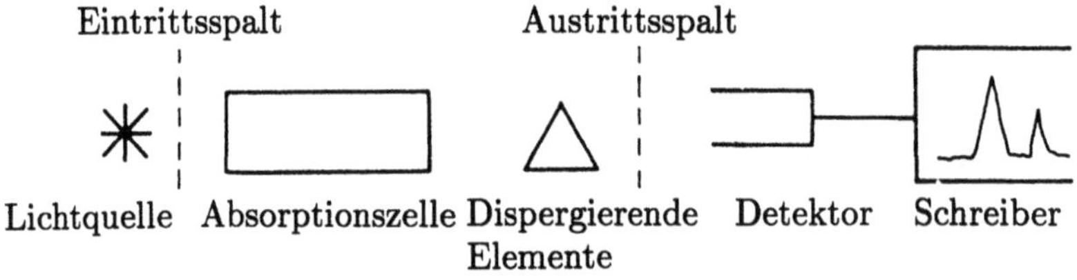

Bild 3.2 Die Komponenten eines typischen Absorptionsexperiments

arbeitet man hier bei hinreichend niedrigen Drücken (vgl. Kap. 2.3.3). In der flüssigen Phase geht die Rotationsstruktur verloren, und die Vibrationsstruktur ist stark verbreitert. Flüssige Proben werden aber für analytische Zwecke mit der Infrarotspektroskopie untersucht. Außerdem können die Absorptionsspektren flüssiger Proben hinsichtlich der Oszillatorstärken von elektronischen Übergängen ausgewertet werden (siehe Gl. (2.18)). In der festen Phase kann die Probe als reiner Kristall, als Mischkristall oder als feste Lösung, beispielsweise in gefrorenem Edelgas, vorliegen. Weil die Moleküle in der festen Phase an einem Gitterplatz fixiert sind, ist die freie Rotationsbewegung gelöscht (gequencht). Vibrations- und elektronische Übergänge fester Proben sind bei normalen Temperaturen im allgemeinen breit, können aber bei der Temperatur des flüssigen Heliums (ca. 4 K) sehr scharf werden.

Das dispergierende Element soll die Strahlung in möglichst schmale Wellenlängenintervalle zerlegen. Zu diesem Zweck wird ein Prisma, ein Beugungsgitter oder ein Interferometer verwendet, die im Kap. 3.3 vorgestellt werden. In der Mikrowellen- und der Millimeterspektroskopie wird ein dispergierendes Element nicht benötigt. Der Detektor muß im untersuchten Wellenlängenbereich empfindlich sein. Spektren werden häufig auf einem xy-Schreiber aufgezeichnet. Für ein Spektrum wird die Absorbanz oder die prozentuale Transmission ($100I/I_0$; vgl. Gl. (2.16)) als Funktion der Frequenz oder Wellenzahl auf Millimeterpapier aufgetragen. Die Verwendung von Frequenz bzw. Wellenzahl als Energieeinheit bietet den Vorteil, daß diese linear mit der Energie verknüpft sind, während die Wellenlänge umgekehrt proportional zur Energie ist und deswegen nicht so oft benutzt wird. Die Angabe von Wellenlängen ist eher typisch für die Optik als für die Spektroskopie des Experiments.

3.3 Dispergierende Elemente

3.3.1 Prismen

Prismen sind mittlerweile als dispergierende Elemente weitgehend durch Beugungsgitter oder Interferometer ersetzt worden. In diesem Kapitel wollen wir uns dennoch mit Prismen befassen, denn es finden sich hierfür noch immer einige Anwendungen in der Spektroskopie. Außerdem lassen sich an Hand von Prismen die Begriffe Auflösung und Dispersion anschaulich darstellen.

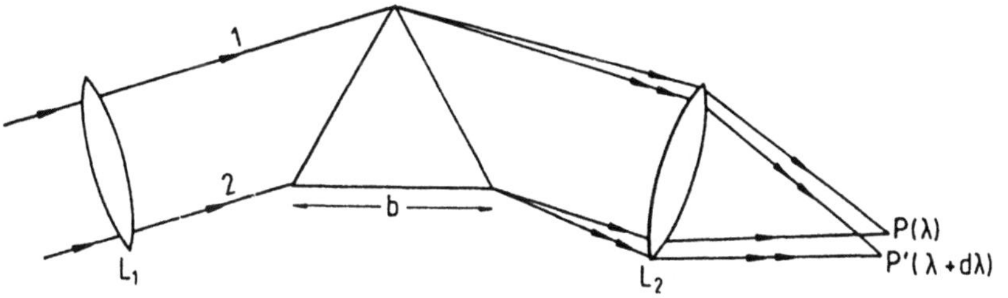

Bild 3.3 Dispersion durch ein Prisma

Die Fläche eines Prismas mit der Basislänge b wird wie in Bild 3.3 mit weißem Licht bestrahlt; durch die Zerstreuungslinse L_1 wird ein paralleles Lichtbündel erzeugt. Durch das Prisma wird die Strahlung spektral zerlegt, aufgelöst und mit der Sammellinse L_2 auf einen Detektor fokussiert. Können die Wellenlängen λ und $\lambda + \mathrm{d}\lambda$ gerade noch getrennt beobachtet werden, so ist $\mathrm{d}\lambda$, bzw. das entsprechende Frequenz- oder Wellenlängenintervall $\mathrm{d}\nu$ und $\mathrm{d}\tilde{\nu}$, die erzielte Auflösung[1]. Das Auflösungsvermögen[2] R eines dispergierenden Elements ist generell definert als

$$R = \frac{\lambda}{\mathrm{d}\lambda} = \frac{\nu}{\mathrm{d}\nu} = \frac{\tilde{\nu}}{\mathrm{d}\tilde{\nu}}. \tag{3.3}$$

Unter der Voraussetzung, daß die Strahlen 1 und 2 gerade auf die Ecken der beleuchteten Prismenfläche fallen, gilt für das Auflösungsvermögen eines Prismas

$$R = b\frac{\mathrm{d}n}{\mathrm{d}\lambda}. \tag{3.4}$$

In Gl. (3.4) ist n der Brechungsindex des Prismenmaterials. Um ein hohes Auflösungsvermögen zu erzielen, muß also $\mathrm{d}n/\mathrm{d}\lambda$ groß sein. Dieser Fall tritt typischerweise nahe der Durchlässigkeitsgrenze des Prismenmaterials ein. Glas absorbiert zum Beispiel Strahlung mit $\lambda <$ ca. 360 nm; daher ist das Auflösungsvermögen eines Glasprismas am größten für blaues und violettes Licht. Quarz absorbiert Strahlung mit $\lambda <$ ca. 185 nm. Deshalb ist hier das Auflösungsvermögen im Bereich zwischen 300 und 200 nm am größten und relativ klein für sichtbares Licht.

Liegen die Punkte P und P′ in Bild 3.3 um einen Abstand $\mathrm{d}l$ auseinander, so ist die lineare Dispersion definiert als $\mathrm{d}l/\mathrm{d}\lambda$. Die Winkeldispersion ist definiert als $\mathrm{d}\theta/\mathrm{d}\lambda$. Die Größe $\mathrm{d}\theta$ ergibt sich aus der Differenz der unterschiedlichen Winkel, die die Strahlen 1 und 2 relativ zur Linse L_2 bilden.

Wir haben gesagt, daß die Wellenlängen λ und $\lambda + \mathrm{d}\lambda$ gerade getrennt beobachtet (aufgelöst) werden können, aber wir haben noch nicht näher erklärt, was darunter eigentlich zu verstehen ist. Rayleigh hat ein Kriterium vorgeschlagen, durch den der Begriff Auflösung definiert werden kann. Wir stellen uns vor, daß vor der Linse L_1 in Bild 3.3 eine Lochblende mit schmalem Eintrittsspalt vorhanden sei. Auf den Detektor fällt dann nicht nur das Bild des Eintrittsspalts unter der Wellenlänge λ, sondern es wird durch die Beugung an diesem Spalt das ganze Beugungsmuster mit den Intensitätsminima bei $\pm\lambda$, $\pm 2\lambda$, ... um das Hauptmaximum zu beobachten sein. Dies ist in Bild 3.4(a) für eine Wellenlänge λ schematisch dargestellt. Auch für die Wellenlänge $\lambda + \mathrm{d}\lambda$ entsteht ein solches Beugungsmuster. Die Hauptmaxima dieser beiden Wellenlängen (siehe Bild 3.4(b)) entsprechen den Punkten P und P′ in Bild 3.3. Rayleigh schlug nun vor, daß die Punkte P und P′ gerade dann aufgelöst sind, wenn das Hauptmaximum P′ der Wellenlänge $\lambda + \mathrm{d}\lambda$ mindestens soweit wie das erste Beugungsminimum der Wellenlänge λ vom Hauptmaximum P entfernt ist.

Wir müssen uns immer vor Augen halten, daß eine Linie im Spektrum gleichbedeutend ist mit dem Bild des Eintrittsspalts bei einer bestimmten Wellenlänge. Das Bild des Eintrittsspalts ist aber immer auch ein komplettes Beugungsmuster, wie es in Bild

[1]Wir sprechen von „hoher Auflösung“ („niedriger Auflösung“), wenn $\mathrm{d}\lambda$, $\mathrm{d}\nu$ oder $\mathrm{d}\tilde{\nu}$ klein (groß) ist.
[2](Anm. des Übersetzers: im Englischen resolving power)

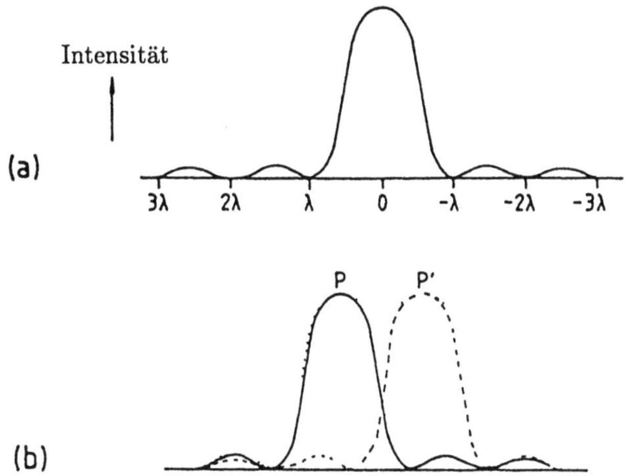

Bild 3.4 (a) Das Beugungsmuster, das durch Beugung am Spalt entsteht. (b) Das Rayleigh-Kriterium für die Auflösung

3.4(a) gezeigt ist. Vergrößert man nun den Eintrittsspalt, wird auch das Hauptmaximum des Beugungsmusters breiter, und damit wird wiederum die mögliche Auflösung des dispergierenden Elements verschlechtert. Andererseits kann auch der Fall eintreten, daß trotz Verringerung der Breite des Eintrittsspalts keine Auflösungsverbesserung erzielt wird, obwohl mit dem dispergierenden Element eine sehr hohe Auflösung erreicht werden könnte. Das passiert meistens dann, wenn die Linienbreite durch Doppler- oder Druckverbreiterung bestimmt ist (siehe Kap. 2.3.2 und 2.3.3).

3.3.2 Beugungsgitter

Ein Beugungsgitter besteht üblicherweise aus einer harten Glas- oder Metallplatte, in die eine große Zahl paralleler Furchen geritzt ist. Diese Furchen liegen sehr dicht beieinander; Abstände in der Größenordnung von 1 μm sind keine Seltenheit. Die Gitter sind auf der geritzten Seite meist mit einer stark reflektierenden, dünnen Metallschicht überzogen, so daß das Gitter auch wie ein Spiegel wirkt. Häufig verwendet man zu diesem Zweck Aluminium. Die Oberfläche des Gitters kann sowohl eben als auch konkav gekrümmt sein. Mit konkav gekrümmten Gittern kann das einfallende Licht dann nicht nur spektral zerlegt, sondern auch fokussiert werden.

In Bild 3.5 ist gezeigt, wie weißes Licht durch ein Reflexionsgitter gestreut wird. Beugungsmaxima treten bei einem Gitter dann auf, wenn folgende Bedingung erfüllt ist:

$$m\lambda = d(\sin i + \sin\theta). \tag{3.5}$$

Mit i und θ sind Einfalls- und Ausfallswinkel bezeichnet, jeweils relativ zur Flächennormalen gemessen. d ist der Abstand zwischen den Furchen (Gitterkonstante), λ die Wellenlänge und m $(= 0, 1, 2, \ldots)$ die Beugungsordnung. Für senkrechten Lichteinfall gilt

$$m\lambda = d\sin\theta. \tag{3.6}$$

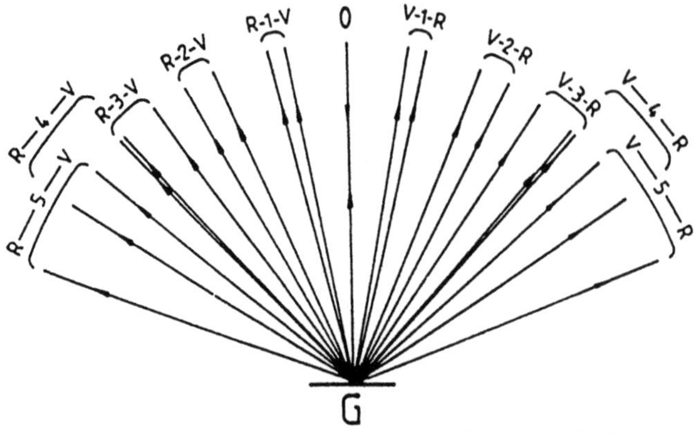

Bild 3.5 Verschiedene Beugungsordnungen eines ebenen Reflexionsgitters

Die Winkeldispersion des Gitters ist gegeben als

$$\frac{\mathrm{d}\theta}{\mathrm{d}\lambda} = \frac{m}{d\cos\theta}. \tag{3.7}$$

In Bild 3.5 ist skizziert, wie die Winkeldispersion mit steigender Ordnung zunimmt. Das erkennen wir daran, daß die Farbskala von Violett (V) bis Rot (R) breiter aufgefächert wird. Das Auflösungsvermögen R eines Gitters (siehe Gl. (3.3)) ist gegeben durch

$$R = mN. \tag{3.8}$$

N ist die Gesamtzahl der Striche, aber um das volle Auflösungsvermögen des Gitters zu erzielen, müssen natürlich alle Striche durch das einfallende Licht ausgeleuchtet werden. Wollen wir die maximale Dispersion und die maximale Auflösung des Gitters ausschöpfen, müssen wir bei möglichst hoher Beugungsordnung arbeiten. Diese Forderung ergibt sich aus den Gln. (3.7) und (3.8). Andererseits verdeutlicht uns Bild 3.5, daß in diesem Fall Probleme durch Überlagerung mit benachbarten Beugungsordnungen entstehen. Das läßt sich durch Filtern oder Vor-Dispergieren des einfallenden Lichts mit einem kleinen Prisma oder Gitter vermeiden.

Verwenden wir nur eine Beugungsordnung, verschwenden wir die Lichtintensität, die in die übrigen Ordnungen und in dieselbe Ordnung auf der anderen Seite gebeugt wird. Wenn man ein sogenanntes Blaze-Gitter (auch die Begriffe Echelette- und Echelle-Gitter sind gebräuchlich) verwendet, kann die einfallende Strahlung in eine Vorzugsrichtung gestreut werden. Die Furchen eines Strichgitters werden normalerweise mit einem Diamanten eingeritzt und sind gewöhnlich wie ein symmetrisches V geformt. Ritzt man die Furchen so, daß sie eine lange und eine kurze Seite haben wie in Bild 3.6, wird die Reflexion am effektivsten genau dann sein, wenn die einfallenden und ausfallenden Strahlen, wie gezeigt, einen Winkel ϕ zur Normalen N der Gitterfläche bilden: Dann sind die Strahlen senkrecht zur langen Seite der Furche. Der Winkel ϕ heißt Blaze-Winkel. Sind Einfalls- und Ausfallswinkel wie in Bild 3.6 gleich, wird aus Gl. (3.5)

$$m\lambda = 2d\sin\theta. \tag{3.9}$$

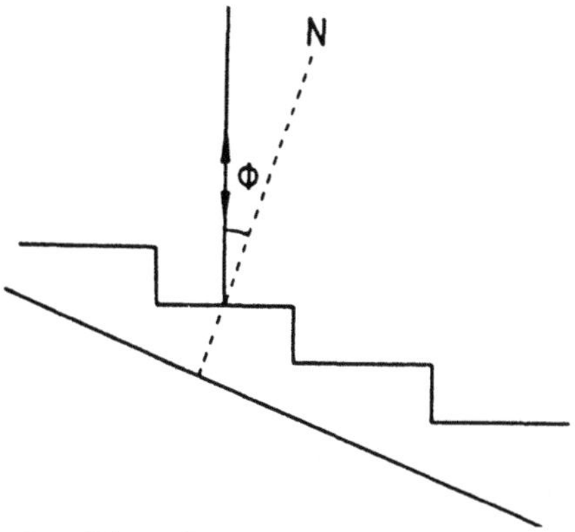

Bild 3.6 Verwendung eines Blaze-Gitters beim Blaze-Winkel ϕ

Beugungsgitter können durch einen holographischen Prozeß hergestellt werden. Die Blaze-Charakteristik kann jedoch dabei nicht kontrolliert werden, und ihre Effizienz ist zudem im Infrarot-Bereich klein. Die Blaze-Gitter werden daher meistens dann eingesetzt, wenn im sichtbaren und ultravioletten Bereich bei niedriger Beugungsordnung gearbeitet wird.

3.3.3 Fourier-Transformation und Interferometer

Ein dünner Ölfilm auf Wasser schillert in vielen verschiedenen Farben und illustriert auf diese Weise eine dritte Methode der Lichtbeugung. Das einfallende, weiße Licht wird innerhalb des Films vorwärts und rückwärts reflektiert, und zu jeder Zeit verläßt ein Teil des Lichts die Oberfläche wieder. Die nach verschieden vielen Reflexionen austretenden Strahlen können nun je nach Wellenlänge konstruktiv oder destruktiv miteinander interferieren und erzeugen so die schillernde Farbenpracht. Dieses Prinzip macht man sich bei einem Interferometer zunutze, das zur Dispersion von infrarotem, sichtbarem und ultraviolettem Licht verwendet wird. Am häufigsten findet man jedoch ein Interferometer in Infrarot-Spektrometern.

Bevor wir uns in Kap. 3.3.3.2 mit dem Infrarot-Interferometer befassen, müssen wir uns zunächst mit dem Prinzip der Fourier-Transformation vertraut machen. Das ist ein sehr wichtiger Schritt bei der Signalverarbeitung eines Interferometers. Das Meßsignal eines Interferometers liefert uns nämlich nicht das übliche Intensität-gegen-Wellenlänge-Spektrum eines gewöhnlichen Spektrometers, sondern erst durch die Fourier-Transformation des Interferometer-Signals erhalten wir ein solches Spektrum. Das Prinzip der Fourier-Transformation wollen wir uns zunächst am Beispiel der langwelligen Radiostrahlung aneignen, wo es einfacher als bei kurzwelliger Infrarot-, sichtbarer oder ultravioletter Strahlung zu verstehen ist.

3.3.3.1 Radiofrequenz-Strahlung

Wir betrachten eine Strahlung mit einer Frequenz von 100 MHz, also mit einer Wellenlänge von 3 m. Diese Art von Strahlung wird typischerweise in der NMR-Spektroskopie verwendet und auch zur Übertragung von Radiosignalen im UKW-Bereich eingesetzt. Die Frequenz der typischen Radiostrahlung ist also kleiner als die Frequenz der Infrarot-Strahlung mit 10 000 GHz (siehe Bild 3.1). Die Frequenz eines Radiosignals kann mit Detektoren sehr kurzer Ansprechzeit direkt und schnell gemessen werden. Fällt monochromatische Radiostrahlung auf den Detektor, so reagiert dieser auf das mit der Frequenz ν periodisch oszillierende elektrische Feld E (siehe Bild 2.1). Das gemessene Signal des Detektors $f(t)$ variiert mit der Zeit t, wie es Bild 3.7(a) zeigt. Man sagt, das Spektrum wurde in der Zeit-Domäne gemessen. In diesem Fall ist es das Spektrum einer monochromatischen Strahlungsquelle.

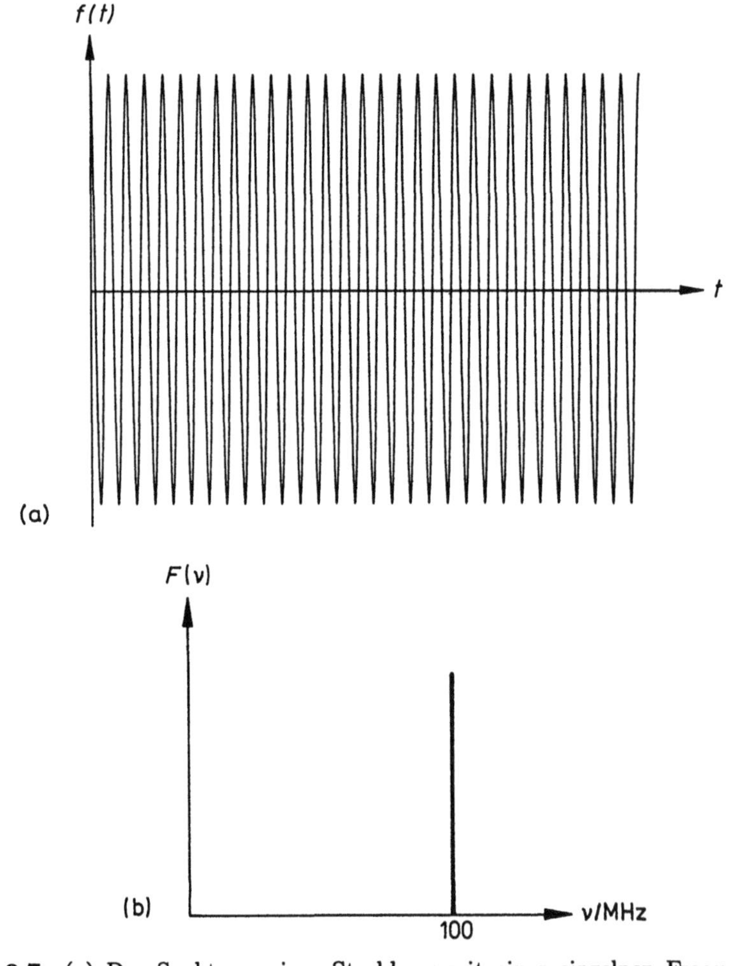

Bild 3.7 (a) Das Spektrum einer Strahlung mit einer einzelnen Frequenz in (a) der Zeitdomäne und (b) das entsprechende Spektrum in der Frequenzdomäne

Uns sind jedoch Spektren in der Frequenz- (oder Wellenzahl- bzw. Wellenlängen-) Domäne vertrauter, in denen das Meßsignal als Funktion der Frequenz, Wellenzahl bzw. Wellenlänge an Stelle der Zeit aufgetragen ist. Es ist leicht einzusehen, daß das Spektrum Bild 3.7(a) in der Zeitdomäne dem Spektrum Bild 3.7(b) in der Frequenzdomäne entspricht. Hier ist das Signal $F(\nu)$ als Funktion der Frequenz ν aufgetragen. Eine monochromatische Strahlungsquelle erzeugt ein Spektrum mit nur einer Linie.

Man gelangt von dem Spektrum in der Zeitdomäne $f(t)$ zum Spektrum in der Frequenzdomäne $F(\nu)$ mit Hilfe der Fourier-Transformation. Die Frequenz der Linie, die in Bild 3.7(b) zu sehen ist, entspricht genau dem Wert der Frequenz, hier also 100 MHz, die in der folgenden Gleichung auftaucht:

$$f(t) = A\cos 2\pi\nu t. \tag{3.10}$$

Das ist die mathematische Darstellung des Spektrums in der Zeitdomäne; A ist die Amplitude von $f(t)$. Emittiert die Strahlungsquelle nun Strahlung mit zwei verschiedenen Frequenzen, z.B. ν und $\frac{1}{4}\nu$, mit jeweils derselben Amplitude, lautet die zugehörige Gleichung in der Zeitdomäne

$$f(t) = A[\cos 2\pi\nu t + \cos 2\pi(\tfrac{1}{4}\nu)t]. \tag{3.11}$$

Das entsprechende Spektrum in der Zeitdomäne ist in Bild 3.8(a) dargestellt. Bild 3.8(b) zeigt das zugehörige Spektrum in der Frequenzdomäne, und hier sehen wir zwei gleich intensive Linien bei 25 MHz und bei 100 MHz.

Die Summe der beiden Kosinus-Funktionen in Bild 3.8(a) führt zu einer Schwebung. Die Frequenz dieser Schwebung ν_B ergibt sich aus den Frequenzen der überlagerten Wellen nach folgender Gleichung

$$\nu_B = \mid \nu_1 - \nu_2 \mid . \tag{3.12}$$

In unserem Beispiel ist ν_B 75 MHz.

Im nächsten Beispiel wird wieder Strahlung mit den Frequenzen ν und $\frac{1}{4}\nu$ emittiert, aber diesmal soll die höherfrequente Strahlung die halbe Intensität der niederfrequenten Strahlung aufweisen. Die entsprechende Gleichung lautet daher:

$$f(t) = \tfrac{1}{2}A\cos 2\pi\nu t + A\cos 2\pi(\tfrac{1}{4}\nu)t \tag{3.13}$$

Bild 3.9(a) und Bild 3.9(b) zeigen die zugehörigen Spektren in der Zeit- und in der Frequenzdomäne.

Der Übergang von den Spektren in der Zeitdomäne (Bilder 3.7(a) - 3.9(a)) zu den Spektren in der Frequenzdomäne (Bilder 3.7(b) - 3.9(b)) scheint einfach zu sein, nicht zuletzt deshalb, weil wir das Ergebnis schon vorher wußten. Man kann sich aber ebenso vorstellen, daß auch kompliziertere Spektren in der Zeitdomäne in eine Summe von Teilwellen zerlegt werden können, wobei jede Teilwelle durch ihre Frequenz und Amplitude charakterisiert ist. Diese mathematische Operation der Fourier-Transformation ist aber recht aufwendig und macht den Einsatz eines Computers erforderlich. Die mathematischen Prinzipien sollen nur kurz vorgestellt werden.

Ein Spektrum in der Zeitdomäne kann in einer allgemeinen Form ausgedrückt werden:

$$f(t) = \int_{-\infty}^{+\infty} F(\nu)\exp(i2\pi\nu t)\,\mathrm{d}\nu. \tag{3.14}$$

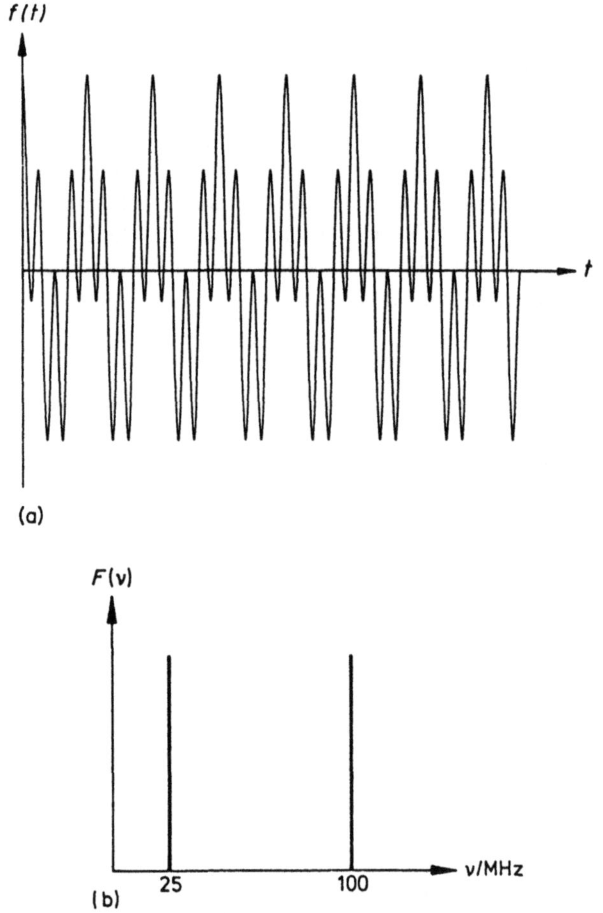

Bild 3.8 (a) Das Spektrum in der Zeitdomäne und (b) das entsprechende Spektrum in der Frequenzdomäne einer Strahlung mit zwei verschiedenen Frequenzen und einem Intensitätsverhältnis 1:1

Dabei ist $i = \sqrt{-1}$ und $F(\nu)$ das gesuchte Spektrum in der Frequenzdomäne. Mit

$$\exp(i\phi t) = \cos\phi t + i\sin\phi t \tag{3.15}$$

erhalten wir aus Gl. (3.14)

$$f(t) = \int_{-\infty}^{+\infty} F(\nu)(\cos 2\pi\nu t + i\sin 2\pi\nu t)\,\mathrm{d}\nu. \tag{3.16}$$

Für unsere Zwecke können wir im allgemeinen den Imaginär-Anteil, also $i\sin 2\pi\nu t$, vernachlässigen. Übrig bleibt dann eine Summe von Kosinus-Termen, die wir schon von vornherein angenommen hatten. Durch die Fourier-Transformation erhalten wir aus $f(t)$ die gewünschte Darstellung $F(\nu)$:

$$F(\nu) = \int_{-\infty}^{+\infty} f(t)\exp(-i2\pi\nu t)\,\mathrm{d}t. \tag{3.17}$$

Verwenden wir

$$\exp(-i\phi t) = \cos\phi t - i\sin\phi t, \tag{3.18}$$

erhalten wir

$$F(\nu) = \int_{-\infty}^{+\infty} f(t)(\cos 2\pi\nu t - i\sin 2\pi\nu t)\,\mathrm{d}t. \tag{3.19}$$

Auch hier können wir wieder den Imaginärteil $i\sin 2\pi\nu t$ vernachlässigen.

Der Computer digitalisiert das Spektrum, das in der Zeitdomäne $f(t)$ gemessen wurde, und führt die Fourier-Transformation aus. Das Ergebnis ist das digitalisierte Spektrum in der Frequenzdomäne, $F(\nu)$. Mit Hilfe einer Digital-Analog-Wandlung wird das Spektrum in die gewünschte, analoge Form umgewandelt.

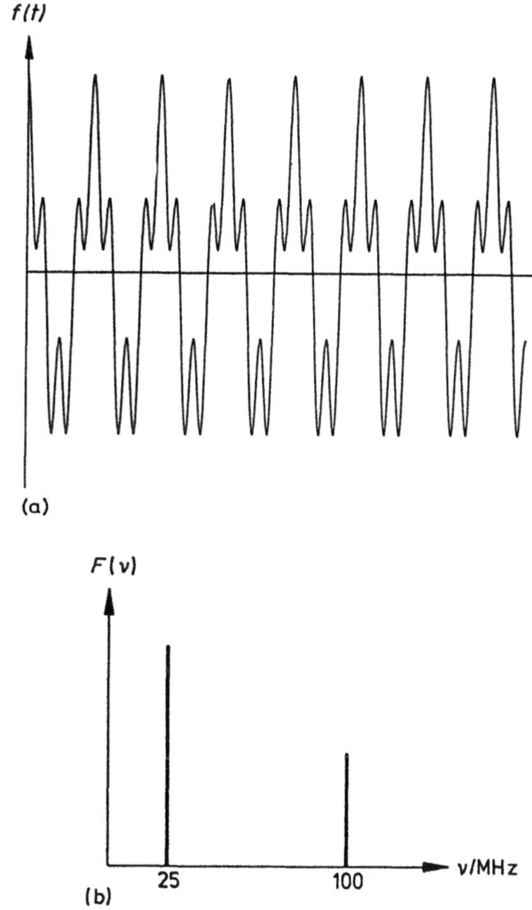

Bild 3.9 (a) Das Spektrum in der Zeitdomäne und (b) das entsprechende Spektrum in der Frequenzdomäne einer Strahlung mit zwei verschiedenen Frequenzen und einem Intensitätsverhältnis 2:1

Bei einem Radio, das beispielsweise auf den UKW-Bereich oder jeden beliebigen anderen Bereich von Radiowellen eingestellt ist, wird über die Antenne ein ganzes Spektrum von gesendeten Radiofrequenzen empfangen. Das Radio führt nun im Endeffekt eine Fourier-Transformation des Signals durch. Das hat zur Folge, daß wir jede beliebige Frequenz einstellen können, ohne daß der Empfang durch Interferenz mit anderen Frequenzen gestört wird.

Wir haben bislang jedoch einen wichtigen Aspekt vernachlässigt. So bestehen reale Spektren in der Frequenzdomäne nicht aus unendlich scharfen Linien, wie es in den Bildern 3.7(b) - 3.9(b) dargestellt ist. Wir haben ja bereits gelernt, daß die beobachtbaren Linien eine gewisse Breite und Form aufweisen (siehe Kap.2.3).

Wir nehmen an, daß das Radiofrequenz-Spektrum durch Emission von Strahlung hervorgerufen wird (siehe Kap. 2.2), die typischerweise bei einem Übergang zwischen zwei Kernspin-Zuständen in einem NMR-Experiment entsteht. Die Linienbreite ist auf die Lebensdauer τ des oberen, emittierenden Zustands zurückzuführen. Lebensdauer und Energieunschärfe ΔE dieses oberen Zustands sind über die Unschärferelation miteinander verknüpft (siehe auch Gl. (1.16)):

$$\tau \Delta E \geq \hbar. \tag{3.20}$$

Weil $\Delta E = h\nu$ gilt, können wir auch schreiben

$$\Delta\nu \geq \frac{1}{2\pi\tau}. \tag{3.21}$$

Der Einfluß der endlichen Lebensdauer des oberen Zustands auf ein Spektrum in der Frequenzdomäne wird deutlich, wenn wir die Probe einem kurzen Puls radiofrequenter Strahlung aussetzen und die Abnahme des Signals beobachten. In Bild 3.10(a) ist das Spektrum des Bildes 3.8(a) wieder in der Zeitdomäne dargestellt, aber diesmal ist eine zeitliche Abnahme der Signalintensität überlagert. Das Fourier-transformierte Spektrum in Bild 3.10(b) zeigt nun zwei Linien, deren Breite durch Gl. (3.21) gegeben ist.

Ist die Lebensdauer unendlich groß, $\tau = \infty$, resultieren unendlich scharfe Linien, wie sie die Beispiele in den Bildern 3.7(b) - 3.9(b) zeigen.

Das wichtigste Einsatzgebiet der Fourier-Transformation liegt in der gepulsten NMR-Spektroskopie, die wir aber nicht weiter behandeln wollen[3]. In jüngerer Zeit gewann diese Technik auch in der Mikrowellen-Spektroskopie zunehmend an Bedeutung.

Ein Emissionsspektrum wie das in Bild 3.8 können wir nun auf verschiedene Weisen erhalten. Wir können entweder das Spektrum in der Zeitdomäne aufnehmen und anschließend einer Fourier-Transformation unterwerfen, um es dann in der Frequenzdomäne darzustellen. Wir können aber auch das Spektrum in der Frequenzdomäne direkt auf die übliche Art erhalten, indem wir den Wellenlängenbereich durchstimmen (durchscannen) und dabei das Signal des Detektors aufzeichnen. Es gibt jedoch einen großen Vorteil, wenn wir das Spektrum in der Zeitdomäne messen: Jede Frequenz des Spektrums wird dann zu jedem Zeitpunkt gemessen. Das ist der sogenannte Multiplex- oder Fellgett-Vorteil. Die Folge ist, daß ein Spektrum auf diese Art in wesentlich kürzerer Zeit erhalten werden kann als auf konventionelle Weise. So wird die Fourier-Transform-Spektroskopie gerne

[3]Eine Einführung wird z.B. in Abraham, R. J., Fisher, J., und Loftus, P. (1988) ***Introduction to NMR Spectroscopy***, Wiley, Chichester, gegeben.

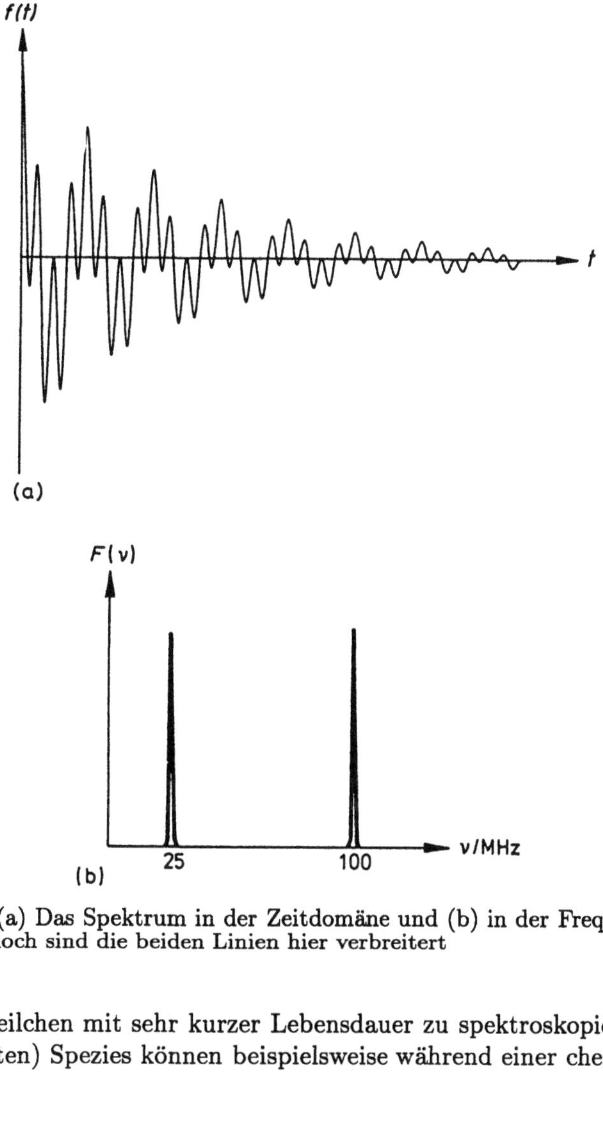

Bild 3.10 (a) Das Spektrum in der Zeitdomäne und (b) in der Frequenzdomäne wie in Abb. 3.8, jedoch sind die beiden Linien hier verbreitert

eingesetzt, um Teilchen mit sehr kurzer Lebensdauer zu spektroskopieren. Solche kurzlebigen (transienten) Spezies können beispielsweise während einer chemischen Reaktion entstehen.

3.3.3.2 Infrarote, sichtbare und ultraviolette Strahlung

Für die niederfrequente Strahlung im Radio- und Mikrowellenbereich des elektromagnetischen Spektrums (< 100 GHz) gibt es Detektoren mit kurzen Antwortzeiten, mit denen das Spektrum direkt in der Zeitdomäne aufgezeichnet werden kann. Das ist nicht mehr möglich, wenn infrarote, sichtbare oder ultraviolette Strahlung mit Frequenzen > 600 GHz detektiert werden muß. Hier wird ein Interferometer verwendet, und das Spektrum wird in der Längen- anstatt in der Frequenzdomäne gemessen. Diese Technik wird hauptsächlich für den nahen, mittleren und fernen Infrarotbereich eingesetzt, so daß sich hierfür der Name Fourier-Transform-Infrarot- (FTIR-) Spektrometer eingebürgert hat.

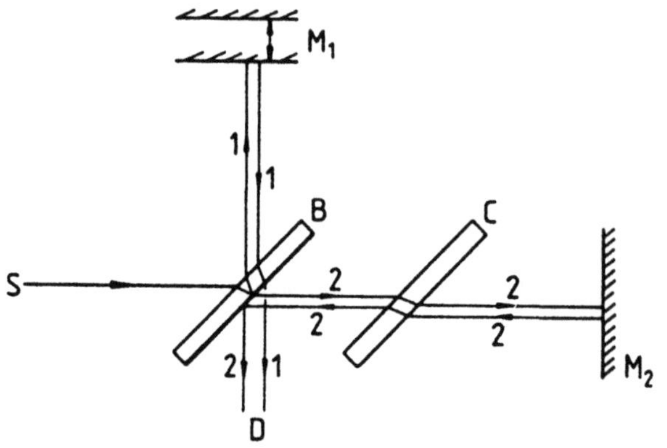

Bild 3.11 Das Michelson-Interferometer

Durch geringe Veränderungen kann aber ein solches Interferometer auch für den sichtbaren und ultravioletten Bereich verwendet werden.

Die wichtigste Komponente eines FTIR-Spektrometers ist das Interferometer, wie es ursprünglich von Michelson im Jahre 1891 konzipiert wurde. Ein solches Interferometer ist in Bild 3.11 dargestellt.

Der Einfachheit halber betrachten wir zunächst eine Quelle, die monochromatische Strahlung emittiert. Der Strahl fällt zunächst auf den Strahlteiler (Beamsplitter) B, der auf der hinteren Oberfläche mit einem Material so bedampft ist, daß er jeweils die Hältfe der einfallenden Strahlung reflektiert bzw. durchläßt. Ein Teilstrahl (Strahl 1) wird dadurch auf einen beweglichen Spielgel M_1 gelenkt und von diesem teilweise wieder durch B auf den Detektor D reflektiert. Der andere Teilstrahl (Strahl 2) tritt durch den Strahlteiler und wird durch den festen Spiegel M_2 wieder auf den Strahlteiler B gelenkt. Ein Teil des Strahls 2 wird dann auf den Detektor D reflektiert. C ist eine Kompensationsplatte. Sie besteht aus demselben Material wie der Strahlteiler und ist genauso dick wie dieser. Die Kompensationsplatte stellt sicher, daß die Teilstrahlen 1 und 2 jeweils denselben Weg durch das Material des Beamsplitters zurücklegen. Wenn die Strahlen 1 und 2 den Detektor erreichen, haben sie zwei verschiedene Wege mit dem Wegunterschied δ zurückgelegt. Das bezeichnet man als Verzögerung, deren Betrag von der Stellung des beweglichen Spiegels M_1 abhängig ist. Die beiden Strahlen interferieren nun konstruktiv, wenn der Wegunterschied $\delta = 0, \lambda, 2\lambda, \ldots$ beträgt (Bild 3.12(a)). Interferieren die beiden Teilstrahlen destruktiv, beträgt also der Wegunterschied $\delta = \lambda/2, 3\lambda/2, 5\lambda/2, \ldots$ (Bild 3.12(b)), wird kein Signal detektiert. Ändert man δ von Null an gleichmäßig, ändert sich die Intensität des gemessenen Signals $I(\delta)$ wie eine Kosinus-Funktion. Das ist in Bild 3.13 gezeigt.

Meistens wird jedoch eine Lichtquelle verwendet, die ein breites Spektrum von Wellenlängen emittiert. Der Detektor „sieht“ daher die Überlagerung vieler Kosinus-Funktionen der verschiedenen Wellenlängen. Für die gesamte Intensität kann formuliert werden:

$$I(\delta) = \int_0^\infty B(\tilde{\nu}) \cos 2\pi\tilde{\nu}\delta \, d\tilde{\nu}. \qquad (3.22)$$

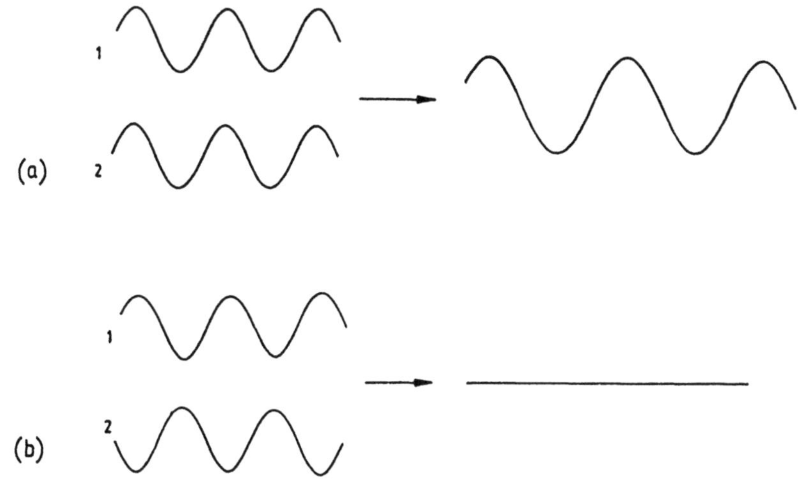

Bild 3.12 (a) Konstruktive und (b) destruktive Interferenz der Teilstrahlen 1 und 2 einer monochomatischen Quelle

In dieser Gleichung ist $\tilde{\nu}$ die Wellenzahl der Strahlung und $B(\tilde{\nu})$ die Intensität der emittierten Strahlung bei dieser Wellenzahl (wir vernachlässigen an dieser Stelle kleine Korrekturbeträge, die durch die unterschiedliche Leistung des Strahlteilers und Empfindlichkeit des Detektors verursacht werden). Trägt man $B(\tilde{\nu})$ gegen die Wellenzahl auf, erhält man das Spektrum der Strahlungsquelle. Sie wird durch Fourier-Transformation (siehe Kap. 3.3.3.1) der gemessenen Strahlungsintensität erhalten:

$$B(\tilde{\nu}) = 2\int_0^{\infty} I(\delta)\cos 2\pi\tilde{\nu}\delta\,\mathrm{d}\delta. \tag{3.23}$$

Die meisten Infrarotspektren entstehen jedoch nicht durch Emission, sondern durch Absorption von Strahlung. Folglich ist auch die Signalintensität als Funktion der Verzögerung δ sehr verschieden von der in Bild 3.13 gezeigten.

Wir wollen annehmen, daß die Quelle Strahlung im Wellenlängenbereich ν_1 bis ν_2 mit konstanter Intensität emittiert. Ein solches idealisiertes Emissionsspektrum ist in Bild 3.14(a) in der Wellenzahl-Domäne gezeigt. Dieses Spektrum können wir uns als aus Strahlung vieler Wellenzahlen zusammengesetzt vorstellen. Der Detektor „sieht“ als Funktion der Verzögerung δ die Überlagerung sehr vieler Kosinus-Wellen mit verschiedenen Wellenlängen. Weil alle Wellen bei $\delta = 0$ in Phase sind, ist hier das Signal sehr groß.

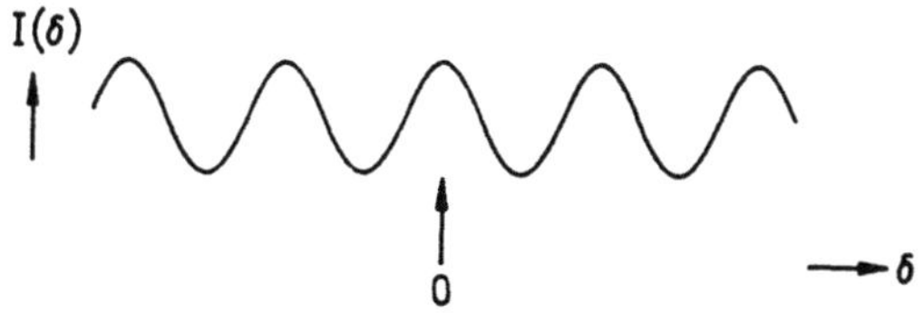

Bild 3.13 Änderung der Signalintensität I_δ als Funktion der Verzögerung δ

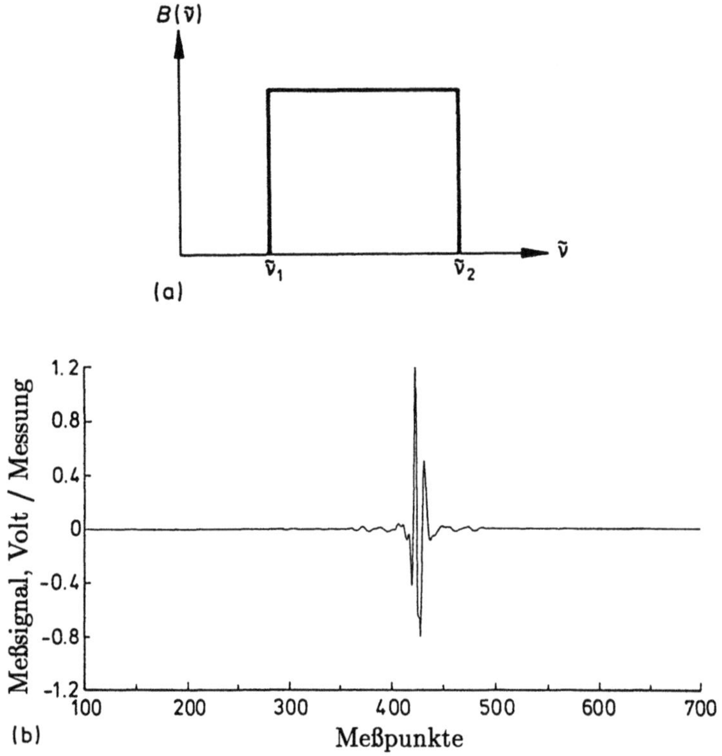

Bild 3.14 Spektrum einer idealisierten, breitbandigen Strahlungsquelle (a) in der Wellenzahl-Domäne und (b) das zugehörige Interferogramm

Für andere Werte können die Wellen außer Phase sein und sich durch destruktive Interferenz teilweise auslöschen; folglich wird ein schwächeres oder gar kein Signal detektiert. Das intensive Signal bei $\delta = 0$ wird als Ursprung oder Position der weißen Strahlung (centre burst) bezeichnet und ist in Bild 3.14(b) gezeigt. (Durch die leichte Dispersion des Strahlteilers B sind die Wellen bei $\delta = 0$ nicht exakt in Phase, und so resultiert die leichte Asymmetrie dieses Ursprungs.)

Eine starke und scharfe Absorption bei einer Wellenlänge $\tilde{\nu}_a$ liefert das in Bild 3.15 gezeigte Spektrum in der Wellenzahl-Domäne. Die zu dieser Wellenzahl gehörige Kosinus-Welle wird nicht durch destruktive Interferenz ausgelöscht und ist daher in der $I(\delta)$-δ-Kurve, dem Interferogramm, zu sehen. Nimmt die Zahl der Absorptionslinien zu, wird auch das Muster der nicht ausgelöschten Kosinus-Wellen im Interferogramm intensiver und unregelmäßiger.

In Bild 3.16(a) ist das Infrarot-Absorptionsspektrum von Luft im Wellenzahlenbereich von 400 bis 3400 cm^{-1} als Interferogramm gezeigt. Durch Fourier-Transformation erhalten wir das in Bild 3.16(b) gezeigte Spektrum. Die Absorptionsbanden werden durch CO_2 und H_2O hervorgerufen. Die Absorptionsbande des H_2O zeigt mehr Feinstruktur als CO_2, weil es das leichtere Molekül ist.

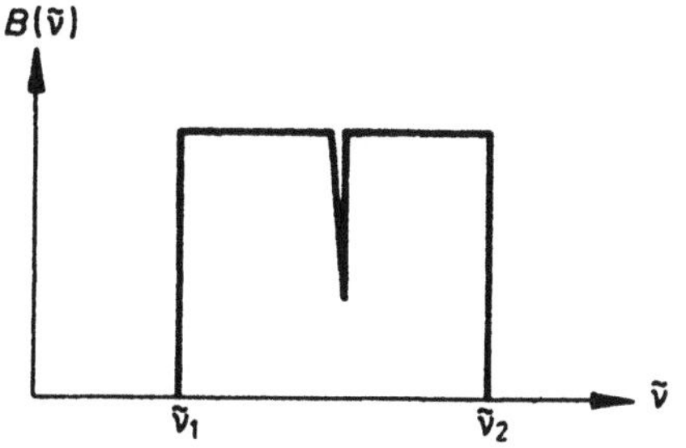

Bild 3.15 Spektrum einer breitbandigen Strahlungsquelle mit einer scharfen Absorptionslinie in der Wellenzahl-Domäne

Das Interferogramm wird vor der Fourier-Transformation durch einen Computer digitalisiert. Bild 3.16(a) zeigt ein Interferogramm, das mit 600 Datenpunkten aufgenommen worden ist. Die Zahl der Datenpunkte, die der Computer handhaben kann, ist begrenzt. Entscheidet sich der Nutzer (bei konstanter Zahl von Datenpunkten) für dicht beieinander liegende Datenpunkte, vernachlässigt er damit die äußeren Regionen des Interferogramms. Das Spektrum deckt dann einen weiten Wellenlängenbereich mit niedriger Auflösung ab. Ein Spektrum in einem kleineren Wellenlängenbereich mit hoher Auflösung

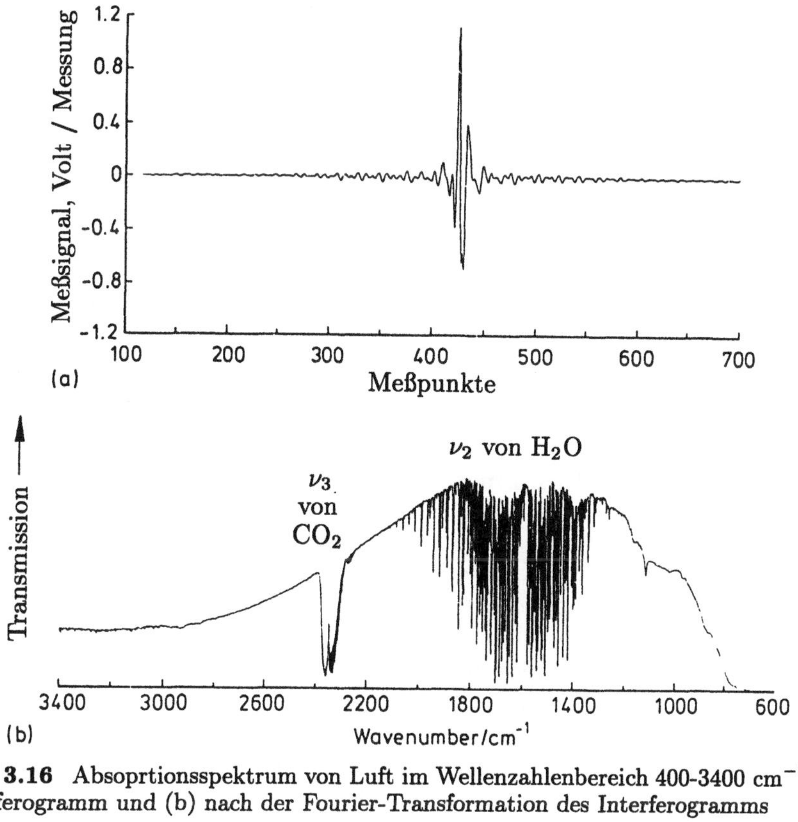

Bild 3.16 Absoprtionsspektrum von Luft im Wellenzahlenbereich 400-3400 cm^{-1} (a) als Interferogramm und (b) nach der Fourier-Transformation des Interferogramms

erhält man, wenn man das Interferogramm mit weit auseinander liegende Datenpunkten aufnimmt. Die Auflösung $\delta\tilde{\nu}$ hängt davon ab, wie groß der meßbare Bereich des Interferogramms ist. Dieser wiederum wird durch die maximale Auslenkung δ des beweglichen Spiegels M_1 bestimmt. Die Auflösung ist durch folgende Gleichung gegeben:

$$\Delta\tilde{\nu} = \frac{1}{\delta_{max}}. \tag{3.24}$$

Das Hauptproblem bei Planung und Bau eines FTIR-Spektrometers ist, eine genaue und gleichförmige Bewegung des Spiegels M_1 über die gesamte Strecke δ_{max} sicherzustellen. In einem hochauflösenden Interferometer kann δ_{max} bis zu einem Meter betragen.

Wie bei jeder Anwendung der Fourier-Transformation in der Spektroskopie profitiert auch das FTIR-Spektrometer vom Multiplex- oder Fellgett-Vorteil, da jede Wellenzahl zu jedem Zeitpunkt der Messung detektiert wird. Im Gegensatz dazu wird bei einem Spektrometer, das mit einem dispergierenden Element (Monochromator) arbeitet, zu jedem Zeitpunkt nur ein kleiner Ausschnitt des Spektrums gemessen, nämlich der durch die Beugungsbedingung des Prismas oder des Beugungsgitters gerade ausgewählte schmale Wellenlängenbereich. In Kap. 3.6 werden solche Infrarot-Spektrometer vorgestellt.

Durch den schmalen Eintrittsspalt (siehe Bild 3.2) fällt nur ein kleiner Teil der von der Lichtquelle emittierten Strahlung auf das dispergierende Element. In einem Interferometer wird an Stelle des Eintrittsspalts eine kreisrunde Blende verwendet, so daß durch die größere Öffnung eine wesentlich höhere Lichtintensität auf das Interferometer fällt. Der Multiplex-Vorteil eines FTIR-Spektrometers wird auf diese Weise durch den sogenannten Jacquinot-Vorteil erweitert.

3.4 Komponenten eines Absorptionsexperiments in den verschiedenen Bereichen des Spektrums

In den verschiedenen Bereichen des elektromagnetischen Spektrums werden unterschiedliche Anforderungen an die Komponenten des Absorptionsexperiments gestellt. Tabelle 3.1 stellt die typischerweise verwendeten Lichtquellen, Absorptionszellen, dispergierende Elemente und Detektoren zusammen.

3.4.1 Mikrowellen und Millimeterwellen

Im Mikrowellenbereich wird durchstimmbare, monochromatische Strahlung mit einem Klystron erzeugt. Mit jedem Klystron kann aber nur ein kleiner Wellenlängenbereich abgedeckt werden. Einen größeren durchstimmbaren Wellenlängenbereich erhält man mit einem backward-wave-Oszillator (Rückwärtswellen-Oszillator). Sowohl Klystren als auch backward-wave-Oszillatoren sind elektronische Geräte. Die Absorptionsexperimente werden typischerweise in der Gasphase ausgeführt. Als Fenstermaterial der Absorptionszellen, die mehrere Meter lang sein können, wird Mica verwendet, das in diesem Wellenlängenbereich durchlässig ist. Durch Stark-Modulation kann die Empfindlichkeit erhöht werden. Dazu wird ein elektrisches Feld zwischen einer Metallplatte oder einem Septum in der Zellmitte und den Zellwänden angelegt. Mit dieser Anordnung kann auch

Tabelle 3.1 Elemente eines Absorptionsexperiments in den verschiedenen Bereichen des elektromagnetischen Spektrums

Bereich	Quelle	Fenster für Absorptionszelle	dispergierendes Element	Detektor
Mikrowellen	Klystron, backward-wave-Oszillator	Mica	keins	Kristalldiode
Millimeterwellen	Klystron (frequenzvervielfacht), backward-wave-Oszillator	Mica, Polymere	keins	wie für Mikrowellen und fernes Infrarot
fernes Infrarot	Quecksilber-Lichtbogen	Polymere	Gitter, Interferometer	Golay-Zelle, Thermoelemente, Bolometer, Pyrometer
mittleres und nahes Infrarot	Nernst-Stift, Globar	NaCl oder KBr	Gitter, Interferometer	wie für das ferne Infrarot
sichtbares Licht	Wolframfilament, Xenon-Lichtbogen	Glas	Prisma, Gitter, Interferometer	Photomultiplier, Photodioden, photographische Platten
nahes Ultraviolett	Deuterium-Entladungslampen, Xenon-Lichtbogen	Quartz	Prisma Gitter, Interferometer	wie im Sichtbaren
fernes Ultraviolett	Mikrowellen-Entladungen in Edelgasen Lyman-Entladungen	LiF (oder keine Fenster	Gitter	wie im Sichtbaren

das Dipolmoment des absorbierenden Moleküls gemessen werden. Da die Strahlungsquelle bereits monochromatisch ist, wird auch kein dispergierendes Element benötigt. Als Detektor wird ein Kristalldioden-Gleichrichter verwendet.

Auch Strahlung mit Millimeter-Wellenlänge kann sowohl mit einem Klystron als einem backward-wave-Oszillator erzeugt werden. Ein Klystron produziert aber naturgemäß nur Mikrowellenstrahlung. Um die gewünschten Millimeterwellen zu erhalten, muß die Frequenz der erzeugten Mikrowelle vervielfacht werden, was aber den Nachteil des Intensitätsverlustes nach sich zieht. Je nach gewähltem Frequenzbereich wird als Fenstermaterial der Absorptionszellen das gleiche wie im Mikrowellenbereich und im fernen Infrarot verwendet; gleiches gilt auch für den verwendeten Detektor. Auch hier wird kein dispergierendes Element benötigt, da die erzeugte Millimeterwellenstrahlung bereits monochromatisch ist.

Mikrowellen- und Millimeterstrahlung kann in jede beliebige Richtung durch einen Hohlwellenleiter geleitet werden. Dieser besteht aus einer metallischen Röhre mit rechteckigem Querschnitt. Die Dimensionen dieses Leiters werden durch den verwendeten Frequenzbereich bestimmt. Die Absorptionszelle besteht aus dem gleichen Material wie der Hohlwellenleiter.

3.4.2 Fernes Infrarot

Der stets in der Luft vorhandene Wasserdampf absorbiert im fernen Infrarot. Um diese Störung zu beseitigen, muß der gesamte Lichtweg entweder ständig mit trockenem Stickstoff gespült oder evakuiert werden, wobei das letztere vorzuziehen ist.

Alle Strahlungsquellen emittieren mit geringerer als der idealen Intensität. Am häufigsten wird als Lichtquelle eine Quecksilber-Entladungslampe in einem Quarzgehäuse verwendet. Die emittierte Strahlung im Bereich höherer Wellenzahlen stammt dabei zum großen Teil von dem Quarzgehäuse und nicht von dem Entladungsplasma.

Als Fenstermaterial der Absoprtionszellen werden Polymere verwendet, zum Beispiel Polyethylen, Poly-(Ethylen-Terephthalat)-Terylen oder Polystyrol.

Als dispergierendes Element wird vielfach das Michelson-Interferometer eingesetzt; der hierbei verwendete Strahlteiler besteht aus infrarot-durchlässigem Material. Beugungsgitter finden vielseitige Anwendung in der Anordnung nach Czerny und Turner zur Erzeugung monochromatischen Lichts. Bild 3.17 zeigt einen typischen Czerny-Turner-Aufbau. Die Strahlung der Lichtquelle S passiert die Absorptionszelle und fällt durch den Spalt S_1 auf den konkaven Spiegel M_1, dessen Abstand zu S_1 identisch ist mit der Brennweite des Spiegels. Der Spiegel M_1 erzeugt einen parallelen Lichtstrahl und reflektiert diesen auf das Gitter G. Durch das Gitter wird der Lichtstrahl spektral zerlegt und auf den zweiten Spiegel M_2 gelenkt. Dieser fokussiert den dispergierten Lichtstrahl durch den Austrittsspalt S_2 auf den Detektor D. Ein Spektrum entsteht durch langsames Drehen des Gitters.

Oft wird eine Golay-Zelle als Detektor verwendet. Das Eingangsfenster dieser Detektorzelle enthält ein Material, das im fernen Infrarot absorbiert, z.B. eine mit Aluminium bedampfte Membran. Die absorbierte Strahlung erwärmt das Xenongas, mit dem die Zelle gefüllt ist. Durch die Wärmeausdehnung des Edelgases ändert sich wiederum die Krümmung eines in der Zelle befindlichen, flexiblen Spiegels, der aus einer mit Antimon

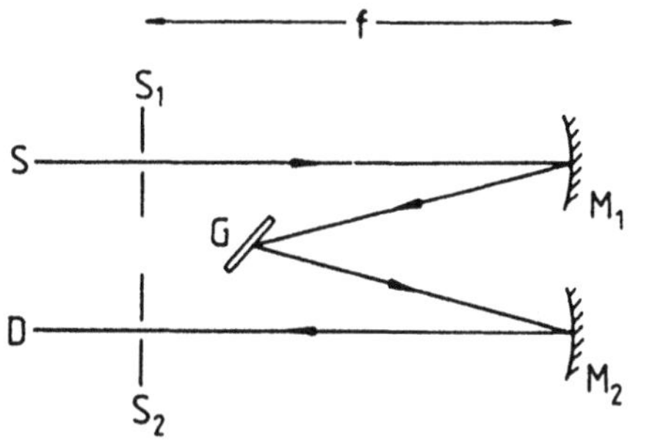

Bild 3.17 Die Czerny-Turner-Anordnung

bedampftem Membran besteht. Dieser Spiegel reflektiert einen Lichtstrahl außerhalb der Golay-Zelle, dessen Reflexion ein Maß für die Krümmung des Spiegels und damit auch ein Maß für die Intensität der von der Zelle absorbierten Strahlung ist.

Auch Thermoelemente, Bolometer, Pyrometer und Halbleiter werden als Detektoren benutzt. Die ersten drei sind im Prinzip Widerstandsthermometer. Bei einem Halbleiter werden durch die einfallende Strahlung Elektronen vom Leitungs- in das Valenzband angeregt. Die daraus resultierende erhöhte Leitfähigkeit ist ein Maß für die Zahl der auftreffenden Photonen.

3.4.3 Nahes und mittleres Infrarot

Hier muß die optische Bank nicht evakuiert werden, und auch die Lichtquelle stellt kein solches Problem dar wie im fernen Infrarot. Es genügt, einen schwarzen Körper zu erhitzen, denn dieser emittiert stark im nahen Infrarot-Bereich. Hier kommen Nernst-Stifte, die aus einer Mischung von Oxiden der seltenen Erden bestehen, oder Globar-Stifte aus Siliziumcarbid zum Einsatz.

Als Fenstermaterial wird entweder Natriumchlorid, das bis 700 cm^{-1} durchlässig ist, verwendet oder Kaliumbromid, das sogar bis 400 cm^{-1} einsetzbar ist. Durch Vielfach-Streuung der Strahlung an konkaven Spiegeln, deren Oberfläche mit Aluminium, Silber oder Gold bedampft ist, verlängert sich der Lichtweg und erhöht damit die Absorbanz durch eine gasförmige Probe. Bei flüssigen Proben muß auch das Lösungsmittel sorgfältig ausgewählt werden. Es gibt kein Lösungsmittel, das für Strahlung im nahen und mittleren Infrarot über den gesamten Wellenlängenbereich transparent ist. Kohlendisulfid absorbiert nur im Bereich 1400 bis 1700 cm^{-1}; in diesem Bereich ist aber Tetrachlorethylen transparent. Eine feste Probe kann sehr fein zermahlen und, sofern der Wellenlängenbereich < 1300 cm^{-1} untersucht wird, mit Nujol, einem dickflüssigen Paraffinöl, verrieben werden. Wird der gesamte Wellenlängenbereich des nahen und mittleren Infrarot spektroskopiert, zerreibt man die Probe zusammen mit Kaliumbromid und preßt diese Mischung anschließend unter Vakuum zu einer Tablette.

Üblicherweise wird als dispergierendes Element ein Beugungsgitter oder ein Interferometer verwendet. Der Strahlteiler des Interferometers besteht aus Quarz oder Kalziumfluorid, das entweder mit Silizium oder mit Germanium bedampft wurde.

Die Detektoren sind die gleichen, wie sie auch im fernen Infrarot verwendet werden, insbesondere Thermoelemente, Bolometer, Golay-Zellen oder photoleitende Halbleiter.

3.4.4 Sichtbares Licht und nahes Ultraviolett

Konventionelle, wenn auch nicht sehr intensive Lichtquellen sind für den sichtbaren Bereich Lampen mit einem Glühfaden (Filament) aus Wolfram- oder Wolframiodid. Für das nahe Ultraviolett werden Deuterium-Entladungslampen in einem Quarzgehäuse verwendet, denn diese sind intensiver als die Wasserstoff-Entladungslampen. Eine Hochdruck-Xenonlampe dient für beide Regionen als Lichtquelle mit hoher Intensität. Hierfür wird in Xenongas, das sich unter hohem Druck (20 atm) in einem Quarzgehäuse befindet, ein Lichtbogen gezündet, indem man Starkstrom zwischen zwei 1 mm dicken Wolframstäben fließen läßt, die 1 cm voneinander entfernt sind. Diese Lampen emittieren Strahlung bis hinab zu 200 nm.

In diesen Bereichen sind Pyrexglas und Quarzglas nützliche, transparente Materialien für Fenster, Linsen usw..

Glas- bzw. Quarzprismen werden als dispergierende Elemente im sichtbaren Bereich bzw. im nahen Ultraviolett eingesetzt. Häufiger werden jedoch Beugungsgitter in einer Czerny-Turner-Anordnung verwendet (siehe Bild 3.17).

Die benutzten Detektoren sind sogenannte Sekundärelektronenvervielfacher (Photomultiplier). Photonen, die auf eine Metalloberfläche wie z.B. Cäsium treffen, lösen Elektronen aus dieser Oberfläche heraus (nämlich die Photoelektronen- siehe auch Kap. 1.2). Diese Elektronen werden durch eine angelegte Spannung auf eine weitere Metallplatte beschleunigt, wobei abermals Sekundärelektronen herausgeschlagen werden. Dieser Prozeß wird stetig wiederholt, bis schlußendlich eine große Stromverstärkung resultiert. Alternativ kommen auch photographische Platten oder ein Feld von Photodioden zum Einsatz. Beide Versionen nutzen den Multiplex-Vorteil, da ein weiter Wellenzahlenbereich zu jedem Zeitpunkt der Messung detektiert wird.

3.4.5 Fernes Ultraviolett

Wie beim fernen Infrarot ist auch in diesem Bereich des elektromagnetischen Spektrums das Evakuieren des gesamten Lichtwegs von der Quelle bis zum Detektor erforderlich, denn Wellenlängen kleiner als 185 nm werden hier durch Sauerstoff absorbiert.

Die Lichtquelle stellt ein besonderes Problem im fernen Ultraviolett dar. Eine Deuterium-Entladungslampe emittert Strahlung bis 160 nm, ein Hochspannungsfunken in Helium liefert Strahlung von 100 bis 60 nm, und eine Mikrowellenentladung in Argon, Krypton oder Xenon erzeugt Licht mit Wellenlängen von 200 bis 105 nm. Einen kontinuierlichen Bereich vom Sichtbaren bis 30 nm stellt eine Lyman-Quelle zur Verfügung. Hierzu wird ein großer Kondensator ständig durch ein Gas entladen, das sich bei niedrigem Druck in einer Glaskapillare befindet. Die beste Lichtquelle für fernes Ultraviolett ist jedoch mit Abstand die Synchrotonstrahlung, die wir im Kap. 8.1.1 behandeln werden.

Lithiumfluorid ist bis hinab zu 105 nm transparent; darunter muß man ohne Fenster und mit differentiellem Pumpen arbeiten.

Das dispergierende Element ist hier ein Beugungsgitter, wobei man vorzugsweise unter streifendem Einfall arbeitet (der Blaze-Winkel ϕ aus Gl. (3.9) beträgt mehr als 89°), um die Reflektivität zu erhöhen. Man kann auch konkave Gitter verwenden, um den Einsatz fokussierender Spiegel zu umgehen.

Die verwendeteten Detektoren sind auch hier Photoplatten oder Photomultiplier.

3.5 Andere experimentelle Techniken

3.5.1 Abgeschwächte Totalreflexionsspektroskopie (ATR) und Reflexions-Absorptions-Infrarot-Spektroskopie (RAIRS)

Die Technik der ATR (engl.: Attenuated Total Reflectance) wird vorzugsweise im nahen Infrarot angewandt, um IR-Spektren von dünnen Filmen oder opaken (also trüben oder nicht-transparenten) Proben zu erhalten. Die Probe, deren Brechungsindex n_1 betrage, wird in direkten Kontakt mit einem Träger gebracht. Der Träger besteht aus einem Material, das für den betrachteten Wellenlängenbereich durchlässig ist. Üblich ist hier Thalliumbromid/Thalliumiodid, das auch als KRS-5 bezeichnet wird, Silberchlorid oder Germanium. Die genannten Trägermaterialien zeichnen sich durch einen sehr großen Brechungsindex aus, so daß $n_2 \gg n_1$ gilt. Die einfallende Strahlung wird an der Grenzfläche (siehe Bild 3.18) totalreflektiert, sofern der Einfallswinkel i einen gewissen, kritischen Wert überschreitet.

Die Strahlung dringt bis zu einer Tiefe von ca. 20 μm in die Probe ein und kann von dieser absorbiert werden. Wird die einfallende Strahlung von der Probe absorbiert, ändert sich der Brechungsindex n_1 dramatisch, denn der Brechungsindex ist abhängig von der Wellenlänge. Je größer die Änderung des Brechungsindexes ist, desto schwächer ist die reflektierte Strahlung. Auf diese Weise ändert sich die Intensität des reflektierten Lichts mit der Wellenlänge und liefert somit ein Absorptionsspektrum. Um die Abschwächung zu verstärken, arbeitet man in der Praxis mit Vielfachstreuung innerhalb der Probe.

Die ATR-Spektroskopie wird also zur Untersuchung opaker Proben eingesetzt. Im Gegensatz dazu werden dünne Filme, die auf einem opaken Material adsorbiert sind, mit der Reflexions-Absorptions-Infrarot-Spektroskopie (RAIRS) studiert. Ein Beispiel hierfür wäre etwa Kohlenmonoxid, das auf Kupfer adsorbiert ist, wobei das Metall als dünner Film vorliegen kann. Zur Erforschung von Katalysatoren sind aber Metalloberflächen mit bestimmter Orientierung der Metallatome in den Mittelpunkt des Interesses gerückt.

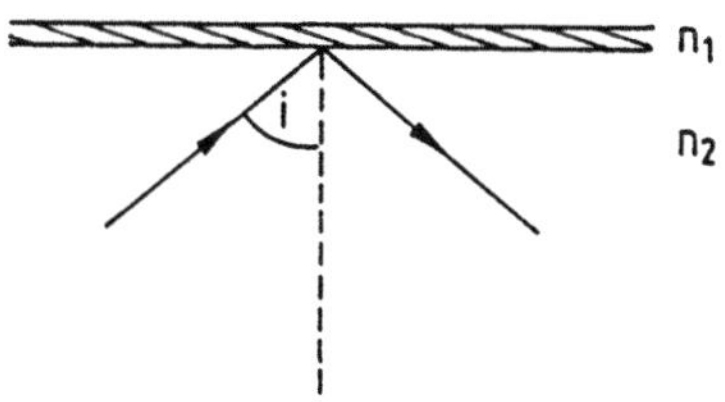

Bild 3.18 Totalreflexion von Strahlung an einem dünnen Film mit Brechungsindex n_1 in einem Medium mit Brechungsindex n_2, wobei $n_2 \gg n_1$ gelten soll

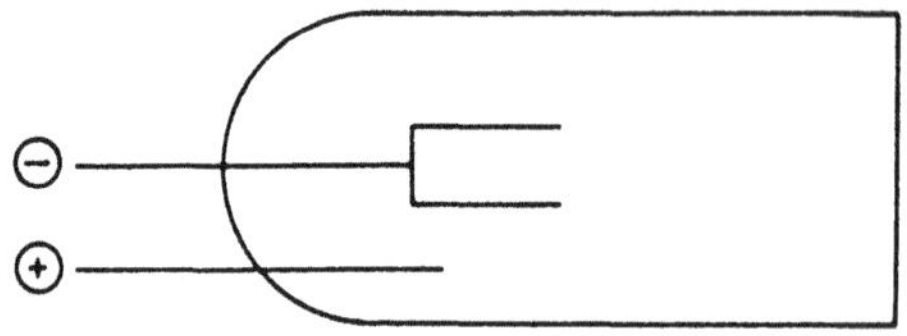

Bild 3.19 Eine Hohlkathodenlampe

Die Strahlung der Infrarot-Lichtquelle wird in streifendem Einfall auf die Oberfläche gerichtet. Das reflektierte und anschließend dispergierte Licht ergibt ein Absorptionsspektrum des Adsorbats. Die Interpretation dieser Spektren kann darüber Aufschluß geben, auf welche Weise das Adsorbat an die Unterlage gebunden ist. So kann zum Beispiel zwischen senkrecht und flach adsorbiertem Kohlenmonoxid unterschieden werden. Die Orientierung des Adsorbats kann sich mit dem Bedeckungsgrad ändern.

3.5.2 Atom-Absorptionsspektroskopie

Komplementär zur Atomemissionsspektroskopie (siehe Kap. 3.5.3) steht die Atom-Absorptionsspektroskopie AAS. In der Mitte der fünfziger Jahre unseres Jahrhunderts wurde diese Technik für eine Vielzahl von verschiedenen Atomen entwickelt.

Das Hauptproblem bei dieser Spektroskopie ist, die Atome in den Gaszustand zu überführen. Das gilt insbesondere für die schwerflüchtigen Materialien, die die größte Gruppe der zu untersuchenden Proben stellen. Die flüssige, molekulare Probe, in der das gesuchte Atom enthalten ist, wird als feiner Nebel in eine Flamme mit sehr hoher Temperatur gesprüht. Gasmischungen, wie Luft gemischt mit Generatorgas, Propan oder Acetylen oder ein Stickoxid-Acetylen-Gemisch, produzieren Flammentemperaturen im Bereich von 2100 bis zu 3200 K. Die höchsten Temperaturen sind für so hitzebeständige Elemente wie Al, Si, V, Ti und Be erforderlich.

Die Strahlung der Lichtquelle, die die Flamme passiert, ist nicht kontinuierlich, wie es für ein gewöhnliches Absorptionsexperiment üblich ist. Vielmehr wird als Lichtquelle eine Hohlkathodenlampe eingesetzt, deren Aufbau in Bild 3.19 skizziert ist. Eine solche Lampe enthält eine Wolfram-Anode und eine becherförmige Kathode aus dem Material, das untersucht werden soll. Die beiden Elektroden sind in einem Glasgehäuse untergebracht, das mit einem Trägergas, z.B. Neon, bei einem Druck von ungefähr 5 Torr gefüllt ist. Legt man eine Spannung an, entsteht eine farbige Glimmentladung. Der Bereich der positven Säule, in dem hauptsächlich neutrale Atome emittiert werden, wird durch geeignete Wahl der angelegten Spannung und des Gasdrucks auf das Innere des Hohlzylinders beschränkt. Die emittierte Strahlung einer solchen Lampe stammt sowohl vom Trägergas als auch von den neutralen Atomen, also dem Material, das wir in Absorption untersuchen wollen. In Bild 3.20 ist das Emissionsspektrum der Hohlkathode mit den Wellenlängen λ_1 und λ_2 angedeutet. λ_1 resultiere aus einem Übergang von einem angeregten in den *Grund*zustand des Atoms, und λ_2 sei charakteristisch für den Übergang zwischen zwei angeregten Zuständen. Strahlung mit der Wellenlänge λ_1 kann durch die in der Flamme enthaltenen Atome der Probe absorbiert werden. Absorption bei der Wellenlänge λ_2 kann

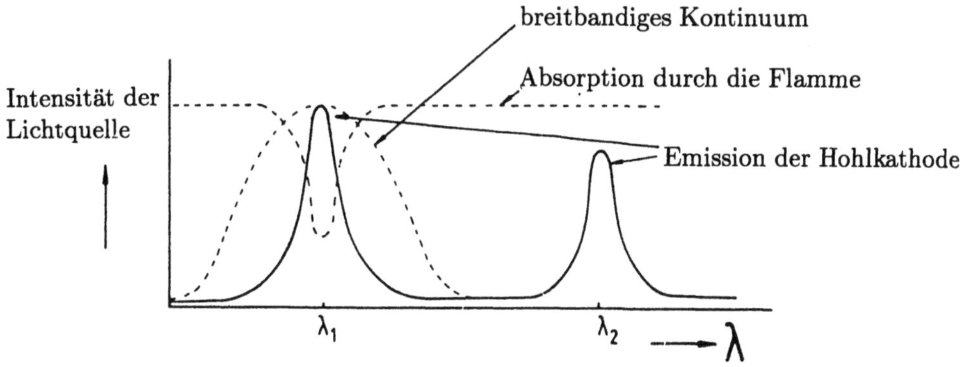

Bild 3.20 Das Prinzip der Atom-Absorptionsspektroskopie

dagegen nicht stattfinden, da die thermische Besetzung eines elektronisch angeregten Zustands wegen der großen Energiedifferenz ΔE auch bei Temperaturen von 3000 K kaum möglich ist (vgl. Gl. (2.11)). Das Spektrometer wird nun so eingestellt, daß durch das dispergierende Element nur Strahlung mit der Wellenlängen λ_1 auf den Detektor fällt. Durch Einspritzen einer Lösung, die das betreffende Element in bekannter Konzentration enthält, kann das Gerät geeicht werden.

Die Verwendung einer Hohlkathodenlampe als Lichtquelle hat den Vorteil der höheren Empfindlichkeit, wie es in Bild 3.20 angedeutet ist. Bei einem breitbandigen Kontinuum wird dagegen nur ein geringer Anteil der gesamten Strahlung absorbiert.

3.5.3 Induktiv gekoppelte Plasma-Atom-Emissionsspektroskopie

Eine sehr brauchbare analytische Methode, um die Elementarzusammensetzung einer Probe zu bestimmen, ist die Emissionsspektroskopie. Die Emission kann durch einen Lichtbogen oder einen Funken hervorgerufen werden, aber seit Mitte der sechziger Jahre wird zunehmend ein induktiv gekoppeltes Plasma verwendet.

Für die induktiv gekoppelte Plasma-Atom-Emissionsspektroskopie (ICP-AES) verwendet man vorzugsweise eine in Lösung vorliegende Probe, aber ebenso gut können feinkörnige, feste und auch gasförmige Proben untersucht werden. Die Lösung wird zu einem feinen Nebel oder einem Aerosol in einem Argonstrom versprüht. Bild 3.21 zeigt den Aufbau eines Plasmabrenners.

Ein Plasmabrenner besteht aus drei konzentrischen Glasröhren. Durch die innere Röhre strömt das Argon-Aerosol zur Plasmaflamme. Ein zusätzlicher Argonstrom, der durch die äußere Röhre fließt, dient außerdem als Kühlung. Zwischen der inneren und der äußeren Röhre wird ein weiterer Argon-Hilfsstrom geleitet. Um die äußere Glasröhre ist eine Kupferspule angebracht. Durch diese Kupferspule wird Radiostrahlung mit einer Frequenz von 25-60 MHz und einer Leistung von 0,5-2,0 kW eingestrahlt. Durch Anlegen einer Hochspannung wird das Plasma gezündet und durch die eingestrahlten Radiofrequenzen mittels induzierten Heizens am Leben erhalten. Die Höhe der Flamme kann durch den Argonfluß der mittleren Röhre reguliert werden.

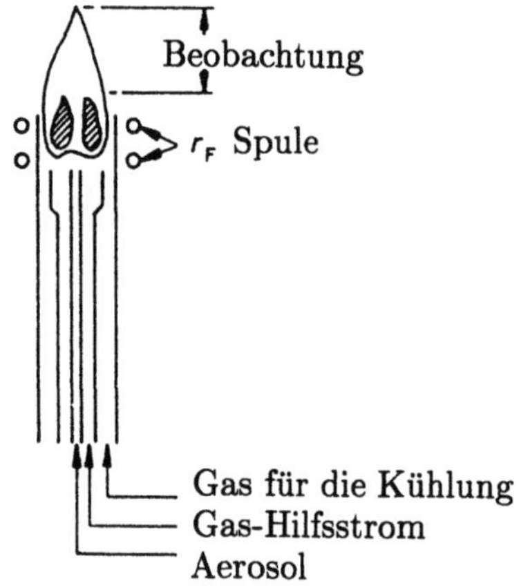

Bild 3.21
Ein Plasmabrenner für die induktiv gekoppelte Plasma-Atom-Emissionsspektroskopie

Die Temperatur des Plasmas im spektroskopierten Bereich der Flamme beträgt 7000-8000 K und atomisiert damit alle im Aerosol enthaltenen Moleküle. Ein Großteil der so erzeugten Atome wird einfach ionisiert, und viele Ionen liegen zudem in einem elektronisch angeregten Zustand vor. Analysiert wird die emitterte Strahlung dieser angeregten Ionen, typischerweise im Wellenlängenbereich von 800 bis 190 nm. Für kürzere Wellenlängen als 190 nm ist Evakuierung erforderlich. Durch ein Beugungsgitter werden die Wellenlängen aufgelöst.

Zwei verschiedene Spektrometertypen kommen bei dieser Spektroskopie zum Einsatz. Der eine Typ enthält als Detektor nur einen Photomultiplier. Der Wellenlängenbereich des gesamten Emissionsspektrums wird dabei mit einem sich langsam drehenden Gitter aufgezeichnet. Der andere Typ enthält einen Polychromator, der aus einer Reihe von Detektoren besteht. Auf die verschiedenen Detektoren bildet das fixierte Beugungsgitter die charakteristischen emittierten Wellenlängen der zu untersuchenden Elemente ab. Auf diese Weise können simultan verschiedene Elemente zur selben Zeit analysiert werden.

Durch die induktiv gekoppelte Plasma-Atom-Emissionsspektroskopie ist eine größere Zahl von Elementen einer Analyse zugänglich als mit der Atom-Absorptionsspektroskopie. Prinzipiell können alle Elemente außer Argon erfaßt werden, jedoch gibt es einige Schwierigkeiten mit He, Ne, Kr, Xe, F, Cl, Br, O und N.

Die Nachweisgrenze liegt für beide Methoden bei 1-100 μg dm^{-3}.

3.5.4 Blitzlicht-Photolyse

Kurzlebige Spezies wie Atome und Radikale, deren Lebensdauer nur wenige Mikro- oder sogar nur Nanosekunden beträgt, lassen sich durch Photolyse mit Licht des fernen Ultravioletts erzeugen. Im Prinzip lassen sich diese Teilchen mit Hilfe der Spektroskopie ihrer elektronischen Übergänge unabhängig vom Aggregatzustand der Probe nachweisen, jedoch empfiehlt sich hierfür speziell die Blitzlicht-Photolyse, wie sie von Norrish und Porter 1949 eingeführt wurde.

Bild 3.22 zeigt das Meßprinzip für das Absorptionsexperiment einer gasförmigen Probe. Die Blitzröhre F (engl.: flashlamp) enthält in einem Quarzgehäuse zwei Elektroden in

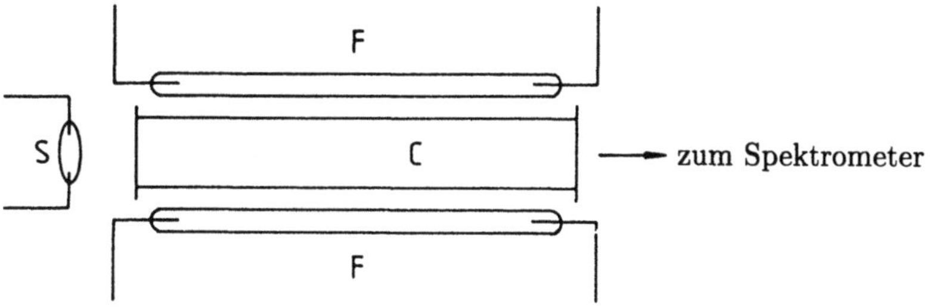

Bild 3.22 Aufbauprinzip der Blitzlicht-Photolyse

einer Edelgasatmosphäre. Zwischen den Elektroden werden Kondensatoren mit hoher Kapazität entladen. Das dabei entstehende sichtbare und ultraviolette Licht dringt durch die Wände der Quarzzelle C. Die Moleküle werden durch die Strahlung des fernen Ultraviolett photolysiert, zum Beispiel $NH_3 \rightarrow NH_2 + H$. Um nun beispielsweise das Absorptionsspektrum von NH_2 in optimaler Konzentration zu beobachten, wird ein kurzer Puls einer kontinuierlichen Lichtquelle S durch die Zelle auf einen Spektrographen (photographische Aufnahme) oder ein Spektrometer (photoelektrische Aufnahme) gelenkt. Der Vorgang „Zünden des Photolyseblitzes, gefolgt vom Zünden des Nachweislichtblitzes," kann nun mehrfach hintereinander ausgeführt werden, um durch Akkumulation vieler Einzelspektren ein gutes Gesamtspektrum zu erhalten. Die flüssige oder gasförmige Probe kann währenddessen ständig durch die Absorptionszelle fließen. Abhängig von der spektroskopierten Spezies und der verwendeten Zelle kann der wichtige Parameter der Verzögerungszeit zwischen Photolyse- und Nachweisblitz abgestimmt werden; typische Werte sind 1 bis 1000 μs.

Auch gepulste Laser (Kap. 9) können als Photolyse- und Nachweisblitz eingesetzt werden. Hier können sehr kurze Pulszeiten, in der Größenordnung von Pikosekunden und weniger, erzielt werden. Damit können auch extrem kurzlebige Teilchen untersucht werden, z.B. Atome oder Moleküle in elektronisch angeregten Zuständen mit kurzer Lebensdauer.

3.6 Typische Spektrophotometer zur Aufnahme von Spektren im nahen und mittleren Infrarot, im Sichtbaren und im nahen Ultraviolett

Der gängigste Spektrometertyp in den Laboratorien dürfte das Doppelstrahlphotometer sein, das vom mittleren Infrarot bis zum nahen Ultraviolett des elektromagnetischen Spektrums eingesetzt werden kann. Der Name „Doppelstrahl" rührt daher, daß zwei Lichtstrahlen mit kontinuierlicher Strahlung verwendet werden: Ein Strahl durchläuft die Meßzelle, die eine Lösung von A im Lösungsmittel B enthält, und der zweite Strahl durchläuft die Referenzzelle, die nur das Lösungsmittel B enthält. Sind Meß- und Referenzzelle gleich lang, erhält man das Absorptionsspektrum der reinen Komponente A aus der Differenz der Absorptionsspektren der Lösung und des reinen Lösungsmittels. Absorbiert das Lösungsmittel B aber selbst sehr stark in dem untersuchten Bereich, verliert der Wert der Absorbanz im Differenzspektrum an Sinn.

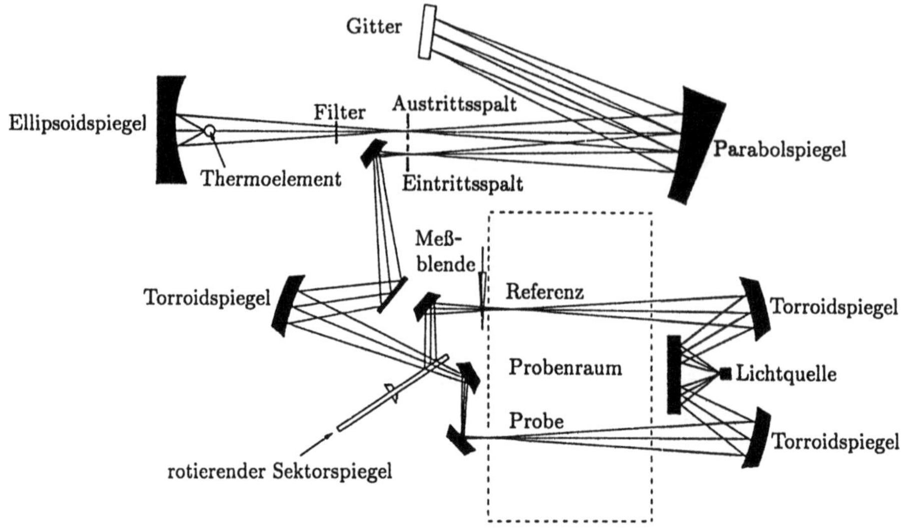

Bild 3.23 Ein typisches, zwei Strahlen aufzeichnendes Photospektrometer für den nahen und mittleren Infrarotbereich

Bild 3.23 zeigt den Aufbau eines typischen Infrarot-Spektrometers. Die Strahlung der Lichtquelle wird durch zwei Torroidspiegel in einen Referenz- und einen Meßstrahl geteilt. Beide Torroidspiegel sind konkav, die Krümmung ist aber in die zwei senkrechten Richtungen unterschiedlich. Die beiden Torroidspiegel liegen somit auf einem Kreisbogen. Referenz- und Meßstrahl werden mit Hilfe eines rotierenden Sektorspiegels (Chopper) auf einen weiteren Torroidspiegel gelenkt. Der rotierende Spiegel ist in zwei Bereiche eingeteilt, von denen der eine durchlässig für den Meßstrahl ist und der andere den Referenzstrahl durch Reflexion auf den Torroidspiegel lenkt. Auf diesen fällt also abwechselnd der Referenz- und der Meßstrahl. Vom Torroidspiegel wird die Strahlung auf einen Parabolspiegel und von dort auf das Beugungsgitter gelenkt. Unabhängig davon, auf welchen Teil des Parabolspiegel die Lichtstrahlen treffen, erzeugt dieser ein paralleles Lichtbündel, das vom Fokus des Parabolspiegels ausgeht. Die Breite des Eintritts- und Austrittsspaltes kann, wenn sie groß genug ist, bestimmend für die Auflösung sein. Werden die Öffnungen aber verschmälert, begrenzt letztendlich die Furchenzahl des Gitters die Auflösung (Gln. 3.3 und 3.8). Der Detektor empfängt abwechselnd den Meß- und den Referenzstrahl, und durch phasensensitive Signalverarbeitung können beide voneinander getrennt werden.

Das Spektrometer, das in Bild 3.23 skizziert ist, arbeitet nach der Methode des optischen Nullabgleichs. Die Absorbanz der Probe wird dabei relativ zum Referenzstrahl gemessen. Mit einer Meßblende wird die Intensität des Referenzstrahls kontrolliert, um ein Nullsignal zu erhalten, wenn die Intensität des Meß- und des Referenzstrahls gleich ist. Diese Methode hat jedoch den Nachteil, daß das Referenzsignal sehr stark abgeschwächt wird, wenn die Probe sehr stark absorbiert. In der Infrarot-Spektroskopie wurde daher diese Methode weitgehend durch die elektronische Verhältnismessung („ratio recording") ersetzt. Dabei werden mit einem Mikroprozessor die Intensität I_0 des Referenzstrahls und die Intensität I des Meßstrahls elektronisch in ein Verhältnis zueinander gesetzt. Die Absorbanz A der Probe ergibt sich hierbei aus Gl. (2.16). Diese Methode ist insbe-

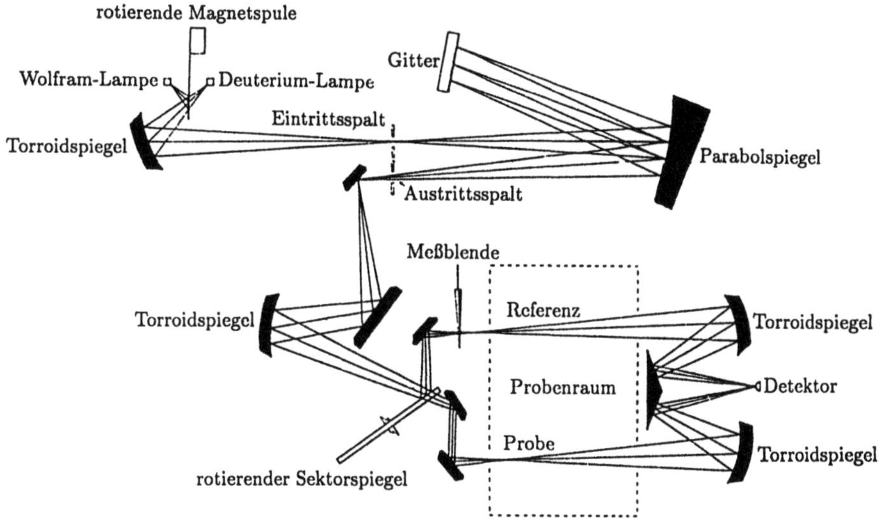

Bild 3.24 Ein typisches, zwei Strahlen aufzeichnendes Photospektrometer für den sichtbaren bis nah-ultravioletten Spektralbereich

sondere dann von Vorteil, wenn die Absorbanz der Probe sehr groß, die Transmissivität also sehr klein ist.

Bild 3.24 zeigt den Aufbau eines typischen UV/VIS-Doppelstrahl-Spektrometers. Im Unterschied zu dem ansonsten sehr ähnlichen Aufbau eines IR-Spektrometers (wie in Bild 3.23 gezeigt) ist hier das dispergierende Element vor der Probe angebracht, die Position des Detektors und der Lichtquelle mithin vertauscht. Mit Hilfe eines rotierenden Spiegels kann von der Wolframlampe zur Deuteriumlampe gewechselt werden, um im nahen Ultraviolett zu spektroskopieren.

Mit einem Infrarotspektrometer wird größenordnungsmäßig der Wellenlängenbereich 200 bis 5000 cm^{-1} (50 bis 2 μm) und mit einem UV/VIS-Spektrometer der Wellenlängenbereich 11 000 bis 51 300 cm^{-1} (900 bis 195 nm) abgedeckt. Die Bereichslücke zwischen 0,9 und 2 μm ist durch einige andere Spektrometer zugänglich.

Aufgaben

1. Ein Beugungsgitter ist 10,40 cm breit, hat 600,0 Furchen pro Milimeter und einen Blaze-Winkel von 45,00°. Wie groß ist die Wellenlänge der unter dem Blaze-Winkel gebeugten Strahlung in der ersten, vierten und neunten Ordnung? Wie groß ist das Auflösungsvermögen in diesen Beugungsordnungen? Drücken Sie die Auflösung für die Beugung neunter Ordnung in Wellenlängeneinheiten (nm), Wellenzahlen (cm^{-1}) und Frequenz (GHz) für Strahlung mit einer Wellenlänge von 300,0 nm aus!

2. Bei 18 °C ändert sich der Brechungsindex von Rauchquarz mit der Wellenlänge wie folgt:

λ / nm	n	λ / nm	n
185,47	1,5744	274,87	1,4962
193,58	1,5600	303,41	1,4859
202,55	1,5473	340,37	1,4787
214,44	1,5339	396,85	1,4706
226,50	1,5231	404,66	1,4697
250,33	1,5075	434,05	1,4670

Tragen Sie λ gegen n auf, und bestimmen Sie so das Auflösungsvermögen eines Prismas aus Rauchquarz mit einer Basislänge von 3,40 cm für die Wellenlängen 200, 250, 300 und 350 nm. Wie groß ist die Auflösung in Nanometern bei diesen Wellenlängen? Wie werden Auflösungsvermögen und Auflösung in quantitativer Weise durch zwei hintereinander angebrachte Prismen beeinflußt?

Bibliographie

Bousquet, P. (1971). ***Spectroscopy and Its Instrumentation***, Adam Hilger, London.
Harrison, G. R., Lord, R. C. und Loofbourow, J. R. (1948). ***Practical Spectroscopy***, Prentice-Hall, Englewood, New Jersey.
Hecht, H. und Zajac, A. (1974). ***Opitcs***, Addison-Wesley, Reading, Massachusetts.
Jenkins, F. A. und White, H. E. (1957). ***Fundamentals of Optics***, McGraw-Hill, New York.
Longhurst, R. S. (1957). ***Geometrical and Physical Optics***, Longman, London.
Sawyer, R. A. (1963). ***Experimental Spectroscopy***, Dover, New York.

4 Molekülsymmetrie

Symmetriebetrachtungen tauchen immer wieder in der Spektroskopie und der Valenztheorie auf und erlauben eine ausreichende und grundlegende Behandlung dieser Themen. Im Prinzip lassen sich die Spektren von Atomen und zweiatomigen Molekülen durchaus auch ohne die Theorie der Molekülsymmetrie diskutieren. Will man aber tiefer in die Materie eindringen, beispielsweise zum Verständnis der Auswahlregeln bei der Spektroskopie vielatomiger Moleküle, stellt diese Theorie nur eine kleine Barriere dar, die es zu überwinden gilt. Diejenigen, die sich nicht so intensiv mit der Spektroskopie auseinandersetzen wollen, können dieses Kapitel ohne großen Verlust überschlagen.

Symmetrieargumente wurden erst in den zwanziger und dreißiger Jahren des zwanzigsten Jahrhunderts auf Atome und Moleküle angewendet, obwohl die zugrundeliegende Gruppentheorie bereits im frühen neunzehnten Jahrhundert von Mathematikern entwickelt wurde. Diese historische Entwicklung ist die Ursache dafür, daß zunächst die Matrixalgebra sehr ausführlich behandelt wird, bevor man das eigentliche Thema der Molekülsymmetrie diskutiert. Es ist jedoch durchaus möglich, ohne großen mathematischen Aufwand ein recht detailliertes Verständnis für Symmetrieargumente zu entwickeln, und genau diesen Weg wollen wir in diesem Kapitel einschlagen.

4.1 Symmetrieelemente

Wenn wir die Symmetrie eines Kreises, eines Quadrats und eines Rechtecks miteinander vergleichen, ist uns intuitiv klar, daß der Symmetriegrad in der angegebenen Reihenfolge abnimmt. Und wie steht es mit der Symmetrie eines Parallelogramms und eines gleichschenkligen Dreiecks? Ganz analog nimmt auch die Symmetrie in der Reihe der folgenden Moleküle ab: Ethylen, 1,1-Difluorethylen und Fluorethylen (siehe Bild 4.1). Bei dem Vergleich der beiden Moleküle *cis*- und *trans*-1,2-Difluorethylen stehen wir vor dem gleichen Problem wie bei dem Vergleich zwischen dem Parallelogramm und dem gleichschenkligen Dreieck. Am Ende dieses Kapitels werden wir sehen, daß *cis*-1,2-Difluorethylen und ein gleichschenkliges Dreieck dieselbe Symmetrie haben; gleiches gilt für *trans*-1,2-Difluorethylen und ein Parallelogramm.

Schon diese einfachen Beispiele zeigen uns, daß wir mit intuitiven Ideen von Symmetrie nicht sehr weit kommen. Unsere Symmetrieklassifizierung müssen wir auf eine solidere Basis stellen, wenn sie nützlich sein soll. Das können wir schon mit nur fünf Symmetrieelementen erreichen, und eines davon ist ausgesprochen trivial. Wenn wir im folgenden diese Symmetrieelemente an Molekülen diskutieren, beziehen wir uns immer auf das freie Molekül in der Gasphase. Dagegen weisen Kristalle zusätzliche Symmetrieelemente auf, die sich auf die Positionen verschiedener Moleküle in der Einheitszelle beziehen. Daher benutzen wir auch die Schönflies-Notation und nicht die in der Kristallographie gebräuchlichere von Hermann-Mauguin.

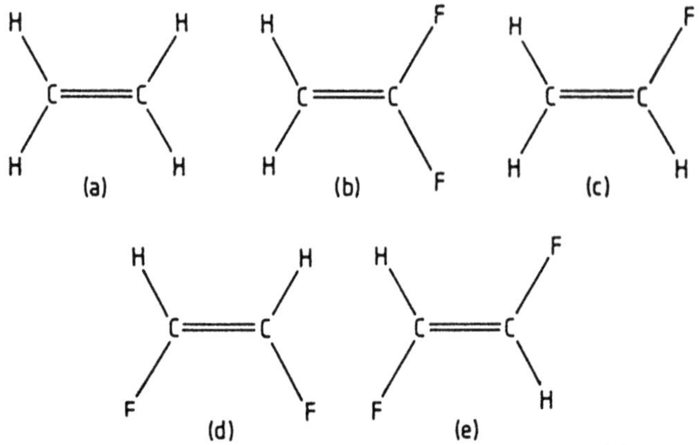

Bild 4.1 (a) Ethylen, (b) 1,1-Difluorethylen, (c) Fluorethylen, (d) *cis*-1,2-Difluorethylen (e) *trans*-1,2-Difluorethylen

Will man die Molekülsymmetrie diskutieren, setzt dies zwingend eine genaue Kenntnis der Molekülgestalt voraus; diese erhält man durch veschiedene spektroskopische Methoden oder durch Röntgen-, Elektronen- oder Neutronenbeugung.

4.1.1 *n*-fache Drehachse, C_n

Weist ein Molekül eine *n*-fache Dreh- oder Symmetrieachse auf, führt eine Drehung des Moleküls um diese Achse um den Winkel $2\,\pi/n$ (im Bogenmaß) zu einer Lage des Moleküls, die von einem stationären Beobachter nicht von der Ausgangslage des Moleküls unterschieden werden kann. Eine solche Achse wird nach Schönflies mit dem Symbol C_n bezeichnet. In den Bildern 4.2(a) bis (e) ist jeweils die Lage der C_2-Achse in einem H_2O-Molekül, der C_3-Achse in einem CH_3F-Molekül, der C_4-Achse in einem $XeOF_4$-Molekül, der C_6-Achse in einem C_6H_6-Molekül und der C_∞-Achse in einem HCN-Molekül eingezeichnet. Bei einer C_∞-Achse wird durch Drehung um *jeden* Winkel eine Konfiguration erzeugt, die mit der Ausgangskonfiguration deckungsgleich ist.

Zu jedem Symmetrieelement gibt es eine entsprechende Symmetrieoperation, die mit demselben Symbol wie das zugehörige Symmetrieelement bezeichnet wird. So ist mit C_n auch die aktuelle Symmetrieoperation gemeint, nämlich die Drehung des Moleküls um $2\pi/n$ um diese Achse.

4.1.2 Spiegelebene, σ

Weist ein Molekül eine Spiegelebene auf, führt die Spiegelung aller Kernpositionen an dieser Ebene wieder zu einer Lage, die nicht von der Ausgangslage unterschieden werden kann. Das Schönflies-Symbol für eine Spiegelebene ist σ (siehe weiter unten, Abschnitt 4.3.1). Bild 4.3(a) zeigt die beiden Spiegelebenen, $\sigma_v(xz)$ und $\sigma_v(yz)$, des H_2O-Moleküls. Bei der Bezeichnung der Spiegelebenen wurden die Konventionen zur Achsenbezeichnung bereits berücksichtigt. Dieses Beispiel verdeutlicht, daß jedes ebene Molekül mindestens

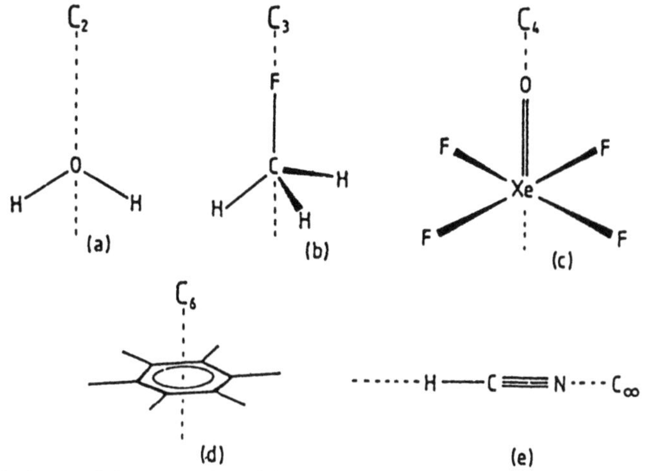

Bild 4.2 (a) Beispiel für eine C_2-, (b) eine C_3-, (c) eine C_4-, (d) eine C_6- und (e) eine C_∞-Achse

eine Spiegelebene aufweist, nämlich die Molekülebene. Der Subskript „v" steht für „vertikal" und deutet an, daß diese Ebene die höchstzählige Symmetrieachse enthält. In unserem Beispiel wird durch die C_2-Achse die vertikale Richtung festgelegt.

In dem planaren BF_3-Molekül, das in Bild 4.3(b) dargestellt ist, läuft die C_3-Achse, die Achse höchster Zähligkeit, durch das zentrale B-Atom und steht senkrecht zur Papierebene. Daher werden alle drei Spiegelebenen, die senkrecht zur Papierebene stehen und jeweils durch die drei B-F-Bindungen gehen, als σ_v bezeichnet. Die Molekülebene stellt ebenfalls eine Symmetrieebene dar. Weil sie horizontal zur C_3-Achse steht, wird diese Ebene mit σ_h bezeichnet; „h" steht hier für „horizontal".

Für ein Molekül wie Naphthalin (siehe Bild 4.3(c)) gibt es keine ausgezeichnete Achse höchster Zähligkeit, und daher werden die drei Spiegelebenen ohne Subskript angegeben.

Manchmal ist auch ein dritter Subskript, „d" für „dihedral" oder „diagonal", recht nützlich. Die Bedeutung dieser Spiegelebenen wollen wir uns an Hand des Allen-Moleküls klarmachen, das in Bild 4.3(d) dargestellt ist. Die beiden Achsen, die mit C_2' gekennzeichnet sind, stehen im Winkel von 90° zueinander und im Winkel von 45° relativ zur Zeichenebene[1]. Diese Achsen werden „dihedral" genannt und sind im allgemeinen C_2-Achsen, die senkrecht zur Hauptachse stehen. Die Hauptachse im Allen-Molekül ist die C=C=C-Achse, die nicht nur eine C_2-Achse darstellt, sondern auch eine S_4-Achse (siehe Abschnitt 4.1.4). Die σ_d-Ebenen halbieren den Winkel zwischen den beiden dihedralen Achsen. In Molekülen wie Benzol oder dem quadratisch-planaren $[PtCl_4]^{2-}$ gibt es zwei Möglichkeiten, die senkrechten Spiegelebenen σ_v und σ_d zu bezeichnen. Wie aber die Bilder 4.3(e) und 4.3(f) zeigen, halbieren konventionsgemäß die Spiegelebenen σ_d die Bindungswinkel, während die Spiegelebenen σ_v eine Bindung enthalten.

Bei der Symmetrieoperation σ werden alle Kernpositionen an der betreffenden Ebene gespiegelt.

[1] Ein Molekülmodell kann sehr hilfreich sein, sich nicht nur diese, sondern auch alle anderen Symmetrieelemente zu veranschaulichen.

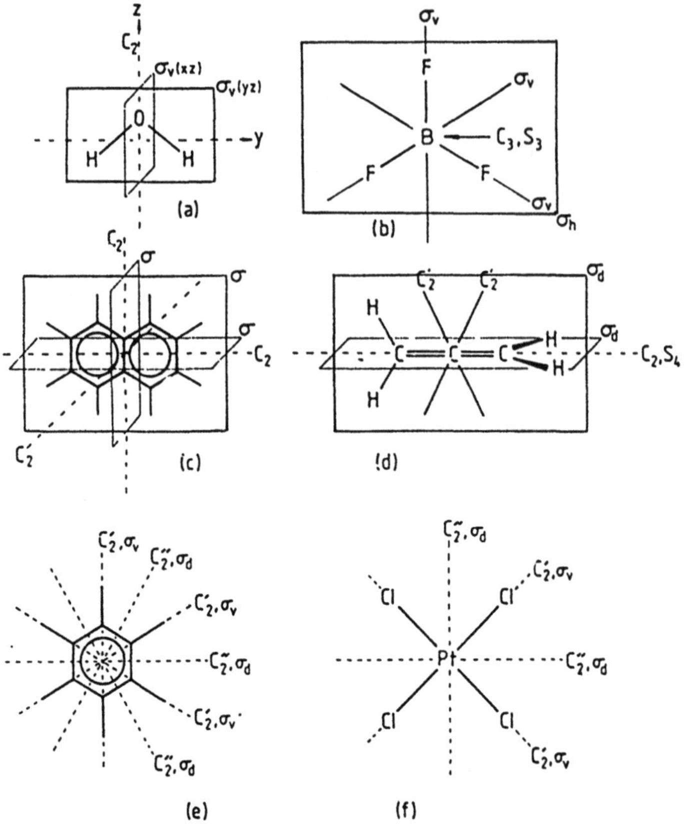

Bild 4.3 Spiegelebenen und Symmetrieachsen in (a) H_2O, (b) BF_3, (c) Naphthalin, (d) Allen, (e) Benzol und (f) $[PtCl_4]^{2-}$

4.1.3 Inversionszentrum, *i*

Weist das Molekül ein Inversions- oder Symmetriezentrum auf, so führt eine Punktspiegelung aller Kernpositionen an diesem Inversionszentrum zu einer Lage, die nicht von der Ausgangslage unterschieden werden kann. Das Schönflies-Symbol für ein Inversionszentrum ist *i*. Die Moleküle *s-trans*-Buta-1,3-dien („s" bezieht sich hier auf die *trans*-Position bezüglich einer Einfachbindung) und Schwefelhexafluorid besitzen ein solches Inversionszentrum. Bild 4.4 zeigt die Lage der Inversionszentren dieser Moleküle.

Die Symmetrieoperation *i* ist eine Punktspiegelung am Inversionszentrum.

4.1.4 *n*-fache Drehspiegelachse, S_n

Liegt ein solches Symmetrieelement bei einem Molekül vor, führt eine Drehung um $2\pi/n$ (im Bogenmaß) um diese Achse und eine anschließende Spiegelung an einer Ebene senkrecht zu dieser Achse zu einer Lage des Moleküls, die nicht von der Ausgangslage unterschieden werden kann. In Bild 4.3(d) ist bereits die S_4-Achse des Allen-Moleküls

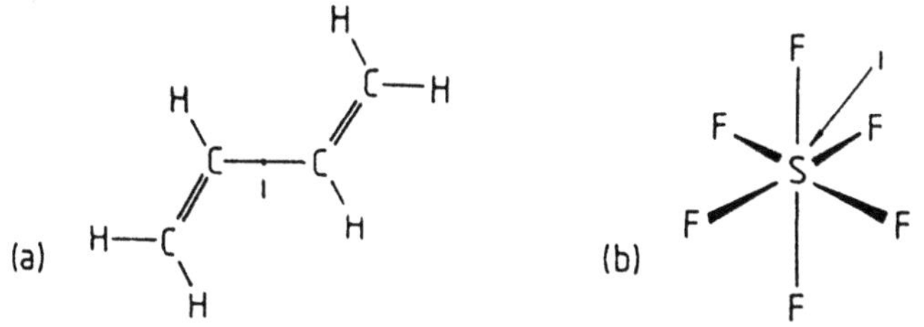

Bild 4.4 Lage des Inversionszentrums in (a) *s-trans*-Buta-1,3-dien und (b) Schwefelhexafluorid

eingezeichnet, die mit der C=C=C-Achse zusammenfällt. Die Ebene, an der nach der Drehung gespiegelt wird, kann, muß aber kein Symmetrieelement sein. Im Falle des Allens ist das zum Beispiel nicht der Fall. Im BF_3-Molekül fällt die Spiegelebene der S_3-Drehspiegelachse mit dem Symmetrieelement σ_h zusammen. Generell gilt, daß, wenn eine Spiegelebene σ_h senkrecht zur höchstzähligen Drehachse C_n vorhanden ist, diese Drehachse auch eine Drehspiegelachse S_n ist. Man sagt, die Symmetrieelemente C_n und σ_h ***erzeugen*** S_n. Dafür gibt es auch eine mathematische Schreibweise, nämlich

$$\sigma_h \times C_n = S_n. \tag{4.1}$$

Diese Gleichung ist wie folgt zu lesen: Eine Drehung C_n und eine anschließende Spiegelung σ_h liefern dasselbe Ergebnis wie eine Drehspiegelung S_n. (Konventionsgemäß bedeutet $A \times B$, daß zunächst die Symmetrieoperation B und dann die Symmetrieoperation A ausgeführt wird. Für das Beispiel in Gl. (4.1) ist das Ergebnis von der Reihenfolge unabhängig, aber wir werden Beispiele kennenlernen, wo das nicht mehr der Fall ist.)

Aus der Definition von S_n folgt, daß $\sigma = S_1$ und $i = \infty S_2$. σ und i sind aber als eigenständige Symmetrieoperationen definiert, und deshalb werden die Symbole S_1 und S_2 nicht verwendet.

4.1.5 Die Identitätsoperation, I (oder E)

Jedes Molekül besitzt mindestens ein Symmetrieelement, nämlich das der Identität (oder der Einheit). Das Symbol hierfür ist I; manche Autoren verwenden stattdessen E, aber das könnte zu Verwechslungen mit der Symmetriegruppe E führen (siehe hierzu Abschnitt 4.3.2). Bei der Symmetrieoperation I bleibt das Molekül unverändert. Von der Gruppentheorie wird aber die Existenz eines solchen Elements gefordert. Die C_1-Operation ist eine Drehung um 2π und liefert daher dasselbe Ergebnis wie die Identitätsoperation I, also $C_1 = I$; deshalb wird das Symbol C_1 nicht verwendet.

4.1.6 Erzeugung von Elementen

Gl. (4.1) zeigt, daß die Elemente σ_h und C_n eine Drehspiegelachse S_n erzeugen. Bild 4.5 demonstriert, daß im Molekül Difluormethan CH_2F_2 die Symmetrieoperationen C_2 und σ_v eine weitere Spiegelebene σ_v' erzeugen. Wir können schreiben

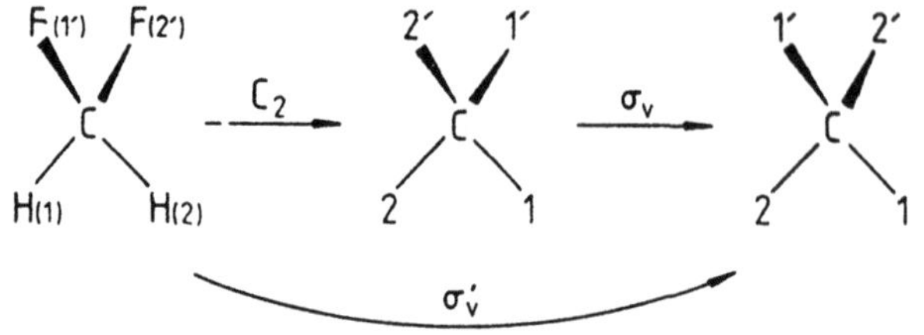

Bild 4.5 In CH_2F_2 wird σ'_v durch C_2 und σ_v erzeugt

$$\sigma_v \times C_2 = \sigma'_v. \tag{4.2}$$

Die Ebene, die die CH_2-Gruppe enthält, ist hier als σ_v bezeichnet, während die Ebene, die die CF_2-Gruppe enthält, als σ'_v bezeichnet wird. In ähnlicher Weise läßt sich auch formulieren

$$\begin{aligned} \sigma'_v \times C_2 &= \sigma_v, \\ \sigma'_v \times \sigma_v &= C_2. \end{aligned} \tag{4.3}$$

Aus einer Drehachse C_n können wir weitere Symmetrieelemente generieren, indem wir sukzessive die Drehung C_n $1, 2, 3, \ldots, (n-1)$ mal wiederholen. Gibt es beispielsweise ein C_3-Symmetrieelement, muß es auch ein C_3^2-Symmetrieelement geben, also

$$C_3^2 = C_3 \times C_3. \tag{4.4}$$

Eine C_3^2-Symmetrieoperation ist eine Drehung um den Winkel $2*(2\pi/3)$ im Uhrzeigersinn. Das gleiche gilt für ein C_6-Symmetrieelement: Notwendigerweise gibt es dann auch die Symmetrieelemente $C_6^2 = C_3$, $C_6^3 = C_2$, $C_6^4 = C_3^2$ und C_6^5. Die C_6^5-Operation liefert das gleiche Ergebnis wie eine C_6-Operation im Gegenuhrzeigersinn um den Winkel $2\pi/6$. Eine solche Drehung im Gegenuhrzeigersinn wollen wir C_6^{-1} nennen. Die Drehung C_3^2 kann dann demzufolge auch als C_3^{-1} bezeichnet werden. Ganz allgemein können wir schreiben

$$C_n^{n-1} = C_n^{-1}. \tag{4.5}$$

Auch aus dem Symmetrieelement S_n können wir durch mehrfache Anwendung der Symmetrieoperation S_n weitere Symmetrieelemente als Potenzen $1, 2, 3, \ldots, (n-1)$ von S_n generieren. In Bild 4.6 sind als Beispiele die S_4^2- und die S_4^3-Operation am Allen-Molekül gezeigt. Wir sehen, daß folgende Beziehungen gelten:

$$\begin{aligned} S_4^2 &= C_2, \\ S_4^3 &= S_4^{-1}. \end{aligned} \tag{4.6}$$

Dabei bedeutet S_4^{-1} eine Drehung um $2\pi/4$ im Gegenuhrzeigersinn mit einer anschließenden Spiegelung (beachten Sie: Eine Spiegelung ist dasselbe wie ihr Inverses, σ^{-1}).

4.1.7 Symmetriebedingungen für chirale Moleküle

Bekanntermaßen existiert ein chirales Molekül in zwei Formen, seinen Enantiomeren. Beide Enantiomere sind optisch aktiv, d.h. sie drehen die Ebene des linear polarisierten

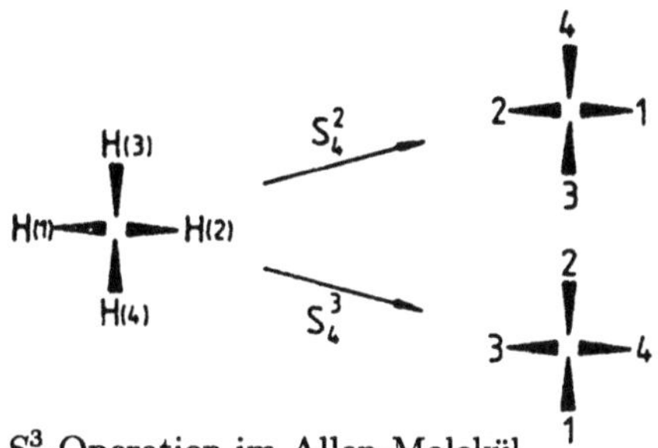

Bild 4.6 Die S_4^2- und die S_4^3-Operation im Allen-Molekül

Lichts. Das Enantiomer, das die Ebene des linear polarisierten Lichts rechts herum dreht (also im Uhrzeigersinn), ist die *d*- (oder dextro-)Form und dasjenige, das die Ebene links herum im Gegenuhrzeigersinn dreht, ist die *l*- (oder laevo-)Form. Heutzutage wird anstelle der Bezeichnungen *d* und *l* die Notation (+) und (−) verwendet.

Liegen beide Enantiomere in gleicher Konzentration in einer Lösung vor, wird durch diese Probe die Ebene des linear polarisierten Lichtes nicht gedreht. Eine solche äquimolare Mischung wird als Racemat oder racemische Mischung bezeichnet. Zur Kennzeichnung wird der Präfix (±) verwendet. Einige chirale Moleküle lassen sich aus einem Racemat in die reinen Enantiomere trennen oder können als solche synthetisiert werden. In vielen Fällen ist allerdings nur die racemische Mischung erhältlich.

Es gibt einige sehr interessante Beispiele von Enantiomeren, die nicht nur getrennt vorliegen, sondern außerdem in unterschiedlicher Weise mit einem anderen chiralen Molekül reagieren, das ebenfalls ein Enantiomer ist. So wird (+)-Glukose durch den Stoffwechsel der Tiere abgebaut und kann mit Hefe vergoren werden. Das entsprechende Enantiomer (−)-Glukose hat nicht diese Eigenschaften. Das Enantiomer (+)-Carvon riecht nach Kümmel, während (−)-Carvon der Minze ihren charakteristischen Geruch verleiht.

(+)- und (−)-Enantiomere verhalten sich wie Bild und Spiegelbild zueinander. Das bedeutet, daß die beiden Enantiomere nicht deckungsgleich sind.

Jedes Methan-Molekül, das vier verschiedene Substituenten aufweist, bildet Enantiomere. Das demonstriert uns Bild 4.7 an Hand eines CHFClBr-Moleküls. Sie können selbst ausprobieren, daß nur das zentrale C-Atom sowie zwei Substituenten, z.B. H und F, zur Deckung gebracht werden können; die beiden verbleibenden Substituenten, hier also Cl und Br, können jedoch nicht überlagert werden.

Als man das Phänomen der Chiralität gerade zu erforschen begann, hieß es, daß unter diesem Aspekt die wichtigsten Moleküle solche sind wie CWXYZ, also mehrfach substituierte Methan-Moleküle. Es wurde die Regel formuliert, daß Moleküle mit einem „asymme-

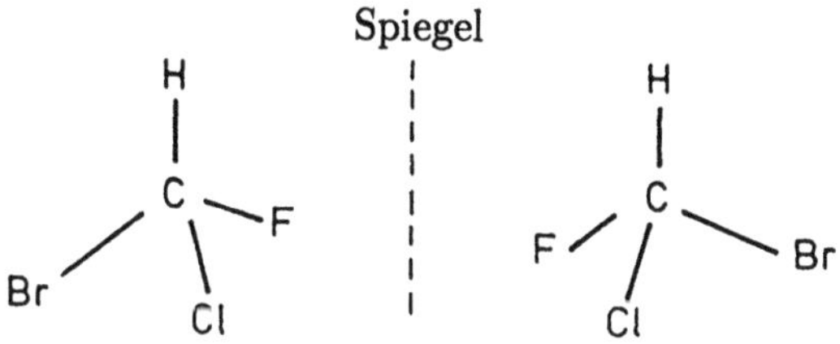

Bild 4.7 Das CHFClBr-Molekül und sein Spiegelbild

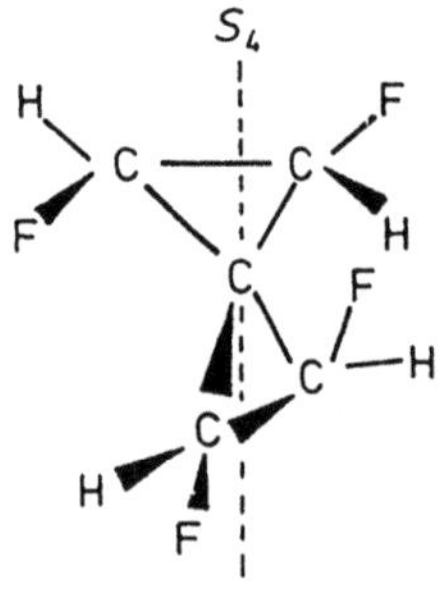

Bild 4.8
Tetrafluorspiropentan, ein achirales Molekül

trischen Kohlenstoff-Atom" Enantiomere bilden. Heutzutage hat diese Definition aus zwei Gründen ausgedient. Erstens ist die Existenz von Enantiomeren nicht auf Moleküle mit einem zentralen C-Atom beschränkt (es muß noch nicht einmal ein organisches Molekül sein). Zweitens kann vor dem Hintergrund von allen möglichen Symmetrieoperationen nicht länger von „asymmetrischen Kohlenstoff-Atomen" gesprochen werden.

Eine nützliche Regel, die bis heute verwendet wird, besagt:

Wenn ein Molekül nicht mit seinem Spiegelbild zur Deckung gebracht werden kann, ist es chiral.

Diese Aussage kann auf jedes Molekül angewendet werden, unabhängig davon, ob nun ein zentrales Kohlenstoff-Atom vorhanden ist oder nicht bzw. ob überhaupt ein Kohlenstoff-Atom vorhanden ist.

Bei der Verwendung der Vokabel „Spiegelbild" ahnen wir schon, daß uns bei diesem Problem auch die Symmetrieeigenschaften dieses Moleküls weiterhelfen können. Das ist auch tatsächlich so, und die entsprechende einfache Regel, bezogen auf die Molekülsymmetrie, lautet:

Ein Molekül ist chiral, wenn es keinerlei Drehspiegelachse $S_n, n = 1, 2, 3, \ldots$ aufweist.

In Abschnitt 4.1.4 haben wir gesehen, daß $S_1 = \sigma$ und $S_2 = i$ ist. Wir können daher schließen, daß chirale Moleküle weder eine Spiegelebene noch ein Inversionszentrum besitzen. In vielen Fällen genügt es aber, an Hand dieser beiden Symmetrieelemente zu prüfen, ob ein Molekül chiral ist oder nicht. Nur so exotische Moleküle wie Tetrafluorspiropentan, das in Bild 4.8 abgebildet ist, weisen weder eine Spiegelebene noch ein Inversionszentrum, aber eine hochzählige Drehspiegelachse auf. Die beiden dreigliedrigen Ringe stehen senkrecht zueinander, und die Paare von Fluor-Atomen an den Enden des Moleküls stehen jeweils in *trans*-Stellung zueinander. Es gibt eine S_4-Achse, wie es Bild 4.8 zeigt, aber keine Spiegelebene und kein Inversionszentrum. Dieses Molekül ist daher nicht chiral.

Für das Molekül CHFClBr in Bild 4.7 ist die Identität das einzige Symmetrieelement, und deshalb ist dieses Molekül chiral.

In Abschnitt 4.2.1 werden wir sehen, daß H_2O_2 neben der Identität nur noch eine C_2-Achse als Symmetrieelement aufweist. Das Molekül ist also chiral, auch wenn es noch nie in seine Enantiomere getrennt werden konnte. Bild 4.11 zeigt das Komplex-Ion $[Co(Ethylendiamin)_3]^{3+}$, das wir uns in Abschnitt 4.2.4 näher anschauen werden. Es

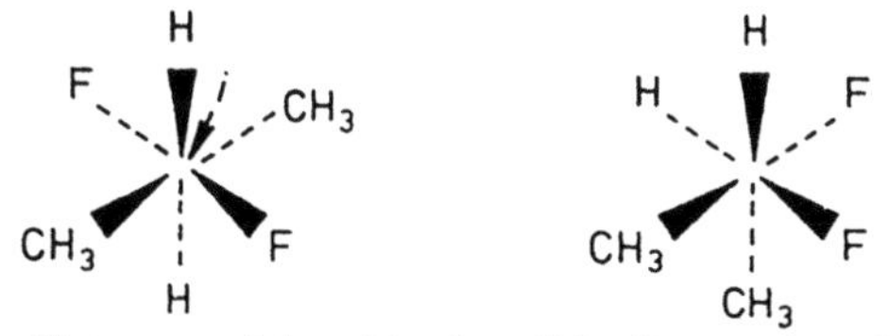

(a) all-*trans*, nicht chiral (b) all-*gauche*, chiral

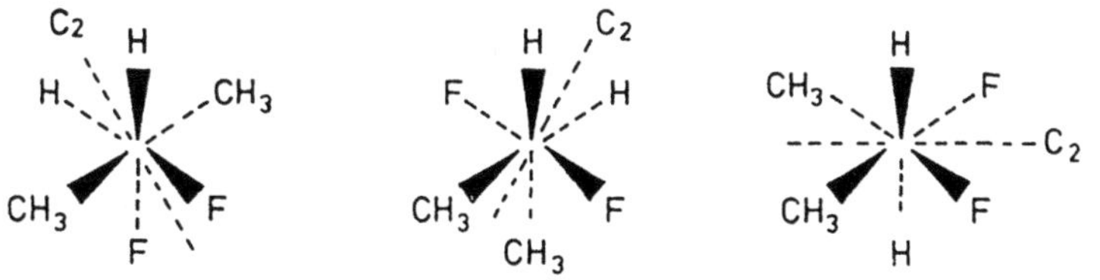

(c) CH_3-Gruppen *trans*, chiral (d) F-Atome *trans*, chiral (e) H-Atome *trans*, chiral

Bild 4.9 Die fünf möglichen gestaffelten Strukturen des 2,3-Difluorbutans

ist ebenfalls chiral, denn hier liegen als Symmetrieelemente nur eine C_3-Achse und drei C_2-Achsen vor.

In der Organischen Chemie gibt es viele wichtige Moleküle, die mehrere Gruppen enthalten, die, isoliert betrachtet, chiral sind. Ein einfaches Beispiel ist in Bild 4.9 gezeigt: das 2,3-Difluorbutan. Das Molekül kann als ein substituiertes Ethan-Molekül aufgefaßt werden. Wir können annehmen, daß diejenige Struktur stabil ist, in der die beiden $CHFCH_3$-Gruppen wie auch im Ethan gestaffelt zueinander stehen.

Es gibt fünf verschiedene gestaffelte Strukturen, die alle in Bild 4.9 aufgeführt sind. Hierin sind alle Möglichkeiten enthalten, bei der die beiden jeweils identischen Gruppen *trans* oder *gauche* zueinander stehen. In der *trans*-Position sind die beiden am weitesten, in der *gauche*-Position am kürzesten voneinander entfernt. Die Struktur, die in Bild 4.9(a) dargestellt ist, kann durch eine Drehung um die Kohlenstoff-Kohlenstoff-Achse in die Struktur des Bildes 4.9(b) überführt werden. Man spricht hier von Konformeren oder Rotameren. Auch die Konfigurationen der Bilder 4.9(c) bis 4.9(e) sind Konformere bzw. Rotamere des Bildes 4.9(a).

Die „all-trans“-Struktur in Bild 4.9(a) ist nicht chiral, da hier ein Inversionszentrum i vorliegt. Man spricht hier von einer *meso*-Strukur. In diesem Fall dreht eine $CHFCH_3$-Gruppe die Ebene des linear polarisierten Lichts in eine Richtung, und die andere $CHFCH_3$-Gruppe tut dies genauso, nur in die entgegengesetzte Richtung. Schlußendlich ändert sich die Lage der Polarisationsebene nicht. Das Molekül ist mithin achiral, was wir aber bereits schon aus der Anwesenheit des Inversionszentrums schließen konnten.

Alle anderen vier Strukturen in Bild 4.9 sind dagegen chiral. So weist die „all-gauche“-Struktur in Bild 4.9(b) keinerlei Symmetrieelement mehr auf, während die übrigen Strukturen eine C_2-Achse vorweisen können.

Das dreifach substituierte Ammoniak-Molekül (ein tertiäres Amin), das wir in Bild 4.10 sehen, besitzt kein Symmetrieelement. Zwar ist Ammoniak pyramidal aufgebaut, aber es kann wie ein Regenschirm umklappen, es kann invertieren. Das geschieht so schnell (in ca. 10^{-11} s; vgl. Abschnitt 6.2.4.4.1), daß es für unsere jetzige Diskussion

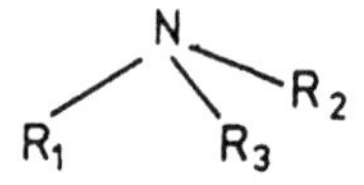

Bild 4.10
Ein tertiäres Amin

als planar angesehen werden kann. Die Inversionsrate von tertiären Aminen hängt sehr stark von der Masse der Substituenten R_1, R_2 und R_3 ab. Je schwerer die Substituenten, desto kleiner wird die Geschwindigkeit sein, mit der die Enantiomere sich ineinander umwandeln. Es ist jedoch auch möglich, daß tertiäre Amine deshalb nicht chiral sind, weil die Substituenten planar um das zentrale Stickstoff-Atom angeordnet sind.

4.2 Punktgruppen

Die Symmetrieelemente, die jedes Molekül haben kann, bilden eine Punktgruppe. Beispiele hierfür sind die Symmetrieelemente des H_2O-Moleküls (I, C_2, $\sigma_v(xz)$ und $\sigma_v(yz)$) und die des Allens (I, S_4, S_4^{-1}, C_2, C_2', C_2', σ_d, σ_d).

Punktgruppen müssen von Raumgruppen unterschieden werden. Der Name Punktgruppe rührt daher, daß ein Punkt unter allen Symmetrieoperationen unverändert bleibt. Im Falle der Allens ist es der Punkt im Zentrum des Moleküls. Bei H_2O bleiben alle Punkte, die auf der C_2-Achse liegen, durch die möglichen Symmetrieoperationen in ihrer Lage unverändert. Raumgruppen beschreiben die Symmetrieeigenschaften einer regulären Anordnung von Molekülen im Raum, wie sie in Kristallen gefunden werden. An dieser Stelle wollen wir uns aber nicht damit befassen.

Es braucht viele Punktgruppen, um alle Moleküle zu beschreiben. Es ist daher sinnvoll, solche Punktgruppen zusammenzufassen, die einige gemeinsame Typen von Symmetrieelementen haben. Es müssen auch nicht alle Symmetrieelemente einer Punktgruppe aufgelistet werden, sondern der Theorie genügt es, wenn die erzeugenden Elemente angeführt sind, aus denen dann die anderen Gruppenelemente generiert werden können. In der Praxis ist es jedoch recht nützlich, wenn ein paar mehr als nur die erzeugenden Elemente erwähnt werden. Wir wollen hier genauso verfahren. Jede Punktgruppe enthält die Identitätsoperation; daher werden wir sie im folgenden nicht gesondert erwähnen.

4.2.1 C_n-Punktgruppen

Eine C_n-Punktgruppe enthält eine C_n-Symmetrieachse. Die Symmetrieelemente σ, i oder S_n sind implizit nicht in dieser Punktgruppe enthalten. Es müssen aber die Elemente C_n^2, $C_n^3, \ldots C_n^{n-1}$ vorhanden sein. Hier kann $n = 1, 2, 3, \ldots$ sein. Beispiele von Molekülen, die einer solchen Punktgruppe angehören, sind nicht sehr zahlreich. Ein Beispiel für die C_2-Punktgruppe ist Wasserstoffperoxid (H_2O_2, siehe Bild 4.11(a)). Einziges Symmetrieelement ist hier, neben der Identität, eine C_2-Achse. Diese halbiert den 118°-Winkel zwischen den beiden O-O-H-Ebenen. Bromchlorfluormethan (CHFClBr), das in Bild 4.7 abgebildet ist, hat als einziges Symmetrieelement die Identität und gehört daher der Punktgruppe C_1 an.

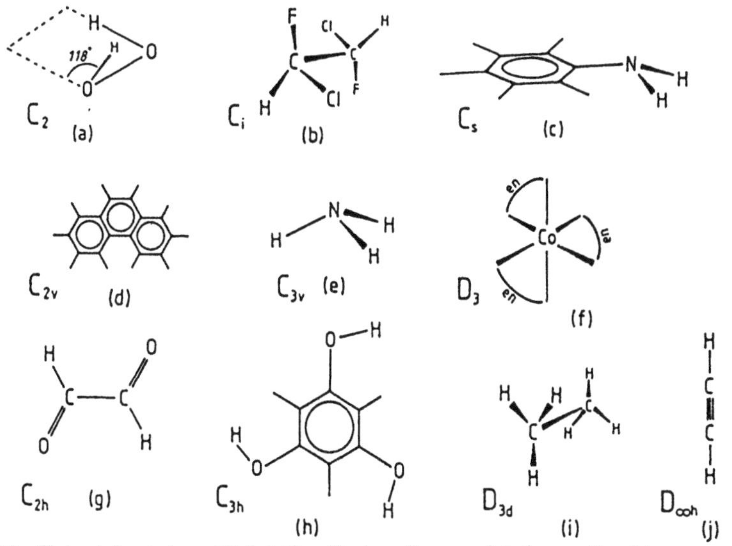

Bild 4.11 Beispiele einiger Moleküle, die jeweils verschiedenen Punktgruppen angehören

4.2.2 S_n-Punktgruppen

Eine S_n-Punktgruppe enthält nur eine S_n-Achse und die zugehörigen Symmetrieelemente S_n^2, S_n^3, $\ldots S_n^{n-1}$. Für diese Punktgruppen gibt es nur sehr wenige Beispiele. Die Ausnahme bildet die S_2-Punktgruppe. Hier gibt es ein S_2-Symmetrieelement, aber wir hatten schon gesehen (siehe Abschnitt 4.1.4), daß dieses genau einer Inversion i entspricht. Hier liegt also als einziges Symmetrieelement ein Inversionszentrum vor. Für eine solche Punktgruppe wird aber üblicherweise das Symbol C_i angegeben. Das Isomer des ClFHC-CHFCl-Moleküls (siehe Bild 4.10), in dem alle jeweils identischen Atompaare *trans* zueinander stehen, gehört dieser Punktgruppe C_i an.

4.2.3 C_{nv}-Punktgruppen

In diesen Punktgruppen sind sowohl eine C_n-Achse als auch n Spiegelebenen σ als Symmetrieelemente vorhanden. Alle n Spiegelebenen müssen die C_n-Achse enthalten. Weitere Symmetrieelemente können aus diesen erzeugt werden.

Viele Moleküle gehören der Punktgruppe C_{1v} an. Es gibt hier neben der Identität I ($= C_1$) nur noch eine Spiegelebene als Symmetrieelement. Zu dieser Punktgruppe gehören z.B. die Moleküle Fluorethylen C_2H_3F (Bild 4.1(c)) und Anilin (Bild 4.11(c)). Im Anilin sind die drei Substituenten pyramidal um das Stickstoff-Atom angeordnet; die Spiegelebene halbiert den HNH-Winkel. Anstelle von C_{1v} wird normalerweise das Symbol C_s benutzt.

Moleküle, die als Symmetrieelemente eine C_2-Drehachse und zwei Spiegelebenen parallel zu dieser Achse besitzen, gehören der Punktgruppe C_{2v} an. Beispiele hierfür sind H_2O (Bild 4.3(a)), Difluormethan (Bild 4.5), 1,1-Difluorethylen (Bild 4.1(b)), *cis*-1,2-Difluorethylen (Bild 4.1(d)) und Phenanthren (Bild 4.11(d)).

NH_3 (Bild 4.11(e)) und Methylfluorid (Bild 4.2(b)) weisen jeweils eine C_3-Achse und drei Spiegelebenen auf; sie gehören daher zur Punktgruppe C_{3v}. $XeOF_4$ ist ein Vertreter der C_{4v}-Punktgruppe.

Eine sehr wichtige Punktgruppe ist $C_{\infty v}$, denn in diese fallen lineare Moleküle, die keine Spiegelebene σ_h aufweisen, wie z.B. HCN (Bild 4.2(e)). HCN besitzt neben der Drehachse C_∞ auch unendlich viele σ_v parallel zu dieser Drehachse.

4.2.4 D_n-Punktgruppen

In einer D_n-Punktgruppe existieren eine C_n-Achse und n senkrecht dazu stehende C_2-Achsen. Die Winkel zwischen den n C_2-Achsen sind alle gleich. Weitere Symmetrieelemente können aus der C_n- und den n C_2-Achsen generiert werden.

Es gibt nicht viele Moleküle, die einer D_n-Punktgruppe angehören. Man kann sie sich aus zwei identischen Fragmenten zusammengesetzt vorstellen. Ein solches Fragment würde für sich betrachtet der Punktgruppe C_{nv} angehören. Die beiden Hälften müssen nun so über ihre „Rückseiten" miteinander verknüpft werden, daß sie gestaffelt zueinander stehen und der Winkel zwischen ihnen von $m\pi/n$ verschieden ist (m ist hier eine ganze Zahl).

So kann man sich beispielsweise das Komplex-Ion $[Co(Ethylen\text{-}Diamin)_3]^{3+}$ aus zwei Hälften mit C_{3v}-Symmetrie zusammengesetzt vorstellen. Das Komplex-Ion gehört also zur D_3-Punktgruppe und ist in Bild 4.11(f) dargestellt. In dieser Abbildung wird der Ligand $H_2NCH_2CH_2NH_2$ mit „en" abgekürzt[2].

4.2.5 C_{nh}-Punktgruppen

Eine C_{nh}-Punktgruppe enthält eine n-zählige Drehachse C_n und eine Spiegelebene σ_h senkrecht zu dieser Drehachse. Ist n eine gerade Zahl, ist außerdem ein Inversionszentrum i vorhanden. Weitere Symmetrieelemente können aus den bereits aufgezählten erzeugt werden.

In der Punktgruppe C_{1h} ist neben der Identiät I nur eine Spiegelebene vorhanden, also die Symmetrieelemente wie in der Punktgruppe C_{1v}. Wie schon in Abschnitt 4.2.3 erwähnt, wird eine solche Punktgruppe mit dem Symbol C_s beschrieben.

Als Beispiele für die C_{2h}-Punktgruppe seien die Moleküle ***trans***-1,2-Difluorethylen (Bild 4.1(e)), *s-**trans***-Buta-1,3-dien (Bild 4.4(a)) und *s-**trans***-Glyoxal (Bild 4.11(g)) angeführt. In allen diesen Molekülen sind eine C_2-Achse, eine Spiegelebene σ_h senkrecht dazu und ein Inversionszentrum vorhanden. Das in Bild 4.11(h) gezeigte 1,3,5-Trihydroxybenzol gehört zur Punktgruppe C_{3h}.

4.2.6 D_{nd}-Punktgruppen

In einer D_{nd}-Punktgruppe liegen eine C_n-Drehachse, eine S_{2n}-Drehspiegelachse und n C_2-Drehachsen vor, die senkrecht zur C_n-Achse stehen und jeweils den gleichen Winkel miteinander bilden. Weiterhin sind auch n σ_d-Spiegelebenen vorhanden, die jeweils den

[2] In der Symmetriebetrachtung haben wir die Zickzack-Struktur des Liganden vernachlässigt.

Winkel zwischen den C_2-Achsen halbieren. Wenn n eine ungerade Zahl ist, gibt es noch ein Inversionszentrum i. Weitere Symmetrieelemente können aus den bereits aufgezählten erzeugt werden.

Die Punktgruppe D_{1d} ist mit C_{2v} identisch. Moleküle, die zu den anderen D_{nd}-Punktgruppen gehören, kann man sich wieder als aus zwei identischen Fragmenten zusammengesetzt vorstellen. Wie auch in Abschnitt 4.2.4 haben diese Fragmente für sich die Symmetrie C_{nv}. Um zu einem Molekül der Punktgruppe D_{nd} zu gelangen, müssen die Fragment so über ihre „Rückseiten" miteinander verknüpft werden, daß diesmal der Winkel zwischen den beiden Hälften π/n beträgt.

Allen (Bild 4.3(d)) gehört zur Punktgruppe D_{2d} und Ethan (Bild 4.11(i)) zur Punktgruppe D_{3d}. Im Ethan-Molekül stehen die beiden CH_3-Gruppen derart gestaffelt zueinander, daß jede C-H-Bindung der einen Hälfte gerade den HCH-Winkel der anderen Hälfte halbiert.

Diese beiden Moleküle sind schon die wichtigsten Vertreter für D_{nd}-Punktgruppen; andere Beispiele sind sehr selten.

4.2.7 D_{nh}-Punktgruppen

Eine D_{nh}-Punktgruppe beinhaltet eine C_n-Achse, n C_2-Achsen senkrecht dazu und in jeweils gleichem Winkel zueinander, eine σ_h-Spiegelebene und n andere σ-Ebenen. Ist n gerade, gehört auch ein Inversionszentrum i zu der Punktgruppe. Auch hier können weitere Symmetrieelemente aus den aufgezählten erzeugt werden.

Eine D_{nh}-Punktgruppe ist eng mit der entsprechenden C_{nv}-Gruppe verwandt; hier ist jedoch eine zusätzliche σ_h-Spiegelebene vorhanden.

Die Punktgruppe D_{1h} ist mit C_{2v} identisch. Ethylen (Bild 4.1(a)) und Naphthalin (Bild 4.3(c)) gehören beide zur Punktgruppe D_{2h}. In beiden Fällen sind jeweils die drei C_2-Achsen gleichwertig; daher werden die Spiegelebenen ohne Subskript angegeben.

BF_3 (Bild 4.3(b)) gehört zur Punktgruppe D_{3h}, $[PtCl_4]^{2-}$ (Bild 4.3(f)) zur Punktgruppe D_{4h} und Benzol (Bild 4.3(e)) zur Punktgruppe D_{6h}.

Die Punktgruppe $D_{\infty h}$ ergibt sich aus der Punktgruppe $C_{\infty v}$, wenn zusätzlich eine Spiegelebene σ_h senkrecht zur C_∞-Achse vorliegt. Das ist z.B. im Acetylen (Bild 4.1(j)) der Fall und auch bei allen homonuklearen, zweiatomigen Molekülen.

4.2.8 T_d-Punktgruppen

In der T_d-Punktgruppe gibt es als Symmetrieelemente vier C_3-Achsen, drei C_4-Achsen und sechs σ_d-Spiegelebenen; alle weiteren werden aus diesen erzeugt.

Zu dieser Punktgruppe gehören alle regelmäßigen tetraedrischen Moleküle, wie Methan CH_4 (Bild 4.12(a)), Silan SiH_4 und Nickeltetracarbonyl $Ni(CO)_4$.

Im Falle des Methans fallen die vier C_3-Achsen mit den vier C-H-Bindungen zusammen. Die σ_d-Spiegelebenen werden durch alle sechs möglichen CH_2-Fragmente aufgespannt. Die C_2-Achsen sind nicht so leicht zu finden, aber Bild 4.12(a) zeigt, daß die Schnittlinie zwischen je zwei senkrecht zueinander stehenden σ_d-Ebenen eine C_2-Achse ist.

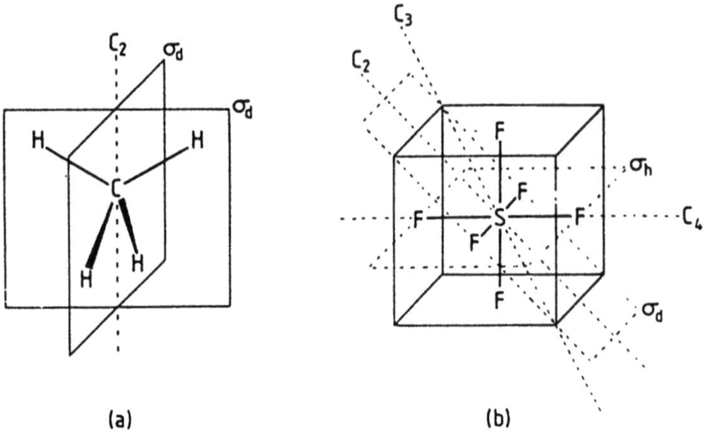

Bild 4.12 (a) Einige C_2-Achsen und σ_d-Spiegelebenen in Methan. (b) Einige Symmetrieelemente des Schwefelhexafluorids

4.2.9 O_h-Punktgruppen

Zur O_h-Punktgruppe gehören drei C_4-Achsen, vier C_3-Achsen, sechs C_2-Achsen, drei σ_h-Ebenen, sechs σ_d-Ebenen und ein Inversionszentrum i. Weitere Symmetrieelemente werden aus den aufgezählten erzeugt.

In diese Punktgruppe gehören Moleküle mit regelmäßiger oktaedrischer Struktur, wie z.B. Schwefelhexafluorid (Bild 4.12(b)) und $[Fe(CN)_6]^{3-}$.

Die wichtigsten Symmetrieelemente sind leichter zu sehen, wenn man sich das Schwefelatom in der Mitte eines Würfels vorstellt und die sechs Fluoratome in den sechs Flächenmitten, wie es Bild 4.12(b) zeigt. Die drei C_4-Achsen werden von den drei (linearen) F-S-F-Bindungsgruppen gebildet, und die vier C_3-Achsen fallen mit den vier Raumdiagonalen des Würfels zusammen. Die sechs C_2-Achsen verbinden die Mittelpunkte der sich gegenüberliegenden Kanten. Die drei σ_h-Ebenen liegen jeweils genau zwischen zwei gegenüberliegenden Seiten. Die sechs σ_d-Ebenen verbinden je zwei sich gegenüberliegende Kanten.

4.2.10 K_h-Punktgruppe

Hier liegen unendlich viele C_∞-Achsen und ein Inversionszentrum i sowie die daraus erzeugten Symmetrieelemente vor.

Das ist die Punktgruppe der Kugel; daher gehören ihr alle Atome an.[3]

Mit den hier vorgestellten Punktgruppen wird man wahrscheinlich irgendwann arbeiten. Daneben gibt es noch einige exotischere Punktgruppen, die hier nicht behandelt wurden, wohl aber in den Büchern, die in der Bibliographie am Ende dieses Kapitels aufgeführt sind.

[3]Ein Atom mit nur teilweise besetzten Orbitalen muß durchaus nicht kugelsymmetrisch sein. Die elektronischen Wellenfunktionen werden jedoch in der K_h-Punktgruppe klassifiziert.

4.3 Charaktertafeln der Punktgruppen

Bei den Punktgruppen unterscheidet man zwei wichtige Typen: die nicht-entarteten und die entarteten Punktgruppen. Entartete Punktgruppen enthalten eine C_n-Drehachse mit $n > 2$ oder eine S_4-Drehspiegelachse. Moleküle, die einer entarteten Punktgruppe angehören, haben auch entartete Eigenschaften, d.h. für einen bestimmten Energieeigenwert gibt es mehrere verschiedene elektronische oder vibronische Wellenfunktionen. Im Gegensatz dazu gibt es bei Molekülen, die zu einer nicht-entarteten Punktgruppe gehören, keine solchen entarteten Eigenschaften.

In den Abschnitten 4.1 und 4.2 haben wir gelernt, daß man Moleküle nach ihrer Symmetrie klassifizieren und verschiedenen Punktgruppen zuordnen kann. Dabei haben wir immer das statische Molekül betrachtet, bei dem die Kerne ihre Gleichgewichtspositionen einnehmen. Die Symmetrieelemente des statischen Moleküls müssen nicht für alle Eigenschaften zutreffen, wie z.B. die elektronischen und vibronischen Wellenfunktionen. Die Symmetrieklassifizierung dieser Eigenschaften kann mit Hilfe der Charaktertafeln vorgenommen werden. Im folgenden wollen wir uns eingehender mit drei solchen Charaktertafeln befassen: mit der Charaktertafel der C_{2v}-Punktgruppe als Beipiel für eine nicht-entartete Punktgruppe, mit der Charaktertafel der C_{3v}-Punktgruppe als Beipiel für eine entartete Punktgruppe und mit der Charaktertafel der $C_{\infty v}$- Punktgruppe als Beipiel für eine unendliche Punktgruppe mit unendlich vielen Symmetrieelementen.

4.3.1 C_{2v}-Charaktertafel

Eine Eigenschaft, wie z.B. eine vibronische Wellenfunktion, kann ein Symmetrieelement erhalten oder auch nicht. Bleibt das Symmetrieelement erhalten, hat die Symmetrieoperation, z.B. eine Spiegelung σ, keinen Einfluß auf diese Wellenfunktion. Wir schreiben:

$$\psi_v \xrightarrow{\sigma_v} (+1)\,\psi_v. \tag{4.7}$$

Wir sagen: Die Wellenfunktion ψ_v ist symmetrisch bezüglich σ_v. Es kann aber bei einer nicht-entarteten Punktgruppe auch der Fall eintreten, daß die Wellenfunktion nach der Symmetrieoperation ihr Vorzeichen wechselt, also

$$\psi_v \xrightarrow{\sigma_v} (-1)\,\psi_v. \tag{4.8}$$

Die Wellenfunktion ist damit antisymmetrisch bezüglich dieser Symmetrieoperation. Der Faktor +1 in Gl. (4.7) bzw. −1 in Gl. (4.8) wird als Charakter, in diesem Fall von ψ_v, bezüglich σ_v bezeichnet.

Wir haben gesehen, daß je ein Paar von Symmetrieelementen, hier aus C_2, $\sigma_v(xz)$ und $\sigma'_v(yz)$, weitere Elemente erzeugen können. Es gibt insgesamt vier Möglichkeiten, +1 und −1 bezüglich eines erzeugenden Elementepaares, z.B. bezüglich C_2 und $\sigma_v(xz)$, zu kombinieren: +1 und +1, +1 und −1, −1 und +1 sowie −1 und −1. Jede dieser Kombinationen taucht in den Spalten 3 und 4 der Charaktertafel C_{2v} auf (Tabelle A.11 im Anhang). Der Charakter bezüglich I ist immer +1. Weil $\sigma'_v(yz)$ aus den Elementen C_2 und $\sigma_v(xz)$ erzeugt werden kann, ist konsequenterweise der Charakter bezüglich $\sigma'_v(yz)$ das Produkt aus den Charakteren von C_2 und $\sigma_v(xz)$. Jede der vier Zeilen von Charakteren wird als eine irreduzible Darstellung (oder auch Symmetrierasse) der Punktgruppe

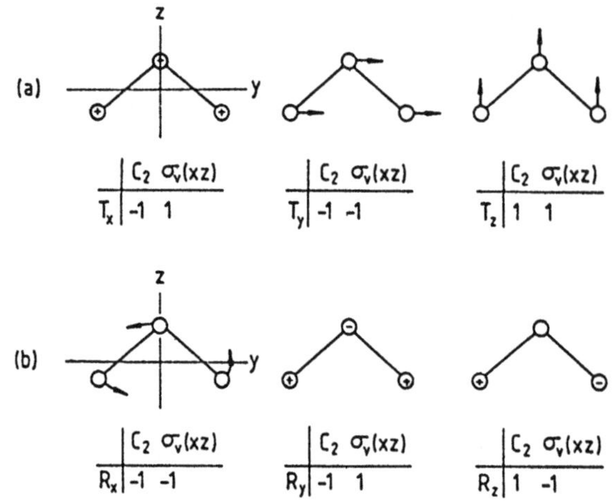

Bild 4.13 (a) Translations- und (b) Rotationsbewegungen des H_2O-Moleküls

bezeichnet. Konventionsgemäß wird jede durch ein symmetriebezogenes Symbol bezeichnet. In der C_{2v}-Punktgruppe gibt es die irreduziblen Darstellungen A_1, A_2, B_1 und B_2. Die Darstellung A_1 wird als totalsymmetrisch bezeichnet, weil hier alle Charaktere +1 betragen. Alle anderen Darstellungen sind dementsprechend nicht totalsymmetrisch.

Die Bezeichnugen der irreduziblen Darstellungen folgen einem allgemeinen Schema: Die Darstellung A (B) beispielsweise ist symmetrisch (antisymmetrisch) bezüglich einer C_2-Achse. Der Subskript 1 (2) deutet an, daß die betreffende Darstellung symmetrisch (antisymmetrisch) bezüglich $\sigma_v(xy)$ ist.

Auch Translations- und Rotationsbewegungen (T und R) können nach den irreduziblen Darstellungen klassifiziert werden. Man betrachtet dazu nur die Bewegung entlang bzw. um die drei kartesischen Achsen. Das Ergebnis dieser Klassifizierung ist in der sechsten Spalte der C_{2v}-Charaktertafel enthalten. Wir wollen uns eine solche Klassifizierung am Beispiel des H_2O-Moleküls klarmachen. Dazu betrachten wir zunächst Bild 4.13(a). Hier sind an jedem Kern sogenannte Verschiebungsvektoren gezeichnet worden, die die Translationsbewegung in die entsprechenden Richtungen symbolisieren. In den Tabellen unter den Bildern ist angeführt, wie sich die Translationsbewegungen bezüglich der Symmetrieoperationen C_2 und $\sigma_v(xz)$ verhalten. An Hand des Bildes 4.13(a) erkennen wir, daß

$$\Gamma(T_x) = B_1; \qquad \Gamma(T_y) = B_2; \qquad \Gamma(T_z) = A_1. \tag{4.9}$$

In Bild 4.13(b) ist entsprechend für die Rotationsbewegung verfahren worden. Wir sehen, daß

$$\Gamma(R_x) = B_2; \qquad \Gamma(R_y) = B_1; \qquad \Gamma(R_z) = A_2. \tag{4.10}$$

Das Symbol „Γ" bedeutet ganz allgemein „Darstellung von...". Hier ist es die einer irreduziblen Darstellung. In den Abschnitten 6.2.2.1 und 7.3.2, in denen wir die Auswahlregeln für vibronische und elektronische Übergänge ableiten werden, werden wir auf die Symmetrieeigenschaften der Translation zurückgreifen müssen.

Die letzte Spalte enthält schließlich die Symmetrieeigenschften von α_{xx}, α_{yy}, α_{zz}, α_{xy}, α_{yz} und α_{xz}. Das sind die Komponenten des symmetrischen Polarisierbarkeitstensors $\boldsymbol{\alpha}$, der sehr wichtig für die Raman-Vibrationsspektroskopie ist. Wir werden darauf im Abschnitt 6.2.2.2 zurückkommen.

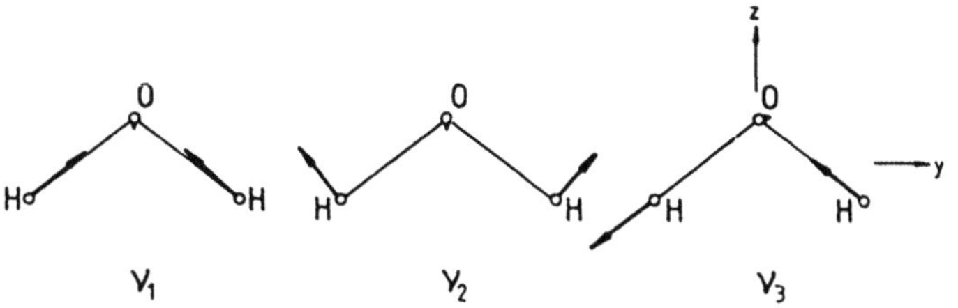

Bild 4.14 Die Normalschwingungen des H_2O-Moleküls

Ein N-atomiges nicht-lineares Molekül hat $3N - 6$ Normalschwingungen. Das ergibt sich aus folgender Überlegung: Jedes Atom besitzt drei Freiheitsgrade, die nötig sind, um jede Atomposition durch drei Koordinaten, z.B. x, y und z, zu definieren. Von diesen $3N$ Freiheitsgraden beschreiben drei Freiheitsgrade die Translationsbewegung des gesamten Moleküls entlang der x-, y- und z-Achse und weitere drei Freiheitsgrade die Rotationsbewegung des gesamten Moleküls um diese Achsen. Die verbleibenden $3N-6$ Freiheitsgrade repräsentieren die Bewegung der Atomkerne relativ zueinander, also die Schwingungsbewegung. Für ein lineares Atom sind es sogar $3N - 5$ Normalschwingungen, denn der Freiheitsgrad der Rotation um die Kernverbindungsachse entfällt in diesen Fällen, weil das Trägheitsmoment um diese Achse verschwindet.

Für das H_2O-Molekül gibt es also drei Normalschwingungen, die in Bild 4.14 gezeigt sind. Die Verschiebungsvektoren, die an jedes Atom gezeichnet sind, deuten die Richtung und den relativen Betrag der Auslenkung an. Unter Verwendung der C_{2v}-Charaktertafel kann jede dieser vibronischen Wellenfunktionen ψ_v einer bestimmten Symmetriegruppe zugeordnet werden. Die Charaktere der drei Normalschwingungen bezüglich C_2 und $\sigma_v(xz)$ sind +1 und +1 für ν_1, +1 und +1 für ν_2 sowie −1 und −1 für ν_3. Die irreduziblen Darstellungen für die drei Normalschwingungen sind daher

$$\Gamma(\psi_{\nu(1)}) = A_1; \qquad \Gamma(\psi_{\nu(2)}) = A_1; \qquad \Gamma(\psi_{\nu(3)}) = B_2. \tag{4.11}$$

Ganz entscheidend für die richtige Symmetrieklassifizierung ist die richtige Bezeichnung der Achsen. Die Achsenbezeichnung ist konsistent für die T's, R's und α's, die in den letzten beiden Spalten der Charaktertafel aufgelistet sind. Für ein gegebenes Molekül ist die Benennung der Achsen jedoch gar nicht so einfach zu standardisieren. Mulliken (siehe auch in der Bibliographie) hat eine sehr brauchbare Konvention vorgeschlagen, die in vielen Fällen angewendet werden kann und sich daher großer Beliebtheit erfreut. Für ein planares C_{2v}-Molekül gilt nun die folgende Konvention: Die C_2-Achse wird als z-Achse definert, und die x-Achse steht senkrecht zur Molekülebene. Das ist die Nomenklatur für das H_2O-Molekül. Wie wichtig es ist, die Achsen konventionsgemäß zu beschriften, zeigt das folgende Beispiel: Wenn wir die x- mit der y-Achse vertauschen, ist $\Gamma(\psi_{\nu(3)})$ nicht B_2 sondern B_1. Für das nicht-planare CH_2F_2-Molekül (Bild 4.5) kann wieder die C_2-Achse als z-Achse deklariert werden. Die Wahl der x- bzw. der y-Achse ist dagegen willkürlich. Es ist also sehr wichtig, stets die gewählte Achsenbezeichnung anzugeben.

Es wird noch viele Gelegenheiten geben, bei denen wir Symmetrien miteinander multiplizieren oder, in der Sprache der Gruppentheorie ausgedrückt, ihr Produkt suchen. Werden zum Beispiel in einem H_2O-Molekül die Schwingungen ν_1 und ν_3 gleichzeitig angeregt, so ergibt sich die Symmetrie dieser Kombinationsschwingung gemäß

$$\Gamma(\psi_v) = A_1 \times B_2 = B_2. \tag{4.12}$$

Um das direkte Produkt zweier Darstellugen zu erhalten, multiplizieren wir jeweils die Charaktere jedes Symmetrieelements miteinander. Dabei sind folgende Regeln zu beachten:

$$(+1) \times (+1) = 1; \qquad (+1) \times (-1) = -1; \qquad (-1) \times (-1) = 1. \tag{4.13}$$

Auf diese Weise ergibt sich Gl. (4.12). Wird in H_2O die ν_3-Schwingung doppelt angeregt (also $2\nu_3$), ist die Symmetrie dieses Schwingungszustands

$$\Gamma(\psi_v) = B_2 \times B_2 = A_1. \tag{4.14}$$

Die beiden Ergebnisse der Gln. (4.12) und (4.14) sind allgemeingültig für nicht-entartete Punktgruppen: (a) Das direkte Produkt einer beliebigen Darstellung mit der totalsymmetrischen Darstellung liefert wieder die gewählte Darstellung, und (b) das direkte Produkt einer beliebigen Darstellung mit sich selbst ergibt die totalsymmetrische Darstellung.

Weiterhin gilt unter Verwendung der Gl. (4.13) für die C_{2v}-Punktgruppe:

$$A_2 \times B_1 = B_2; \qquad A_2 \times B_2 = B_1. \tag{4.15}$$

Die Charaktertafeln aller wichtigen entarteten und nicht-entarteten Punktgruppen befinden sich im Anhang.

4.3.2 C_{3v}-Charaktertafel

Zwischen der Charaktertafel dieser Punktgruppe (Tabelle A.12 im Anhang) und der einer beliebigen nicht-entarteten Punktgruppe gibt es zwei gravierende Unterschiede. Erstens werden hier Symmetrieelemente derselben Klasse zusammengefaßt, bei der C_{3v}-Punktgruppe also C_3 und C_3^2 zu 2 C_3 sowie σ_v, σ_v' und σ_v' zu 3 σ_v.

Zwei Elemente P und Q gehören dann zu einer Klasse, wenn ein drittes Element R existiert, für das gilt:

$$P = R^{-1} \times Q \times R. \tag{4.16}$$

Bild 4.15 veranschaulicht, daß für die C_{3v}-Gruppe gilt:

$$C_3 = \sigma_v^{-1} \times C_3^2 \times \sigma_v. \tag{4.17}$$

Also gehören C_3 und C_3^2 derselben Klasse an. Elemente, die derselben Klasse angehören, haben auch denselben Charakter. In einer nicht-entarteten Punktgruppe bildet dagegen jedes Element eine eigene Klasse, und damit gibt es genauso viele Elemente wie Klassen.

Zweitens gibt es nun eine neue, zweifach entartete, irreduzible Darstellung E, deren Charaktere nun nicht immer +1 bzw. −1 sind, wie es bei den nicht-entarteten Punktgruppen der Fall war.

Die Charaktere +1 und −1 der A_1- und der A_2-Darstellung haben die gleiche Bedeutung wie bei den nicht-entarteten Punktgruppen. Die Bedeutung der Charaktere der E-Darstellung wollen wir uns am Beispiel der Normalschwingungen des NH_3-Moleküls

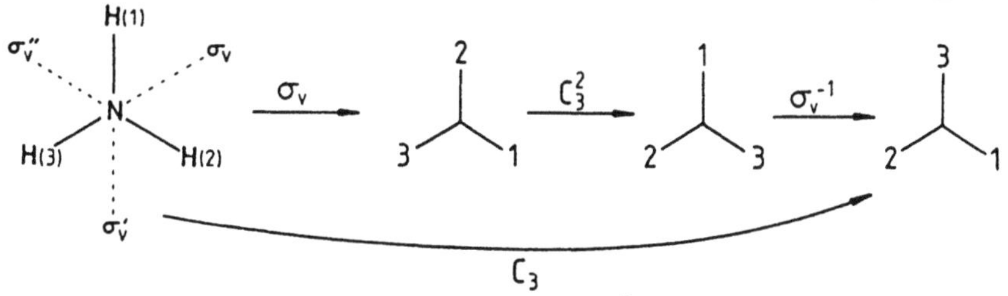

Bild 4.15 In der C_3-Punktgrupe gehören C_3 und C_3^2 derselben Klasse an

klarmachen. Diese sind in Bild 4.16 gezeigt.[4] Die Schwingungen ν_1 und ν_2 gehören eindeutig zur Darstellung a_1[5]. Die beiden Schwingungen ν_{3a} und ν_{3b} sind entartet: Es ist zwar nicht offensichtlich, doch ist die Anregungsenergie für diese beiden Schwingungen gleich groß, und dabei handelt es sich eindeutig um zwei verschiedene Wellenfunktionen. Auch die Schwingungen ν_{4a} und ν_{4b} sind entartet.

Die Symmetrie einer vibronischen Wellenfunktion ψ_v ist identisch mit der Symmetrie der zugehörigen Normalkoordinate Q. Wendet man die C_3-Operation auf Q_1 an, der

[4] Mulliken hat auch eine Konvention für die Numerierung der Schwingungsmoden gefordert. Die Schwingungen werden nach ihrer Symmetrie geordnet, und zwar in der Reihenfolge, in der Herzberg sie in seinen Charaktertafeln angibt (siehe Bibliographie). In jeder Darstellung werden die Schwingungen nach abnehmenden Wellenzahlen sortiert. Die totalsymmetrische Darstellung ist immer die erste; die totalsymmetrische Schwingung mit der höchsten Wellenzahl ist ν_1, die nächste ist ν_2 usw.. Die zweifach entartete Biegeschwingung eines linearen, dreiatomigen Moleküls (wie z.B. CO_2 oder HCN) wird dagegen als Ausnahme von dieser Regelung ***immer*** als ν_2 bezeichnet. Bei unsymmetrischen, linearen, dreiatomigen Molekülen (wie z.B. HCN) gibt es außerdem zwei Streckschwingungen derselben Symmetrie σ^+: Hier ist die Schwingung mit der ***niedrigeren*** Wellenzahl ν_1 und die Schwingung mit der ***höheren*** Wellenzahl ν_2.

[5] Kleine Buchstaben werden verwendet, um die Symmetrie einer Schwingung (und eines Orbitals) zu beschreiben. Große Buchstaben werden dagegen zur Bezeichnung der Symmetrie von Wellenfunktionen eingesetzt.

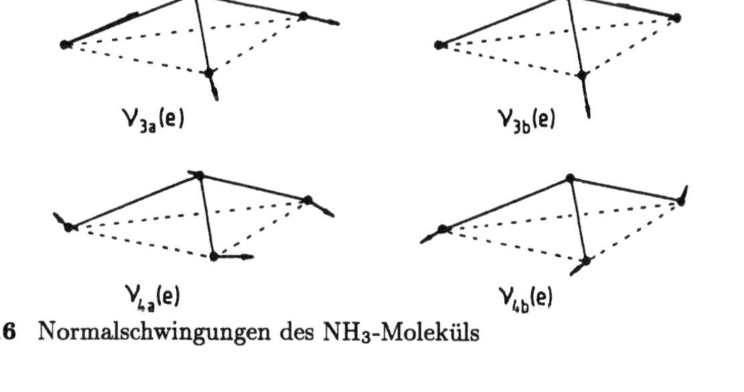

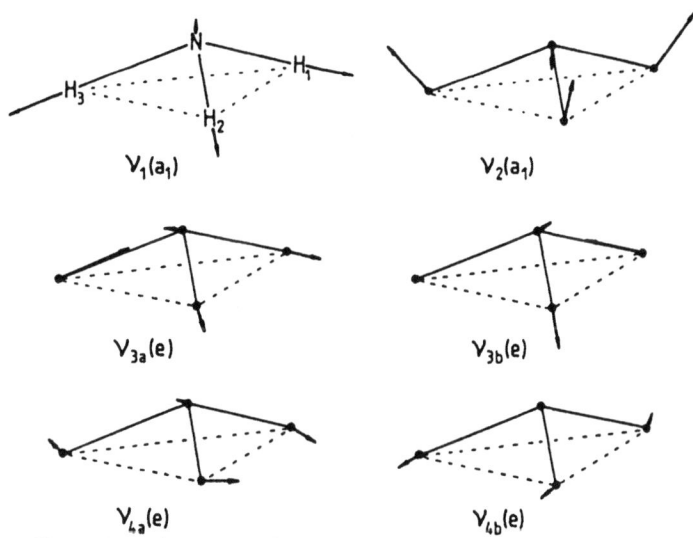

Bild 4.16 Normalschwingungen des NH_3-Moleküls

Normalkoordinate von ν_1, wird sie in Q_1' überführt. Das Ergebnis ist, mathematisch formuliert:

$$Q_1 \xrightarrow{C_3} Q_1' = (+1)Q_1. \tag{4.18}$$

Bei nicht-entarteten Punktgruppen ändern sich die Wellenfunktionen nicht oder ändern lediglich ihr Vorzeichen bei der Anwendung von Symmetrieoperationen. Bei entarteten Punktgruppen ist das nicht mehr so einfach. Vielmehr ist es hier im allgemeinen so, daß das Ergebnis einer Symmetrieoperation S eine Linearkombination der beiden entarteten Normalkoordinaten ist. Es gilt also:

$$\begin{aligned} Q_{3a} &\xrightarrow{S} Q_{3a}' = d_{aa}Q_{3a} + d_{ab}Q_{3b}, \\ Q_{3b} &\xrightarrow{S} Q_{3b}' = d_{ba}Q_{3a} + d_{bb}Q_{3b}. \end{aligned} \tag{4.19}$$

Dieses Gleichungssystem können wir auch in der Matrixschreibweise formulieren:

$$\begin{pmatrix} Q_{3a}' \\ Q_{3b}' \end{pmatrix} = \begin{pmatrix} d_{aa} & d_{ab} \\ d_{ba} & d_{bb} \end{pmatrix} \begin{pmatrix} Q_{3a} \\ Q_{3b} \end{pmatrix}. \tag{4.20}$$

Die Größe $d_{aa} + d_{bb}$ ist definitionsgemäß die Spur der Matrix. Diese wiederum ist der Charakter einer Darstellung der Symmetrieoperation S bezüglich einer Eigenschaft. In diesem Fall ist die Eigenschaft eine Normalkoordinate.

Den Charakter der E-Darstellung bezüglich der Identitätsoperation I erhalten wir aus dem Gleichungssystem

$$\begin{aligned} Q_{3a} \xrightarrow{I} Q_{3a}' &= 1 \times Q_{3a} + 0 \times Q_{3b}, \\ Q_{3b} \xrightarrow{I} Q_{3b}' &= 0 \times Q_{3a} + 1 \times Q_{3b} \end{aligned} \tag{4.21}$$

oder in Matrixschreibweise

$$\begin{pmatrix} Q_{3a}' \\ Q_{3b}' \end{pmatrix} = \begin{pmatrix} 1 & 0 \\ 0 & 1 \end{pmatrix} \begin{pmatrix} Q_{3a} \\ Q_{3b} \end{pmatrix}. \tag{4.22}$$

Die Spur der Matrix ist 2, und das ist der Charakter der E-Darstellung bezüglich I.

Die Normalkoordinate ν_{3a} verhält sich symmetrisch bezüglich σ_v. Das ist die Spiegelebene, die den Winkel zwischen H_1 und H_2 halbiert. Die Normalkoordinate ν_{3b} ist antisymmetrisch bezüglich dieser Spiegelebene. Es gilt:

$$\begin{pmatrix} Q_{3a}' \\ Q_{3b}' \end{pmatrix} = \begin{pmatrix} 1 & 0 \\ 0 & -1 \end{pmatrix} \begin{pmatrix} Q_{3a} \\ Q_{3b} \end{pmatrix}. \tag{4.23}$$

Der Charakter der E-Darstellung bezüglich σ_v ist also 0. Da σ_v' und σ_v'' mit σ_v gleichwertig sind, müssen auch ihre Charaktere gleich, also Null, sein.

Die Koordinaten-Transformation durch eine Drehung um eine Achse C_n um einen beliebigen Winkel ϕ wollen wir an dieser Stelle nicht ableiten. Wir nennen nur das Ergebnis einer Drehung um den Winkel $2\pi/3$ um die C_3-Achse:

$$\begin{pmatrix} Q'_{3a} \\ Q'_{3b} \end{pmatrix} = \begin{pmatrix} \cos\phi & \sin\phi \\ -\sin\phi & \cos\phi \end{pmatrix} \begin{pmatrix} Q_{3a} \\ Q_{3b} \end{pmatrix}, \quad (4.24)$$

$$= \begin{pmatrix} -\frac{1}{2} & \sqrt{\frac{3}{2}} \\ -\sqrt{\frac{3}{2}} & -\frac{1}{2} \end{pmatrix} \begin{pmatrix} Q_{3a} \\ Q_{3b} \end{pmatrix}.$$

Die Spur der Matrix ist -1, was auch der Charakter der E-Darstellung bezüglich der C_3-Operation ist.

Um zu dem direkten Produkt der Darstellungen zu gelangen, wenden wir die Regeln an, die wir schon bei der Multiplikation von Darstellungen nicht-entarteter Punktgruppen kennengelernt haben: Die Charaktere der verschiedenen Symmetrieoperationen erhält man, indem die Charaktere der beiden Darstellungen miteinander multipliziert werden:

$$A_1 \times A_2 = A_2; \qquad A_2 \times A_2 = A_1; \qquad A_1 \times E = E; \qquad A_2 \times E = E. \quad (4.25)$$

Für die Multiplikation E mit E betrachten wir wieder als Beispiel die Schwingungen des NH_3. Das Ergebnis wird nun davon abhängen, ob (a) zwei verschiedene e-Schwingungen, z.B. $\nu_3+\nu_4$, oder (b) zwei gleiche e-Schwingungen, z.B. $\nu_3+\nu_3$, angeregt werden. Schwingungen vom Typ (a) werden als Kombinationsschwingungen, die vom Typ (b) als Oberschwingungen bezeichnet.

Im Fall (a) wird das Produkt als $E \times E$ formuliert. Dazu werden zunächst die Charaktere aller Symmetrieoperationen quadriert:

	I	$2C_3$	$3\sigma_v$
$E \times E$	4	1	0

(4.26)

Die Charaktere 4, 1, 0 bilden nun eine reduzible Darstellung der Punktgruppe C_{3v}. Wir möchten diese reduzible Darstellung in einen Satz irreduzibler Darstellungen zerlegen, deren Summe wieder die Charaktere der reduziblen Darstellung ist. Das können wir in algebraischer Form vielleicht etwas deutlicher ausdrücken:

$$\chi_C(k) \times \chi_D(k) = \chi_F(k) + \chi_G(k) + \ldots \quad (4.27)$$

χ ist der Charakter einer beliebigen Symmetrieoperation k, und das Ergebnis der Multiplikation zweier entarteter Darstellungen C und D ist

$$C \times D = F + G + \ldots \quad (4.28)$$

Wenn wir die Reduktion der $E \times E$-Darstellung ausführen, erhalten wir wie bei allen ähnlichen Reduktionen

$$E \times E = A_1 + A_2 + E. \quad (4.29)$$

Mit Hilfe der Tabelle A.12 im Anhang des Buches können wir leicht nachvollziehen, daß die Summe der Charaktere der A_1-, A_2- und E-Darstellung bezüglich der Symmetrieoperationen I, C_3 und σ_v tatsächlich der reduziblen Darstellung aus Gl. (4.26) entspricht.

Im Fall (b), wenn eine e-Schwingung doppelt angeregt wird, also $2\nu_3$, wird das Produkt mit $(E)^2$ bezeichnet, wobei

$$(E)^2 = A_1 + E. \quad (4.30)$$

Dies bezeichnet man als den symmetrischen Teil von $E \times E$, da er symmetrisch bezüglich einer Teilchenvertauschung ist. Zu dem Ergebnis der Gl. (4.30) gelangt man, indem zuerst das Produkt $E \times E$ gebildet wird. Die Anwendung des Pauli-Prinzips verbietet dann eine irreduzible Darstellung in dem Produkt $E \times E$. In entarteten Punktgruppen ist dies im allgemeinen eine A-Darstellung und, wo möglich, nicht die totalsymmetrische Darstellung. In diesem Fall wird die A_2-Darstellung verboten, welche der antisymmetrische Teil von $E \times E$ ist.

Es gibt Tabellen für derlei Probleme, die man in den Büchern von Herzberg und Hollas (siehe Bibliographie) finden kann. Hier wird für alle entarteten Punktgruppen explizit aufgelistet, zu welcher Symmetrie die Zustände der Kombinations- und der Oberschwingungen gehören.

4.3.3 $C_{\infty v}$-Charaktertafel

Die Charaktertafel für diese Punktgruppe ist in Tabelle A.16 im Anhang aufgeführt. Es gibt unendlich viele Klassen in dieser Punktgruppe, da ***jeder*** Drehwinkel ϕ um die C_∞-Achse möglich ist. Jedes C_∞^ϕ-Element gehört einer anderen Klasse an. Andererseits gehört die Drehung im Gegenuhrzeigersinn $C_\infty^{-\phi}$ derselben Klasse wie C_∞^ϕ an. Weil es unendlich viele Klassen gibt, gibt es auch unendlich viele irreduzible Darstellungen. Wenn wir die uns bereits bekannte Nomenklatur anwenden, heißen diese Darstellungen A_1, A_2, E_1, E_2,... E_∞. Bevor sich aber eine einheitliche Nomenklatur zur Benennung von Symmetrierassen durchsetzen konnte, gab es noch andere, die insbesondere in der elektronischen Spektroskopie zweiatomiger Moleküle weite Verbreitung fand. Elektronische Zustände werden generell als $\Sigma, \Pi, \Delta, \Phi, \ldots$ bezeichnet, je nach dem Wert der Quantenzahl Λ des elektronischen Bahndrehimpulses (Abschnitt 7.2.2). Λ kann die Werte $0, 1, 2, 3, \ldots$ annehmen. Hauptsächlich werden diese griechischen Buchstaben verwendet, um die Symmetrierassen der $C_{\infty v}$- und auch der $D_{\infty h}$-Punktgruppe zu benennen. In der Tabelle A.16 im Anhang dieses Buches werden beide Bezeichnungsweisen aufgelistet.

Die Multiplikation der Darstellungen wird mit den bereits bekannten Regeln vorgenommen. So ergibt sich beispielsweise

$$\Sigma^+ \times \Sigma^- = \Sigma^-; \qquad \Sigma^- \times \Pi = \Pi; \qquad \Sigma^+ \times \Delta = \Delta. \tag{4.31}$$

Die reduzible Darstellung des $\Pi \times \Pi$-Produktes lautet:

	I	$2C_\infty^\phi$	$\infty\sigma_v$
$\Pi \times \Pi$	4	$4\cos^2\phi$ $(= 2 + 2\cos 2\phi)$	0

(4.32)

Nach der Reduktion erhält man

$$\Pi \times \Pi = \Sigma^+ + \Sigma^- + \Delta. \tag{4.33}$$

Für $(\Pi)^2$ erhält man auf die gleiche Weise wie im Falle von $(E)^2$ in der C_{3v}-Punktgruppe

$$(\Pi)^2 = \Sigma^+ + \Delta. \tag{4.34}$$

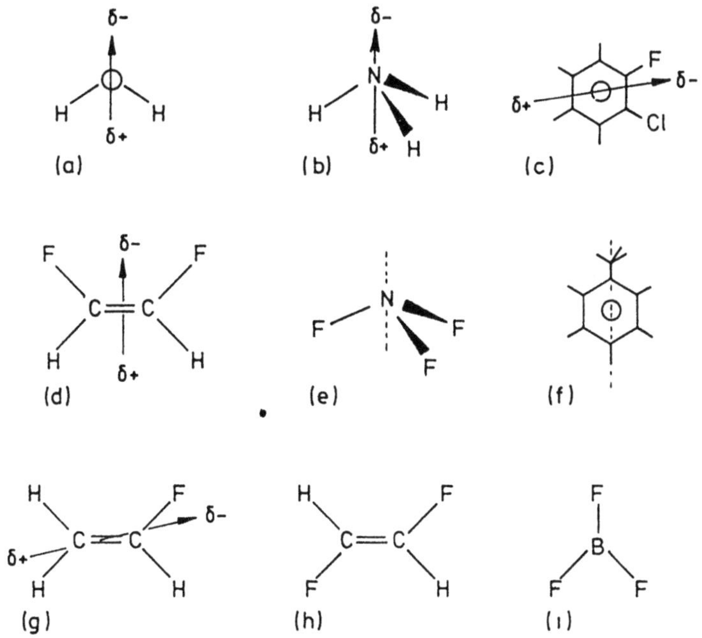

Bild 4.17 Die Moleküle (a) - (g) weisen ein permanentes Dipolmoment auf, die Moleküle (h) und (i) nicht

4.4 Symmetrie und Dipolmoment

Das Dipolmoment (genauer gesagt das elektrische Dipolmoment) eines Moleküls ist ein Maß für die Ladungsasymmetrie und wird im allgemeinen mit dem Symbol μ bezeichnet.

Bei den Molekülen, die in Bild 4.17(a-g) dargestellt sind, liegt ganz eindeutig eine Ladungsasymmetrie und damit ein von Null verschiedenes Dipolmoment vor. Ein Dipolmoment ist gekennzeichnet durch Betrag und Richtung, ist also eine vektorielle Größe. Wollen wir diese Tatsache betonen, schreiben wir $\boldsymbol{\mu}$. Ist dagegen lediglich der Betrag relevant, verwenden wir das Symbol μ.

Bei H_2O und NH_3 fällt die Richtung des Dipolmoments mit der C_2- bzw. der C_3-Achse zusammen. Beide Moleküle weisen freie Elektronenpaare auf, die jeweils von der O-H- bzw. N-H-Bindung weggerichtet sind. Die Bilder 4.17(a) und (b) zeigen dies als negatives Ende des Dipols.

Ladungsasymmetrie kann mit einer bestimmten Bindung im Molekül verknüpft sein; man spricht dann von einem Bindungsdipolmoment oder, verkürzt, von einem Bindungsmoment. Solche Bindungsmomente können in guter Näherung auch auf andere Moleküle, die die gleiche Bindung enthalten, übertragen werden. Auf diese Weise kann in einigen Fällen das Dipolmoment eines Moleküls aus der Vektorsumme der einzelnen Bindungsmomente abgeschätzt werden. Beispielsweise kann das Dipolmoment des 2-Chlorfluorbenzols, das in Bild 4.17(c) gezeigt ist, aus der Vektorsumme des C-F- und des C-Cl-Bindungsmoments abgeschätzt werden. Diese wiederum könnte man aus den Dipolmomenten von beispielsweise CH_3F bzw. CH_3Cl erhalten.

Die Bindungsmomente, deren Bindung ein Wasserstoff-Atom enthalten, sind relativ klein. Das Dipolmoment von H_2O und NH_3 wird daher im wesentlichen von den freien Elektronenpaaren bestimmt. Das Dipolmoment von *cis*-1,2- Difluorethylen (Bild 4.17(d)) beruht hauptsächlich auf den großen Bindungsmomenten der beiden C-F-Bindungen. Weil Fluor ein stark elektronegatives Element ist, weisen die negativen Enden zu den Fluor-Atomen. Das Dipolmoment ist entlang der C_2-Achse ausgerichtet, und das negative Ende liegt wie gezeigt.

Auch in NF_3 und $C_6H_5CH_3$ (Toluol) verursacht die Ladungsasymmetrie ein Dipolmoment entlang der in Bild 4.17(e) bzw. (f) eingezeichneten gestrichelten Linie. Es kann aber nicht eindeutig entschieden werden, wo sich das negative Ende des Dipolmoments befindet. Im Falle des NF_3 wird die Wirkung der drei Fluor-Atome durch die des freien Elektronenpaars am Stickstoff-Atom nahezu aufgehoben. Im $C_6H_5CH_3$-Molekül gibt es nur C-H-Bindungen, die alle nur ein sehr kleines Bindungsmoment haben. Aus der Vektorsumme dieser kleinen Beträge kann keine zuverlässige Aussage über die Richtung des Dipols getroffen werden.

Der Betrag eines Dipolmoments wird üblicherweise in Debye angegeben. Das Dipolmoment ist das Produkt von Ladungen und ihrem Abstand. Für die Ladungen $-q$ und $+q$, die durch den Abstand r getrennt sind, beträgt das Dipolmoment also

$$\mu = qr. \tag{4.35}$$

Für ein Molekül, bestehend aus vielen Kernen und Elektronen mit der Ladung q_i, gilt:

$$\mu = \sum_i q_i r_i. \tag{4.36}$$

Aus diesen beiden Gleichungen ergibt sich als SI-Einheit des Dipolmoments das Produkt der SI-Einheiten Coulomb * Meter. Die Einheit Cm ist allerdings etwas unhandlich, und so wird weiterhin die alte Einheit Debye (D) verwendet, zumal die Dipolmomente der meisten Moleküle in der Größenordnung von 1 D liegen. Es gilt die folgende Umrechnung:

$$1\text{D} \simeq 3,335\,64 * 10^{-30}\,\text{Cm}. \tag{4.37}$$

Die Dipolmomente von NH_3 (1,47 D), NF_3 (0,2 D) und $C_6H_5CH_3$ (0,36 D) bestätigen quantitativ unsere einfache Argumentation, die wir zur Abschätzung ihres Betrages verwendet haben.

Es gibt verschiedene Arten von Experimenten, mit denen die Größe des Dipolmoments gemessen werden kann. Wir müssen uns jedoch vor Augen halten, daß damit nicht die Richtung des Dipolmoments bestimmt werden kann. Gerade bei Molekülen wie NF_3 und $C_6H_5CH_3$, die nur ein sehr kleines Dipolmoment haben, kann mit einfachen Argumenten keine Aussage darüber getroffen werden, wo sich denn nun das positive bzw. das negative Ende des Dipolmoments befindet. Hier könnten nur sehr präzise und sorgfältige Rechnungen, etwa auf der Basis der Valenztheorie, eine Antwort geben. Solche Rechnungen sind aber andererseits nur für hinreichend kleine Moleküle zuverlässig (siehe auch in Abschnitt 5.2.2 den Fall des CO).

Das große Bindungsmoment der C-F-Bindung bestimmt im wesentlichen das Dipolmoment des Fluorethylens (Bild 4.17(g)). Das Dipolmoment wird daher in der Molekülebene liegen. Aber auch die elektronischen Effekte der anderen Molekülteile werden das Dipolmoment in Lage und Betrag beeinflussen, so daß es nicht exakt mit der Richtung der C-F-Bindung übereinstimmen wird.

Für die Moleküle *trans*-1,2-Difluorethylen und BF_3 (Bilder 4.17(h) und (i)) scheint es offensichtlich zu sein, daß ihr Dipolmoment Null ist. Wir werden später sehen, daß Symmetrieargumente diese Aussage bestätigen.

Die Beispiele, die in Bild 4.17 dargestellt sind, lassen uns vermuten, daß auch hier mit Hilfe der Molekülsymmetrie beurteilt werden kann, ob das Dipolmoment eines Moleküls Null ist oder nicht.

Der Dipolmomentvektor $\boldsymbol{\mu}$ muß totalsymmetrisch sein und daher auch symmetrisch bezüglich aller Symmetrieoperationen der Punktgruppe, zu der das betreffende Molekül gehört. Wäre dem nicht so, könnte das Dipolmoment allein durch eine Symmetrieoperation in seiner Richtung geändert werden, was naturgemäß nicht geschehen kann. Der Vektor $\boldsymbol{\mu}$ kann in seine Komponenten μ_x, μ_y und μ_z entlang der kartesischen Achsen des Moleküls zerlegt werden. Im NH_3- und im NF_3-Molekül (Bild 4.17(b) und (e)) bildet die C_3-Achse die z-Achse. In beiden Fällen ist $\mu_z \neq 0$ und $\mu_x = \mu_y = 0$. In gleicher Weise gilt für H_2O und *cis*-1,2-Difluorethylen (Bild 4.17(a) und (d)) $\mu_z \neq 0$ und $\mu_x = \mu_y = 0$, wobei hier die z-Achse mit der C_2-Achse zusammenfällt. Wählen wir im Falle des Fluorethylens (Bild 4.17(g)) die Molekül- als xy-Ebene, ist $\mu_x \neq 0$ und $\mu_y \neq 0$, aber $\mu_z = 0$. Bei einem Molekül wie CHFClBr wird das Dipolmoment in keiner Weise durch die Symmetrie beschränkt, und daher ist in diesen Fällen $\mu_x \neq 0$, $\mu_y \neq 0$ und $\mu_z \neq 0$.

Wir betrachten noch einmal Bild 4.13(a), das die Translationsbewegung eines H_2O-Moleküls entlang der z-Achse darstellt. In Bild 4.17(a) ist der Dipolmomentvektor des H_2O-Moleküls gezeigt, der ebenfalls in z-Richtung weist. Vergleichen wir diese beiden Bilder, stellen wir fest, daß μ_z und T_z offensichtlich dieselbe Symmetrie aufweisen. Es gilt ganz allgemein für alle Moleküle:

$$\begin{aligned}\Gamma(\mu_x) &= \Gamma(T_x),\\ \Gamma(\mu_y) &= \Gamma(T_y),\\ \Gamma(\mu_z) &= \Gamma(T_z).\end{aligned} \tag{4.38}$$

Weil $\boldsymbol{\mu}$ totalsymmetrisch sein muß, hat ein Molekül genau dann ein von Null verschiedenes Dipolmoment, wenn eine seiner Komponenten, μ_x, μ_y oder μ_z, totalsymmetrisch ist. Mit Hilfe der Gl. (4.38) können wir folgende Regel aufstellen:

Ein Molekül hat dann ein permanentes Dipolmoment, wenn eine Translationskomponente (T_x, T_y oder T_z) in der Punktgruppe des Moleküls totalsymmetrisch ist.

Bei der Durchsicht aller im Anhang aufgeführten Charaktertafeln stellen wir fest, daß nur die Moleküle ein permanentes Dipolmoment haben können, die einer der folgenden Punktgruppen angehören:

(a) C_1, hier ist $\Gamma(T_x) = \Gamma(T_y) = \Gamma(T_z) = A$;
(b) C_s, hier ist $\Gamma(T_x) = \Gamma(T_y) = A'$;
(c) C_n, hier ist $\Gamma(T_z) = A$;
(d) C_{nv}, hier ist $\Gamma(T_z) = A_1$ (oder Σ^+ in $C_{\infty v}$).

In den Punktgruppen C_1, C_s, C_n und C_{nv} sind die totalsymmetrischen Darstellungen A, A', A und A_1 (oder Σ^+). Wir hatten schon gesagt, daß CHFClBr (Bild 4.7) der Punktgruppe C_s angehört. In dieser Punktgruppe fallen alle Komponenten T_x, T_y und T_z in die totalsymmetrische Darstellung A. Das Dipolmoment dieses Moleküls ist also ungleich Null und durch die Molekülsymmetrie in keiner Richtung beschränkt. Fluorethylen (Bild 4.17(g)) gehört zur Punktgruppe C_s. Weil nur T_x und T_y totalsymmetrisch sind, muß das Dipolmoment in der xy-Ebene liegen. Wasserstoffperoxid (H_2O_2, Bild 4.11(a)) gehört zur Punktgruppe C_2. Hier liegt das Dipolmoment entlang der z-Achse, die wiederum mit der C_2- Achse zusammenfällt. Auch im NF_3-Molekül (Bild 4.17(e)), das zur C_{3v}- Punktgruppe gehört, ist das Dipolmoment entlang der z-Achse des Moleküls gerichtet, deren Richtung identisch mit der Richtung der C_3-Achse ist.

Wir verstehen nun, warum das Dipolmoment des BF_3-Moleküls (Bild 4.17(i)) Null ist: Dieses Molekül gehört zur Punktgruppe D_{3h}, und hier ist keine der drei Translationskomponenten totalsymmetrisch. Aber auch mit dem Konzept der Vektoraddition von Bindungsmomenten können wir zeigen, daß $\mu = 0$ für das BF_3-Molekül ist. Das Bindungsmoment einer B–F-Bindung sei μ_{BF}. Die Vektoraddition der Bindungsmomente liefert uns:

$$\mu = \mu_{\mathrm{BF}} - 2\mu_{\mathrm{BF}} \cos 60^\circ = 0. \tag{4.39}$$

Wenn wir einem Molekül wie BF_3 in Bild 4.17(i) sofort ansehen, daß sein Dipolmoment Null ist, so haben wir dazu im Kopf das Problem der Addition von Bindungsmomenten gelöst.

Auch für das Molekül *trans*-1,2-Difluorethylen (Bild 4.17(h)) ist das Dipolmoment Null. Es gehört zur Punktgruppe C_{2h}, für die ebenfalls keine der drei Translationskomponenten der totalsymmetrischen Darstellung angehört. Auch hier kommen wir mit Hilfe der Vektoraddition der Bindungsmomente zum selben Ergebnis.

An Hand der Molekülsymmetrie können wir also feststellen, ob ein Molekül ein permanentes Dipolmoment hat oder nicht. Wir können jedoch damit keine Aussagen über die Größe des Dipolmoments machen. Diese kann jedoch sehr genau mit Hilfe des Mikrowellen- oder Millimeterspektrums des betreffenden Moleküls bestimmt werden (siehe Abschnitt 5.2.3).

Aufgaben

1. Bei den folgenden Molekülen ändert sich die Geometrie und damit die Punktgruppe, wenn sie vom Grund- in einen elektronisch angeregten Zustand übergehen:
   (a) Ammoniak (Grundzustand: pyramidal, angeregter Zustand: planar);
   (b) Acetylen (Grundzustand: linear, angeregter Zustand: *trans* gewinkelt);
   (c) Fluoracetylen (Grundzustand: linear, angeregter Zustand: *trans* gewinkelt);
   (d) Formaldehyd (Grundzustand: planar; angeregter Zustand: pyramidal).
   Listen Sie die Symmetrieelemente und die Punktgruppen sowohl des Grund- als auch des angeregten Zustands dieser Moleküle auf.

2. Zählen Sie die Symmetrieelemente der folgenden Moleküle auf. Stellen Sie fest, welcher Punktgruppe diese Moleküle angehören, und entscheiden Sie, ob diese Enantiomere bilden: (a) Milchsäure, (b) *trans*-$[Co(Ethylendiamin)_2Cl_2]^+$, *cis*-$[Co(Ethylendiamin)_2Cl_2]^+$, (d) Cyclopropan, (e) *trans*-1,2-Dichlorcyclopropan, (f) 1-Chlor-3-Fluorallen.

3. Die sechs Normalschwingungen des Formaldehyds können wie folgt dargestellt werden:

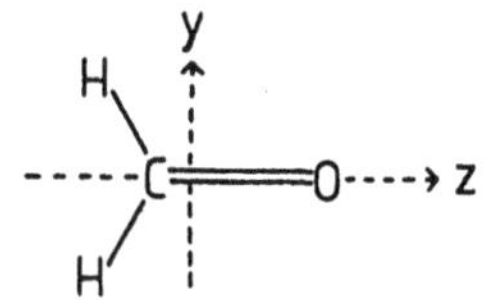

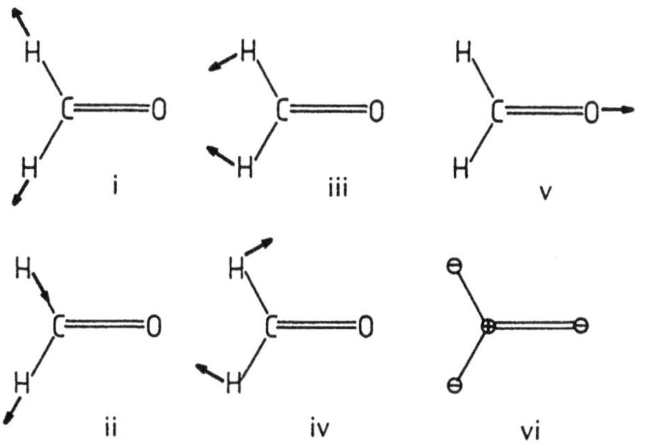

Ordnen Sie diese Normalschwingungen den richtigen irreduziblen Darstellungen der entsprechenden Punktgruppe zu. Verwenden Sie dabei die übliche Achsenbenennung.

4. Stellen Sie fest, welcher Punktgruppe das Allen-Molekül angehört. Bilden Sie mit Hilfe der Charaktertafel die direkten Produkte $A_2 \times B_1$, $B_1 \times B_2$, $B_2 \times E$ und $E \times E$. Zeigen Sie, wie die irreduziblen Darstellungen der Punktgruppe, zu der das 1,1-Difluorallen gehört, mit denen des Allens korrelieren.

5. Zählen Sie die Symmetrieelemente der folgenden Moleküle auf: (a) 1,2,3-Trifluorbenzol, (b) 1,2,4-Trifluorbenzol, (c) 1,3,5-Trifluorbenzol, (d) 1,2,4,5-Tetrafluorbenzol, (d) Hexafluorbenzol, (e) 1,4-Dibromo-2,5-Difluorbenzol.
Ein Molekül hat dann ein permanentes Dipolmoment, wenn eine der drei Translationskomponenten der totalsymmetrischen Darstellung angehört. Wenden Sie dieses Prinzip unter Zuhilfenahme der entsprechenden Charaktertafeln auf diese Moleküle an. Geben Sie die Richtung jedes von Null verschiedenen Dipolmoments an.

Bibliographie

Cotton, F. A. (1971). *Chemical Application of Group Theory*, Wiley, New York.
Herzberg, G. (1945). *Infrared and Raman Spectra*, Van Nostrand, New York.
Hollas, J. M. (1972). *Symmetry in Molecules*, Chapman and Hall, London.
Hollas, J. M. (1975). *Symmetrie von Molekülen*, Walter de Gruyter, Berlin.
Jaffé, H. H., und Orchin, M. (1977). *Symmetry in Chemistry*, Krieger, New York.
Mulliken, R. S. (1955) *J. Chem. Phys.*, **23**, 1997.
Schonland, D. (1965). *Molecular Symmetry*, Van Nostrand, London.

5 Rotationsspektroskopie

5.1 Linearer symmetrischer Rotator, sphärischer Rotator und asymmetrischer Rotator

Um das Rotationsspektrum von Molekülen zu verstehen, müssen diese zunächst bezüglich ihrer Hauptträgheitsachsen klassifiziert werden.

Das Trägheitsmoment I eines beliebigen Moleküls ist definiert für jede beliebige Achse, die durch den Schwerpunkt geht:

$$I = \sum_i m_i r_i^2. \tag{5.1}$$

Hier ist m_i die Masse und r_i der Abstand des Atoms von der Achse. Die Achse, für die das Trägheitsmoment am größten ist, wird als c-Achse bezeichnet. Für die a-Achse ist das Trägheitsmoment definitionsgemäß am kleinsten. Man kann zeigen, daß die a- und die c-Achse senkrecht zueinander stehen müssen. Zusammen mit der b-Achse, die ihrerseits senkrecht zu den beiden anderen Achsen steht, sind das die drei Hauptträgheitsachsen. Die zu diesen Achsen gehörigen Trägheitsmomente I_a, I_b und I_c bezeichnet man als die drei Hauptträgheitsmomente. Im allgemeinen gilt konventionsgemäß

$$I_c \geq I_b \geq I_a. \tag{5.2}$$

Für ein lineares Molekül wie HCN (Bild 5.1(a)) gilt also:

$$I_c = I_b > I_a = 0. \tag{5.3}$$

In diesem Fall können die Achsen b und c in jede beliebige Richtung senkrecht zur Kernverbindungsachse, der a-Achse, weisen. Betrachtet man die Kerne auf der a-Achse als Massenpunkte, wird sofort klar, daß I_a Null sein muß, denn alle r_i in Gl. (5.1) sind für diese Achse Null.

Bei einem symmetrischen Rotator (auch als symmetrischer Kreisel bezeichnet) sind zwei Hauptträgheitsmomente gleich groß, und das dritte ist von Null verschieden. Gilt

$$I_c = I_b > I_a, \tag{5.4}$$

handelt es sich bei dem Molekül um einen zigarrenförmigen symmetrischen Rotator (im Englischen: prolate symmetric rotor). Ein Beispiel hierfür ist das in Bild 5.1(b) dargestellte Methyliodid. Weil der schwere Iod-Kern keinen Beitrag zu I_a liefert, ist dieses Trägheitsmoment relativ klein und Methyliodid als zigarrenförmiger symmetrischer Rotator aufzufassen. Als Beispiel für einen pfannkuchenförmigen symmetrischen Rotator (im Englischen: oblate symmetric rotor) diene das Benzol-Molekül (siehe Bild 5.1(c)). Hier gilt für die drei Hauptträgheitsmomente:

$$I_c > I_b = I_a. \tag{5.5}$$

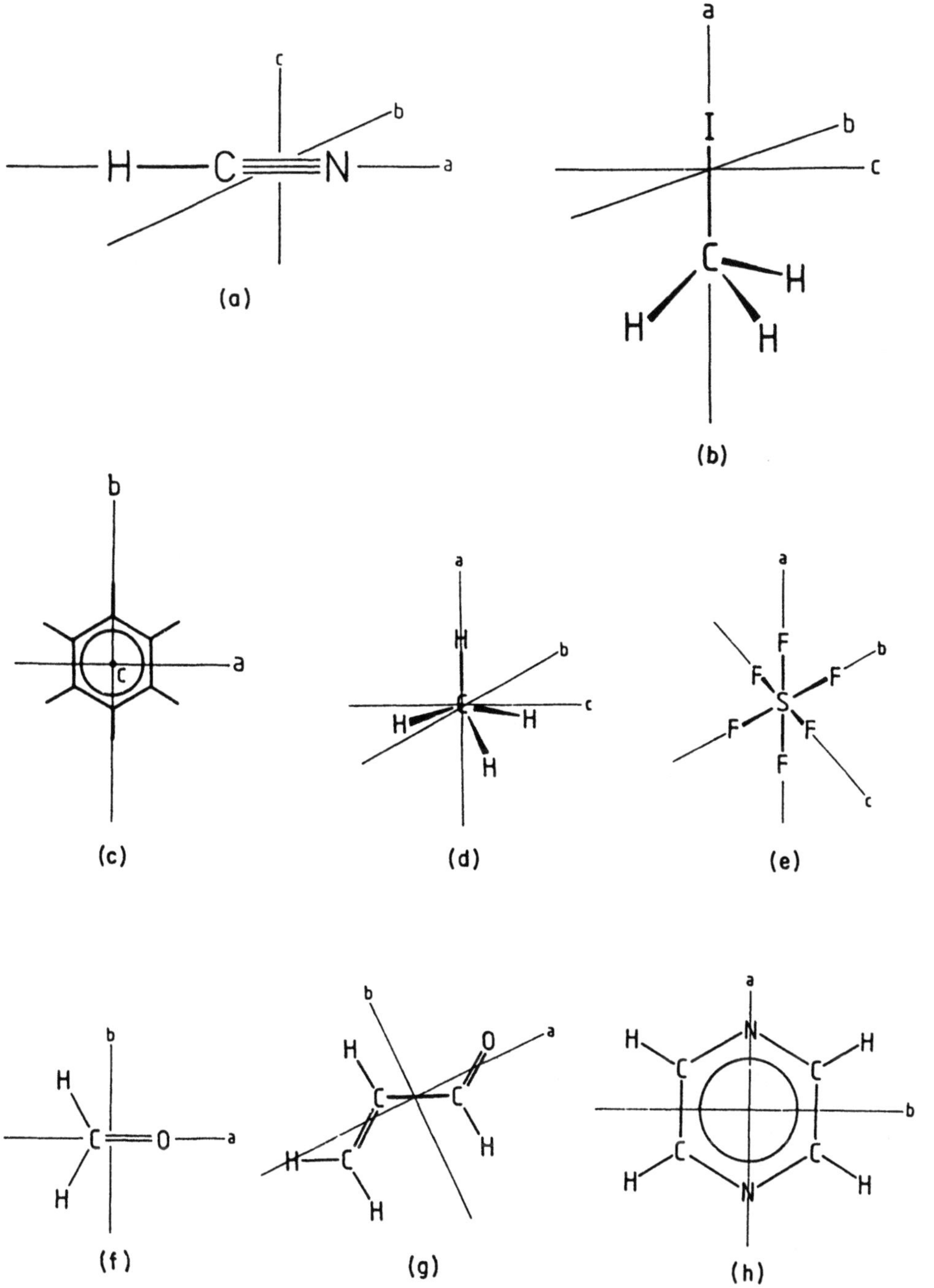

Bild 5.1 Die Hauptträgheitsachsen von (a) HCN, (b) Methyliodid, (c) Benzol, (d) Methan, (e) Schwefelhexafluorid, (f) Formaldehyd, (g) *s-trans*-Acrolein, (h) Pyrazin

Es ist nicht sofort einsichtig, daß im Benzol I_a und I_b und im Methyliodid I_c und I_b gleich groß sind, aber einfache trigonometrische Überlegungen bestätigen die Richtigkeit dieser Aussagen.

In einem symmetrischen Rotator muß entweder eine C_n-Achse mit $n > 2$ (siehe Abschnitt 4.1.1) oder eine S_4-Achse (siehe Abschnitt 4.1.4) vorhanden sein. Methyliodid hat eine C_3-Achse und Benzol eine C_6-Achse; es handelt sich also um symmetrische Rotatoren. Im Allen-Molekül (siehe Bild 4.3(d)) ist die a-Achse auch eine S_4-Achse. Allen ist also ebenfalls ein Beispiel für einen zigarrenförmigen symmetrischen Rotator.

Bei einem sphärischen Rotator sind alle drei Hauptträgheitsmomente gleich groß:

$$I_c = I_b = I_a. \tag{5.6}$$

Beispiele hierfür sind das Methan (Bild 5.1(d)) und das Schwefelhexafluorid (Bild 5.1(e)). Alle Moleküle, die entweder der T_d- oder der O_h-Punktgruppe angehören (vgl. Abschnitte 4.2.8 und 4.2.9), sind symmetrische Rotatoren.

Sind alle drei Hauptträgheitsmomente voneinander verschieden,

$$I_c \neq I_b \neq I_a, \tag{5.7}$$

handelt es sich um einen asymmetrischen Rotator. Die meisten Moleküle fallen in diese Kategorie, und Formaldehyd (Bild 5.1(f)) sei als Beispiel angeführt. In vielen Fällen gilt jedoch

$$I_c \simeq I_b > I_a \tag{5.8}$$

oder

$$I_c > I_b \simeq I_a. \tag{5.9}$$

Das Molekül wird dann als zigarrenförmiger fast-symmetrischer Rotator bzw. als pfannkuchenförmiger fast-symmetrischer Rotator bezeichnet. Ein Beispiel für den erstgenannten Fall ist *s-trans*-Acrolein (Bild 5.1(g)) und für den letztgenannten Fall das Pyrazin (Bild 5.1(h)).

5.2 Rotationsspektren im Infrarot-, Millimeter- und Mikrometerbereich

5.2.1 Der lineare Rotator

5.2.1.1 Übergangsfrequenzen bzw. -wellenzahlen

Für die Rotationsenergieniveaus E_r eines zweiatomigen Moleküls haben wir in Abschnitt 1.3.5 bereits den Ausdruck

$$E_r = \frac{h^2}{8\pi^2 I} J(J+1) \tag{5.10}$$

unter der Näherung eines starren Rotators eingeführt. In dieser Gleichung ist I das Trägheitsmoment ($= \mu r^2$, wobei $\mu = m_1 m_2/(m_1 + m_2)$ die reduzierte Masse ist) und $J = 0, 1, 2, \ldots$ die Rotationsquantenzahl. Derselbe Ausdruck ist auch für ein lineares mehratomiges Molekül gültig, jedoch liegen hier die Energieniveaus dichter als in Bild 1.12 beieinander, weil bei einem mehratomigen Molekül die reduzierte Masse oft größer ist als bei einem zweiatomigen Molekül.

In der Praxis wird aber nicht die Energie eines Übergangs gemessen, sondern die entsprechende Frequenz (im Millimeter- und Mikrometerwellenbereich) bzw. Wellenzahl (im fernen Infrarot, FIR). Wir wandeln daher den Ausdruck für die Energieniveaus der Gl. (5.10) in sogenannte Termenergien $F(J)$ um. Nach Division durch h erhalten wir aus Gl. (5.10) die entsprechenden Frequenzen, also

$$F(J) = \frac{E_r}{h} = \frac{h}{8\pi^2 I} J(J+1) = BJ(J+1) \tag{5.11}$$

und nach Division durch hc die zugehörigen Wellenzahlen, nämlich

$$F(J) = \frac{E_r}{hc} = \frac{h}{8\pi^2 cI} J(J+1) = BJ(J+1). \tag{5.12}$$

Unglücklicherweise werden die Symbole $F(J)$ und B für beide Energieeinheiten, Frequenzen und Wellenzahlen, verwendet, und die Aussichten, diesen verwirrenden Mißstand zu ändern, sind sehr gering. Das Symbol B, das in den Gln. (5.11) und (5.12) auftaucht, wird als Rotationskonstante bezeichnet. Diese Größe ist experimentell zugänglich, und damit können auch die Abstände zwischen den Kernen bestimmt werden. Daher ist die Rotationsspektroskopie eine der wichtigsten Methoden zur Strukturbestimmung überhaupt.

In Bild 5.2 sind die Energieniveaus, genauer gesagt die Termenergien, des CO-Moleküls dargestellt.

Die Intensität eines Übergangs ist proportional zum Quadrat des Übergangsmoments. Dieses ist analog zu Gl. (2.13) definiert als

$$\boldsymbol{R}_r = \int \psi_r'^* \boldsymbol{\mu} \psi_r'' \mathrm{d}\tau. \tag{5.13}$$

Die Auswahlregeln der Rotation legen die Bedingungen fest, für die die Intensität (und damit $\boldsymbol{R}_r$) eines Übergangs von Null verschieden ist. Diese lauten wie folgt:

1. In dem Molekül muß ein permanentes Dipolmoment vorhanden sein ($\mu \neq 0$).
2. $\Delta J = \pm 1$.
3. $\Delta M_J = 0, \pm 1$; diese Regel ist jedoch nur dann von Bedeutung, wenn sich das Molekül in einem elektrischen oder magnetischen Feld befindet (siehe Gl. (1.61)).

Regel 1 besagt, daß Übergänge in heteronuklearen Molekülen erlaubt sind. Das sind z.B. CO, NO, HF, aber auch $^1H^2H$. Für letzteres beträgt $\mu = 5,9 * 10^{-4}$ D[1] und ist im Vergleich sehr viel kleiner als das von z.B. HF (hier ist $\mu = 1,82$ D). In homonuklearen Molekülen wie H_2, Cl_2 oder N_2 sind Rotationsübergänge nicht erlaubt. Genau wie bei den zweiatomigen Molekülen treten bei linearen mehratomigen Molekülen Übergänge dann auf, wenn das Molekül „unsymmetrisch" ist, genauer gesagt, kein Inversionszentrum aufweist (siehe Abschnitt 4.1.3). Als Beispiele hierfür seien die Moleküle O=C=S, H−C≡N und auch ^{1}H−C≡C−^{2}H ($\mu \simeq 0,012$ D) genannt. In „symmetrischen" Molekülen wie S=C=S oder H−C≡C−H (Moleküle, die ein Inversionszentrum besitzen), sind diese Übergänge verboten.

[1] 1 D = 3,335 64 * 10^{-30} Cm

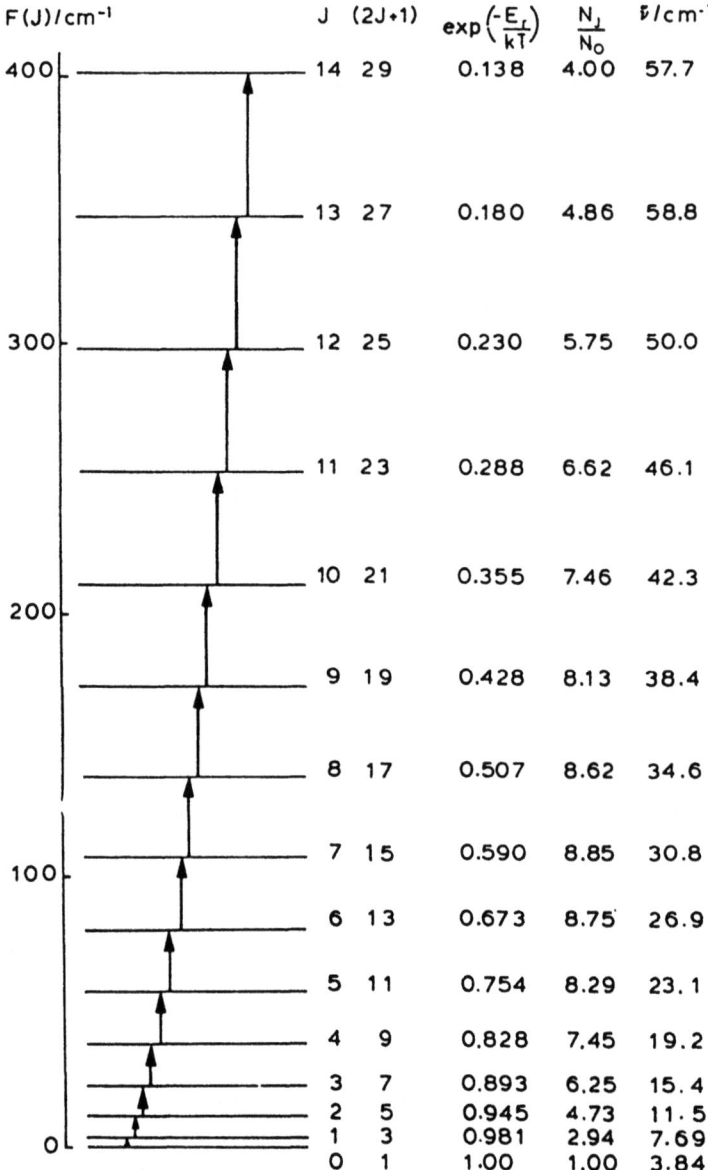

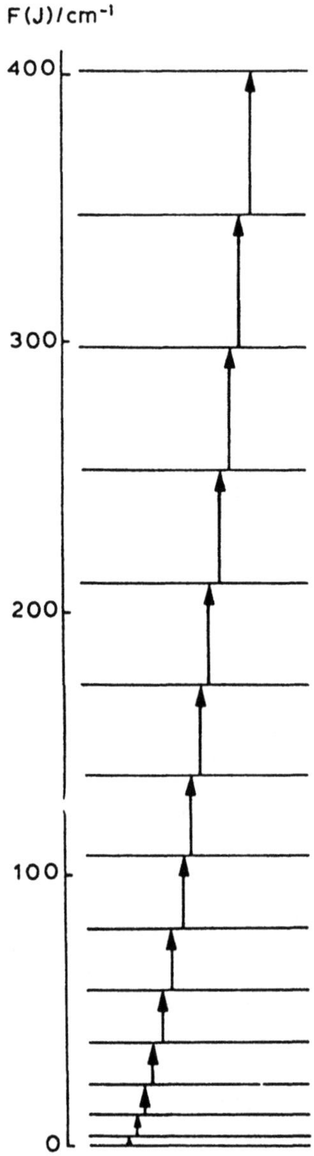

J	(2J+1)	$\exp\left(\frac{-E_r}{kT}\right)$	$\frac{N_J}{N_0}$	$\tilde{\nu}$/cm⁻¹
14	29	0.138	4.00	57.7
13	27	0.180	4.86	58.8
12	25	0.230	5.75	50.0
11	23	0.288	6.62	46.1
10	21	0.355	7.46	42.3
9	19	0.428	8.13	38.4
8	17	0.507	8.62	34.6
7	15	0.590	8.85	30.8
6	13	0.673	8.75	26.9
5	11	0.754	8.29	23.1
4	9	0.828	7.45	19.2
3	7	0.893	6.25	15.4
2	5	0.945	4.73	11.5
1	3	0.981	2.94	7.69
0	1	1.00	1.00	3.84

Bild 5.2 Rotationstermenergien, relative Besetzungszahlen und Wellenzahlen der Übergänge des CO

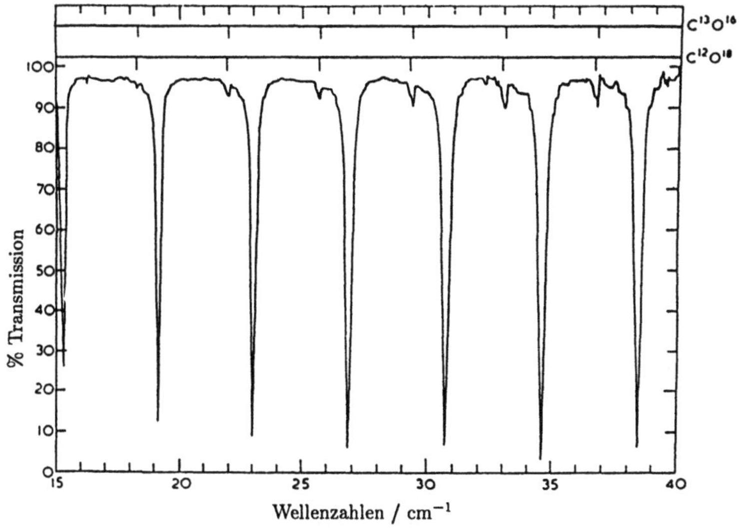

Bild 5.3 Fernes Infrarot-Spektrum des CO mit den Übergängen mit $J'' = 3$ bis 9. (Aus: Fleming, J. W. und Chamberlain, J., ***Infrared Phys.***, **14**, 277, 1974)

Betrachten wir nun Regel 2 etwas genauer. Konventionsgemäß ist mit ΔJ die Differenz $J' - J''$ gemeint, wobei J' die Quantenzahl des oberen und J'' die Quantenzahl des unteren Energieniveaus des betreffenden Übergangs bezeichnet. Die Auswahlregel $\Delta J = \pm 1$ ergibt sich aus der Quantenmechanik, aber ein Übergang mit $\Delta J = -1$ ist physikalisch sinnlos. Im allgemeinen wird fälschlicherweise angenommen, daß $\Delta J = +1$ bzw. -1 die Absorption bzw. die Emission eines Lichtquants bedeute. Tatsächlich gilt jedoch $\Delta J = +1$ für ***beide*** Prozesse. Die Wellenzahlen bzw. Frequenzen eines Übergangs werden durch folgende Gleichung gegeben:

$$\tilde{\nu}(\text{oder } \nu) = F(J+1) - F(J) = 2B(J+1). \tag{5.14}$$

Statt J'' wird üblicherweise das Symbol J verwendet. Die erlaubten Übergänge sind in Bild 5.2 eingezeichnet. Gemäß Gl. (5.14) sind sie um einen Abstand $2B$ voneinander getrennt. Der Übergang $J = 1{-}0$ findet also bei der Wellenzahl bzw. Frequenz $2B$ statt (Übergänge werden konventionsgemäß mit $J'{-}J''$ beschrieben). Je nachdem, welche Werte B und J annehmen, findet ein Rotationsübergang im Millimeterwellen-, Mikrometerwellen- oder infraroten Bereich statt. Das Rotationsspektrum des CO ist im Mikrometerwellenbereich bis ins ferne Infrarot zu beobachten. Ein Teil des Spektrums im fernen Infrarot, nämlich von 15 bis 40 cm^{-1}, entsprechend den Quantenzahlen $J'' = 3$ bis 9, ist in Bild 5.3 gezeigt. In Tabelle 5.1 sind die Wellenzahlen und Frequenzen der Übergänge mit $J'' = 0$ bis 6 aufgelistet, die im Bereich der Millimeterwellen beobachtbar sind. Die Genauigkeit der Angaben ist ganz charakteristisch für diese spektroskopische Methode.

Aus Bild 5.3 und der letzten Spalte in Tabelle 5.1 ist ersichtlich, daß der Abstand zwischen zwei benachbarten Übergängen nahezu konstant ist und $2B$ beträgt, wie es auch von Gl. (5.14) gefordert wird.

Tabelle 5.1 Frequenzen und Wellenzahlen von Rotationsübergängen des CO, wie sie in der Millimeterwellenregion beobachtet wurden

$\tilde{\nu}/\text{cm}^{-1}$	J''	J'	ν/GHz	$\Delta\nu_{J''}^{J''+1}/\text{GHz}$
3,845 033 19	0	1	115,271 195	115,271 195
7,689 919 07	1	2	230,537 974	115,266 779
11,534 509 6	2	3	345,795 900	115,257 926
15,378 662	3	4	461,040 68	115,244 78
19,222 223	4	5	576,267 75	115,227 07
23,065 043	5	6	691,472 60	115,204 85

Die Rotationskonstanten B der meisten linearen mehratomigen Moleküle sind kleiner als die des CO. Daher sind viele Übergänge dieser Moleküle im Millimeter- oder Mikrometerwellenbereich zu erwarten. In Bild 5.4 ist ein Teil des Mikrowellenspektrums des Cyanodiacetylens (H−C≡C−C≡C−C≡N) wiedergegeben. Die Rotationskonstante dieses Moleküls ist so klein (1331,331 MHz), daß sechs Übergänge mit $J'' = 9$ bis 14 im Bereich zwischen 26,5 und 40,0 GHz stattfinden.

In Bild 5.3 sehen wir, daß die Intensitäten der einzelnen Übergänge nicht gleich sind. Außerdem können wir Tabelle 5.1 entnehmen, daß der Abstand zwischen zwei benachbarten Übergängen mit zunehmendem J'' etwas abnimmt. Wir wollen uns nun mit den Gründen für diese beiden Beobachtungen befassen.

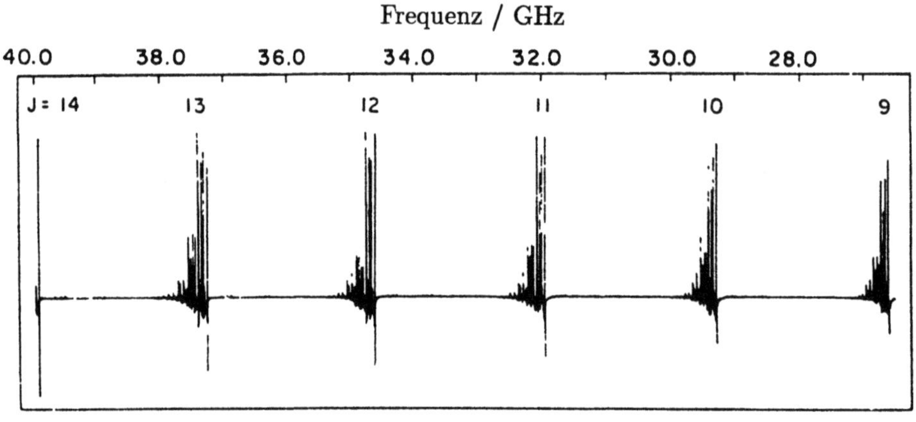

Bild 5.4 Ein Teil des Mikrowellenspektrums des Cyanodiacetylens. (Die vielen „Satelliten"-Übergänge in jeder Gruppe rühren daher, daß sich das Molekül nicht nur im Schwingungsgrundzustand befindet, sondern in einer Vielzahl angeregter Schwingungszustände.) (Aus: Alexander, A. J., Kroto, H. W. und Walton, D. R. M., *J. Mol. Spectrosc.*, **62**, 175, 1967)

5.2.1.2 Intensitäten

Die Intensität eines Übergangs hängt zum einen vom numerischen Wert des Übergangsmoments (Gl. (5.13)) ab, der seinerseits nur sehr wenig mit J variiert. Zum anderen beeinflußt die Besetzungszahl des unteren Energieniveaus sehr stark die Intensität eines Rotationsübergangs. Die Population N_J des J-ten Niveaus relativ zu N_0 ist durch das Boltzmann-Verteilungsgesetz gegeben. Mit Gl. (2.11) erhalten wir:

$$\frac{N_J}{N_0} = (2J+1)\exp\left(-\frac{E_r}{kT}\right). \tag{5.15}$$

Hier ist $(2J+1)$ der Entartungsgrad des J-ten Rotationsniveaus. Diese Entartung erklärt sich wie folgt: In Abwesenheit eines elektrischen oder magnetischen Feldes kann M_J (vgl. Gl. (1.61)) $(2J+1)$ Werte annehmen, die alle die gleiche Energie haben, also entartet sind. Einige Werte für die Terme $(2J+1), \exp(-E_r/kT)$ und N_J/N_0 sind für CO in Bild 5.2 aufgelistet. Zwei gegenläufige Effekte werden an Hand dieser Auflistung deutlich: Der Faktor $(2J+1)$ nimmt mit wachsendem J zu, aber gleichzeitig nimmt der Faktor $\exp(-E_r/kT)$ sehr schnell ab. Insgesamt nimmt N_J/N_0 bei kleinen Werten von J zu, bis bei höheren Werten von J der Exponentialterm überwiegt und schließlich N_J/N_0 bei großem J Null wird. Die Besetzung zeigt daher ein Maximum bei einem Wert von $J = J_{\text{max}}$, das der Bedingung

$$\frac{\mathrm{d}(N_J/N_0)}{\mathrm{d}J} = 0 \tag{5.16}$$

genügt. Wir erhalten aus dieser Gleichung den gesuchten Wert von J_{max}:

$$J_{\text{max}} = \left(\frac{kT}{2hB}\right)^{1/2} - \frac{1}{2}. \tag{5.17}$$

In dieser Gleichung hat B die Dimension einer Frequenz. Der Auflistung in Bild 5.2 entnehmen wir, daß für CO $J_{\text{max}} = 7$ ist. Tatsächlich zeigt das experimentelle Spektrum in Bild 5.3, daß die maximale Intensität bei circa $J'' = 8$ zu finden ist. Hierfür sind andere, weniger wichtige Faktoren verantwortlich, die wir vernachlässigt haben.

5.2.1.3 Zentrifugalverzerrung

Wie bereits erwähnt, erwarten wir, daß die Abstände zwischen zwei benachbarten Übergängen stets gleich groß sind. In dem Beispiel, das in Tabelle 5.1 gegeben ist, nimmt aber dieser Abstand mit zunehmendem J leicht ab. Das hat seine Ursache darin, daß unsere ursprüngliche Annahme eines starren Rotators (siehe Abschnitt 1.3.5) nicht ganz korrekt ist. Die Bindung zwischen zwei Atomkernen kann besser durch eine Feder dargestellt werden, wie wir es ja auch bei der Beschreibung der Vibrationsbewegung in Abschnitt 1.3.6 getan haben. Dann wird es für uns auch verständlich, daß die Kerne mit zunehmender Rotationsgeschwindigkeit (also mit zunehmendem J) durch Zentrifugalkräfte auseinandergetrieben werden. Die Feder dehnt sich, r nimmt also zu und B deshalb ab. Ursprünglich führte man diese J-Abhängigkeit der Rotationskonstanten B durch die folgende Erweiterung der Termenergien (Gln. (5.11) und (5.12)) ein:

$$F(J) = B[1 - uJ(J+1)]J(J+1). \tag{5.18}$$

u ist hierbei eine zusätzliche Konstante. Üblicherweise wird jedoch die Schreibweise

$$F(J) = BJ(J+1) - DJ^2(J+1)^2 \tag{5.19}$$

verwendet. Hier ist D die sogenannte Zentrifugalverzerrungskonstante, die für zweiatomige Moleküle stets positiv ist. Für die Wellenzahlen eines Übergangs ergibt sich damit:

$$\tilde{\nu}(\text{oder } \nu) = F(J+1) - F(J) = 2B(J+1) - 4D(J+1)^3. \tag{5.20}$$

Die Zentrifugalverzerrungskonstante hängt von der Steifheit der Bindung ab, und so wundert es nicht, daß D mit der Wellenzahl der Schwingung ω in der harmonischen Näherung (vgl. Abschnitt 1.3.6) verknüpft werden kann:

$$D = \frac{4B^3}{\omega^2}. \tag{5.21}$$

5.2.1.4 Zweiatomige Moleküle in angeregten Schwingungszuständen

Es gibt also einen ganzen Haufen von Rotationsniveaus, deren Termenergien durch Gl. (5.19) gegeben sind. Diese Rotationsniveaus gibt es nicht nur für den Schwingungsgrundzustand, sondern es existiert für jedes Schwingungsniveau (siehe z.B. Bild 1.13) eine solche Leiter von Rotationsniveaus. Das Verhältnis der Besetzungszahl N_v eines angeregten Schwingungszustands zu der des Schwingungsgrundzustands N_0 liefert uns die Boltzmann-Verteilung (Gl. (2.11)) zusammen mit den Energietermen der entsprechenden Schwingungsniveaus (Gl. (1.69)):

$$\frac{N_v}{N_0} = \exp\left(-\frac{hcv\omega}{kT}\right). \tag{5.22}$$

In dieser Gleichung ist ω die Wellenzahl der Schwingung und v die Schwingungsquantenzahl. Dieses Verhältnis beträgt zum Beispiel für den Zustand $v = 1$ und für eine Schwingung mit der Wellenzahl $\omega = 470$ cm^{-1} nur 0,10. Rotationsübergänge von angeregten Schwingungszuständen sind daher im allgemeinen relativ schwach ausgeprägt, sofern es sich nicht um ein sehr schweres Molekül mit entsprechend niedrigem ω-Wert handelt oder die Temperatur nicht allzu hoch ist. Andererseits hat das negative Vorzeichen des Exponenten in Gl. (5.22) zur Folge, daß die Temperatur die Besetzungszahlen nur geringfügig beeinflußt.

Die beiden Rotationskonstanten B und D hängen in gewisser Weise von der Schwingung ab, und dies sollte man in den Termenergien berücksichtigen, etwa:

$$F_v(J) = B_v J(J+1) - D_v J^2(J+1)^2. \tag{5.23}$$

Aus Gl. (5.20) wird dann

$$\tilde{\nu}(\text{oder } \nu) = 2B_v(J+1) - 4D_v(J+1)^3. \tag{5.24}$$

Man kann diese Schwingungsabhängigkeit von B in guter Näherung wie folgt beschreiben:

$$B_v = B_e - \alpha(v + \tfrac{1}{2}). \tag{5.25}$$

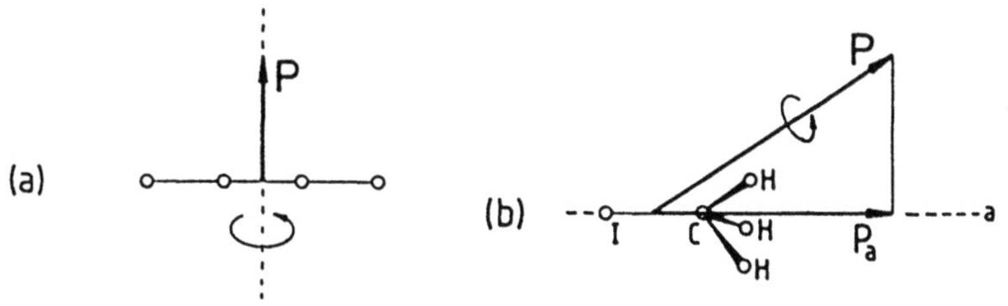

Bild 5.5 Der Drehimpulsvektor der Rotation $\boldsymbol{P}$ für (a) einen linearen Rotator und (b) für einen zigarrenförmigen symmetrischen Rotator (hier als Beispiel CH_3I). P_a ist die Komponente entlang der a-Achse

Dabei bezieht sich B_e auf den hypothetischen Gleichgewichtszustand des Moleküls am tiefsten Punkt der Potentialkurve, die in Bild 1.13 dargestellt ist. Die Konstante α berücksichtigt die Wechselwirkung zwischen Vibration und Rotation. Um B_e und damit auch den Gleichgewichtsabstand r_e zu erhalten, muß B_v für mindestens zwei Vibrationszustände bestimmt werden. Kann der Zustand $v = 1$ nur unzureichend besetzt und B_1 daher nicht bestimmt werden, ist lediglich die Konstante B_0 zugänglich.

Der Einfluß der Schwingung auf die Zentrifugalverzerrungskonstante D ist so klein, daß wir uns nicht weiter mit ihm zu befassen brauchen.

5.2.2 Der symmetrische Rotator

In einem zweiatomigen oder einem linearen mehratomigen Molekül liegt der Drehimpulsvektor der Rotation $\boldsymbol{P}$ entlang der Rotationsachse, wie es Bild 5.5(a) zeigt. Diese Darstellung ist völlig analog zu Bild 1.5, welche den elektronischen Bahndrehimpuls zeigt. In einem zigarrenförmigen symmetrischen Rotator, wie es das in Bild 5.5(b) gezeigte Methyliodid ist, muß $\boldsymbol{P}$ nicht unbedingt senkrecht zur a-Achse des Moleküls sein. Vielmehr wird $\boldsymbol{P}$ eine beliebige Richtung im Raum einnehmen, und das Molekül wird um $\boldsymbol{P}$ rotieren. P_a ist die Komponente des $\boldsymbol{P}$-Vektors entlang der a-Achse und kann nur die Werte $K\hbar$ annehmen. Dabei ist K eine zweite Rotationsquantenzahl. Die Termenergien lauten für diesen Fall:

$$F(J,K) = BJ(J+1) + (A-B)K^2. \tag{5.26}$$

Hier sind die Zentrifugalverzerrung und der Einfluß der Schwingung auf die Rotationskonstanten A und B vernachlässigt worden. Diese beiden Konstanten sind mit den Trägheitsmomenten I_a und I_b verknüpft:

$$A = \frac{h}{8\pi^2 I_a}; \qquad B = \frac{h}{8\pi^2 I_b}. \tag{5.27}$$

In diesen Gleichungen haben die Rotationskonstanten die Dimension einer Frequenz. Die Quantenzahl K kann die Werte $K = 0, 1, 2, \ldots, J$ annehmen. Weil P_a nicht größer sein kann als der Betrag von $\boldsymbol{P}$, kann K auch nicht größer werden als J. Jedes Niveau mit $K > 0$ ist zweifach entartet. Im klassischen Bild könnte man dies auf die Rotation im Uhrzeiger- und Gegenuhrzeigersinn um die a-Achse zurückführen, die beide die gleiche Energie haben. Für $K = 0$ gibt es keinen Drehimpuls um die a-Achse, und daher ist dieses Rotationsniveau nicht entartet.

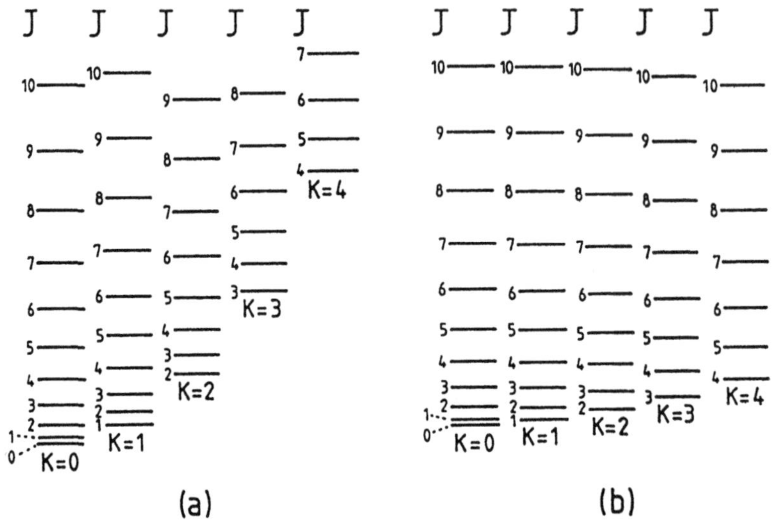

Bild 5.6 Die Rotationsenergieniveaus (a) eines zigarrenförmigen und (b) eines pfannkuchenförmigen symmetrischen Rotators

Für einen pfannkuchenförmigen symmetrischen Rotator, wie z.B. das NH_3-Molekül, sind die Termenergien analog zu Gl. (5.26) wie folgt gegeben:

$$F(J,K) = BJ(J+1) + (C-B)K^2 \tag{5.28}$$

mit

$$C = \frac{h}{8\pi^2 I_c}. \tag{5.29}$$

Auch C ist hier in der Dimension einer Frequenz angegeben.

Die Rotationsenergieniveaus eines zigarrenförmigen und eines pfannkuchenförmigen symmetrischen Rotators sind in Bild 5.6 zum Vergleich schematisch gegenübergestellt. Obwohl sich damit ein ungleich komplizierteres Bild ergibt, als es bei einem linearen Rotator der Fall ist, ergibt sich aufgrund der Auswahlregeln

$$\Delta J = \pm 1; \qquad \Delta K = 0 \tag{5.30}$$

auch für diese komplizierten Moleküle derselbe Ausdruck für die Frequenzen bzw. Wellenzahlen der Rotationsübergänge wie bei einem zweiatomigen oder einem linearen mehratomigen Molekül (Gl. (5.14)), nämlich:

$$\nu(\text{oder } \tilde{\nu}) = F(J+1,K) - F(J,K) = 2B(J+1). \tag{5.31}$$

Auch hier beträgt der Abstand zwischen zwei benachbarten Übergängen $2B$. Ebenfalls gilt die Auswahlregel, daß symmetrische Rotatoren ein permanentes Dipolmoment aufweisen müssen.

Will man die Zentrifugalverzerrung berücksichtigen, gilt für einen zigarrenförmigen symmetrischen Rotator die folgende Gleichung:

$$F(J,K) = BJ(J+1) + (A-B)K^2 - D_J J^2(J+1)^2 - D_{JK} J(J+1)K^2 - D_K K^4. \tag{5.32}$$

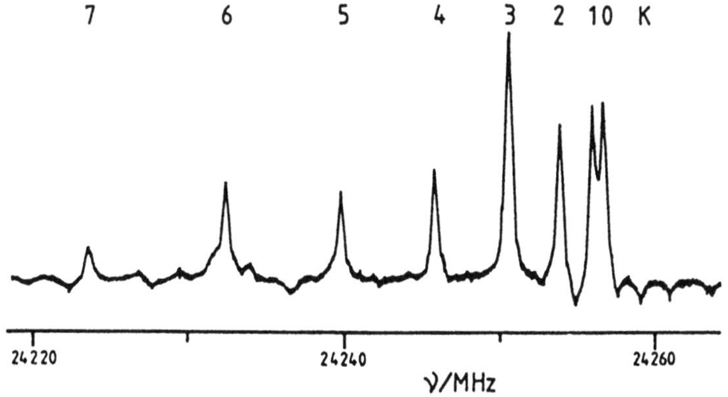

Bild 5.7 Die acht Komponenten mit $K = 0$ bis 7, separiert durch die Zentrifugalverzerrung, des $J = 8$–7-Mikrowellenübergangs des SiH_3NCS

In diesem Fall gibt es drei Zentrifugalverzerrungskonstanten, nämlich D_J, D_{JK} und D_K. Ein ähnlicher Ausdruck existiert für den pfannkuchenförmigen Rotator. Für beide Typen von symmetrischen Rotatoren ergibt sich für die Frequenzen bzw. Wellenzahlen der Rotationsübergänge unter Berücksichtigung der Zentrifugalverzerrung:

$$\nu(\text{oder } \tilde{\nu}) = F(J+1, K) - F(J, K) = 2(B_v - D_{JK}K^2)(J+1) - D_J(J+1)^3. \quad (5.33)$$

Durch den Term $-2D_{JK}K^2(J+1)$ werden alle $(J+1)$-Komponenten jedes $(J+1)$–J-Übergangs mit unterschiedlichen K-Werten voneinander getrennt. Dieser Effekt zeigt sich eindrucksvoll am Beispiel des Rotationsspektrums des Silylisothiocyanats ($H_3Si{-}N{=}C{=}S$) in Bild 5.7. In diesem Bild sind die acht Komponenten des Übergangs $J = 8$–7 mit $K = 0$ bis 7 zu sehen. Bei Silylisothiocyanat, das eine lineare SiNCS-Kette enthält, handelt es sich um einen zigarrenförmigen symmetrischen Rotator.

5.2.3 Stark-Effekt bei linearen und symmetrischen Rotatoren

Wie wir bereits in Abschnitt 1.6.1 gesehen haben, wird die Raumquantisierung des Drehimpulses der Rotation eines zweiatomigen oder eines linearen mehratomigen Moleküls durch

$$(P_J)_z = M_J\hbar \quad (5.34)$$

ausgedrückt. Für M_J gilt $M_J = J, J-1, \ldots, -J$. Normalerweise sind diese $2J+1$ Komponenten jedes J-Niveaus miteinander entartet. In Anwesenheit eines elektrischen Feldes $\mathcal{E}$ wird diese Entartung jedoch teilweise aufgehoben: Jedes Niveau spaltet nun in $(J+1)$ Komponenten auf, entsprechend den Werten, die $|M_J|$ annehmen kann, nämlich $|M_J| = 0, 1, 2, \ldots, J$. Diese Aufspaltung in Anwesenheit eines elektrischen Feldes wird als Stark-Effekt bezeichnet. Die Energieniveaus E_r der Gl. (5.10) werden nun zu $E_r + E_{\mathcal{E}}$ modifiziert, wobei

$$E_{\mathcal{E}} = \frac{\mu^2\mathcal{E}^2[J(J+1) - 3M_J^2]}{2hBJ(J+1)(2J-1)(2J+3)} \quad (5.35)$$

ist. Bei diesem etwas unhandlichen Ausdruck sind zwei Dinge zu beachten:

1. Durch den Term M_J^2 ist die Energie unabhängig vom Vorzeichen der Quantenzahl M_J.

2. Das permanente Dipolmoment μ ist enthalten.

Der letztgenannte Punkt ist der Grund für eine bedeutende Anwendung der Millimeter- und Mikrometerwellenspektroskopie: Sie ist eine der wichtigsten Methoden zur Messung von Dipolmomenten. Die Richtung des Dipolmoments kann jedoch nicht bestimmt werden. Im Falle des O=C=S mit $\mu = 0{,}715\,21 \pm 0{,}000\,20$ D $[(2{,}3857 \pm 0{,}0007) * 10^{-30}$ Cm] gelangt man an Hand einfacher Überlegungen auf Grund der Elektronegativitäten zu dem richtigen Ergebnis – nämlich daß der Sauerstoff das negative Ende des Dipolmoments bildet. Im Gegensatz dazu ist das Dipolmoment in CO so klein ($\mu = 0{,}112\text{D} = 3{,}74 * 10^{-31}$ Cm), daß nur mit sehr genauen Rechnungen der elektronischen Struktur Kohlenstoff verläßlich als das negative Ende des Dipolmoments bestimmt werden kann.

Für einen symmetrischen Rotator ergibt sich für die Änderung der Energieniveaus $E_\mathcal{E}$ durch Anlegen eines elektrischen Feldes $\mathcal{E}$:

$$E_\mathcal{E} = -\frac{\mu \mathcal{E} K M_J}{J(J+1)} + \frac{\mu^2 \mathcal{E}^2}{2hB} \left\{ \frac{(J^2 - K^2)(J^2 - M_J^2)}{J^3(2J-1)(2J+1)} - \frac{[(J+1)^2 - K^2][(J+1)^2 - M_J^2]}{(J+1)^3(2J+1)(2J+3)} \right\}. \tag{5.36}$$

Dieser Ausdruck ist noch unübersichtlicher als der in Gl. (5.35), aber auch hier ist die Abhängigkeit von M_J^2 und μ enthalten. Durch Ausnutzen des Stark-Effekts wurde beispielsweise das Dipolmoment von CH_3F zu $1{,}857 \pm 0{,}001$ D $[(6{,}194 \pm 0{,}004) * 10^{-30}$ Cm] bestimmt.

5.2.4 Der asymmetrische Rotator

Obwohl die meisten Moleküle in diese Gruppe fallen, wollen wir uns dennoch nur kurz mit ihren Rotationsspektren beschäftigen. Der Grund für die freiwillige Selbstbeschränkung ist, daß es keinen geschlossenen Ausdruck für die Termenergien eines asymmetrischen Rotators gibt. Diese Termenergien können exakt nur durch eine Matrixdiagonalisierung für jeden Wert von J erhalten werden. J ist auch in einem asymmetrischen Rotator eine gute Quantenzahl. Auch gilt weiterhin die Auswahlregel $\Delta J = \pm 1$, und es muß ein permanentes Dipolmoment vorhanden sein.

Auf einem einfacheren Niveau sind die Rotationsübergänge solcher Moleküle zu verstehen, die sich fast wie ein symmetrischer Rotator verhalten (vgl. die Gln. (5.8) und (5.9)). Für einen zigarren- bzw. einen pfannkuchenförmigen fastsymmetrischen Rotator gilt für die Termenergien näherungsweise:

$$F(J,K) \simeq \bar{B}J(J+1) + (A - \bar{B})K^2 \tag{5.37}$$

bzw.

$$F(J,K) \simeq \bar{B}J(J+1) + (C - \bar{B})K^2. \tag{5.38}$$

In diesen Gleichungen ist für den zigarrenförmigen Rotator $\bar{B} = 1/2(B+C)$ und für den pfannkuchenförmigen Rotator $\bar{B} = 1/2(A+B)$ einzusetzen. Die Zentrifugalverzerrung ist in beiden Gleichungen nicht berücksichtigt worden. Weil es sich hier nur näherungsweise um symmetrische Rotatoren handelt, ist K strenggenommen keine gute Quantenzahl.

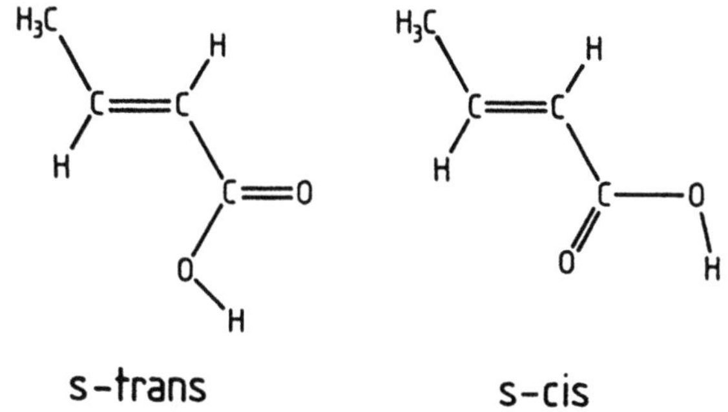

Bild 5.8 *s-trans-* und *s-cis-*Isomere der Crotonsäure

Beispiele für einen zigarrenförmigen fast-symmetrischen Rotator sind das *s-trans-* und das *s-cis-*Isomer der Crotonsäure (siehe Bild 5.8). Die *a*-Achse überspannt dabei die Kette, die von den schwereren Atomen dieser Moleküle gebildet wird. Die Termenergien der Rotationsniveaus der beiden Isomere sind näherungsweise durch Gl. (5.37) gegeben. Weil aber A und $\bar{B}$ für beide Isomere verschieden sind, stimmen auch ihre Rotationsspektren nicht genau überein. In Bild 5.9 ist ein Teil des Mikrowellenspektrums der Crotonsäure bei niedriger Auflösung gezeigt. Die schwächeren Linien sind dem *s-cis-*Isomeren zuzuordnen, das in geringerer Konzentration vorliegt, und die intensiveren Linien werden durch das *s-trans-*Isomer verursacht, das in größerer Menge vorhanden ist.

Dipolmomente von asymmetrischen Rotatoren (korrekter ausgedrückt: die Komponenten entlang der verschiedenen Trägheitsachsen) können ebenfalls durch Ausnutzen des Stark-Effekts bestimmt werden.

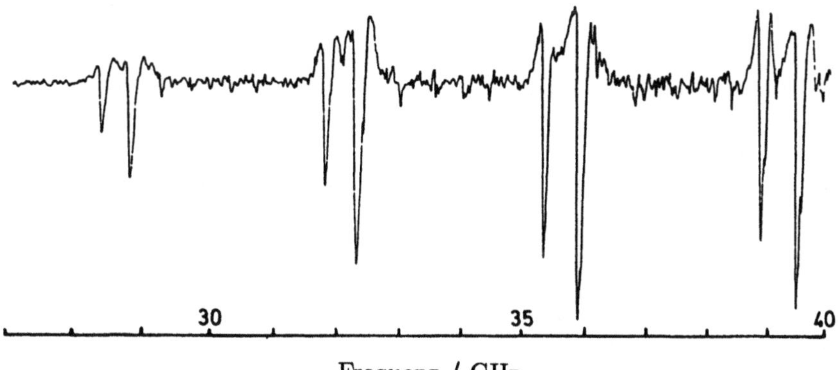

Bild 5.9 Ausschnitt aus dem Mikrowellenspektrum der Crotonsäure. (Aus: Scharpen, L. H., Laurie, V. W., ***Analyt. Chem.***, **44**, 378R, 1972)

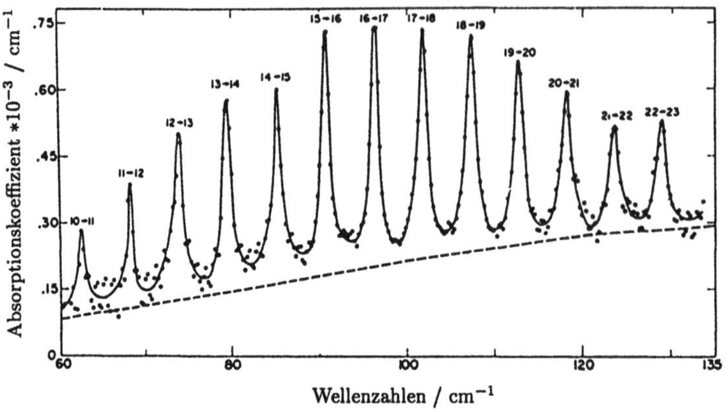

Bild 5.10 Ausschnitt aus dem fernen Infrarot-Spektrum des Silans. (Aus: Rosenberg, A. und Ozier, I., *Can. J. Phys.*, **52**, 575 (1974))

5.2.5 Der sphärische Rotator

Bei einem sphärischen Rotator erwarten wir zunächst weder ein Vibrations- noch ein Rotationsspektrum, denn das permanente Dipolmoment solcher Moleküle ist Null. Rotiert aber beispielsweise ein Methan-Molekül (Bild 4.12(a)) um eine seiner C_3-Achsen, also um eine C-H-Bindung, werden durch die Zentrifugalverzerrung die anderen drei Wasserstoffatome ein wenig von dieser Achse nach außen weggedrückt. Das Molekül bildet dann keinen sphärischen, sondern nur noch einen symmetrischen Rotator. Außerdem wird dadurch ein kleines Dipolmoment induziert, und es kann ein sehr schwach ausgeprägtes Rotationsspektrum beobachtet werden.

Ein Teil des Rotationsspektrums des Silans (SiH_4) im fernen Infrarot ist in Bild 5.10 abgebildet. Dieses Spektrum wurde mit einem Michelson-Interferometer, einem 10,6 m langen Absorptionsweg und bei einem Druck von 4,03 atm (4,08 * 10^5 Pa) aufgenommen. Diese experimentellen Details verdeutlichen, wie gering die Intensitäten dieses Spektrums sind. Das Dipolmoment wurde aus der Intensität der Übergänge zu $8,3 * 10^{-6}$ D $(2,7 * 10^{-35}$ Cm) abgeschätzt.

Vernachlässigt man die Zentrifugalverzerrung, gilt für die Termenergien eines sphärischen Rotators:

$$F(J) = BJ(J+1). \tag{5.39}$$

Dieser Ausdruck ist mit dem identisch, den wir schon für zweiatomige und lineare mehratomige Moleküle kennengelernt haben (vgl. Gln. (5.11) und (5.12)). Wie bei diesen gilt auch hier die Auswahlregel $\Delta J = \pm 1$, und wir erhalten für die Frequenz bzw. die Wellenzahl eines Rotationsübergangs:

$$\nu(\text{oder } \tilde{\nu}) = F(J+1) - F(J) = 2B(J+1). \tag{5.40}$$

Benachbarte Übergänge sind wieder um $2B$ voneinander getrennt.

Jedes regelmäßige, tetraedrische Molekül, das zur T_d-Punktgruppe gehört (siehe Abschnitt 4.2.8), wird ein solches Rotationsspektrum zeigen. In die Gruppe der sphärischen Rotatoren fallen zwar auch die Moleküle, die zur O_h-Punktgruppe gehören (siehe Abschnitt 4.2.9); diese liefern aber gar kein Spektrum. Der Grund ist der folgende: Rotiert

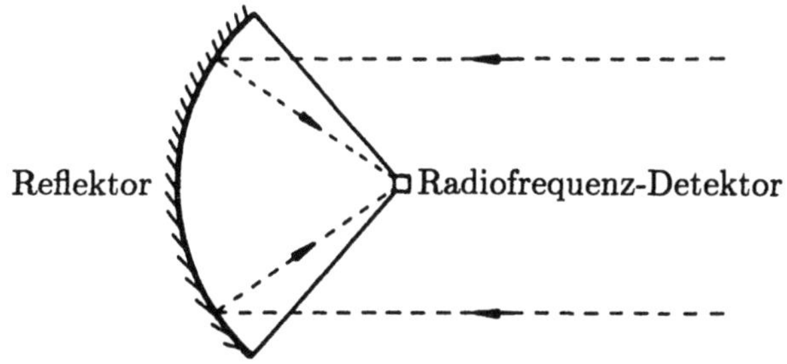

Bild 5.11 Ein Radioteleskop

z.B. ein SF_6-Molekül (siehe Bild 5.1(e)) um eine C_4-Achse, also um eine der F–S–F-Achsen, werden durch die Zentrifugalverzerrung die anderen vier Fluor-Atome zwar nach außen gedrückt, aber dadurch wird kein Dipolmoment induziert.

5.2.6 Interstellare Moleküle, die durch ihr Radiofrequenz-, Mikrometer- oder Mikrowellenspektrum entdeckt wurden

Radioteleskope werden dazu verwendet, um das Universum nach Strahlung im Radiofrequenzbereich des elektromagnetischen Spektrums abzusuchen (siehe Bild 3.1). Bild 5.11 zeigt schematisch den Aufbau eines solchen Teleskops. Es enthält im wesentlichen einen Parabolreflektor, der alle parallel einfallenden Strahlen auf einen Radiofrequenzdetektor fokussiert. Dieser Detektor befindet sich im Brennpunkt des Parabolreflektors. Die Oberfläche eines solchen Reflektors muß sorgfältig konstruiert sein, aber Unregelmäßigkeiten, die kleiner als die detektierten Wellenlängen sind (diese liegen in der Größenordnung von 0,5 m), können toleriert werden.

Mit einem solchen Teleskop kann atomarer Wasserstoff detektiert werden, der im Weltall in großen Mengen, aber unter variierenden Dichteverhältnissen zu finden ist. Die Emissionslinie liegt bei einer Wellenlänge von 21 cm. Diese Emission rührt von dem Übergang zwischen zwei dicht benachbarten Unterniveaus her, in die das Energieniveau $n = 1$ aufgespalten ist (siehe Bild 7.8). Im Jahre 1963 wurde als erstes Molekül das OH mit einem solchen Teleskop detektiert. Hier wurde ein Absorptionsübergang bei einer Wellenlänge von 18 cm beobachtet, der elektronischer Natur ist: Es ist der Übergang zwischen den beiden Komponenten des Λ-Dubletts, das zu dem elektronischen $^2\Pi$- Grundzustand gehört, der in zwei Komponenten aufgespalten ist (siehe Abschnitt 7.2.6.2).

Sowohl der Emissions- als auch der Absorptionsprozess ist auf die Hintergrundstrahlung angewiesen, die es im ganzen Weltall gibt. Die Hintergrundstrahlung hat die charakteristische Wellenlängenverteilung eines schwarzen Körpers mit einer Temperatur von ungefähr 2,7 K. Diese Strahlung ist eine Folge des Urknalls, mit dem vermutlich das Weltall entstanden ist.

Seit 1963 sind die Spektren vieler Moleküle aufgenommen worden, die meisten in Emission, aber einige auch in Absorption. Es wurden auch ausgefeiltere Teleskope gebaut, um Beobachtungen auch im Bereich der Millimeter- und Mikrometerwellen zu ermöglichen.

Die detektierten Moleküle wurden meistens in Nebeln gefunden, die es nicht nur in unserer eigenen, sondern auch in anderen Galaxien gibt. Die Nebel unserer Galaxie findet

Tabelle 5.2 Durch Radiofrequenz- oder Millimeterwellen-Spektroskopie detektierte Moleküle im interstellaren Raum

zweiatomig	OH, CO, CN, CS, SiO, SO, SiS, NO, NS, CH, CH^+
dreiatomig	H_2O, HCN, HNC, OCS, H_2S, N_2H^+, SO_2, HNO, C_2H, HCO, HCO^+, HCS^+, H_2D^+
vieratomig	NH_3, H_2CO, HNCO, H_2CS, HNCS, N≡C–C≡C, H_3O^+, C_3H (linear), C_3H (zyklisch)
fünfatomig	N≡C–C≡C–H, HCOOH, CH_2=NH, H–C≡C–C≡C, NH_2CN
sechsatomig	CH_3OH, CH_3CN, NH_2CHO, CH_3SH
siebenatomig	CH_3–C≡C–H, CH_3CHO, CH_3NH_2, CH_2=CHCN, N≡C–C≡C–C≡C–H
achtatomig	$HCOOCH_3$, CH_3–C≡C–C≡N
neunatomig	CH_3OCH_3, CH_3CH_2OH, N≡C–C≡C–C≡C–C≡C–H
elfatomig	N≡C–C≡C–C≡C–C≡C–C≡C–H

man in der Milchstraße, die als helles Band zu sehen ist, das Millionen von Sternen enthält. In Verbindung mit den leuchtenden Wolken bilden die Nebel dunkle Wolken aus interstellarem Staub und Gas. Die Existenz dieser Staubpartikelchen wird dadurch erkennbar, daß das sichtbare Licht der Sterne, das durch eine solche Wolke tritt, eine Rotverschiebung erfährt. Diese ist auf Streuung des blauen Lichts in eine Vorzugsrichtung durch die Staubpartikel zurückzuführen, die proportional zu λ^{-4} ist. Die Natur dieser Staubpartikel ist noch immer unbekannt, aber sie haben einen Durchmesser von ungefähr 0,2 μm. Weil neue Sterne durch Gravitationskollaps in der Nähe von Nebeln gebildet werden, die das Rohmaterial für diese neuen Sterne liefern müssen, ist die Beobachtung von Molekülen in der Nähe solcher Nebel von größter Wichtigkeit. In mehreren Nebeln wurden Moleküle detektiert, aber die als Sagittarius B2 bekannte große Wolke, die dem Zentrum unserer Galaxie nahe ist, hat sich als ausgesprochen ergiebige Quelle erwiesen.

Das erste mehratomige Molekül wurde im Jahre 1968 mit dem Teleskop am Hat Creek in Kalifornien (USA) entdeckt. Mit seinem Durchmesser von 6,3 m ist es für den Bereich der Millimeterwellen ausgelegt. Es wurden Emissionslinien im Bereich 1,25 cm Wellenlänge gefunden, die von NH_3 stammen. Hierbei handelt es sich nicht um einen Rotationsübergang, sondern um einen Übergang zwischen den sehr dicht beieinander liegenden Schwingungsniveaus $v_2 = 0$ und $v_2 = 1$ der Inversionsschwingung ν_2 (siehe Abschnitt 6.2.4.4.1).

In Tabelle 5.2 sind einige der entdeckten Moleküle aufgeführt. Interessanterweise wurden einige von diesen, z.B. die linearen dreiatomigen Moleküle C_2H, HCO^+ und N_2H^+, zunächst im interstellaren Raum gefunden, bevor man, was dann auch gelang, versuchte, sie im Laboratorium darzustellen. Bei all diesen Molekülen sind die beobachteten Übergänge rotatorischer Natur, mit Ausnahme von OH und NH_3.

Ein Molekül, das im Laboratorium bekannt ist, kann unzweifelhaft auf Grund seiner einzigartigen, sehr genau bestimmbaren Übergangsfrequenzen identifiziert werden. Die

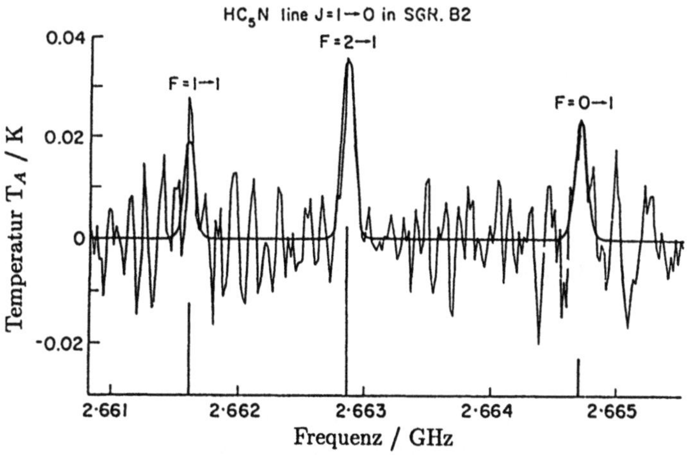

Bild 5.12 Der $J = 1\text{–}0$-Übergang des Cyanodiacetylens, beobachtet in Emission in Sagittarius B2. (Aus: Broton, N. W., MacLeod, J. M., Oka, T., Avery, L. W., Brooks, J. W., McGree, R. X. und Newton, L. M., ***Astrophys. J.***, **209**, L143, 1976)

Frequenzen, die man im interstellaren Raum gemessen hat, können jedoch nicht ohne weiteres mit denen verglichen werden, die man im Laboratorium gemessen hat. Weil sich die Wolken bewegen, muß zunächst eine Korrektur des Doppler-Effekts erfolgen (siehe Abschnitt 2.3.2). Für die Moleküle in Sagittarius B2 hat man zum Beispiel eine nahezu gleichförmige Bewegung mit einer relativen Geschwindigkeit von 60 km s^{-1} festgestellt, bezogen auf einen lokalen Ruhestandard. Für diesen werden bestimmte Sterne nahe der Sonne herangezogen. In anderen Wolken gibt es aber auch breitere Verteilungen der Molekülgeschwindigkeiten.

In Bild 5.12 ist der $J = 1\text{–}0$-Übergang (in Emission) des linearen Cyanodiacetylens (H–C≡C–C≡C–C≡N) gezeigt, wie er in Sagittarius B2 beoabachtet wurde (Bild 5.4 zeigt einen Ausschnitt eines unter Laborbedingungen aufgenommenen Absorptionsspektrums). Die Aufspaltung dieses Übergangs in drei Hyperfeinkomponenten hat seine Ursache in der Wechselwirkung zwischen dem Drehimpuls der Rotation und dem Kernspin des ^{14}N-Kerns (für diesen ist $I = 1$, siehe Tabelle 1.3). Die vertikale Skala ist ein Maß für die Temperaturänderung der Antenne, die durch das empfangene Signal hervorgerufen wird.

Der Auflistung in Tabelle 5.2 zufolge sind recht große Moleküle entdeckt worden, von denen die Cyanopolyacetylene eine bemerkenswerte Gruppe bilden. Die Anwesenheit dieser ziemlich großen Moleküle im interstellaren Raum hat beträchtliche Überraschung ausgelöst. Es wurde nämlich zunächst angenommen, daß die ultraviolette Strahlung, die im gesamten Universum präsent ist, die meisten, aber insbesondere die größeren Moleküle, photoinduziert zersetzt. Es ist zu vermuten, daß die Staubpartikelchen nicht nur eine wichtige Rolle bei der Entstehung der Moleküle spielen, sondern sie auch vor der Zersetzung bewahren.

Durch die gewählte Methode können Moleküle, die kein permanentes Dipolmoment aufweisen, nicht nachgewiesen werden und tauchen daher nicht in Tabelle 5.2 auf. Es ist bekannt, daß große Mengen von H_2 vorhanden sind, und zweifelsohne werden auch

Moleküle wie C_2, N_2, O_2, H−C≡C−H und Polyacetylene in den Wolken existieren. Diese Moleküle können aber nicht durch Radiofrequenz-, Millimeterwellen- oder Mikrowellenspektroskopie nachgewiesen werden.

Aus Tabelle 5.2 geht hervor, daß H_2D^+ und C_3H offensichtlich die einzigen nachweisbaren zyklischen Moleküle sind, obwohl man auf Grund der im Weltall vorhandenen Atome auch Moleküle wie Pyridin und Pyrazin erwarten könnte.

5.3 Rotations-Raman-Spektroskopie

Wenn elektromagnetische Strahlung auf eine Probe aus Atomen oder Molekülen trifft, kann diese von der Probe absorbiert werden, sofern die Energie der Strahlung gerade der Energiedifferenz zwischen zwei Energieniveaus des absorbierenden Systems entspricht. Ist das nicht der Fall, kann die Strahlung die Probe entweder ohne weitere Wechselwirkung passieren (Transmission) oder an den Atomen oder Molekülen der Probe gestreut werden. Der Hauptanteil der gestreuten Strahlung bleibt in seiner Wellenlänge λ unverändert; dieser Prozeß wird als Rayleigh-Streuung bezeichnet. Lord Rayleigh hat 1871 gezeigt, daß die Intensität I_s des gestreuten Lichts im Zusammenhang mit seiner Wellenlänge steht:

$$I_s \propto \lambda^{-4}. \tag{5.41}$$

Aus diesem Grund wird vorzugsweise das blaue Licht der Sonne an den Staubpartikelchen der Atmosphäre gestreut, und deshalb erscheint ein wolkenloser Himmel blau.

Smekal hat im Jahre 1923 vorhergesagt, was 1928 von Raman und Krishnan experimentell bestätigt wurde: Ein kleiner Teil des Lichts, das an einer gasförmigen, flüssigen oder festen Probe gestreut wird, ist in seiner Wellenlänge bzw. Wellenzahl verändert. Hierbei handelt es sich um den Raman-Prozeß. Die gestreute Strahlung mit der vergrößerten (verminderten) Wellenzahl wird als Stokes- (anti-Stokes-)Raman-Strahlung bezeichnet.

5.3.1 Experimentelle Methoden

Die einfallende Strahlung sollte hochmonochromatisch sein, um die Raman-Streuung eindeutig nachweisen zu können. Außerdem sollte sie sehr hohe Intensität haben, denn die Raman-Streuung ist von Natur aus schwach ausgeprägt. Das ist insbesondere dann wichtig, wenn es sich um die Rotations-Raman-Spektroskopie gasförmiger Proben handelt.

Die verwendete Methode läßt sich kurz wie folgt beschreiben: Monochromatische Strahlung passiert die gasförmige Probe und wird anschließend als Funktion der Wellenzahl detektiert. Üblicherweise wird die gestreute Strahlung senkrecht zur Einfallsrichtung des eingestrahlten Lichts vermessen. Damit wird vermieden, daß die einfallende, intensive Strahlung auf den Detektor fällt.

Bevor es die Laser gab, waren die intensivsten monochromatischen Lichtquellen die atomaren Emissionsquellen. Damit konnte eine intensive, diskrete Linie im Sichtbaren oder nahen Ultraviolett erzielt werden, die bei Bedarf durch optische Filter isoliert werden konnte. Die am meisten verwendete Lampe dieses Typs war eine Quecksilber-Entladungslampe, die beim Dampfdruck des Quecksilbers betrieben wurde. Drei der intensivsten Linien liegen bei 253,7 nm (nahes Ultraviolett), 404,7 nm und 435,7 nm (beide

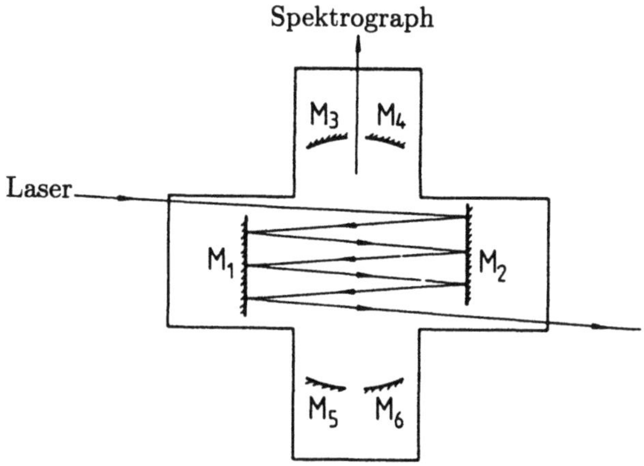

Bild 5.13 Vielfachreflexionszelle für die Raman-Spektroskopie an gasförmigen Proben

im sichtbaren Bereich). Obwohl die Linienbreiten dieser Emissionslinien sehr schmal sind (die schmalste hat eine Halbwertsbreite von 0,2 cm^{-1}), ergeben sich hierdurch Grenzen der möglichen Auflösung.

Laser (siehe Kapitel 9) liefern sehr intensives monochromatisches Licht und sind deshalb ideal für die Raman-Spektroskopie. Mittlerweile haben sie atomare Emissionsquellen weitgehend ersetzt. Laser sind praktischer in der Handhabung, haben eine höhere Intensität und sind noch monochromatischer. So kann z.B. die Halbwertsbreite des roten Lichts (632,8 nm) eines Helium-Neon-Lasers weniger als 0,05 cm^{-1} betragen.

Weit verbreitet war der Gebrauch von Vielfachreflexionsspiegeln, um das schwache Raman-Streulicht von Gasen zu sammeln, wenn der Raman-Prozeß mit einer Quecksilber-Entladungslampe angeregt wurde. Bei einem Laser als Lichtquelle kann durch Reflexion an zwei planparallelen Spiegeln (M_1 und M_2 in Bild 5.13) der Weg des hoch parallelen Lichtbündels durch die Gaszelle verlängert werden. Die vier konkaven Spiegel, M_3 bis M_6, sammeln effizient das Raman-Streulicht. Dieses wird dann entweder mit einem Spektrographen (photographische Detektion) oder einem Spektrometer (photoelektrische Detektion) wellenlängenabhängig detektiert.

Bis in die Mitte der siebziger Jahre wurden Laser nur im sichtbaren Bereich des elektromagnetischen Spektrums eingesetzt. Hierzu wurden der Helium-Neon-Laser (Abschnitt 9.2.5) bei 632,8 nm und der Argon-Ionen-Laser (Abschnitt 9.2.6) bei 514,5 nm als Quellen für monochromatisches Licht verwendet. Viele Moleküle sind jedoch farbig und absorbieren und fluoreszieren daher im sichtbaren Bereich. Diese Fluoreszenz kann so ausgeprägt sein, daß die wesentlich schwächere Raman-Streuung überdeckt wird. Deshalb können viele Moleküle nicht mit der Raman-Spektroskopie untersucht werden. Andererseits erhält man von flüssigen oder festen Proben häufig dann ein Raman-Spektrum, wenn auch eine sehr kleine Menge einer farbigen Verunreinigung in der Probe vorhanden ist, deren Fluoreszenzlicht mit dem sehr schwachen Raman-Streulicht der Hauptkomponente interferieren kann.

Das Problem der Fluoreszenz kann umgangen werden, indem man Infrarot-Laser verwendet, denn typischerweise tritt Fluoreszenz nach der Absorption von sichtbarem oder

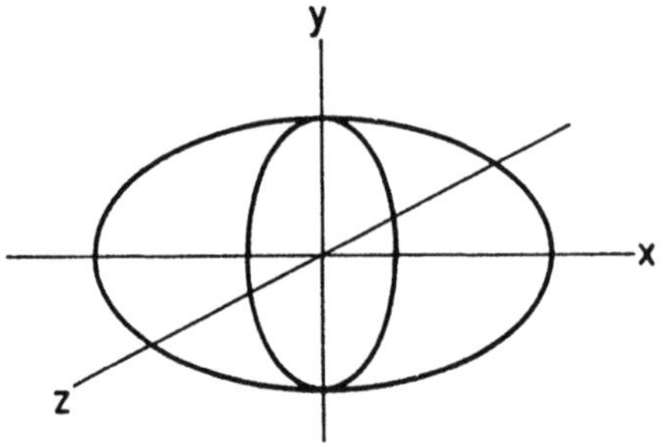

Bild 5.14 Das Polarisierbarkeitsellipsoid

ultraviolettem Licht auf (siehe Abschnitt 7.2.5.2). Dieser Vorteil wird jedoch dadurch überkompensiert, daß die Intensität des Raman-Streulichts mit der vierten Potenz von der Wellenlänge der anregenden Strahlung abhängig ist (siehe Gl. (5.41)). Insbesondere bei den gewöhnlichen Spektrometern, die als dispergierendes Element ein Beugungsgitter verwenden, ist die Messung eines Raman-Spektrums extrem schwierig.

Erst mit der Entwicklung der Fourier-Transform-Infrarot-(FTIR-)Spektroskopie (siehe Abschnitt 3.3.3.2) eröffnete sich auch für die Raman-Spektroskopie die Möglichkeit der routinemäßigen Anwendung mit Infrarot-Lasern. Mit diesen Spektrometern kann ein einzelnes Spektrum sehr schnell gemessen werden. Mehrere Spektren können dann aufaddiert werden. Dies und die Entwicklung neuer, empfindlicherer Ge- und InGaAs-Halbleiterdetektoren wiegen die Intensitätsabschwächung im Infraroten mehr als auf.

Im Rahmen dieser Fourier-Transform-Raman-(FT-Raman-)Spektroskopie wird am häufigsten der Nd-YAG-Laser (siehe Abschnitt 9.2.3) als Infrarot-Laser eingesetzt, der eine Wellenlänge von 1064 nm liefert.

Bei der FT-Raman-Spektroskopie spielt nicht nur das Streulicht eine Rolle, das durch den Raman-Prozeß in der Probe erzeugt wird, sondern auch die sehr intensive Strahlung des Lasers, mit dem der Raman-Prozeß angeregt wird. Im Interferogramm würde die durch diesen Anteil erzeugte, intensive Kosinus-Welle über die Kosinus-Wellen, die durch das Raman-Streulicht entstehen, dominieren. Ein hinter der Gaszelle angebrachtes (Interferenz-)filter schneidet daher Wellenlängen kleiner oder gleich 1064 nm ab, um das zu verhindern.

Ein FT-Raman-Spektrometer ist häufig an ein gewöhnliches FTIR-Spektrometer gekoppelt, indem lediglich die Laserquelle und Filter zur Entfernung des Laserlichts und diverse Infrarot-Detektoren angebracht werden.

5.3.2 Theorie der Rotations-Raman-Streuung

Bei der Raman-Streuung können im Prinzip elektronische, vibratorische und rotatorische Übergänge beteiligt sein. In diesem Kapitel wollen wir uns jedoch nur mit den rotatorischen Übergängen befassen.

Die Polarisierbarkeit $\boldsymbol{\alpha}$ ist die physikalische Größe der Probe, die den Grad der Streuung bestimmt. Diese ist ein Maß dafür, wie stark die Elektronen relativ zum Kern verschoben werden können, wenn sichtbares Licht oder Licht des nahen Ultraviolett auf die Probe fällt. Die Polarisierbarkeit ist im allgemeinen eine anisotrope Größe. Das bedeutet folgendes: $\boldsymbol{\alpha}$ weist in verschiedenen Richtungen, aber im jeweils selben Abstand vom Molekülzentrum, unterschiedliche Werte auf. Zeichnen wir eine Oberfläche dergestalt, daß der Abstand von dieser umhüllenden Fläche zum Molekülzentrum gerade $\alpha^{-1/2}$ ***in diese Richtung*** beträgt, so erhalten wir ein Ellipsoid. Wie Bild 5.14 zeigt, hat dieses Ellipsoid elliptische Querschnitte in der xy- und der yz-Ebene. Die Achsenlängen in die x-, y- und z-Richtungen sind im allgemeinen nicht gleich groß. Wie alle anderen anisotropen Größen auch (zum Beispiel das Trägheitsmoment eines Moleküls (Abschnitt 5.1) oder die elektrische Leitfähigkeit eines Kristalls), ist die Polarisierbarkeit ein Tensor. Dieser Tensor $\boldsymbol{\alpha}$ kann in der Form einer Matrix formuliert werden:

$$\boldsymbol{\alpha} = \begin{pmatrix} \alpha_{xx} & \alpha_{xy} & \alpha_{xz} \\ \alpha_{yx} & \alpha_{yy} & \alpha_{yz} \\ \alpha_{zx} & \alpha_{zy} & \alpha_{zz} \end{pmatrix}. \tag{5.42}$$

Die Diagonalelemente α_{xx}, α_{yy} und α_{zz} entsprechen den Werten von $\boldsymbol{\alpha}$ entlang der x-, y- und z-Achse des Moleküls. Die Matrix ist in gewisser Weise symmetrisch, denn es gilt $\alpha_{yx} = \alpha_{xy}$, $\alpha_{zx} = \alpha_{xz}$ und $\alpha_{zy} = \alpha_{yz}$. Es wird also im allgemeinen sechs verschiedene Komponenten eines Polarisierbarkeitstensors geben, nämlich α_{xx}, α_{yy}, α_{zz}, α_{xy}, α_{xz} und α_{yz}. Jede dieser Komponenten kann einer irreduziblen Darstellung der Punktgruppe zugeordnet werden, zu der das betreffende Molekül gehört. Diese Zuordnungen stehen in der rechten Spalte der Charaktertafeln, die im Anhang aufgeführt sind. Wir brauchen diese, wenn wir uns im Abschnitt 6.2.2.2 mit der Vibrations-Raman-Spektroskopie beschäftigen werden.

Fällt monochromatische Strahlung auf eine molekulare, gasförmige Probe, und wird diese Strahlung nicht von der Probe absorbiert, so induziert das oszilliernde elektrische Feld $\boldsymbol{E}$ (siehe Gl. (2.1)) der Strahlung ein Dipolmoment $\boldsymbol{\mu}$ in der Probe. Das Dipolmoment ist über die Polarisierbarkeit mit der elektrischen Feldstärke $\boldsymbol{E}$ verknüpft:

$$\boldsymbol{\mu} = \boldsymbol{\alpha}\boldsymbol{E}. \tag{5.43}$$

$\boldsymbol{\mu}$ und $\boldsymbol{E}$ sind vektorielle Größen. Der Betrag E des Vektors kann geschrieben werden als

$$E = A \sin 2\pi c\tilde{\nu}t. \tag{5.44}$$

In dieser Gleichung ist A die Amplitude und $\tilde{\nu}$ die Wellenzahl der monochromatischen Strahlung. Der Betrag der Polarisierbarkeit ändert sich während der Rotation. An Hand einer einfachen klassischen Überlegung wollen wir uns den Rotations-Raman-Effekt veranschaulichen.

Das Polarisierbarkeitsellipsoid dreht sich mit dem Molekül und einer Frequenz ν_{rot}. Die einfallende Strahlung „sieht" nun, daß sich der Wert der Polarisierbarkeit mit der ***doppelten*** Frequenz ν_{rot} ändert. Dreht sich das Ellipsoid in Bild 5.14 um eine beliebige, kartesische Achse, so sieht es bei den Vielfachen des Winkels π genau gleich aus. Die Änderung von $\boldsymbol{\alpha}$ mit der Rotation ist durch folgende Gleichung gegeben:

$$\alpha = \alpha_{0,r} + \alpha_{1,r} \sin 2\pi c(2\tilde{\nu}_{\text{rot}})t. \tag{5.45}$$

Mit $\alpha_{0,r}$ ist die mittlere Polarisierbarkeit und mit $\alpha_{1,r}$ die Amplitude der Änderung der Polarisierbarkeit während der Rotation gemeint. Setzt man die Gln. (5.44) und (5.45) in Gl. (5.43) ein, so erhält man für die Betragsänderung des induzierten Dipolmoments

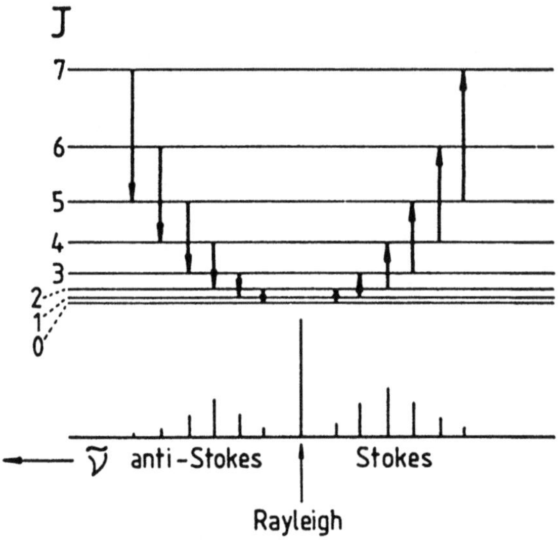

Bild 5.15 Rotations-Raman-Spektrum eines zweitomigen oder eines linearen mehratomigen Moleküls

$$\mu = \alpha_{0,r} A \sin 2\pi c\tilde{\nu}t - \tfrac{1}{2}\alpha_{1,r} A \cos 2\pi c(\tilde{\nu} + 2\tilde{\nu}_{\text{rot}})t + \tfrac{1}{2}\alpha_{1,r} A \cos 2\pi c(\tilde{\nu} - 2\tilde{\nu}_{\text{rot}})t. \quad (5.46)$$

Alle drei Terme dieser Gleichung stehen für Streuung der Strahlung. Der erste Term beschreibt die Rayleigh-Streuung bei unveränderter Wellenzahl $\tilde{\nu}$, während der zweite und der dritte Term für die anti-Stokes- und die Stokes-Raman-Streuung bei den veränderten Wellenzahlen $(\tilde{\nu} + 2\tilde{\nu}_{\text{rot}})$ bzw. $(\tilde{\nu} - 2\tilde{\nu}_{\text{rot}})$ stehen.

In einem klassischen System könnte $\tilde{\nu}_{\text{rot}}$ jeden beliebigen Wert annehmen. In einem quantenmechanischen System sind jedoch nur bestimmte Werte für $\tilde{\nu}_{\text{rot}}$ erlaubt. Im folgenden wollen wir uns diese Werte für zweiatomige und lineare mehratomige Moleküle ansehen.

5.3.3 Rotations-Raman-Spektren des linearen Rotators

In einem zweiatomigen und einem linearen mehratomigen Molekül gehorcht die Raman-Streuung der Auswahlregel

$$\Delta J = 0, \pm 2. \quad (5.47)$$

Der Übergang $\Delta J = 0$ spielt jedoch keine Rolle, denn er entspricht der intensiven Rayleigh-Streuung. Außerdem muß die Polarisierbarkeit des Moleküls anisotrop sein. Das bedeutet, daß $\boldsymbol{\alpha}$ nicht in alle Richtungen gleich groß sein darf. Das ist keine sehr strenge Einschränkung, weil alle Moleküle diese Eigenschaft haben. Die Ausnahme von dieser Regel sind die Moleküle, die einen sphärischen Rotator bilden, denn hier hat die Polarisierbarkeit die Form einer Kugel. Demzufolge zeigen alle zweiatomigen und linearen mehratomigen Moleküle ein Raman-Spektrum, unabhängig davon, ob sie symmetrisch oder unsymmetrisch aufgebaut sind (also ein Inversionszentrum i aufweisen oder nicht).

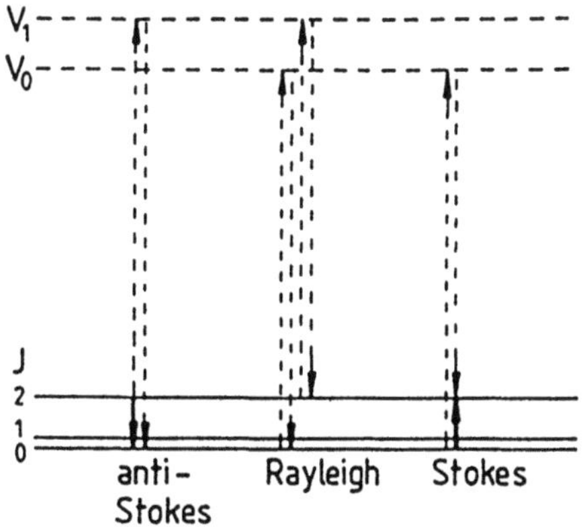

Bild 5.16 Raman- und Rayleigh-Streuprozeß unter Beteiligung der virtuellen Zustände V_0 und V_1

Bild 5.15 zeigt das resultierende Raman-Spektrum, während in Bild 5.16 im Detail die beteiligten Prozesse für die ersten Stokes- und anti-Stokes-Übergänge und die Rayleigh-Streuung dargestellt sind.

Moleküle, die sich im Anfangszustand $J = 0$ befinden, treffen auf intensive monochromatische Strahlung mit der Wellenzahl $\tilde{\nu}$. Vorausgesetzt, die Energie $hc\tilde{\nu}$ entspricht nicht der Energiedifferenz zwischen diesem Zustand $J = 0$ und irgendeinem anderen elektronischen, vibratorischen oder rotatorischen Zustand des Moleküls, findet keine Absorption statt. Stattdessen wird ein Dipolmoment in dem Molekül induziert, wie es in Gl. (5.43) ausgedrückt wird. Man sagt, das Molekül befindet sich in einem virtuellen Zustand. Für den Fall, der in Bild 5.16 dargestellt ist, ist das der Zustand V_0. Findet Streuung statt, kann das Molekül entsprechend der Auswahlregeln in den Zustand $J = 0$ (Rayleigh) oder $J = 2$ (Stokes) zurückkehren. Analog geht ein Molekül, das sich im Anfangszustand $J = 2$ befindet, in den virtuellen Zustand V_1 über und kann in den Zustand $J = 2$ (Rayleigh), $J = 4$ (Stokes) oder $J = 0$ (anti-Stokes) zurückkehren. Die Gesamtübergänge, $J = 2$ nach 0 und $J = 0$ nach 2 sind in Bild 5.16 als durchgehende Linien angedeutet; in Bild 5.15 sind noch mehrere dieser Gesamtübergänge gezeigt.

Konventionsgemäß verwenden wir für $\Delta J = J(oben) - J(unten)$, so daß wir nur den Fall $\Delta J = 2$ zu betrachten brauchen. Der Betrag einer „Raman-Verschiebung" relativ zur anregenden Strahlung $\tilde{\nu}$ ist

$$|\Delta\tilde{\nu}| = F(J+2) - F(J). \tag{5.48}$$

Es gilt $\Delta\tilde{\nu} = \tilde{\nu} - \tilde{\nu}_L$ ($\tilde{\nu}_L$ ist die Wellenzahl der anregenden Laserstrahlung). $\Delta\tilde{\nu}$ ist positiv für eine anti-Stokes-Linie und negativ für eine Stokes-Linie. Vernachlässigen wir die Zentrifugalverzerrung, sind die Termenergien durch Gl. (5.12) gegeben, und wir erhalten aus Gl. (5.48) für Moleküle im Schwingungsgrundzustand:

$$|\Delta\tilde{\nu}| = 4B_0J + 6B_0. \tag{5.49}$$

Im Spektrum sind zwei Linienserien zu sehen, und jede Linie innerhalb einer Serie ist um $4B_0$ von benachbarten Linien entfernt. Der Abstand zwischen der ersten Stokes- und der ersten anti-Stokes-Linie beträgt $12B_0$.

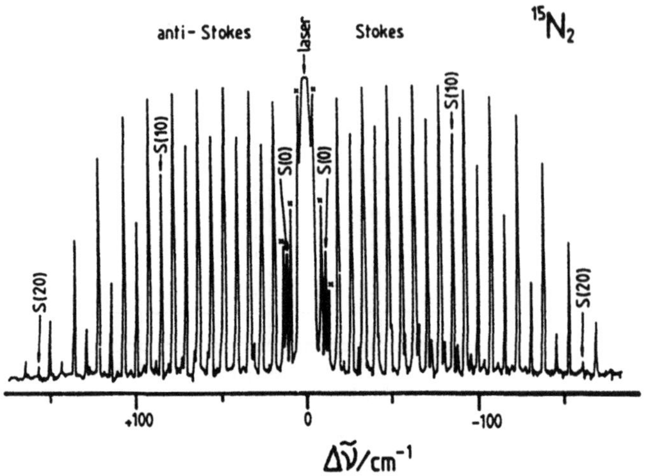

Bild 5.17 Rotations-Raman-Spektrum des $^{15}N_2$. (Die mit einem Kreuz markierten Linien sind „grating ghosts“ und gehören nicht zum Spektrum.)

Wollen wir die Zentrifugalverzerrung berücksichtigen, müssen wir Gl. (5.19) in Gl. (5.48) einsetzen. Für $\Delta\tilde{\nu}$ erhalten wir dann:

$$|\Delta\tilde{\nu}| = (4B_0 - 6D_0)(J + \tfrac{3}{2}) - 8D_0(J + \tfrac{3}{2})^3. \tag{5.50}$$

Eine Serie von Rotationsübergängen wird unter dem Begriff Zweig zusammengefaßt. Die Bezeichnung eines solchen Zweigs hängt von dem Wert ΔJ ab:

$$\begin{array}{lccccccc} \Delta J & \dots & -2, & -1, & 0, & +1, & +2, & \dots \\ \text{Zweig} & \dots & O, & P, & Q, & R, & S, & \dots \end{array} \tag{5.51}$$

In Bild 5.15 handelt es sich also beide Male um einen S-Zweig (obwohl manche Autoren den anti-Stokes-S-Zweig als O-Zweig bezeichnen).

Innerhalb eines Zweiges stellen wir ein Intensitätsmaximum fest. Dies ist zu erwarten, denn auch die Besetzungszahlen der Ausgangsniveaus (siehe Gl. (5.16)) eines Übergangs weisen ein Maximum auf.

In Bild 5.17 ist das Rotations-Raman-Spekrum von $^{15}N_2$ gezeigt, das mit einem Argon-Ionen-Laser bei einer Wellenlänge von 476,5 nm angeregt wurde. Mit Hilfe dieses Spektrums konnte B_0 sehr genau zu $1,857\,672 \pm 0,000\,027$ cm^{-1} bestimmt werden. Daraus ergibt sich eine Bindungslänge r_0 von $1,099\,985 \pm 0,000\,010$ Å. Die Genauigkeit dieser Werte ist ganz charakteristisch für die hochauflösende Rotations-Raman-Spektroskopie.

Auffällig an dem in Bild 5.17 dargestellten $^{15}N_2$-Spektrum ist die sich alternierend ändernde Intensität benachbarter Übergänge. Bei genauerer Auswertung ergibt sich ein Intensitätsverhältnis von 1:3 für die Übergänge aus Zuständen mit geradem J zu Zuständen mit ungeradem J. Dieser Effekt ist auf den Kernspin des ^{15}N-Kerns zurückzuführen. Wir wollen dieses Phänomen im folgenden Abschnitt etwas näher betrachten.

5.3.4 Statistisches Gewicht des Kernspins

In der Gesamtwellenfunktion ψ eines Moleküls kann auch der Kernspin berücksichtigt werden. Die Gl. (1.58) ist dann wie folgt zu schreiben:

$$\psi = \psi_e \psi_v \psi_r \psi_{ns}. \tag{5.52}$$

Dabei sind ψ_e, ψ_v und ψ_r die elektronischen, vibratorischen bzw. rotatorischen Wellenfunktionen, während ψ_{ns} die Wellenfunktion des Kernspins ist. Im folgenden werden wir es hauptsächlich mit den Symmetrieeigenschaften von ψ_{ns} und ψ_r zu tun haben.

Wir betrachten ein symmetrisches Molekül der Punktgruppe $D_{\infty h}$. Dies sind im besonderen die zweiatomigen und die linearen, mehratomigen Moleküle, die eine geradzahlige Anzahl identischer Kerne haben. Vertauschen wir nun in einem solchen Molekül die identischen Kerne, die eine Kernspinquantenzahl $I = n + \frac{1}{2}, n = 0, 1, 2, \ldots$ und denselben Abstand zum Molekülzentrum haben, dann führt diese Vertauschung zu einer Änderung des Vorzeichens der Molekülwellenfunktion ψ (zur Kernspinquantenzahl siehe Gl. (1.47)). Man sagt, ψ ist antisymmetrisch bezüglich einer Kernvertauschung. Man bezeichnet diese Kerne als Fermi-Teilchen (Fermionen), weil sie der Fermi-Dirac-Statistik gehorchen. Bei Kernen mit einer Kernspinquantenzahl $I = n$ ist ψ symmetrisch bezüglich einer solchen Kernvertauschung, und diese Kerne werden als Bose-Teilchen (Bosonen) bezeichnet, weil sie der Bose-Einstein-Statistik genügen.

Wir wollen uns nun die Konsequenzen dieser Regeln an Hand des einfachen Falls des $^1H_2$-Moleküls verdeutlichen. In diesem Fall sind sowohl ψ_v für jeden Wert von v als auch ψ_e des elektronischen Grundzustands symmetrisch bezüglich einer Kernvertauschung. Wir müssen also nur das Symmetrieverhalten von $\psi_r \psi_{ns}$ betrachten. Für ^1H beträgt $I = \frac{1}{2}$. ψ und daher muß auch der Anteil $\psi_r \psi_{ns}$ antisymmetrisch bezüglich einer Kernvertauschung sein. Man kann nun zeigen, daß für gerade Rotationsquantenzahlen J die Wellenfunktion ψ_r symmetrisch (s) bezüglich einer Kernvertauschung ist. Für ungerade J ist ψ_r antisymmetrsich (a) bezüglich einer Kernvertauschung. Dieses Ergebnis ist in Bild 5.18 gezeigt.

Analog zur Raumquantisierung des Bahndrehimpulses des Elektronenspins führt auch die Raumquantisierung des Bahndrehimpulses des Kernspins (Gl. (1.48)) zu einer Quantenzahl M_I. Für ^1H ist $I = 1/2$, und hier kann M_I nur die Werte $+1/2$ und $-1/2$ annehmen. Die Wellenfunktion des Kernspins wird dann üblicherweise als α (für $I = +1/2$) und β (für $I = -1/2$) geschrieben. Wir wollen die beiden ^1H-Atome mit 1 und 2 kennzeichnen. Diese können nun α- oder β-Kernspin-Wellenfunktionen besitzen. Es gibt also insgesamt vier Möglichkeiten, die Wellenfunktion ψ_{ns} des gesamten Moleküls zu bilden:

$$\psi_{ns} = \alpha(1)\alpha(2); \quad \beta(1)\beta(2); \quad \alpha(1)\beta(2); \quad \text{oder} \quad \beta(1)\alpha(2). \tag{5.53}$$

Die beiden Wellenfunktionen $\alpha(1)\alpha(2)$ und $\beta(1)\beta(2)$ sind ganz eindeutig symmetrisch bezüglich einer Vertauschung der Kerne 1 und 2. Dagegen sind die beiden anderen Funktionen weder symmetrisch noch antisymmetrisch. Es ist daher erforderlich, Linearkombinationen dieser beiden Funktionen zu bilden. Wir verwenden die normierten Funktionen $2^{-1/2}[\alpha(1)\beta(2) + \beta(1)\alpha(2)]$ und $2^{-1/2}[\alpha(1)\beta(2) - \beta(1)\alpha(2)]$. Drei der vier Funktionen sind dann symmetrisch (s), und eine ist antisymmetrisch (a) bezüglich einer Kernvertauschung:

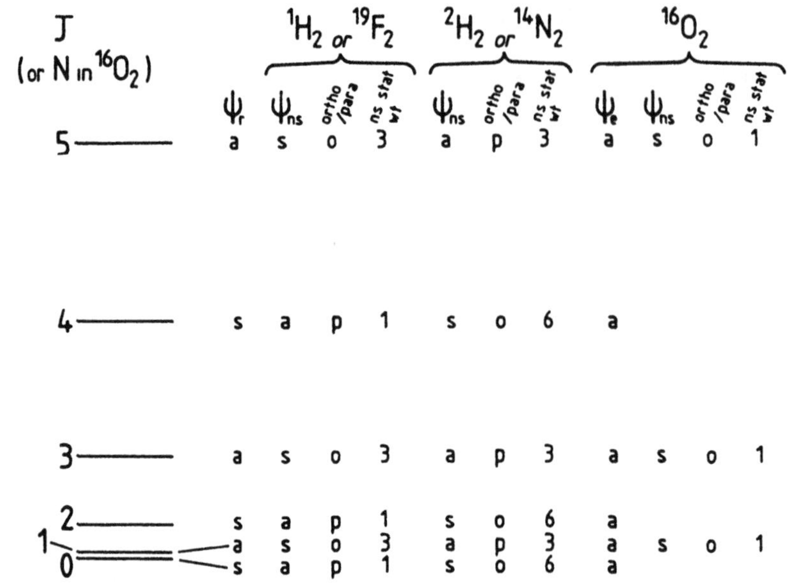

Bild 5.18 Statistisches Gewicht des Kernspins bei den Rotationsniveaus verschiedener zweiatomiger Moleküle

$$(s) \quad \psi_{ns} = \begin{cases} \alpha(1)\alpha(2) \\ 2^{-1/2}[\alpha(1)\beta(2) + \beta(1)\alpha(2)]; \\ \beta(1)\beta(2) \end{cases} \tag{5.54}$$

$$(a) \quad \psi_{ns} = 2^{-1/2}[\alpha(1)\beta(2) - \beta(1)\alpha(2)]. \tag{5.55}$$

Ganz allgemein beträgt bei einem homonuklearen zweiatomigen Molekül die Zahl der geraden Kernspin-Wellenfunktionen $(2I+1)(I+1)$ und die Zahl der ungeraden Kernspin-Wellenfunktionen $(2I+1)I$. Das Verhältnis dieser beiden Typen von Funktionen ist daher

$$\frac{\text{Zahl der }(s)\text{-Funktionen}}{\text{Zahl der }(a)\text{-Funktionen}} = \frac{I+1}{I}. \tag{5.56}$$

Wir haben gesehen, daß $\psi_r\psi_{ns}$ stets antisymmetrisch für $^1H_2$ sein muß. Deshalb tritt die antisymmetrische ψ_{ns}-Funktion nur zusammen mit geraden Rotationsquantenzahlen J auf, während bei den geraden ψ_{ns}-Funktionen J ungerade sein muß. Das ist in Bild 5.18 bereits berücksichtigt. Der Wechsel von einem Zustand mit gerader ψ_{ns}-Funktion zu einem Zustand mit ungerader ψ_{ns}-Funktion ist verboten. Man kann daher zwei verschiedene Formen des $^1H_2$ unterscheiden, die nebeneinander existieren:

1. *para*-Wasserstoff mit einer antisymmetrischen ψ_{ns}-Funktion; üblicherweise weist man dieser Sorte antiparallele Kernspins zu.

2. *ortho*-Wasserstoff mit symmetrischen ψ_{ns}-Funktionen und parallel ausgerichteten Kernspins.

In Bild 5.18 ist bereits angedeutet, daß *para*-$^1H_2$ nur mit geraden J-Zuständen und *ortho*-$^1H_2$ nur mit ungeraden J-Zuständen vorkommen kann. Bei Temperaturen, bei denen auch Zustände mit sehr hohen Rotationsquantenzahlen J besetzt werden, gibt es ungefähr dreimal soviel *ortho*- wie *para*-$^1H_2$. Bei sehr niedrigen Temperaturen, bei denen die Besetzung der Zustände $J \neq 0$ sehr klein ist, kommt $^1H_2$ fast ausschließlich in der *para*-Form vor.

Auch die anderen homonuklearen zweiatomigen Moleküle mit Kernspin $I = \frac{1}{2}$ kommen in einer *ortho*- und einer *para*-Form vor. Hier wird ebenfalls die Besetzung der geraden und ungeraden J-Zustände durch den Kernspin statistisch 3:1 besetzt. Als Beispiel ist in Bild 5.18 das Molekül $^{19}F_2$ aufgenommen.

Beträgt der Kernspin $I = 1$ für beide Kerne, wie z.B. in $^2H_2$ und $^{14}N_2$, muß die Gesamtwellenfunktion des Moleküls symmetrisch bezüglich einer Kernvertauschung sein. In diesem Fall gibt es neun symmetrische und sechs antisymmetrische Kernspin-Wellenfunktionen. Bild 5.18 wird der Tatsache gerecht, daß für *ortho*-$^2H_2$ (oder $^{14}N_2$) nur gerade J-Werte und für die entsprechende *para*-Form nur ungerade J-Werte vorkommen. Bei hohen Temperaturen ist die *ortho*-Form ungefähr doppelt so häufig wie die *para*-Form; bei niedrigen Temperaturen gibt es einen größeren Überschuß an der *ortho*-Form.

Der Einfluß der Temperatur auf das *ortho:para*-Verhältnis ist bei den leichten Molekülen $^1H_2$ und $^2H_2$ wesentlich größer als bei den schwereren Molekülen $^{19}F_2$ und $^{14}N_2$. Der Grund liegt darin, daß der Abstand zwischen den Niveaus $J = 0$ und $J = 1$ bei den schwereren Molekülen kleiner ist und deshalb wesentlich niedrigere Temperaturen erforderlich sind, um eine signifikante Abweichung von dem normalen *ortho:para*-Verhältnis sichtbar zu machen.

Für das symmetrische lineare mehratomige Molekül Acetylen

$$(^1H{-}^{12}C{\equiv}^{12}C{-}^1H)$$

ist die Situation ähnlich wie beim $^1H_2$, denn auch für ^{12}C beträgt die Kernspinquantenzahl $I = 0$. Es gibt aber einen gravierenden Unterschied zwischen diesen beiden Molekülen: Weil im Acetylen die Rotationsenergieniveaus wesentlich dichter beieinander liegen, als es beim Wasserstoff der Fall ist, sind wesentlich niedrigere Temperaturen erforderlich, um Acetylen vorwiegend in der *para*-Form zu produzieren.

Für den ^{16}O-Kern ist ebenfalls $I = 0$, und so gibt es keine antisymmetrischen Kernspin-Wellenfunktionen beim $^{16}O_2$-Molekül. Weil jeder $^{16}O_2$-Kern ein Boson ist, muß die Gesamtwellenfunktion antisymmetrisch bezüglich einer Kernvertauschung sein. Im elektronischen Grundzustand des $^{16}O_2$ liegen zwei Elektronen mit ungepaartem Spin vor (siehe Abschnitt 7.2.1.1). Hier ist die elektronische Wellenfunktion ψ_e antisymmetrisch, im Gegensatz zu den vorangegangen Beispielen. Weil I gleich Null ist, gilt für die Kernspin-Wellenfuntion $\psi_{ns} = 1$. Diese verhält sich symmetrisch bezüglich einer Kernvertauschung. Aus diesem Grund gibt es im $^{16}O_2$-Molekül nur Niveaus mit ungerader Rotationsquantenzahl, wie es in Bild 5.18 dargestellt ist. Infolgedessen fehlen im Rotations-Raman-Spektrum die alternierenden Linien mit geraden Werten für N'' (in Molekülen wie $^{16}O_2$, die auf Grund ungepaarter Elektronen einen resultierenden Elektronenspin-Drehimpuls aufweisen, wird anstelle von J die Quantenzahl N zur Unterscheidung der Rotationsniveaus verwendet).

5.3.5 Rotations-Raman-Spektren von symmetrischen und asymmetrischen Rotatoren

Für ein Molekül, das sich wie ein symmetrischer Rotator verhält, lauten die Auswahlregeln für das Rotations-Raman-Spektrum:

$$\Delta J = 0, \pm 1, \pm 2; \qquad \Delta K = 0. \tag{5.57}$$

Zusätzlich zur Rayleigh-Streuung treten also für jeden Wert von K je ein R- und ein S-Zweig auf.

Für ein Molekül, das sich wie ein asymmetrischer Rotator verhält, lautet die J-Auswahlregel $\Delta J = 0, \pm 1, \pm 2$. Für diesen Fall ist aber K keine gute Quantenzahl, und es gelten zusätzliche Auswahlregeln. Diese sind aber sehr komplex, so daß wir an dieser Stelle auf eine Diskussion verzichten wollen.

5.4 Strukturbestimmung aus Rotationskonstanten

Die Messung und Zuordnung des Rotationsspektrums eines zweiatomigen oder linearen mehratomigen Moleküls liefert uns einen Wert für die Rotationskonstante. Im allgemeinen wird das B_0 sein, die Rotationskonstante, die zum Schwingungsgrundzustand gehört. Ist die Rotationskonstante auch für einen oder gar mehrere angeregte Schwingungszustände zugänglich, kann man mit Hilfe der Gl. (5.25) auch die Rotationskonstante B_e der nicht erreichbaren Gleichgewichtskonfiguration des Moleküls bestimmen. Für ein zweiatomiges Molekül können wir aus B_0 und B_e unter Verwendung der Gln. (5.11) oder (5.12) Trägheitsmomente berechnen. Daraus sind wiederum zwei Bindungslängen r_0 und r_e erhältlich, denn es gilt ja $I = \mu r^2$. Das wirft die Frage auf, ob wir uns bei der Angabe von Bindungslängen auf r_0 oder r_e beziehen.

Solange wir nicht ein hohes Maß an Genauigkeit fordern, ist diese Unterscheidung ohne Bedeutung, denn die beiden Werte unterscheiden sich nur geringfügig voneinander. Zur Verdeutlichung sind in Tabelle 5.3 die Werte für r_0 und r_e des $^{14}N_2$- und des $^{15}N_2$-Moleküls aufgelistet. Ein sehr wichtiger Unterschied zwischen den beiden Größen ist, daß r_e unabhängig von der Isotopenmasse ist, r_0 aber nicht. Auch diesen Punkt verdeutlicht Tabelle 5.3. Wird bei der Diskussion von Bindungslängen ein hohes Maß an Genauigkeit gefordert, verwendet man daher r_e, weil diese Größe ja unabhängig von der Isotopenmasse ist.

Tabelle 5.3 Werte von r_0 und r_e für N_2

Molekül	r_0/Å	r_e/Å
$^{14}N_2$	$1,100105 \pm 0,000010$	$1,097651 \pm 0,000030$
$^{15}N_2$	$1,099985 \pm 0,000010$	$1,097614 \pm 0,000030$

Die Ursache dafür, daß r_e unabhängig von der Isotopenmasse ist, liegt in seiner Definition: r_e bezieht sich immer auf das Minimum der Potentialkurve, und dieses ändert sich nicht mit der Masse des Isotops. Das gilt sowohl für die Potentialkurve des harmonischen Oszillators, den wir bereits in Abschnitt 1.3.6 vorgestellt haben, als auch für die Potentialkurve des anharmonischen Oszillators, den wir in Abschnitt 6.1.3.2 diskutieren werden. Bei einem Austausch der Isotope ändert sich aber die Lage der Schwingungsniveaus innerhalb der Potentialkurve und damit auch der Wert von r_0. Dies ergibt sich aus der Massenabhängigkeit der Schwingungsfrequenz in Gl. (1.68).

Die gleichen Argumente können auch auf lineare und nicht-lineare mehratomige Moleküle angewendet werden: Die Struktur (gemeint sind hier Bindungslängen und -winkel) im Gleichgewichtszustand ist von der Isotopenmasse unabhängig, während die Struktur im Schwingungsgrundzustand mit der Isotopenmasse variiert.

Wie schon bei den zweiatomigen ist auch bei den mehratomigen Molekülen die Gleichgewichtsstruktur die wichtigste. Eine Rotationskonstante kann aber nur einen strukturellen Parameter liefern. In einem nicht-linearen, aber planaren Molekül, ist das Hauptträgheitsmoment I_c außerhalb der Molekülebene, mit den beiden anderen, innerhalb der Molekülebene, über folgende Gleichung verknüpft:

$$I_c = I_a + I_b. \tag{5.58}$$

Es gibt in diesem Fall also nur zwei unabhängige Rotationskonstanten.

Als Beispiel wollen wir uns das in Bild 5.1(f) dargestellte, planare Molekül Formaldehyd ^1H_2CO betrachten, das sich wie ein asymmetrischer Rotator verhält. Aus den Konstanten A_v und B_v der Schwingungszustände $v = 0$ und $v = 1$ für alle sechs Normalschwingungen können wir A_e und B_e bestimmen. Zwei Rotationskonstanten sind aber nicht ausreichend, um drei Parameter zu bestimmen (r_e(CH), r_e(OH) und ($\angle$HCH)$_e$), die für eine komplette Strukturbeschreibung erforderlich sind. An dieser Stelle wird ganz deutlich, daß wir es mit Gleichgewichts- und nicht „Nullpunkts"-Strukturen zu tun haben. Die Bestimmung von A_e und B_e für ^2H_2CO, dessen Gleichgewichtsstruktur identisch ist mit der des ^1H_2CO, eröffnet uns die Möglichkeit einer kompletten Strukturanalyse, denn aus vier Rotationskonstanten können drei Parameter gewonnen werden.

Aber selbst bei so kleinen Molekülen wie H_2CO stößt die Messung der Rotationskonstanten für das Niveau $v = 1$ aller Schwingungen bereits auf große Schwierigkeiten. In größeren Molekülen können nur noch die Konstanten A_0, B_0 und C_0 erhalten werden. Dann ist der einfachste Weg zu einer Strukturanalyse, den Unterschied zu A_e, B_e und C_e zu ignorieren. Durch eine ausreichende Zahl von Isotopensubstitutionen erhält man dann eine komplette, aber nur angenäherte Struktur, die sogenannte r_0-Struktur.

Eine Verbesserung der r_0-Struktur kann man durch eine Substitutions- oder r_s-Struktur erzielen. Eine solche Struktur erhält man mit Hilfe der sogenannten Kraitchman-Gleichungen. Diese geben die Koordinaten des Isotops, das ein Atom ersetzt hat, relativ zu den Hauptträgkeitsachsen des Moleküls an, bevor der Isotopenaustausch stattgefunden hat. Diese Substitutionstruktur ist immer noch eine angenäherte Struktur, aber näher an der Gleichgewichts- als an der „Nullpunkts"-Struktur.

Eines der größten Moleküle, für das eine solche r_s-Struktur angegeben wurde, ist das in Bild 5.19 gezeigte Anilin. Der Benzolring zeigt in den Bindungswinkeln kleine Abweichungen von einem regelmäßigen Hexagon, aber keine signifikanten Abweichungen in

XY	$r_s(XY)/Å$	XYZ	$(\angle XYZ)_s$/deg
NH_1	1.001 ± 0.01	H_1NH_7	113.1 ± 2
C_1N	1.402 ± 0.002	$C_6C_1C_2$	119.4 ± 0.2
C_1C_2	1.397 ± 0.003	$C_1C_2C_3$	120.1 ± 0.2
C_2C_3	1.394 ± 0.004	$H_2C_2C_3$	120.1 ± 0.2
C_3C_4	1.396 ± 0.002	$C_2C_3C_4$	120.7 ± 0.1
C_2H_2	1.082 ± 0.004	$H_3C_3C_2$	119.4 ± 0.1
C_3H_3	1.083 ± 0.002	$C_3C_4C_5$	118.9 ± 0.1
C_4H_4	1.080 ± 0.002		
out-of-plane angle of NH_2 is $37.5 \pm 2°$			

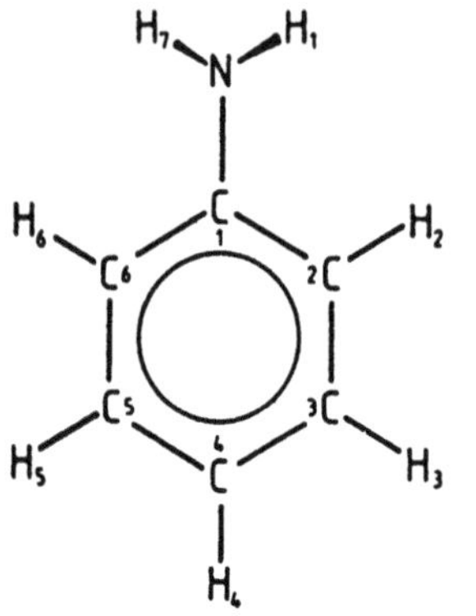

Bild 5.19 Die r_s-Struktur des Anilin

den Bindungslängen. Wie man durch einen Vergleich mit dem pyramidalen NH_3 bereits erwarten kann, liegt die NH_2-Gruppe nicht in einer Ebene mit dem Rest des Moleküls.

Aufgaben

1. Leiten Sie Gl. (5.17) aus Gl. (5.16) ab. Vergleichen Sie Werte von J_{max} und die Übergangsfrequenzen für J_{max} der Moleküle HCN ($B \simeq 44{,}316$ GHz) und N≡C–(C≡C)$_2$–H ($B \simeq 1{,}313$ GHz).

2. Stellen Sie Gl. (5.20) in die Form $y = mx + b$ um, wobei m nur D enthalten soll. Tragen Sie dann die in Tabelle 5.1 angegebenen Werte für y gegen x auf und bestimmen Sie auf diese Weise B und D in Hertz für Kohlenmonoxid (verwenden Sie einen Computer oder einen Taschenrechner, der bis auf die neunte Stelle genau rechnet).

3. Werten Sie Bild 5.3 aus und bestimmen Sie den mittleren Abstand zwischen zwei Rotationsübergängen im Kohlenmonoxid. Schätzen Sie daraus die Bindungslänge ab.

4. Messen Sie in Bild 5.10 die Bandenlage der Rotationsübergänge des Silans in Wellenzahlen aus. Schätzen Sie daraus die Si–H-Bindungslänge ab.

5. Nehmen Sie physikalisch sinnvolle Werte für die Bindungslängen im linearen Molekül N≡C–(C≡C)$_6$–H an. Schätzen Sie damit die Frequenz des Rotationsübergangs $J = 15–14$ ab. In welchem Bereich des elektromagnetischen Spektrums liegt dieser Übergang?

6. Zeigen Sie, ausgehend von einem Ausdruck für die Termenergien von Rotationsniveaus, daß für die Rotations-Raman-Übergänge eines zweiatomigen oder linearen mehratomigen Moleküls die folgende Gleichung gilt:

$$|\Delta\tilde{\nu}| = (4B_0 - 6D_0)(J + \tfrac{3}{2}) - 8D_0(J + \tfrac{3}{2})^3.$$

7. Aus dem Rotations-Raman-Spektrum des $^{14}N^{15}N$ erhält man für B_0 einen Wert von 1,923 604 ± 0,000 027 cm^{-1}. Bestimmen Sie daraus die Bindungslänge r_0. Wieso unterscheidet sich dieser Wert von der entsprechenden Bindungslänge r_0 des $^{14}N_2$-Moleküls? Werden sich die r_e-Werte voneinander unterscheiden? Wird sich die Intensität im Spektrum des $^{14}N^{15}N$ alternierend ändern? Gibt es ein Infrarot-Spektrum für $^{14}N^{15}N$?

8. Die ersten drei anti-Stokes-Linien im Rotations-Raman-Spektrum des $^{16}O_2$ liegen in einem Abstand von 14,4, 25,8 und 37,4 cm^{-1} von der anregenden Strahlung. Geben Sie unter der Annahme eines starren Rotators einen Näherungswert für r_0 an.

Bibliographie

Carrington, A. (1974). ***Microwave Spectroscopy of Free Radicals***, Academic Press, New York.

Gordy, W. und Cook, R. L. (1984). ***Microwave Molecular Spectra***, 3. Auflage, Wiley-Interscience, New York,.

Herzberg, G. (1945). ***Infrared and Raman Spectra***, Van Nostrand, New York.

Herzberg, G. (1950). ***Spectra of Diatomic Molecules***, Van Nostrand, New York.

Kroto, H. W. (1975). ***Molecular Rotation Spectra***, Wiley, London.

Long, D. A. (1977). ***Raman Spectroscopy***, McGraw-Hill, London.

Sugden, T. M. und Kenney, C. N. (1965). ***Microwave Spectroscopy of Gases***, Van Nostrand, London.

Townes, C. H. und Schawlow, A. L. (1955). ***Microwave Spectroscopy***, McGraw-Hill, New York.

Wollrab, J. E. (1967). ***Rotational Spectra and Molecular Structure***, Academic Press, New York.

6 Vibrationsspektroskopie

6.1 Zweiatomige Moleküle

Wir haben bereits in Abschnitt 1.3.6 gesehen, daß in der Näherung des harmonischen Oszillators die Energieniveaus E_v eines zweiatomigen Moleküls mit der Schwingungsquantenzahl $v = 0, 1, 2, \ldots$ verknüpft sind:

$$E_v = h\nu(v + \tfrac{1}{2}). \tag{6.1}$$

Die klassische Schwingungsfrequenz ν steht in Beziehung mit der reduzierten Masse $\mu = m_1 m_2/(m_1 + m_2)$ und der Kraftkonstanten k:

$$\nu = \frac{1}{2\pi}\left(\frac{k}{\mu}\right)^{1/2}. \tag{6.2}$$

Als Modell für die Schwingungsbewegung haben wir das Kugel-Feder-Modell kennengelernt, wobei die Feder die Bindung zwischen den Kernen symbolisieren soll. Die Kraftkonstante kann im Rahmen dieses Modells als Maß für die Federstärke angesehen werden. In Tabelle 6.1 sind einige typische Werte in der Einheit $\mathrm{aJ\AA^{-2}}$ ($= 10^2\ \mathrm{Nm^{-1}}$) aufgelistet[1]. Vor der Einführung des SI-Systems war $\mathrm{mdyn\,\AA^{-1}}$ die Einheit für die Kraftkonstante; zufälligerweise ist gerade $1\ \mathrm{aJ\AA^{-2}} = 1\ \mathrm{mdyn\ \AA^{-1}}$. Die angeführten Werte veranschaulichen, daß k mit zunehmender Bindungsordnung ebenfalls zunimmt. So weisen die Moleküle HCl, HF, Cl_2 und F_2 jeweils eine Einfachbindung auf, und die entsprechenden k-Werte sind relativ klein, mit Ausnahme des etwas größeren Wertes für HF. Demgegenüber liegt in den Molekülen O_2, NO, CO und N_2 jeweils eine Bindungsordnung von 2, $2\frac{1}{2}$, 3 und 3 vor, was sich dann auch in den größeren k-Werten widerspiegelt.

Physikalisch gesehen hängt nun die Stärke der Bindung, und damit auch die Stärke der Feder, von dem subtilen Zusammenspiel der an- und abstoßenden Kräfte zwischen den Kernen und den Elektronen ab. Diese Wechselwirkungen sind von der Kernmasse unabhängig, und deshalb ändert sich k auch bei einem Isotopenaustausch nicht.

Bild 1.13 zeigt die Potentialkurve, die Wellenfunktionen und die Energieniveaus eines harmonischen Oszillators. Wie wir schon in Abschnitt 5.2.1.1 bei der Rotation besprochen haben, ist es auch bei der Vibration zweckmäßig, Termenergien anstelle von Energieniveaus zu verwenden. Die Termenergien für die Vibration $G(v)$ werden stets in Wellenzahlen angegeben. Aus Gl. (1.69) ergibt sich somit:

$$\frac{E_v}{hc} = G(v) = \omega(v + \tfrac{1}{2}). \tag{6.3}$$

Die Wellenzahl ω der Vibration wird häufig, aber falsch, als Vibrationsfrequenz bezeichnet.

[1] Das Präfix „atto“ bedeutet 10^{-18}

Tabelle 6.1 Kraftkonstanten für einige zweiatomige Moleküle

Molekül	$k/\mathrm{aJ\,Å^{-1}}$	Molekül	$k/\mathrm{aJ\,Å^{-1}}$	Molekül	$k/\mathrm{aJ\,Å^{-1}}$
HCl	5,16	F_2	4,45	CO	18,55
HF	9,64	O_2	11,41	N_2	22,41
Cl_2	3,20	NO	15,48		

6.1.1 Infrarotspektren

Das Übergangsmoment, das wir bereits in Gl. (2.13) kennengelernt haben, ist für den Übergang zwischen zwei Schwingungsniveaus gegeben als

$$\boldsymbol{R}_v = \int \psi_v'^* \boldsymbol{\mu} \psi_v'' \mathrm{d}x. \tag{6.4}$$

Hier bezeichnen ψ_v' und ψ_v'' die Wellenfunktionen des oberen und des unteren Schwingungszustands. Die Änderung x des Kernabstands r aus der Gleichgewichtslage r_e beträgt $r - r_e$. Das Dipolmoment μ ist Null für jedes homonukleare zweiatomige Molekül. Damit ist auch $\boldsymbol{R}_v = 0$, und alle Schwingungsübergänge sind verboten. Für ein heteronukleares zweiatomiges Molekül ist μ ungleich Null und ändert sich mit x. Diese Änderung kann in einer Taylor-Reihe entwickelt werden:

$$\boldsymbol{\mu} = \boldsymbol{\mu}_\mathrm{e} + \left(\frac{\mathrm{d}\boldsymbol{\mu}}{\mathrm{d}x}\right)_\mathrm{e} x + \frac{1}{2!}\left(\frac{\mathrm{d}^2\boldsymbol{\mu}}{\mathrm{d}x^2}\right)_\mathrm{e} x^2 + \ldots. \tag{6.5}$$

Der Index „e" bezeichnet die Gleichgewichtskonfiguration. Damit können wir für das Übergangsmoment der Gl. (6.4) schreiben:

$$\boldsymbol{R}_v = \boldsymbol{\mu}_\mathrm{e} \int \psi_v'^* \psi_v'' \mathrm{d}x + \left(\frac{\mathrm{d}\boldsymbol{\mu}}{\mathrm{d}x}\right)_\mathrm{e} \int \psi_v'^* x \psi_v'' \mathrm{d}x + \ldots. \tag{6.6}$$

Die Wellenfunktionen ψ_v'' und ψ_v' sind Eigenfunktionen desselben Hamiltonoperators. Den Hamiltonoperator für einen eindimensionalen harmonischen Oszillator haben wir schon in Gl. (1.65) vorgestellt. Die Eigenfunktionen sind orthogonal zueinander. Für den Fall $v' \neq v''$ bedeutet das:

$$\int \psi_v'^* \psi_v'' \mathrm{d}x = 0. \tag{6.7}$$

Damit vereinfacht sich Gl. (6.6) zu

$$\boldsymbol{R}_v = \left(\frac{\mathrm{d}\boldsymbol{\mu}}{\mathrm{d}x}\right)_\mathrm{e} \int \psi_v'^* x \psi_v'' \mathrm{d}x + \ldots. \tag{6.8}$$

Der erste Term dieser Serie ist nur dann ungleich Null, wenn die folgende Bedingung erfüllt ist:

$$\Delta v = \pm 1. \tag{6.9}$$

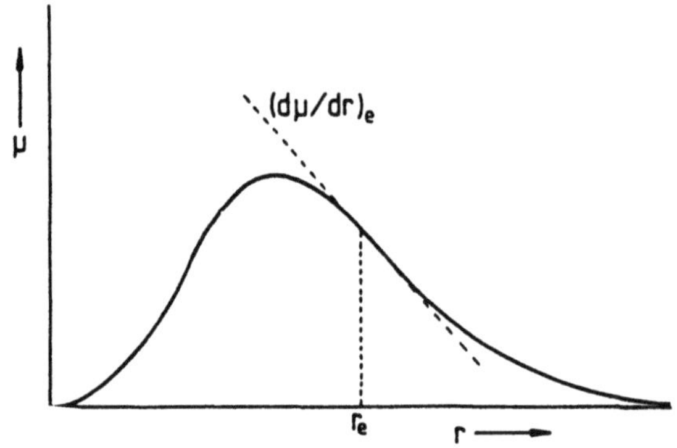

Bild 6.1 Änderung des Dipolmoments mit dem Kernabstand in einem heteronuklearen zweiatomigen Molekül

Das ist die Auswahlregel der Vibration. Dabei ist Δv die Differenz (v(oben) - v(unten)), so daß prinzipiell $\Delta v = +1$ beträgt. Bei einem harmonischen Oszillator haben alle Energieniveaus den gleichen Abstand zueinander. Deshalb fallen alle Übergänge, die dieser Auswahlregel genügen, bei derselben Wellenzahl ω zusammen.

Üblicherweise wird ein Vibrationsspektrum in Absorption aufgenommen. Bei normalen Temperaturen wird die Intensität der Übergänge mit zunehmendem v'' rasch kleiner, denn die Besetzungszahl N_v des v-ten Schwingungsniveaus nimmt gemäß dem Boltzmann-Verteilungsgesetz (siehe Gl. (2.11)) exponentiell ab:

$$\frac{N_v}{N_0} = \exp\left(-\frac{E_v}{kT}\right). \qquad (6.10)$$

Jeder Schwingungsübergang einer gasförmigen Probe wird als „Bande" eines Spektrums bezeichnet. Die Vokabel „Linie" ist für die Rotationsübergänge vorbehalten, die während eines Schwingungsübergangs stattfinden und die Feinstruktur dieser Schwingungsbande ausmachen. Wie dem auch sei, auch bei flüssigen oder festen Proben, bei denen die Rotationsfeinstrukur ohnehin nicht vorhanden ist, wird ein Schwingungsübergang zuweilen als Linie statt als Bande bezeichnet.

Alle Banden, für die das Ausgangsniveau des Übergangs $v'' \neq 0$ ist, werden als heiße Banden (im Englischen: hot bands) bezeichnet. Wie wir nämlich Gl. (6.10) entnehmen können, nimmt die Population der Ausgangsniveaus solcher Übergänge und damit auch ihre Intensität mit höherer Temperatur zu.

Die Intensität der Übergänge ist auch proportional zu $|\boldsymbol{R}_v|^2$ und damit auch gemäß Gl. (6.8) proportional zu $(\mathrm{d}\boldsymbol{\mu}/\mathrm{d}x)_e^2$. In Bild 6.1 ist gezeigt, wie sich der Betrag des Dipolmoments eines typischen, heteronuklearen zweiatomigen Moleküls mit dem Kernabstand ändert. Offensichtlich gilt $\mu \rightarrow 0$ für $r \rightarrow 0$, wo die Kerne koaleszieren. Für neutrale zweiatomige Moleküle gilt außerdem $\mu \rightarrow 0$ für $r \rightarrow \infty$, weil hier das Molekül in zwei neutrale Atome dissoziiert. Folglich gibt es zwischen $r = 0$ und $r = \infty$ einen Maximalwert für μ. In Bild 6.1 ist der Maximalwert für $r < r_e$ angenommen worden, so daß die Steigung $\mathrm{d}\mu/\mathrm{d}r$ bei r_e negativ ist. Liegt dieses Maximum bei $r > r_e$, resultiert eine positive Steigung bei r_e. Es ist auch möglich, daß der Maximalwert gerade bei r_e erreicht wird; dann ist $\mathrm{d}\mu/\mathrm{d}r = 0$, und die erlaubten Übergänge mit $\Delta v = +1$ hätten keinerlei Intensität.

Das ist eine sehr wichtige Feststellung: Die spektroskopischen Auswahlregeln besagen nur, daß ein Übergang stattfinden *kann*; sie können uns keinerlei Auskunft über die Intensität eines Übergangs geben, die zufälligerweise Null oder sehr gering sein kann.

6.1.2 Raman-Spektren

Sowohl in heteronuklearen als auch in homonuklearen zweiatomigen Molekülen ändert sich der Polarisierbarkeitstensor $\boldsymbol{\alpha}$ (vgl. Abschnitt 5.3.2) während einer Schwingungsbewegung und gibt damit Anlaß zum Vibrations-Raman-Effekt. Diese Änderung kann man sich anschaulich so vorstellen, daß das Polarisierbarkeitsellipsoid sich ausdehnt bzw. zusammenzieht, wenn die Bindungslänge während einer Schwingung zu- bzw. abnimmt. Wie schon bei der Rotation (Abschnitt 5.3.2) kann man auch den Vibrations-Raman-Effekt klassisch behandeln. Wird die Probe mit intensivem, monochromatischem Licht der Wellenzahl $\tilde{\nu}$ bestrahlt, ändert sich das Dipolmoment μ zeitlich in der folgenden Weise:

$$\mu = \alpha_{0,v} A \sin 2\pi c\tilde{\nu}t - \tfrac{1}{2}\alpha_{1,v} A \cos 2\pi c(\tilde{\nu} + \omega)t + \tfrac{1}{2}\alpha_{1,v} A \cos 2\pi c(\tilde{\nu} - \omega)t. \tag{6.11}$$

In dieser Gleichung ist $\alpha_{0,v}$ die durchschnittliche Polarisierbarkeit während der Schwingung und $\alpha_{1,v}$ die Amplitude der Änderung der Polarisierbarkeit während der Schwingung. A ist die Amplitude des oszillierenden elektromagnetischen Feldes der einfallenden Strahlung (siehe auch Gl. (5.44)) und ω die Wellenzahl der angeregten Schwingung. Gl. (6.11) ist völlig analog zu Gl. (5.46). Der zweite bzw. der dritte Term in Gl. (6.11) beschreibt die anti-Stokes-Raman- bzw. Stokes-Raman-Streuung bei den Wellenzahlen $\tilde{\nu} + \omega$ bzw. $\tilde{\nu} - \omega$. Bei der Rotation ändert sich $\boldsymbol{\alpha}$ mit der doppelten Rotationsfrequenz, aber bei der Vibration ändert sich $\boldsymbol{\alpha}$ mit der Schwingungsfrequenz. Deshalb taucht der Faktor 2 zwar in Gl. (5.46), nicht aber in Gl. (6.11) auf.

Wie das Dipolmoment kann auch die Änderung der Polarisierbarkeit mit der Auslenkung aus der Ruhelage x in einer Taylor-Reihe entwickelt werden:

$$\boldsymbol{\alpha} = \boldsymbol{\alpha}_e + \left(\frac{\mathrm{d}\boldsymbol{\alpha}}{\mathrm{d}x}\right)_e x + \frac{1}{2!}\left(\frac{\mathrm{d}^2\boldsymbol{\alpha}}{\mathrm{d}x^2}\right)_e x^2 + \dots. \tag{6.12}$$

Analog zu Gl. (6.6) ist das Übergangsmoment eines Vibrations-Raman-Übergangs definiert als

$$\boldsymbol{R}_v = \left(\frac{\mathrm{d}\boldsymbol{\alpha}}{\mathrm{d}x}\right)_e A \int \psi_v'^{*} x \psi_v'' \mathrm{d}x + \dots. \tag{6.13}$$

Der erste Term ist nur dann ungleich Null, wenn gilt:

$$\Delta v = \pm 1. \tag{6.14}$$

Das ist die Auswahlregel für einen Vibrations-Raman-Übergang. Diese ist identisch mit der Auswahlregel der Vibration (vgl. Gl. (6.9)). Die Vibrations-Raman-Spektroskopie hat aber gegenüber der normalen Schwingungsspektroskopie den Vorteil, daß Übergänge sowohl in hetero- als auch homonuklearen zweiatomigen Molekülen erlaubt sind.

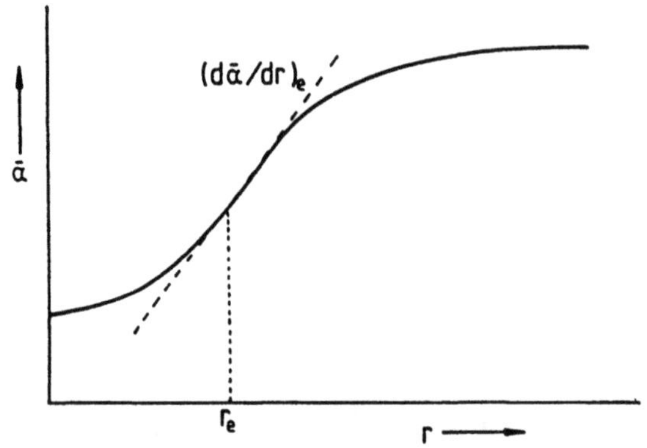

Bild 6.2 Änderung der mittleren Polarisierbarkeit als Funktion des Kernabstands eines zweiatomigen Moleküls

Die Intensität von Raman-Übergängen ist proportional zu $|\boldsymbol{R}_v|^2$ und damit gemäß Gl. (6.13) proportional zu $(\mathrm{d}\boldsymbol{\alpha}/\mathrm{d}x)_e^2$. Hier haben wir die Schwierigkeit, daß $\boldsymbol{\alpha}$ ein Tensor ist. Deshalb kann die Abhängigkeit von x nicht in so einfacher Weise dargestellt werden wie das für das Dipolmoment möglich war (siehe Abschnitt 6.1.1). Stattdessen verwenden wir die mittlere Polarisierbarkeit $\bar{\alpha}$:

$$\bar{\alpha} = \tfrac{1}{3}(\alpha_{xx} + \alpha_{yy} + \alpha_{zz}). \tag{6.15}$$

In Bild 6.2 ist gezeigt, wie sich $\bar{\alpha}$ typischerweise mit dem Kernabstand r ändert. Die Steigung $(\mathrm{d}\bar{\alpha}/\mathrm{d}r)$ ist normalerweise positiv. Im Gegensatz zu $(\mathrm{d}\mu/\mathrm{d}r)$ in Bild 6.1 variiert $(\mathrm{d}\bar{\alpha}/\mathrm{d}r)$ nur wenig mit r. Die Intensitäten von Vibrations-Raman-Übergängen werden daher nur wenig von der Umgebung des Moleküls abhängen. Der Einfluß des Lösungsmittels auf das Vibrations-Raman-Spektrum ist also deutlich geringer als bei einem normalen Vibrations-Infrarotspektrum.

Der Mechanismus für Stokes- und anti-Stokes-Übergänge in einem Vibrations-Raman-Spektrum ist in Bild 6.3 dargestellt. Dieser ist völlig analog zu den entsprechenden Rotationsübergängen im Raman-Spektrum, die in Bild 5.16 skizziert sind. Durch Bestrahlen mit intensivem, monochromatischem Licht kann das Molekül vom Zustand $v = 0$ in einen virtuellen Zustand V_0 angeregt werden. In einem Rayleigh-Streuprozeß kann es in den Anfangszustand $v = 0$ zurückkehren oder in einem Stokes-Raman-Übergang in den Zustand $v = 1$. Wird aus dem Anfangszustand $v = 1$ in einen virtuellen Zustand V_1 angeregt, kann das Molekül in $v = 1$ (Rayleigh-Streuung) oder in $v = 0$ (Raman-anti-Stokes) übergehen. In vielen Molekülen ist allerdings bei gewöhnlichen Temperaturen der Zustand $v = 1$ nur gering besetzt, so daß die anti-Stokes-Übergänge zu schwach sind, um beobachtet werden zu können.

6.1.3 Anharmonizität

6.1.3.1 Elektrische Anharmonizität

In den Gln. (6.5) und (6.12) geht der Term x mit Potenzen ≥ 2 ein. Würden das Dipolmoment $\boldsymbol{\mu}$ und die Polarisierbarkeit $\boldsymbol{\alpha}$ linear von x abhängen, würden $\boldsymbol{\mu}$ und $\boldsymbol{\alpha}$ har-

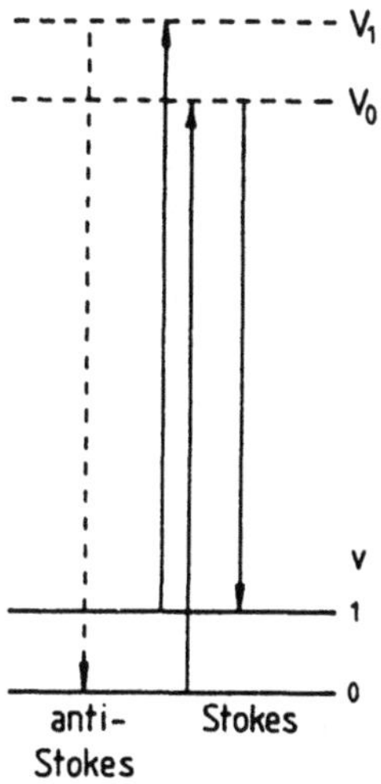

Bild 6.3 Stokes- und anti-Stokes-Raman-Streuung

monisch mit x variieren. Der Einfluß höherer Terme von x wird als Anharmonizität bezeichnet. Weil gerade diese Anharmonizität mit den elektrischen Eigenschaften des Moleküls verknüpft ist, wird sie elektrische Anharmonizität genannt. Eine Folge hiervon ist, daß nun im Infrarot- und im Raman-Spektrum auch Schwingungsübergänge mit $\Delta v = \pm 1, \pm 2, \pm 3, \ldots$ erlaubt sind. Üblicherweise ist die elektrische Anharmonizität aber sehr klein, so daß hiervon nur ein geringer Beitrag zu den Intensitäten der Übergänge mit $\Delta v = \pm 2, \pm 3, \ldots$ (Oberschwingungen) zu erwarten ist.

6.1.3.2 Mechanische Anharmonizität

Auch die mechanischen Eigenschaften eines realen zweiatomigen Moleküls sind wie die elektrischen nicht rein harmonisch. Die Potentialfunktion, die Lage der Energieniveaus und die Wellenfunktionen (siehe Bild 1.13) wurden unter der Annahme abgeleitet, daß die Vibrationsbewegung dem Hookeschen Gesetz (Gl. (1.63)) gehorcht. Dies gilt jedoch eigentlich nur, wenn r nur wenig von r_e abweicht, also nur für kleine Auslenkungen x aus der Ruhelage. Wir wissen, daß bei großen Werten von r das Molekül dissoziiert: Es werden zwei neutrale Atome gebildet, die sich nicht gegenseitig beeinflussen. Die Kraftkonstante k wird daher Null, und der Abstand r kann ohne weitere Änderung der potentiellen Energie V unendlich groß werden. Die Potentialkurve muß deshalb bei einem Wert $V = D_e$ abflachen. D_e ist die Dissoziationsenergie und wird relativ zur potentiellen Energie der Gleichgewichtslage gemessen. Bild 6.4 veranschaulicht die Verhältnisse. In der Nähe der Dissoziationsgrenze gilt $k \rightarrow 0$, und die Bindung wird schwächer. In Bild 6.4 sehen wir, daß die Potentialkurve im Bereich $r > r_e$ flacher verläuft als die Potentialkurve des harmonischen Oszillators. Bei kleinen Abständen r verhindert die gegenseitige Abstoßung der positiven Kernladung eine weitere Annäherung der Kerne. Konsequenterweise verläuft in diesem Bereich die Potentialkurve für $r < r_e$ steiler als die des harmonischen Oszillators; auch das ist in Bild 6.4 bereits berücksichtigt worden. Die aufgezählten Abweichungen

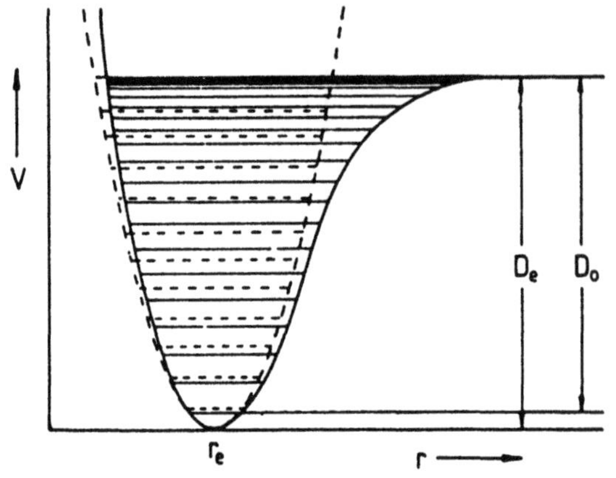

Bild 6.4 Potentialkurve und Energieniveaus eines zweiatomigen Moleküls, das sich wie ein anharmonischer Oszillator verhält. Zum Vergleich sind auch die Potentialkurve und die Energieniveaus des harmonischen Oszillators eingezeichnet (gestrichelte Linie)

zwischen der Potentialkurve eines realen Moleküls und der des harmonischen Oszillators sind Folge der mechanischen Anharmonizität.

Ein Molekül kann im Prinzip sowohl elektrische als auch mechanische Anharmonizität zeigen, aber letztgenannte ist im allgemeinen wesentlich wichtiger. Es ist daher üblich, einen harmonischen Oszillator im mechanischen Sinn als harmonisch zu bezeichnen. Es ist also möglich, daß ein harmonischer Oszillator elektrisch anharmonisches Verhalten zeigt.

Auch durch die mechanische Anharmonizität erweitert sich die Auswahlregel zu $\Delta v = \pm 1, \pm 2, \pm 3, \ldots$ für die Schwingungsübergänge im Infrarot- und Raman-Spektrum. Wieder sind die Übergänge der Oberschwingungen mit $\Delta v = \pm 2, \pm 3, \ldots$ sehr schwach im Vergleich zu den Übergängen mit $\Delta v = \pm 1$. Wie wir bereits im vorangegangenen Abschnitt gesehen haben, hat die elektrische Anharmonizität denselben Effekt, und so können beide Anharmonizitäten zur Intensität der Obertöne beitragen.

Im Gegensatz zur elektrischen Anharmonizität werden durch die mechanische Anharmonizität die Termenergien und die Wellenfunktionen beeinflußt. Um dies zu berücksichtigen, werden die Termenergien des harmonischen Oszillators (siehe Gl. (6.3)) als Potenzreihe von $(v + \frac{1}{2})$ entwickelt:

$$G(v) = \omega_e(v + \tfrac{1}{2}) - \omega_e x_e(v + \tfrac{1}{2})^2 + \omega_e y_e(v + \tfrac{1}{2})^3 + \ldots \tag{6.16}$$

Hierbei ist ω_e die Vibrationswellenzahl des klassischen Oszillators bei einer infinitesimalen Auslenkung aus der Ruhelage. $\omega_e x_e, \omega_e y_e, \ldots$ sind Anharmonizitätskonstanten und werden auch in dieser Weise angegeben, an Stelle von beispielsweise $x_e, y_e, \ldots$. Frühere Autoren hatten nämlich Gl. (6.16) in der folgenden Form formuliert:

$$G(v) = \omega_e[(v + \tfrac{1}{2}) - x_e(v + \tfrac{1}{2})^2 + y_e(v + \tfrac{1}{2})^3 + \ldots]. \tag{6.17}$$

In dieser Reihe steht vor dem zweiten Term ein negatives Vorzeichen, denn die Konstante $\omega_e x_e$ hat für alle zweiatomigen Moleküle das gleiche Vorzeichen. Schließt man das negative Vorzeichen mit ein, wird der Term $\omega_e x_e$ immer positiv sein. Die weiteren Terme dieser Reihe können positiv oder negativ sein.

Die Werte der Reihe $\omega_e, \omega_e x_e, \omega_e y_e, \ldots$ nehmen rasch ab. Für das Molekül $^1H^{35}Cl$ ist $\omega_e = 2990,946\,\mathrm{cm}^{-1}$, $\omega_e x_e = 52,8186\,\mathrm{cm}^{-1}$, $\omega_e y_e = 0,2244\,\mathrm{cm}^{-1}$ und $\omega_e z_e = -0,0122\,\mathrm{cm}^{-1}$. Durch den stets positven Wert von $\omega_e x_e$ wird der Abstand zwischen den Energieniveaus mit zunehmendem v kleiner. In Bild 6.4 werden die zugehörigen Energieniveaus mit den äquidistanten Energieniveaus des harmonischen Oszillators verglichen. Die Niveaus des anharmonischen Oszillators konvergieren in der Nähe der Dissoziationsenergie D_e. Für Energien größer als D_e liegt ein Kontinuum von Zuständen vor.

Berücksichtigen wir die Anharmonizität in den Termenergien, können wir nicht mehr wie beim harmonischen Oszillator die Wellenzahl ω_e direkt messen. Es gilt nun

$$\Delta G_{v+1/2} = G(v+1) - G(v) = \omega_e - \omega_e x_e(2v+2) + \omega_e y_e(3v^2 + 6v + \tfrac{13}{4}) + \ldots . \quad (6.18)$$

Um beispielsweise ω_e und $\omega_e x_e$ zu bestimmen, müssen die Wellenzahlen von mindestens zwei Übergängen bekannt sein, z.B. $G(1) - G(0) = \omega_0$ und $G(2) - G(1) = \omega_1$.[2]

Für die Dissoziationsenergie D_e gilt näherungsweise

$$D_e \simeq \frac{\omega_e^2}{4\omega_e x_e}. \quad (6.19)$$

In dieser Näherung haben wir alle Anharmonizitätskonstanten außer $\omega_e x_e$ vernachlässigt.

Experimentell ist nur die Dissoziationsenergie D_0 bezogen auf das Nullpunktsniveau der Schwingung zugänglich. Bild 6.4 entnehmen wir, daß

$$D_0 = \sum_v \Delta G_{v+1/2}. \quad (6.20)$$

Vernachlässigen wir alle Anharmonizitätskonstanten außer $\omega_e x_e$, stellen wir einen linearen Zusammenhang zwischen $\Delta G_{v+1/2}$ und der Schwingungsquantenzahl v fest (siehe Gl. (6.18)). Trägt man $\Delta G_{v+1/2}$ gegen v auf, so entspricht die Fläche unter der Kurve der gesuchten Dissoziationsenergie D_0. In den meisten Fällen werden nur einige wenige der ersten ΔG-Werte zugänglich sein; dann muß eine lineare Extrapolation zu $\Delta G_{v+1/2} = 0$ vorgenommen werden, wie es in Bild 6.5 durch die gestrichelte Linie angedeutet ist. Das ist die sogenannte Birge-Sponer-Extrapolation, und die Fläche unter dieser extrapolierten Kurve gibt einen Näherungswert für D_0. Häufig weichen aber die Kurven insbesondere bei großen Werten von v sehr stark von der Linearität ab, wie es in Bild 6.5 dargestellt ist. Der so geschätzte Wert von D_0 ist dann zu groß.

Die experimentellen $\Delta G_{v+1/2}$-Werte für höhere Quantenzahlen v erhält man normalerweise nicht durch Infrarot- oder Raman-Spektroskopie. Hierzu sind die Besetzungszahlen der angeregten Schwingungsniveaus und damit auch die Intensitäten solcher Übergänge zu gering. Informationen über höhere Schwingungsniveaus werden meist durch die elektronische Emissionsspektroskopie gewonnen, die wir in Kapitel 7 behandeln werden.

Die Dissoziationsenergie D_e wird von der Isotopenmasse nicht beeinflußt, weil die Potentialkurve (und damit auch die Kraftkonstante) unabhängig von der Neutronenzahl der Kerne ist. Dagegen ändert sich D_0 mit der Isotopemasse, denn die Lage der Schwingungsniveaus hängt über die Schwingungsfrequenz ω von der reduzierten Masse μ und damit der Isotopenmasse ab. Dabei ist D_0 genau um den Betrag der Nullpunktsenergie kleiner als D_e. Für die Termenergie $G(0)$, die ja gerade der Nullpunktsenergie entspricht, gilt:

[2] Beachten Sie, daß zuerst die Quantenzahl des oberen Zustands und dann die Quantenzahl des unteren Zustands genannt wird.

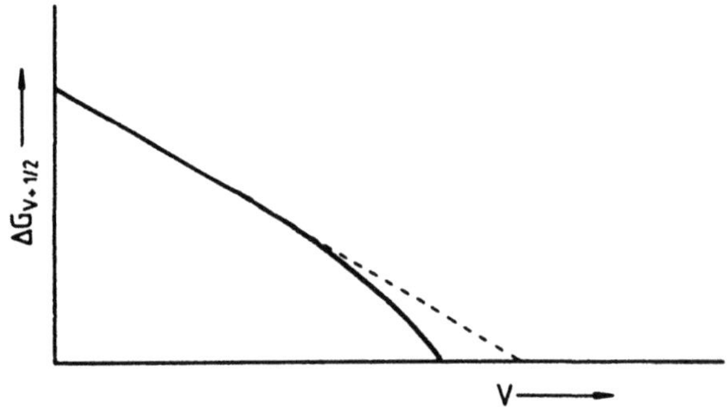

Bild 6.5 Eine Birge-Sponer-Extrapolation (gestrichelte Linie) zur Bestimmung von D_0. Typischerweise liegen die tatsächlichen Wertepaare auf der durchgezogenen Linie

$$G(0) = \tfrac{1}{2}\omega_e - \tfrac{1}{4}\omega_e x_e + \tfrac{1}{8}\omega_e y_e + \ldots. \tag{6.21}$$

So ist z.B. ω_e für $^1H_2$ kleiner als für $^2H_2$, also

$$D_0(^2H_2) > D_0(^1H_2). \tag{6.22}$$

Aus dieser Abhängigkeit von D_0 von der Isotopenmasse ergibt sich eine wichtige Konsequenz: In einer chemischen Reaktion, bei der im geschwindigkeitsbestimmenden Schritt eine Bindung gebrochen wird, reduziert sich die Reaktionsrate durch die Substitution mit dem schwereren Isotop. Besonders ausgeprägt ist die Wirkung dieses Isotopeneffekts auf D_0 bei der Substitution von ^1H durch ^2H; hier wird daher die Reaktionsrate besonders effektiv reduziert.

Weil die elektrische Anharmonizität viel seltener als die mechanische zu beobachten ist, meinen wir im folgenden mit Anharmonizität die mechanische Anharmonizität. Wie die Termenergien werden auch die Wellenfunktionen des harmonischen Oszillators durch die (mechanische) Anharmonizität modifizert. Bild 6.6 stellt einige Wellenfunktionen und Wahrscheinlichkeitsdichtefunktionen $(\psi_v^*\psi_v)^2$ eines anharmonischen Oszillators schematisch dar. Im Vergleich zu den entsprechenden Funktionen des harmonischen Oszillators (siehe Bild 1.13) liegt hier eine Asymmetrie vor, die bewirkt, daß der Betrag von ψ_v und $(\psi_v^*\psi_v)^2$ auf der flacheren Seite der Potentialkurve gegenüber der steileren Seite erhöht ist.

Morse hat 1929 eine brauchbare Funktion für die Potentialkurve eines anharmonischen Oszillators vorgeschlagen:

$$V(x) = D_e[1 - \exp(-ax)]^2. \tag{6.23}$$

In dieser Morsefunktion steht x für $r - r_e$. Die Konstanten a und D_e sind jeweils charakteristisch für einen elektronischen Zustand des Moleküls; hier ist es der elektronische Grundzustand. Für $x \to \infty$ geht der Funktionswert $V(x) \to D_e$, wie es auch sein sollte. Für $r \to 0$ wird $V(x)$ sehr groß, aber ***nicht*** unendlich groß. Das ist eine Schwäche der Morsefunktion, die aber nicht sehr gravierend ist, denn der Bereich $r \to 0$ ist von untergeordneter experimenteller Bedeutung. Die Termenergien, die sich aus der Morsefunktion ergeben, enthalten nur Terme mit $(v+\frac{1}{2})$ und $(v+\frac{1}{2})^2$. Der Nutzen dieser Funktion ist für eine quantitative Auswertung sehr beschränkt. Trotzdem erfreut sich die Morsefunktion weiterhin großer Beliebtheit, weil sie sehr viel einfacher zu handhaben ist als wesentlich genauere, dafür aber komplexere Funktionen.

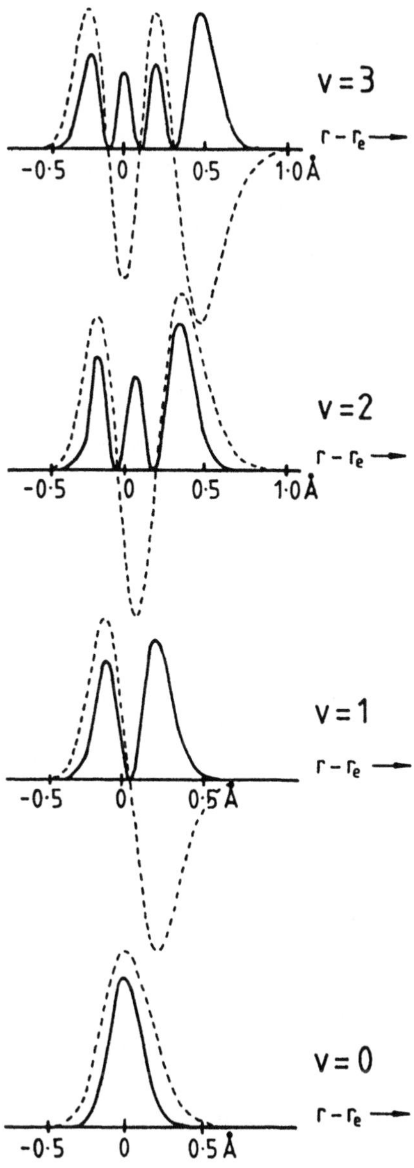

Bild 6.6 ψ_v (gestrichelte Linie) und $(\psi_v^* \psi_v)^2$ (durchgezogene Linie) eines anharmonischen Oszillators für $v = 0$ bis 3

6.1.4 Vibrations-Rotations-Spektroskopie

6.1.4.1 Infrarotspektren

Wir haben in Abschnitt 5.2.1.4 gesehen, daß es für jedes Schwingungsniveau eine ganze Reihe von Rotationsniveaus gibt. In der Rotationsspektroskopie betrachten wir Übergänge zwischen Rotationsniveaus, die zu jeweils demselben Vibrationsniveau gehören. Typischerweise beträgt dabei $v = 0$. In der Vibrations-Rotations-Spektroskopie betrachten wir Übergänge zwischen einer ganzen Reihe von Rotationsniveaus, die zu zwei verschiedenen Vibrationsniveaus gehören. Diese Rotationsübergänge begleiten jeden Vibrationsübergang. Während aber Schwingungsübergänge auch dann gut zu spektroskopieren sind, wenn die Probe flüssig oder fest ist, können die Rotationsübergänge (meist in einem Absorptionsprozeß) nur in der Gasphase und bei niedrigen Drücken beobachtet werden.

Besitzt ein Molekül sowohl Vibrations- als auch Rotationsenergie, setzt sich die Gesamttermenergie S additiv aus der Termenergie der Rotation $F_v(J)$ (siehe Gl. (5.23)) und der Termenergie der Vibration $G(v)$ (siehe Gl. (6.16)) zusammen:

$$S = G(v) + F_v(J) = \omega_e(v+\tfrac{1}{2}) - \omega_e x_e(v+\tfrac{1}{2})^2 + \ldots + B_v J(J+1) - D_v J^2(J+1)^2. \quad (6.24)$$

Bild 6.7(a) zeigt Rotationsniveaus, die zu zwei verschiedenen Vibrationsniveaus gehören. Zwischen den beiden Vibrationsniveaus ist ein Übergang erlaubt, denn die Auswahlregel der Vibration $\Delta v = \pm 1$ ist erfüllt. Gleichzeitig ist auch die Auswahlregel für die Rotation für Übergänge zwischen den beiden Serien von Rotationsniveaus zu beachten:

$$\Delta J = \pm 1. \quad (6.25)$$

Es resultiert ein R-Zweig, für den $\Delta J = 1$, und ein P-Zweig, für den $\Delta J = -1$ gilt. Die Übergänge werden als $R(J)$ oder $P(J)$ bezeichnet. Hier steht J für J'', der Quantenzahl des unteren Niveaus. Weil Übergänge mit $\Delta J = 0$ verboten sind, kann der reine Vibrationsübergang nicht beobachtet werden. Die Stelle im Spektrum, bei der dieser Übergang läge, wird als Bandenzentrum bezeichnet. Von dieser Auswahlregel gibt es Ausnahmen. Für alle Moleküle, die, wie beispielsweise NO, im elektronischen Grundzustand einen elektronischen Bahndrehimpuls aufweisen, lautet stattdessen die Rotations-Auswahlregel:

$$\Delta J = 0, \pm 1. \quad (6.26)$$

Für den Q–Zweig gilt $\Delta J = 0$. Die erste Linie des Q-Zweiges ist der Übergang (J' = 0)–(J" = 0) und markiert das Bandenzentrum.

Üblicherweise wird aber ein Vibrations-Rotations-Bandenspektrum wie in Bild 6.8 dargestellt. Dieses Spektrum ist mit einem Spektrometer aufgenommen worden, das mit einem Beugungsgitter und einer Auflösung von ca. 2 cm^{-1} arbeitet. Es zeigt den $v = 1$–0-Übergang der beiden Isotope $^1H^{35}Cl$ und $^1H^{37}Cl$. Das natürliche Isotopen-Verhältnis ^{35}Cl : ^{37}Cl beträgt 3 : 1. Das Bandenspektrum des $^1H^{37}Cl$-Isotops ist auf Grund der größeren reduzierten Masse (vgl. Gl. (6.2)) relativ zum Spektrum des $^1H^{35}Cl$ zu kleineren Wellenzahlen verschoben.

In Bild 6.8 sehen wir, daß das Spektrum für jedes Isotop ziemlich symmetrisch bezüglich des Bandenzentrums ist. Benachbarte Linien liegen im P- und R-Zweig in einem annähernd konstanten Abstand zueinander. Zwischen der ersten Linie des R-Zweiges

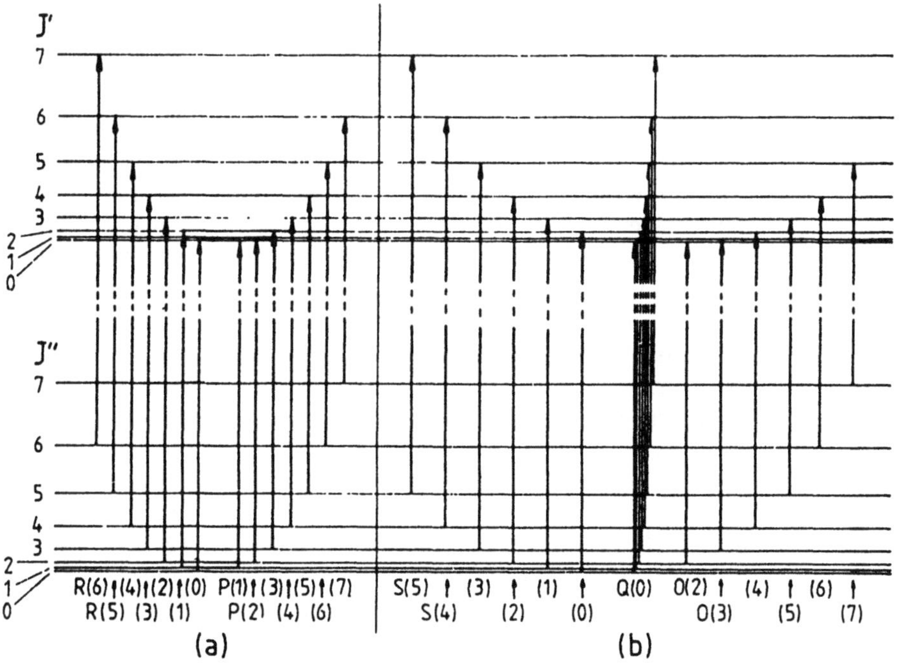

Bild 6.7 Rotationsübergänge eines zweiatomigen Moleküls, die während eines Vibrationsübergangs (a) in einem Infrarotspektrum und (b) in einem Raman-Spektrum auftreten

$R(0)$ und der ersten Linie des P-Zweiges $P(1)$ ist der Abstand doppelt so groß und wird als Nullücke bezeichnet. In diesem Bereich des Spektrums liegt auch das Bandenzentrum.

Die eben erwähnte Symmetrie des Bandenspektrums erklärt sich durch die sehr geringe Wechselwirkung zwischen Vibration und Rotation, so daß $B_1 \simeq B_0$ ist (siehe auch Gl. (5.25)). Unter der Annahme $B_1 = B_0 = B$ und der Vernachlässigung der Zentrifugalverzerrung erhalten wir für die Wellenzahlen der Rotationsübergänge des R-Zweiges:

$$\tilde{\nu}[R(J)] = \tilde{\nu}_0 + B(J+1)(J+2) - BJ(J+1) = \tilde{\nu}_0 + 2BJ + 2B. \qquad (6.27)$$

$\tilde{\nu}_0$ bezeichnet hier die Wellenzahl des reinen Vibrationsübergangs. Analog erhalten wir für die Wellenzahlen der Rotationsübergänge des P-Zweiges:

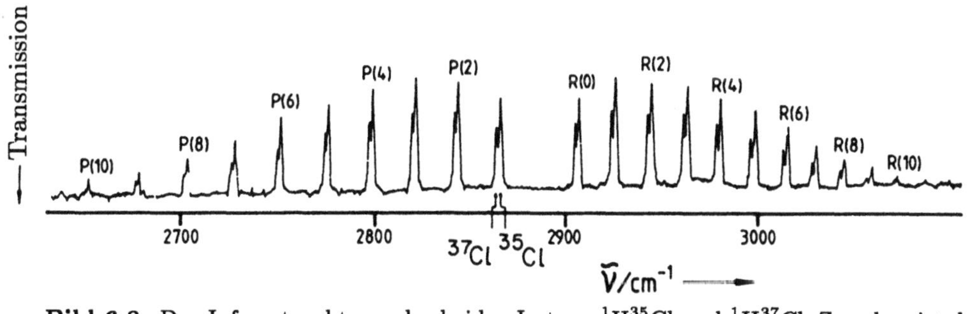

Bild 6.8 Das Infrarotspektrum der beiden Isotope $^1H^{35}Cl$ und $^1H^{37}Cl$. Zu sehen ist der $v = 1$–0-Übergang mit der Rotationsfeinstrukutur des P-und des R-Zweiges

$$\tilde{\nu}[P(J)] = \tilde{\nu}_0 + B(J-1)J - BJ(J+1) = \tilde{\nu}_0 - 2BJ. \tag{6.28}$$

Durch Kombination der beiden Gleichungen finden wir einen Betrag von $4B$ für die Nullücke und einen Abstand von $2B$ für benachbarte Linien eines Zweiges. Die beiden Banden sind also tatsächlich annähernd symmetrisch bezüglich des Bandenzentrums.

Bei genauerer Betrachtung des Spektrums in Bild 6.8 stellen wir aber fest, daß die Abstände innerhalb des R-Zweiges kleiner und innerhalb des P-Zweiges größer werden. Das liegt daran, daß die beiden Konstanten B_0 und B_1 nicht genau gleich groß sind, wie wir eben angenommen haben. Diese beiden Konstanten können aber durch eine Auswertung des Bandenspektrums unabhängig voneinander bestimmt werden. Hier haben wir Gelegenheit, eine beliebte Auswertemethode in der Spektroskopie kennenzulernen: die Methode der Kombinationsdifferenzen. Dazu betrachten wir eine Serie von Übergängen, die einen gemeinsamen oberen, aber verschiedene untere Zustände haben. Die beobachtbaren Differenzen in den Wellenzahlen sind dann nur von den Eigenschaften des unteren Zustands abhängig. Umgekehrt gilt das gleiche: Bei Übergängen zwischen einem gemeinsamen unteren Zustand in verschiedene obere Zustände sind die Unterschiede in den Wellenzahlen nur auf die Eigenschaften des oberen Zustands zurückzuführen.

Als Beispiel betrachten wir die Vibrations-Rotations-Bande in Bild 6.7(a). Hier haben die Übergänge $R(0)$ und $P(2)$ ein gemeinsames oberes Niveau, nämlich $J' = 1$. Die Differenz $\tilde{\nu}[R(0)] - \tilde{\nu}[P(2)]$ hängt dann ausschließlich von B'' ab. Das gleiche gilt für die Übergänge $R(1)$ und $P(3)$, denen das obere Niveau $J' = 2$ gemeinsam ist. Für die Übergänge $\tilde{\nu}[R(J-1)] - \tilde{\nu}[P(J+1)]$ schreiben wir kurz $\Delta_2'' F(J)$.[3] Diese sind ganz allgemein nur eine Funktion von B'', die bei Vernachlässigung der Zentrifugalverzerrung lautet:

$$\begin{aligned}\Delta_2'' F(J) &= \tilde{\nu}[R(J-1)] - \tilde{\nu}[P(J+1)] \\ &= \tilde{\nu}_0 + B'J(J+1) - B''(J-1)J - [\tilde{\nu}_0 + B'J(J+1) - B''(J+1)(J+2)] \\ &= 4B''(J+\tfrac{1}{2}).\end{aligned} \tag{6.29}$$

Haben wir erst die Wellenzahlen der Rotationslinien zugeordnet und gemessen, erhalten wir durch Auftragen von $\Delta_2'' F(J)$ gegen $(J+\frac{1}{2})$ eine Gerade, deren Steigung $4B''$ beträgt.

Analoges gilt für Paare von Übergängen $R(J)$ und $P(J)$, die ein gemeinsames unteres Niveau haben: Hier ist $\tilde{\nu}[R(J)] - \tilde{\nu}[P(J)]$ nur eine Funktion von B':

$$\begin{aligned}\Delta_2' F(J) &= \tilde{\nu}[R(J)] - \tilde{\nu}[P(J)] \\ &= \tilde{\nu}_0 + B'(J+1)(J+2) - B''J(J+1) - [\tilde{\nu}_0 + B'(J-1)J - B''J(J+1)] \\ &= 4B'(J+\tfrac{1}{2}).\end{aligned} \tag{6.30}$$

Durch Auftragen von $\Delta_2' F(J)$ gegen $(J+\frac{1}{2})$ erhalten wir eine Gerade mit der Steigung $4B'$.

Das Bandenzentrum liegt nicht genau in der Mitte zwischen $R(0)$ und $P(1)$. Für die Wellenzahl des reinen Schwingungsübergangs $\tilde{\nu}_0$ gilt:

$$\begin{aligned}\tilde{\nu}_0 &= \tilde{\nu}[R(0)] - 2B' \\ &= \tilde{\nu}[P(1)] + 2B''.\end{aligned} \tag{6.31}$$

[3] Der Index 2 in $\Delta_2'' F(J)$ bezieht sich auf die Rotationstermenergien eines bestimmten Vibrationszustandes, die sich jeweils um $J = 2$ unterscheiden.

Tabelle 6.2 Rotations- und Vibrationskonstanten für $^{1}H^{35}Cl$

$v = 0$	$v = 1$
$B_0 = 10{,}440\,254\ \mathrm{cm}^{-1}$	$B_1 = 10{,}136\,228\ \mathrm{cm}^{-1}$
$D_0 = 5{,}2828 * 10^{-4}\ \mathrm{cm}^{-1}$	$D_1 = 5{,}2157 * 10^{-4}\ \mathrm{cm}^{-1}$
ω_0 (für $v = 1$–0-Übergänge) $= 2885{,}9775\ \mathrm{cm}^{-1}$	
$B_e = 10{,}593\,42\ \mathrm{cm}^{-1}$	
$\alpha_e = 0{,}307\,18\ \mathrm{cm}^{-1}$	

Ein möglicher Einfluß der Zentrifugalverzerrung drückt sich in einer Abweichung von der Gerade in den Graphen $\Delta_2''F(J)$ gegen $(J + \frac{1}{2})$ aus. Wir können auch den Term $-DJ^2(J+1)^2$ wie in Gl. (6.24) in der Termenergie der Rotation berücksichtigen. Damit ändern sich die Gln. (6.30) und (6.31) zu

$$\Delta_2''F(J) = (4B'' - 6D'')(J + \tfrac{1}{2}) - 8D''(J + \tfrac{1}{2})^3 \tag{6.32}$$

und

$$\Delta_2'F(J) = (4B' - 6D')(J + \tfrac{1}{2}) - 8D'(J + \tfrac{1}{2})^3. \tag{6.33}$$

Hier erhalten wir durch Auftragen von $\Delta_2''F(J)/(J + \frac{1}{2})$ gegen $(J + \frac{1}{2})^2$ eine Gerade. Die Steigung dieser Geraden beträgt $8D''$ und der Achsenabschnitt $4B''$ (strenggenommen beträgt der Achsenabschnitt $(4B'' - 6D'')$, aber $6D''$ ist vernachlässigbar klein gegenüber $4D''$). Für einen Satz von Übergängen mit demselben unteren Niveau gilt der entsprechende Ausdruck.

Kann B_v für mindestens zwei Vibrationsniveaus bestimmt werden (in aller Regel werden das B_0 und B_1 sein), sind sowohl B_e als auch die Kopplungskonstante der Vibrations-Rotations-Bewegung α gemäß Gl. (5.25) zugänglich. In Tabelle 6.2 sind die Werte für B_e, α und einige andere Konstanten des $^{1}H^{35}Cl$ aufgelistet.

Die Intensitätsänderung der Rotationsübergänge innerhalb einer Vibrations-Rotations-Bande wird über die Boltzmann-Verteilung der Population der Ausgangszustände gegeben:

$$\frac{N_{J''}}{N_0} = (2J'' + 1)\exp\left[-\frac{hcB''J''(J''+1)}{kT}\right]. \tag{6.34}$$

Das ist der gleiche Ausdruck, den wir bereits für die reinen Rotationsübergänge kennen (Gl. (5.15)).

6.1.4.2 Raman-Spektren

Die Auswahlregel für einen Vibrations-Rotationsübergang in einem Raman-Spektrum eines zweiatomigen Moleküls lautet:

$$\Delta J = 0, \pm 2. \tag{6.35}$$

Es resultieren ein Q-Zweig mit $\Delta J = 0$, ein S-Zweig mit $\Delta J = +2$ und ein O-Zweig mit $\Delta J = -2$. In Bild 6.7(b) sind diese Übergänge schematisch dargestellt.

Bild 6.9 zeigt die resultierende Rotationsstruktur der $v = 1{-}0$ Stokes-Linie im Raman-Spektrum des CO. Auch hier sind wie bei den Vibrations-Rotationsübergängen des Infrarotspektrums die Banden fast symmetrisch zum Bandenzentrum angeordnet, weil wieder $B_1 \simeq B_0$ gilt. Setzen wir $B_1 = B_0 = B$, gelten für die Wellenzahlen der Übergänge im S-, O- und Q-Zweig jeweils

$$\begin{aligned} \tilde{\nu}[S(J)] &= \tilde{\nu}_0 + B(J+2)(J+3) - BJ(J+1) \\ &= \tilde{\nu}_0 + 4BJ + 6B, && (6.36) \\ \tilde{\nu}[O(J)] &= \tilde{\nu}_0 + B(J-2)(J-1) - BJ(J+1) \\ &= \tilde{\nu}_0 - 4BJ + 2B, && (6.37) \\ \tilde{\nu}[Q(J)] &= \tilde{\nu}_0. && (6.38) \end{aligned}$$

Alle Linien des Q-Zweiges fallen im Rahmen dieser Näherung bei der Wellenzahl $\tilde{\nu}_0$ zusammen. Die ersten Linien des S- und des O-Zweiges, $S(0)$ und $O(2)$, haben den Abstand $12B$, während benachbarte Linien innerhalb eines Zweiges jeweils um $4B$ voneinander entfernt sind.

Wollen wir unsere Spektren etwas genauer auswerten, können wir wieder unter Vernachlässigung der Zentrifugalverzerrung die Methode der Kombinationsdifferenzen anwenden. Wie im vorangegangenen Abschnitt bereits vorgestellt, können wir damit B'' und B' bestimmen. So haben Übergänge mit den Wellenzahlen $\tilde{\nu}[S(J-2)]$ und $\tilde{\nu}[O(J+2)]$ einen gemeinsamen höheren Zustand. Die zugehörige (Kombinations-)Differenz $\Delta_4'' F(J)$ ist nur von B'' abhängig:

$$\Delta_4'' F(J) = \tilde{\nu}[S(J-2)] - \tilde{\nu}[O(J+2)] = 8B''(J + \tfrac{1}{2}). \tag{6.39}$$

Für Übergänge mit einem gemeinsamen unteren Zustand, also $\tilde{\nu}[S(J)]$ und $\tilde{\nu}[O(J)]$, gilt für die entsprechende Differenz:

$$\Delta_4' F(J) = \tilde{\nu}[S(J)] - \tilde{\nu}[O(J)] = 8B'(J + \tfrac{1}{2}). \tag{6.40}$$

Durch Auftragen von $\Delta_4'' F(J)$ gegen $(J + \frac{1}{2})$ bzw. $\Delta_4' F(J)$ gegen $(J + \frac{1}{2})$ erhalten wir Geraden mit den Steigungen $8B''$ bzw. $8B'$.

Das statistische Gewicht des Kernspins haben wir bereits in Abschnitt 5.3.4 diskutiert. Wir haben gesehen, daß dadurch auch die Besetzung der Rotationsniveaus im Schwingungsgrundzustand $v = 0$ beeinflußt wird. In Bild 5.18 haben wir dies für die Moleküle $^1H_2$, $^{19}F_2$, $^2H_2$, $^{14}N_2$ und $^{16}O_2$ dargestellt. Auch im Vibrations-Rotations-Raman-Spektrum schlägt sich das statistische Gewicht des Kernspins nieder. Die Intensitäten der Linien ändern sich alternierend mit J'': Das Verhältnis gerade : ungerade beträgt bei $^1H_2$ und $^{19}F_2$ 1 : 3, bei $^2H_2$ und $^{14}N_2$ 6 : 3, und bei $^{16}O_2$ fehlen die Übergänge mit geradem J''. Wir haben auch gesehen, daß für die Raman-Spektren der homonuklearen zweiatomigen Moleküle die Symmetrie der Rotationswellenfunktion eine wichtige Rolle spielt. Deshalb haben wir auch die Symmetrieklassifizierung dieser Wellenfunktionen bezüglich einer Vertauschung der Kernpositionen in Bild 5.18 aufgenommen.

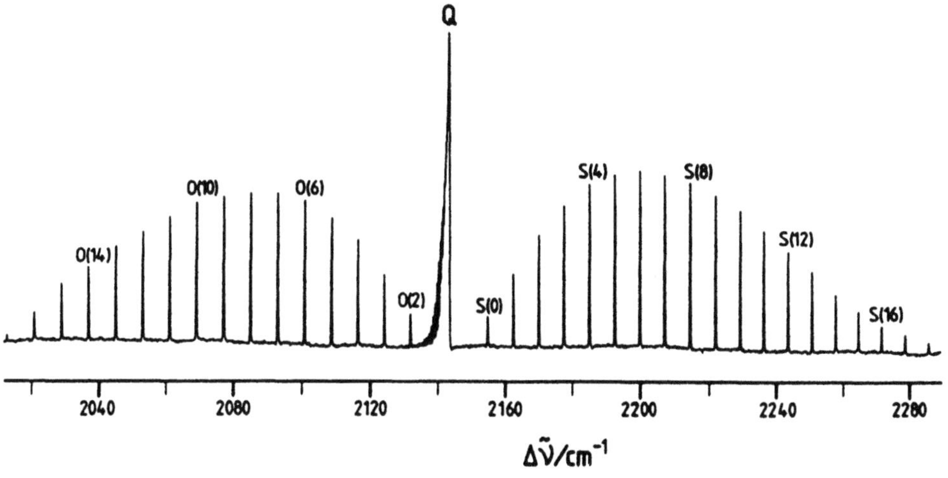

Bild 6.9 Der 1–0 Stokes-Übergang im Raman-Spektrum des CO mit den *O*-, *Q*- und *S*-Zweigen der Rotationsfeinstruktur

6.2 Mehratomige Moleküle

6.2.1 Gruppenschwingungen

In Abschnitt 4.3.1 haben wir gesehen, daß ein N-atomiges, lineares Molekül $3N - 5$ Normalschwingungen hat, während es in einem N-atomigen, nicht-linearen Molekül $3N - 6$ Normalschwingungen gibt.

Im klassischen Bild haben wir uns die Schwingungsbewegung eines Moleküls wie folgt vorgestellt (siehe Abschnitt 1.3.6): Die Kerne werden durch starre Kugeln verschiedener Masse dargestellt. Alle Kugeln sind mit Federn verbunden, die die Wechselwirkungskräfte zwischen den Kernen symbolisieren sollen. Ein solches Modell ist für ein H_2O-Molekül in Bild 6.10 skizziert. Die stärkeren Kräfte entlang der beiden O–H-Bindungen werden in der Zeichnung durch starke Federn dargestellt: Sie werden einer Stauchung oder Dehnung der Bindung entgegenwirken. Die schwache Wechselwirkung zwischen den untereinander nicht gebundenen H-Atomen wird durch eine schwache Feder repräsentiert, die eine Änderung des HOH-Winkels erschweren wird.

Selbst an Hand dieses einfachen Modells können wir uns sehr gut vorstellen, daß die Auslenkung eines Kerns aus seiner Gleichgewichtslage sehr wahrscheinlich eine recht komplizierte Bewegung des gesamten Moleküls zur Folge haben wird: Das Molekül wird eine Lissajoussche Bewegung ausführen, zusammengesetzt aus Bindungswinkel- und Bindungslängenänderungen. Diese Lissajoussche Bewegung kann immer in eine Kombination

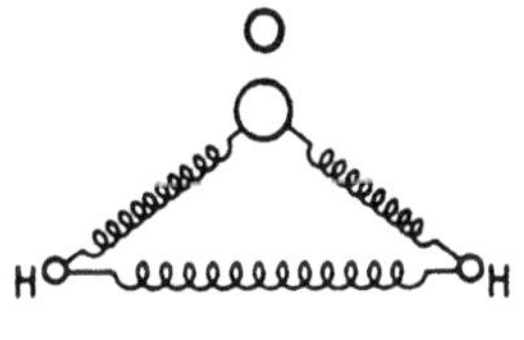

Bild 6.10
Kugel-Feder-Modell des H_2O

von sogenannten Normalschwingungen des Systems zerlegt werden. Die verschiedenen Normalschwingungen liefern zu einer Lissajousschen Bewegung unterschiedliche Beiträge.

Bei einer Normalschwingung bewegen sich alle Kerne des Moleküls harmonisch, oszillieren mit derselben Frequenz und in Phase, aber bewegen sich meistens mit unterschiedlicher Amplitude. Als Beispiele haben wir in den Bildern 4.14 und 4.16 die Normalschwingungen[4] des H_2O- und des NH_3-Moleküls kennengelernt. Die kleinen Pfeile, die an jeden Kern gezeichnet sind, repräsentieren die relative Amplitude und Richtung der Auslenkung.

Die Form der Normalschwingung, die sogenannten Normalkoordinaten, kann man im Prinzip berechnen, wenn man die Bindungslängen und -winkel sowie die zugehörigen Kraftkonstanten kennt; die Kraftkonstanten sind ja im Rahmen des Kugel-Feder-Modells ein Maß für die Stärke der Bindung. Solche Rechnungen sind allerdings sehr komplex und teilweise recht umfangreich. Wir wollen deshalb hier nicht weiter darauf eingehen. In der Bibliographie ist aber weiterführende Literatur angegeben.

Wir wollen uns nun mit der Schwingungsbewegung mehratomiger Moleküle etwas näher befassen. Wie schon bei den zweiatomigen Molekülen können wir auch hier die Schwingungsbewegungen in harmonischer Näherung betrachten. Behandeln wir ein solches System quantenmechanisch, erhalten wir für die Termenergien $G(v)$ jeder nicht-entarteten Normalschwingung i:

$$G(v_i) = \omega_i(v_i + \tfrac{1}{2}). \tag{6.41}$$

ω_i ist wieder die Wellenzahl eines klassischen, harmonischen Oszillators und v_i die Schwingungsquantenzahl; diese kann die Werte $0, 1, 2, 3\ldots$ annehmen. Für entartete Schwingungen mit einem Entartungsgrad d wird ganz allgemein aus Gl. (6.41)

$$G(v_i) = \omega_i(v_i + \frac{d_i}{2}). \tag{6.42}$$

Wie schon bei den zweiatomigen Molekülen, gibt es auch für die mehratomigen eine Auswahlregel für jede Schwingung, die sowohl für die Infrarot- als auch die Raman-Spektroskopie gilt:

$$\Delta v_i = \pm 1. \tag{6.43}$$

Wenn wir die Anharmonizität berücksichtigen, sind auch Übergänge mit $\Delta v_i = \pm 2, \pm 3, \ldots$ erlaubt; diese Oberschwingungen sind aber in der Regel recht schwach ausgeprägt.

Zusätzlich können auch Kombinationsschwingungen auftreten. Bei diesen Übergängen liegen in den angeregten Schwingungszuständen mehrere angeregte Normalschwingungen vor. Grund-, Ober- und Kombinationsschwingungen werden in Bild 6.11 für die beiden Schwingungen ν_1 und ν_3 verdeutlicht.

Damit ein Schwingungsübergang beobachtet werden kann, müssen weitere Bedingungen erfüllt sein: Für ein Infrarotspektrum muß sich das Dipolmoment des Moleküls während der Schwingung ändern, während sich für ein Raman-Spektrum die Amplitude des induzierten Dipolmoments ändern muß (siehe Gl. (5.43)). Durch diese Bedingung ergeben sich weitere Auswahlregeln, die von den Symmetrieeigenschaften des Moleküls abhängen; diese werden wir in Abschnitt 6.2.2 vorstellen. In dem vorliegenden Abschnitt interessieren wir uns hauptsächlich für die Gruppenschwingungen von Molekülen mit relativ niedriger Symmetrie. Vibrationsübergänge solcher Moleküle werden durch die symmetriebedingten Auswahlregeln kaum betroffen. So weist zum Beispiel das in Bild 6.12

[4] Zur Numerierung der Schwingungen siehe Fußnote auf Seite 85.

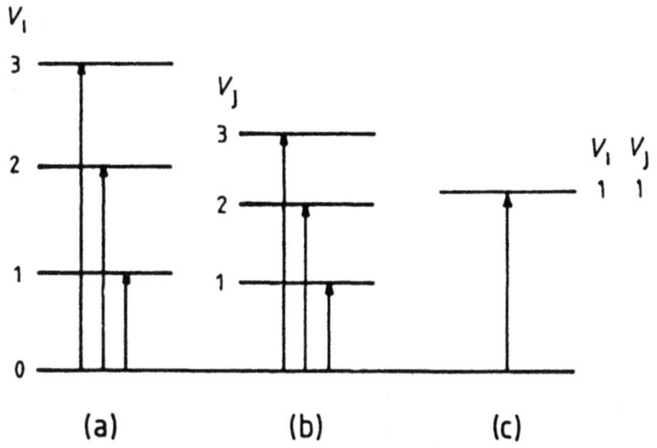

Bild 6.11 (a,b) Übergänge bei den Grund- und Oberschwingungen der ν_1- und ν_3-Schwingungen; (c) Übergang bei einer Kombinationsschwingung aus ν_1 und ν_3

dargestellte 2-Chlorfluorbenzol als einziges Symmetrieelement eine Spiegelebene auf und gehört damit zur Punktgruppe C_s. Durch alle dreißig Normalschwingungen ändert sich sowohl das Dipolmoment als auch die Amplitude des induzierten Dipolmoments. Somit sind alle Übergänge mit $\Delta v_i = 1$ im Infrarot- und im Raman-Spektrum erlaubt. Die Intensität dieser Übergänge wird jedoch durch die Größe der Änderung des Dipolmoments bzw. der Änderung des induzierten Dipolmoments bestimmt. Für einige Schwingungen kann dieser Wert so klein sein, daß die Intensitäten der Übergänge zu schwach sind, um beobachtet zu werden, obwohl diese Übergänge erlaubt sind.

Bei einer Normalschwingung bewegen sich im allgemeinen alle Atome des Moleküls. Unter gewissen Umständen kann eine Normalschwingung aber nur an einem Teil des Moleküls lokalisiert sein. Wir wollen uns als Beispiel Ethylalkohol (CH_3CH_2OH) betrachten: Hier ist die O–H-Gruppe endständig an den schwereren CH_3CH_2-Rest des Moleküls geknüpft. Die Wellenzahl einer Streck- oder einer Biegeschwingung einer solchen endständigen Gruppe wird nun kaum durch den schweren Molekülrest beeinflußt. In unserem Beispiel bewegt sich das H-Atom der OH-Gruppe genauso, als wäre die OH-Gruppe an eine unendlich große Masse gebunden; die Kraftkonstante dieser Bindung sei dabei so groß wie die in einer typischen OH-Bindung. Daher sprechen wir von der

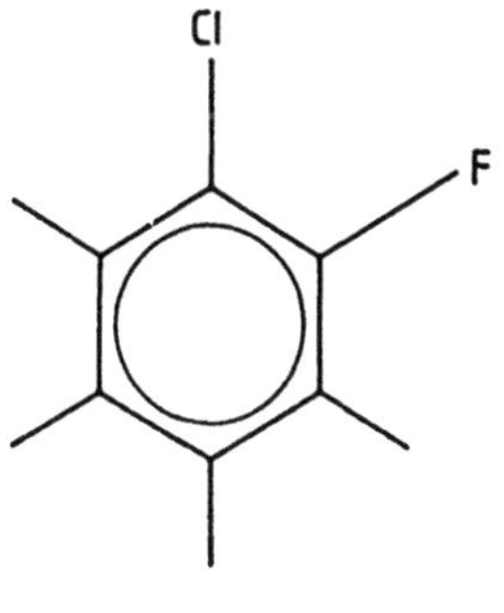

Bild 6.12
2-Chlorfluorbenzol

typischen Wellenzahl der OH-Streckschwingung und verwenden das Symbol ν(O–H)[5]. In Abwesenheit von Wasserstoffbrückenbindungen liegt ν(O–H) in dem schmalen Wellenzahlenbereich von 3590 cm^{-1} bis 3650 cm^{-1}. Wir sehen also, daß die Schwingung ziemlich unabhängig vom Molekülrest in der unmittelbaren Nachbarschaft der betreffenden Gruppe ist. Solche typischen Wellenzahlen werden auch häufig als Gruppenwellenzahlen oder unkorrekterweise als Gruppenfrequenzen bezeichnet. Die Gruppenwellenzahl der Biege- oder Deformationsschwingung einer OH-Gruppe liegt im Bereich von 1050 bis 1200 cm^{-1}.

Es gibt noch andere Umstände, unter denen eine Schwingung im Molekül lokalisiert auftreten kann. Wir wollen uns wieder ein Beispiel anschauen, diesmal das Molekül HC≡C–CH=CH_2. Die Atome sind hier kettenförmig aneinander gereiht. Die Kraftkonstanten der C–C-, der C=C- und der C≡C-Bindung unterscheiden sich sehr stark voneinander, und die Streckschwingungen dieser Molekülgruppen werden deshalb nicht stark miteinander koppeln. Als Folge werden die typischen Streckschwingungen einer C–C-, einer C=C- und einer C≡C-Gruppe zu beobachten sein.

In Tabelle 6.3 sind die Gruppenwellenzahlen einiger Streck- und Biegeschwingungen zusammengefaßt.

Nicht alle Teile eines Moleküls sind durch eine Gruppenwellenzahl charakterisiert. In vielen Normalschwingungen treten starke Kopplungen zwischen den Streck- und Biegeschwingungen in einer geraden oder verzweigten Kette oder auch in einem Ring auf. Diese Art von Schwingungen werden als Gerüstschwingungen bezeichnet, und sie können charakteristisch für ein bestimmtes Molekül sein. Gerüstschwingungen sind im Bereich von ca. 1300 cm^{-1} bis hin zu sehr niedrigen Wellenzahlen zu beobachten. Dieser spektrale Bereich wird daher häufig als Fingerabdruck- (Fingerprint-) Bereich bezeichnet. Im Gegensatz dazu treten im Bereich von 3700 bis 1500 cm^{-1} die Schwingungen der funktionellen Gruppen auf.

Für die vielen verschiedenen Typen von Gruppenschwingungen werden mnemonische Namen verwendet (in Klammern sind auch die in der deutschsprachigen Fachliteratur verbreiteten englischen Ausdrücke angegeben): Pendel- (rocking), Torsions- (twisting, torsional), Scher- (scissoring), Kipp- (wagging), Ringatmungs- (ring breathing) und Inversionsschwingung (inversion oder umbrella mode). Bild 6.13 stellt die aufgezählten Schwingungen dar.

Diese Gruppenschwingungen waren und sind ein sehr wichtiges Werkzeug in der qualitativen Analyse. Bevor sich die Laser-Raman-Spektroskopie etabliert hat, war die qualitative Analyse im wesentlichen auf die Infrarotspektroskopie beschränkt. Die Intensität, mit der eine Schwingung im Infrarotspektrum beobachtet werden kann, wird dadurch bestimmt, wie stark sich das Dipolmoment während der Schwingung ändert, genauso wie in einem zweiatomigen Molekül (siehe auch Bild 6.1). So ist z.B. die Streckschwingung der stark polaren C=O-Bindung als sehr intensive Absorptionsbande zu beobachten, während die C=C-Bindung nur eine schwache Bande liefert. Mehr noch, in einem symmetrischen Molekül wie H_2C=CH_2 ändert sich durch eine Streckschwingung der C=C-Gruppe das Dipolmoment nicht, und in diesem Fall ist diese Schwingung infrarot-inaktiv. In einem Molekül wie HFC=CH_2 ändert sich das Dipolmoment ein wenig während

[5]Für die verschiedenen Schwingungstypen verwendet man die folgenden Symbole: ν(X–Y) für eine Streck- und δ(X–Y) bzw. γ(X–Y) für eine Biegeschwingung in bzw. aus der Ebene. Die Vokabel „Deformation“ steht synonym für eine Biegeschwingung.

Tabelle 6.3 Typische Gruppenwellenzahlen $\tilde{\nu}$ einiger Streck- und Biegeschwingungen

Streckschwingungen		Streckschwingungen	
Gruppe	$\tilde{\nu}/\text{cm}^{-1}$	Gruppe	$\tilde{\nu}/\text{cm}^{-1}$
≡C—H	3300	—O—H	3600†
=C<(H)	3020	>N—H	3350
except O=C<(H)	2800	⋟P=O	1295
⋟C—H	2960	>S=O	1310
—C≡C—	2050	Biegeschwingungen	
		≡C—H	700
>C=C<	1650	=C<(H)(H)	1100
⋟C—C⋞	900		
⋟Si—Si⋞	430	—C(H)(H)(H)	1000
>C=O	1700	>C<(H)(H)	1450
—C≡N	2100		
⋟C—F	1100		
⋟C—Cl	650	C≡C—C	300
⋟C—Br	560		
⋟Cl—I	500		

† Kann in der kondensierten Phase durch Wasserstoffbrückenbindung reduziert werden

einer C=C-Streckschwingung, aber deutlich weniger als beispielsweise bei einer C−F-Streckschwingung.

Auch die Intensität einer Gruppenschwingung ändert sich nur wenig von Molekül zu Molekül. Wird z.B. eine C−F-Bindung in einem Molekül vermutet, weil im Spektrum eine Bande bei 1100 cm^{-1} auftritt, so muß diese auch sehr intensiv sein. Eine schwache Bande in diesem Wellenzahlenbereich deutet eher auf eine andere Normalschwingung hin.

Für die qualitative Analyse können Infrarotspektren von festen und flüssigen Proben aufgenommen werden. Typischerweise werden Pulverproben mit KBr vermischt zu einer Tablette gepreßt. In der Flüssigkeit kann die Probe als reine Komponente oder als Lösung in einem Lösungsmittel vorliegen. Dabei werden unpolare Lösungsmittel bevorzugt, denn polare Lösungsmittel können die Intensität und die Wellenzahl der Absorptionsbanden ändern, z.B. durch Wasserstoffbrückenbindung. So wird die O−H-Streckschwingung des Phenols bei 3622 cm^{-1} beobachtet, wenn als Lösungsmittel das unpolare Hexan verwen-

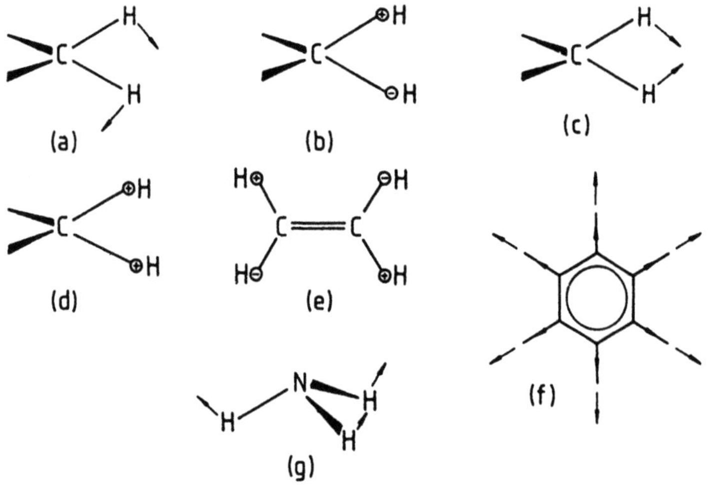

Bild 6.13 (a) Pendel-, (b) Torsions-, (c) Scher- und (d) Kippschwingungen in einer CH_2-Gruppe; (e) Torsionsschwingung des Ethylens; (f) Ringatmungsschwingung des Benzols; (g) Inversionsschwingung des NH_3

det wird. In Diethylether verringert sich diese Wellenzahl auf 3344 cm^{-1}, weil sich hier Wasserstoffbrückenbindungen ausbilden können. Bild 6.14 zeigt dies schematisch.

Durch die Einführung des Lasers (anstelle der früher üblichen Quecksilber-Entladungslampen) als monochromatische Lichtquelle wird auch die Vibrations-Raman-Spektroskopie verstärkt in der qualitativen Analyse eingesetzt. Zwar ist ein Laser-Raman-Spektrometer wesentlich teurer als ein Infrarotspektrometer, das üblicherweise für die qualitative Analyse benutzt wird, hat aber den großen Vorteil, daß Schwingungen sowohl bei niedrigen als auch bei höheren Wellenzahlen gleich gut detektiert werden können. Das ist bei einem Infrarotspektrometer nicht der Fall, denn hier muß für den Bereich des fernen Infrarot ($\tilde{\nu} < 400$ cm^{-1}) ein anderes Gerät verwendet werden.

In Abschnitt 6.1.2 haben wir bereits besprochen, daß sich die Amplitude des induzierten Dipolmoments durch die Schwingungsbewegung ändern muß, damit eine Schwingungsbande im Raman-Spektrum beobachten werden kann (vgl. auch Bild 6.2). Die

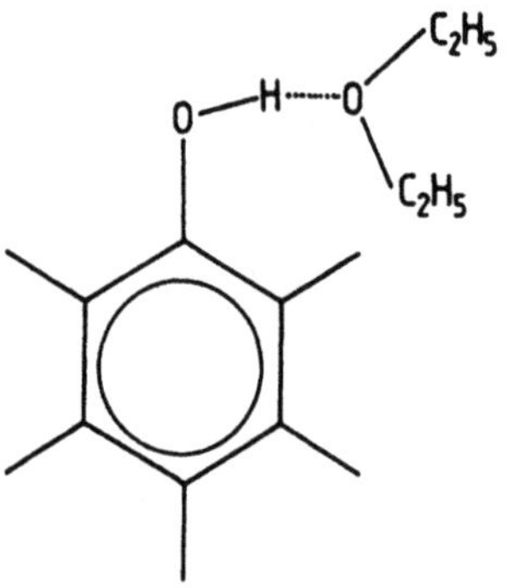

Bild 6.14
Wasserstoffbrückenbindung zwischen Phenol und Diethylether

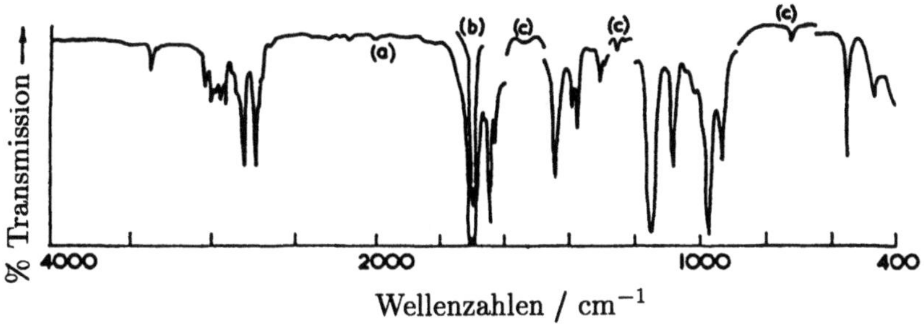

Bild 6.15 Das Infrarotspektrum des Crotonaldehyds. Die mit (a), (b) und (c) markierten Teile des Spektrums wurden in einer CCl_4-Lösung mit 10 Volumenprozent, in einer CCl_4-Lösung mit 1 Volumenprozent und als dünner Film aufgenommen. (Aus: Bowles, A. J., George, W. O. und Maddams, W. F., *J. Chem. Soc. (B)*, 810, 1969)

Intensität der Bande wird von dieser Amplitude bestimmt. Nun ist es im allgemeinen so, daß die lokale Umgebung einer funktionellen Gruppe nur geringen Einfluß auf die Änderung des induzierten Dipolmoments nimmt. Die Änderung des Dipolmoments, die ja ausschlaggebend für die Intensität einer Schwingungsbande im Infrarotspektrum ist, kann durch die lokale Umgebung aber sehr stark modifiziert werden. Die Raman-Spektren verschiedener Moleküle lassen sich in der Intensität, mit der eine Gruppenschwingung im Spektrum zu beobachten ist, sehr viel einfacher und genauer vergleichen, als es die Infrarotspektren dieser Moleküle gestatten. Die Raman-Spektren verschiedener Phasen (oder in unterschiedlichen Lösungsmitteln) lassen sich direkt miteinander vergleichen.

In Bild 6.15 ist das Infrarotspektrum des *s-trans*-Crotonaldehyds abgebildet und in Bild 6.17 das zugehörige Laser-Raman-Spektrum. Bild 6.16 zeigt das Molekül. Ein großer Teil des Infrarotspektrums wurde von einer Lösung in Tetrachlorkohlenstoff aufgenommen; in dem Bereich des Spektrums, in dem Tetrachlorkohlenstoff absorbiert, mußte ein dünner Film der reinen Flüssigkeit verwendet werden. Das Raman-Spektrum wurde von der reinen Flüssigkeit aufgenommen. In Tabelle 6.4 sind die Wellenzahlen aller 27 Normalschwingungen aufgeführt; außerdem wird eine kurze Beschreibung der Schwingungsmoden angegeben. Vergleichen wir diese Tabelle mit Tabelle 6.3, finden wir als Vertreter typischer Gruppenschwingungen $\nu_1, \nu_2, \nu_5, \nu_6, \nu_7$ und ν_{15}. Es gibt viele Gemeinsamkeiten in dem Infrarot- und dem Raman-Spektrum, aber auch einige Unterschiede. So erscheint z.B. ν_{15}, die $C-CH_3$-Streckschwingung, stark im Infrarot-, aber sehr schwach im Raman-Spektrum. Im Gegensatz dazu tritt ν_3, die antisymmetrische CH_3-Streckschwingung, sehr intensiv im Raman-, aber schwach im Infrarotspektrum auf.

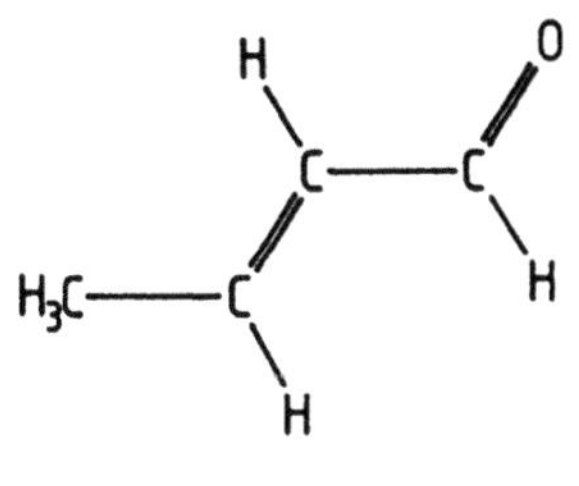

Bild 6.16
s-trans-Crotonaldehyd

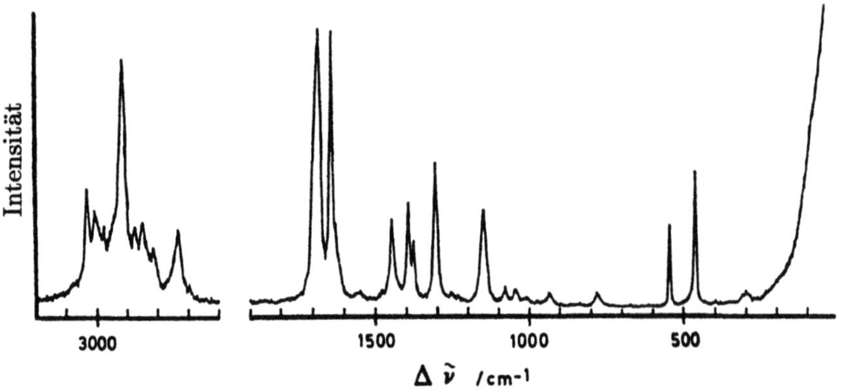

Bild 6.17 Laser-Vibrations-Raman-Spektrum des flüssigen Crotonaldehyds. (Aus: Durig, J. R., Brown, S. C., Kalsinsky, V. F. und George, W. O., *Spectrochim. Acta*, **32A**, 807, 1976)

Aus dem Raman-Spektrum kann man zusätzliche Informationen über die Symmetrie der Schwingungen erhalten. Diese Informationen erhält man aus dem Depolarisierungsgrad ρ jeder Raman-Bande. ρ ist ein Maß dafür, wie stark sich die Polarisierung der anregenden Strahlung nach dem Raman-Streuprozeß ändert. Diese Größe wird häufig dazu verwendet, um zwischen totalsymmetrischen und nicht-totalsymmetrischen Schwingungen zu unterscheiden.

Außerdem können sowohl im Infrarot- als auch im Raman-Spektrum zusätzlich zu den Übergängen mit $\Delta v = 1$ auch Kombinations- und Oberschwingungen mit beträchtlicher Intensität auftreten. Das ist insbesondere bei den Infrarotspektren der Fall, und es kann leicht zu Verwechslungen mit nur wenig intensiven Grundschwingungen kommen. Hin und wieder kann mit Hilfe von Kombinations-, häufiger aber mit Oberschwingungen, eine Gruppenschwingung identifizert werden.

Der Großteil der vorangegangenen Diskussion über Gruppenschwingungen hat sich zwar auf organische Moleküle beschränkt, aber bei diesen Molekülen liegt schließlich auch die Hauptanwendung des Prinzips von Gruppenschwingungen für die qualitative Analyse. Bei anorganischen Komplexen und Ionen sind die nötigen Näherungen dieses Konzepts der Gruppenschwingungen nicht so ohne weiters gültig. M–H-, M–C-, M–X- und M=O-Schwingungen stellen aber brauchbare Gruppenschwingungen dar (M steht für ein Metallatom und X für ein Halogenatom).

Nicht zuletzt zeigen anorganische Komplexe mit organischen Liganden einige Schwingungen, die für den Liganden charakteristisch sind.

Anorganische Komplexe enthalten meist ein schweres Metallatom. Diese Schwingungen sind daher oft bei sehr niedrigen Wellenzahlen anzutreffen. Hier ist es daher wichtiger als bei den organischen Molekülen, ein Raman-Spektrum im fernen Infrarot aufzunehmen.

Tabelle 6.4 Wellenzahlen der Grundschwingungen des Crotonaldehyds im Infrarot- bzw. Raman-Spektrum

Schwingung[1]	genäherte Beschreibung	$\tilde{\nu}/\mathrm{cm}^{-1}$ Infrarot	Raman
Schwingungen in der Molekülebene			
ν_1:	antisymmetrische CH-Streckschwingung an der C=C-Gruppe	3042	3032
ν_2:	symmetrische CH-Streckschwingung an der C=C-Gruppe	3002	3006
ν_3:	antisymmetrische CH_3-Streckschwingung	2944	2949
ν_4:	symmetrische CH_3-Streckschwingung	2916	2918
ν_5:	CH-Streckschwingung der CHO-Gruppe	2727	2732
ν_6:	C=O-Streckschwingung	1693	1682
ν_7:	C=C-Streckschwingung	1641	1641
ν_8:	antisymmetrische CH_3-Biegeschwingung	1444	1445
ν_9:	CH-Pendelschwingung der CHO-Gruppe (Biegeschwingung in der Ebene)	1389	1393
ν_{10}:	symmetrische CH_3-Biegeschwingung	1375	1380
ν_{11}:	symmetrische CH-Biegeschwingung der C=C-Gruppe	1305	1306
ν_{12}:	antisymmetrische CH-Biegeschwingung der C=C-Gruppe	1253	1252
ν_{13}:	Pendelschwingung der CH_3-Gruppe in der Molekülebene	1075	1080
ν_{14}:	C–CHO-Streckschwingung	1042	1046
ν_{15}:	C–CH_3-Streckschwingung	931	931
ν_{16}:	CH_3–C=C-Biegeschwingung	542	545
ν_{17}:	C=C–C-Biegeschwingung	459	464
ν_{18}:	C–C=O-Biegeschwingung	216	230
Schwingungen aus der Molekülebene heraus			
ν_{19}:	antisymmetrische CH_3-Streckschwingung	2982	2976
ν_{20}:	antisymmetrische CH_3-Biegeschwingung	1444	1445
ν_{21}:	CH_3-Pendelschwingung	1146	1149
ν_{22}:	antisymmetrische[2] CH-Biegeschwingung der C=C-Gruppe	966	—
ν_{23}:	symmetrische[2] CH-Biegeschwingung der C=C-Gruppe	—	780
ν_{24}:	CH-Kippschwingung der CHO-Gruppe (Biegeschwingung aus der Ebene heraus)	727	—
ν_{25}:	CH_3-Biegeschwingung	297	300
ν_{26}:	CH_3-Torsionsschwingung	173	—
ν_{27}:	CHO-Torsionsschwingung	121	—

[1] Zur Numerierung von Schwingungen siehe Fußnote 4 auf Seite 85.
[2] Führt zu einer Inversion der Wasserstoffatome durch das Zentrum der Inversionsschwingung.

6.2.2 Auswahlregeln

6.2.2.1 Infrarotspektren

In Abschnitt 2.1 haben wir bereits erfahren, daß die Moleküle hauptsächlich mit dem elektrischen, weniger mit dem magnetischen Anteil der einfallenden Strahlung wechselwirken. Das ist auch bei einem Übergang zwischen zwei Schwingungsniveaus während

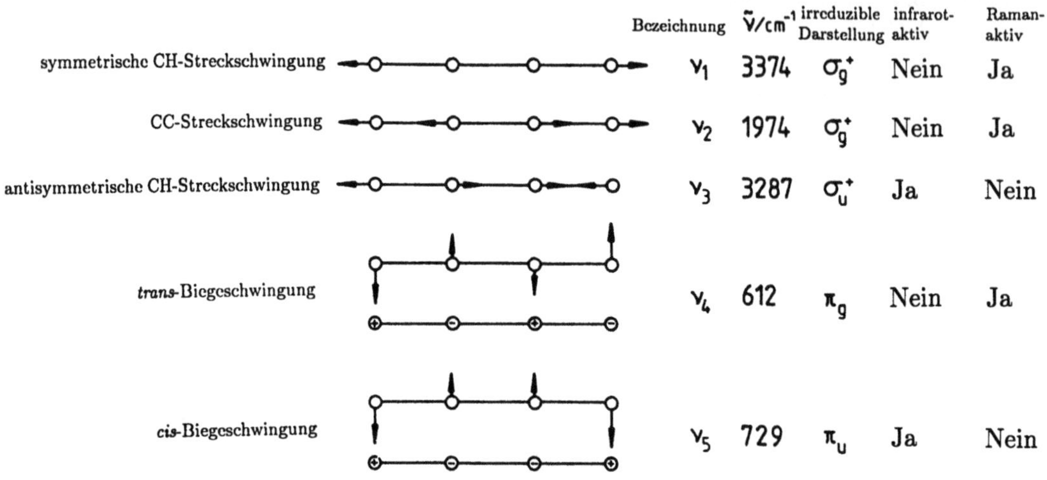

Bild 6.18 Normalschwingungen des Acetylens

eines Absorptions- oder Emissionsprozesses von infrarotem Licht der Fall. Aus diesem Grund werden die Auswahlregeln der Infrarotspektroskopie auch als elektrische Dipol- oder Dipolauswahlregeln bezeichnet.

Wir wollen als Beispiel die Normalschwingungen des H_2O-Moleküls betrachten, die wir bereits in Bild 4.14 gesehen haben. Wir erkennen sofort, daß durch alle Schwingungen ν_1, ν_2 und ν_3 eine Änderung des Dipolmoments induziert wird. Also sind alle Schwingungen infrarot-aktiv, d.h. der Übergang $v = 1{-}0$ ist für alle Schwingungen erlaubt. Eine nützliche Notation für die verschiedenen Schwingungsübergänge mehratomiger Moleküle, die aber nicht universell ist, ist $1_0^1, 2_0^1, 3_0^1$. Das Symbol $N_{v'}^{v''}$ bezeichnet den Übergang zwischen den Vibrationsquantenzahlen v'' und v' des unteren und des oberen Schwingungsniveaus der N-ten Schwingung.

Acetylen HC≡CH ist ein vieratomiges, lineares Molekül und hat deshalb sieben Normalschwingungen, die in Bild 6.18 dargestellt sind. Die *trans*- und die *cis*-Biegeschwingungen ν_4 und ν_5 sind beide zweifach entartet. Die Entartung ist hier aber offensichtlicher als bei den entarteten Schwingungen ν_3 und ν_4 des Ammoniaks (siehe Bild 4.16). Wir wollen uns die ν_4-Schwingungen des Acetylens etwas genauer anschauen. Diese Biegeschwingungen liegen in paarweise senkrecht zueinander stehenden Ebenen, jedoch weist der Vektor der Biegeschwingung in der einen Ebene keine Komponente in der anderen Ebene auf. Die beiden Biegeschwingungen haben also zwei verschiedene Wellenfunktionen, aber dieselbe Energie.

Wir sehen in Bild 6.18, daß nur die Schwingungen ν_3 und ν_5 eine Änderung des Dipolmoments hervorrufen und daher infrarot-aktiv sind.

Für die Moleküle Wasser und Acetylen konnten wir zwar entscheiden, ob eine Normalschwingung infrarot-aktiv ist oder nicht. Im allgemeinen wird aber eine Beurteilung nicht so einfach sein, besonders dann, wenn wir es mit Ober- und Kombinationsschwingungen zu tun haben. Erst mit Hilfe von Symmetriebetrachtungen werden wir in der Lage sein, Auswahlregeln für alle Schwingungsübergänge eines beliebigen, mehratomigen Moleküls zu finden.

Die Intensität eines Vibrationsübergangs ist proportional zu $|\boldsymbol{R}_v|^2$, dem Quadrat des Übergangsmoments der Vibration $\boldsymbol{R}_v$, wobei gilt

$$\boldsymbol{R}_v = \int \psi_v'^* \boldsymbol{\mu} \psi_v'' \mathrm{d}\tau_v. \tag{6.44}$$

Das ist der gleiche Ausdruck wie in Gl. (6.4) für das Vibrationsübergangsmoment eines zweiatomigen Moleküls. Die Integration läuft über alle Schwingungskoordinaten. Offensichtlich gilt:

$$\boldsymbol{R}_v = 0 \quad \text{für einen verbotenen Übergang,} \tag{6.45}$$

$$\boldsymbol{R}_v \neq 0 \quad \text{für einen erlaubten Übergang.} \tag{6.46}$$

An Hand einfacher Symmetrieüberlegungen kann man feststellen, ob das Integral in Gl. (6.44) von Null verschieden und damit ein Übergang erlaubt ist. Sind beide Vibrationszustände nicht entartet, muß der Integrand totalsymmetrisch sein. Wir schreiben:

$$\Gamma(\psi_v') \times \Gamma(\mu) \times \Gamma(\psi_v'') = A. \tag{6.47}$$

Hier steht Γ wieder für „irreduzible Darstellung von“ (siehe auch Abschnitt 4.3.1). A entspricht der totalsymmetrischen Darstellung einer beliebigen, nicht-entarteten Punktgruppe. Die Gl. (6.47) muß modifiziert werden, wenn mindestens einer der beiden Vibrationszustände entartet ist. Wir haben bereits in Abschnitt 4.3.2 gesehen, daß das Produkt zweier entarteter irreduzibler Darstellungen eine Summe von Darstellungen liefert. Als Beispiel haben wir $E \times E = A_1 + A_2 + E$ (Gl. (4.29)) und $\Pi \times \Pi = \Sigma^+ + \Sigma^- + \Delta$ (Gl. (4.33)) kennengelernt. Für entartete Zustände ändern wir Gl. (6.47) also zu

$$\Gamma(\psi_v') \times \Gamma(\mu) \times \Gamma(\psi_v'') \supset A. \tag{6.48}$$

Das Boolsche Symbol $\supset$ bedeutet „enthält“. Zum Beispiel zeigt Gl. (4.29), daß $E \times E$ die irreduzible Darstellung A_1 enthält, also

$$E \times E \supset A_1. \tag{6.49}$$

Das Übergangsmoment in Gl. (6.44) ist ein Vektor und kann in seine Komponenten entlang der x-, y- und der z-Achse zerlegt werden (siehe auch Gl. (2.20) in Abschnitt 2.2):

$$R_{v,x} = \int \psi_v'^* \mu_x \psi_v'' \mathrm{d}\tau_v; \quad R_{v,y} = \int \psi_v'^* \mu_y \psi_v'' \mathrm{d}\tau_v; \quad R_{v,z} = \int \psi_v'^* \mu_z \psi_v'' \mathrm{d}\tau_v. \tag{6.50}$$

Es gilt

$$|\boldsymbol{R}_v|^2 = (R_{v,x})^2 + (R_{v,y})^2 + (R_{v,z})^2, \tag{6.51}$$

und deshalb ist ein Übergang $v'-v''$ erlaubt, wenn eine der Komponenten $R_{v,x}$, $R_{v,y}$ oder $R_{v,z}$ von Null verschieden ist.

Das Dipolmoment ist ein Vektor mit einer bestimmten Richtung. Es hat daher die Symmetrieeigenschaften einer Translationsbewegung in dieselbe Richtung. Bild 6.19 vergleicht die Symmetrie des Dipolmoments eines Wassermoleküls und die Translation des gesamten Moleküls in Richtung des Dipolmoments. Wir sehen, daß beide zur selben irreduziblen Darstellung gehören, nämlich der totalsymmetrischen Darstellung A_1. Ganz allgemein gilt

$$\Gamma(\mu_x) = \Gamma(T_x); \quad \Gamma(\mu_y) = \Gamma(T_y); \quad \Gamma(\mu_z) = \Gamma(T_z). \tag{6.52}$$

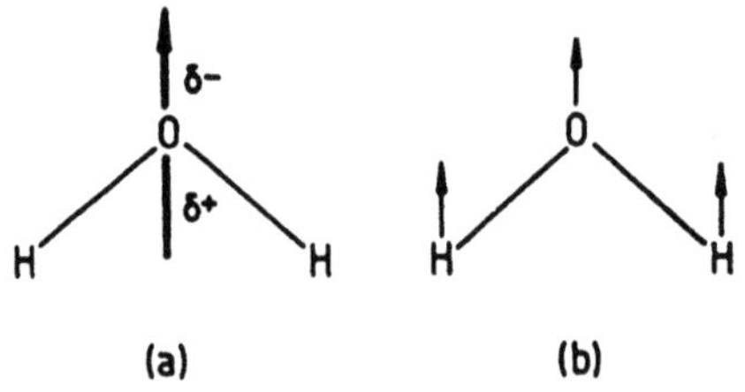

Bild 6.19
(a) Vektor des Dipolmoments von H_2O und (b) Translation des Moleküls in dessen Richtung

Für Gl. (6.47) erhalten wir damit

$$\Gamma(\psi_v') \times \Gamma(T_x) \times \Gamma(\psi_v'') = A$$

und/oder

$$\Gamma(\psi_v') \times \Gamma(T_y) \times \Gamma(\psi_v'') = A \tag{6.53}$$

und/oder

$$\Gamma(\psi_v') \times \Gamma(T_z) \times \Gamma(\psi_v'') = A.$$

Durch „und/oder" wird angedeutet, daß für einen erlaubten Übergang eine oder mehrere Komponenten von $\boldsymbol{R}_v$ von Null verschieden sein können.

Im allgemeinen wird der untere Zustand eines Übergangs der Schwingungsgrundzustand mit $v'' = 0$ sein. Die Wellenfunktion dieses Zustands ist totalsymmetrisch, $\Gamma(\psi_v'') = A$, und Gl. (6.53) vereinfacht sich zu

$$\Gamma(\psi_v') \times \Gamma(T_x) = A$$

und/oder

$$\Gamma(\psi_v') \times \Gamma(T_y) = A \tag{6.54}$$

und/oder

$$\Gamma(\psi_v') \times \Gamma(T_z) = A,$$

denn die Multiplikation mit der totalsymmetrischen Darstellung läßt alles unverändert. Ergibt die Multiplikation zweier Darstellungen die totalsymmetrische Darstellung, so sind diese beiden Darstellungen identisch. Aus Gl. (6.54) folgt daher

$$\Gamma(\psi_v') = \Gamma(T_x) \text{ und/oder } \Gamma(T_y) \text{ und/oder } \Gamma(T_z). \tag{6.55}$$

Das ist die Auswahlregel für einen Schwingungsübergang vom Zustand $v = 0$ in einen beliebigen anderen Zustand einer nicht-entarteten Grund-, Ober- oder Kombinationsschwingung. Auch für den Übergang vom Zustand $v = 0$ in einen entarteten Zustand kann eine analoge Auswahlregel formuliert werden:

$$\Gamma(\psi_v') \supset \Gamma(T_x) \text{ und/oder } \Gamma(T_y) \text{ und/oder } \Gamma(T_z). \tag{6.56}$$

Für ein bestimmtes Molekül lassen sich also die Auswahlregeln nach folgendem Schema finden:

1. Punktgruppe des Moleküls bestimmen;
2. irreduzible Darstellungen der Translation der entsprechenden Punktgruppe nachschauen;
3. ausgehend vom Zustand $v'' = 0$ muß für erlaubte Übergänge gelten:

$$\Gamma(T_x) - A; \quad \Gamma(T_y) - A; \quad \Gamma(T_z) - A. \tag{6.57}$$

   Den Übergang zwischen einem oberen Zustand Y und einem unteren Zustand X haben wir mit Y−X angegeben.

Mit Hilfe der Charaktertafel der C_{2v}-Punktgruppe (Tabelle A.11 im Anhang) können wir sofort die erlaubten Übergänge mit dem Zustand $v = 0$ aufschreiben:

$$A_1 - A; \quad B_1 - A; \quad B_2 - A. \tag{6.58}$$

Diese Übergänge sind entlang der z-, x- bzw. y-Achse polarisiert. Das bedeutet, daß z.B. bei dem Übergang $B_1 - A_1$ ein oszillierender elektrischer Dipol entlang der x-Achse induziert wird.

Wir können aus Gl. (6.58) ableiten, daß für H_2O die Übergänge $1_0^1, 2_0^1, 3_0^1$ erlaubt sind. Die Schwingungen ν_1, ν_2 und ν_3 werden als a_1-, a_1- und b_2-Schwingung bezeichnet[6]. Die Klassifizierung dieser Schwingungen haben wir bereits in Gl. (4.11) vorgenommen. Das gleiche Ergebnis haben wir schon allein auf Grund der Feststellung erhalten, daß sich bei allen drei Schwingungen das Dipolmoment ändert. An Hand von Gl. (6.57) können wir aber zusätzlich noch die Auswahlregeln für Ober- und Kombinationsschwingungen ableiten.

Wird in H_2O die ν_3-Schwingung doppelt angeregt, hat der resultierende angeregte Schwingungszustand die Symmetrie A_1. Das haben wir schon in Gl. (4.14) abgeleitet. Im allgemeinen gilt bei n-facher Anregung einer Schwingung, die der irreduziblen Darstellung $\Gamma(v')$ angehört:

$$\Gamma(\psi_v') = S^n. \tag{6.59}$$

In Bild 6.20 sehen wir, daß die irreduzible Darstellung sich für die Grund- und Oberschwingungen von ν_3 alternierend ändert, nämlich von A_1 für gerade v-Werte nach B_2 für ungerade v-Werte. Daraus folgt, daß die Übergänge $1_0^1, 2_0^1, 3_0^1$ alle erlaubt sind und die Polarisierung abwechselnd entlang der y-, z-, y-, ... Achse erfolgt (zur Achsenbenennung siehe Bild 4.13).

In Gl. (4.12) haben wir gezeigt, daß für die Symmetrie der Kombinationsschwingung aus ν_1 und ν_3 $\Gamma(\psi_v') = B_2$ gilt. Dasselbe Ergebnis erhalten wir, wenn eine Kombinationsschwingung aus ν_2 und ν_3 angeregt wird. Das ist auch in Bild 6.20 so angedeutet. Daraus leiten wir ab, daß beide Übergänge $1_0^1 3_0^1$ und $2_0^1 3_0^1$ erlaubt und entlang der y-Achse polarisiert sind.

Für das H_2O-Molekül gibt es keine Schwingung mit der Symmetrie a_2 oder b_1. Für ein Molekül wie CH_2F_2, wo es für alle irreduziblen Darstellungen der C_{2v}-Punktgruppe mindestens eine Normalschwingung gibt, greifen die Auswahlregeln natürlich in völlig analoger Weise.

[6] Hier haben wir kleine Buchstaben verwendet, um die Schwingungen zu bezeichnen. Große Buchstaben werden normalerweise für die zugehörigen Wellenfunktionen benutzt. Häufig werden aber auch Großbuchstaben für beides verwendet.

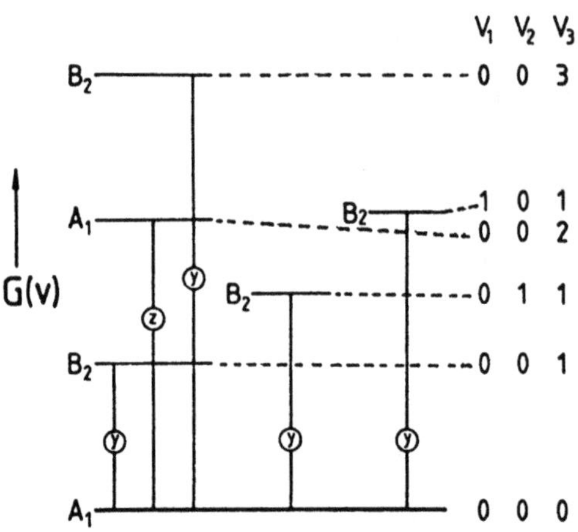

Bild 6.20 Irreduzible Darstellungen einiger Ober- und Kombinationsschwingungen des H_2O sowie die zugehörige Richtung der Polarisierung des Übergangsmoments. Die Wellenzahlen der einzelnen Grundschwingungen betragen $\tilde{\nu}_1 = 3657{,}1\ \mathrm{cm}^{-1}$, $\tilde{\nu}_2 = 1594{,}8\ \mathrm{cm}^{-1}$ und $\tilde{\nu}_3 = 3755{,}8\ \mathrm{cm}^{-1}$

Wir haben schon festgestellt, daß NH_3 zur Punktgruppe C_{3v} gehört und daß die beiden entarteten Normalschwingungen zur E-Darstellung gehören. Die Normalschwingungen des NH_3 kennen wir bereits aus Bild 4.16. Die Übergänge 1_0^1 und 2_0^1 sind erlaubt, weil die Normalschwingungen ν_1 und ν_2 beide a_1-Schwingungen sind. Wie uns die Charaktertafel der Punktgruppe C_{3v} zeigt (Tabelle A.12 im Anhang), gilt $\Gamma(T_z) = A_1$, und daher sind diese Schwingungen entlang der $z-(C_3\text{-})$Achse polarisiert. Mit den gleichen Argumenten findet man, daß die Übergänge 3_0^1 und 4_0^1 erlaubt und in der xy-Ebene polarisiert sind, denn $\Gamma(T_x, T_y) = E$.

Der obere Zustand einer Ober- oder Kombinationsschwingung kann nicht unbedingt genau einer irreduziblen Darstellung $\Gamma(\psi_v')$ zugeordnet werden. Um zu entscheiden, ob ein Übergang erlaubt ist, müssen wir also Gl. (6.56) verwenden. Beispielsweise gilt für die Kombinationsschwingung $3_0^1 4_0^1$ des NH_3-Moleküls laut Gl. (4.29):

$$\Gamma(\psi_v') = E \times E = A_1 + A_2 + E. \tag{6.60}$$

Der Charaktertafel entnehmen wir, daß $\Gamma(T_x, T_y) = E$ und $\Gamma(T_z) = A_1$ ist. Somit ist $\Gamma(\psi_v') \subset \Gamma(T_x, T_y)$ und $\Gamma(T_z)$ erfüllt und der Übergang deshalb erlaubt. Genauer gesagt, sind die Übergänge, die zwei der drei Komponenten der Kombinationsschwingung enthalten (A_1 und E), erlaubt, während die A_2-Komponente verboten ist.

Die Symmetrie der Oberschwingung 3_0^2 ist gemäß Gl. (4.30)

$$\Gamma(\psi_v') = (E)^2 = A_1 + E. \tag{6.61}$$

Beide Komponenten dieses Übergangs sind erlaubt.

Acetylen (HC≡CH) gehört zur Punktgruppe $D_{\infty h}$, deren Charaktertafel in Tabelle A.37 im Anhang gegeben ist. Die Normalschwingungen des Acetylens sind in Bild 6.18 dargestellt. Weil ν_3 eine σ_u^+-Schwingung ist und $\Gamma(T_z) = \Sigma_u^+$, ist der Übergang 3_0^1 erlaubt und das zugehörige Übergangsmoment in Richtung der z-Achse polarisiert. In ähnlicher

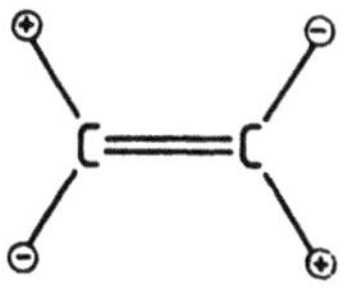

Bild 6.21
Die ν_4-Schwingung des Ethylens

Weise gehen wir für den Übergang 5_0^1 vor: ν_5 ist eine π_u-Schwingung, und das Übergangsmoment ist in der xy-Ebene polarisiert.

Für die Darstellung der $4^1 5^1$-Kombinationsschwingung finden wir:

$$\Gamma(\psi_v') = \Pi_g \times \Pi_u = \Sigma_u^+ + \Sigma_u^- + \Delta_u. \qquad (6.62)$$

Das Ergebnis für die Punktgruppe $D_{\infty h}$ erhalten wir auf die gleiche Weise wie das Ergebnis der Gl. (4.33) für die Punktgruppe $C_{\infty v}$. Hier ist eine Komponente des $4_0^1 5_0^1$-Übergangs erlaubt, nämlich Σ_u^+.

Für die Darstellung der Oberschwingung 5^2 gilt:

$$\Gamma(\psi_v') = (\Pi_u)^2 = \Sigma_g^+ + \Delta_g, \qquad (6.63)$$

also ähnlich der Gl. (4.34). Der Übergang 5_0^2 ist demnach verboten.

Wir sollten uns immer vor Augen halten, daß die Auswahlregeln nichts über die Intensität eines Übergangs aussagen können. Mit Hilfe dieser Regeln können wir nur feststellen, ob die Intensität Null oder von Null verschieden ist. Es ist durchaus möglich, daß ein Übergang auf Grund seiner geringen Intensiät nicht beobachtet werden kann, obwohl er laut den Auswahlregeln erlaubt ist.

Weiterhin sollten wir im Gedächtnis behalten, daß die Auswahlregeln, die wir uns hier erarbeitet haben, nur für das freie Molekül in der Gasphase gelten; im flüssigen oder festen Zustand können sie an Bedeutung verlieren. Ein schönes Beispiel hierfür ist die ν_4-Schwingung des Ethylens, die in Bild 6.21 gezeigt ist. Hierbei handelt es sich um eine Torsionsschwingung mit der Symmetrie a_1. Der Übergang 4_0^1 ist dipol-verboten und wird im Gasphasenspektrum auch nicht beobachtet. In der flüssigen oder festen Phase ist er jedoch als schwache Bande zu sehen.

6.2.2.2 Raman-Spektren

Damit ein Übergang zwischen zwei nicht-entarteten Zuständen im Vibrations-Raman-Spektrum beobachtet werden kann, muß

$$\Gamma(\psi_v') \times \Gamma(\alpha_{ij}) \times \Gamma(\psi_v'') = A \qquad (6.64)$$

erfüllt sein. Diese Bedingung ist analog zur Gl. (6.47) für einen Übergang im Infrarotspektrum. Mit α_{ij} sind die Komponenten des Polarisierbarkeitstensors $\boldsymbol{\alpha}$ aus Gl. (5.52) gemeint. Im allgemeinen sind die sechs Komponenten (α_{xx}, α_{yy}, α_{zz}, α_{xy}, α_{xz} und α_{yz}) dieses Tensors verschieden. Die irreduziblen Darstellungen dieser Komponenten sind stets in der rechten Spalte der Charaktertafel angegeben (siehe Anhang). Bei Übergängen, bei denen mindestens ein Vibrationszustand entartet ist, muß Gl. (6.64) entsprechend modifiziert werden:

$$\Gamma(\psi'_v) \times \Gamma(\alpha_{ij}) \times \Gamma(\psi''_v) \supset A. \qquad (6.65)$$

In vielen Fällen wird der untere Zustand der Schwingungsgrundzustand mit $v = 0$ und $\Gamma(\psi''_v) = A$ sein. Die Bedingung für einen Raman-Übergang für nicht-entartete und entartete Schwingungen lautet damit:

$$\Gamma(\psi'_v) = \Gamma(\alpha_{ij}). \qquad (6.66)$$

An Hand der Charaktertafel der Punktgruppe C_{2v} (Tabelle A.11 im Anhang) stellen wir fest, daß alle vier Grundschwingungen des H_2O (siehe Bild 4.14) im Raman-Spektrum erlaubt sind, denn es gilt $\Gamma(\alpha_{xx}, \alpha_{yy}, \alpha_{zz}) = A_1$ und $\Gamma(\alpha_{yz}) = B_1$. Entsprechend finden wir, daß alle Normalschwingungen des NH_3 (Punktgruppe C_{3v}, Charaktertafel in Tabelle A.12 im Anhang) ebenfalls erlaubt sind, denn $\Gamma(\alpha_{xx}, \alpha_{yy}, \alpha_{zz}) = A_1$ und $\Gamma[(\alpha_{xx} - \alpha_{yy}, \alpha_{xy})(\alpha_{xz}, \alpha_{yz})] = E$.

In analoger Weise verfahren wir bei Acetylen (Bild 6.18, Punktgruppe $D_{\infty h}$, Charaktertafel in Tabelle A.37 im Anhang). In der 1–0-Bande des Acetylens sind im Raman-Spektrum nur die Übergänge 1^1_0, 2^1_0 und 4^1_0 erlaubt.

Die Schwingungen des Acetylens sind ein schönes Beispiel für das sogenannte Ausschlußprinzip. Liegt in einem Molekül ein Inversionszentrum vor, so sind die Grundschwingungen mit gerader Symmetrie (g-Schwingungen) Raman-aktiv, aber infrarotinaktiv. Umgekehrt sind die infrarot-aktiven u-Schwingungen mit ungerader Symmetrie Raman-inaktiv. Kurz, die beiden Spektren schließen sich gegenseitig aus. Es gibt aber auch Schwingungen, die sowohl im Infrarot- als auch im Raman-Spektrum verboten sind. Als Beispiel hierfür haben wir eben schon die in Bild 6.21 dargestellte a_u-Torsionsschwingung des Ethylens kennengelernt: Die irreduzible Darstellung a_u weist in der Punktgruppe D_{2h} (siehe Tabelle A.32 im Anhang) weder eine Translationskomponente noch eine Komponente des Polarisierbarkeitstensors auf.

6.2.3 Vibrations-Rotations-Spektroskopie

Die Raman-Streuung erfolgt normalerweise mit derart geringer Intensität, daß die Raman-Spektroskopie zu den etwas schwierigeren Techniken gehört. Das ist in besonderem Maße für die Vibrations-Rotations-Raman-Spektroskopie der Fall, denn Vibrationsübergänge sind im Raman-Spektrum wesentlich weniger intensiv als Rotationsübergänge, die wir in den Abschnitten 5.3.3 und 5.3.5 vorgestellt haben. Wir wollen uns deshalb hier auf die Vibrations-Rotationsübergänge in der Infrarotspektroskopie beschränken. Diese Übergänge müssen in der Gasphase untersucht werden (siehe auch Abschnitt 6.1.4.1).

Wie bei den zweiatomigen, gibt es auch bei den mehratomigen Molekülen für jedes Schwingungsniveau eine ganze Serie von Rotationsniveaus. Die Termenergien S sind die Summe aus den entsprechenden Termenergien der Vibration und der Rotation:

$$S = F_{v_i} + G(v_i). \qquad (6.67)$$

Der Index i bezieht sich hier auf eine bestimmte Schwingung. In der Näherung des harmonischen Oszillators gilt für die Termenergien der Vibration

$$G(v_i) = \omega_i(v_i + \frac{d_i}{2}). \qquad (6.68)$$

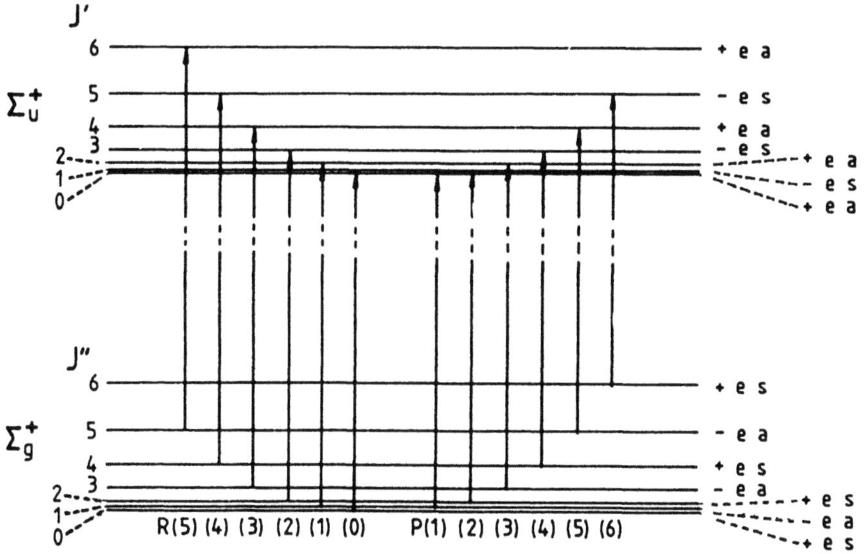

Bild 6.22 Rotationsübergänge eines linearen mehratomigen Moleküls, die während eines $\Sigma_u^+ - \Sigma_g^+$-Schwingungsübergangs im Infrarotspektrum auftreten. Für die Punktgruppe $C_{\infty v}$ anstelle $D_{\infty h}$ fallen die Indizes g und u sowie die Bezeichnungen s und a weg

ω_i ist die Wellenzahl, die der klassische harmonische Oszillator aufweist, v_i die Quantenzahl und d_i der Entartungsgrad

6.2.3.1 Infrarotspektren linearer Moleküle

Lineare Moleküle gehören entweder zur Punktgruppe $D_{\infty h}$ (es gibt ein Inversionszentrum) oder zu $C_{\infty v}$ (dann liegt kein Inversionszentrum vor). Wir nehmen die Auswahlregel für die Vibration (Gl. (6.56)) und die entsprechenden Charaktertafeln (Tabellen A.16 bzw. A.37 im Anhang) zu Hilfe und finden: Ausgehend vom Vibrationsniveau $v = 0$ (irreduzible Darstellung: Σ_g^+ für $D_{\infty h}$, Σ^+ für $C_{\infty v}$) sind die folgenden Übergänge erlaubt:

$$\Sigma_u^+ - \Sigma_g^+ \text{ und } \Pi_u - \Sigma_g^+ \tag{6.69}$$

in der Punktgruppe $D_{\infty h}$ und

$$\Sigma^+ - \Sigma^+ \text{ und } \Pi - \Sigma^+ \tag{6.70}$$

in der Punktgruppe $C_{\infty v}$.

Für alle Vibrationsniveaus mit Σ-Symmetrie existiert eine Serie von Rotationsniveaus mit den Termenergien

$$F_v(J) = B_v J(J+1) - D_v J^2(J+1)^2, \tag{6.71}$$

also genauso wie in einem zweiatomigen Molekül (siehe Gl. (5.23)). In Bild 6.22 sind zwei solcher Serien für zwei Vibrationsniveaus mit Σ_u^+- und Σ_g^+-Symmetrie dargestellt.

Die Auswahlregel für einen Rotationsübergang ist dieselbe wie bei einem zweiatomigen Molekül:

$$\Delta J = \pm 1. \tag{6.72}$$

Es gibt also wieder einen P-Zweig mit $\Delta J = -1$ und einen R-Zweig mit $\Delta J = +1$. Die einzelnen Übergänge sind um einen Abstand $2B$ voneinander entfernt; hier ist B die durchschnittliche Rotationskonstante beider Vibrationszustände. Die Linien $R(0)$ und $P(1)$ liegen um $4B$ auseinander. Die Spektren werden auf dieselbe Weise ausgewertet wie die Rotations-Vibrations-Spektren der zweiatomigen Moleküle. Mit der in Abschnitt 6.1.4.1 vorgestellten Methode lassen sich auch die Rotationskonstanten B_1 und B_0 von mehratomigen Molekülen bestimmen.

Bei einem mehratomigen linearen Molekül der Punktgruppe $D_{\infty h}$ verhalten sich die Rotationsniveaus symmetrisch (s) oder antisymmetrisch (a) bezüglich einer Kernvertauschung. Wie wir schon bei den homonuklearen zweiatomigen Molekülen in Abschnitt 5.3.4 diskutiert haben, können durch das statistische Gewicht des Kernspins alternierende Intensitätsänderungen auftreten. Die entsprechenden Kennzeichnungen sind bereits in Bild 6.22 berücksichtigt.

Ebenfalls sind in Bild 6.22 die Paritätsbezeichnungen + oder − sowie die alternativen Bezeichnungen e und f für jedes Rotationsniveau angegeben. Die folgenden allgemeinen Auswahlregeln machen von diesen Symmetrieeigenschaften Gebrauch.[7]

$$+ \leftrightarrow -, \quad + \not\leftrightarrow +, \quad - \not\leftrightarrow - . \tag{6.73}$$

Eine alternative Formulierung ist

$$\begin{array}{llll} e \leftrightarrow f, & e \not\leftrightarrow e, & f \not\leftrightarrow f & \text{für} \quad \Delta J = 0, \\ e \not\leftrightarrow f, & e \leftrightarrow e, & f \leftrightarrow f & \text{für} \quad \Delta J = \pm 1. \end{array} \tag{6.74}$$

Für einen Σ−Σ-Übergang ist diese Unterscheidung aber überflüssig und kann getrost ignoriert werden.

In Bild 6.23 ist der 3_0^1-Übergang des HCN gezeigt; ν_3 ist die C−H-Streckschwingung. Hierbei handelt es sich um einen Übergang der Symmetrie Σ^+−Σ^+. Deutlich ist in dem Spektrum der P- und der R-Zweig erkennbar, ganz analog zum Spektrum eines zweiatomigen Moleküls. Dem Spektrum in Bild 6.23 sind noch zwei sogenannte „heiße Banden" der ν_2-Biegeschwingung überlagert. Die eine Bande zeigt einen P-, Q- und R-Zweig mit einem Bandenzentrum bei ca. 3292 cm^{-1}. Für die andere Bande ist nur ein P- und ein R-Zweig zu sehen, und das Bandenzentrum liegt hier bei ca. 3290 cm^{-1}.

Bild 6.24 zeigt die Rotationsniveaus, die bei einem Schwingungsübergang Π_u−Σ_g^+ beteiligt sind. In zwei Punkten unterscheiden sich die Rotationsniveaus des Π_u-Vibrationsniveaus von denen des Σ_g^+-Vibrationsniveaus: (a) Es gibt keinen Zustand mit $J = 0$ und (b) ist jeder Zustand aufgespalten; die Aufspaltung nimmt mit größeren J-Werten zu. Der Grund für das fehlende $J = 0$-Niveau ist der folgende: Im Π-Vibrationszustand ist bereits ein Quantum des Bahndrehimpulses vorhanden, und weil J sich auf den ***gesamten*** Bahndrehimpuls des Moleküls bezieht, kann J nicht kleiner sein als Eins. Dieser Bahndrehimpuls des Π-Vibrationszustands verursacht auch die Aufspaltung der Rotationsniveaus. Der Effekt ist auf die Coriolis-Kraft zurückzuführen und wird als l-Verdopplung bezeichnet. Die Termenergien werden dadurch geändert:

[7] Die Symbole $\leftrightarrow$ bzw. $\not\leftrightarrow$ bedeuten erlaubte bzw. verbotene Übergänge, unabhängig vom oberen Zustand.

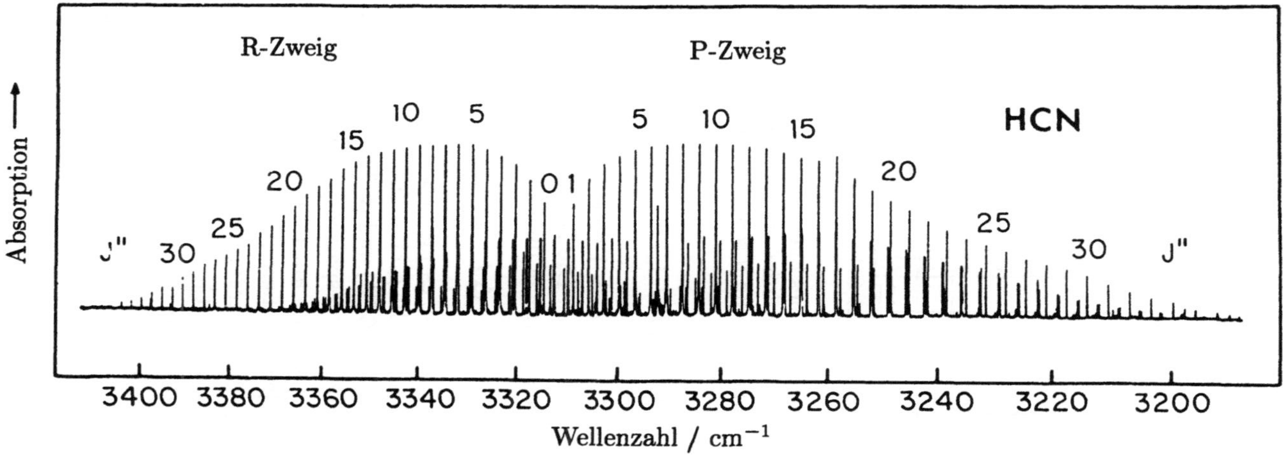

Bild 6.23 Die Infrarotbande des 3_0^1, $\Sigma^+ - \Sigma^+$-Übergangs von HCN; zwei schwächere Banden sind dem Übergang überlagert. (Aus: Cole, A. R. H., ***Tables of Wavenumbers for the Calibration of Infrared Spectrometers***, 2. Aufl., Seite 28, 1977)

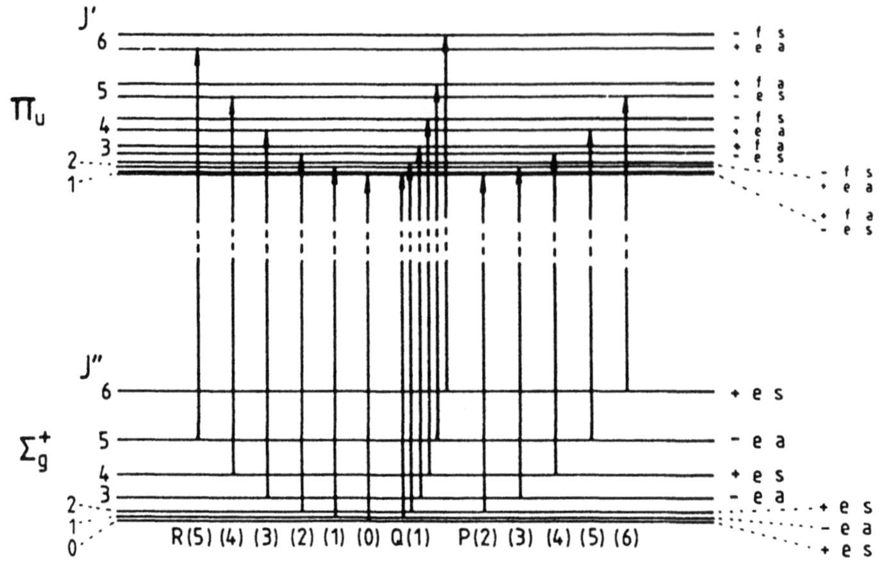

Bild 6.24 Rotationsübergänge eines linearen mehratomigen Moleküls, die während eines $\Pi_u - \Sigma_g^+$-Schwingungsübergangs im Infrarotspektrum auftreten. Für die Punktgruppe $C_{\infty v}$ anstelle $D_{\infty h}$ fallen die Indizes g und u sowie die Bezeichnungen s und a weg

$$F_v(J) = B_v J(J+1) - B_v \pm \frac{q_i}{2} J(J+1). \tag{6.75}$$

Diese Gleichung gilt für das Niveau $v_i = 1$ einer π-Schwingung. Der Parameter q_i ist ein Maß für die Aufspaltung der Niveaus. Die Zentrifugalverzerrung ist in dieser Gleichung vernachlässigt worden. Die Auswahlregel für Rotationsübergänge lautet dann:

$$\Delta J = 0, \pm 1. \tag{6.76}$$

Wie in Bild 6.24 dargestellt ist, gibt es also einen zentralen Q-Zweig ($\Delta J = 0$) sowie einen P- und R-Zweig. An dieser Stelle greifen für den Übergang des Typs $\Pi - \Sigma$ auch die Auswahlregeln, die wir in den Gln. (6.73) und (6.74) vorgestellt haben: Wir können damit entscheiden, welches der beiden aufgespaltenen Rotationsniveaus bei einem Übergang besetzt wird. Bild 6.24 deutet bereits an, daß für den P- und den R-Zweig das jeweils untere, für den Q-Zweig das jeweils obere Niveau besetzt wird.

Als Beispiel für einen $\Pi_u - \Sigma_g^+$-Übergang eines linearen Moleküls ist in Bild 6.25 die Bande der Kombinationsschwingung $1_0^1 5_0^1$ des Acetylens abgebildet. Es handelt sich hier um die Kombinationsschwingung aus ν_1, der symmetrischen CH-Streckschwingung, und ν_5, der *cis*-Biegeschwingung. Wir stellen fest, daß der P-Zweig mit der $P(2)$- statt der $P(1)$-Linie beginnt, wie wir es bei einem $\Sigma - \Sigma$-Übergang vorfinden. Außerdem beobachten wir eine alternierende Intensitätsänderung im Verhältnis 1 : 3 für die J''-Zustände gerade : ungerade. Die Ursache hierfür ist wieder das statistische Gewicht des Kernspins der beiden Protonen, wie wir es schon bei $^1H_2$ in Abschnitt 5.3.4 diskutiert und in Bild 5.18 gesehen haben.

Die Linien des Q-Zweiges liegen sehr dicht beieinander, so daß der Q-Zweig als der intensivste Teil der Bande erscheint. Das gilt für alle Q-Zweige von Infrarotspektren und

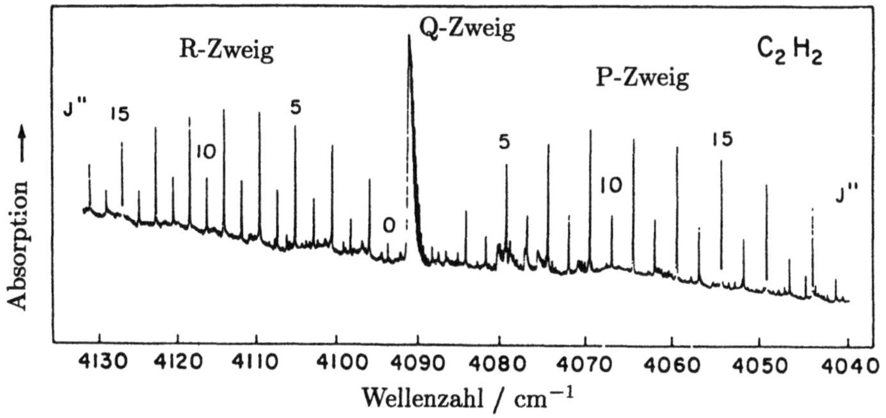

Bild 6.25 Der $1_0^1 5_0^1$-Vibrationsübergang in der $\Pi_u - \Sigma_g^+$-Bande des Acetylens. (Aus: Cole, A. R. H., ***Tables of Wavenumbers for the Calibration of Infrared Spectrometers***, 2. Aufl., Seite 12, 1977)

liegt daran, daß die Rotationskonstanten der beteiligten Schwingungsniveaus sehr ähnlich sind.

Wie schon erwähnt, ist jedes Rotationsniveau im π_u-Vibrationsniveau doppelt aufgespalten. Der effektive Wert von B_v für die niedrigeren Komponenten kann durch Auswertung des P- und des R-Zweiges nach der Methode der Kombinationsdifferenzen und für die höheren Komponenten durch entsprechende Auswertung des Q-Zweiges erhalten werden. Diese Methode haben wir im Abschnitt 6.1.4.1 vorgestellt. Mit diesen beiden Werten kann man dann B_v und q_i berechnen.

Die Aufspaltung der Rotationsniveaus ist allerdings meistens vernachlässigbar klein, zumindest solange q_i nicht ungewöhnlich groß ist oder nicht ein Spektrometer mit hoher Auflösung verwendet wird.

6.2.3.2 Infrarotspektren symmetrischer Rotatoren

Methylfluorid (CH_3F) ist ein Beispiel für einen symmetrischen Rotator, genauer gesagt einen zigarrenförmigen symmetrischen Rotator, und gehört zur Punktgruppe C_{3v}. Mit Hilfe der Auswahlregel für die Vibration (Gl. (6.56)) und der entsprechenden Charaktertafel (Tabelle A.12 im Anhang) stellen wir fest, daß nur die Übergänge

$$A_1 - A_1 \quad \text{und} \quad E - A_1 \tag{6.77}$$

erlaubt sind, wenn der Schwingungszustand $v = 0$ Ausgangszustand des Vibrationsübergangs ist. Bei einem $A_1 - A_1$-Übergang liegt das Übergangsmoment entlang der dreizähligen Drehachse. Es entsteht eine sogenannte parallele Bande. Bei einem $E - A_1$-Übergang ist das Übergangsmoment senkrecht zur dreizähligen Drehachse orientiert, und wir erhalten eine senkrechte Bande.

Bei der parallelen $A_1 - A_1$-Bande existiert für jedes A_1-Vibrationsniveau wieder eine Serie von Rotationsniveaus, zwischen denen die Übergänge stattfinden. Die Termenergien dieser Rotationsniveaus sind mit Gl. (5.32) gegeben und in Bild 5.6(a) schematisch dargestellt. Es gelten die folgenden Auswahlregeln:

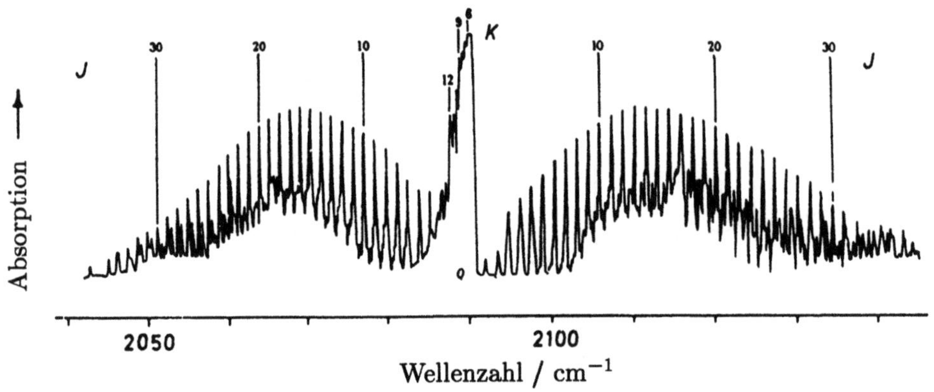

Bild 6.26 Die (1_0^1, A_1-A_1)-Bande im Infrarotspektrum des C^2H_3F. (Aus: Jones, E. W., Popplewell, R. J. und Thompson, H. W., ***Proc. R. Soc.***, **A290**, 490, 1966)

$$\Delta K = 0 \text{ und } \Delta J = \pm 1, \text{ für } K = 0, \tag{6.78}$$
$$\Delta K = 0 \text{ und } \Delta J = 0, \pm 1, \text{ für } K \neq 0.$$

Für jeden Wert von K gibt es also einen P-, Q- und R-Zweig; nur für $K = 0$ fehlt der Q-Zweig. Wie bei allen Molekülen variieren die Rotationskonstanten A_v und B_v nur wenig mit v. Die P-, Q- und R-Zweige der einzelnen K-Werte fallen mehr oder weniger zusammen. Das resultierende Spektrum erinnert stark an die $\Pi-\Sigma$-Bande eines linearen Moleküls (vgl. Bild 6.25). Als Beispiel ist in Bild 6.26 vom Infrarotspektrum des C^2H_3F der (1_0^1, A_1-A_1)-Übergang gezeigt. ν_1 ist die $C-^2H$-Streckschwingung, die der totalsymmetrischen Darstellung a_1 angehört. Die Q-Zweige, die zu verschiedenen Werten von K gehören, können offensichtlich nicht aufgelöst werden. Der Grund ist wieder, daß sich die Rotationskonstanten des oberen und des unteren Schwingungsniveaus kaum unterscheiden.

Für einen E-Vibrationszustand splitten im Vergleich zu denen in Bild 5.6(a) die Rotationsniveaus ein wenig auf. Wie bei den Π-Vibrationszuständen ist auch hier die Ursache die Coriolis-Kraft. Die $E-A_1$-Bande unterscheidet sich von der A_1-A_1-Bande hauptsächlich durch die Auswahlregeln:

$$\Delta K = \pm 1 \quad \text{und} \quad \Delta J = 0, \pm 1. \tag{6.79}$$

Die Auswahlregel $\Delta K = \pm 1$ führt dazu, daß nun im Vergleich zur A_1-A_1-Bande die P-, Q- und R-Zweige mit verschiedenen K-Werten klar getrennt voneinander erscheinen. Wie üblich liegen die Linien des Q-Zweiges sehr dicht beieinander, so daß dieser wieder als nahezu einzelne Linie erscheint. Benachbarte Q-Zweige sind um näherungsweise $2(A'-B')$ voneinander entfernt. Bild 6.27 zeigt als Beispiel die (6_0^1, $E-A_1$)-Bande des Silylfluorids SiH_3F. Auch hierbei handelt es sich um einen zigarrenförmigen symmetrischen Rotator. ν_6 ist die Pendelschwingung der SiH_3-Gruppe; sie hat die Symmetrie e. Das Spektrum, das mit ziemlich niedriger Auflösung aufgenommen wurde, wird vom Q-Zweig dominiert, wobei diejenigen mit $\Delta K = +1$ bei höheren und diejenigen mit $\Delta K = -1$ bei niedrigeren Wellenzahlen liegen.

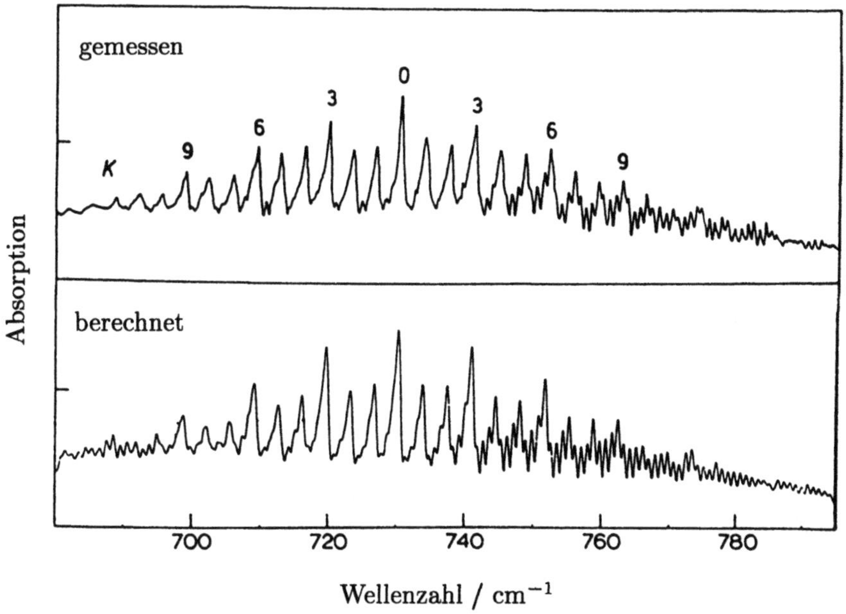

Bild 6.27 Die (6_0^1, E–A_1)-Bande im Infrarotspektrum des SiH_3F. (Aus: Robiette, A. G., Cartwright, G. J., Hoy, A. R., Mills, I. M., *Mol. Phys.*, **20**, 541, 1971)

Für einen pfannkuchenförmigen symmetrischen Rotator gelten dieselben Auswahlregeln. Auch hier erscheinen wie im Spektrum des zigarrenförmigen symmetrischen Rotators parallele Banden. Die Q-Zweige erscheinen jedoch für $\Delta K = +1$ bei niedrigeren und für $\Delta K = -1$ bei höheren Wellenzahlen, weil der Abstand der Linien $2(C' - B')$ negativ ist.

6.2.3.3 Infrarotspektren sphärischer Rotatoren

Je symmetrischer die Moleküle sind, desto restriktiver werden die Auswahlregeln für die Vibrationsübergänge. Für CH_4, das ein regelmäßiges tetraedrisches Molekül ist und der Punktgruppe T_d angehört, finden wir mit Hilfe der Gl. (6.56) und der entsprechenden Charaktertafel (Tabelle A.41 im Anhang), daß nur die Übergänge erlaubt sind, für die gilt:

$$T_2 - A_1. \tag{6.80}$$

T_2 ist eine dreifach entartete Darstellung.

Die Termenergien der Rotationsniveaus eines sphärischen Rotators in einem A_1-Vibrationszustand gibt die folgende Gleichung an:

$$F_v(J) = B_v J(J+1). \tag{6.81}$$

Hierbei ist die Zentrifugalverzerrung nicht berücksichtigt worden. Auch hier werden die Termenergien des entarteten (T_2)-Zustands durch die Coriolis-Kraft etwas verändert. Die Auswahlregeln für Rotationsübergänge

$$\Delta J = 0, \pm 1 \tag{6.82}$$

führen dazu, daß eine T_2–A_1-Bande eines sphärischen Rotators der Π–Σ-Bande eines linearen Moleküls sehr stark ähnelt.

Für einen sphärischen Rotator mit O_h-Symmetrie zeigt die Anwendung der Auswahlregeln (Gl. (6.56)) zusammen mit der entsprechenden Charaktertafel (Tabelle A.43 im Anhang), daß nur Übergänge erlaubt sind, die die Bedingung

$$T_{1u} - A_{1g} \tag{6.83}$$

erfüllen. Auch für die Rotationsübergänge dieser Moleküle gilt Gl. (6.82). Die resultierenden Banden sind wiederum den Π–Σ-Banden linearer Moleküle sehr ähnlich.

6.2.3.4 Infrarotspektren asymmetrischer Rotatoren

Wir haben schon in Abschnitt 5.2.4 auf eine ausführliche Diskussion der Spektren dieser wichtigen Molekülgruppe verzichtet, weil die Termenergien sehr komplex sind. An dieser Stelle wollen wir uns aus dem gleichen Grund kurz fassen. Nicht nur für das Vibrationsniveau $v = 0$ existiert eine komplexe Serie von Rotationsniveaus, sondern ähnliche komplexe Serien gibt es auch für jedes andere angeregte Schwingungsniveau. Auch die Auswahlregeln für die Rotationsübergänge zwischen beiden Vibrationsniveaus sind sehr komplex. Unter anderem gilt auch

$$\Delta J = 0, \pm 1. \tag{6.84}$$

Dadurch sind die P-, Q- und R-Zweige ziemlich zufällig im Spektrum verstreut.

Als Beispiel für einen asymmetrischen Rotator haben wir schon das in Bild 5.1(f) dargestellte Formaldehyd kennengelernt. Die Symmetrie des Moleküls legt die Richtung der drei Trägheitsachsen fest: Die a-Achse (definitionsgemäß die mit dem kleinsten Trägheitsmoment) entspricht der C_2-Achse des Moleküls, die b-Achse mit dem mittleren Trägheitsmoment liegt in der yz-Ebene, und die c-Achse mit dem größten Trägheitsmoment steht senkrecht zur yz-Ebene. Entlang der Trägheitsachsen orientieren sich auch die Vibrationsübergangsmomente, und so lassen sich prinzipiell charakteristische Rotations-Auswahlregeln unterscheiden:

$$\text{Typ } A, \quad \text{Typ } B \quad \text{oder} \quad \text{Typ } C. \tag{6.85}$$

Sie können jeweils den entsprechenden Vibrationsübergangsmomenten zugeordnet werden.

Egal, ob es sich um einen zigarren- oder pfannkuchenförmigen asymmetrischen Rotator handelt, die A,- B- und C-Typen der Auswahlregeln sorgen für recht charakteristische Bandenformen. Die Konturen dieser Banden können zur Symmetriebestimmung der beobachteten Grundschwingungen herangezogen werden. Dieses Verfahren wird insbesondere bei den Infrarotspektren gasförmiger, großer asymmetrischer Moleküle angewendet, deren Rotationslinien nicht aufgelöst werden können.

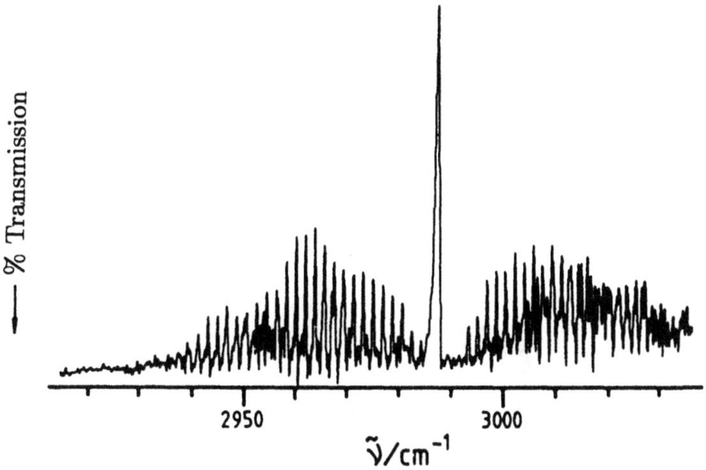

Bild 6.28 Die 11_0^1-Bande des Ethylens ist ein Übergang des Typs A

Als Beispiel für einen zigarrenförmigen asymmetrischen Rotator betrachten wir Ethylen ($H_2C{=}CH_2$). Es ist zumindest klein genug, so daß die Rotationslinien auch mit einem Spektrometer mit nur mäßiger Auflösung beobachtet werden können. Die verschiedenen Banden-Typen sind in den folgenden Bildern dargestellt: Bild 6.28 zeigt die 11_0^1-Bande vom Typ A, Bild 6.29 den Übergang 9_0^1 (Typ B), und Bild 6.30 zeigt die 7_0^1-Bande vom Typ C. In Bild 6.31 sind die entsprechenden Schwingungen dargestellt; die Symmetrieklassifizierung ist ebenfalls angegeben. Wir wollen uns nicht zu sehr mit den Einzelheiten befassen, aber an Hand der Spektren können wir feststellen: Die Bande des Typs A wird von einem intensiven, zentralen Signal und zwei schwachen Flügeln dominiert. Für die Bande des Typs B beobachten wir ein zentral gelegenes Minimum, begleitet von zwei intensiven Flügeln. Bei der Bande des Typs C schließlich ist das zentrale, intensive Signal von zwei mittelstarken Flügeln umgeben.

Diese Konturen sind jeweils charakteristisch für Banden des Typs A, B bzw. C. Das finden wir in dem fernen Infrarotspektrum des Perdeuteronaphtalins ($C_{10}D_8$) in Bild 6.32

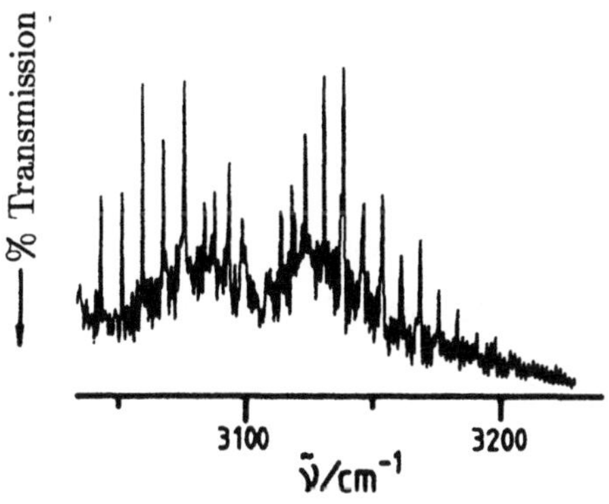

Bild 6.29 Die 9_0^1-Bande des Ethylens ist ein Übergang des Typs B

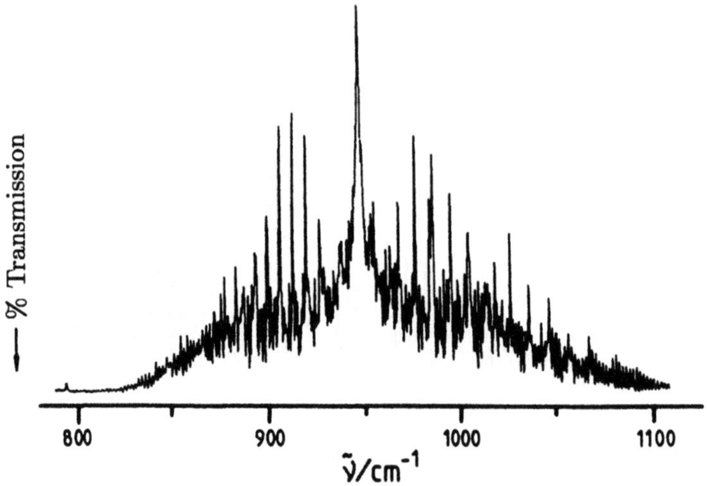

Bild 6.30 Die 7_0^1-Bande des Ethylens ist ein Übergang des Typs *C*

bestätigt, das ebenfalls ein zigarrenförmiger asymmetrischer Rotator ist. Dieses Spektrum ist mit wesentlich schlechterer Auflösung aufgenommen als die Spektren des Ethylens in den Bildern 6.28 bis 6.30. Trotzdem können wir die Formen einer *A*-, einer *B*- und dreier *C*-Banden gut erkennen.

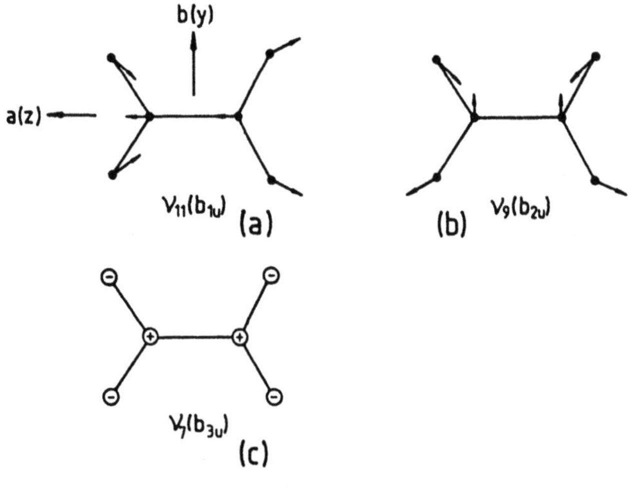

Bild 6.31 Drei Normalschwingungen des Ethylens

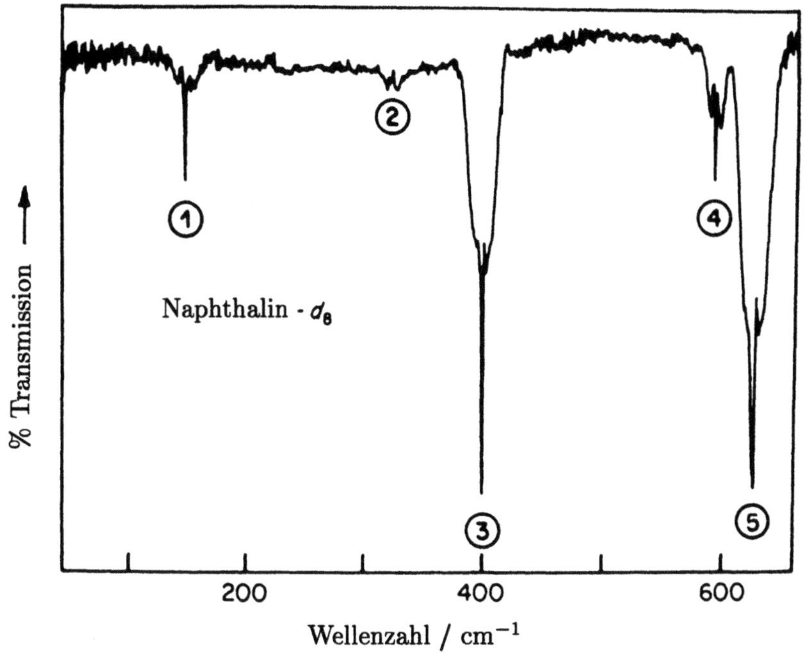

Bild 6.32 Ausschnitt aus dem fernen Infrarotspektrum des Perdeuteronaphtalins. Bande 4 ist ein Übergang des Typs A, Bande 2 des Typs B, und die Banden 1, 3 und 5 sind Übergänge des Typs C. (Aus: Duckett, J. A., Smithson, T. L. und Wieser, H., *J. Mol. Struct.*, **44**, 97, 1978)

6.2.4 Anharmonizität

6.2.4.1 Potentialflächen

In Bild 6.4 haben wir gesehen, wie die mechanische Anharmonizität die Vibrationsniveaus eines zweiatomigen Moleküls verändert: Der Abstand zwischen den Energieniveaus wird mit zunehmendem v kleiner und wird Null, wenn die Dissoziationsenergie erreicht wird.

Die in Bild 6.4 dargestellte Potentialkurve ist eine zweidimensionale Darstellung: In der einen Dimension wird die potentielle Energie V aufgetragen und in der anderen die Schwingungskoordinate r. Schwieriger wird es bei den mehratomigen Molekülen: Wir wissen bereits, daß ein lineares mehratomiges Molekül 3N−5, ein nicht-lineares mehratomiges Molekül 3N−6 Normalschwingungen hat. Um die Änderung der potentiellen Energie V komplett als Funktion aller Normalschwingungen darzustellen, wäre also eine [(3N−6)+1]- bzw. eine [(3N−5)+1]-dimensionale Fläche nötig. Solche Flächen werden als Potentialhyperflächen bezeichnet und können offensichtlich nicht als Diagramm dargestellt werden. Wir behelfen uns, indem wir zweidimensionale Schnitte dieser Hyperflächen betrachten, die dann die Änderung von V in Abhängigkeit einer Normalkoordinate zeigen. Zu jeder Normalkoordinate gehört also eine Potentialkurve.

Eine dreidimensionale Fläche kann gut mit einem Konturdiagramm dargestellt werden. Dabei werden die Punkte gleicher potentieller Energie mit Linien verbunden. Auf diese Weise können zwei Normalkoordinaten in einem Diagramm gemeinsam präsentiert

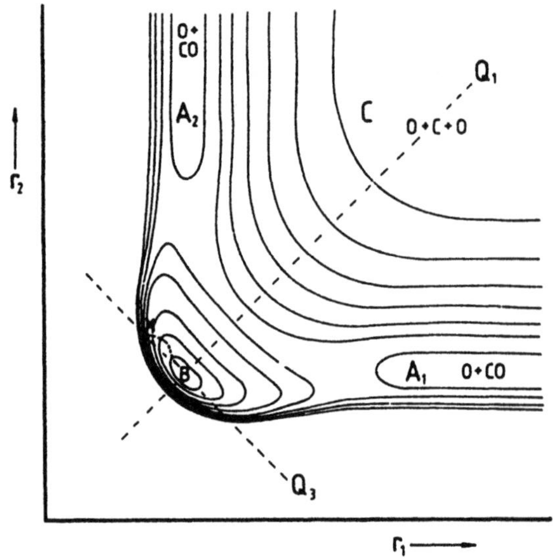

Bild 6.33 Konturdiagramm der potentiellen Energie V des CO_2 als Funktion der beiden C–O-Bindungslängen r_1 und r_2

werden. Ein solches Konturdiagramm ist in Bild 6.33 für das lineare CO_2 gezeigt. Hier sind allerdings nicht zwei Normalkoordinaten, sondern die beiden Koordinaten r_1 und r_2 des CO_2, die Bild 6.34 erläutert, als Achsen gewählt worden. Bei dem Konturdiagramm wird angenommen, daß das Molekül keine Biegeschwingung ausführt.

In Bild 6.33 stellt der mit B markierte Bereich eine tiefe Potentialsenke dar. Am tiefsten Punkt dieser Senke liegt das CO_2-Molekül in seiner Gleichgewichtskonfiguration vor, wobei $r_1 = r_2 = r_e$ gilt. Die Bereiche A_1 und A_2 sind Potentialmulden, die energetisch höher als B liegen, denn hier ist CO_2 in jeweils ein neutrales O-Atom und ein CO-Molekül dissoziiert. In der Atom-Molekül-Reaktion

$$\mathrm{O + CO \rightarrow OCO \rightarrow OC + O} \tag{6.86}$$

gibt die Reaktionskoordinate, die keine Normalkoordinate ist, den Reaktionsweg mit der niedrigsten Energie an, auf dem die Reaktion von A_1 über B zu A_2 erfolgt. Die Energieänderung entlang der Reaktionskoordinate zeigt Bild 6.35(a).

Der Bereich B in Bild 6.33 wird jedoch als ein Maximum der Potentialfläche auftreten, wenn während einer Reaktion wie beispielsweise

$$\mathrm{H + H_2 \rightarrow H \cdots H \cdots H \rightarrow H_2 + H} \tag{6.87}$$

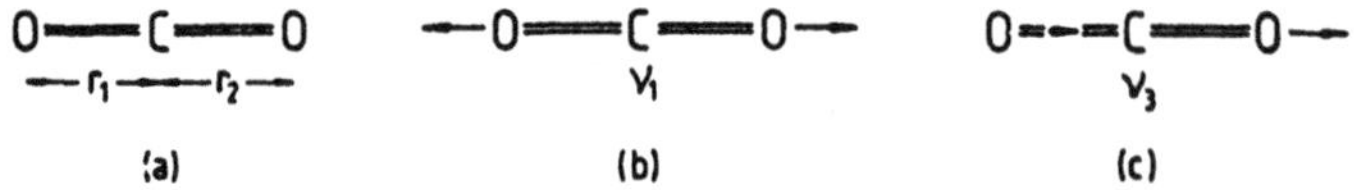

Bild 6.34 (a) Die Koordinaten r_1 und r_2, (b) ν_1, die symmetrische und (c) die antisymmetrische Streckschwingung ν_3 des CO_2

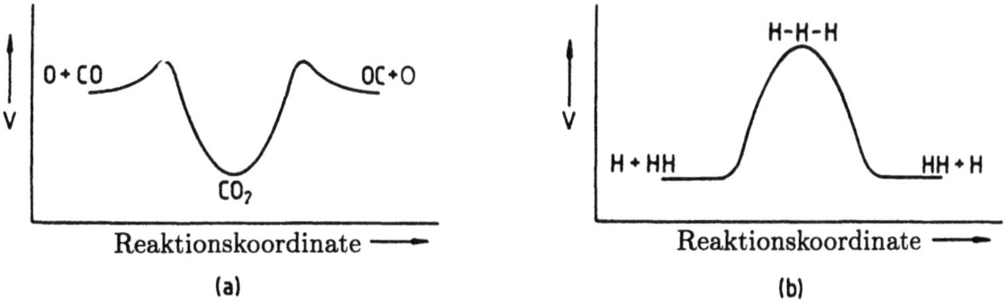

Bild 6.35 Änderung der potentiellen Energie entlang der Reaktionskoordinate für die Reaktion zwischen (a) O und CO und (b) H und H_2

das lineare dreiatomige Molekül instabil ist. Die potentielle Energie entlang der Reaktionskoordinate wird sich dann wie in Bild 6.35(b) ändern.

Wir wollen nun wissen, wie sich die potentielle Energie V als Funktion der beiden Normalkoordinaten Q_1 und Q_3 ändert, also während der symmetrischen Streckschwingung ν_1 und der antisymmetrischen Streckschwingung ν_3 des CO_2; ν_1 und ν_3 sind in Bild 6.34(b) und (c) dargestellt. Während ν_1 ändern sich r_1 und r_2 in identischer Weise, wie es entlang der gestrichelten Linie Q_1 in Bild 6.33 der Fall ist. Während ν_3 ändern sich die beiden Bindungslängen um den gleichen Betrag, aber in die entgegengesetzte Richtung, also wie die gestrichelte Linie Q_3. Wir erhalten damit die in Bild 6.36 gezeigten Potentialkurven. Die Potentialkurve für ν_1 verläuft wie die eines zweiatomigen Moleküls (vgl. Bild 6.4). Im vorliegenden Fall entspicht der horizontale Ast der Potentialkurve dem Bereich C in Bild 6.33, wo die Dissoziation des CO_2 in O + C + O stattgefunden hat. Dieser Prozeß erfordert einen hohen Energieaufwand, denn es müssen zwei Doppelbindungen gebrochen werden.

Im Gegensatz dazu verläuft die Potentialkurve für die ν_3-Schwingung in Bild 6.36(b) symmetrisch zum Zentrum. Die Kurve gleicht einer Parabel, ist aber an den Seiten viel steiler, denn die Sauerstoffkerne werden an den Extrempunkten der Schwingungsbewegung vom Kohlenstoffkern abgestoßen.

An Hand des eben diskutierten Beispiels haben wir den wichtigen Umstand kennengelernt, daß es in einem mehratomigen Molekül Schwingungen gibt, die zu einer Dissoziation

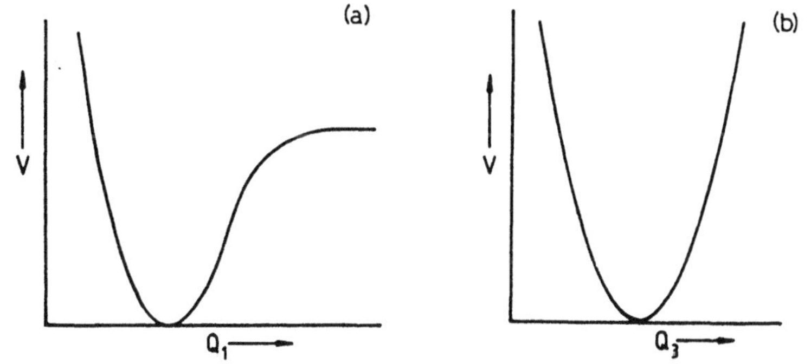

Bild 6.36 Prinzipieller Verlauf der Potentialkurven für die Schwingungen (a) ν_1 und (b) ν_3 des CO_2

führen (wie die ν_1-Schwingung des CO_2) und solche, die nicht zu einer Dissoziation führen (z.B. die ν_3-Schwingung). Auch die Biegeschwingung ν_2 ist eine nicht-dissoziative Schwingung, und die zugehörige Potentialkurve verläuft genauso wie die in Bild 6.36(b). Anharmonizität kann bei beiden Arten von Potentialkurven auftreten, wenn auch in unterschiedlicher Weise. Bei der ν_1-Potentialkurve konvergieren die Schwingungsniveaus in der Nähe der Dissoziationsgrenze. Die Schwingungsniveaus der ν_2- bzw. ν_3-Potentialkurve bleiben annähernd konstant in ihrem Abstand zueinander, es kann aber auch zu divergierenden Abständen kommen.

Bild 6.33 zeigt auch, wie Anharmonizität zu einer Mischung der beiden CO_2-Schwingungen ν_1 und ν_3 führt. Liegt der Anfangszustand des CO_2-Moleküls bei X, wird es den eingezeichneten Weg mit der maximalen Steigung nehmen, um zum Punkt B zu gelangen. Damit weicht das Molekül aber in erheblichem Maße von der gestrichelten Linie ab, die ja die Normalkoordinate Q_3 darstellt, und so kommt es zu der Mischung zwischen Q_1 und Q_3.

6.2.4.2 Termenergien der Vibration

Die Termenergien eines mehratomigen anharmonischen Oszillators unterscheiden sich von denen eines harmonischen Oszillators, die wir schon in Gl. (6.41) angegeben haben. Die Termenergien für nicht-entartete Schwingungen lauten nunmehr

$$\sum_i G(v_i) = \sum_i \omega_i(v_i + \tfrac{1}{2}) + \sum_{i \le j} x_{ij}(v_i + \tfrac{1}{2})(v_j + \tfrac{1}{2}) + \ldots . \tag{6.88}$$

x_{ij} sind Anharmonizitätskonstanten. Für $i = j$ entspricht x_{ij} dem Term $-\omega_e x_e$, der in der Termenergie eines zweiatomigen anharmonischen Oszillators auftaucht (vgl Gl. (6.16)). Für $i \neq j$ existiert kein solches Analogon. Das erinnert uns daran, daß wir Näherungen einführen mußten, um einen zweidimensionalen Schnitt durch die Potentialhyperfläche eines mehratomigen Moleküls vornehmen zu können: Wir sind davon ausgegangen, daß alle Normalschwingungen völlig unabhängig voneinander sind.

Für die Termenergien entarteter Schwingungen muß gegenüber Gl. (6.88) noch der Entartungsgrad d_i der i-ten Schwingung berücksichtigt werden:

$$\sum_i G(v_i) = \sum_i \omega_i \left(v_i + \frac{d_i}{2}\right) + \sum_{i \le j} x_{ij} \left(v_i + \frac{d_i}{2}\right)\left(v_j + \frac{d_j}{2}\right) + \sum_{i \le j} g_{ij} l_i l_j + \ldots \tag{6.89}$$

$g_{ij} l_i l_j$ ist ein zusätzlicher anharmonischer Term.

6.2.4.3 Lokale Schwingungen

Die Normalschwingungen und die dazugehörigen Normalkoordinaten beschreiben in befriedigender Weise die Schwingungsbewegung in niedrigen Vibrationsniveaus (bis $v = 1$ oder 2), die durch gewöhnliche Infrarot-Absorptions- oder Raman-Spektroskopie studiert werden können. Bei bestimmten Schwingungsarten versagt diese Methode jedoch bei größeren v-Werten, insbesondere wenn von mehreren, symmetrisch äquivalenten, endständigen Atomen eine Streckschwingung ausgeführt wird.

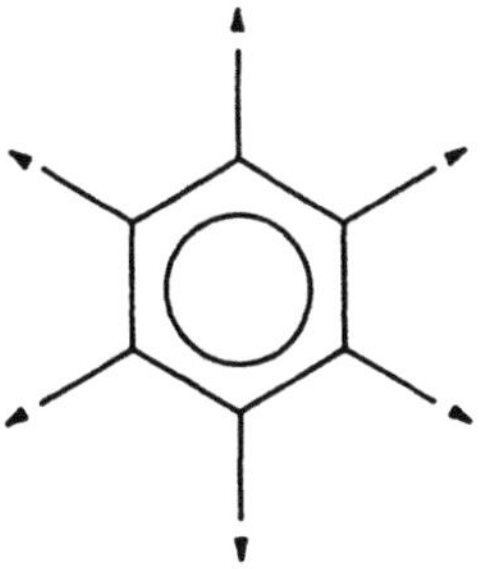

Bild 6.37
Die totalsymmetrische Streckschwingung ν_2 des Benzols

Als Beispiel betrachten wir die CH-Streckschwingungen des Benzols. Da sechs identische C−H-Bindungen vorhanden sind, gibt es auch sechs CH-Streckschwingungen mit jeweils unterschiedlicher Symmetrie. Nur die in Bild 6.37 dargestellte ν_2-Vibration[8] gehört der totalsymmetrischen Darstellung a_{1g} an.

Für diese Schwingung verläuft die Potentialkurve, wie es Bild 6.36(a) zeigt. Wir können deshalb vermuten, daß bei genügend hoher Anregung das Molekül letztendlich gemäß dem folgenden Schema dissoziiert:

$$C_6H_6 \rightarrow C_6 + 6H. \tag{6.90}$$

Das erscheint zumindest plausibel, wenn wir dabei nur die Normalkoordinaten betrachten. Unsere Intuition sagt uns aber, daß dieser Vorgang recht unwahrscheinlich ist, denn hierfür wäre die sechsfache C−H-Dissoziationsenergie (ca. $6 * 412$ kJ mol^{-1}) erforderlich. Wesentlich wahrscheinlicher wird daegegen

$$C_6H_6 \rightarrow C_6H_5 + H \tag{6.91}$$

stattfinden. Es ist bekannt, daß auch genau das passiert. Unglücklicherweise gibt es keine Normalschwingung, die lokal auf genau eine CH-Bindung beschränkt ist. Für solche Fälle ist ein neues Modell entwickelt worden, das die Vibrationsbewegung bei Anregung in hohe Niveaus von Oberschwingungen als lokale CH-Streckschwingungen anstelle von Normalschwingungen beschreibt. Für jede C−H-Bindungsdehnung wird angenommen, daß sie dem Verlauf einer Morse-Funktion (Gl. (6.23)) folgt. Wir haben bereits erwähnt, daß diese Funktion in befriedigender Weise die anharmonische Schwingung zweiatomiger Moleküle beschreibt. Mit der sehr empfindlichen Meßmethode der photoakustischen Spektroskopie konnten für Benzol auch Übergänge von CH-Streckschwingungen bis zu $v = 6$ beobachtet werden. Die Wellenzahlen dieser Übergänge entsprechen recht gut denen eines Morse-Oszillators.

Die Schwingungsbewegung zweier oder mehrerer endständiger und äquivalenter Atome kann sehr gut als eine lokalisierte Schwingung behandelt werden. Auch CO_2 ist ein Beispiel dafür.

Aus energetischen Gründen ist es sehr unwahrscheinlich, daß das CO_2-Molekül durch Anregung in höhere Niveaus der ν_1-Schwingung in seine Atome dissoziiert. Dieser Prozeß entspräche der gestrichelten Q_1-Linie in Bild 6.33, die von der Gleichgewichtskonfiguration des CO_2 im Bereich B ausgeht und zum Bereich C führt, wo die Atome isoliert

[8] Wir verwenden hier die für Benzol übliche Numerierung nach Wilson (siehe Bilbiographie).

vorliegen. Das Molekül wird es vielmehr vorziehen, aus seiner Gleichgewichtskonfiguration (Bereich B) in CO und O zu dissoziieren (Bereich A_1 oder A_2). Die hochangeregte C–O-Streckschwingung kann also besser unter Ausnutzung einer anharmonischen C=O-Streckschwingung durch eine lokale als durch eine Normalschwingung beschrieben werden.

Wir müssen allerdings beachten, daß keines der beiden Modelle auf *alle* Schwingungsniveaus angewendet werden kann: Das Modell der Normalschwingungen beschreibt in guter Näherung Vibrationen niedriger Quantenzahlen v, während das Modell lokaler Schwingungen eher bei Anregung hoher Vibrationsquantenzustände greift.

Im Prinzip sollte es möglich sein, alle Streckschwingungen äquivalenter Atome bei hochangeregten Schwingungszuständen als lokale Schwingungen zu beschreiben. Einer Untersuchung sind aber am besten X–H-Streckschwingungen zugänglich, denn die einzelnen Schwingungsquanten weisen sehr große Werte auf. Schon bei relativ niedrigen Werten für v ist fast die Dissoziationsgrenze erreicht, im Gegensatz z.B. zu einer CF-Streckschwingung. Das ist ein wichtiger Gesichtspunkt, denn die Übergangswahrscheinlichkeit nimmt rasch mit größerem v ab.

6.2.4.4 Schwingungs-Potentialkurven mit mehreren Minima

Bis jetzt haben wir als anharmonische Potentialfunktionen nur die in Bild 6.36 gezeigten Kurven kennengelernt, die beide nur ein Minimum aufweisen. Es gibt aber auch Schwingungen, deren Potentialfunktionen nicht durch die uns bekannten Funktionen beschrieben werden können und zudem mehrere Minima aufweisen können. Die Termenergien dieser Schwingungen sind weder harmonisch noch entsprechen sie den Gln. (6.88) und (6.89). Es können mehrere Typen von Schwingungen unterschieden werden, die wir nun im einzelnen vorstellen wollen.

6.2.4.4.1 Inversionsschwingungen. Die Inversionsschwingung ν_2 des Ammoniaks ist in Bild 4.16 dargestellt. In der Gleichgewichtskonfiguration ist das NH_3-Molekül pyramidal aufgebaut mit einem HNH-Winkel von 106,7°. Bei großen Bewegungsamplituden der ν_2-Schwingung durchläuft das Molekül eine planare Konfiguration und geht in eine identische pyramidale, aber invertierte Konfiguration über. Die planare und die beiden äquivalenten pyramidalen Konfigurationen sind in Bild 6.38 dargestellt. Die beiden pyramidalen Konfigurationen (i) und (iii) sind offensichtlich den beiden identischen Energieminima der Potentialkurve zuzuordnen, die planare Konfiguration (ii) gehört zum Maximum. Die resultierende Potentialkurve hat die Form eines W. Die Energiebarriere zwischen beiden Minima hat die Barrierenhöhe b und entspricht im klassischen Bild der Energie, die aufgewendet werden muß, um von der pyramidalen Konfiguration in die planare zu gelangen.

In einem quantenmechanischen System ist es nicht unbedingt erforderlich, die Potentialbarriere b zu überwinden, um von (i) nach (iii) zu gelangen. Die Quantenmechanik erlaubt es, durch Tunneln bis zu einem gewissen Grad in den Bereich der Potentialbarriere einzudringen. Wenn diese Barriere hinreichend niedrig und/oder schmal ist, kann das Eindringen durch Tunneln solche Ausmaße annehmen, daß es zu einer Wechselwirkung zwischen den beiden identischen Serien von Vibrationsniveaus in den Potentialmulden

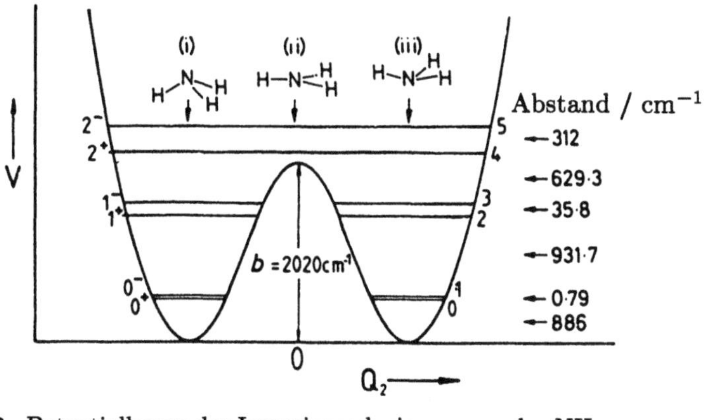

Bild 6.38 Potentialkurve der Inversionsschwingung ν_2 des NH_3

kommen kann. Diese Wechselwirkung führt zu einer Aufspaltung der Niveaus in zwei Komponenten, die in der Nähe der Barrierenspitze größer wird, weil hier auch die Tunnelwahrscheinlichkeit zunimmt. Diese Aufspaltung ist für den allgemeinen Fall in Bild 6.39(b) und für NH_3 in Bild 6.38 dargestellt. In beiden Fällen ist zu beobachten, daß auch oberhalb der Potentialbarriere der Abstand zwischen den Vibrationsniveaus schwankt.

Bild 6.39(a) verdeutlicht, daß die Aufspaltung verschwindet und die Abstände zwischen den Vibrationsniveaus wieder gleichmäßig werden, wenn die Potentialbarriere sehr hoch ist. Reduziert sich die Barrierenhöhe auf Null, ist die Gleichgewichtskonfiguration des Moleküls planar, wie es z.B. bei BF_3 der Fall ist. Dann sind die Vibrationsniveaus wieder äquidistant, wie es Bild 6.39(c) darstellt. Insgesamt zeigt Bild 6.39, wie die Vibrationsniveaus in Abhängigkeit von der Barrierenhöhe (von einer sehr hohen Energiebarriere bis hin zu einer niedrigen) miteinander korrelieren.

In Bild 6.39 sind zwei Möglichkeiten gezeigt, die Vibrationsniveaus zu numerieren: $0, 1, 2, 3, \ldots$ hebt die engere Beziehung zum Grenzfall einer nicht vorhandenen Ener-

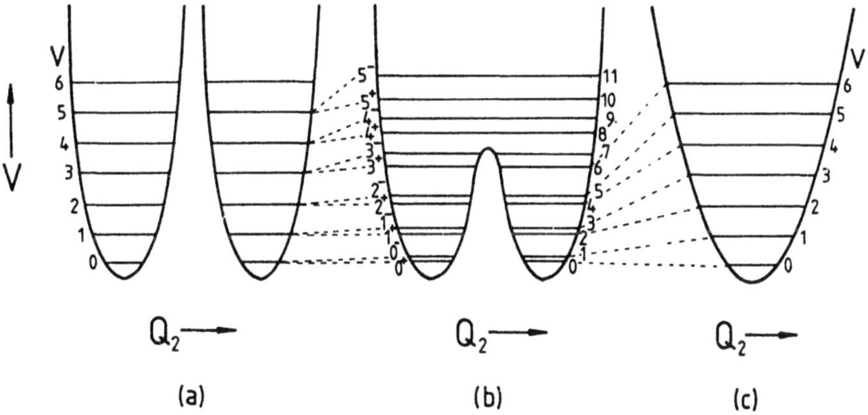

Bild 6.39 Potentialkurven und Vibrationsniveaus einer Inversionsschwingung für (a) eine unendlich hohe, (b) eine mittlere und (c) keine Energiebarriere zwischen der pyramidalen und der planaren Konfiguration

giebarriere hervor, während $0^+, 0^-, 1^+, 1^-, \ldots$ den Grenzfall einer hohen Energiebarriere betont.

Die Zeit τ, die das Molekül braucht, um durch die Barriere zu tunneln und also von der einen pyramidalen Konfiguration in die andere zu invertieren, ist mit der Aufspaltung der Energieniveaus $\Delta\nu$ verknüpft:

$$\tau = (2\Delta\nu)^{-1}. \tag{6.92}$$

Für $^{14}N^1H_3$ beträgt $\Delta\nu$ =23,786 GHz zwischen $v_2 = 1$ und $v_2 = 0$ (bzw. 0^+ und 0^-) und damit $\tau = 2,1 * 10^{-11}$ s.

Es sind mehrere Potentialfunktionen vorgeschlagen worden, die Änderung der potentiellen Energie $V(Q)$ als Funktion der Schwingungskoordinate Q einer Inversionsschwingung zu beschreiben. Die in diesem Sinne vielleicht erfolgreichste Funktion ist wohl

$$V(Q) = \tfrac{1}{2}aQ^2 + b\exp(-cQ^2). \tag{6.93}$$

Der erste Term $\frac{1}{2}aQ^2$ würde für sich allein betrachtet die Potentialkurve eines gewöhnlichen harmonischen Oszillators wie die gestrichelte Kurve in Bild 6.4 liefern. Durch den zweiten Term wird eine Energiebarriere der Höhe b für $Q = 0$ eingeführt. Insgesamt entspricht der Verlauf dieser Potentialkurve der geforderten und in Bild 6.39(b) dargestellten W-Form. Die Parameter a, b und c können so variiert werden, daß die daraus resultierenden Vibrationsenergien den beobachteten entsprechen. Für das NH_3-Molekül resultiert als Energiebarriere zur planaren Konfiguration $b = 2020$ cm^{-1}.

Eine W-förmige Potentialfunktion erhält man auch mit

$$V(Q) = AQ^2 + BQ^4. \tag{6.94}$$

Weil B positiv ist, würde auch hier der zweite Term BQ^4 allein wieder die Potentialkurve eines harmonischen Oszillators wie in Bild 6.4 erzeugen, wenn auch mit steileren Flanken. Durch den Term AQ^2 mit einem negativen Wert für A wird der Funktion eine nach unten geöffnete Parabel bei $Q = 0$ überlagert, und damit ergibt sich insgesamt eine W-förmige Potentialkurve. Hier errechnet sich die Potentialbarriere aus

$$b = A^2/4B. \tag{6.95}$$

Es hat sich an Hand der experimentellen Ergebnisse herausgestellt, daß die Inversionsschwingung des NH_3 besser durch Gl. (6.93) beschrieben werden kann, während Gl. (6.94) besser zu den Inversionsschwingungen anderer Moleküle paßt.

Bei den Molekülen Formamid (NH_2CHO) und Anilin ($C_6H_5NH_2$) werden qualitativ ähnliche Inversionsschwingungen wie bei NH_3 beobachtet. Hier sind allerdings hauptsächlich die beiden Wasserstoffatome der NH_2-Gruppe an der Schwingung beteiligt. Beide Moleküle sind nicht-planar und weisen am Stickstoffatom eine pyramidale Konfiguration auf. Die Energiebarriere, um zur planaren Konfiguration zu gelangen, beträgt für Formamid 370 cm^{-1} (4,43 kJ mol^{-1}) und für Anilin 547 cm^{-1} (6,55) kJ mol^{-1}).

6.2.4.4.2 Ring-Buckelschwingungen. Als nächstes wollen wir zyklische Moleküle betrachten, die zumindest teilweise gesättigte Bindungen und Gruppen wie $-CH_2-$, $-O-$

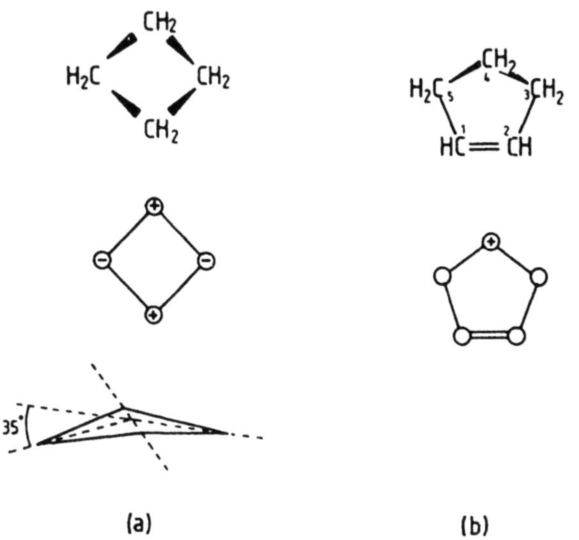

Bild 6.40 (a) Cyclobutan, seine Ring-Buckelschwingung und der Diederwinkel. (b) Cyclopenten und seine Ring-Buckelschwingung

oder –S– aufweisen. Diese Gruppen können Biegeschwingungen aus der Ringebene heraus durchführen (oder zumindest aus der Ebene, die das Molekül bilden würde, wenn es planar wäre). Eine solche Bewegung wird als Ring-Buckelschwingung bezeichnet und tritt schon bei niedrigen Wellenzahlen auf. In Bild 6.40 sind diese Schwingungen für Cyclobutan und Cyclopenten zu sehen.

Die Ring-Buckelschwingung erfolgt im Cyclobutan als out-of-plane-Biegeschwingung um eine gedachte Linie zwischen zwei sich gegenüberliegenden Kohlenstoffatomen und ähnelt der Bewegung eines Schmetterlings. In der Gleichgewichtskonfiguration sind die vier Kohlenstoffatome nicht planar angeordnet, sondern bilden einen sogenannten Diederwinkel von 35° (siehe Bild 6.40(a)). Die Potentialkurve weist daher zwei identische Minima auf, die der „aufwärts“ und der „abwärts“ gebuckelten Konfiguration des Rings entsprechen.

Die Ring-Buckelschwingung verläuft in ähnlicher Weise auch beim Cyclopenten. Daher wird Cyclopenten auch als pseudo-viergliedriger Ring bezeichnet. Das mag überraschen, doch läßt sich die C=C-Doppelbindung wesentlich schwieriger verdrillen als eine C–C-Einfachbindung, so daß insgesamt für die Ring-Buckelschwingung die HC=CH-Gruppe des Rings als einzelne, starre Gruppe aufzufassen ist. Auch hier haben der „aufwärts“ und der „abwärts“ gebuckelte Ring dieselbe Energie, und so treten auch in der Potentialkurve für die Buckelschwingung des Cyclopentens zwei identische Minima auf.

Die Potentialkurven dieser Ring-Buckelschwingungen sind wie die Potentialkurven der Inversionsschwingungen W-förmig (siehe vorangegangenen Abschnitt). Das gilt nicht nur für Cyclobutan und Cyclopenten, sondern auch für ähnliche zyklische Moleküle, deren Ring mindestens vier Einfachbindungen enthält. Infolgedessen hat man auch ähnliche Potentialfunktionen verwendet; speziell für Ring-Buckelschwingungen konnte Gl. (6.94) erfolgreich benutzt werden.

Tabelle 6.5 Potentialbarrieren V für einige Torsionsschwingungen

Molekül	V/cm^{-1}	$V/\text{kJ mol}^{-1}$	Molekül	V/cm^{-1}	$V/\text{kJ mol}^{-1}$
C_6H_5OH	1207	14,44	$C_6H_5CH_3$	4,9	0,059
$CH_2{=}CH_2$	22 750[2]	272,2[1]	CH_3NO_2	2,1	0,025
	oder 14 000[1]	167,5[1]	$C_6H_5CH{=}CH_2$[2]	1070	12,8
CH_3OH	375	4,49	$CH_2{=}CH{-}CH{=}CH_2$ (*s-trans* nach *s-cis*)	2660	31,8
CH_3CH_3	960	11,5	$CH_2{=}CH{-}CH{=}CH_2$ (*s-cis* nach *s-trans*)	1060	12,7

[1] Unabhängige Schätzungen
[2] Torsion um die C(im Ring)−C(Substituent)-Bindung

Die entsprechende Potentialkurve ist für das Cyclopenten in Bild 6.41(a) dargestellt. Die mit Pfeilen markierten Übergänge sind im fernen Infrarot beobachtet worden; die Energie der Übergänge sind in Wellenzahlen angegeben, und das zugehörige Spektrum ist in Bild 6.41(b) wiedergegeben. Wie bei einer Inversionsschwingung spalten die Energieniveaus auf, weil die Energiebarriere nur 232 cm^{-1} (2,78 kJ mol^{-1}) beträgt und damit Tunneln möglich ist.

6.2.4.4.3 Torsionsschwingungen. Bild 6.42 stellt die Torsionsschwingungen einiger Moleküle dar. Diese Schwingungen erfolgen durch Verdrillen einer Bindung, die keine endständige Bindung ist. Ein Teil des Moleküls (der Kopf) schwingt in einer Verdrillungs- oder Torsionsbewegung vor- und rückwärts relativ zum Rest des Moleküls (dem Gerüst).

Wie schwer sich z.B. die C−O-Bindung im Phenol (Bild 6.42(b)) verdrillen läßt, wird dadurch bestimmt, wie stark der Ring und die OH-Gruppe miteinander konjugiert sind. Die Konjugation erfolgt über eine π-ähnliche Bindung zwischen den 2*p*-Orbitalen der C-Atome senkrecht zur Ringebene und den freien Elektronenpaaren des Sauerstoffs. Tragen wir die potentielle Energie als Funktion des Verdrillungswinkels ϕ auf, wobei $\phi = 0$ für die planare Konfiguration angenommen wird, erhalten wir die Potentialkurve in Bild 6.43. Es handelt sich um eine Kurve, die sich mit der Periode π von $\phi = 0$ bis ∞ fortsetzt. Die Energiebarriere ist identisch bei allen Winkeln $\phi = \pi/2, 3\pi/2, \ldots$. Der physikalische Grund für die Energiebarriere ist, daß die stabilisierende Konjugation in der C−O-Bindung entfällt, wenn die OH-Gruppe senkrecht zur Ringebene steht. Andererseits wird in dieser Position die destabilisierende sterische Hinderung zwischen dem H-Atom der OH-Gruppe und dem H-Atom in der *ortho*-Stellung des Rings minimiert. Wir wissen aber, daß die stabile Konfiguration des Phenols die planare ist; der Effekt der sterischen Hinderung ist also klein im Vergleich zur Stabilisierung durch Konjugation. Die Potentialbarriere dieser Torsionsschwingung ist in Tabelle 6.5 enthalten.

Eine Torsionsbarriere wird als n-fach bezeichnet, wenn sie in der Potentialkurve mit der Periode $2\pi/n$ erscheint. Wie auch bei der Inversionsschwingung (siehe Abschnitt 6.2.4.4.1) erlaubt die Quantenmechanik das Tunneln durch die n-fachen Torsionsbarrie-

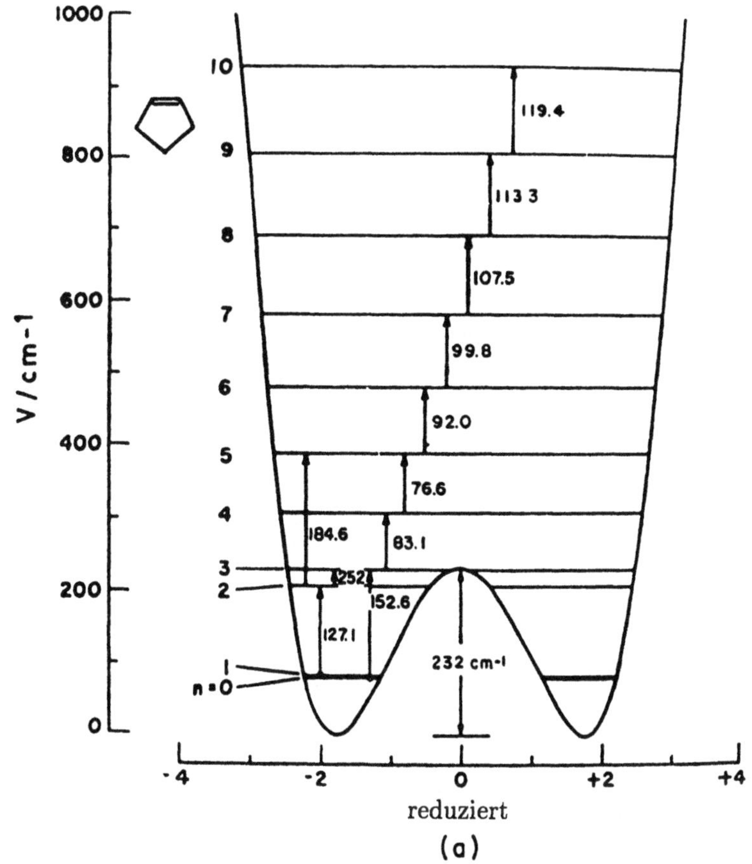

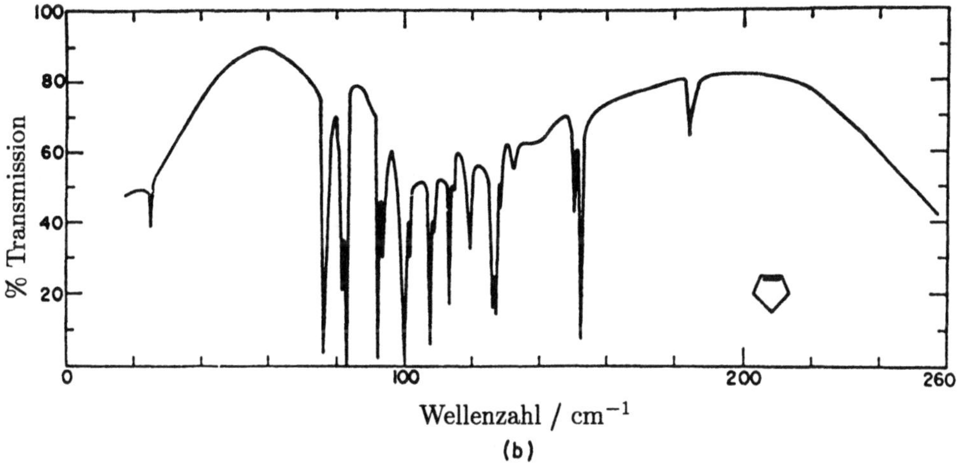

Bild 6.41 (a) Potentialkurve für die Ring-Buckelschwingung des Cyclopentens. Die reduzierte Koordinate z ist proportional zur Normalkoordinate dieser Schwingung. (b) Fernes Infrarotspektrum des Cyclopenten-Dampfes. (Aus: Laane, J. und Lord, R. C., *J. Chem. Phys.*, **47**, 4941, 1967)

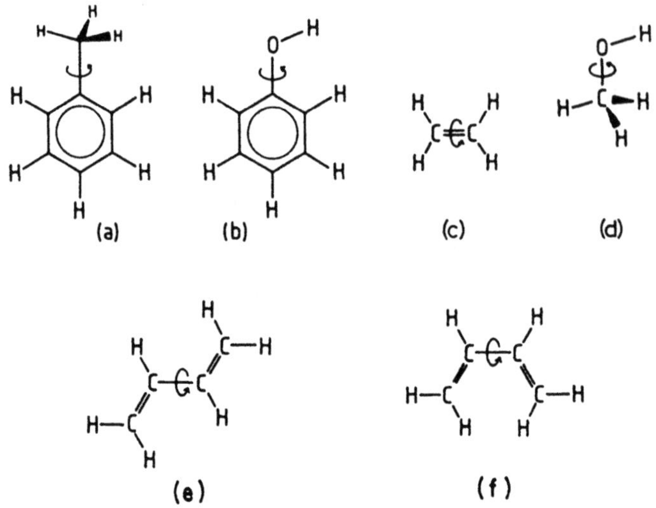

Bild 6.42 Torsionsschwingungen in (a) Toluol, (b) Phenol, (c) Ethylen, (d) Methylalkohol, (e) *s-trans*-Buta-1,3-dien, (f) *s-cis*-Buta-1,3-dien

ren. Dadurch werden die Niveaus in n Komponenten aufgespalten. Die Aufspaltung in zwei Komponenten in der Nähe der Spitze einer zweifachen Barriere ist in Bild 6.43 gezeigt. Ist die Barriere überwunden, rotiert das Molekül frei um diese Bindung. Die Energieniveaus ähneln nun eher denen einer Rotation als denen einer Vibration.

In Tabelle 6.5 sind noch einige andere Beispiele für Torsionsbarrieren aufgenommen worden. Diese ist für das Ethylen recht hoch, zwar typisch für eine Doppelbindung, aber die Angabe dieses Wertes ist unsicher. Bei Methylalkohol und Ethan handelt es sich um dreifache Barrieren, wie es uns Molekülmodelle bestätigen werden. In Toluol und Nitromethan finden wir dagegen sechsfache Torsionsbarrieren. Typischerweise sind höherzählige Torsionsbarrieren niedriger. Die Rotation um die C–C-Bindung in Toluol bzw. um die C–N-Bindung in Nitromethan ist daher nahezu völlig ungehindert.

Durch eine Torsionsschwingung kann ein stabiles Isomer auch in ein anderes, weniger stabiles Isomer überführt weden. Buta-1,3-dien ist ein Beispiel dafür. In diesem Fall ist die *s-trans*-Form (Bild 6.42(e)) stabiler als die *s-cis*-Form[9] (Bild 6.42(f)). Beide Isomere

[9] Es gibt Hinweise, daß das zweite Isomer in einer nicht-planaren *gauche*-Form vorliegen kann.

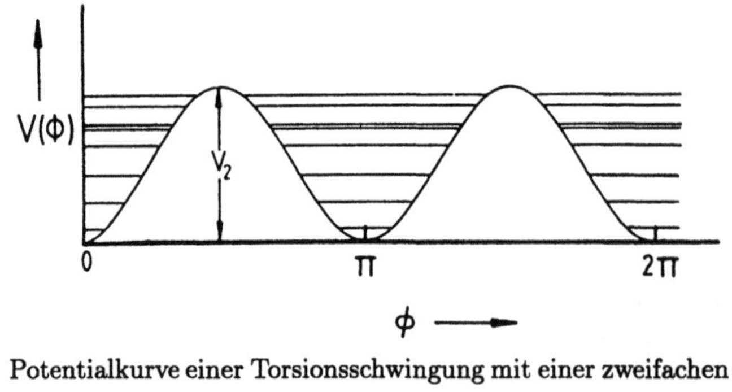

Bild 6.43 Potentialkurve einer Torsionsschwingung mit einer zweifachen Torsionsbarriere

sind planar auf Grund der stabilisierend wirkenden Konjugation entlang der zentralen C–C-Bindung. Das *s-trans*-Isomer wird weiterhin dadurch stabilisiert, daß in dieser Konfiguration die sterische Hinderung zwischen den Wasserstoffatomen minimiert wird. Die zugehörige Potentialkurve ähnelt der in Bild 6.43. Für $\phi = 0$ liegt das *s-trans*-Isomer vor und für $\phi = \pi$ das *s-cis*-Isomer. Die beiden Minima sind allerdings nicht identisch, denn, wie schon erwähnt, ist das *s-cis*-Isomere die energetisch ungünstigere Konfiguration. Eine Folge davon ist, daß die Energiebarriere für den Übergang vom *s-trans*- zum *s-cis*-Isomeren höher ist als für den umgekehrten Prozeß (siehe Tabelle 6.5).

Die gebräuchlichste allgemeine Form der Potentialfunktion $V(\phi)$ einer Torsionsschwingung ist

$$V(\phi) = \frac{1}{2}\sum_n V_n(1 - \cos n\phi). \tag{6.96}$$

n ist eine ganze Zahl. Welcher Term in der Summenbildung dominiert, hängt von dem betrachteten Molekül ab. Bei Toluol (Bild 6.42(b)) dominiert zum Beispiel der Term V_6, denn es handelt sich um eine sechsfache Torsionsbarriere. Bei den Molekülen Phenol, Ethylen und Methanol sind es dann entsprechend die Terme V_2, V_2 und V_3. Dagegen sind für Buta-1,3-dien die Terme V_1 und V_2 wegen der beiden möglichen Isomeren, dem *s-trans* und dem instabileren *s-cis*, gleich wichtig.

Aufgaben

1. In der folgenden Tabelle sind die Wellenzahlen der Rotations-Vibrationsübergänge für den P- und den R-Zweig der 1–0-Bande des $^2H^{35}Cl$ angegeben. Bestimmen Sie mit diesen Werten die Rotationskonstanten B_0, B_1 und B_e, das Bandenzentrum ω_0, die Wechselwirkungskonstante der Rotations-Vibrations-Bewegung α sowie den Kernabstand r_e. Das Bandenzentrum des 2–0-Übergangs liegt bei 4128,6 cm^{-1}. Damit können Sie nun auch ω_e und daraus die Kraftkonstante k berechnen.

J	$\tilde{\nu}[R(J)]/\text{cm}^{-1}$	$\tilde{\nu}[P(J)]/\text{cm}^{-1}$	J	$\tilde{\nu}[R(J)]/\text{cm}^{-1}$	$\tilde{\nu}[P(J)]/\text{cm}^{-1}$
0	2107,5	—	7	2174,0	2016,8
1	2117,8	2086,0	8	2183,2	2003,2
2	2127,3	2074,3	9	2191,5	1991,0
3	2137,5	2063,0	10	2199,5	1978,5
4	2147,4	2052,0	11	2207,5	1966,0
5	2156,9	2040,0	12	2214,9	1952,5
6	2166,2	2027,7	13	—	1938,8

2. In Aufgabe 1 haben Sie die Werte von B_0, B_1 und ω_0 bestimmt. Berechnen Sie nun damit die Wellenzahlen der beiden ersten Linien des O- und S-Zweiges im Rotations-Vibrations-Raman-Spektrum sowie deren relativen Intensitäten.

3. Nachstehend sind die Abstände zwischen den Vibrationsniveaus im elektronischen Grundzustand des CO zusammengestellt. Bestimmen Sie daraus die Werte für ω_e, $\omega_e x_e$ und die Dissoziationsenergie D_e.

$v' - v''$	1–0	2–1	3–2	4–3	5–4	6–5
$[G(v+1) - G(v)]/\text{cm}^{-1}$	2138	2115	2091	2063	2038	2011

4. Welche Gruppenschwingungen würden Sie erwarten, im Infrarot- und im Raman-Spektrum des abgebildeten Moleküls identifizieren zu können?

$$\begin{array}{c} \text{CH}_3 \\ \diagdown \\ \text{C}=\text{CH}-\text{C}\equiv\text{C}-\text{OH}? \\ \diagup \\ \text{F} \end{array}$$

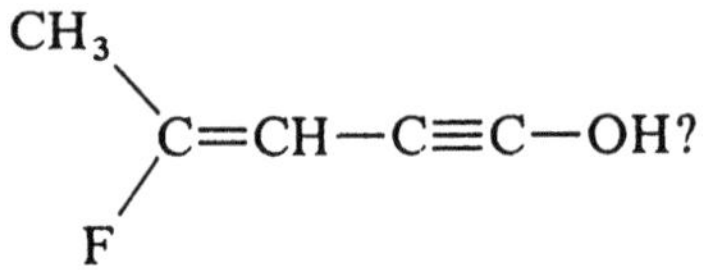

5. In Kapitel 4, Aufgabe 3 haben Sie bereits den sechs Normalschwingungen des Formaldehyds jeweils die irreduzible Darstellung zugeordnet. Zeigen Sie nun unter Verwendung der entsprechenden Charaktertafel, welche Schwingungen (a) im Infrarotspektrum und (b) im Raman-Spektrum erlaubt sind. Geben Sie auch die Richtung des Übergangsmoments der infrarot-aktiven Schwingungen an und welche Komponenten der Polarisierbarkeit bei den Raman-aktiven Schwingungen beteiligt sind.

6. Wir betrachten die Schwingungsübergänge eines Moleküls, das der Punktgruppe D_{2h} angehört. Leiten Sie ab, ob die folgenden Übergänge, ausgehend vom Niveau $v = 0$ im Infrarot und/oder im Raman-Spektrum, beobachtet werden können. Stellen Sie auch die Richtung des Übergangsmoments und/oder die beteiligten Komponenten der Polarisierbarkeit fest:
   (a) zum Niveau $v = 2$ einer b_{1g}-Schwingung;
   (b) zum Niveau $v = 1$ einer a_u- oder einer b_{2u}-Schwingung;
   (c) zum Niveau einer Kombinationsschwingung aus $v = 1$ einer b_{1u}- und $v = 1$ einer b_{3g}-Schwingung;
   (d) zum Niveau einer Kombinationsschwingung aus $v = 2$ einer a_u- und $v = 1$ einer b_{2g}-Schwingung.

7. Folgende Werte sind für das $^{12}\text{C}^{16}\text{O}_2$ gegeben:

$$\omega_1 = 1354{,}07 \text{ cm}^{-1}, \quad \omega_2 = 672{,}95 \text{ cm}^{-1}, \quad \omega_3 = 2396{,}30 \text{ cm}^{-1}$$
$$x_{11} = -3{,}10 \text{ cm}^{-1}, \quad x_{22} = 1{,}59 \text{ cm}^{-1}, \quad x_{33} = -12{,}50 \text{ cm}^{-1},$$
$$x_{12} = -5{,}37 \text{ cm}^{-1}, \quad x_{13} = -19{,}27 \text{ cm}^{-1}, \quad x_{23} = -12{,}51 \text{ cm}^{-1},$$
$$g_{22} = -0{,}62 \text{ cm}^{-1}.$$

Berechnen Sie die Wellenzahlen der Vibrationsniveaus $v = 1$ und des $v = 2$ ($l_2 = 0$). Diese Niveaus haben beide die Symmetrie Σ_g^+ und liegen energetisch sehr dicht beieinander. Aus diesen beiden Gründen tritt eine Wechselwirkung zwischen den beiden Niveaus auf, die dazu führt, daß die beiden Niveaus energetisch weiter voneinander getrennt werden (ω_1, ω_2 und ω_3 sind *Gleichgewichtswerte* der entsprechenden Schwingungen ν_1, ν_2 und ν_3). Dieser Wechselwirkung ist als Fermi-Resonanz bekannt.

8. Skizzieren Sie den Verlauf der Potentialkurve einer Torsionsschwingung als Funktion des Torsionswinkels ϕ für die Moleküle (a) Ethan, (b) CH_3NO_2, (c) 2-Fluorphenol, (d) CH_2FOH und (e) 1,2-Dichlorethan.

Bibliographie

Allen, H. C., Jr. und Cross, P. C. (9163). ***Molecular Vib-Rotors***, Wiley, New York.

Bellamy, L. J. (1980). ***The Infrared Spectra of Complex Molecules***, Vol. 2, ***Advances in Infrared Group Frequencies***, Chapman and Hall, London.

Gans, P. (1971). ***Vibrating Molecules***, Chapman and Hall, London.

Herzberg, G. (1945). ***Infrared and Raman Spectra***, Van Nostrand, New York.

Herzberg, G. (1950). ***Spectra of Diatomic Molecules***, Van Nostrand, New York.

Long, D. A. (1977). ***Raman Spectroscopy***, McGraw-Hill, London.

Wilson, E. B. (1934). ***Phys. Rev.***, **45**, 706.

Wilson, E. B., Decius, J. C. und Cross, P. C., (1955). ***Molecular Vibrations***, McGraw-Hill, London.

Woodward, L. A. (1972). ***Introduction to the Theory of Molecular Vibrations and Vibrational Spectroscopy***, Oxford University Press, Oxford.

7 Spektroskopie elektronischer Übergänge

7.1 Atomspektroskopie

Mit dieser Methode werden die Übergänge zwischen zwei elektronischen Zuständen sowohl in Emission als auch in Absorption studiert. Atome zeigen dabei ein relativ einheitliches Verhalten, denn abgesehen von den Freiheitsgraden der Translation und des Kernspins gibt es in allen Atomen nur noch die elektronischen Freiheitsgrade. Im Gegensatz dazu sind in Molekülen die zusätzlichen Freiheitsgrade der Rotation und der Vibration vorhanden. Die Spektren elektronischer Übergänge sind daher bei Atomen erheblich einfacher als bei Molekülen.

7.1.1 Das Periodensystem

In Kapitel 1 haben wir einige wichtige Ergebnisse der Quantenmechanik vorgestellt und diskutiert. Wir haben gelernt, daß der Hamilton-Operator die quantenmechanische Form der Energie darstellt. Für Wasserstoff und wasserstoffähnliche Atome, wie z.B. He^+, Li^{2+}, ..., bewegt sich nur ein Elektron im Feld des Kerns mit der Kernladung $+Ze$. Der Hamilton-Operator solcher Ein-Elektronen-Systeme lautet:

$$H = -\frac{\hbar^2}{2\mu}\nabla^2 - \frac{Ze^2}{4\pi\epsilon_0 r}. \tag{7.1}$$

Diese Gleichung ist völlig analog zur Gl. (1.30) für das Wasserstoffatom. Wir haben dort auch bereits die Bedeutung der einzelnen Terme erläutert.

Für ein neutrales Mehr-Elektronen-System lautet der Hamilton-Operator:

$$H = -\frac{\hbar^2}{2m_e}\sum_i \nabla_i^2 - \sum_i \frac{Ze^2}{4\pi\epsilon_0 r_i} + \sum_{i<j} \frac{e^2}{4\pi\epsilon_0 r_{ij}}. \tag{7.2}$$

Die Summation läuft über alle Elektronen i. Die beiden ersten Terme sind einfach die Summe über die Terme, die auch in Gl. (7.1) für das Ein-Elektronen-System auftauchen. Der dritte Term ist neu hinzugekommen und berücksichtigt die paarweise Coulomb-Abstoßung aller Elektronen im Abstand r_{ij}. Dagegen wird mit dem zweiten Term die Coulomb-Anziehung zwischen den Elektronen und dem Kern beschrieben, wobei der Abstand zwischen Elektron und Kern r_i beträgt.

Durch den zusätzlichen Term in Gl. (7.2), der die Elektron-Elektron-Abstoßung beschreibt, kann der Hamilton-Operator nicht mehr in eine Summe von Termen zerlegt werden, die die Beiträge einzelner Elektronen enthalten. Die Schrödinger-Gleichung (Gl. (1.28)) kann daher nicht mehr exakt gelöst werden. Es sind nun verschiedene Näherungsmethoden zur Lösung dieses Problems vorgeschlagen worden, aber die Methode von Hartree ist wohl die brauchbarste. Hartree hat den Hamilton-Operator so formuliert:

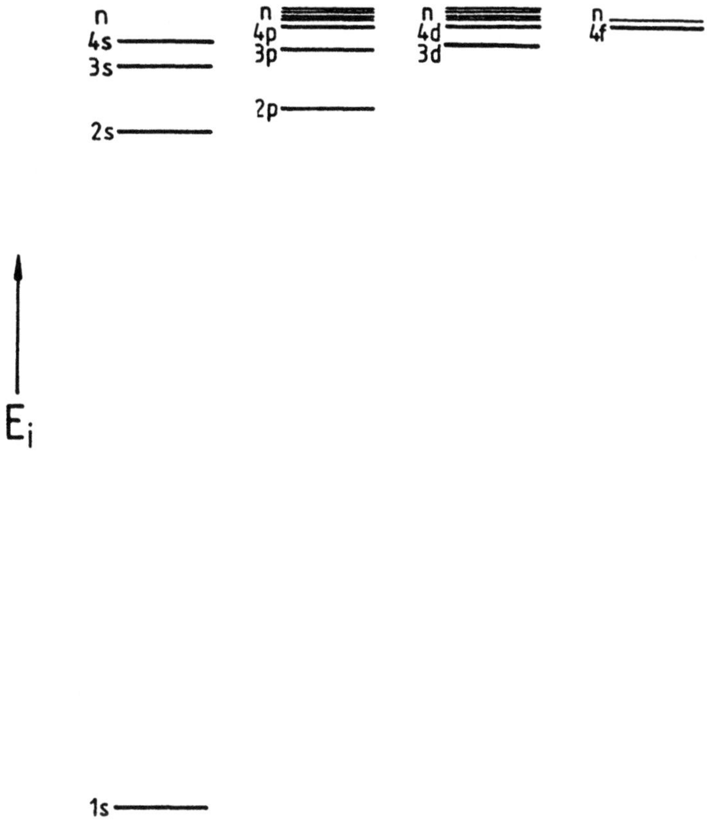

Bild 7.1 Typische Orbitalenergien E_i eines Atoms mit mehreren Elektronen

$$H \simeq -\frac{\hbar^2}{2m_e}\sum_i \nabla_i^2 - \sum_i \frac{Ze^2}{4\pi\epsilon_0 r_i} + \sum_i V(r_i). \tag{7.3}$$

In dieser Gleichung steckt eine vereinfachende Näherung: Die Coulomb-Abstoßung zwischen den Elektronen wird im dritten Term in Gl. (7.3) als eine Summe von Einzelbeiträgen individueller Elektronen angenommen. Die Schrödinger-Gleichung ist nun lösbar. Zur Lösung benutzt man ein Verfahren, das als self-consistent field (SCF)-Methode bezeichnet wird.

Im Wasserstoffatom sind die Orbitale mit gleicher Hauptquantenzahl, z.B. $2s, 2p$ oder $3s, 3p, 3d$, entartet (siehe Bild 1.1). Durch die Abstoßung zwischen den Elektronen eines Mehr-Elektronen-Systems wird diese Entartung teilweise aufgehoben. Die veränderte, relative Abfolge der Orbitalenergien E_i gibt Bild 7.1 wieder. Wir erkennen, daß die Orbitalenergien nun nicht mehr allein durch die Hauptquantenzahl n wie beim Wasserstoffatom bestimmt sind, sondern auch durch die Quantenzahl des Bahndrehimpulses $l(= 0, 1, 2, \ldots$ für ein s-, p-, d-, ... Orbital). Außerdem nimmt der Wert von E_i eines gegebenen Orbitals mit wachsender Kernladungszahl des Atoms zu. So beträgt die Ionisierungsenergie des $1s$-Orbitals für H 13,6 eV und für Ne 870,4 eV.

Die Elektronen eines Atoms besetzen die Orbitale mit aufsteigender Orbitalenergie. Die energetische Abfolge der Orbitale ist in Bild 7.1 angegeben. Dieses Verfahren wird als ***Aufbau-Prinzip*** bezeichnet und liefert uns die Konfiguration des Grundzustands. Gleichzeitig muß dabei auch das Pauli-Prinzip berücksichtigt werden. Danach dürfen zwei Elektronen nicht in allen vier Quantenzahlen n, l, m_l, m_s übereinstimmen. In den Abschnitten 1.3.3 und 1.3.4 haben wir bereits gelernt, daß m_l $(2l+1)$ Werte annehmen kann (siehe Gl. (1.45)) und für $m_s = \pm\frac{1}{2}$ gilt (Gl. (1.47)). Jedes Orbital mit den Quantenzahlen n und l kann daher $2(2l+1)$ Elektronen aufnehmen. In ein ns-Orbital mit $l = 0$ passen also zwei Elektronen, in ein np-Orbital mit $l = 1$ sechs, in ein nd-Orbital mit $l = 2$ zehn Elektronen und so weiter.

Ein Orbital wird durch die Quantenzahlen n und l charakterisiert. Daneben existiert noch der Begriff Schale, mit dem Orbitale mit gleicher Hauptquantenzahl zusammengefaßt werden. Orbitale mit $n = 1, 2, 3, 4, \ldots$ werden als K-, L-, M-, N-, ... Schale bezeichnet.

Wir müssen sorgfältig zwischen den Begriffen Konfiguration und Zustand unterscheiden. Eine Konfiguration beschreibt, wie die Elektronen in den verschiedenen Orbitalen verteilt sind. Zu dieser Konfiguration können aber mehr als nur ein Zustand beitragen. Beispielsweise enthält die Konfiguration des elektronischen Grundzustands $1s^2 2s^2 2p^2$ des Kohlenstoffatoms *drei* elektronische Zustände mit jeweils verschiedenen Energien. Das werden wir in Abschnitt 7.1.2.3.2 noch ausführlich erläutern.

Tabelle 7.1 stellt die Konfigurationen des elektronischen Grundzustands nebst einigen anderen Daten für alle Elemente zusammen. An Hand dieser Tabelle werden die Gemeinsamkeiten der Elemente deutlich, die als „chemisch ähnlich" bezeichnet werden. Alle Alkalimetalle, also die Elemente Li, Na, K, Rb und Cs, haben eine Elektronenkonfiguration ns^1. Das ist konsistent mit der Tatsache, daß diese Elemente einwertig sind. Die Erdalkalimetalle Be, Mg, Ca, Sr und Ba haben eine Elektronenkonfiguration ns^2 und sind zweiwertig. Dagegen liegt in den Außenschalen der Edelgase Ne, Ar, Kr, Xe und Rn die Elektronenkonfiguration np^6 vor. Es handelt sich um vollbesetzte Orbitale (manchmal auch als Unterschalen bezeichnet), die die Ursache für das chemisch inerte Verhalten der Edelgase sind. Die vollbesetzte K-Schale des He hat denselben Effekt.

In der ersten Reihe der Übergangsmetalle (das sind die Elemente Sc, Ti, V, Mn, Cr, Fe, Co, Ni, Cu und Zn) werden die $3d$-Orbitale sukzessive besetzt. Bild 7.1 zeigt, daß die $3d$- und $4s$-Orbitale energetisch nahezu äquivalent sind. Der Unterschied zwischen diesen Orbitalenergien ändert sich jedoch innerhalb der Reihe. Die meisten der aufgezählten Elemente enthalten zwar eine $4s^2$-Konfiguration, aber in Cu ist die Grundkonfiguration $\ldots\ 3d^{10}4s^1$ durch die große Stabilität eines vollbesetzten $3d$-Orbitals günstiger. Auch halbbesetzte Orbitale (also $2p^3$, $3d^5$) weisen eine erhöhte Stabilität auf. Bei Cr finden wir daher als Konfiguration des Grundzustands $3d^5 4s^1$. Die Begründung für die Stabilität halbbesetzter Orbitale ist nicht ganz einfach. In diesen Fällen sind aber die Elektronenspins parallel ausgerichtet, haben also alle die gleiche Spinquantenzahl $m_s = +\frac{1}{2}$ bzw. $m_s = -\frac{1}{2}$. Durch diese spezielle Situation ändert sich die Elektron-Kern-Wechselwirkung und führt zu einer Energieabsenkung.

In der zweiten Reihe werden bei den Lanthaniden die $4f$-Orbitale aufgefüllt. Die $4f$- und $5d$-Orbitale weisen ähnliche Orbitalenergien auf. In den Fällen La, Ce und Gd wechselt daher ein Elektron vom $5s$- in das $4f$-Orbital. Ebenso tritt in der Reihe der Actiniden eine Konkurrenz zwischen dem $5f$- und dem $6s$-Orbital auf.

Tabelle 7.1 Grundkonfigurationen und Grundzustände der Elemente

Atom	Ordnungszahl (Z)	Grundkonfiguration	erste Ionisierungsenergie/eV†	Grundzustand
H	1	$1s^1$	13,598	$^2S_{1/2}$
He	2	$1s^2$	24,587	$^1S_0$
Li	3	$K2s^1$	5,392	$^2S_{1/2}$
Be	4	$K2s^2$	9,322	$^1S_0$
B	5	$K2s^22p^1$	8,298	$^2P^o_{1/2}$
C	6	$K2s^22p^2$	11,260	$^3P_0$
N	7	$K2s^22p^3$	14,534	$^4S^o_{3/2}$
O	8	$K2s^22p^4$	13,618	$^3P_2$
F	9	$K2s^22p^5$	17,422	$^2P^o_{3/2}$
Ne	10	$K2s^22p^6$	21,564	$^1S_0$
Na	11	$KL3s^1$	5,139	$^2S_{1/2}$
Mg	12	$KL3s^2$	7,646	$^1S_0$
Al	13	$KL3s^23p^1$	5,986	$^2P^o_{1/2}$
Si	14	$KL3s^23p^2$	8,151	$^3P_0$
P	15	$KL3s^23p^3$	10,486	$^4S^o_{3/2}$
S	16	$KL3s^23p^4$	10,360	$^3P_2$
Cl	17	$KL3s^23p^5$	12,967	$^2P^o_{3/2}$
Ar	18	$KL3s^23p^6$	15,759	$^1S_0$
K	19	$KL3s^23p^64s^1$	4,341	$^2S_{1/2}$
Ca	20	$KL3s^23p^64s^2$	6,113	$^1S_0$
Sc	21	$KL3s^23p^63d^14s^2$	6,54	$^2D_{3/2}$
Ti	22	$KL3s^23p^63d^24s^2$	6,82	$^3F_2$
V	23	$KL3s^23p^63d^34s^2$	6,74	$^4F_{3/2}$
Cr	24	$KL3s^23p^63d^54s^1$	6,766	$^7S_3$
Mn	25	$KL3s^23p^63d^54s^2$	7,435	$^6S_{5/2}$
Fe	26	$KL3s^23p^63d^64s^2$	7,870	$^5D_4$
Co	27	$KL3s^23p^63d^74s^2$	7,86	$^4F_{9/2}$
Ni	28	$KL3s^23p^63d^84s^2$	7,635	$^3F_4$
Cu	29	$KLM4s^1$	7,726	$^2S_{1/2}$
Zn	30	$KLM4s^2$	9,394	$^1S_0$
Ga	31	$KLM4s^24p^1$	5,999	$^2P^o_{1/2}$
Ge	32	$KLM4s^24p^2$	7,899	$^3P_0$
As	33	$KLM4s^24p^3$	9,81	$^4S^o_{3/2}$
Se	34	$KLM4s^24p^4$	9,752	$^3P_2$
Br	35	$KLM4s^24p^5$	11,814	$^2P^o_{3/2}$
Kr	36	$KLM4s^24p^6$	13,999	$^1S_0$
Rb	37	$KLM4s^24p^65s^1$	4,177	$^2S_{1/2}$
Sr	38	$KLM4s^24p^65s^2$	5,695	$^1S_0$
Y	39	$KLM4s^24p^64d^15s^2$	6,38	$^3D_{3/2}$
Zr	40	$KLM4s^24p^64d^25s^2$	6,84	$^3F_2$
Nb	41	$KLM4s^24p^64d^45s^1$	6,88	$^6D_{1/2}$
Mo	42	$KLM4s^24p^64d^55s^1$	7,099	$^7S_3$
Tc	43	$KLM4s^24p^64d^55s^2$	7,28	$^6S_{5/2}$
Ru	44	$KLM4s^24p^64d^75s^1$	7,37	$^5F_5$
Rh	45	$KLM4s^24p^64d^85s^1$	7,46	$^4F_{9/2}$

(wird fortgeführt)

Tabelle 7.1 (Forts.) Grundkonfigurationen und Grundzustände der Elemente.

Atom	Ordnungszahl (Z)	Grundkonfiguration	erste Ionisierungsenergie/eV†	Grundzustand
Pd	46	$KLM4s^24p^64d^{10}$	8,34	$^1S_0$
Ag	47	$KLM4s^24p^64d^{10}5s^1$	7,576	$^2S_{1/2}$
Cd	48	$KLM4s^24p^64d^{10}5s^2$	8,993	$^1S_0$
In	49	$KLM4s^24p^64d^{10}5s^25p^1$	5,786	$^2P^o_{1/2}$
Sn	50	$KLM4s^24p^64d^{10}5s^25p^2$	7,344	$^3P_0$
Sb	51	$KLM4s^24p^64d^{10}5s^25p^3$	8,641	$^4S^o_{3/2}$
Te	52	$KLM4s^24p^64d^{10}5s^25p^4$	9,009	$^3P_2$
I	53	$KLM4s^24p^64d^{10}5s^25p^5$	10,451	$^2P^o_{3/2}$
Xe	54	$KLM4s^24p^64d^{10}5s^25p^6$	12,130	$^1S_0$
Cs	55	$KLM4s^24p^64d^{10}5s^25p^66s^1$	3,894	$^2S_{1/2}$
Ba	56	$KLM4s^24p^64d^{10}5s^25p^66s^2$	5,212	$^1S_0$
La	57	$KLM4s^24p^64d^{10}5s^25p^65d^16s^2$	5,577	$^2D_{3/2}$
Ce	58	$KLM4s^24p^64d^{10}4f^15s^25p^65d^16s^2$	5,47	$^1G^o_4$
Pr	59	$KLM4s^24p^64d^{10}4f^35s^25p^66s^2$	5,42	$^4I^o_{9/2}$
Nd	60	$KLM4s^24p^64d^{10}4f^45s^25p^66s^2$	5,49	$^5I_4$
Pm	61	$KLM4s^24p^64d^{10}4f^55s^25p^66s^2$	5,55	$^6H^o_{5/2}$
Sm	62	$KLM4s^24p^64d^{10}4f^65s^25p^66s^2$	5,63	$^7F_0$
Eu	63	$KLM4s^24p^64d^{10}4f^75s^25p^66s^2$	5,67	$^8S^o_{7/2}$
Gd	64	$KLM4s^24p^64d^{10}4f^75s^25p^65d^16s^2$	6,14	$^9D^o_2$
Tb	65	$KLM4s^24p^64d^{10}4f^95s^25p^66s^2$	5,85	$^6H^o_{15/2}$
Dy	66	$KLM4s^24p^64d^{10}4f^{10}5s^25p^66s^2$	5,93	$^5I_8$
Ho	67	$KLM4s^24p^64d^{10}4f^{11}5s^25p^66s^2$	6,02	$^4I^o_{15/2}$
Er	68	$KLM4s^24p^64d^{10}4f^{12}5s^25p^66s^2$	6,10	$^3H_6$
Tm	69	$KLM4s^24p^64d^{10}4f^{13}5s^25p^66s^2$	6,18	$^2F^o_{7/2}$
Yb	70	$KLMN5s^25p^66s^2$	6,254	$^1S_0$
Lu	71	$KLMN5s^25p^65d^16s^2$	5,426	$^2D_{3/2}$
Hf	72	$KLMN5s^25p^65d^26s^2$	7,0	$^3F_2$
Ta	73	$KLMN5s^25p^65d^36s^2$	7,89	$^4F_{3/2}$
W	74	$KLMN5s^25p^65d^46s^2$	7,98	$^5D_0$
Re	75	$KLMN5s^25p^65d^56s^2$	7,88	$^6S_{5/2}$
Os	76	$KLMN5s^25p^65d^66s^2$	8,7	$^5D_4$
Ir	77	$KLMN5s^25p^65d^76s^2$	9,1	$^4F_{9/2}$
Pt	78	$KLMN5s^25p^65d^96s^1$	9,0	$^3D_3$
Au	79	$KLMN5s^25p^65d^{10}6s^1$	9,225	$^2S_{1/2}$
Hg	80	$KLMN5s^25p^65d^{10}6s^2$	10,437	$^1S_0$
Tl	81	$KLMN5s^25p^65d^{10}6s^26p^1$	6,108	$^2P^o_{1/2}$
Pb	82	$KLMN5s^25p^65d^{10}6s^26p^2$	7,416	$^3P_0$
Bi	83	$KLMN5s^25p^65d^{10}6s^26p^3$	7,289	$^4S^o_{3/2}$
Po	84	$KLMN5s^25p^65d^{10}6s^26p^4$	8,42	$^3P_2$
At	85	$KLMN5s^25p^65d^{10}6s^26p^5$	—	$^2P^o_{3/2}$
Rn	86	$KLMN5s^25p^65d^{10}6s^26p^6$	10,748	$^1S_0$
Fr	87	$KLMN5s^25p^65d^{10}6s^26p^67s^1$	—	$^2S_{1/2}$
Ra	88	$KLMN5s^25p^65d^{10}6s^26p^67s^2$	5,279	$^1S_0$
Ac	89	$KLMN5s^25p^65d^{10}6s^26p^66d^17s^2$	6,9	$^2D_{3/2}$
Th	90	$KLMN5s^25p^65d^{10}6s^26p^66d^27s^2$	—	$^3F_2$

(wird fortgeführt)

Tabelle 7.1 (Forts.) Grundkonfigurationen und Grundzustände der Elemente.

Atom	Ordnungs-zahl (Z)	Grundkonfiguration	erste Ionisierungs-energie/eV†	Grund-zustand
Pa	91	$KLMN5s^2 5p^6 5d^{10} 5f^2 6s^2 6p^6 6d^1 7s^2$	—	$^4K_{11/2}$
U	92	$KLMN5s^2 5p^6 5d^{10} 5f^3 6s^2 6p^6 6d^1 7s^2$	—	$^5L_6^o$
Np	93	$KLMN5s^2 5p^6 5d^{10} 5f^4 6s^2 6p^6 6d^1 7s^2$	—	$^6L_{11/2}$
Pu	94	$KLMN5s^2 5p^6 5d^{10} 5f^6 6s^2 6p^6 7s^2$	5,8	$^7F_0$
Am	95	$KLMN5s^2 5p^6 5d^{10} 5f^7 6s^2 6p^6 7s^2$	6,0	$^8S^o_{7/2}$
Cm	96	$KLMN5s^2 5p^6 5d^{10} 5f^7 6s^2 6p^6 6d^1 7s^2$	—	$^9D_2^o$
Bk	97	$KLMN5s^2 5p^6 5d^{10} 5f^9 6s^2 6p^6 7s^2$	—	$^6H^o_{15/2}$
Cf	98	$KLMN5s^2 5p^6 5d^{10} 5f^{10} 6s^2 6p^6 7s^2$	—	$^5I_8$
Es	99	$KLMN5s^2 5p^6 5d^{10} 5f^{11} 6s^2 6p^6 7s^2$	—	$^4I^o_{15/2}$
Fm	100	$KLMN5s^2 5p^6 5d^{10} 5f^{12} 6s^2 6p^6 7s^2$	—	$^3H_6$
Md	101	$KLMN5s^2 5p^6 5d^{10} 5f^{13} 6s^2 6p^6 7s^2$	—	$^2F^o_{3/2}$
No	102	$KLMNO6s^2 6p^6 7s^2$	—	$^1S_0$
Lr	103	$KLMNO6s^2 6p^6 6d^1 7s^2$	—	$^2D_{3/2}$
—	104	$KLMNO6s^2 6p^6 6d^2 7s^2$	—	$^3F_2$

†Für den Prozess A $\longrightarrow$ A$^+$, wobei das Atom A sich im Grundzustand befindet.

7.1.2 Vektordarstellung der Impulse und die Näherung der Vektorkopplung

7.1.2.1 Drehimpulse und magnetische Momente

In Abschnitt 1.3.6 haben wir schon die Vektordarstellung des Bahndrehimpulses erläutert und in Bild 1.5 dargestellt. Die Richtung des Vektors wird durch die Rechte-Hand-Regel festgelegt.

In einem Atom gibt es zwei verschiedene Drehimpulse. Der eine entsteht durch die Bewegung des Elektrons um den Kern (Orbitalbewegung) und der andere durch die Spinbewegung. Die Länge des Vektors, der den Bahndrehimpuls eines einzelnen Elektrons repräsentiert, beträgt (wie in Gl. (1.44))

$$[l(l+1)]^{1/2}\hbar = l^*\hbar. \tag{7.4}$$

l kann die Werte $0, 1, 2, \ldots (n-1)$ annehmen. (Für eine Quantenzahl Q wird uns der Ausdruck $[Q(Q+1)]^{1/2}$ noch sehr häufig begegnen; wir wollen dafür im folgenden die abkürzende Schreibweise Q^* verwenden.) Analog gilt für den Betrag des Vektors, der den Spindrehimpuls eines einzelnen Elektrons darstellt (wie in Gl. (1.46)):

$$[s(s+1)]^{1/2}\hbar = s^*\hbar. \tag{7.5}$$

s kann ausschließlich den Wert $\frac{1}{2}$ annehmen.

Für ein Elektron mit einem Bahn- und einem Spindrehimpuls gibt es eine weitere Quantenzahl j. Das ist die Quantenzahl des Gesamtdrehimpulses, der sich aus Bahn- und Spindrehimpuls zusammensetzt. Es handelt sich wiederum um einen Vektor, dessen Betrag gegeben ist als

$$[j(j+1)]^{1/2}\hbar = j^*\hbar. \tag{7.6}$$

j kann die folgenden Werte annehmen:

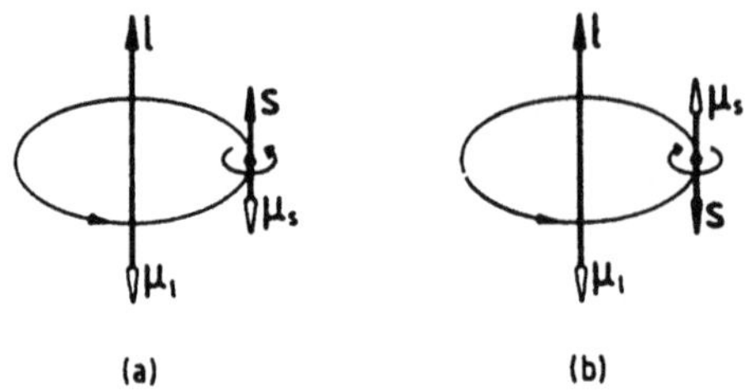

Bild 7.2 Vektordarstellung des Bahn- und des Spindrehimpulses l und s bei (a) gleicher und (b) entgegengesetzter Bewegungsrichtung. Die mit diesen Drehimpulsen verknüpften magnetischen Momente μ_l und μ_s sind ebenfalls eingezeichnet

$$j = l + s, l + s - 1, \ldots, |l - s|. \tag{7.7}$$

Weil s stets $\frac{1}{2}$ beträgt, ist j für Ein-Elektronen-Systeme keine besonders sinnvolle Quantenzahl. Erst wenn wir uns mit den besonderen Details der Spektren solcher Systeme befassen, gewinnt diese Quantenzahl an Bedeutung. In Mehr-Elektronen-Systemen ist die analoge Quantenzahl J jedoch sehr wichtig.

Das kreisende Elektron mit der Ladung $-e$ kann auch als Strom aufgefaßt werden und verursacht wie dieser ein magnetisches Moment. Bei diesem magnetischen Moment $\boldsymbol{\mu}_l$, das durch die Orbitalbewegung erzeugt wird, handelt es sich wieder um einen Vektor. Er ist dem Vektor des entsprechenden Bahndrehimpulses $\boldsymbol{l}$ entgegengerichtet, wie es in Bild 7.2(a) gezeigt ist. Im klassischen Bild dreht sich das Elektron auch um seine eigene Achse. Das läßt vermuten, daß auch mit dieser Drehbewegung ein magnetisches Moment $\boldsymbol{\mu}_s$ verknüpft ist. Bild 7.2(a) zeigt, daß auch dieser Vektor dem des Spindrehimpulses $\boldsymbol{s}$ entgegengesetzt ist. Die beiden magnetischen Momente $\boldsymbol{\mu}_l$ und $\boldsymbol{\mu}_s$ können als kleine Stabmagneten aufgefaßt werden. Für jedes Elektron können sie entweder parallel wie in Bild 7.2(a) oder antiparallel wie in Bild 7.2(b) ausgerichtet sein.

Auch der Kern kann einen weiteren Drehimpuls beisteuern, wenn die Quantenzahl des Kernspins I ungleich Null ist (siehe Tabelle 1.3). Den Betrag dieses Drehimpulses gibt Gl. (1.48) an. Die Kernmasse ist aber im Vergleich zur Elektronenmasse so groß, daß das mit dem Kernspin verknüpfte magnetische Moment sehr klein ist. Für unsere Betrachtungen können wir den Beitrag des Kerns vernachlässigen, ebenso wie die daraus resultierenden Hyperfeinaufspaltungen in den Atomspektren.

7.1.2.2 Kopplung von Drehimpulsen

Wir haben eben gesagt, daß Bahn- und Spindrehimpuls des Elektrons zwei magnetische Momente erzeugen. Diese wechselwirken miteinander wie zwei kleine Stabmagneten. Diese Wechselwirkung bezeichnen wir als Kopplung von Drehimpulsen. Die Kopplung ist um so stärker, je größer die magnetischen Momente sind. Manchmal kann die Kopplung aber auch vernachlässigbar klein sein.

Zwei Vektoren $\boldsymbol{a}$ und $\boldsymbol{b}$ koppeln zu einem resultierenden Vektor $\boldsymbol{c}$, wie es in Bild 7.3(a) gezeigt ist. Stellen die beiden Vektoren $\boldsymbol{a}$ und $\boldsymbol{b}$ jeweils einen Drehimpuls dar, präzedieren diese beiden Vektoren um $\boldsymbol{c}$. Das ist in Bild 7.3(b) dargestellt. Die Präzessionsfrequenz nimmt mit stärkerer Kopplung zu. Gewöhnlich präzediert der Vektor $\boldsymbol{c}$ selbst um eine

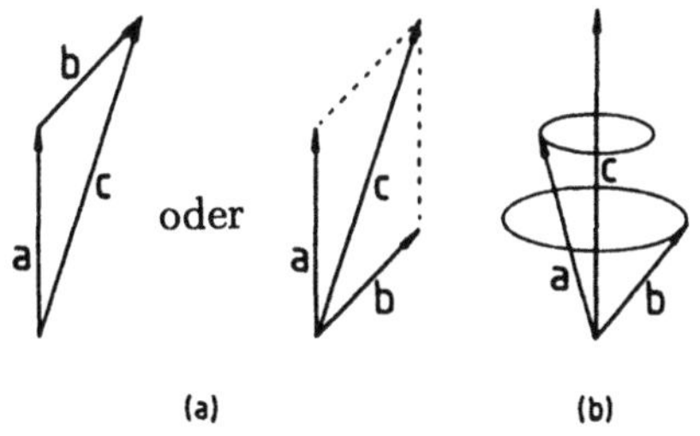

Bild 7.3 (a) Addition zweier Vektoren **a** und **b** zu einem resultierenden Vektor **c**. (b) **a** und **b** präzedieren um **c**

beliebige Achse im Raum. Legt man aber ein elektrisches oder magnetisches Feld an, wird eine Vorzugsrichtung im Raum definiert, um die dann **c** präzediert. Als Folge dieses Stark- bzw. Zeeman-Effektes kann die Raumquantisierung auftreten, die wir bereits in Abschnitt 1.3.6 angesprochen haben.

Wie stark Spin- und Bahndrehimpuls miteinander koppeln, also die Stärke der sogenannten Spin-Bahn-Kopplung, hängt von dem jeweiligen Atom ab.

Der Spin eines Elektrons kann mit den verschiedenen Drehimpulsen eines Atoms wechselwirken: (a) mit den Spins der anderen Elektronen, (b) mit seinem eigenen Bahndrehimpuls und (c) mit den Bahndrehimpulsen der anderen Elektronen. Die letztgenannte Wechselwirkung ist im allgemeinen sehr klein und kann daher vernachlässigt werden. Die Kopplungen des Typs (a) und (b) sind weitaus wichtiger. Sie stellen zwei Grenzfälle völlig verschiedener Wechselwirkungen dar und werden entsprechend mit verschiedenen Näherungsmethoden behandelt.

Ein Näherungsverfahren geht davon aus, daß die Kopplung zwischen den Spindrehimpulsen der verschiedenen Elektronen hinreichend klein ist und ebenso wie die Kopplung mit den Bahndrehimpulsen der anderen Elektronen vernachlässigt werden kann. Dagegen soll die Kopplung des betrachteten Elektrons mit dem eigenen Bahndrehimpuls sehr stark sein. Die beiden Drehimpulse des Elektrons koppeln zu einem Gesamtdrehimpuls $\boldsymbol{j}$. Auf diese Weise resultieren Gesamtdrehimpulse $\boldsymbol{j}$ für alle Elektronen des Atoms, die wiederum zu einem Gesamtdrehimpuls $\boldsymbol{J}$ koppeln. Die jj-Kopplung ist nicht so stark wie die Kopplung zwischen $\boldsymbol{l}$ und $\boldsymbol{s}$ der einzelnen Elektronen, aber doch beträchtlich. Die jj-Kopplung kann aber nur auf einige wenige Zustände der schwereren Atome angewendet werden.

Bei der zweiten Näherung wird die Kopplung zwischen Bahn- und Spindrehimpuls des einzelnen Elektrons vernachlässigt. Stattdessen koppeln die Bahndrehimpulse der verschiedenen Elektronen sehr stark. Die Kopplung der Spindrehimpulse der verschiedenen Elektronen ist schwächer ausgeprägt, aber deutlich vorhanden. Das ist das gegenteilige Extrem zur jj-Kopplung. Diese sogenannte Russell-Saunders-Kopplung ist eine vernünftige Näherung für viele Zustände der leichteren Atome. Wir wollen daher nur die Russell-Saunders-Kopplung diskutieren, aber dafür um so ausführlicher.

7.1.2.3 Die Näherung der Russell-Saunders-Kopplung

7.1.2.3.1 Nicht-äquivalente Elektronen. Unterscheiden sich zwei Elektronen in n und/oder in l, handelt es sich um nicht-äquivalente Elektronen. So sind z.B. die Elektronen einer $3p^1 3d^1$- und einer $3p^1 4p^1$-Konfiguration nicht-äquivalent, während die einer $2p^2$-Konfiguration äquivalent sind. Die Kopplung von Drehimpulsen nicht-äquivalenter Elektronen ist etwas übersichtlicher als bei äquivalenten Elektronen.

Zunächst betrachten wir die starke Kopplung zwischen den Bahndrehimpulsen nicht-äquivalenter Elektronen (ll-Kopplung). Als Beispiel wählen wir einen hochangeregten Zustand des Heliumatoms mit der Konfiguration $2p^1 3d^1$. Die nicht-äquivalenten Elektronen $2p$ und $3d$ wollen wir mit „1" bzw. „2" bezeichnen. Für die Vektoren der Bahndrehimpulse gilt also $l_1 = 1$ und $l_2 = 2$. Die Länge dieser Vektoren beträgt gemäß Gl. (7.4) $2^{1/2}\hbar$ bzw. $6^{1/2}\hbar$. $\boldsymbol{l}_1$ und $\boldsymbol{l}_2$ koppeln zu einem resultierenden Vektor $\boldsymbol{L}$, wie es in Bild 7.3(a) dargestellt ist. Den Betrag dieses Vektors gibt die folgende Gleichung an:

$$[L(L+1)]^{1/2}\hbar = L^*\hbar. \tag{7.8}$$

Die Quantenzahl L des Gesamtbahndrehimpulses kann nicht jeden beliebigen Wert annehmen. Anders ausgedrückt: $\boldsymbol{l}_1$ und $\boldsymbol{l}_2$ können nicht jede beliebige Richtung relativ zueinander einnehmen. Die möglichen Ausrichtungen der beiden Vektoren zueinander wird durch die Quantenzahl L bestimmt, die mit dem Gesamtbahndrehimpuls der beiden betrachteten Elektronen verbunden ist. Die zulässigen Werte für L sind:

$$L = l_1 + l_2, l_1 + l_2 - 1, \ldots, |l_1 - l_2|. \tag{7.9}$$

Für den vorliegenden Fall gilt also $L = 3, 2$ oder 1 und für den Betrag von L $12^{1/2}\hbar$, $6^{1/2}\hbar$ oder $2^{1/2}\hbar$. Die entsprechenden Vektordiagramme zeigt Bild 7.4(a).

Entsprechend den Werten von $L = 0, 1, 2, 3, 4, \ldots$ werden die Terme des Atoms als $S, P, D, F, G, \ldots$ bezeichnet. Das ist völlig analog zur Bezeichnung der Ein-Elektronen-Orbitale als $s, p, d, f, g, \ldots$ in Abhängigkeit von der Quantenzahl l des Bahndrehimpulses. Die Konfiguration $2p^1 3d^1$ enthält also P-, D- und F-Terme.

Die Terme dreier nicht-äquivalenter Elektronen usw. erhält man durch Kopplung eines dritten Vektors mit jedem der in Bild 7.4(a) gezeigten Vektoren $\boldsymbol{L}$.

In relativ einfacher Weise läßt sich zeigen, daß abgeschlossene Unterschalen, wie z.B. $2p^6$ oder $3d^{10}$, nicht zum Gesamtdrehimpuls beitragen, denn für diese gilt $L = 0$. Durch die Raumquantisierung spaltet der Gesamtbahndrehimpuls in $2L + 1$ Komponenten auf, die sich durch die Quantenzahl $M_L = L, L-1, \ldots, -L$ unterscheiden. Die Raumquantisierung des Bahndrehimpulses $\boldsymbol{l}$ haben wir schon in Abschnitt 1.3.2 besprochen und in Bild 1.9 dargestellt. In einer gefüllten Unterschale ist die Summe über alle i Elektronen $\sum_i (m_l)_i$ der Unterschale Null. $\sum_i (m_l)_i$ ist aber gerade M_L. Daraus folgt, daß $L = 0$ ist. Die elektronisch angeregten Konfigurationen

$$\begin{array}{ll} \mathrm{C} & 1s^2 2s^2 2p^1 3d^1 \\ \mathrm{Si} & 1s^2 2s^2 2p^6 3s^2 3p^1 3d^1 \end{array} \tag{7.10}$$

liefern also sowohl für Kohlenstoff als auch für Silizium P-, D-, und F-Terme.

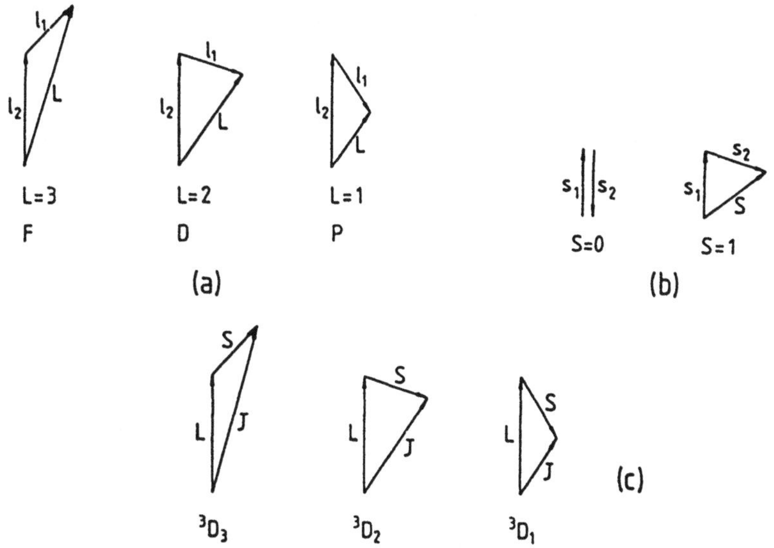

Bild 7.4 Russell-Saunders-Kopplung für ein *p*- und ein *d*-Elektron. Die Kopplung (a) der Bahndrehimpulse l_1 und l_2, (b) der Spindrehimpulse s_1 und s_2 und (c) des Gesamtspin- und Gesamtbahndrehimpulses L und S

Die Kopplung der Spindrehimpulse wird als *ss*-Kopplung bezeichnet, die auf die gleiche Weise wie die *ll*-Kopplung der Bahndrehimpulse erfolgt. Der einzige Unterschied liegt darin, daß der Vektor des Spindrehimpulses jedes Elektrons gemäß Gl. (7.5) ***immer*** den Betrag $3^{1/2}\hbar/2$ hat, denn s ist stets 1/2. Die beiden Vektoren $\boldsymbol{s}$ dürfen auch nur bestimmte Orientierungen relativ zueinander einnehmen: Der Betrag S des resultierenden Gesamtspindrehimpulses ist

$$[S(S+1)]^{1/2}\hbar = S^*\hbar. \tag{7.11}$$

Dabei kann die Quantenzahl S[1] des Gesamtspindrehimpulses nur die folgenden Werte annehmen:

$$S = s_1 + s_2, s_1 + s_2 - 1, \ldots, |s_1 - s_2|. \tag{7.12}$$

Bei zwei Elektronen gibt es also nur zwei Werte für S, nämlich 0 und 1. Die entsprechende vektorielle Addition ist in Bild 7.4(b) dargestellt. Der resultierende Vektor $\boldsymbol{S}$ hat stets die Länge 0 oder $2^{1/2}\hbar$.

Der Gesamtspindrehimpuls $\boldsymbol{S}$ wird als Multiplizität $2S+1$ links oben an das Termsymbol $S, P, D, \ldots$ geschrieben. Die Multiplizität ist die Zahl der Werte, die M_S annehmen kann, nämlich:

$$M_S = S, S-1, \ldots, -S. \tag{7.13}$$

Für zwei Elektronen ist S entweder 0 oder 1, $2S+1$ also entweder 1 oder 3. Entsprechend werden diese Terme als Singulett- bzw. Triplettzustände bezeichnet. Abgeschlossene Unterschalen leisten wie schon im Falle des Gesamtbahndrehimpulses $\boldsymbol{L}$ keinen Beitrag zum Gesamtspin S. Weil $M_S = \sum_i (m_s)_i = 0$ ist, gilt auch $S = 0$.

[1] Verwechseln Sie bitte dieses S nicht mit dem Termsymbol, das für $L = 0$ steht.

Tabelle 7.2 Terme, die durch die Kopplung zweier nicht-äquivalenter und zweier äquivalenter Elektronen entstehen

nicht-äquivalente Elektronen		äquivalente Elektronen	
Konfiguration	Terme	Konfiguration	Terme[†]
s^1s^1	$^{1,3}S$	p^2	^1S, ^3P, ^1D
s^1p^1	$^{1,3}P$	p^3	^4S, ^2P, ^2D
s^1d^1	$^{1,3}D$	d^2	^1S, ^3P, ^1D, ^3F, ^1G
s^1f^1	$^{1,3}F$	d^3	^2P, ^4P, $^2D(2)$, ^2F, ^4F,
p^1p^1	$^{1,3}S$, $^{1,3}P$, $^{1,3}D$		^2G, ^2H
p^1d^1	$^{1,3}P$, $^{1,3}D$, $^{1,3}F$	d^4	$^1S(2)$, $^3P(2)$, $^1D(2)$,
p^1f^1	$^{1,3}D$, $^{1,3}F$, $^{1,3}G$		^3D, ^5D, ^1F, $^3F(2)$,
d^1d^1	$^{1,3}S$, $^{1,3}P$, $^{1,3}D$, $^{1,3}F$, $^{1,3}G$		$^1G(2)$,^3G, ^3H, ^1I
d^1f^1	$^{1,3}P$, $^{1,3}D$, $^{1,3}F$, $^{1,3}G$, $^{1,3}H$	d^5	^2S, ^6S, ^2P, ^4P, $^2D(3)$,
f^1f^1	$^{1,3}S$, $^{1,3}P$, $^{1,3}D$, $^{1,3}F$, $^{1,3}G$,		^4D, $^2F(2)$, ^4F, $^2G(2)$,
	$^{1,3}H$, $^{1,3}I$		^4G, ^2H, ^2I

† Die Zahlen in Klammern deuten an, daß ein bestimmter Term mehr als einmal auftaucht.

Die in Gl. (7.10) angegebenen angeregten Konfigurationen des Kohlenstoffs und des Siliziums enthalten die Terme ^1P, ^3P, ^1D, ^3D, ^1F und ^3F. Bei den Edelgasen dagegen gibt es wegen ihrer abgeschlossenen Schalen im elektronischen Grundzustand nur den Term ^1S.

In Tabelle 7.2 sind alle Terme aufgelistet, die durch die Kopplung zweier nicht-äquivalenter Elektronen zustandekommen können.

Schlußendlich gibt es eine Kopplung zwischen dem resultierenden Gesamtbahn- und dem Gesamtspindrehimpuls. Diese LS-Kopplung ist auf die Spin-Bahn-Wechselwirkung zurückzuführen, die wiederum durch die positive Ladung Ze des Kerns verursacht wird und proportional zu Z^4 ist. Durch die Kopplung von $\boldsymbol{L}$ und $\boldsymbol{S}$ erhält man den Vektor des Gesamtdrehimpulses $\boldsymbol{J}$.

Die Vokabel „Gesamtdrehimpuls" kann verschiedenes bedeuten. Hier sprechen wir von „Bahndrehimpuls + Elektronenspindrehimpuls". Wird das Symbol $\boldsymbol{F}$ verwendet, so ist mit Gesamtdrehimpuls „Bahndrehimpuls + Elektronenspindrehimpuls + Kernspindrehimpuls" gemeint.

Der resultierende Vektor $\boldsymbol{J}$ hat die Länge

$$[J(J+1)]^{1/2}\hbar = J^*\hbar. \tag{7.14}$$

J kann nur die Werte

$$J = L+S, L+S-1, \ldots, |L-S| \tag{7.15}$$

annehmen. Daraus folgt, daß es für J $(2S+1)$ mögliche Werte gibt, wenn $L > S$ ist und $(2L+1)$ Werte, wenn $L < S$ ist.

Wir wollen uns die LS-Kopplung für einen ^3D-Term betrachten. Hier ist $S = 1$ und $L = 2$; daher gilt für $J = 3, 2$ oder 1. In Bild 7.4(c) sind diese drei Möglichkeiten der LS-Kopplung dargestellt. Der Wert von J wird links unten an das Termsymbol geschrieben. Die drei Komponenten des ^3D-Terms sind also $^3D_3$, $^3D_2$ und $^3D_1$.

Die Konfiguration, die in Gl. (7.10) für C und Si angegeben ist, umfaßt also die folgenden Zustände:

$$^1P_1,\ ^3P_0,\ ^3P_1,\ ^3P_2,\ ^1D_2,\ ^3D_1,\ ^3D_2,\ ^3D_3,\ ^1F_3,\ ^3F_2,\ ^3F_3,\ ^3F_4.$$

An dieser Stelle wollen wir innehalten und uns Gedanken über die Ausdrücke „Konfigurationen“, „Terme“ und „Zustände“ machen.

Ganz besonders wichtig ist es, Konfigurationen, wie die in Tabelle 7.1 und in Gl. (7.10), nicht mit Termen und Zuständen zu verwechseln. Eine Konfiguration ist eine sinnvolle, wenn auch recht grobe Näherung, bei der die Elektronen nacheinander die Orbitale mit zunehmender Energie besetzen. Bei der Berechnung dieser Orbitalenergien ist der letzte Term in Gl. (7.2) vernachlässigt worden. Fast alle Konfigurationen, nicht zuletzt die mit mindestens einem teilweise besetzten Orbital, beinhalten mehrere Terme oder Zustände. So ist es schlichtweg falsch von einem $1s^12s^1$-Zustand des Heliums zu sprechen: Genau genommen enthält diese Elektronenkonfiguration zwei Zustände, nämlich $^1S_0$ und $^3S_1$.

Zwischen „Termen“ und „Zuständen“ kann nicht so klar unterschieden werden. Die Vokabel „Term“ wurde insbesondere in den Anfängen der Spektroskopie eher im Sinne von Gl. (1.4) benutzt. Hier bezeichnet sie die Differenz zwischen zwei Termen einer Gleichung, die die Frequenz einer Linie im Atomspektrum angibt.

Heutzutage wird mit „Term“ eine nähernde Beschreibung einer Elektronenkonfiguration bezeichnet. „Zustände“ bezieht sich eher auf eine observable Größe. So enthält z.B. die $1s^22s^22p^13d^1$-Konfiguration des Kohlenstoffatoms einen ^3P-Term, der durch Spin-Bahn-Wechselwirkung in die Zustände $^3P_1$, $^3P_2$ und $^3P_3$ aufspaltet. Die Spin-Bahn-Wechselwirkung kann man zwar im Rahmen einer Rechnung vernachlässigen, niemals aber experimentell. Daher kann man auch niemals einen ^3P-Term beobachten.[2]

Falls der Kern einen Spin besitzt, werden die eben genannten Zustände in weitere Zustände aufgespalten. Möglicherweise sollte man dann die zuerst genannten Zustände nicht als solche bezeichnen! Andererseits ist die Aufspaltung, die durch den Kernspin hervorgerufen wird, im allgemeinen sehr klein. Man spricht dann auch von den ***Kernspinkomponenten*** dieser Zustände.

7.1.2.3.2 Äquivalente Elektronen. Die Anwendung der Russell-Saunders-Kopplung auf zwei oder mehrere äquivalente Elektronen ist etwas schwieriger. Zwei Elektronen sind äquivalent, wenn sie in den Quantenzahlen n und l übereinstimmen. Im Grundzustand des Kohlenstoffs sind z.B. die beiden $2p$-Elektronen äquivalent:

$$\mathrm{C}\quad 1s^22s^22p^2. \tag{7.16}$$

Die vollbesetzten $1s$- und $2s$-Orbitale tragen nicht zum Gesamtdrehimpuls bei, denn für diese gilt $L = 0$ und $S = 0$. Wir können unsere volle Aufmerksamkeit also den beiden $2p$-Elektronen widmen. Für beide Elektronen gilt $n = 1$ und $l = 2$. Um dem Pauli-Prinzip zu genügen, müssen sich die beiden Elektronen in mindestens einer der beiden anderen Quantenzahlen m_l oder m_s unterscheiden. Bei den nicht-äquivalenten Elektronen mußten

[2]Trotzdem wird manchmal beispielsweise ^3P unglücklich als Zustand bezeichnet.

wir uns um diese beiden Quantenzahlen nicht kümmern, denn definitionsgemäß sind n und/oder l für diese Elektronen verschieden.

Wir wollen das eine $2p$-Elektron mit „1" bezeichnen; es wird durch die Quantenzahlen $l_1 = 1$, $(m_l)_1 = +1, 0$ oder -1 sowie $s_1 = \frac{1}{2}$ und $(m_s)_1 = +\frac{1}{2}$ oder $-\frac{1}{2}$ charakterisiert. Für das Elektron „2" gilt dasselbe. Das Pauli-Prinzip verbietet, daß der Satz Quantenzahlen $(m_l)_1$ und $(m_s)_1$ identisch ist mit $(m_l)_2$ und $(m_s)_2$. Insgesamt gibt es fünfzehn verschiedene, erlaubte Möglichkeiten, die alle in Tabelle 7.3 aufgeführt sind.

In dieser Tabelle haben wir auch die Ununterscheidbarkeit der Elektronen berücksichtigt: Die Kombination $(m_l)_1 = (m_l)_2 = 1$, $(m_s)_1 = -\frac{1}{2}$, $(m_s)_2 = \frac{1}{2}$ ist identisch mit der Kombination $(m_l)_1 = (m_l)_2 = 1$, $(m_s)_1 = \frac{1}{2}$, $(m_s)_2 = -\frac{1}{2}$ und erscheint daher nicht in der Tabelle.

Auch die Werte für M_L $(= \sum_i (M_L)_i)$ und M_S $(= \sum_i (m_s)_i)$ sind in Tabelle 7.3 angegeben. Der größte Wert für M_L ist 2, und das muß auch der größte Wert für L sein. Es gibt also einen D-Term. $M_L = 2$ tritt nur zusammen mit $M_S = 0$ auf. Es muß sich also um einen ^1D-Term handeln, für den es insgesamt fünf Kombinationen gibt, die am Ende der Tabelle aufgelistet sind. Bei den übrigen Kombinationen ist der größte Wert für $L = 1$, der zusammen mit $M_S = 1, 0$ und -1 auftritt. Damit liegt ein ^3P-Term vor, der insgesamt neun verschiedene Kombinationen enthält. Übrig bleibt die Kombination $M_L = 0$ und $M_S = 0$, also ein ^1S-Term.

Interessanterweise liefern zwei nicht-äquivalente p-Elektronen, wie sie z.B. in der $1s^2 2s^2 2p^1 3p^1$-Konfiguration des Kohlenstoffatoms vorkommen, die Terme ^1S, ^3S, ^1P, ^3P, ^1D und ^3D. Für zwei äquivalente p-Elektronen sind, wie wir eben abgeleitet haben, nur die drei Terme ^1S, ^3P und ^1D erlaubt. Das Pauli-Prinzip verbietet die anderen drei Möglichkeiten.

Mit denselben Methoden können auch die Terme von drei äquivalenten p-Elektronen oder verschiedenen äquivalenten d-Elektronen abgeleitet werden. Damit ist allerdings eine längere Schreibprozedur verbunden; in Tabelle 7.2 sind die Ergebnisse angegeben.

In diesem Zusammenhang besagt eine nützliche Regel, daß ein Loch in einer Unterschale sich wie ein Elektron verhält. Die Grundkonfigurationen von C und O

$$\left.\begin{array}{ll} \mathrm{C} & 1s^2 2s^2 2p^2 \\ \mathrm{O} & 1s^2 2s^2 2p^4 \end{array}\right\} \quad {}^1S,\ {}^3P,\ {}^1D \tag{7.17}$$

weisen dieselben Terme auf, ebenso wie die angeregten Konfigurationen des C und Ne:

$$\left.\begin{array}{ll} \mathrm{C} & 1s^2 2s^2 2p^1 3d^1 \\ \mathrm{Ne} & 1s^2 2s^2 2p^5 3d^1 \end{array}\right\} \quad {}^{1,3}P,\ {}^{1,3}D,\ {}^{1,3}F. \tag{7.18}$$

Welche Kriterien legen aber nun fest, welcher der drei Terme in Gl. (7.17) die niedrigste Energie aufweist? Hund hat 1927 dazu zwei empirische Regeln aufgestellt:

1. Von den Termen äquivalenter Elektronen haben die mit der höchsten Multiplizität die niedrigste Energie.

2. Von diesen wiederum liegen die mit dem höchsten Wert von L energetisch am tiefsten.

Demzufolge ist der Term ^3P für C und O der energetisch günstigste Fall.

Tabelle 7.3 Zur Ableitung der Terme zweier äquivalenter p-Elektronen

Quantenzahl	Werte														
$(m_l)_1$	1	1	1	1	1	1	1	1	1	0	0	0	0	0	−1
$(m_l)_2$	1	0	0	0	0	−1	−1	−1	−1	0	−1	−1	−1	−1	−1
$(m_s)_1$	$\frac{1}{2}$	$\frac{1}{2}$	$\frac{1}{2}$	$-\frac{1}{2}$	$-\frac{1}{2}$	$\frac{1}{2}$	$\frac{1}{2}$	$-\frac{1}{2}$	$-\frac{1}{2}$	$\frac{1}{2}$	$\frac{1}{2}$	$\frac{1}{2}$	$-\frac{1}{2}$	$-\frac{1}{2}$	$\frac{1}{2}$
$(m_s)_2$	$-\frac{1}{2}$	$\frac{1}{2}$	$-\frac{1}{2}$	$\frac{1}{2}$	$-\frac{1}{2}$	$\frac{1}{2}$	$-\frac{1}{2}$	$\frac{1}{2}$	$-\frac{1}{2}$	$-\frac{1}{2}$	$\frac{1}{2}$	$-\frac{1}{2}$	$\frac{1}{2}$	$-\frac{1}{2}$	$-\frac{1}{2}$
$M_L = \sum_i (m_l)_i$	2	1	1	1	1	0	0	0	0	0	−1	−1	−1	−1	−2
$M_S = \sum_i (m_s)_i$	0	1	0	0	−1	1	0	0	−1	0	1	0	0	−1	0
Die Paare von M_L und M_S können folgendermaßen geordnet werden:															
M_L	2	1	0	−1	−2	1	0	−1	1	0	−1	1	0	−1	0
M_S	0	0	0	0	0	1	1	1	0	0	0	−1	−1	−1	0
	^1D					^3P									^1S

Die Grundkonfiguration des Ti ist

$$\text{Ti} \quad KL\,3s^2 3p^6 3d^2 4s^2. \tag{7.19}$$

Zur d^2-Konfiguration des Ti gehören die in Tabelle 7.2 aufgelisteten Terme. Gemäß den Hundschen Regeln liegt von diesen der ^3F-Term energetisch am niedrigsten.

Die Aufspaltung eines Terms durch Spin-Bahn-Wechselwirkung in ein Multiplett ist proportional zu J:

$$E_J - E_{J-1} = AJ. \tag{7.20}$$

E_J ist die Energie der entsprechenden J-Komponente. Wenn A positiv ist, hat die Komponente mit dem kleinsten J-Wert die niedrigste Energie. Ein solches Multiplett wird als normal bezeichnet. Von einem invertierten Multiplett spricht man, wenn A negativ ist.

Zwei weitere Regeln legen fest, ob es sich um ein normales oder invertiertes Multiplett von äquivalenten Elektronen handelt:

3. Ist ein Orbital ***weniger*** als halbvoll mit äquivalenten Elektronen besetzt, resultiert ein normales Multiplett.

4. Ist ein Orbital ***mehr*** als halbvoll mit äquivalenten Elektronen besetzt, resultiert ein invertiertes Multiplett.

Der energetisch niedrigste Term des Ti ^3F wird durch Spin-Bahn-Wechselwirkung in ein normales Multiplett aufgespalten. Der Grundzustand ist damit ein $^3F_2$-Term. Im Falle des Kohlenstoffs wird der energetisch günstigste Term ^3P ebenfalls in ein normales Multiplett aufgespalten. Als Grundzustand finden wir einen $^3P_0$-Term. Für Sauerstoff liegt ein invertiertes Multiplett und damit ein $^3P_2$-Term als Grundzustand vor.

Atome, deren Orbitale in der Grundkonfiguration genau halbvoll sind, haben immer einen S-Grundzustand. Beispiele hierfür sind N($2p^3$), Mn $3d^5$ und Eu($4f^7$). Diese Zustände bestehen aus nur einer Komponente, und so entfällt die Unterscheidung zwischen normalem und invertiertem Multiplett. In Tabelle 7.1 ist für jedes Element der Grundzustand angegeben.

Auch die Terme der angeregten Zustände können durch Spin-Bahn-Wechselwirkung in normale und invertierte Multipletts aufspalten, jedoch existieren diesbezüglich keine allgemeingültigen Regeln. Beispielsweise spalten die angeregten Zustände des Heliums in ein invertiertes Multiplett auf, während die der Erdalkaliatome (Be, Mg, Ca, ...) meistens ein normales Multiplett bilden.

Der Vollständigkeit halber müssen wir noch den hochgestellten Index „o" erwähnen, der rechts oben an das Termsymbol geschrieben wird, z.B. für den Grundzustand des Bors $^2P^{o}_{1/2}$. Dieser gibt an, daß die arithmetische Summe $\sum_i l_i$ eine ungerade Zahl ist (im Englischen: „odd"), in diesem Fall 1. Das Resultat einer geraden Zahl, z.B. 4 für Sauerstoff, wird nicht gesondert angegeben.

7.1.3 Spektren der Alkalimetalle

Die einfachsten Systeme sind die des Wasserstoffatoms und anderer Ein-Elektronen-Systeme, weil es hier keine Abstoßung zwischen verschiedenen Elektronen gibt. Die fehlende Abstoßung führt aber zu Entartungen oder nahezu Entartungen, die bei den

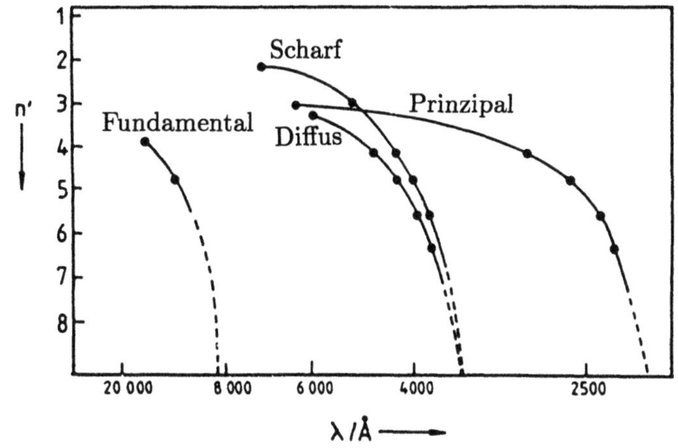

Bild 7.5 Vier Serien des Li-Emissionsspektrums

anderen Atomen und Ionen nicht auftreten. Dadurch ist das Spektrum des Wasserstoffatoms in der Grobstruktur zwar relativ einfach (siehe Bild 1.1), aber im Vergleich zu den Atomen mit mehreren Elektronen recht ungewöhnlich in seiner Feinstruktur. Wir wollen daher das Spektrum des Wasserstoffs erst im nächsten Abschnitt behandeln.

Die Atome der Alkalimetalle haben alle ein Valenzelektron in einem äußeren ns-Orbital. Dabei ist $n = 2, 3, 4, 5, 6$ für Li, K, Na, Rb und Cs. Dieses Valenzelektron wird sich genauso wie das $1s$-Elektron des Wasserstoffatoms verhalten. Der Kern mit der Ladung $(+Ze)$ und die $(Z - 1)$ Elektronen in vollbesetzten Orbitalen bilden den Rumpf der Alkaliatome. Damit resultiert für die Alkaliatome eine Rumpfladung von $+e$, die den gleichen Effekt auf das Valenzelektron hat wie die Kernladung des Wasserstoffatoms auf das $1s$-Elektron.

Im Emissionsspektrum des Wasserstoffatoms liegt nur die Balmer-Serie (siehe Bild 1.1) im sichtbaren Bereich, während die Alkalimetalle in diesem Bereich mindestens drei Serien zeigen. Die Spektren der Alkalimetalle können in einer Entladungslampe erzeugt werden, die das entsprechende Metall enthält. Eine Serie wurde als Prinzipalserie bezeichnet, weil sie auch im Absorptionsspektrum des Metalldampfes beobachtet werden konnte. Die anderen beiden Serien wurden auf Grund ihrer Erscheinungsform als „scharfe“ und „diffuse“ Serie benannt. Ein Teil einer vierten Serie, die als Fundamentalserie bezeichnet wurde, konnte nur manchmal beobachtet werden.

Diese Serien sind für Li schematisch in Bild 7.5 gezeigt. Sie alle konvergieren bei höheren Energien (also kürzeren Wellenlängen) und ähneln dann den Serien des Wasserstoffspektrums.

In Bild 7.6 sind die Energieniveaus des Li in einem sogenannten Grotrian-Diagramm dargestellt. Die Grundkonfiguration des Li ist $1s^2 2s^1$. Das niedrigste Energieniveau entspricht genau dieser Konfiguration. Die anderen Energieniveaus werden durch das Orbital bezeichnet, in welches das Leuchtelektron angeregt wird. So entspricht dem $4p$-Niveau die Konfiguration $1s^2 4p^1$.

Zwischen den Konfigurationen, die sich nur in der Quantenzahl l des Valenzelektrons unterscheiden (z.B. in der Reihe $1s^2 3s^1, 1s^2 3p^1, 1s^2 3d^1$), stellen wir eine sehr große Ener-

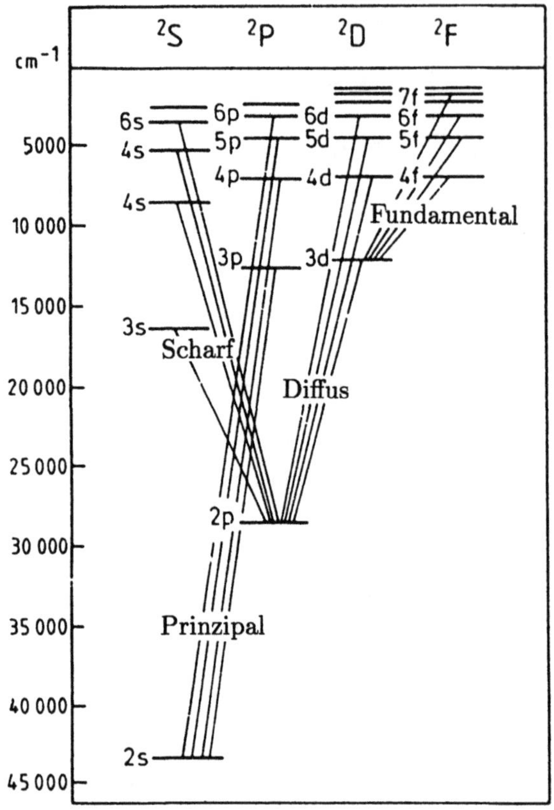

Bild 7.6 Grotrian-Diagramm für Lithium

giedifferenz fest. Das ist charakteristisch für alle Atome außer dem Wasserstoffatom (und den Ein-Elektronen-Ionen).

Für den Übergang eines Elektrons zwischen zwei Orbitalen gibt es Auswahlregeln:

$$\begin{aligned} &\text{(a)} \quad \Delta n \text{ ist unbeschränkt;} \\ &\text{(b)} \quad \Delta l = \pm 1. \end{aligned} \qquad (7.21)$$

Auf Grund dieser Auswahlregeln entstehen Scharfe Nebenserie, Prinzipalserie, Diffuse Nebenserie und Fundamentalserie der Bilder 7.5 und 7.6, wobei das Valenzelektron in ein s-, p-, d- bzw. f-Orbital angeregt wurde. Die etwas seltsam anmutende Bezeichnug der Orbitale geht tatsächlich auf die ersten Buchstaben dieser Seriennamen zurück.

Einige Konfigurationen nebst den zugehörigen Zuständen des Li-Atoms, die sich allein durch Anregung des Valenzelektrons ergeben, sind in Tabelle 7.4 zusammengestellt. Für die übrigen Alkalimetalle können ähnliche Zustände abgeleitet werden.

Durch Spin-Bahn-Wechselwirkung werden die Terme ^2P, ^2D, $^2F, \ldots$ in jeweils zwei Komponenten aufgespalten. Diese Aufspaltung nimmt mit zunehmendem L und n ab, wird aber größer mit zunehmender Ordnungszahl. Im Falle des Lithiums ist die Aufspaltung für alle Terme zu klein, als daß sie in das Grotrian-Diagramm in Bild 7.6 eingezeichnet werden könnte. Die daraus resultierende Feinstruktur ist im Spektrum des Lithiums

Tabelle 7.4 Konfigurationen und Zustände des Lithiumatoms

Konfiguration	Zustand	Konfiguration	Zustand
$1s^2 2s^1$	$^2S_{1/2}$	$1s^2 nd^1$ $(n = 3, 4, \ldots)$	$^2D_{3/2}$, $^2D_{5/2}$
$1s^2 ns^1$ $(n = 3, 4, \ldots)$	$^2S_{1/2}$	$1s^2 nf^1$ $(n = 3, 4, \ldots)$	$^2F_{5/2}$, $^2F_{7/2}$
$1s^2 np^1$ $(n = 2, 3, \ldots)$	$^2P_{1/2}$, $^2P_{3/2}$		

entsprechend schwierig aufzulösen. In den Spektren der übrigen Alkalimetalle ist diese Aufspaltung recht deutlich zu sehen.

Wird das $3s$-Valenzelektron des Natriums in ein beliebiges np-Orbital mit $n > 2$ angeregt, so ergeben sich jeweils Paare von $^2P_{1/2}$- und $^2P_{3/2}$-Zuständen. Praktischerweise werden den resultierenden Termsymbolen die entsprechenden Werte von n vorangestellt (z.B. $n\,^2P_{1/2}$), sofern nur ein einzelnes Elektron angeregt wird und sich die übrigen Elektronen in vollbesetzten oder s-Orbitalen befinden. Diese n-Bezeichnung kann also für Wasserstoff, die Alkalimetalle, Helium und die Erdalkalimetalle benutzt werden. Bei den übrigen Atomen stellt man dagegen dem Termsymbol die Elektronenkonfiguration der unbesetzten Orbitale voran, wie z.B. im $2p3p\,^1S_0$-Zustand des Kohlenstoffs.

Die Aufspaltung zwischen dem $3^2P_{1/2}$- und dem $3^2P_{1/2}$-Zustand des Natriums beträgt 17,2 cm^{-1} und verringert sich auf 5,6, 2,5 und 1,3 cm^{-1} für $n = 4, 5$ und 6. Die Aufspaltung nimmt mit zunehmendem L drastisch ab und beträgt nur noch 0,1 cm^{-1} für die Zustände $3^2D_{3/2}$ und $3^2D_{5/2}$. Die genannten Multiplettzustände sind normal, d.h. der Zustand mit dem niedrigsten J-Wert hat auch die niedrigste Energie.

Auch für die Feinstruktur gibt es eine Auswahlregel:

$$\Delta J = 0, \pm 1 \text{ mit der Ausnahme von } J = 0 \not\leftrightarrow J = 0. \tag{7.22}$$

Als Folge daraus besteht die Prinzipal-Serie jeweils aus Paaren von $(^2P_{1/2}{-}^2S_{1/2})$, $(^2P_{3/2}{-}^2S_{1/2})$-Übergängen[3], wie es in Bild 7.7(a) erläutert wird. Das sind die sogenannten einfachen Dubletts. Die beiden Komponenten des ersten Übergangs dieser Serie im Spektrum des Natriums, die Natrium-D-Linie, liegt im gelben Spektralbereich bei 589,592 und 588,995 nm.

In Abschnitt 2.2 haben wir kurz erwähnt, daß Natriumdampflampen auch als Lichtquellen verwendet werden. Durch den in diesen Entladungslampen herrschenden Druck werden viele der angeregten Atome durch Stöße deaktiviert. Emission erfolgt daher nicht aus den elektronisch hochangeregten Zuständen, sondern aus anderen, energieärmeren angeregten Zuständen. Im Falle des Na-Atoms sind dies die Zustände $3^2P_{1/2}$ und $3^2P_{3/2}$. Der Übergang von diesen Zuständen in den elektronischen Grundzustand dominiert deshalb im Emissionsspektrum des Natriums, der aber gerade der Übergang der Na-D-Linie ist. Das erklärt die überwiegend gelbe Farbe der Natriumdampflampen.

Die Linien der Scharfen Nebenserie bestehen aus einfachen Dubletts mit jeweils denselben Aufspaltungen in die $3^2P_{1/2}$ und $3^2P_{3/2}$-Zustände.

[3]Wie bei der Rotations- und der Vibrationsspektroskopie wird auch hier die Konvention verwendet, einen Übergang zwischen dem *oberen* elektronischen Zustand N und dem *unteren* elektronischen Zustand M als $(N{-}M)$ zu bezeichnen.

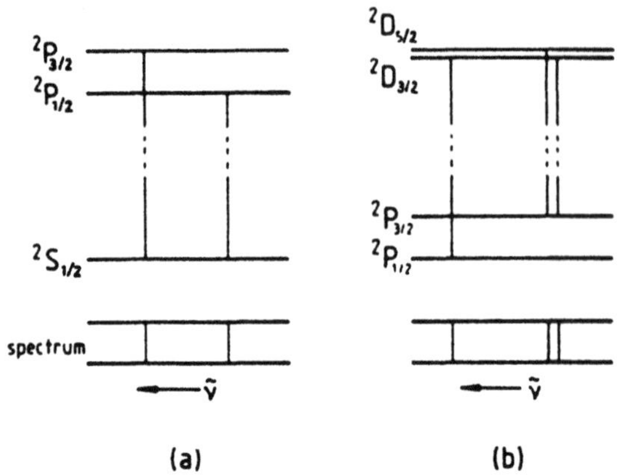

Bild 7.7 (a) Einfaches und (b) Komponenten-Dublett eines Spektrums am Beispiel des Natriumatoms

Die Linien der Diffusen Nebenserie bestehen dagegen aus Komponenten-Dubletts, wie sie in Bild 7.7(b) dargestellt sind. Die Aufspaltung zwischen den $^2D_{3/2}$ und $^2D_{5/2}$-Zuständen kann aber so klein sein, daß die entsprechenden Übergänge nicht aufgelöst werden können. Die in Bild 7.7(b) dargestellten drei Übergänge der Diffusen Nebenserie sind deshalb besser unter dem Namen Komponenten-Dublett denn als Triplett bekannt.

7.1.4 Spektrum des Wasserstoffatoms

Das Wasserstoffatom stellte eine einmalige Gelegenheit bei der Entwicklung der Quantenmechanik dar. Das einzelne Elektron bewegt sich hier in einem Coulomb-Feld, unbeeinflußt durch die Abstoßung anderer Elektronen. Daraus ergeben sich zwei sehr wichtige Konsequenzen, die für kein anderes Atom mit zwei oder mehreren Elektronen zutreffen:

1. Die Schrödinger-Gleichung (Gl. (1.28)) ist exakt mit dem Hamilton-Operator der Gl. (1.30) lösbar.

2. Im Rahmen dieser Näherungen sind die Orbitalenergien unabhängig von der Nebenquantenzahl l, wie es auch in Bild 1.1 dargestellt ist.

Werden die Übergänge der Balmer- und der Paschenserie (vgl. Bild 1.1) mit hoher Auflösung spektroskopiert, können als Feinstruktur sehr dicht beieinander liegende Linien beobachtet werden. Es war eine wichtige Bewährungsprobe für die Quantenmechanik, diese Beobachtungen zu erklären.

Dirac berücksichtigte relativistische Effekte in seiner quantenmechanischen Behandlung und berechnete für das Energieniveau $n = 2$ eine Aufspaltung von 0,365 cm^{-1} (siehe Bild 7.8). Für $n = 2$ sind die Werte $l = 0$ und 1 erlaubt; für die Spinquantenzahl gilt $s = \frac{1}{2}$. Wenn $l = 1$ ist, kann j gemäß Gl. (7.22) die Werte $\frac{3}{2}$ und $\frac{1}{2}$ annehmen; für $l = 0$ erhalten wir $j = \frac{1}{2}$. Damit gilt für die eine Komponente des Niveaus $n = 2$ ein Gesamtdrehimpuls $j = \frac{3}{2}$, während die andere Komponente zweifach entartet ist mit $j = \frac{1}{2}$, $l = 0, 1$.

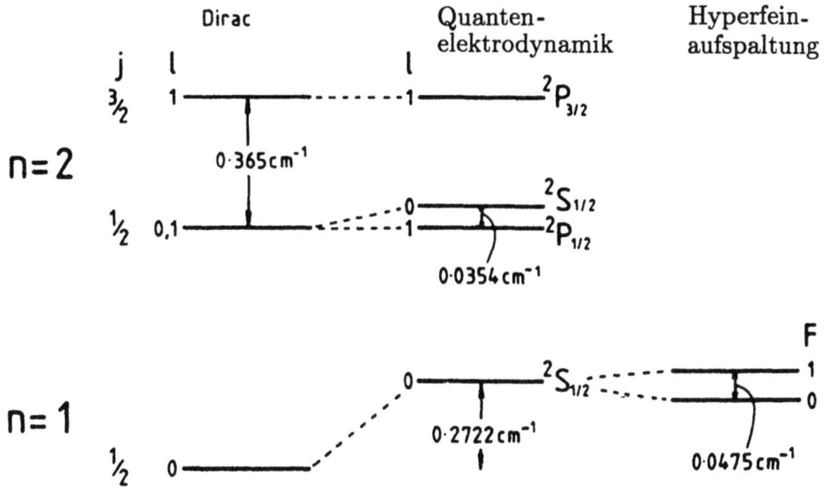

Bild 7.8 Die Energieniveaus $n = 1$ und $n = 2$ des Wasserstoffatoms

1947 untersuchten Lamb und Rutherford den Übergang ($2^2P_{3/2}$–$2^2S_{1/2}$) mit der Mikrowellentechnik und stellten eine um 0,0354 cm^{-1} kleinere Aufspaltung fest, als Dirac berechnet hatte. Bild 7.8 stellt diese als Lamb-Shift bekannte Verschiebung des betreffenden Energieniveaus schematisch dar; das $2^2P_{1/2}$-Niveau ist dagegen nicht verschoben. Später beobachteten Lamb und Rutherford den ($2^2S_{1/2}$–$2^2P_{1/2}$)-Übergang direkt bei 0,0354 cm^{-1}. Die Quantenelektrodynamik als modifizerte Dirac-Theorie enthält die Lamb-Shift.

In Bild 7.8 ist bereits die mit der Quantenelektrodynamik berechnete Energieverschiebung des $^1S_{1/2}$-Zustands berücksichtigt worden. Mit dieser Theorie kann allerdings nicht die Aufspaltung dieses Zustands von 0,0457 cm^{-1} in zwei Komponenten vorhergesagt werden, die durch den Kernspin des Wasserstoffatoms $I = \frac{1}{2}$ verursacht wird.

Gerade in der Astrophysik nehmen das Wasserstoffatom und sein Spektrum eine wichtige Sonderstellung ein, denn Wasserstoff kommt in großen Mengen in Sternen, in der Sonne und im Weltraum vor.

Wasserstoff ist das mit Abstand häufigste Element in Sternen und kann an Hand seines Absorptionsspektrums nachgewiesen werden. Im Sterneninneren herrschen Temperaturen von größenordnungsmäßig 10^6 K, während sie außerhalb, in der sogenannten Photosphäre, nur 10^3 K betragen. Zum Absorptionsspektrum trägt das Sterneninnere als kontinuierliche Strahlungsquelle bei, deren Licht durch die Photosphäre absorbiert wird. Wird das Absorptionsspektrum des Wasserstoffs auf der Erde erzeugt, ist lediglich die Lyman-Serie zu beobachten, weil sich alle Atome im Energiezustand $n = 1$ befinden. Im Wasserstoffspektrum eines Sterns ist dagegen auch die Balmer-Serie in Absorption zu sehen, obwohl das Besetzungsverhältnis der Zustände $n = 2$ und $n = 1$ bei 10^3 K gemäß Gl. (2.11) nur $2,9 * 10^{-5}$ beträgt. Das Absorptionsspektrum kann aber trotzdem beobachtet werden, weil die Konzentration der Wasserstoffatome sehr hoch ist und weil außerdem der Absorptionsweg durch die Photosphäre sehr lang ist.

Bild 1.1 zeigt lediglich die ersten fünf Serien im Spektrum des Wasserstoffatoms, obwohl es unendlich viele Serien gibt. Wird die Quantenzahl n'' des unteren gemeinsamen Zustands einer Serie größer, liegen auch die Niveaus dichter beieinander. Serien mit großen n''-Werten sind daher im Radiofrequenzbereich zu finden (siehe Bild 3.1). Bei der Erforschung des interstellaren Raums mit Radioteleskopen (siehe Abschnitt 5.2.6) wurden viele Spektrallinien solcher Serien detektiert. So konnten beispielsweise die ersten Linien der Niveaus $n'' = 90, 104, 109, 126, 156$ und 166 im Emissionsspektrum des im Weltraum vorkommenden Wasserstoffs beobachtet werden.

Um die Menge des Wasserstoffs in den Sternen und im interstellaren Raum quantitativ zu erfassen, untersucht man üblicherweise den Übergang der Hyperfeinaufspaltung $F = 1{-}0$ (siehe Bild 7.8). Dieser Übergang kann bei einer Wellenlänge von 21 cm^{-1} im Radiofrequenzbereich sowohl in Emission als auch in Absorption beobachtet werden. Als kontinuierliche Lichtquelle dient die Hintergrundstrahlung. Die Untersuchungen haben gezeigt, daß die Konzentration des atomaren Wasserstoffs in solchen Bereichen am höchsten ist, in denen auch die Konzentration an Sternen sehr hoch ist. In unserer Galaxie ist das z.B. in der Milchstraße der Fall.

7.1.5 Spektren des Heliums und der Erdalkalimetalle

Das Emissionsspektrum des Heliums kann man durch eine Gasentladung im Sichtbaren und nahen Ultraviolett erhalten. Es erinnert stark an überlagerte Spektren zweier Alkalimetalle. Das Spektrum enthält Serien von Spektrallinien, die zu höheren Energien hin (kurzen Wellenlängen) konvergieren und in zwei Gruppen unterteilt werden können. Die eine Gruppe enthält einfache Linien, die andere zeigt bei niedriger Auflösung Doppellinien.

Leitet man nun das entsprechende Energieniveaudiagramm ab, so kann man zwei verschiedene Sätze von Energieniveaus unterscheiden. Ein Satz kann den Einfachlinien, der andere den Doppellinien zugeordnet werden. Übergänge zwischen diesen beiden Sätzen können nicht beobachtet werden. Als Erklärung wurde zunächst vorgeschlagen, daß Helium in zwei verschiedenen Formen existiert. 1925 konnten diese beiden Spezies unter Berücksichtigung des Elektronenspins als Singulett- und Triplett-Helium identifiziert werden.

Bei Wasserstoff und den Alkalimetallen gibt es nur ein Elektron mit ungepaartem Spin. Das gilt sowohl für die Grundkonfiguration als auch für die Konfigurationen, die durch die Anregung des Valenzelektrons entstehen. Für dieses Elektron kann m_s die Werte $+\frac{1}{2}$ oder $-\frac{1}{2}$ annehmen. In der Gesamtwellenfunktion wird der Elektronenspin konventionsgemäß als α bzw. β berücksichtigt. Alle sich ergebenden Zustände sind Dublettzustände.

Im Falle des Heliums müssen wir die Auswirkungen des Elektronenspins etwas sorgfältiger behandeln. Schließlich handelt es sich hier um den Prototyp eines Atoms oder Moleküls, das energetisch niedrig liegende Zustände unterschiedlicher Multiplizität aufweist.

Wenn die Spin-Bahn-Wechselwirkung wie im Falle des Heliums sehr klein ist, kann die elektronische Gesamtwellenfunktion in einen Orbitalanteil ψ_e^o und einen Spinanteil ψ_e^s faktorisiert werden:

$$\psi_e = \psi_e^o \psi_e^s. \tag{7.23}$$

Den Spinanteil erhalten wir, indem wir wieder zunächst die Elektronen mit „1“ und „2“

bezeichnen und berücksichtigen, daß jedes α- oder β-Spin annehmen kann. Es gibt dann insgesamt vier mögliche Kombinationen: $\alpha(1)\beta(2)$, $\beta(1)\alpha(2)$, $\alpha(1)\alpha(2)$ und $\beta(1)\beta(2)$. Die beiden ersten Möglichkeiten sind nun weder symmetrisch noch antisymmetrisch bezüglich einer Vertauschung der Elektronen (das entspricht einer Vertauschung der Numerierung). Stattdessen müssen passende Linearkombinationen gefunden werden. Wie wir schon in Abschnitt 5.3.4 bei den Kernspinwellenfunktionen besprochen haben, erhalten wir in analoger Weise folgende Elektronenspinwellenfunktionen:

$$\psi_e^s = 2^{-1/2}[\alpha(1)\beta(2) - \beta(1)\alpha(2)] \tag{7.24}$$

und

$$\begin{aligned} \psi_e^s \quad &= \quad \alpha(1)\alpha(2) \\ \text{oder} \quad & \quad \beta(1)\beta(2) \\ \text{oder} \quad & \quad 2^{-1/2}[\alpha(1)\beta(2) + \beta(1)\alpha(2)]. \end{aligned} \tag{7.25}$$

Der Faktor $2^{-1/2}$ ist eine Normierungskonstante. Die Wellenfunktion ψ_e^s in Gl. (7.24) ist antisymmetrisch bezüglich einer Elektronenvertauschung und entspricht der Wellenfunktion des Singulettzustands. Die drei in Gl. (7.25) zusammengefaßten Wellenfunktionen sind dagegen symmetrisch bezüglich einer Elektronenvertauschung und repräsentieren den Triplettzustand.

Wir wenden uns nun dem Orbitalanteil der elektronischen Wellenfunktion ψ_e zu. Dazu betrachten wir Elektronen in zwei verschiedenen Atomorbitalen χ_a und χ_b, wie etwa in der $1s^1 2p^1$-Konfiguration des Heliums. Es gibt zwei Möglichkeiten, die Elektronen 1 und 2 auf die beiden Orbitale zu verteilen. Wir erhalten zunächst die Wellenfunktionen $\chi_a(1)\chi_b(2)$ und $\chi_a(2)\chi_b(1)$, müssen aber stattdessen wieder Linearkombinationen verwenden:

$$\psi_e^o = 2^{-1/2}[\chi_a(1)\chi_b(2) + \chi_a(2)\chi_b(1)], \tag{7.26}$$

$$\psi_e^o = 2^{-1/2}[\chi_a(1)\chi_b(2) - \chi_a(2)\chi_b(1)]. \tag{7.27}$$

Diese beiden Wellenfunktionen sind nun symmetrisch (Gl. (7.26)) bzw. antisymmetrisch (Gl. (7.27)) bezüglich eines Elektronenaustauschs.

Die allgemeinste Formulierung des Pauli-Prinzips lautet: Die Gesamtwellenfunktion von Elektronen und anderen Fermionen muß antisymmetrisch bezüglich einer Elektronen- (oder Fermionen-)Vertauschung sein. Für Bosonen muß die entsprechende Gesamtwellenfunktion symmetrisch sein (siehe Abschnitt 5.3.4).

Deshalb kann die Spinwellenfunktion des Singulettzustands (Gl. (7.24)) nur mit der Orbitalwellenfunktion der Gl. (7.26) kombinieren. Die elektronische Gesamtwellenfunktion der Singulettzustände lautet daher:

$$\psi_e = 2^{-1}[\chi_a(1)\chi_b(2) + \chi_a(2)\chi_b(1)][\alpha(1)\beta(2) - \beta(1)\alpha(2)]. \tag{7.28}$$

Für die elektronische Gesamtwellenfunktionen der Triplettzustände erhalten wir analog:

$$\begin{aligned} \psi_e \quad &= \quad 2^{-1/2}[\chi_a(1)\chi_b(2) - \chi_a(2)\chi_b(1)]\alpha(1)\alpha(2) \\ \text{oder} \quad & \quad 2^{-1/2}[\chi_a(1)\chi_b(2) - \chi_a(2)\chi_b(1)]\beta(1)\beta(2) \\ \text{oder} \quad & \quad 2^{-1}[\chi_a(1)\chi_b(2) - \chi_a(2)\chi_b(1)][\alpha(1)\beta(2) + \beta(1)\alpha(2)]. \end{aligned} \tag{7.29}$$

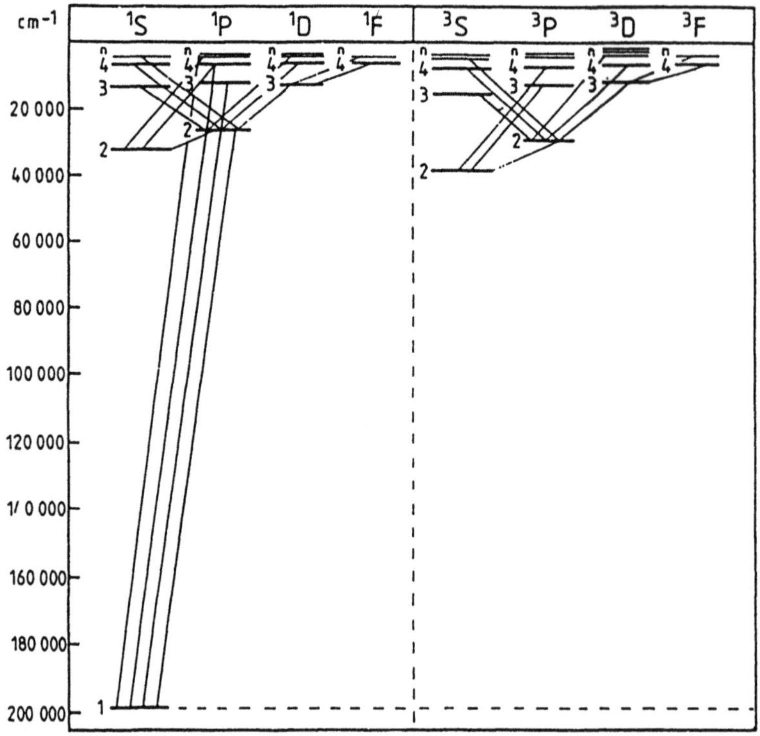

Bild 7.9 Grotrian-Diagramm für Helium. Die Skala ist zu klein, als daß man die Spin-Bahn-Aufspaltung einzeichnen könnte

Die Orbitalwellenfunktion der Grundkonfiguration $1s^2$ ist gegeben als

$$\psi_e^o = \chi_a(1)\chi_b(2) \tag{7.30}$$

und ist symmetrisch bezüglich einer Elektronenvertauschung. Diese Konfiguration kann damit nur zu einem Singuletterm führen. Durch die Anregung eines Elektrons sind Konfigurationen von Singulett- und Triplettermen möglich, wobei die Tripletterme energieärmer sind als die entsprechenden Singuletterme.

In dem Grotrian-Diagramm für Helium (Bild 7.9) sind die Energieniveaus aller Terme eingezeichnet, die durch Anregung eines Elektrons entstehen.

Die Auswahlregeln lauten:

$$\begin{aligned} &\Delta l = \pm 1, \text{ für das angeregte Elektron,} \\ &\Delta S = 0. \end{aligned} \tag{7.31}$$

Die zweite Regel findet sich sehr streng im experimentellen Spektrum des Heliums wieder. Die Energieniveaus des Heliums sind sehr genau bekannt, und daher weiß man auch, in welchem spektralen Bereich Übergänge zwischen Singulett- und Triplettzuständen zu erwarten sind. Es konnte jedoch kein solcher spin-verbotener Übergang beobachtet werden.

Gelangt ein Atom in den energieärmsten Triplettzustand 2^3S, so kann es auf Grund der Spin- und der Orbitalauswahlregel nur sehr schlecht in den elektronischen Grundzustand 1^1S_0 übergehen. Der Triplettzustand ist daher metastabil und weist in einer typischen Entladung eine recht hohe Lebensdauer auf, die in der Größenordnung von einer Millisekunde liegt.

Auch der erste angeregte Singulettzustand 2^1S_0 ist metastabil, weil der Übergang in den Grundzustand durch die Δl-Auswahlregel verboten ist. Der Übergang ist allerdings nicht spin-verboten, so daß die Lebensdauer des metastabilen Singulettzustands nicht so groß wie die des Triplettzustands ist.

Auf Grund der Spin-Bahn-Wechselwirkung sind sämtliche Tripletterme bis auf den ^3S-Term in drei Komponenten aufgespalten. Beispielsweise kann bei einem ^3P-Term mit $l = 1$ und $S = 1$ der Gesamtdrehimpuls J gemäß Gl. (7.15) die Werte 2, 1 und 0 annehmen.

Die Aufspaltung der Tripletterme des Heliums sind in zweierlei Hinsicht ungewöhnlich. Zum einen können invertierte Multipletts auftreten, und zum anderen befolgen die Multiplettaufspaltungen nicht die Gl. (7.20). Die Feinstruktur des Heliumspektrums, die durch die Spin-Bahn-Wechselwirkung zustandekommt, wollen wir deshalb erst im Zusammenhang mit den Spektren der Erdalkalimetalle diskutieren. Diese spalten gewöhnlich in normale Multipletts auf, die der Gl. (7.20) gehorchen. Die Spektren der Erdalkalimetalle ähneln sehr stark dem Spektrum des Heliums. Diesen Atomen ist eine ns^2-Valenzkonfiguration gemeinsam. Wird eines dieser Valenzelektronen angeregt, entstehen eine Reihe von Singulett- und Triplettzuständen.

In Bild 7.10(a) ist die Feinstruktur eines (^3P–^3S)-Übergangs für ein Erdalkalimetall skizziert. Die ΔJ-Auswahlregel führt zu einem einfachen Triplett. (Im Falle des Heliums ist die Aufspaltung zwischen 2^3P_1 und 2^3P_2 sehr klein. Die niedrige Auflösung, mit der die ersten Spektren von Triplett-Helium aufgenommen wurden, führte zur Beschreibung dieser Spektrallinien als „Dubletts".)

Wie Bild 7.10(b) zeigt, besteht ein (^3D–^3P)-Übergang aus insgesamt sechs Komponenten. Wie bei den Dublettzuständen nimmt auch bei den Triplettzuständen die Multiplettaufspaltung mit zunehmendem L drastisch ab. Die zu erwartenden sechs Linien sind bei mittlerer Auflösung nur als Triplett zu sehen. Deshalb wird diese Feinstruktur häufig als Komponententriplett bezeichnet.

7.1.6 Spektren anderer Mehr-Elektronen-Atome

Bis hierhin haben wir uns mit Wasserstoff, Helium, den Alkali- und den Erdalklalimetallen beschäftigt. Die Auswahlregeln und die allgemeinen Regeln, die wir bei diesen Diskussionen kennengelernt haben, können aber einfach auf jedes andere Atom übertragen werden.

Ein deutlicher Unterschied zu den bisher behandelten Spektren ist das komplexere Erscheinungsbild: In den Spektren der Mehr-Elektronen-Atome sind viele Linien und keine offensichtlichen Serien zu sehen. Insbesondere zeigt das Spektrum des Eisens so viele Linien, daß es zur Kalibrierung im sichtbaren und ultravioletten Bereich herangezogen wird.

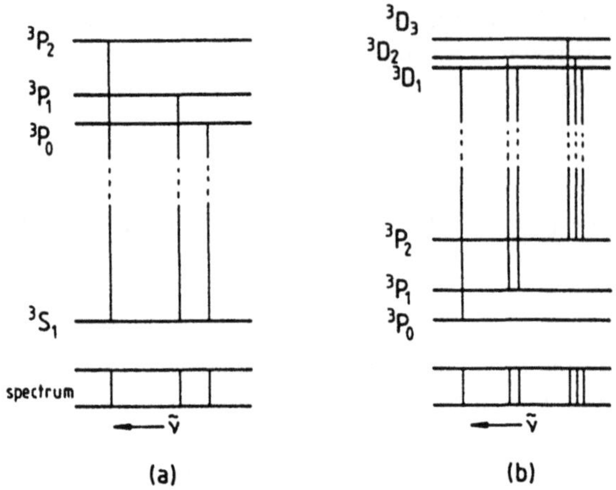

Bild 7.10 (a) Einfaches Triplett und (b) Komponententriplett im Spektrum eines Erdalkalimetalls

Nichtsdestotrotz können wir auch bei komplexen Atomen mit Hilfe der Russell-Saunders-Kopplung (gegebenenfalls auch mit der jj-Kopplung) die Zustände für jede Konfiguration ableiten. Für Übergänge zwischen diesen Zuständen gelten die folgenden, allgemeinen Auswahlregeln:

1. $\Delta L = 0, \pm 1$ mit der Ausnahme von $L = 0 \not\leftrightarrow L = 0$ (7.32)

   Wir haben bislang nur die Anregung eines Elektrons betrachtet, für das die Auswahlregel $\Delta l = \pm 1$ gilt. Die hier angegebene allgemeine Auswahlregel betrifft die Quantenzahl L des Gesamtbahndrehimpulses und gilt für die Anregung einer beliebigen Zahl von Elektronen.

2. gerade $\not\leftrightarrow$ gerade, ungerade $\not\leftrightarrow$ ungerade, gerade $\leftrightarrow$ ungerade (7.33)

   Die Bezeichnungen „gerade“ und „ungerade“ beziehen sich hier auf die arithmetische Summe $\sum_i l_i$ über alle i Elektronen. Diese Auswahlregel ist auch unter dem Namen Laporte-Regel bekannt. Eine wichtige Konsequenz dieser Regel ist, daß Übergänge zwischen Zuständen verboten sind, die zur selben Konfiguration gehören. Nehmen wir als Beispiel die in Gl. (7.18) angegebenen Terme, die sich aus der $1s^2 2s^2 2p^1 3d^1$-Konfiguration des Kohlenstoffatoms ergeben. Ein $(^1P-^1D)$-Übergang ist nach der ΔS- und der ΔL-Auswahlregel zwar erlaubt, wird aber durch die Laporte-Regel verboten. In gleicher Weise ist jeder Übergang zwischen den Zuständen einer $1s^2 2s^2 2p^1 3d^1$-Konfiguration mit $\sum_i l_i = 3$ und den Zuständen einer $1s^2 2s^2 3d^1 4f^1$-Konfiguration mit $\sum_i l_i = 5$ verboten.[4]

   Die Laporte-Regel ist in Übereinstimmung mit der $\Delta l = \pm 1$-Auswahlregel, wenn nur ein Elektron aus der Grundkonfiguration angeregt wird.

[4] Im Spektrum des Wasserstoffatoms können die Übergänge $(2^2P_{3/2}-2^2S_{1/2})$ und $(2S\frac{1}{2}-2^2P_{1/2})$ beobachtet werden, obwohl sie laut Laporte-Regel verboten sind. Hierbei handelt es sich um magnetische Dipolübergänge. Die Laporte-Regel gilt nur für elektrische Dipolübergänge.

3. $\Delta J = 0, \pm 1$ mit der Ausnahme von $J = 0 \not\leftrightarrow J = 0$ (7.34)

   Diese Regel gilt für alle Atome.

4. $\Delta S = 0$ (7.35)

   gilt nur für Atome mit kleiner Kernladungszahl. Bei Atomen mit großer Kernladungszahl verliert diese Regel ihre Gültigkeit, weil die Wellenfunktion ψ_e in Gl. (7.23) wegen der starken Spin-Bahn-Wechselwirkung nicht mehr faktorisiert werden kann. Außerdem können die Zustände nicht mehr eindeutig als Singulett-, Dublett- usw. Zustände klassifiziert werden. Ein schönes Beispiel für den Zusammenbruch der Spin-Auswahlregel ist das Spektrum des Quecksilberatoms. Die Grundkonfiguration $KLMN5s^25p^65d^{10}6s^2$ entspricht der eines Erdalkalimetalls. Wird ein Elektron aus dem $6s$- in das $6p$-Orbital angeregt, entstehen die Zustände $6^1P_1, 6^3P_0, 6^3P_1$ und 6^3P_2. Die drei Komponenten des 6^3P-Zustands liegen durch die Spin-Bahn-Wechselwirkung energetisch weit auseinander. Diese Wechselwirkung ist so stark, daß trotz der Spin-Auswahlregel der eigentlich verbotene $(6^3P_1 - 6^1S_0)$-Übergang bei 253,652 nm eine der intensivsten Linien im Emissionsspektrum des Quecksilbers ist.

7.2 Spektroskopie elektronischer Übergänge in zweiatomigen Molekülen

7.2.1 Molekülorbitale

7.2.1.1 Homonukleare zweiatomige Moleküle

Die Theorie der Molekülorbitale (MO-Theorie) ist eine Näherung, um die elektronische Struktur von zwei- und mehratomigen Molekülen zu beschreiben. Es werden zwar auch andere Methoden verwendet, doch liefert die MO-Theorie qualitativ gute Ergebnisse, die unseren Ansprüchen durchaus genügen.

Das Verfahren dieser Näherung kann für ein zweiatomiges Molekül wie folgt umrissen werden: Um die beiden Atomkerne, deren Abstand gerade dem Gleichgewichtsabstand entspricht, werden zunächst Molekülorbitale gebildet. Das geschieht auf die gleiche Weise, wie auch Atomorbitale um einen Atomkern konstruiert werden. Die Elektronen besetzen dann paarweise und mit antiparallelem Spin die so erzeugten Molekülorbitale. Wie bei dem Aufbauprinzip für Atome (siehe Abschnitt 7.1.1) ist diese Reihenfolge durch die zunehmende Orbitalenergie festgelegt. Auf diese Weise erhalten wir die Grundkonfiguration des Moleküls, wie wir es in analoger Weise auch für die Atome kennengelernt haben.

Zur Konstruktion dieser Molekülorbitale geht man von folgender Überlegung aus: In der unmittelbaren Nähe eines Atomkerns wird die MO-Wellenfunktion wohl der entsprechenden AO-Wellenfunktion sehr stark ähneln. Ein guter Ansatz für eine MO-Wellenfunktion wird daher die Linearkombination der AO-Wellenfunktionen χ_i sein:

$$\psi = \sum_i c_i \chi_i . \tag{7.36}$$

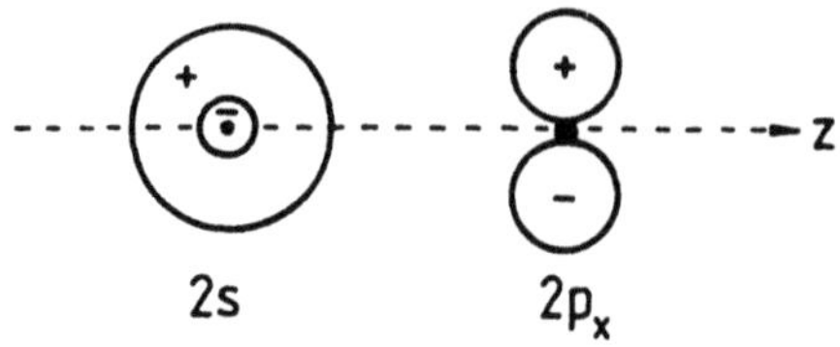

Bild 7.11 Die Überlappung zwischen einem $2s$- und einem $2p_x$- (oder $2p_y$-) Orbital ist Null

c_i ist der Koeffizient der Wellenfunktion χ_i. Das ist die LCAO-Methode (Linear Combination of Atomic Orbitals). Allerdings ist nicht jede beliebige Linearkombination zur Bildung von MOs geeignet. Vielmehr sind einige Faustregeln zu beachten:

1. Die Energien der AOs müssen von vergleichbarer Größe sein.
2. Die AOs sollten so weit wie möglich überlappen.
3. Die AOs müssen die gleichen Symmetrieeigenschaften bezüglich gewisser Symmetrieelemente des Moleküls aufweisen.

Bei einem homonuklearen zweiatomigen Molekül mit den beiden Kernen 1 und 2 erhalten wir mit dem LCAO-Ansatz die MO-Wellenfunktion

$$\psi = c_1\chi_1 + c_2\chi_2. \tag{7.37}$$

Als Beispiel betrachten wir uns das N_2-Molekül. Die beiden $1s$-AOs genügen zwar der Bedingung (1), weil ihre Energien identisch sind. Sie erfüllen aber nicht Bedingung (2), denn auf Grund der großen Kernladung sind diese AOs stark am Kern lokalisiert und überlappen daher sehr wenig. Hingegen genügen die $2s$-AOs nicht nur den beiden ersten Bedingungen, sondern auf Grund ihrer Kugelsymmetrie auch der dritten Bedingung. Anders wiederum sieht es aus, wenn wir ein $2s$- und ein $2p$-Orbital miteinander kombinieren wollen: In diesem Fall sind zwar die beiden ersten Bedingungen erfüllt, aber wegen der unterschiedlichen Symmetrie nicht die dritte. Wie Bild 7.11 zeigt, ist das $2s$-AO symmetrisch bezüglich einer Spiegelung an einer Ebene, die die Kernverbindungsachse enthält. Das $2p$-Orbital ist aber antisymmetrisch bezüglich einer solchen Spiegelung. Wir sehen, daß die Überlappung zwischen dem $2s$- und dem positiven Lappen des $2p$-Orbitals genau durch die entsprechende Überlappung mit dem negativen $2p$-Orbitalanteil kompensiert wird.

Wichtige Eigenschaften eines MOs sind seine Energie E und die Koeffizienten c_1 und c_2 in Gl. (7.37). Diese Größen werden durch Lösen der Schrödinger-Gleichung berechnet:

$$H\psi = E\psi. \tag{7.38}$$

Multiplizieren wir beide Seiten mit der komplex konjugierten Funktion ψ^* (dazu wird in der Funktion $i = \sqrt{-1}$ durch $-i$ ersetzt) und integrieren über den ganzen Raum, erhalten wir:

$$E = \frac{\int \psi^* H \psi \, \mathrm{d}\tau}{\int \psi^* \psi \, \mathrm{d}\tau}. \tag{7.39}$$

E kann allerdings nur dann berechnet werden, wenn ψ bekannt ist. Man rät zunächst eine vernünftige MO-Wellenfunktion ψ_n und berechnet damit nach Gl. (7.39) die Energie $\bar{E}_n$. Es wird eine zweite Wellenfunktion ψ_m geraten, die einer Energie E_m entspricht. Das Variationsprinzip besagt nun, daß ψ_m näher an der wahren MO-Wellenfunktion als ψ_n ist, wenn $E_m < E_n$ ist. Das gilt allerdings nur für den Grundzustand. Auf diese Weise können wir uns der Wellenfunktion des Grundzustands beliebig gut nähern. Üblicherweise werden die gewählten Parameter so lange variiert, bis sie ihren optimalen Wert erreicht haben.

Wenn wir die Gln. (7.37) und (7.39) unter der Annahme kombinieren, daß χ_1 und χ_2 nicht komplex sind, erhalten wir den folgenden Ausdruck:

$$\bar{E} = \frac{\int (c_1^2 \chi_1 H \chi_1 + c_1 c_2 \chi_1 H \chi_2 + c_1 c_2 \chi_2 H \chi_1 + c_2^2 \chi_2 H \chi_2)\,\mathrm{d}\tau}{\int (c_1^2 \chi_1^2 + 2c_1 c_2 \chi_1 \chi_2 + c_2^2 \chi_2^2)\,\mathrm{d}\tau}. \tag{7.40}$$

Wir gehen davon aus, daß die Normierungsbedingung für beide AOs erfüllt ist:

$$\int \chi_1^2\,\mathrm{d}\tau = \int \chi_2^2\,\mathrm{d}\tau = 1. \tag{7.41}$$

Weil H ein Hermitescher Operator ist, gilt auch die folgende Beziehung:

$$\int \chi_1 H \chi_2\,\mathrm{d}\tau = \int \chi_2 H \chi_1\,\mathrm{d}\tau = H_{12}. \tag{7.42}$$

Die Größe

$$\int \chi_1 \chi_2\,\mathrm{d}\tau = S \tag{7.43}$$

wird als Überlappungsintegral bezeichnet. Es ist ein Maß dafür, wie stark χ_1 und χ_2 sich gegenseitig durchdringen (überlappen). Weiterhin werden Integrale wie $\int \chi_1 H \chi_1\,\mathrm{d}\tau$ als H_{11} usw. abgekürzt. Mit all diesen Vereinfachungen und Abkürzungen reduziert sich Gl. (7.40) zu

$$\bar{E} = \frac{c_1^2 H_{11} + 2c_1 c_2 H_{12} + c_2^2 H_{22}}{c_1^2 + 2c_1 c_2 S + c_2^2}. \tag{7.44}$$

Mit dem Variationsprinzip optimieren wir die Koeffizienten c_1 und c_2. Mathematisch formuliert, müssen dazu die Ableitungen $\partial \bar{E}/\partial c_1$ und $\partial \bar{E}/\partial c_2$ zu Null gesetzt werden. Es muß also gelten:

$$\begin{aligned} c_1(H_{11} - E) + c_2(H_{12} - ES) &= 0, \\ c_1(H_{12} - ES) + c_2(H_{22} - E) &= 0. \end{aligned} \tag{7.45}$$

Hier haben wir $\bar{E}$ bereits durch E ersetzt. Das muß durchaus nicht dem wahren Wert der Energie entsprechen, aber dieser Wert stellt den besten Näherungswert mit der verwendeten Wellenfunktion aus Gl. (7.37) dar. Das Gleichungssystem in Gl. (7.45) sind die Säkulargleichungen. Die beiden Werte für E werden durch gleichzeitiges Lösen der beiden Gleichungen erhalten oder etwas einfacher durch Lösen der Säkulardeterminanten:

$$\begin{vmatrix} H_{11} - E & H_{12} - ES \\ H_{12} - ES & H_{22} - E \end{vmatrix} = 0. \tag{7.46}$$

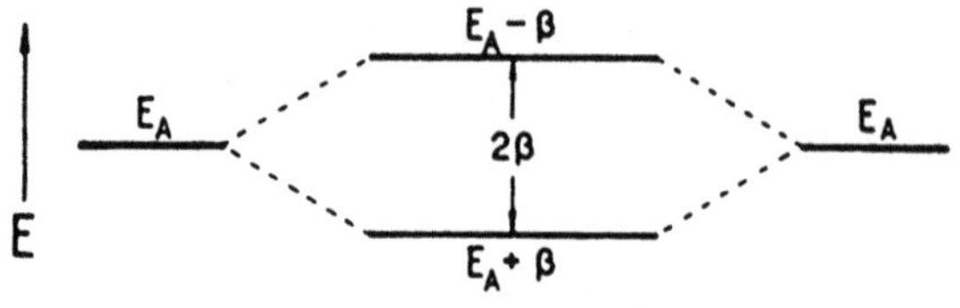

Bild 7.12 Bildung zweier MOs aus zwei identischen AOs

Das sogenannte Resonanzintegral H_{12} wird üblicherweise durch den Buchstaben β symbolisiert. In einem homonuklearen zweiatomigen Molekül gilt für das Coulomb-Integral $H_{11} = H_{22} = \alpha$. Unsere Säkulardeterminante lautet also:

$$\begin{vmatrix} \alpha - E & \beta - ES \\ \beta - ES & \alpha - E \end{vmatrix} = 0. \tag{7.47}$$

Wir erhalten daraus

$$(\alpha - E)^2 - (\beta - ES)^2 = 0. \tag{7.48}$$

Für die beiden möglichen Energiewerte E_+ und E_- gilt also:

$$E_\pm = (\alpha \pm \beta)/(1 \pm S). \tag{7.49}$$

Wenn es uns genügt, eine grobe Näherung der MO-Wellenfunktion zu kennen, können wir vereinfachend annehmen, daß der Hamilton-Operator H derselbe ist wie im Atom. Damit wird $\alpha = E_\mathrm{A}$, wobei E_A die AO-Energie ist. Weiterhin können wir für $S = 0$ wählen (typischerweise beträgt S ungefähr 0,2). Diese Vereinfachungen und Näherungen führen zu dem einfachen Ausdruck

$$E_\pm \simeq E_A \pm \beta. \tag{7.50}$$

An Hand dieser Gleichung sehen wir, daß die Energien der beiden MOs symmetrisch bezüglich E_A aufspalten, wie es in Bild 7.12 verdeutlicht wird. Der Abstand zwischen den resultierenden Energieniveaus beträgt 2β. Weil β negativ ist, stellt das Orbital mit der Energie $E_\mathrm{A} + \beta$ das energieärmere dar.

Mit der Näherung $S = 0$ wird aus der Säkulargleichung in Gl. (7.45) nun

$$\begin{aligned} c_1(\alpha - E) + c_2\beta &= 0, \\ c_1\beta + c_2(\alpha - E) &= 0. \end{aligned} \tag{7.51}$$

Wählen wir $E = E_+$ oder E_-, erhalten wir $c_1/c_2 = 1$ oder -1. Die zugehörigen Wellenfunktionen ψ_+ und ψ_- sind daher gegeben als

$$\begin{aligned} \psi_+ &= N_+(\chi_1 + \chi_2), \\ \psi_- &= N_-(\chi_1 - \chi_2). \end{aligned} \tag{7.52}$$

Die Normierungskonstanten N_+ und N_- erhält man aus der Bedingung

$$\int \psi_+^2 \, \mathrm{d}\tau = \int \psi_-^2 \, \mathrm{d}\tau = 1. \tag{7.53}$$

Unter Vernachlässigung des Überlappungsintegrals $\int \chi_1\chi_2\,\mathrm{d}\tau$ wird $N_+ = N_- = 2^{-1/2}$. Die gesuchten Wellenfunktionen sind daher

$$\chi_\pm = 2^{-1/2}(\chi_1 \pm \chi_2). \tag{7.54}$$

Auf diese Weise erhält man aus der Linearkombination zweier identischer AOs jeweils zwei MOs, von denen eines um einen gewissen Betrag höher und das andere um den gleichen Betrag niedriger als die Energie des AOs liegt. In Bild 7.13 ist die ungefähre Form der MO-Wellenfunktionen skizziert, die aus der Kombination von 1*s*-, 2*s*- und 2*p*-AOs resultieren.

In Bild 7.13 werden die MOs als $\sigma_g 1s$, $\sigma_u^* 1s$ usw. bezeichnet. Daran erkennt man sofort, aus welchen AOs das betreffende MO gebildet wurde (hier z.B. aus 1*s*-AOs). Gleichzeitig wird mit der irreduziblen Darstellung σ_g und σ_u, abgeleitet aus der Punktgruppe $D_{\infty h}$, die Symmetrie des MOs angegeben. Die genaue Angabe der irreduziblen Darstellung kann im Prinzip vermieden werden, denn hauptsächlich weisen die MOs entweder σ- oder π-Symmetrie auf. Diese beiden Arten können leicht unterschieden werden: Die σ-Orbitale sind zylindersymmetrisch bezüglich der Kernverbindungsachse und die π-Orbitale nicht. Das läßt sich an Hand der Beispiele in Bild 7.13 leicht nachprüfen. Der Index „g" bzw. „u" zeigt an, daß das MO symmetrisch bzw. antisymmetrisch bezüglich einer Inversion

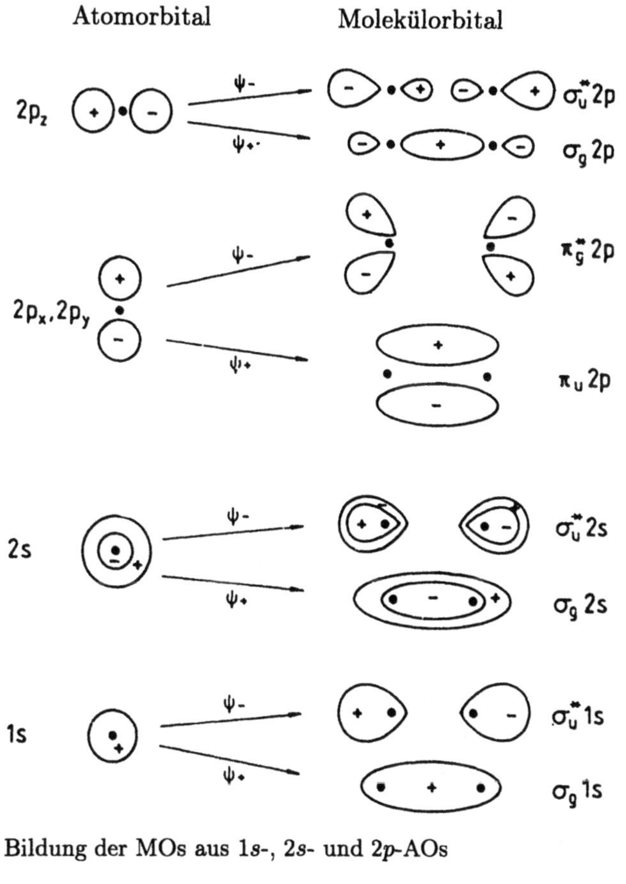

Bild 7.13 Bildung der MOs aus 1*s*-, 2*s*- und 2*p*-AOs

am Molekülzentrum ist (siehe auch Abschnitt 4.1.3). Meistens wird aber stattdessen ein Sternchen verwendet, wie z.B. in σ^*2s oder π^*2p. Das Sternchen soll den antibindenden Charakter des betreffenden MOs andeuten, der durch eine Knotenebene senkrecht zur Kernverbindungsachse in diesen Orbitalen verursacht wird. MOs ohne Sternchen stellen bindende Orbitale dar.

In Bild 7.14 sind die MOs, die durch Linearkombination zweier $1s$-, $2s$-, bzw. $2p$-AOs entstehen, in der Reihenfolge zunehmender Orbitalenergie sortiert. Die angegebene Reihenfolge gilt für alle homonuklearen zweiatomigen Moleküle der ersten Periode, ausgenommen die Moleküle O_2 und F_2. Wir wollen überlegen, welche Reihenfolge der Orbitalenergien wir erwarten. Wir wissen zum einen, daß die Energieniveaus der MOs symmetrisch bezüglich der AO-Energie aufspalten. Zum anderen ist das Resonanzintegral β für MOs aus $2p_z$-AOs größer als für MOs aus $2p_x$- oder $2p_y$-AOs. Als Reihenfolge der MO-Energien erwarten wir daher:

$$\sigma_g 1s < \sigma_u^* 1s < \sigma_g 2s < \sigma_u^* 2s < \sigma_g 2p < \pi_u 2p < \pi_g^* 2p < \sigma_u^* 2p. \tag{7.55}$$

Tatsächlich liegt diese Abfolge nur in den Molekülen O_2 und F_2 vor. Bei all den anderen homonuklearen zweiatomigen Molekülen der ersten Periode wechselwirken die MOs $\sigma_g 2s$ und $\sigma_g 2p$ sehr stark miteinander, weil sie beide dieselbe Symmetrie und ähnliche Energien haben. In der Folge stoßen sie sich so stark ab, daß das $\sigma_g 2p$-MO nun energetisch höher als das $\pi_u 2p$-MO liegt. Die Reihenfolge lautet nun

$$\sigma_g 1s < \sigma_u^* 1s < \sigma_g 2s < \sigma_u^* 2s < \pi_u 2p < \sigma_g 2p < \pi_g^* 2p < \sigma_u^* 2p, \tag{7.56}$$

wie sie in Bild 7.14 bereits berücksichtigt wurde.

Für jedes homonukleare zweiatomige Molekül der ersten Periode können wir die elektronische Struktur wie folgt erhalten: Die Elektronen besetzen paarweise die MOs mit zunehmender Orbitalenergie. Die zweifach entarteten π-Orbitale können sogar vier Elektronen aufnehmen. Für das Stickstoffmolekül mit seinen vierzehn Elektronen ergibt sich also folgende Grundkonfiguration:

$$(\sigma_g 1s)^2(\sigma_u^* 1s)^2(\sigma_g 2s)^2(\sigma_u^* 2s)^2(\pi_u 2p)^4(\sigma_g 2p)^2. \tag{7.57}$$

Eine allgemeine Regel besagt, daß der bindende Charakter eines Elektrons in einem bindenden MO annähernd durch den antibindenden Charakter eines anderen Elektrons in einem antibindenden MO kompensiert wird. Im Stickstoffmolekül wird also die Bindung durch die beiden Elektronen im $\sigma_g 1s$- MO durch die Antibindung der beiden Elektronen im $\sigma_u^* 1s$-MO kompensiert; das gleiche gilt für die Elektronen im $\sigma_g 2s$- und $\sigma_u^* 2s$-MO. Übrig bleiben sechs Elektronen in den bindenden Orbitalen $\pi_u 2p$ und $\sigma_g 2p$. Die Bindungsordnung ist wie folgt definiert:

$$\text{Bindungsordnung} = \tfrac{1}{2} * \text{Zahl der bindenden Atome.} \tag{7.58}$$

Stickstoff hat also die Bindungsordnung Drei. Das steht in Einklang mit der Dreifachbindung, die wir mit dem Stickstoffmolekül assoziieren.

Die Grundkonfiguration des Sauerstoffmoleküls

$$(\sigma_g 1s)^2(\sigma_u^* 1s)^2(\sigma_g 2s)^2(\sigma_u^* 2s)^2(\sigma_g 2p)^2(\pi_u 2p)^4(\pi_g^* 2p)^2 \tag{7.59}$$

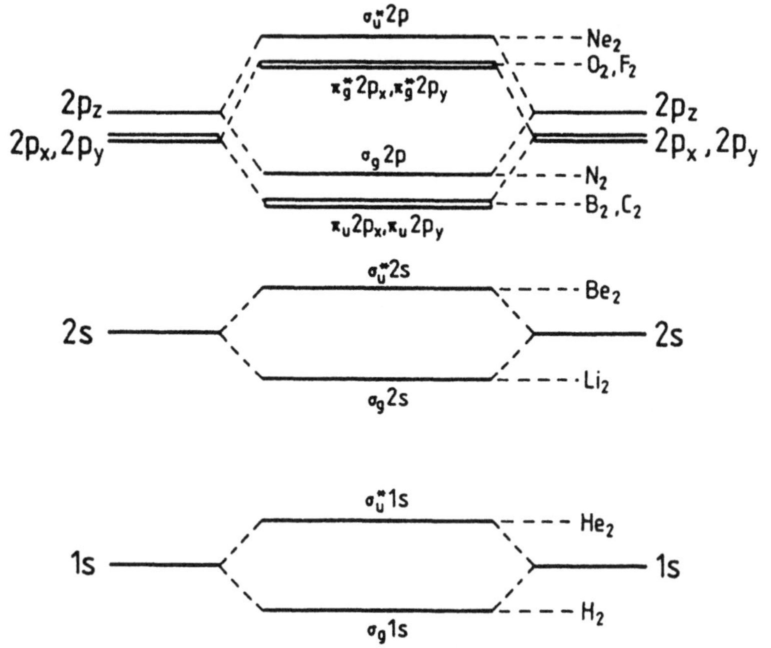

Bild 7.14 MO-Energiediagramm für homonukleare zweiatomige Moleküle der ersten Periode. Die $2p_x$-, $2p_y$- und $2p_z$-AOs sind in einem Atom entartet und nur zur besseren Darstellung getrennt gezeichnet worden. (Für O_2 und F_2 gilt die umgekehrte Reihenfolge)

ist in Übereinstimmung mit der Doppelbindung. Wie bei den Atomen ist auch bei Molekülen die erste Hundsche Regel gültig (siehe Seite 194). Erinnern wir uns: Gehören zu einer Grundkonfiguration mehrere Zustände unterschiedlicher Multiplizität, so ist dem Grundzustand die höchste Multiplizität zuzuordnen. Im Sauerstoffmolekül befinden sich zwei Elektronen im teilweise besetzten $\pi_u^* 2p$-Orbital. Die Spins dieser Elektronen können nun parallel ausgerichtet sein. Dann ist $S = 1$, und die Multiplizität ist Drei. Die Spins können aber auch antiparallel ausgerichtet sein, so daß $S = 0$ und die Multiplizität Eins ist. Der Grundzustand des Sauerstoffmoleküls ist also ein paramagnetischer Triplettzustand. Diese Eigenschaft läßt sich eindrucksvoll dadurch demonstrieren, daß ein Strahl flüssigen Sauerstoffs durch die Polschuhe eines Magneten abgelenkt wird.

Zu der in Gl. (7.59) angegebenen Konfiguration gehören auch Singulettzustände, bei denen die Spins der Elektronen im $\pi_g^* 2p$-Orbital antiparallel angeordnet sind. Sie liegen energetisch über dem eben erwähnten Triplettzustand und sind niedrig liegende angeregte Zustände.

Die Grundkonfiguration des Fluors

$$(\sigma_g 1s)^2(\sigma_u^* 1s)^2(\sigma_g 2s)^2(\sigma_u^* 2s)^2(\sigma_g 2p)^2(\pi_u 2p)^4(\pi_g^* 2p)^4 \tag{7.60}$$

ist konsistent mit einer Einfachbindung.

Wie bei den Atomen entstehen aus angeregten Konfigurationen mehrere Zustände. So resultiert aus der angeregten Konfiguration

$$(\sigma_g 1s)^2(\sigma_u^* 1s)^2(\sigma_g 2s)^2(\sigma_u^* 2s)^2(\pi_u 2p)^1(\sigma_g 2p)^1 \tag{7.61}$$

des kurzlebigen C_2-Moleküls ein Singulett- und ein Triplettzustand, weil die Spins der beiden Elektronen in den teilweise besetzten Orbitalen parallel oder antiparallel ausgerichtet sein können.

7.2.1.2 Heteronukleare zweiatomige Moleküle

Bei einigen heteronuklearen Molekülen sind sich die beiden Atome so ähnlich, daß die MOs dieser Moleküle ziemlich genau denen der homonuklearen Moleküle entsprechen. Das ist der Fall z.B. für Stickstoffmonoxid NO, Kohlenmonoxid CO und das kurzlebige CN. Für die fünfzehn Elektronen des Stickstoffmonoxids kann dasselbe MO-Schema verwendet werden, das auch für O_2 und F_2 gilt. Die Grundkonfiguration ist demnach:

$$(\sigma 1s)^2(\sigma^* 1s)^2(\sigma 2s)^2(\sigma^* 2s)^2(\sigma 2p)^2(\pi 2p)^4(\pi^* 2p)^1. \tag{7.62}$$

(Weil die heteronuklearen zweiatomigen Moleküle kein Inversionszentrum besitzen, fallen die Indizes „g" und „u" in Bild 7.14 weg. Das Sternchen behält aber nach wie vor seine Bedeutung.) Für NO beträgt die Netto-Anzahl der bindenden Elektronen fünf, so daß sich eine Bindungsordnung (Gl. (7.58)) von zweieinhalb ergibt. Diese Konfiguration führt auf Grund des ungepaarten Elektrons im π^*2p-Orbital zu einem Dublettzustand und paramagnetischen Eigenschaften.

Sogar Moleküle wie die beiden kurzlebigen Oxide SO und PO können bei unserem gegenwärtigen Stand der Näherungen wie die homonuklearen Moleküle behandelt werden. Der Grund dafür ist der folgende: Die MOs der äußeren Schalen können aus den $2s$- und $2p$-AOs des Sauerstoffs und den $3s$- und $3p$-AOs des Phosphors bzw. des Schwefels gebildet werden. Die Linearkombinationen aus diesen AOs ähneln sehr stark den in Bild 7.13 dargestellten MOs. Auch werden dabei alle Regeln beachtet, die wir auf Seite 208 aufgestellt haben; insbesondere sind die kombinierten AOs in ihrer Energie von vergleichbarer Größe.

Prinzipiell ist nicht einzusehen, warum Atomorbitale, die zwar die korrekte Symmetrie, aber sehr unterschiedliche Energien haben, nicht miteinander kombiniert werden sollten. Dies ist z.B. bei den $1s$-Orbitalen des Sauerstoffs und des Phosphors der Fall. Das Resonanzintegral β (siehe Bild 7.12) dieser beiden Orbitale ist dann aber so klein, daß die resultierenden MOs mehr oder weniger den AOs entsprechen und eine Linearkombination aus diesem Grund uneffektiv ist.

Die MOs eines Moleküls wie Chlorwasserstoff (HCl) haben kaum noch Ähnlichkeit mit den MOs, die in Bild 7.13 abgebildet sind. Nach wie vor gelten aber die Regeln für effektive Linearkombinationen.

Die Elektronenkonfiguration des Chloratoms ist $KL3s^23p^5$. Nur die Energie der $3p$-Elektronen (Ionisierungsenergie 12,967 eV) ist mit der des $1s$-Elektrons des Wasserstoffatoms (Ionisierungsenergie 13,598 eV) vergleichbar. Von den $3p$-Orbitalen hat aber nur das $3p_z$-Orbital die richtige Symmetrie, um mit dem $1s$-Orbital des Wasserstoffs kombinieren zu können. Das wird in Bild 7.15(a) demonstriert. Die zugehörige MO-Wellenfunktion hat zwar dieselbe Form wie in Gl. (7.37), aber das Verhältnis der beiden Koeffizienten c_1/c_2 beträgt nicht mehr ± 1. Vielmehr werden die beiden Elektronen, die dieses σ-Orbital besetzen, sich auf Grund der größeren Elektronegativität des Chlors bevorzugt in der Nähe des Chlors aufhalten. Mit den beiden Elektronen in diesem Orbital wird auch die Einfachbindung gebildet.

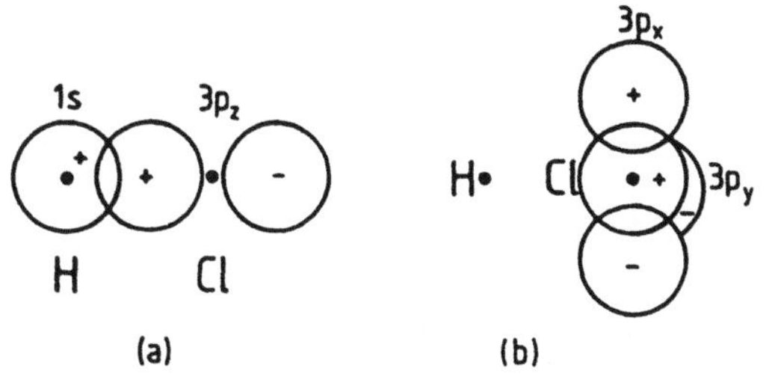

Bild 7.15 Beipiel HCl: (a) Das MO der Einfachbindung entsteht aus der Linearkombination des H-1s-Orbitals und des Cl-3p_z-Orbitals. (b) Die Elektronen in den $3p_x$- und $3p_y$-Orbitalen am Cl-Atom bilden freie Elektronenpaare

Die $3p_x$- und $3p_y$-AOs des Chlors können aus Symmetriegründen nicht mit dem 1s-AO des Wasserstoffs kombinieren und sind im Molekül nahezu unverändert gegenüber dem Atom (siehe Bild 7.15(b)). Die verbleibenden Elektronen, die diese beiden MOs besetzen, bilden die freien Elektronenpaare.

7.2.2 Klassifizierung elektronischer Zustände

Wir haben in den Kapiteln 1 und 5 gesehen, daß mit der Rotationsbewegung eines zweiatomigen Moleküls um eine Achse senkrecht zur Kernverbindungsachse ein Drehimpuls verknüpft ist. In diesem Abschnitt wollen wir uns nur mit nicht-rotierenden Molekülen beschäftigen, so daß wir es nur mit dem Bahn- und dem Spindrehimpuls der Elektronen zu tun haben werden. Wie bei den Mehr-Elektronen-Atomen erzeugt auch bei den Molekülen jedes Elektron durch seine Orbital- und Spinbewegung ein magnetisches Moment, welches sich wiederum wie ein kleiner Stabmagnet verhält. Die Kopplung zwischen Bahn- und Spindrehimpuls der Elektronen wird durch die Wechselwirkung zwischen den Stabmagneten dargestellt.

Für alle zweiatomigen Moleküle können die elektronischen Zustände am besten durch ein Analogon der Russell-Saunders-Kopplung angenähert werden. Diese haben wir schon in Abschnitt 7.1.2.3 bei den Atomen ausführlich diskutiert. Wie bei den Atomen werden zunächst die Bahndrehimpulse aller Elektronen des Moleküls zu einem Gesamtbahndrehimpuls $\boldsymbol{L}$ und der Spin zu einem Gesamtspin $\boldsymbol{S}$ gekoppelt. Enthält das Molekül kein Atom mit großer Kernladungszahl, ist die Kopplung zwischen $\boldsymbol{L}$ und $\boldsymbol{S}$ sehr schwach ausgeprägt. Stattdessen werden $\boldsymbol{L}$ und $\boldsymbol{S}$ mit dem elektrostatischen Feld wechselwirken, das durch die beiden Atomkerne hervorgerufen wird. Diese Situation ist in Bild 7.16(a) dargestellt und entspricht dem Hundschen Kopplungsfall (a).

Der Vektor $\boldsymbol{L}$ koppelt sehr stark an das elektrostatische Feld und präzediert daher mit sehr hoher Frequenz um die Kernverbindungsachse. Dadurch ist aber der Betrag von $\boldsymbol{L}$ nicht länger definiert. Mit anderen Worten: L ist in diesem Fall keine gute Quantenzahl mehr. Nur die Komponente des Gesamtbahndrehimpulses entlang der Kernverbindungsachse $\Lambda\hbar$ ist noch wohldefiniert. Diese Quantenzahl kann die folgenden Werte annehmen:

$$\Lambda = 0, 1, 2, 3, \ldots . \tag{7.63}$$

Alle elektronischen Zustände mit $\Lambda > 0$ sind zweifach entartet. Im klassischen Bild können wir diese Entartung als Drehung im Uhrzeiger- und Gegenuhrzeigersinn um die

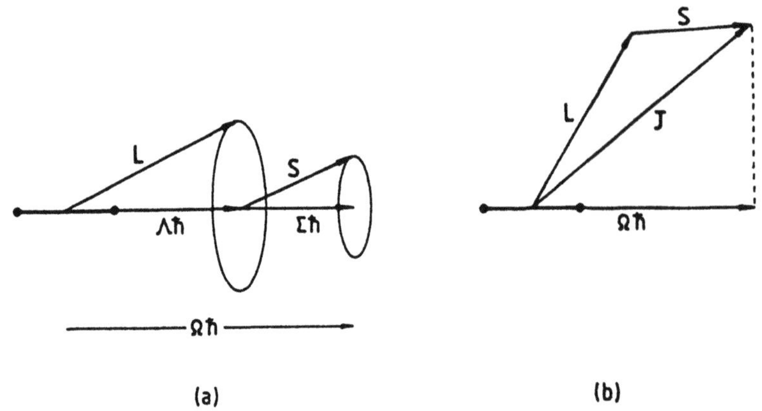

Bild 7.16 (a) Hundscher Kopplungsfall (a) und (b) Hundscher Kopplungsfall (c) bei der Wechselwirkung von Bahn- und Spindrehimpulsen in einem zweiatomigen Molekül

Kernverbindungsachse deuten, die beide die gleiche Energie haben. Für $\Lambda = 0$ gibt es keinen Drehimpuls und daher auch keine Entartung.

Wie bei den Atomen werden auch die elektronischen Zustände der Moleküle durch Termsymbole klassifiziert. Als Symbole werden die großen griechischen Buchstaben $\Sigma, \Pi, \Delta, \Phi, \Gamma, \ldots$ für $\Lambda = 0, 1, 2, 3, 4, \ldots$ verwendet. Sie entsprechen den S, P, D, F, G, …-Zuständen der Atome.

Auch der Gesamtspindrehimpuls $\boldsymbol{S}$ koppelt an die Kernverbindungsachse. Allerdings hat das elektrostatische Feld der beiden Atomkerne keinen Einfluß auf S. Die Kopplung erfolgt vielmehr über die Wechselwirkung entlang der Achse des magnetischen Feldes, welches durch die Orbitalbewegung hervorgerufen wird. In Bild 7.16(b) ist gezeigt, daß die Komponente von $\boldsymbol{S}$ entlang der Kernverbindungsachse gerade $\Sigma\hbar$ beträgt. Die Quantenzahl Σ ist das Analogon zur Quantenzahl M_S im Atom und kann die Werte

$$\Sigma = S, S-1, \ldots, -S \tag{7.64}$$

annehmen. S ist auch im Molekül weiterhin eine gute Quantenzahl. Für Zustände mit $\Lambda > 0$ gibt es $2S+1$ Komponenten, also genau die Zahl der Werte, die Σ annehmen kann. Die Multiplizität berechnet sich wie bei den Atomen als $2S+1$ und wird links oben an das Termsymbol geschrieben, wie z.B. bei $^3\Pi$.

Die Komponente des Gesamtdrehimpulses (also die Summe aus Gesamtbahndrehimpuls und Gesamtspindrehimpuls) entlang der Kernverbindungsachse beträgt $\Omega\hbar$, wie es Bild 7.16(a) zeigt. Die Quantenzahl Ω ist definiert als

$$\Omega = |\Lambda + \Sigma|. \tag{7.65}$$

Die drei Komponenten eines $^3\Pi$-Zustandes werden als $^3\Pi_2$, $^3\Pi_1$ und $^3\Pi_0$ bezeichnet, denn in diesem Fall ist $\Lambda = 1$ und $\Sigma = 1, 0, -1$.[5]

[5] In diesem Beispiel ist es nicht wichtig, aber generell wird rechts unten an das Symbol $\Lambda + \Sigma$, und ***nicht*** $|\Lambda + \Sigma|$ geschrieben.

Durch die Spin-Bahn-Wechselwirkung werden diese Komponenten in ihrer Energie verschoben, und zwar um den Betrag

$$\Delta E = A\Lambda\Sigma. \tag{7.66}$$

A ist die Kopplungskonstante der Spin-Bahn-Wechselwirkung. Die Aufspaltung liefert ein normales Multiplett, sofern die Komponente mit dem niedrigsten Ω-Wert die tiefliegendste ist (A ist dann positiv), und ein invertiertes Multiplett, wenn die Komponente mit dem niedrigsten Ω-Wert die höchste Energie aufweist (A ist dann negativ).

Für Σ-Zustände ist der Bahndrehimpuls Null. Es gibt daher kein magnetisches Feld, das $\boldsymbol{S}$ an die Kernverbindungsachse binden könnte. Σ-Zustände enthalten deshalb unabhängig von der Multiplizität nur eine Komponente.

Der in Bild 7.16(a) dargestellte Hundsche Kopplungsfall (a) tritt bei weitem am häufigsten auf. Wie bei den anderen Drehimpulsen, bei denen eine Kopplung vermutet wird, stellt auch dieses Modell nur eine Näherung dar. Enthält das Molekül mindestens ein Atom mit hoher Kernladungszahl, findet eine sehr starke Spin-Bahn-Wechselwirkung statt: $\boldsymbol{L}$ und $\boldsymbol{S}$ koppeln nun nicht mehr über das elektrostatische Feld der beiden Kerne, sondern untereinander zu einem Gesamtdrehimpuls $\boldsymbol{J}$. Bild 7.16(b) verdeutlicht diesen Hundschen Kopplungsfall (c). $\boldsymbol{J}$ seinerseits koppelt an die Kernverbindungsachse, mit einer Komponente $\Omega\hbar$ entlang dieser Achse. Im Gegensatz zum Hundschen Kopplungsfall (a) (siehe Bild 7.16(a)) ist Λ nun keine gute Quantenzahl mehr. Die elektronischen Zustände dieser Moleküle werden nun durch den Wert von Ω klassifiziert. Diese Näherung ist allerdings nicht so brauchbar wie die des Hundschen Kopplungsfalls (a). Selbst wenn diese Näherung verwendet wird, werden die elektronischen Zustände nach den Werten von Λ bezeichnet, die Λ hätte, wenn es eine gute Quantenzahl wäre.

Die elektronischen Zustände und die Auswahlregeln können für Atome allein durch die Quantenzahlen L, S und J beschrieben werden. Bei den zweiatomigen Molekülen sind die entsprechenden Quantenzahlen Λ, Σ und Ω dafür nicht ganz ausreichend. Wir müssen noch Symmetrieeigenschaften der elektronischen Wellenfunktion ψ_e berücksichtigen, bei heteronuklearen Molekülen eine und bei homonuklearen Molekülen zwei.

Die erste Eigenschaft ist das Symmetrieverhalten bezüglich einer Inversion am Molekülzentrum (siehe Abschnitt 4.1.3). Mit „g" wird angedeutet, daß ψ_e symmetrisch bezüglich dieser Symmetrieoperation ist, und mit „u" werden antisymmetrische Wellenfunktionen ψ_e bezeichnet. Weil nur die homonuklearen zweiatomigen Moleküle ein Inversionszentrum besitzen, wird nur bei den Zuständen dieser Moleküle zusätzlich ein Index „g" bzw. „u" rechts unten an das Termsymbol geschrieben, z.B. $^4\Pi_g$.

Das zweite Kriterium gilt für alle zweiatomigen Moleküle: Hier wird geprüft, ob sich die Wellenfunktion ψ_e symmetrisch oder antisymmetrisch bezüglich einer Spiegelebene σ_v verhält, die die Kernverbindungsachse enthält. Ist die Wellenfunktion symmetrisch bezüglich dieser Spiegelebene, wird ein „+" rechts oben an das Termsymbol geschrieben, z.B. $^3\Sigma_g^+$. Antisymmetrisches Verhalten wird mit einem „−" gekennzeichnet, z.B. $^2\Sigma_g^-$. Diese Bezeichnungsweise wird normalerweise nur für Σ-Zustände verwendet. Bei den Π-, Δ-, Ω-, ... Zuständen wird dieses Symbol meist nicht angegeben, obwohl die Komponenten dieser zweifach entarteten Zustände „+" bzw. „−" sind; die Bezeichnung $\Pi^\pm, \Delta^\pm, \ldots$ wird nicht sehr oft verwendet.

7.2.3 Auswahlregeln für elektronische Übergänge

Die elektronischen Übergänge sind wie die Vibrationsübergänge elektrische Dipolübergänge. Die Auswahlregeln sind:

1. $$\Delta\Lambda = 0, \pm 1 \tag{7.67}$$

   Beispielsweise sind (Σ–Σ)-, (Π–Σ)- und (Δ–Π)-Übergänge[6] erlaubt, (Δ–Σ)- oder (Φ–Π)-Übergänge aber nicht.

2. $$\Delta S = 0 \tag{7.68}$$

   Diese Auswahlregel verliert wie bei den Atomen mit zunehmender Kernladungszahl immer mehr an Gültigkeit. Beispielsweise sind Triplett-Singulett-Übergänge in H_2 streng verboten, aber der ($a^3\Pi$–$X^1\Sigma^+$)-Übergang[7] kann bei CO mit schwacher Intensität beobachtet werden.

3. $$\Delta\Sigma = 0; \quad \Delta\Omega = 0, \pm 1 \tag{7.69}$$

   für Übergänge zwischen Multiplettkomponenten.

4. $$+ \not\leftrightarrow -; \quad + \leftrightarrow +; \quad - \leftrightarrow - \tag{7.70}$$

   Diese Auswahlregel ist nur für (Σ–Σ)-Übergänge relevant, so daß nur (Σ^+–Σ^+)- und (Σ^-–Σ^-)-Übergänge erlaubt sind. (Beachten Sie, daß diese Regel entgegengesetzt einer ähnlichen Auswahlregel bei Vibrations-Rotationsübergängen ist (Gl. (6.73)).

5. $$g \leftrightarrow u, \quad g \not\leftrightarrow g, \quad u \not\leftrightarrow u \tag{7.71}$$

   Beispielsweise sind (Σ_g^+–Σ_g^+)- und (Π_u–Σ_u^-)-Übergänge verboten, aber (Σ_u^+–Σ_g^+)- und (Π_u–Σ_g^+)-Übergänge sind erlaubt.

Für den Hundschen Kopplungsfall (c) gelten etwas andere Auswahlregeln. Zwar sind die Regeln der Gln. (7.68) und (7.71) weiterhin gültig, aber Gl. (7.67) und $\Delta\Sigma = 0$ in Gl. (7.69) können hier nicht angewendet werden, weil ja Λ und Σ keine guten Quantenzahlen mehr sind. Gl. (7.70) kann nur angewendet werden, wenn $\Omega = 0$ ist (nicht $\Lambda = 0$, wie im Hundschen Kopplungsfall (a)). Die Auswahlregel lautet nun:

$$0^+ \leftrightarrow 0^+, \quad 0^- \leftrightarrow 0^-, \quad 0^+ \not\leftrightarrow 0^-, \tag{7.72}$$

wobei „0“ sich auf den Wert von Ω bezieht.

---

[6] Wie bei jedem Übergang wird auch hier der obere Zustand vor dem unteren Zustand genannt.

[7] Zur Bezeichnung elektronischer Zustände gibt es eine Konvention, die zwar häufig, aber nicht immer benutzt wird. Der Grundzustand wird mit X gekennzeichnet. Höhere Zustände mit derselben Multiplizität werden mit $A, B, C, \ldots$ in der Reihenfolge zunehmender Energie beschrieben. Zustände mit einer anderen Multiplizität als der Grundzustand werden mit $a, b, c, \ldots$ in der Reihenfolge zunehmender Energie bezeichnet.

Der niedrigste $^3\Pi_u$-Term des I_2-Moleküls kann besser durch den Hundschen Kopplungsfall (c) anstelle des Falls (a) angenähert werden. Bei der Beschreibung durch den Fall (a) wäre $\Lambda = S = 1$. Für Σ gälten die Werte 1, 0, oder -1, und Ω könnte damit 2, 1 oder 0 sein. Die Komponenten $\Omega = 0$ und 1 zeigen aber eine große Aufspaltung von 3881 cm^{-1}, die auf eine starke Spin-Bahn-Wechselwirkung hinweist. Für diese stellt der Hundsche Kopplungsfall (c) die bessere Näherung dar. Bei dem ($B^3\Pi_{0_u^+}$–$X^1\Sigma_g^+$)-Übergang[8] ist die Komponente mit $\Omega = 0$ des B-Zustands beteiligt. Die Wellenfunktion ψ_e dieser Komponente ist symmetrisch bezüglich jeder Spiegelebene, die die Kernverbindungsachse enthält. Es handelt sich also um die 0^+-Komponente. Der Übergang ist wegen der $0^+ \leftrightarrow 0^+$-Auswahlregel erlaubt. Beachten Sie, daß bei diesem Molekül mit einer sehr hohen Kernladungszahl die $\Delta S = 0$-Auswahlregel nicht mehr gilt. In der Tat ist dieser Übergang sehr intensiv, findet im sichtbaren Bereich statt und ist die Ursache für die violette Farbe des Ioddampfes.

7.2.4 Wie werden Zustände aus Konfigurationen abgeleitet?

Bei Atomen konnten die Zustände mit Hilfe der Russell-Saunders-Näherung (siehe Abschnitt 7.1.2.3) für die verschiedenen Konfigurationen durch ein wenig Jonglieren mit den verfügbaren Quantenzahlen abgeleitet werden. Bei den zweiatomigen Molekülen hat sich schon bei der Diskussion der Auswahlregeln gezeigt, daß neben den verfügbaren Quantenzahlen auch bestimmte Symmetrieeigenschaften berücksichtigt werden müssen. Wollen wir die Zustände näher charakterisieren, die zu einer Orbital-Konfiguration gehören, kommt der Symmetriebetrachtung noch größere Bedeutung zu. Die geneigte Leserschaft, die diesen Punkt nicht weiter vertiefen will, kann mit Abschnitt 7.2.5 fortfahren.

Wir haben bereits gesehen, daß die in Gl. (7.69) angegebene Grundkonfiguration des Sauerstoffs ... $(\pi_u 2p)^4(\pi_g^* 2p)^2$ zu einem Triplettgrundzustand $^3\Sigma_g^-$ führt. Die beiden energiearmen, angeregten Singulettzustände $^1\Delta_g$ und $^1\Sigma_g^+$ liegen 7918 bzw. 13 195 cm^{-1} über dem Grundzustand. Wie können wir nun in diesem Fall, oder auch für jeden anderen, elektronische Zustände aus einer Konfiguration ableiten?

Die irreduzible Darstellung $\Gamma(\psi_e^o)$ des Orbitalanteils der elektronischen Wellenfunktion, die zu einer bestimmten Konfiguration gehört, ist gegeben als

$$\Gamma(\psi_e^o) = \prod_i \Gamma(\psi_i). \tag{7.73}$$

Dabei bezeichnet $\prod_i \Gamma(\psi_i)$ das Produkt der irreduziblen Darstellungen aller besetzten MOs ψ_i für alle i Elektronen. Das Produkt ergibt für vollbesetzte Orbitale die totalsymmetrische Darstellung. Für diese ist auch $S = 0$, denn alle Elektronen liegen hier paarweise vor. Die Grundkonfiguration des Stickstoffmoleküls ist in Gl. (7.57) angegeben. Hier sind alle Orbitale vollbesetzt. Deshalb hat der Grundzustand die Symmetrie Σ_g^+, weil das die totalsymmetrische Darstellung[9] der entsprechenden Punktgruppe $D_{\infty h}$ ist (siehe Tabelle A.37 im Anhang). Für die angeregte Konfiguration

[8] Die Bezeichnung $B^3\Pi_{0_u^+}$ ist zwar allgemein gebräuchlich; der üblichen Konvention zufolge wäre dieser Zustand mit $b^3\Pi_{0_u^+}$ zu bezeichnen.

[9] Zustände werden mit großen, Orbitale mit kleinen griechischen Buchstaben bezeichnet.

$$\ldots\ (\pi_u 2p)^4(\sigma_g 2p)^1(\pi_g^* 2p)^1 \tag{7.74}$$

ist die Orbitalsymmetrie durch folgende Gleichung gegeben:[10]

$$\Gamma(\psi_e^o) = \sigma_g^+ \times \pi_g = \Pi_g. \tag{7.75}$$

Vollbesetzte Orbitale brauchen in dieser Gleichung nicht berücksichtigt zu werden, denn damit würde das Ergebnis lediglich mit der totalsymmetrischen Darstellung multipliziert, aber nicht verändert werden. Die Multiplikation wird so durchgeführt, wie wir es in Abschnitt 4.3.3 bereits ausführlich besprochen haben. Die Spins der beiden Elektronen in dem teilweise besetzten Orbital können parallel oder antiparallel ausgerichtet sein, so daß sich aus dieser Konfiguration die beiden Zustände $^3\Pi_g$ und $^1\Pi_u$ ergeben.

Bei der angeregten Konfiguration

$$\ldots\ (\pi_u 2p)^3(\sigma_g 2p)^2(\pi_g^* 2p)^1 \tag{7.76}$$

erinnern wir uns, daß ein Loch in einem Orbital genauso wie ein einzelnes Elektron behandelt werden kann, genauso wie es auch bei den Atomen der Fall ist (vgl. Abschnitt 7.1.2.3.2). Wir können also schreiben:

$$\Gamma(\psi_e^o) = \pi_u \times \pi_g = \Sigma_u^+ + \Sigma_u^- + \Delta_u. \tag{7.77}$$

Diese Multiplikation ist ähnlich wie die in Gl. (4.33). Weil die beiden Elektronen (oder ein Elektron und eine Leerstelle) parallele oder antiparallele Spins haben können, gehören zu der in Gl. (7.76) angegebenen Konfiguration insgesamt sechs Zustände, nämlich $^{1,3}\Sigma_u^+$, $^{1,3}\Sigma_u^-$ und $^{1,3}\Delta_u$.

Wie bereits erwähnt, lautet die Grundkonfiguration des Sauerstoffs

$$\ldots\ (\sigma_g 2p)^2(\pi_u 2p)^4(\pi_g^* 2p)^2. \tag{7.78}$$

Um die zugehörigen Zustände zu erhalten, brauchen wir nur die $(\pi_g^* 2p)^2$-Elektronen zu betrachten. Befinden sich zwei oder mehrere Elektronen in einem entarteten Orbital, verfahren wir in der üblichen Weise und erhalten

$$\Gamma(\psi_e^o) = \pi_g \times \pi_g = \Sigma_g^+ + \Sigma_g^- + \Delta_g. \tag{7.79}$$

Das ist dasselbe Ergebnis, das wir auch für Elektronen in zwei verschiedenen π_g-Orbitalen erhalten würden. Der Unterschied ergibt sich durch die Berücksichtigung der beiden Elektronenspins. Befinden sich beide Elektronen in demselben entarteten Orbital, werden durch das Pauli-Prinzip einige Orbital- und Spinkombinationen verboten. Das ist das gleiche Problem, das wir schon in Gl. (4.30) diskutiert haben. Dort haben wir überlegt, welche irreduzible Darstellung $\Gamma(\psi_v)$ vorliegt, wenn in einem Molekül dieselbe entartete Schwingung doppelt angeregt wird: Das Pauli-Prinzip verbietet den antisymmetrischen Teil des direkten Produkts.

Noch größere Übereinstimmung besteht zwischen der in Gl. (7.78) angegebenen Grundkonfiguration des Sauerstoffs und den angeregten Konfigurationen des Heliumatoms, die in den Gln. (7.28) und (7.29) zusammengefaßt sind. Nach dem Pauli-Prinzip muß die Gesamtwellenfunktion antisymmetrisch bezüglich eines Elektronenaustauschs sein.

[10] Üblicherweise wird ein σ-MO nicht als σ^+ bezeichnet, denn es gibt kein σ^--MO.

Tabelle 7.5 Zustände von Grundkonfigurationen zweiatomiger Moleküle

Punkt-gruppe	Konfiguration	Zustände	Punkt-gruppe	Konfiguration	Zustände
$C_{\infty v}$	$(\pi)^2$	${}^3\Sigma^- + {}^1\Sigma^+ + {}^1\Delta$	$D_{\infty h}$	$(\pi_g)^2$ und $(\pi_u)^2$	${}^3\Sigma_g^- + {}^1\Sigma_g^+ + {}^1\Delta_g$

In Abschnitt 4.3.2 haben wir bereits erläutert, daß das direkte Produkt derselben entarteten irreduziblen Darstellung einen symmetrischen und einen antisymmetrischen Teil enthält. Der antisymmetrische Teil ist meistens eine A- oder Σ-Darstellung und wo möglich *nicht* die totalsymmetrische Darstellung. In dem Produkt in Gl. (7.79) ist also Σ_g^- der antisymmetrische Teil, während Σ_g^+ und Δ_g den symmetrischen Teil bilden.

In Gl. (7.23) haben wir die elektronische Gesamtwellenfunktion in einen Orbital- und einen Spinanteil faktorisiert. Weil ψ_e antisymmetrisch bezüglich eines Elektronenaustauschs sein muß, können die Orbitalwellenfunktionen Σ_g^+ und Δ_g des Sauerstoffs nur mit einer antisymmetrischen Spinwellenfunktion kombinieren. Diese ist aber genau die Singulettwellenfunktion, die für Helium in Gl. (7.24) angegeben ist. Analog kann die Orbitalwellenfunktion Σ_g^- nur mit symmetrischen Spinwellenfunktionen kombinieren; das sind die Triplettfunktionen der Gl. (7.25) für Helium.

Wir erhalten damit für die Grundkonfiguration des Sauerstoffs die Zustände ${}^3\Sigma_g^-$, ${}^1\Sigma_g^+$ und ${}^1\Delta_g$. Die erste Hundsche Regel (siehe Seite 194) sagt uns, daß $X^3\Sigma_g^-$ der Grundzustand ist. Das Pauli-Prinzip verbietet die Zustände ${}^1\Sigma_g^-$, ${}^3\Sigma_g^+$ und ${}^3\Delta_g$.

In Tabelle 7.5 sind Zustände aufgelistet, die sich für einige Konfigurationen zweiatomiger Moleküle ergeben, die der $C_{\infty v}$- oder $D_{\infty h}$-Punktgruppe angehören. Jeweils zwei Elektronen besetzen dasselbe entartete Orbital.

7.2.5 Vibrationsstruktur

7.2.5.1 Potentialkurven elektronisch angeregter Zustände

In Abschnitt 6.1.3.2 haben wir ausführlich die Potentialkurven zweiatomiger Moleküle diskutiert, die sich im elektronischen Grundzustand befinden. In Bild 6.4 ist eine solche typische Potentialkurve gezeigt. Sie weist ein Minimum bei dem Gleichgewichtsabstand r_e auf. Bei genügend hohen Energien findet Dissoziation statt. Die Dissoziationsenergie D_e wird relativ zum Energieminimum der Kurve gemessen, während die Dissoziationsenergie D_0 sich auf das Nullpunktsniveau der Schwingung bezieht. Die Vibrationsterme $G(v)$ sind in Gl. (6.3) für einen harmonischen und in Gl. (6.16) für einen anharmonischen Oszillator angegeben.

Für jeden elektronisch angeregten Zustand eines zweiatomigen Moleküls gibt es eine Potentialkurve, die meistens der in Bild 6.4 dargestellten Potentialkurve qualitativ ähnelt.

Als Beispiel sind in Bild 7.17 die Potentialkurven einiger elektronisch angeregter Zustände sowie der elektronische Grundzustand des kurzlebigen C_2-Moleküls gezeigt. Die Grundkonfiguration dieses Moleküls ist

$$(\sigma_g 1s)^2(\sigma_u^* 1s)^2(\sigma_g 2s)^2(\sigma_u^* 2s)^2(\pi_u 2p)^4. \tag{7.80}$$

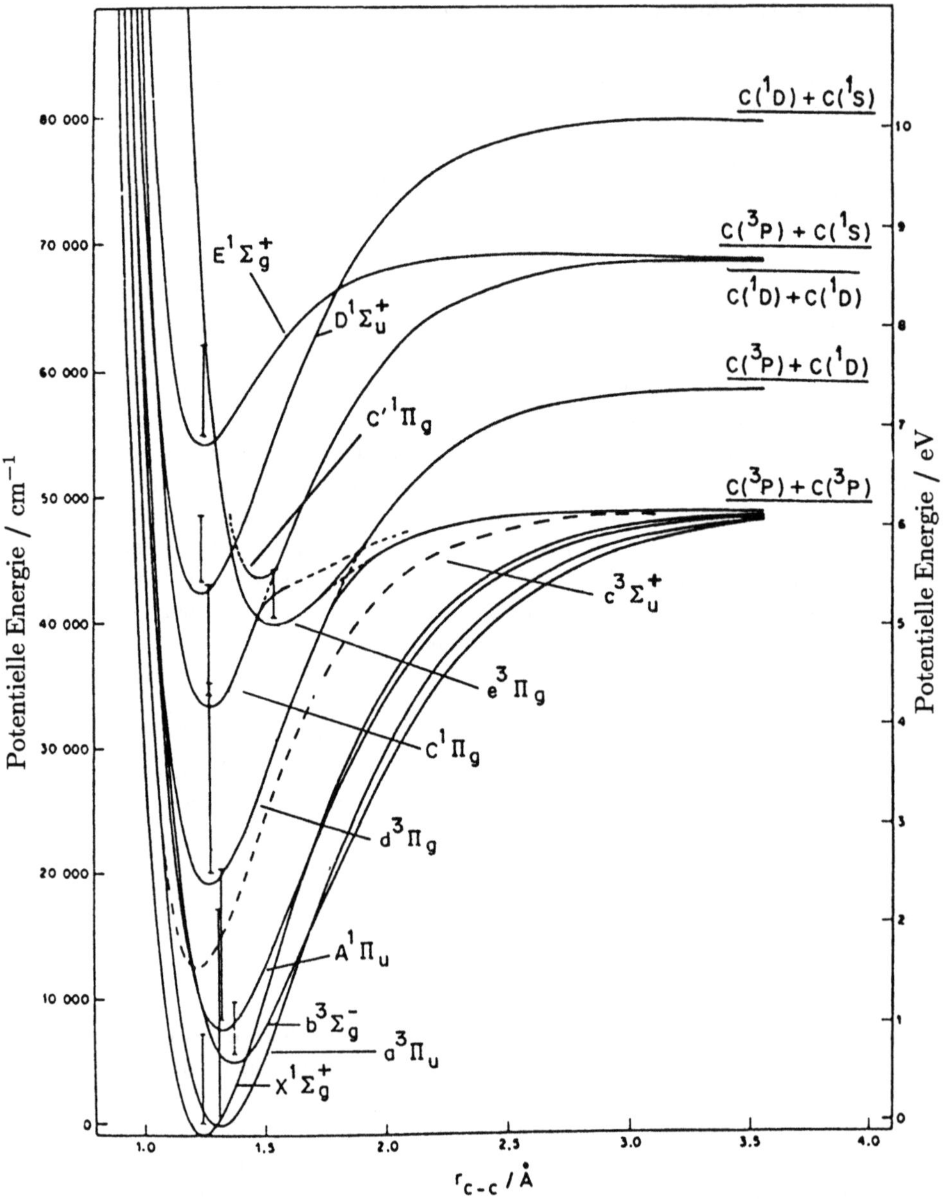

Bild 7.17 Potentialkurven für den Grundzustand und einige angeregte Zustände des C_2-Moleküls. (Aus: Ballik, E. A. und Ramsay, D. A., *Astrophys. J.*, **137**, 84, 1963)

Also liegt ein $X^1\Sigma_g^+$-Grundzustand vor. Es gibt eine Reihe von niedrig liegenden, elektronisch angeregten Zuständen, die auch in Bild 7.17 aufgenommen sind. Diese ergeben sich durch Anregung eines Elektrons aus dem $\pi_u 2p$- oder $\sigma_u^* 2s$-Orbital in das $\sigma_g 2p$-Orbital. Die Informationen, die in Bild 7.17 enthalten sind, wurden durch Ausnutzen der verschiedenen experimentellen Techniken erzielt, um ein Emissions- oder Absorptionsspektrum

Tabelle 7.6 Beobachtete elektronische Übergänge des C_2

Übergang	Entdecker	Spekt. Bereich nm	Herkunft des Spektrums
$b^3\Sigma_g^- \rightarrow a^3\Pi_u$	Ballik-Ramsay	2700 – 1100	King-Hochtemperaturofen
$A^1\Pi_g \rightleftharpoons X^1\Sigma_g^+$	Phillips	1549 – 672	Entladungen
$d^3\Pi_g \rightleftharpoons a^3\Pi_u$	Swan	785 – 340	mehrere, insbesondere Kohlebogen
$C^1\Pi_g \rightarrow A^1\Pi_u$	Deslandres-d'Azambuja	411 – 339	Entladungen, Flammen
$e^3\Pi_g \rightarrow a^3\Pi_u$	Fox-Herzberg	329 – 237	Entladungen
$D^1\Sigma_u^+ \rightleftharpoons X^1\Sigma_g^+$	Mulliken	242 – 231	Entladungen, Flammen
$E^1\Sigma_g^+ \rightarrow A^1\Pi_u$	Freymark	222 – 207	Entladung in Acetylen
$f^3\Sigma_g^- \leftarrow a^3\Pi_u$	—	143 – 137	Blitzlichtphotolyse in einer Kohlenwasserstoff-Inertgas-Mischung.
$g^3\Delta_g \leftarrow a^3\Pi_u$	—	140 – 137	
$F^1\Pi_u \leftarrow X^1\Sigma_g^+$	—	135 – 131	

zu beobachten. Tabelle 7.6 listet die beobachteten Übergänge auf. Die Tabelle führt auch die Namen ihrer Entdecker auf, den spektralen Bereich, in denen die Übergänge beobachtet wurden sowie die Art der Erzeugung. Die Vielzahl der verwendeten Techniken ist typisch: Hochtemperaturöfen, Flammen, Lichtbögen, Entladungen sowie für kurzlebige Moleküle auch Blitzlichtphotolyse. Aus Tabelle 7.6 ist ersichtlich, daß auch einige Übergänge in Absorption beobachtet wurden, bei denen $a^3\Pi_u$ der untere Zustand ist. Für ein absorbierendes System ist es schon ziemlich ungewöhnlich, daß neben dem Grundzustand ein weiterer unterer Zustand existiert. Andererseits liegt der $a^3\Pi_u$-Zustand gerade 716 cm^{-1} über dem elektronischen Grundzustand und kann daher bereits bei moderaten Temperaturen in ausreichendem Maße bevölkert werden. Die in Tabelle 7.6 aufgelisteten Zustände sind durch die Auswahlregeln für den Hundschen Kopplungsfall (a) erlaubt (siehe Abschnitt 7.2.3).

Interessanterweise kann C_2 nicht nur in den Laboratorien spektroskopiert werden, vielmehr sind die Swan-Banden des C_2 (siehe Tabelle 7.6)) von großer Bedeutng in der Astrophysik. Diese Banden wurden in den Emissionsspektren von Kometen und in den Absorptionsspektren stellarer Atmosphären (auch dem der Sonne) entdeckt. Dabei dient das Sterneninnere als kontinuierliche Lichtquelle.

C_2 dissoziiert in zwei Kohlenstoffatome, die sowohl im Grund- als auch in einem angeregten Zustand vorliegen können. In Gl. (7.17) haben wir gesehen, daß die Grundkonfiguration des Kohlenstoffs $1s^22s^22p^2$ drei Terme enthält: ^3P ist der Grundterm, ^1D und ^1S sind angeregte Terme. Der Darstellung in Bild 7.17 entnehmen wir, daß der Grundzustand und fünf weitere Zustände des C_2-Moleküls in zwei ^3P-Kohlenstoffatome dissoziieren. Die anderen Zustände liefern bei der Dissoziation ein oder zwei Kohlenstoffatome mit ^1D- oder ^1S-Termen.

Ein Molekül kann nicht nur im elektronischen Grundzustand rotieren und schwingen, sondern auch in einem beliebigen elektronisch angeregten Zustand. Die Gesamt-

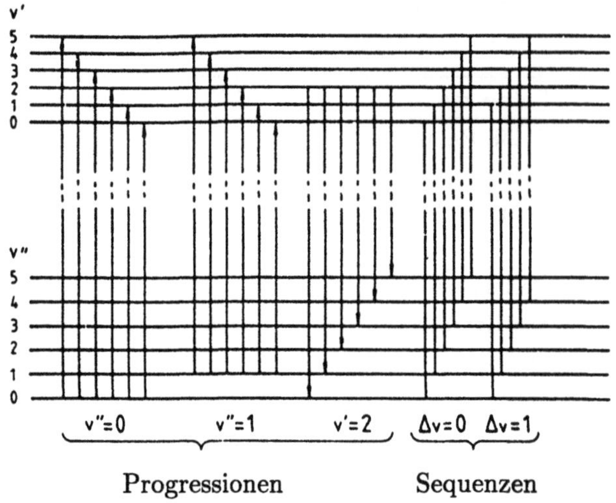

Bild 7.18 Schwingungsprogressionen und -sequenzen eines elektronischen Übergangs in einem zweiatomigen Molekül

Termenergie S eines Moleküls ist die Summe aus der elektronischen Termenergie T und den Termenergien der Vibration und der Rotation, $G(v)$ und $F(J)$:

$$S = T + G(v) + F(J). \tag{7.81}$$

Die elektronische Termenergie T entspricht der Energie, die für einen elektronischen Übergang zwischen zwei Gleichgewichtskonfigurationen aufgewendet werden muß. Die Termenergie der Vibration können wir für jeden beliebigen elektronischen Zustand wie in Gl. (6.16) formulieren:

$$G(v) = \omega_e(v + \tfrac{1}{2}) - \omega_e x_e(v + \tfrac{1}{2})^2 + \omega_e y_e(v + \tfrac{1}{2})^3 + \dots. \tag{7.82}$$

Wir können Bild 7.17 entnehmen, daß nicht nur die Vibrationswellenzahl ω_e und die Anharmonizitätskonstanten $\omega_e x_e, \omega_e y_e, \dots$ für jeden elektronischen Zustand verschieden sind, sondern auch der Gleichgewichtsabstand r_e.

7.2.5.2 Progressionen und Sequenzen

In Bild 7.18 sind die Serien von Vibrationsniveaus für zwei verschiedene elektronische Zustände gezeigt. Wir wollen annehmen, daß zwischen den beiden elektronischen Zuständen ein Übergang erlaubt ist. Die Vibrationsniveaus des oberen und des unteren Zustands werden mit den Quantenzahlen v' und v'' unterschieden. Im folgenden wollen wir sowohl Absorptions- als auch Emissionsprozesse dieses Systems diskutieren. Falls nicht explizit anders angegeben, soll der untere Zustand der Grundzustand sein.

Bei elektronischen Spektren gibt es keine Auswahlregel der Schwingung mehr, die der Δv-Auswahlregel entspräche. In Abschnitt 7.2.5.3 werden wir noch sehen, daß stattdessen das Franck-Condon-Prinzip die Intensität der Schwingungsübergänge bestimmt.

Schwingungsübergänge, die während eines elektronischen Übergangs auftreten, werden als vibronische Übergänge bezeichnet. Diese vibronischen Übergänge werden natürlich auch von Rotationsübergängen begleitet, und man spricht von rovibronischen Übergängen. Diese rovibronischen Übergänge verursachen die Banden in einem elektronischen Spektrum. Ein Elektronenbandensystem enthält für einen einzelnen elektronischen Übergang eine Serie von Banden. Dieser ***terminus technicus*** macht allerdings nur in der hochauflösenden elektronischen Spektroskopie Sinn. Arbeitet man mit niedriger Auflösung, insbesondere aber in flüssiger Phase, kann die Vibrationsstruktur nicht aufgelöst werden: Das Bandensystem wird dann als elektronische Bande bezeichnet.

Sinnvollerweise werden vibronische Übergänge in Progressionen und Sequenzen unterteilt. Eine Progression liegt vor, wenn in einer Serie von vibronischen Übergängen ein unterer oder ein oberer Zustand gemeinsam ist. Bild 7.18 soll das verdeutlichen. So stellt z.B. bei der $v'' = 0$-Progression das Schwingungsniveau $v'' = 0$ den gemeinsamen unteren Zustand dar.

Wir haben eben schon angedeutet, daß das Franck-Condon-Prinzip die Intensität eines vibronischen Übergangs bestimmt. Ein anderer, sehr wichtiger Aspekt ist, daß das Ausgangsniveau des vibronischen Übergangs auch genügend stark besetzt sein muß, damit dieser Übergang überhaupt beobachtet werden kann. Das Boltzmann-Verteilungsgesetz (Gl. (2.11)) gibt die relative Besetzung $N_{v''}$ eines beliebigen Niveaus v'' zum Niveau $v'' = 0$ unter Gleichgewichtsbedingungen an:

$$\frac{N_{v''}}{N_0} = \exp - \left\{ [G(v'') - G(0)] \frac{hc}{kT} \right\}. \tag{7.83}$$

Naturgemäß ist das Niveau $v'' = 0$ am stärksten besetzt. Daher dominiert die $(v'' = 0)$-Progression im Absorptionsspektrum. In einem Emissionspektrum hängt die Besetzung des Niveaus v' sehr stark von der gewählten Anregung ab. In einer Entladung bei niedrigem Druck sind die Besetzungszahlen zufällig verteilt, denn die Moleküle können ihre Vibrationsenergie nicht durch Stöße verlieren. Bei hohen Drücken wird der Zustand $v' = 0$ am stärksten besetzt sein und daher die $(v' = 0)$-Progression das Spektrum dominieren.

Die $(v'' = 1)$-Progression kann im Prinzip auch in Absorption beobachtet werden, allerdings nur, wenn die Vibrationswellenzahl hinreichend klein ist, so daß das $(v'' = 1)$-Niveau thermisch ausreichend besetzt werden kann. Das ist z.B. für das Iodmolekül mit $\omega_e'' = 214{,}50\,\mathrm{cm}^{-1}$ der Fall. Der Übergang $(B^3\Pi_{0_u^+} - X^1\Sigma_g^+)$ liegt im Sichtbaren. Im Absorptionsspektrum, das bei Raumtemperatur aufgenommen worden und in Bild 7.19 gezeigt ist, sind nicht nur Progressionen mit $v'' = 0$ zu sehen, sondern auch solche mit $v'' = 1$ und $v'' = 2$.

Eine Progression mit $v' = 2$ (siehe Bild 7.18) könnte nur in Emission beobachtet werden. Wir haben schon erwähnt, daß dazu dieses Niveau in ausreichendem Maße besetzt sein müßte. Das könnte z.B. durch eine zufällige Besetzung der v'-Niveaus verursacht werden. Die gezielte Besetzung dieses Niveaus könnte durch monochromatische Anregung mit einem durchstimmbaren Laser erfolgen, bei dem die Energie des $((v'' = 0)-(v' = 2))$-Übergangs eingestellt werden kann. Vor dem Emissionsprozeß darf dann aber auch keine Deaktivierung durch Stöße stattfinden.

Wird Licht bei einem Übergang zwischen Zuständen gleicher Multiplizität emittiert, handelt es sich um Fluoreszenz (ein besonderer Fall ist die Emission aus nur einem

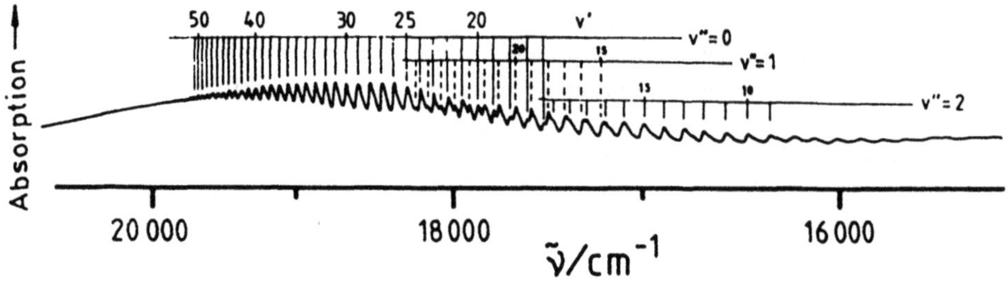

Bild 7.19 Die $(B^3\Pi_{0_u^+}-X^1\Sigma_g^+)$-Bande des Iods zeigt Progressionen mit $v'' = 0, 1$ und 2

Vibrationsniveau des oberen elektronischen Zustands). Sind Zustände unterschiedlicher Multiplizität beteiligt, spricht man von Phosphoreszenz.

Gilt für eine Gruppe von Übergängen derselbe Wert für Δv, wird diese als Sequenz bezeichnet. Die Nebenbedingung, daß ein Schwingungsniveau bevölkert sein muß, bevor ein Übergang stattfinden kann, führt dazu, daß lange Sequenzen meistens in Emission beobachtet werden. Ein Beispiel liefert das Emissionsspektrum von N_2 in einer Niederdruckentladung in gasförmigem Stickstoff. Hier können Sequenzen mit fünf bis sechs Gliedern des $(C^3\Pi_u-B^3\Pi_g)$-Bandensystems im Sichtbaren und nahen Ultraviolett beobachtet werden. Im $C^3\Pi_u$-Zustand ist die Wellenzahl der Vibration sehr groß ($\omega_e = 2047,18\,\mathrm{cm}^{-1}$), und eine Gleichgewichtsverteilung der Populationszahlen wird vor dem Emissionsprozeß nicht erreicht.

An Hand von Bild 7.18 erkennen wir, daß sich Progressionen und Sequenzen nicht gegenseitig ausschließen. Jedes Glied einer Sequenz ist ebenso Glied zweier Progressionen. Eine Unterscheidung zwischen Progressionen und Sequenzen ist trotzdem sinnvoll, denn in den Bandenspektren treten ganz charakteristische Strukturen innerhalb einer Bande auf. Die Glieder einer Progression weisen im allgemeinen recht große Abstände voneinander auf (ca. ω_e' in Absorption und ca. ω_e'' in Emission). Die Glieder einer Sequenz liegen dagegen dichter beieinander (ca. $\omega_e' - \omega_e''$).

Auch ein vibronischer Übergang wird mit den Quantenzahlen $(v'-v'')$ mit der in der Spektroskopie üblichen Konvention bezeichnet. Folglich beschreibt man den elektronischen Übergang mit 0–0.

7.2.5.3 Das Franck-Condon-Prinzip

Bereits im Jahre 1925, noch vor der Schrödinger-Gleichung, hat Franck einige Überlegungen angestellt, um die verschiedenen beobachteten Intensitätsverteilungen bei vibronischen Übergängen qualitativ zu erklären. Ausgehend von der Erkenntnis, daß ein elektronischer Übergang in einem Molekül wesentlich schneller vonstatten geht als ein Vibrationsübergang, schlug er die folgende Näherung vor: Die Lage und Geschwindigkeit der Kerne ändert sich nur geringfügig durch einen vibronischen Übergang.

Wir wollen uns die Konsequenzen dieser Näherung klarmachen. In Bild 7.20 sind die Potentialkurven des oberen und des unteren Zustands abgebildet. Bei einem Absorptionsprozeß wird der untere Zustand meistens der Grundzustand sein. Dann trifft auch der in Bild 7.20(a) gezeigte Fall zu, daß $r_e' > r_e''$ ist. Wird nämlich ein Elektron aus einem bindenden in ein weniger oder sogar antibindendes Orbital angeregt, vergrößert sich

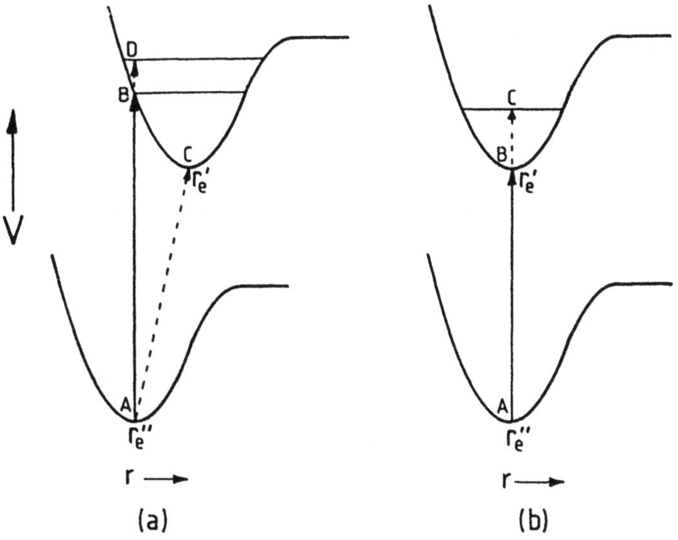

Bild 7.20 Das Franck-Prinzip für (a) $r_e' > r_e''$ und (b) $r_e' \simeq r_e''$. Der vibronische Übergang B–A ist in beiden Fällen der wahrscheinlichste

dadurch der Gleichgewichtsabstand r_e. Als Beispiel führen wir Stickstoff an: Bei der Anregung eines Elektrons aus dem $\sigma_g 2p$- in das $\pi_g^* 2p$-Orbital (siehe Bild 7.14) werden zwei Zustände[11] gebildet. Im $a^1\Pi_g$-Zustand beträgt $r_e = 1,2203$ Å und im $B^3\Pi_g$-Zustand 1,2126 Å. Diese beiden Werte sind deutlich größer als der des $X^1\Sigma_g^+$-Grundzustands ($r_e = 1,0977$ Å).

Wir betrachten einen Absorptionsprozess. Im Rahmen Francks semiklassischer Theorie brauchen wir die Nullpunktsenergie der Schwingung nicht zu berücksichtigen. Ein Übergang vom Punkt A des in Bild 7.20(a) gezeigten Grundzustands wird wahrscheinlich am Punkt B der oberen Potentialkurve enden. Damit ist die erste Bedingung erfüllt, nach der die Kerne dieselbe Position vor und nach dem Übergang innehaben. In Bild 7.20(a) brauchen wir dazu nur senkrechte Pfeile einzuzeichnen, denn auf dieser Linie ist r konstant. Solche Übergänge werden daher auch als senkrechte Übergänge bezeichnet. Die zweite Bedingung fordert, daß auch die Geschwindigkeit der Kerne vor und nach einem Übergang dieselbe ist. In Punkt A der unteren Potentialkurve sind die Kerne in Ruhe. Das ist auch in Punkt B der oberen Potentialkurve der Fall, denn B stellt den klassischen Umkehrpunkt einer Schwingung dar, an dem die Kerne ebenfalls in Ruhe sind. Dagegen ist ein Übergang zum Punkt C sehr unwahrscheinlich. In diesem Fall sind zwar die Kerne in Ruhe, aber r ändert sich zu stark. Auch der Übergang zum Punkt D ist recht unwahrscheinlich, denn hier bleibt r zwar unverändert, aber die Kerne bewegen sich.

Bild 7.20(b) zeigt schließlich den Fall, in dem der Gleichgewichtsabstand für den oberen und unteren Zustand annähernd gleich groß ist, $r_e' \simeq r_e''$. Ein Beispiel hierfür ist die ($D^1\Sigma_u^+$–$X^1\Sigma_g^+$)-Mulliken-Bande des C_2 (siehe auch Tabelle 7.6 und Bild 7.17). Der

[11] Wie schon im Falle des I_2 hält man sich bei der Nomenklatur der N_2-Zustände nicht an die Konvention, die wir in der Fußnote 7 auf S. 218 angegeben haben.

Gleichgewichtsabstand beträgt für den D-Zustand 1,2380 Å und für den X-Zustand 1,2425 Å. Der wahrscheinlichste Übergang ist der von A nach B, wobei dann im oberen Zustand keinerlei Vibrationsenergie vorhanden ist. Bei einem Übergang von A nach C bleibt zwar r konstant, aber die Geschwindigkeit der Kernbewegung wird größer. Die Strecke BC entspricht genau dieser kinetischen Energie.

1928 hat Condon dieses Problem quantenmechanisch behandelt.

Die Intensität eines vibronischen Übergangs ist proportional zum Betragsquadrat des Übergangsmoments $\boldsymbol{R}_{ev}$. Dieses ist analog zu Gl. (2.13) definiert als

$$\boldsymbol{R}_{ev} = \int \psi_{ev}'^{*} \boldsymbol{\mu} \psi_{ev}'' \, \mathrm{d}\tau_{ev}. \tag{7.84}$$

$\boldsymbol{\mu}$ ist der Operator des elektrischen Dipolmoments. ψ_{ev}' und ψ_{ev}'' sind die vibronischen Wellenfunktionen des oberen und des unteren Zustands. Die Integration läuft über Elektronen- und Schwingungskoordinaten. Wenn wir annehmen, daß die Born-Oppenheimer-Näherung (siehe Abschnitt 1.3.4) gilt, kann ψ_{ev} in $\psi_e \psi_v$ faktorisiert werden. Aus Gl. (7.84) wird dann:

$$\boldsymbol{R}_{ev} = \int \int \psi_e'^{*} \psi_v'^{*} \boldsymbol{\mu} \psi_e'' \psi_v'' \, \mathrm{d}\tau_e \, \mathrm{d}r. \tag{7.85}$$

Wir führen zunächst die Integration über die Elektronenkoordinaten τ_e aus:

$$\boldsymbol{R}_{ev} = \int \psi_v'^{*} \boldsymbol{R}_e \psi_v'' \, \mathrm{d}r. \tag{7.86}$$

r ist der Kernabstand und $\boldsymbol{R}_e$ das elektronische Übergangsmoment. Für dieses gilt

$$\boldsymbol{R}_e = \int \psi_e'^{*} \boldsymbol{\mu} \psi_e'' \, \mathrm{d}\tau_e. \tag{7.87}$$

Wir konnten die Integration als Folge der Born-Oppenheimer-Näherung ausführen. Dabei wird ja angenommen, daß die Kerne im Vergleich zu den sich sehr rasch bewegenden Elektronen ruhen. Auf Grund dieser Näherung können wir $\boldsymbol{R}_e$ auch als Konstante auffassen und deshalb vor das Integral in Gl. (7.86) ziehen. Hierbei setzen wir voraus, daß $\boldsymbol{R}_e$ unabhängig von r ist, was für unsere Zwecke durchaus ausreichend ist. Wir erhalten damit

$$\boldsymbol{R}_{ev} = \boldsymbol{R}_e \int \psi_v'^{*} \psi_v'' \, \mathrm{d}r. \tag{7.88}$$

Die Größe $\int \psi_v'^{*} \psi_v'' \, \mathrm{d}r$ wird als vibratorisches Überlappungsintegral bezeichnet. Es ist ein Maß dafür, wie stark die beiden Wellenfunktionen der Schwingung überlappen. Das Quadrat dieser Größe ist als Franck-Condon-Faktor bekannt. Bei der Integration haben wir bereits zwangsweise berücksichtigt, daß r während des Übergangs konstant bleibt.

In der Quantenmechanik wird der klassische Umkehrpunkt der Schwingungsbewegung durch Minima bzw. Maxima der Wellenfunktion ψ_v in der Nähe dieser Umkehrpunkte ersetzt. Bild 1.13 verdeutlicht, daß mit zunehmendem v das Maximum bzw. Minimum immer näher an diesen klassischen Umkehrpunkt heranrückt.

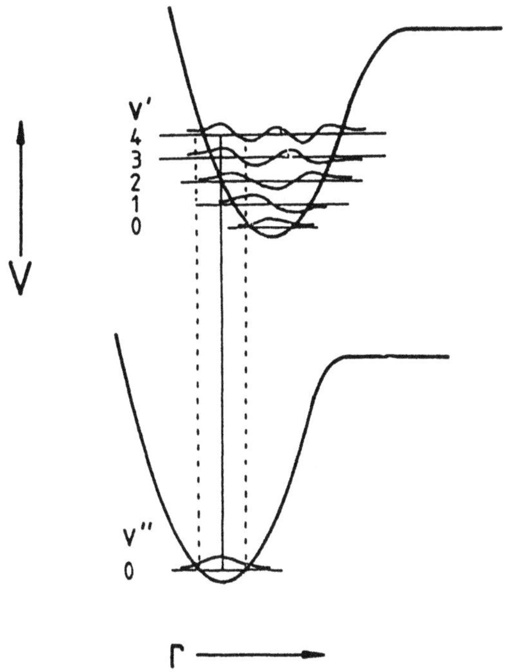

Bild 7.21 Franck-Condon-Prinzip für den Fall $r_e' > r_e''$. In diesem Beispiel ist der 4—0-Übergang der wahrscheinlichste

Wir wollen ein konkretes Beispiel betrachten, das in Bild 7.21 dargestellt ist. Hier liegt das Maximum der Wellenfunktion $\psi_v'(v' = 4)$ nahe dem klassischen Umkehrpunkt und senkrecht über dem Maximum der Wellenfunktion $\psi_v''(v'' = 0)$. Die maximale Überlappung zwischen diesen Wellenfunktionen findet bei dem Abstand r statt, der mit einer durchgezogenen Linie markiert ist. Die Überlappung ist aber auch bei den Abständen r ziemlich groß, die im Bild mit einer gestrichelten Linie gekennzeichnet sind. Das gilt für Wellenfunktionen ψ_v', deren Quantenzahl v' nicht genau, aber nahe Vier ist. Es wird eine Intensitätsverteilung innerhalb der Progression zu beobachten sein, wie sie in Bild 7.22(b) gezeigt ist.

Wenn $r_e' \gg r_e''$ ist, werden Übergänge zu den Vibrationsniveaus stattfinden, die als Kontinuum oberhalb der Dissoziationsgrenze liegen. Das Intensitätsmaximum einer $(v'' = 0)$-Progression wird wie in Bild 7.22(c) bei großen Quantenzahlen v zu finden sein; im Spektrum kann sogar ein Kontinuum erscheinen. Ein Beispiel dafür ist der $(B^3\Pi_{0_u^+}-X^1\Sigma_g^+)$-Übergang des Iods. Hier beträgt r_e für den B-Zustand 3,025 Å und für den X-Zustand 2,666 Å. Das Intensitätsmaximum liegt nahe dem Kontinuum, wie es im Spektrum in Bild 7.19 zu sehen ist.

Bild 7.22(a) stellt den Fall dar, bei dem $r_e' \simeq r_e''$ gilt und das Intensitätsmaximum daher bei $v' = 0$ auftritt. Üblicherweise nimmt die Intensität der anderen Progressionsglieder in solchen Fällen sehr rasch ab.

Hin und wieder müssen wir uns auch mit dem Fall $r_e' < r_e''$ beschäftigen. Dieser Fall kann eintreten, wenn der untere Zustand der Grundzustand ist und ein Elektron aus

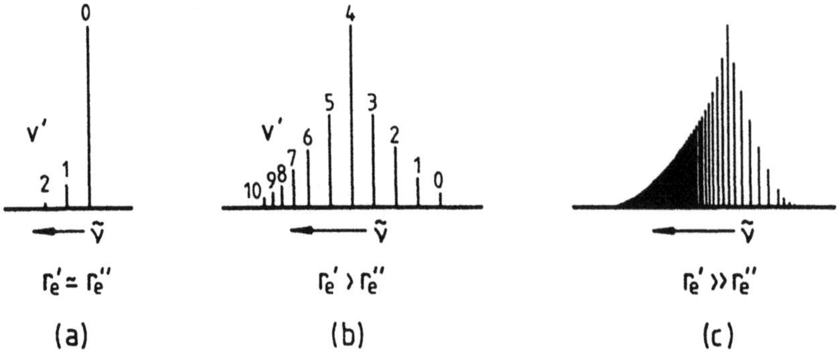

Bild 7.22 Typische Intensitätsverteilungen, wie sie in vibronischen Progressionen auftreten können

einem antibindenden Orbital in ein nicht-bindendes oder bindendes Orbital angeregt wird. Diese Situation werden wir aber eher bei den Übergängen zwischen zwei angeregten Zuständen antreffen. Qualitativ liegt dann eine Situation ähnlich wie in Bild 7.21 vor. Die obere Potentialkurve ist hier aber zu kleineren r-Werten verschoben. Dann liegt das rechte Maximum der Wellenfunktion $\psi_v'(v' = 4)$ über dem Maximum von $\psi_v''(v'' = 0)$. Es resultiert wieder eine Intensitätsverteilung wie in Bild 7.22(b). Beobachten wir also eine lange $v'' = 0$-Progression mit einem Intensitätsmaximum bei $v' > 0$, deutet dies auf eine starke r_e-Änderung bei dem Übergang vom unteren in den oberen Zustand hin. Wir können aber nicht sagen, ob r_e' kleiner oder größer als r_e'' ist. Für einen harmonischen Oszillator stimmt diese Aussage quantitativ. Durch die Anharmonizität unterscheidet sich aber die Intensitätsverteilung innerhalb einer Progression für $r_e' > r_e''$ etwas von der Intensitätsverteilung für $r_e' < r_e''$.

Für den Fall $r_e' > r_e''$ liegt über dem Maximum $\psi_v''(v'' = 0)$ der steile Ast der Potentialkurve des angeregten Zustands, sofern man die Anharmonizität berücksichtigt. In der Intensitätsverteilung der Progression ist dann ein sehr breites Maximum zu beobachten. Dagegen liegt bei dem umgekehrten Fall $r_e' < r_e''$ der flache Ast der oberen Potentialkurve über dem Maximum $\psi_v''(v'' = 0)$. Daraus resultiert ein sehr scharfes Maximum.

Die Intensitäten sind in vielen Fällen sehr präzise bestimmt worden. Daraus konnten dann die Differenzen $r_e' - r_e''$ berechnet werden, wobei die Berechnungen Anharmonizitätseffekte einschlossen und auch auf die Born-Oppenheimer-Näherung verzichteten.

7.2.5.4 Deslandres-Tabellen

Die Darstellung der verschiedenen Typen von vibronischen Übergängen in Bild 7.18 läßt uns bereits vermuten, daß wir auch hier wieder die Methode der Kombinationsdifferenzen anwenden können, um die Energieabstände zwischen den Schwingungsniveaus aus den gemessenen Wellenzahlen der Übergänge zu bestimmen. Diese Methode haben wir in Abschnitt 6.2.3.1 kennengelernt. Wir haben damit die Rotationskonstanten für zwei verschiedene Schwingungsniveaus bestimmt. Dieser Methode liegt die folgende einfache Überlegung zugrunde: Haben zwei Übergänge ein gemeinsames oberes Niveau, wird die Differenz ihrer Wellenzahlen nur durch die Eigenschaften des oberen Niveaus bestimmt, und ***vice versa***, wenn ihnen ein unteres Niveau gemeinsam ist.

Analog können wir mit der Methode der Kombinationsdifferenzen auch die Vibrationskonstanten $\omega_e, \omega_e x_e$ etc. für die beiden elektronischen Zustände bestimmen, zwischen denen die Schwingungsübergänge stattfinden. Dazu müssen wir zunächst die Wellenzahlen aller vibronischen Übergänge in einer sogenannten Deslandres-Tabelle zusammenstellen. Als Beispiel ist in Tabelle 7.7 die $(A^1\Pi{-}X^1\Sigma^+)$-Bande des Kohlenmonoxids ausgewertet worden. Wir haben schon in Abschnitt 7.2.1.2 erwähnt, daß die MOs der heteronuklearen zweiatomigen Moleküle in guter Näherung mit den MOs der homonuklearen zweiatomigen Moleküle beschrieben werden können, sofern sich die beiden Kerne dieses Moleküls recht ähnlich sind. Nun, das ist eben auch für CO der Fall, und so können wir die elektronischen Anregungen in diesem Molekül an Hand des MO-Diagramms in Bild 7.14 diskutieren. Kohlenmonoxid ist isoelektronisch mit Stickstoff, und die Anregung vom $\sigma 2p$- in das $\pi^* 2p$-Orbital erfordert die geringste Energie (die Indizes „g" und „u" fallen bei heteronuklearen zweiatomigen Molekülen aus Symmetriegründen weg). Durch diese Anregung ergeben sich zwei Zustände, $A^1\Pi$ und $a^3\Pi$. Die $(A^1\Pi{-}X^1\Sigma^+)$-Bande liegt im fernen Ultraviolett und der 0—0-Übergang bei 154,4 nm.

Die Wellenzahlen der Übergänge sind in Tabelle 7.7 so in Reihen und Spalten angeordnet worden, daß die Differenz der Wellenzahlen von benachbarten Spalten der Energiedifferenz zwischen den Schwingungsniveaus des unteren elektronischen (Grund-)Zustands entspricht. Die Differenz benachbarter Reihen entspricht der Energiedifferenz zwischen den Schwingungsniveaus des oberen elektronischen Zustands. Die Differenzen sind jeweils in Klammern angegeben. Die Meßunsicherheit schlägt sich in den verschiedenen Werten der Energiedifferenzen nieder, z.B. den Differenzen der ersten beiden Spalten.

Der Tabelle können dann eine Reihe von Mittelwerten von Termenergiedifferenzen $G(v+1) - G(v)$ für beide elektronischen Zustände entnommen werden. Mit Gl. (6.18) können dann wiederum $\omega_e, \omega_e x_e$ etc. für beide Zustände berechnet werden. Für CO ergibt sich mit den Werten aus Tabelle 7.7 für den $A^1\Pi$-Zustand $\omega_e = 1518{,}2\,\text{cm}^{-1}$ und für den $X^1\Sigma^+$-Zustand $\omega_e = 2169{,}8\,\text{cm}^{-1}$. Die starke Abnahme der Vibrationswellenzahl ω_e für den $A^1\Pi$-Zustand erklärt sich durch die Anregung eines Elektrons aus einem bindenden in ein antibindendes Orbital, wodurch die Kraftkonstante erheblich reduziert wird.

7.2.5.5 Dissoziationsenergien

Die Dissoziationsenergie D_0 eines beliebigen elektronischen Zustands kann mittels einer Birge-Sponer-Extrapolation abgeschätzt werden, sofern eine genügende Zahl von Vibrationstermenergien bekannt ist. Wir haben das Verfahren in Abschnitt 6.1.3.2 an Hand von Bild 6.5 ausführlich erörtert. Wir haben auf die möglichen Ungenauigkeiten hingewiesen und auch erwähnt, daß sich diese verringern, wenn Termenergien nahe der Dissoziationsgrenze verwendet werden. Es ist eine andere Frage, ob diese Termenergien überhaupt experimentell zugänglich sind. Das hängt sehr stark von der relativen Lage der Potentialkurven zueiander ab und ob ein Übergang zwischen den zugehörigen elektronischen Zuständen erlaubt ist. Das Franck-Condon-Prinzip bestimmt, wieviele Vibrationstermenergien des elektronischen Grundzustands aus einem Emissionsspektrum erhältlich sind. Wenn $r'_e \simeq r''_e$ gilt, ist die Progression in Emission sehr kurz, und es ergeben sich nur sehr wenige Termenergien. Wenn aber r'_e sehr stark verschieden von r''_e ist, wie es auch bei der $(A^1\Pi{-}X^1\Sigma^+)$-Bande des Kohlenmonoxids der Fall ist (siehe Abschnitt 7.2.5.4), können

Tabelle 7.7 Deslandres-Tabelle der $(A^1\Pi - X^1\Sigma^+)$-Bande des Kohlenmonoxids[†]

v'' / v'	0		1		2		3		4		5		6
0	64 758	(2145)	62 613	(2117)	60 496	(2092)	58 404	(2063)	56 341	(2037)	54 304		—
	(1 476)		(1 485)				(1 487)		(1 486)		(1 487)		
1	66 234	(2136)	64 098		—		59 891	(2064)	57 827	(2036)	55 791	(2010)	53 781
	(1 448)		(1 441)				(1 444)				(1 443)		(1 443)
2	67 682	(2143)	65 539	(2115)	63 424	(2089)	61 335		—		57 234	(2010)	55 224
	(1 407)		(1 413)		(1 414)						(1 410)		
3	69 089	(2137)	66 952	(2114)	64 838		—		60 683	(2039)	58 644		—
	(1 378)		(1 382)		(1 370)				(1 379)				
4	70 467	(2133)	68 334	(2126)	66 208	(2085)	64 123	(2061)	62 062		—		58 011
	(1 341)		(1 338)		(1 350)		(1 343)						(1 340)
5	71 808	(2136)	69 672	(2114)	67 558	(2092)	65 466		—		61 365	(2014)	59 351
	(1 307)		(1 305)		(1 303)		(1 299)				(1 307)		
6	73 115	(2138)	70 977	(2116)	68 861	(2096)	66 765	(2053)	64 712	(2040)	62 672		—

[†] Alle Angaben sind in cm^{-1}. Es wurden die Bandenköpfe der Rotations-Feinstruktur gemessen, nicht die Bandenursprünge.

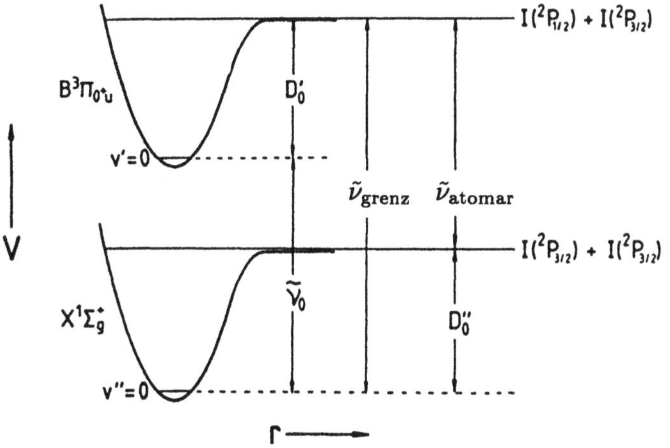

Bild 7.23 Die Dissoziationsenergien D'_0 und D''_0 können aus $\tilde{\nu}_{\text{grenz}}$ berechnet werden. $\tilde{\nu}_{\text{grenz}}$ ist die Wellenzahl im Iodspektrum, bei der die Progression in ein Kontinuum übergeht

lange Progressionen in Emission beobachtet werden. Damit können genauere D''_0-Werte erzielt werden.

Mit der Schwingungsspektroskopie ist es dagegen nahezu unmöglich, einen genauen D''_0-Wert für den elektronischen Grundzustand zu erhalten. Das Problem ist hier die rapide abnehmende Besetzungszahl der höheren Schwingungszustände. Die meisten Dissoziationsenergien D''_0 wurden auch in der Tat durch die Spektroskopie elektronischer Übergänge von angeregten Zuständen in den Grundzustand gewonnen.

Auch Dissoziationsenergien D'_0 können aus den Progressionen der Absorptions- und Emissionsspektren bestimmt werden. Bei den Absorptionsspektren werden Übergänge aus dem elektronischen Grundzustand untersucht, bei den Emissionsspektren die Übergänge aus energetisch höher gelegenen Zuständen. Auch hier bestimmt die Progressionslänge die Genauigkeit, mit der die Dissoziationsenergie angegeben werden kann.

Unterscheiden sich die Gleichgewichtsabstände r_e der beteiligten Zustände sehr stark voneinander, kann die Dissoziationsgrenze in einer Progression direkt beobachtet werden: Das Spektrum beginnt dann nämlich diffus zu werden. Dieser Ansatz ist nicht immer als scharfer Übergang erkennbar, wie z.B. bei der $(B^3\Pi_{0_u^+} - X^1\Sigma_g^+)$-Bande des Iods. Die Wellenzahl $\tilde{\nu}_{\text{grenz}}$ (siehe hierzu Bild 7.23) kann besser durch Extrapolation als durch direktes Messen des in Bild 7.19 dargestellten Spektrums ermittelt werden.

Bild 7.23 entnehmen wir, daß folgende Beziehung gilt:

$$\tilde{\nu}_{\text{grenz}} = D'_0 + \tilde{\nu}_0 = D''_0 + \Delta\tilde{\nu}_{\text{atomar}}. \tag{7.89}$$

Wenn die Wellenzahl $\tilde{\nu}_0$ der 0–0-Bande bekannt ist, kann D'_0 mit $\tilde{\nu}_{\text{grenz}}$ berechnet werden. Das Spektrum in Bild 7.19 veranschaulicht, daß ein Wert für $\tilde{\nu}_0$ möglicherweise auch nur durch Extrapolation gewonnen werden kann, was natürlich zu Lasten der Genauigkeit des D'_0-Wertes geht.

Auch D''_0 kann laut Gl. (7.89) aus $\tilde{\nu}_{\text{grenz}}$ berechnet werden. Die Wellenzahl $\tilde{\nu}_{\text{atomar}}$ entspricht genau der Energiedifferenz (in Wellenzahlen) zwischen zwei Zuständen des

Iodatoms, dem $^2P_{3/2}$-Grundzustand und dem ersten angeregten Zustand $^2P_{1/2}$, die sehr genau aus dem Atomspektrum bekannt ist. Die Genauigkeit in D_0' wird also allein durch die (Un-)Genauigkeit von $\tilde{\nu}_{\text{grenz}}$ bestimmt.

Die Dissoziationsenergien D_e' und D_e'', die relativ zum Minimum der Potentialkurve gemessen werden, können in einfacher Weise aus D_0' und D_0'' berechnet werden:

$$D_e = D_0 + G(0). \tag{7.90}$$

Die Vibrationstermenergie des Schwingungsgrundzustands gibt Gl. (6.21) an.

7.2.5.6 Repulsive Zustände und kontinuierliche Spektren

Mit dem Orbitaldiagramm in Bild 7.14 leiten wir für das He_2-Molekül die Grundkonfiguration $(\sigma_g 1s)^2(\sigma_u^* 1s)^2$ ab. Der bindende Anteil des $\sigma_g 1s$-Orbitals wird durch die antibindende Wirkung des $\sigma_u^* 1s$-Orbitals kompensiert. Das Molekül wird daher instabil sein. Wie Bild 7.24(a) zeigt, weist die Potentialkurve des entsprechenden $X^1\Sigma_g^+$-Grundzustands kein Minimum auf. Die potentielle Energie nimmt vielmehr langsam mit zunehmendem r ab. Ein solcher Zustand wird als repulsiv bezeichnet, weil sich die Atome gegenseitig abstoßen. Für solche Zustände gibt es keine diskreten Schwingungsniveaus; höchstens können in einem sehr flachen Minimum einige wenige Vibrationszustände vorliegen (siehe Abschnitt 9.2.7). Die meisten, wenn nicht gar alle Zustände sind also kontinuierlich.

Wird ein Elektron in He_2 vom $\sigma_u^* 1s$ in ein bindendes Orbital angeregt, entstehen gebundene Zustände des Moleküls. Zahlreiche solcher Zustände sind mit Emissionspektroskopie charakterisiert worden. So gehören zu der $(\sigma_g 1s)^2(\sigma_u^* 1s)^1(\sigma_g 2s)^1$-Konfiguration die beiden gebundenen Zustände $A^1\Sigma_u^+$ und $a^3\Sigma_u^+$. Bild 7.24(a) zeigt den Verlauf der Potentialkurve des $A^1\Sigma_u^+$-Zustands. Der $(A - X)$-Übergang ist erlaubt und erzeugt eine intensive, kontinuierliche Emission zwischen 60 und 100 nm, die als Lichtquelle im fernen Ultraviolett genutzt wird (siehe Abschnitt 3.4.5). Die kontinuierlichen Emissionen der anderen zweiatomigen Edelgasmoleküle werden ebenfalls für diesen Zweck verwendet.

Eine Entladung in molekularem Wasserstoff erzeugt durch einen Übergang von dem gebundenen $a^3\Sigma_g^+$-Zustand in den repulsiven $b^3\Sigma_u^+$-Zustand (siehe Bild 7.24(b)) auch ein kontinuierliches Emissionsspektrum, das den Bereich von 160 bis 500 nm abdeckt. Es wird daher als kontinuierliche Lichtquelle für den sichtbaren Bereich und den des nahen Ultraviolett genutzt (siehe Abschnitt 3.4.4).

Der repulsive $b^3\Sigma_u^+$-Zustand gehört zur Konfiguration $(\sigma_g 1s)^1(\sigma_u^* 1s)^1$. Wie Bild 7.24(b) zeigt, sind die Dissoziationsprodukte des $1^2S_{1/2}$-Zustands zwei Wasserstoffatome, genau wie bei der Dissoziation aus dem $X^1\Sigma_g^+$-Grundzustand des H_2-Moleküls. Der $a^3\Sigma_g^+$-Zustand gehört zur Konfiguration $(\sigma_g 1s)^1(\sigma_g 2s)^1$.

7.2.6 Rotationsfeinstruktur

In Abschnitt 6.2.3.1 haben wir gelernt, daß im Infrarotspektrum gleichzeitig mit einem Vibrationsübergang auch Übergänge zwischen den beiden Serien von Rotationsniveaus erfolgen, die zu jedem Schwingungsniveau gehören. Das gleiche passiert auch bei elektronischen oder vibronischen Übergängen: Hierbei gehören zum oberen und unteren Zustand, seien diese Zustände nun elektronischer oder vibronischer Natur, ebenfalls eine

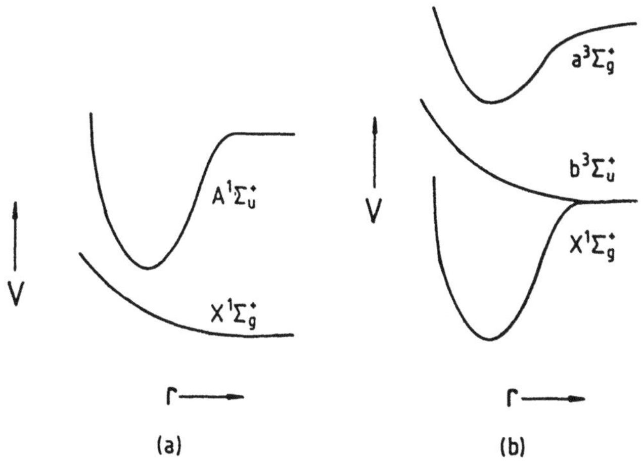

Bild 7.24 (a) Der repulsive Grundzustand und ein gebundener, angeregter Zustand des He_2-Moleküls. (b) Zwei gebundene Zustände und ein repulsiver Zustand des H_2-Moleküls

Serie von Rotationsniveaus, zwischen denen Übergänge stattfinden. Da es eine Unmenge unterschiedlicher elektronischer und vibronischer Übergänge gibt, resultiert daraus eine enorme Vielfalt verschiedener Rotationsfeinstrukturen. Obwohl es für die entsprechenden Übergänge keinerlei Beschränkungen für die Symmetrie und die Multiplizität gibt, wollen wir uns doch im folgenden nur mit der Rotationsfeinstruktur beschäftigen, die bei ($^1\Sigma$–$^1\Sigma$)- und ($^1\Pi$–$^1\Sigma$)-Übergängen entstehen.

7.2.6.1 Elektronische und vibronische Übergänge zwischen zwei $^1\Sigma$-Zuständen

In Bild 7.25 sind für zwei $^1\Sigma^+$-Zustände die Serien von Rotationsniveaus gezeigt. Der Übergang zwischen diesen Zuständen ist gemäß der beiden Auswahlregeln erlaubt, die wir in den Gln. (7.70) und (7.71) formuliert haben. Die Serien der Rotationsniveaus sind für zwei $^1\Sigma^-$-Zustände ähnlich. Das gilt auch, wenn der obere Zustand die Symmetrie „g" und der untere Zustand die Symmetrie „u" hat. Die Rotationstermenergien lauten für einen beliebigen $^1\Sigma$-Zustand:

$$F_v(J) = B_v J(J+1) - D_v J^2(J+1)^2. \tag{7.91}$$

Das ist genau derselbe Ausdruck, den wir schon aus Gl. (5.23) kennen. B_v ist die Rotationskonstante (vgl. Gln. (5.11) und (5.12)) und D_v die Zentrifugalverzerrungskonstante. Der tiefgestellte Index „v" deutet die Abhängigkeit dieser Konstanten vom Schwingungszustand an. Allerdings ist diese nur für B_v von Bedeutung und wird durch folgende Gleichung berücksichtigt:

$$B_v = B_e - \alpha(v + \tfrac{1}{2}). \tag{7.92}$$

Das ist dieselbe Gleichung, die auch für den elektronischen Grundzustand gilt (siehe Gl. (5.25)). Die Konstanten B_v, α und D_v sind für einen gegebenen elektronischen Zustand charakteristische Größen. Die Quantenzahl $J = 0, 1, 2, \ldots$ ist wieder der Gesamtdrehimpuls, exklusive des Kernspins. In $^1\Sigma$-Zuständen beinhaltet $\boldsymbol{J}$ nur den Drehimpuls der Rotation, denn für diese Zustände sind $\Lambda = 0$ und $S = 0$.

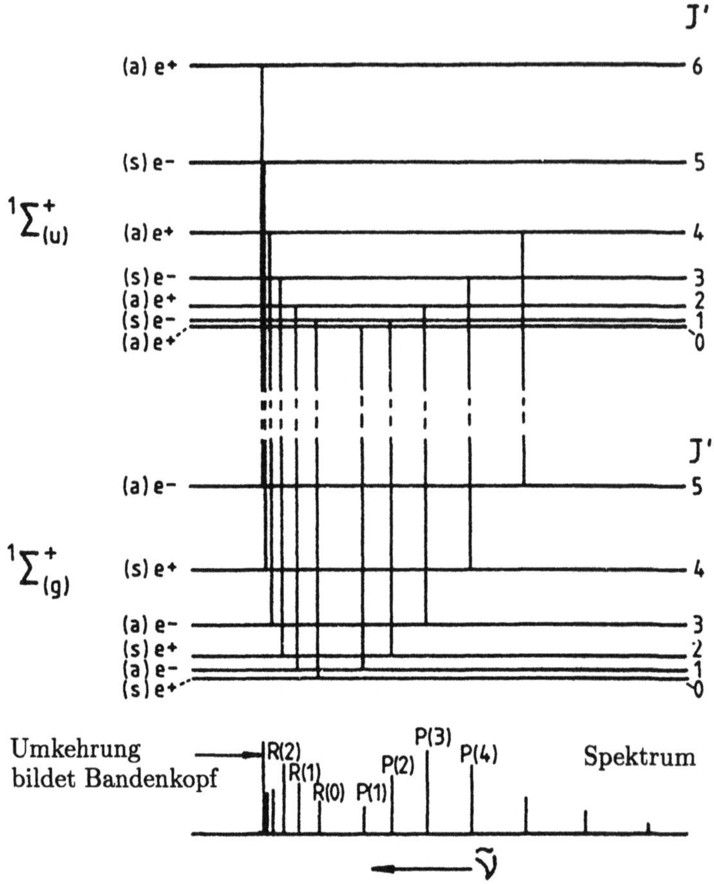

Bild 7.25 Rotationsfeinstruktur eines elektronischen oder vibronischen ($^1\Sigma$–$^1\Sigma$)-Übergangs eines zweiatomigen Moleküls. Hier ist $r'_e > r''_e$. Die Indizes „g" und „u" sowie die Bezeichnungen „a" und „s" gelten nur bei homonuklearen Molekülen; die Bezeichnungen „+", „−", „e" und „f" können ignoriert werden

Die Bezeichnungen „+", „−", „e" und „f" haben in Bild 7.25 dieselbe Bedeutung wie in Bild 6.22, das die Rotationsniveaus von Σ_u^+- und Σ_g^+-*Schwingungs*zuständen zeigt. Wie dort können auch hier diese Bezeichnungen für einen elektronischen ($^1\Sigma$–$^1\Sigma$)-Übergang ignoriert werden.

Es gilt die Rotationsauswahlregel

$$\Delta J = \pm 1 \tag{7.93}$$

genauso wie bei einem Schwingungsübergang in einem zweiatomigen oder linearen mehratomigen Molekül. In der Rotationsfeinstruktur ist wieder ein P-Zweig ($\Delta J = -1$) und ein R-Zweig ($\Delta J = 1$) zu verzeichnen. Die einzelnen Linien werden wie in Bild 7.25 mit $P(J'')$ oder $R(J'')$ bezeichnet. Als Beispiel für eine solche Bande sehen wir im Absorptionsspektrum des kurzlebigen CuH-Moleküls in Bild 7.26 den elektronischen Übergang ($A^1\Sigma^+$–$X^1\Sigma^+$). Dieses Molekül kann man durch Erhitzen von metallischem Kupfer in

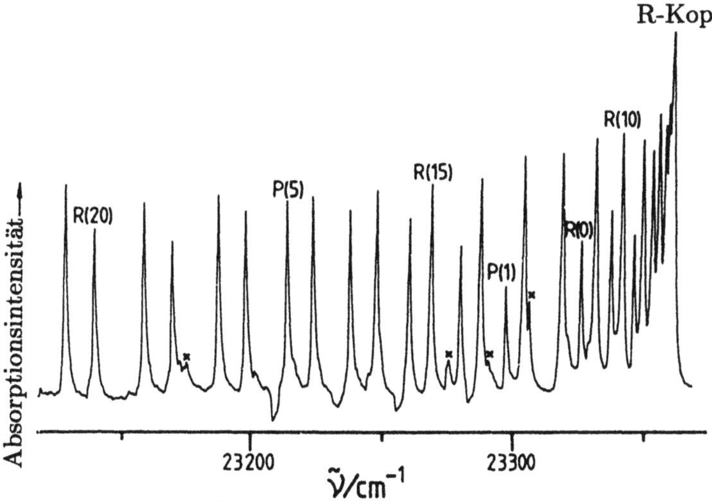

Bild 7.26 Der elektronische Übergang ($A^1\Sigma^+-X^1\Sigma^+$) des CuH-Moleküls, gemessen in Absorption. Die mit einem Kreuz markierten Linien gehören nicht zum CuH

Wasserstoff in einem Hochtemperaturofen darstellen. Die Absorptionsbande liegt bei ca. 428 nm.

Im Prinzip ähnelt diese Bande sehr stark dem ($v = 1-0$)-Schwingungsübergang im Infrarotspektrum des HCl (Bild 6.8) und dem (3_0^1)-Schwingungsübergang im Infrarotspektrum des HCN (Bild 6.23). Die elektronische Bande im Spektrum des CuH erscheint aber sehr unsymmetrisch bezüglich des Bandenzentrums. Dieses liegt zwischen den Linien $R(0)$ und $P(1)$ und da, wo der verbotene Übergang (($J' = 0$)–($J'' = 0$)) erscheinen würde. Der Grund für diese Asymmetrie ist, daß die Rotationskonstanten B' und B'' des oberen und des unteren elektronischen Zustands sehr stark differieren. Im Gegensatz dazu sind die Rotationskonstanten für das obere und das untere Schwingungsniveau fast identisch. In Abschnitt 7.2.5.3 haben wir schon erklärt, daß meistens $r' > r''$ ist, wenn der untere der elektronische Grundzustand ist. Dann ist aber auch $B' < B''$ (vgl. auch Gln. (5.11) und (5.12)). Infolgedessen divergieren die Rotationsniveaus des oberen Zustands langsamer als die des unteren Zustands. In Bild 7.25 ist genau dieser Fall dargestellt, der im übrigen auch für CuH zutrifft. Als Folge beobachten wir die schon erwähnte Asymmetrie im Spektrum in Bild 7.26. Im R-Zweig führt die Umkehrung zu konvergierenden Linien, die den sogenannten Bandenkopf bilden. Dagegen divergieren die Linien des P-Zweiges. Man sagt, die Bande wird zu niedrigen Wellenzahlen hin verschoben oder rotverschoben. Ist dagegen $B' > B''$, formt der P-Zweig den Bandenkopf, und die Bande wird blauverschoben.

Für CuH nimmt r_e von 1,463 Å im $X^1\Sigma^+$-Zustand auf 1,572 Å im $A^1\Sigma^+$-Zustand zu. Die Folge ist eine starke Rotverschiebung, wie aus Bild 7.26 ersichtlich ist.

Die Intensität, mit der ein Rotationsübergang im Spektrum zu beobachten ist, hängt von der Besetzung der Rotationsniveaus des elektronischen oder vibronischen Zustands ab, von dem die Übergänge ***starten***. Für den Absorptionsprozeß gibt die Boltzmann-Verteilung die relative und temperaturabhängige Besetzung an (Gl. (5.15)). Die Intensitäten nehmen in charakteristischer Weise in Abhängigkeit von J innerhalb eines Zweiges zu und wieder ab.

Wird dagegen ein Emissionsspektrum aufgenommen, bestimmt die Besetzung der Rotationsniveaus des oberen Zustands die relativen Intensitäten. Je nachdem, wie das Molekül in den oberen Zustand angeregt wurde, wird die relative Besetzung durch die Boltzmann-Verteilung gegeben oder nicht.

Um die Rotationskonstanten B'', D'', B' und D' eines $(^1\Sigma{-}^1\Sigma)$-Übergangs zu bestimmen, verfahren wir genauso, wie wir es in Abschnitt 6.2.3.1 für eine Vibrations-Rotationsbande eines zweiatomigen Moleküls gelernt haben: Sind wir nur an den Konstanten B' bzw. B'' interessiert, tragen wir $\Delta_2''F(J)$ bzw. $\Delta_2'F(J)$ gegen $(J+\frac{1}{2})$ auf. Die Steigungen der resultierenden Geraden betragen $4B''$ bzw. $4B'$ (vgl. Gln. (6.29) bzw. (6.30)). Wollen wir beide Konstanten B und D für beide Zustände wissen, müssen wir gemäß der Gln. (6.32) und (6.33) die entsprechenden Werte für $\Delta_2F(J)/(J+\frac{1}{2})$ gegen $(J+\frac{1}{2})^2$ auftragen. Die Steigungen liefern uns $8D$ und die Achsenabschnitte $4B-6D$.

Wie bei den Rotations- und den Vibrations-Rotations-Spektren können durch das statistische Gewicht des Kernspins Intensitätsschwankungen in den Bandenspektren homonuklearer zweiatomiger Moleküle auftreten (siehe Diskussion in Abschnitt 5.3.4 und Bild 5.18).

Auf diese Weise erhalten wir die Werte B_v für mehrere Schwingungsniveaus des elektronischen Grundzustands (üblicherweise aus einem Absorptionsspektrum). Ebenso sind uns die Konstanten eines elektronisch angeregten Zustands zugänglich, indem üblicherweise ein Emissionsspektrum ausgewertet wird. Mit der Kenntnis mehrerer B_v-Werte kann die Kopplungskonstante der Vibrations-Rotationsbewegung bestimmt werden. Weitaus wichtiger ist jedoch, daß B_e und damit auch r_e zugänglich sind (vgl. Gl. (7.92)).

Damit haben wir für heteronukleare zweiatomige Moleküle mittlerweile die fünfte Methode kennengelernt, Kernabstände im elektronischen Grundzustand zu bestimmen. Die anderen vier Techniken sind die Rotationsspektroskopie (im Mikrowellen-, Millimeterwellen- oder fernen Infrarotbereich sowie die Raman-Spektroskopie) und die Vibrations-Rotationsspektroskopie (Infrarot und Raman). Für homonukleare zweiatomige Moleküle können nur die Raman-Techniken angewandt werden. Bei kurzlebigen Molekülen, wie CuH und C_2, stellt die Spektroskopie der elektronischen Übergänge auf Grund ihrer hohen Empfindlichkeit oftmals die ***einzige*** Möglichkeit dar, den Kernabstand des elektronischen Grundzustands zu bestimmen.

7.2.6.2 Elektronische und vibronische Übergänge zwischen einem $^1\Pi$- und einem $^1\Sigma$-Zustand

Die Rotationsniveaus eines $^1\Pi$-Zustands unterscheiden sich deutlich von denen eines $^1\Sigma$-Zustands, denn es gibt nun zwei Drehimpulse. Zum einen resultiert aus der Rotationsbewegung des Moleküls ein Drehimpuls; der entsprechende Drehimpulsvektor $\boldsymbol{R}$ ist entlang der Rotationsachse ausgerichtet, wie in Bild 7.27 gezeigt ist. Zum anderen ist der Bahndrehimpuls der Elektronen im Π-Zustand nicht länger Null. Die Komponente $\Lambda\hbar$ liegt in Richtung der Kernverbindungsachse, wobei $\Lambda = 1$ ist für einen π-Zustand. In Bild 7.27 ist auch der resultierende Gesamtdrehimpuls $\boldsymbol{J}$ eingezeichnet. Der Betrag dieses Vektors $\sqrt{J(J+1)}\hbar$ hängt von der Quantenzahl J ab. Es gilt $J > \Lambda$, und damit kann $\boldsymbol{J}$ für

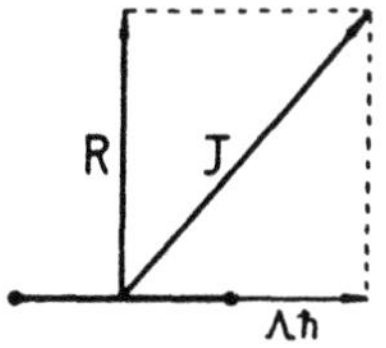

Bild 7.27
Der Rotationsdrehimpuls **R** und die Komponente des Bahndrehimpulses, $\Lambda\hbar$, bilden den Gesamtdrehimpuls **J**

einen Π-Zustand nur die Werte $J = 1, 2, 3, \ldots$ annehmen. Es gibt also kein Niveau mit $J = 0$. Bild 7.28 zeigt eine solche Serie von Rotationsniveaus.

In Abschnitt 7.2.2 haben wir festgestellt, daß Zustände mit $\Lambda > 0$ zweifach entartet sind. Das haben wir uns mit dem klassischen Bild erklärt, daß eine Drehbewegung der Elektronen im Uhrzeiger- und im Gegenuhrzeigersinn um die Kernverbindungsachse die gleiche Energie hat. Die entarteten Zustände können wie in Bild 7.28 durch die Wechselwirkung zwischen der Orbitalbewegung der Elektronen und der Rotationsbewegung des gesamten Moleküls aufspalten. Diese Aufspaltung $\Delta F(J)$ der Termenergien $F(J)$ ist in Bild 7.28 zur besseren Übersicht übertrieben dargestellt. Mit zunehmender Rotationsgeschwindigkeit, also mit zunehmendem J, wird auch diese Aufspaltung größer:

$$\Delta F(J) = qJ(J+1). \tag{7.94}$$

Dieser Effekt ist unter dem Namen Λ-Verdopplung[12] bekannt. Die Größe q ist für einen gegebenen elektronischen Zustand eine Konstante.

Für einen $(^1\Pi{-}^1\Sigma)$-Übergang lautet die Rotationsauswahlregel:

$$\Delta J = 0, \pm 1. \tag{7.95}$$

Wie in Bild 7.28 zu sehen ist, resultieren daraus ein P-, Q- und ein R-Zweig. Hier ist der allgemeinere Fall dargestellt, daß $r_e' > r_e''$ gilt und damit auch $B_e' < B_e''$ ist; dem ist insbesondere für einen $^1\Sigma$-Grundzustand so. Dadurch divergieren die Rotationsniveaus mit zunehmendem J im $^1\Sigma$-Zustand schneller als im $^1\Pi$-Zustand. Als Folge daraus konvergieren die Linien des R-Zweigs, während die Linien des P-Zweigs divergieren, wie wir es schon in dem Beispiel des in Bild 7.25 dargestellten $(^1\Sigma{-}^1\Sigma)$-Übergangs gesehen haben. Im Q-Zweig ist ebenfalls eine kleine Divergenz zu niedrigen Wellenzahlen hin zu verzeichnen. Diese Bande ist also auch zu kleineren Wellenzahlen oder rotverschoben. Als Beispiel ist in Bild 7.29 der elektronische Übergang $(A^1\Pi{-}X^1\Sigma^+)$ des kurzlebigen Moleküls AlH als Emissionsspektrum gezeigt. Die Bande bei 424 nm ist wesentlich stärker rotverschoben, als es in Bild 7.28 angedeutet ist, so daß sich im R-Zweig ein Bandenkopf ausbildet und P- und Q-Zweig sich deutlich überlappen.

Die Bezeichnungen „+“ und „−“ sowie „e“ und „f“ der Rotationsniveaus sind nun für die Rotationsübergänge eines $(^1\Pi - ^1\Sigma)$-Übergangs von ausschlaggebender Bedeutung, während sie ja für einen $(^1\Sigma{-}^1\Sigma)$-Übergang schlichtweg überflüssig waren. Mit diesen Bezeichnungen können wir nämlich zuordnen, welche Komponente eines aufgespaltenen Niveaus an einem bestimmten Übergang beteiligt ist und welche nicht.

[12] Einen ähnlichen Effekt haben wir in Abschnitt 6.2.3.1 als l-Verdopplung kennengelernt, der bei einem (Π−Σ)-Schwingungsübergang eines linearen mehratomigen Moleküls auftritt. Die Λ-Verdopplung ist aber meistens größer.

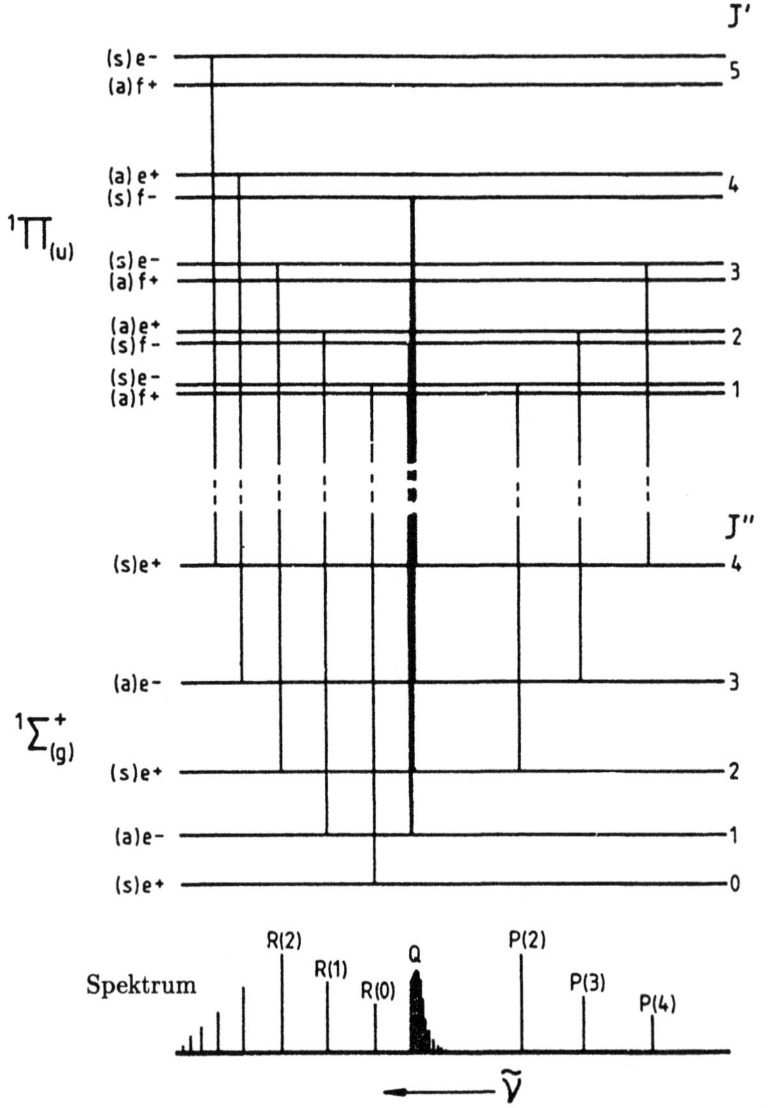

Bild 7.28 Rotationsfeinstruktur eines elektronischen oder vibronischen ($^1\Pi-^1\Sigma$)-Übergangs eines zweiatomigen Moleküls. Hier ist $r_e' > r_e''$. Die Indizes „g" und „u" sowie die Bezeichnungen „a" und „s" gelten nur bei homonuklearen Molekülen

Mit den Bezeichnungen „+" bzw. „−" wird angegeben, ob die Wellenfunktion symmetrisch oder antisymmetrisch bezüglich einer beliebigen Spiegelebene ist, die die Kernverbindungsachse enthält. Das Vorzeichen von q aus Gl. (7.94) legt fest, ob die „+"-Komponente energetisch über oder unter der „−"-Komponente liegt. Durch die Auswahlregeln[13]

[13] Beachten Sie, daß diese das Gegenteil der Auswahlregeln in Gl. (7.70) ist.

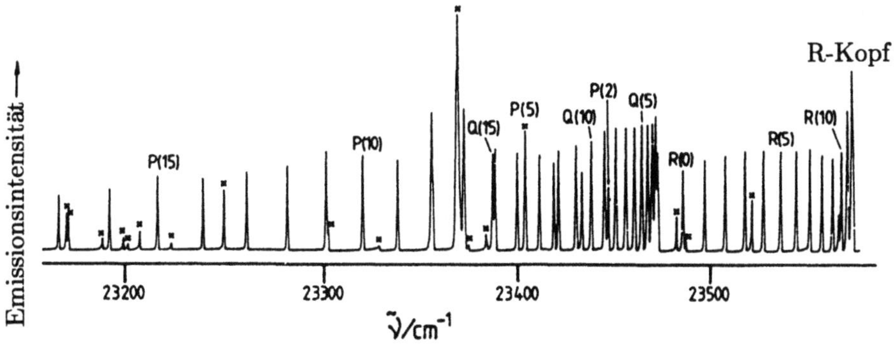

Bild 7.29 Das Emissionsspektrum des elektronischen Übergangs ($A^1\Pi$–$X^1\Sigma$) im AlH-Molekül. Die mit einem Kreuz markierten Linien gehören nicht zum AlH

$$+ \leftrightarrow -, \quad + \not\leftrightarrow +, \quad - \not\leftrightarrow - \tag{7.96}$$

werden für den in Bild 7.28 dargestellten Fall im P- und im R-Zweig die oberen Komponenten und im Q-Zweig die unteren miteinander verknüpft. Die Auswahlregeln

$$e \leftrightarrow f, e \not\leftrightarrow e, f \not\leftrightarrow f \text{ für } \Delta J = 0; \quad e \not\leftrightarrow f, e \leftrightarrow e, f \leftrightarrow f \text{ für } \Delta J = \pm 1 \tag{7.97}$$

mit den alternativen Bezeichnungen e und f liefern genau dasselbe Ergebnis.

Mit Hilfe der Methode der Kombinationsdifferenzen können wir aus dem P- und dem R-Zweig die Rotationskonstanten B'' oder B'' und D'' des unteren Zustands gewinnen. Hierzu verwenden wir wie bei der Auswertung eines ($^1\Sigma$–$^1\Sigma$)-Übergangs die Gln. (6.29) oder (6.32). Unter Benutzung der Gln. (6.30) und (6.33) können wir auch die Konstanten B'_o oder bei Bedarf auch B'_o und D'_o der *oberen* Komponente des $^1\Pi$-Zustands ermitteln. Für die Konstanten B'_u bzw. B'_u und D'_u der *unteren* Komponente des $^1\Pi$-Zustands müssen wir den Q-Zweig auswerten. Schlußendlich kann auch q aus B'_o und B'_u berechnet werden.

Die starke Rotverschiebung, die bei dem elektronischen Übergang ($A^1\Pi$–$X^1\Sigma_g$) des AlH (Bild 7.29) auftritt, kann nicht auf eine große Änderung des Kernabstandes r_e zurückgeführt werden. Dieser ist für beide Zustände nahezu identisch ($X^1\Sigma^+$: 1,4678 Å, $A^1\Pi$: 1,648 Å). Die Rotverschiebung wird vielmehr durch den relativ großen Wert von $q = 0,0080\,\text{cm}^{-1}$ im $A^1\Pi$-Zustand verursacht.

Die Indizes „g“ und „u“ in Bild 7.28 ergeben nur bei homonuklearen zweiatomigen Molekülen einen Sinn. Das ist auch mit den Bezeichnungen „s“ und „a“ so. Diese können aber alternierende Intensitätsänderungen herbeiführen, je nachdem, ob J im Ausgangsniveau des Übergangs gerade oder ungerade ist. Bild 7.28 gilt in vollem Umfang auch für einen ($^1\Pi$–$^1\Sigma^-$)-Übergang.

7.3 Elektronische Übergänge in mehratomigen Molekülen

7.3.1 Molekülorbitale und elektronische Übergänge

Es gibt eine so große Vielfalt verschiedener Molekülarten, daß wir nur die MOs und Elektronenkonfigurationen einiger weniger Beispiele diskutieren können. Wir werden uns nur AH_2-Moleküle anschauen (A ist ein Element der ersten Periode), Formaldehyd (H_2CO), Benzol und einige Übergangsmetallkomplexe mit regelmäßiger oktaedrischer Struktur.

Symmetriebetrachtungen sind von großer Bedeutung für die Diskussion der Orbitale und Elektronenkonfigurationen der nicht-linearen mehratomigen Moleküle. Bei den Atomen und den zweiatomigen Molekülen kann meistens auf die Symmetriebetrachtungen verzichtet werden, desgleichen auch bei den linearen mehratomigen Molekülen: Die Orbitale und Zustände dieser Molekülgruppe werden auf die gleiche Weise wie die zweiatomigen Molekülen klassifiziert. Auch die Auswahlregeln der elektronischen und der damit verbundenen Rotationsübergänge lauten für die linearen mehratomigen Moleküle ähnlich wie bei den zweiatomigen Molekülen. Es kann aber durchaus vorkommen, daß ein mehratomiges Molekül zwar im Grundzustand linear ist, aber in einem elektronisch angeregten Zustand nicht mehr. Beispielsweise ist Acetylen (HC≡CH) im $^1\Sigma_g^+$-Grundzustand linear, aber im ersten angeregten Singulettzustand ***trans*** gewinkelt. Hier sind Symmetriebetrachtungen bei der Diskussion der Zustände, Übergänge usw. unbedingt erforderlich.

Alle Elektronen eines Moleküls tragen zur Gesamtelektronendichte bei. Das ist eine Größe, unter der wir uns etwas vorstellen können. Wir können uns sogar Experimente überlegen, mit der diese Elektronendichte abgefragt werden kann. Schwierig wird es für uns, wenn diese Gesamtelektronendichte in die Beiträge einzelner Elektronen aufgeteilt werden soll. Eine solche Einteilung in Hybrid- oder äquivalente Orbitale ist besonders dann praktisch, wenn wir bestimmte Eigenschaften in einem Molekül lokalisieren wollen. Wird ein Elektron aus einem Orbital entfernt, werden dabei bestimmte Symmetrieregeln befolgt. Das kann bei einem elektronischen Übergang sein, bei dem das Elektron in ein anderes Orbital angeregt wird, oder bei einem Ionisationsprozeß, bei dem das Elektron vollständig aus dem Molekül entfernt wird. Es ist daher sinnvoll, die Molekülorbitale so zu beschreiben, daß sie nach den irreduziblen Darstellungen der Punktgruppe klassifiziert werden können, zu der das Molekül gehört. Solche MOs werden als symmetrie-adaptierte oder kurz Symmetrieorbitale bezeichnet. Mit diesen wollen wir uns im folgenden befassen.

7.3.1.1 AH_2-Moleküle

Wenn wir die Valenz-MOs eines AH_2-Moleküls beschreiben wollen, wählen wir dazu am besten die Valenz-AOs der beteiligten Atome. A soll ein Element der ersten Periode sein (Li bis Ne), dessen Valenz-AOs die $2s$- und die $2p$-Orbitale sind. Das Wasserstoffatom ist mit seinem $1s$-Orbital zu berücksichtigen.

AH_2-Moleküle können in zwei extremen Geometrien vorliegen: Sind sie linear, gehören sie der Punktgruppe $D_{\infty h}$ an; beträgt der HAH-Winkel 90°, gehören sie zur Punktgruppe C_{2v}. Für beide Extreme wollen wir die MOs konstruieren und dann sehen, wie diese miteinander verbunden (korreliert) werden können, wenn sich der Winkel langsam von 180° auf 90° ändert.

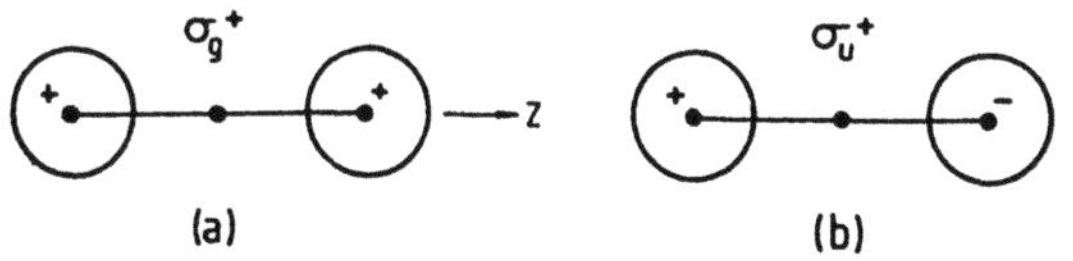

Bild 7.30 Kombination der 1*s*-AOs der beiden H-Atome (a) in Phase und (b) außer Phase in einem linearen AH_2-Molekül

7.3.1.1.1 Winkel HAH = 180°. Zunächst müssen wir die 2*s*- und 2*p*-Orbitale des Atoms A und das 1*s*-Orbital des H-Atoms nach der Punktgruppe $D_{\infty h}$ klassifizieren (Charaktertafel in Tabelle A.37 im Anhang). Das kugelsymmetrische 2*s*-Orbital gehört zur Darstellung σ_g^+. Weil die *z*-Achse mit der Kernverbindungsachse identisch ist, gehört das $2p_z$-AO zur Darstellung σ_u^+ und die weiterhin entarteten $2p_x$- und $2p_y$-AOs zur Darstellung π_u. Das 1*s*-AO eines einzelnen H-Atoms kann im AH_2-Molekül keiner Darstellung zugeordnet werden. Geschickterweise wählen wir Kombinationen der beiden 1*s*-AOs, die in Bild 7.30 gezeigt sind: Einmal sind die beiden AOs in Phase und das anderemal außer Phase. Daraus ergeben sich zwei Orbitale, von denen das eine zur σ_g^+- und das andere zur σ_u^+-Darstellung gehört.

In Bild 7.31 ist am rechten Bildrand dargestellt, wie die AOs zu MOs kombinieren.

Bei der Konstruktion dieser MOs gelten dieselben Faustregeln, die wir in Abschnitt 7.2.1 bei den zweiatomigen Molekülen kennengelernt haben. Insbesondere sollen die kombinierenden Atomorbitale von vergleichbarer Energie und von gleicher Symmetrie sein. Daher können die (1*s*+1*s*)-Orbitale der beiden H-Atome (siehe Bild 7.30(a)) nur mit dem

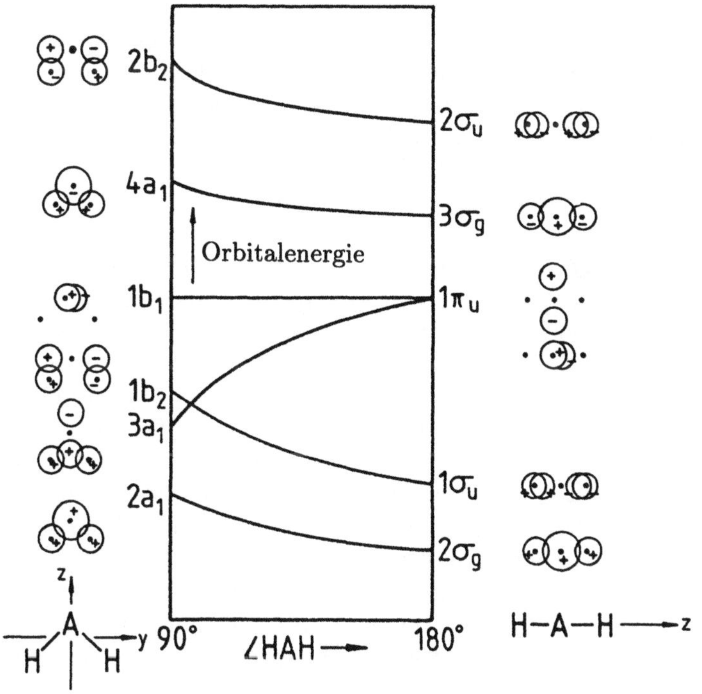

Bild 7.31 MO-Diagramm nach Walsh für AH_2-Moleküle

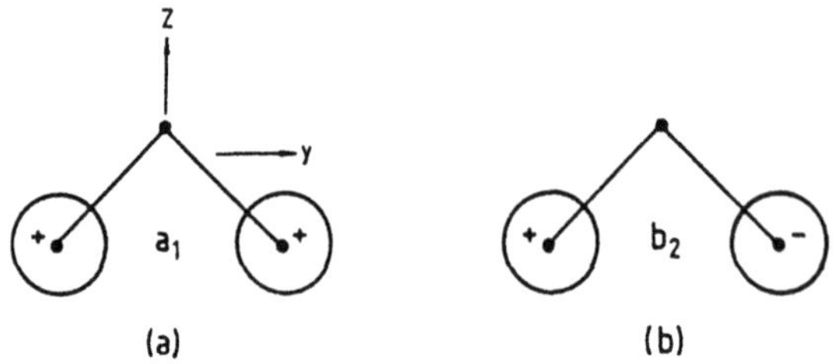

Bild 7.32 Kombination der 1s-AOs der beiden H-Atome (a) in Phase und (b) außer Phase in einem gewinkelten AH_2-Molekül

2s-Orbital des A-Atoms kombinieren. Daraus resultiert ein σ_g^+-MO; den hochgestellten Index „+" läßt man aber unter den Tisch fallen, denn es gibt keine σ^--MOs. Die MOs werden mit gleicher Symmetrie nach zunehmender Energie durchnumeriert, und danach handelt es sich hier um das $2\sigma_g$-MO. Ist das 2s-AO des A-Atoms außer Phase mit dem $(1s+1s)$-Orbital, weist das resultierende $3\sigma^+$-MO Knotenebenen zwischen A und H auf. Das $1\sigma_g$-MO ist in Bild 7.31 nicht dargestellt. Dabei handelt es sich um das 1s-AO des A-Atoms, das im AH_2-Molekül kaum verändert ist.

Das in Bild 7.30(b) gezeigte $(1s-1s)$-Orbital kombiniert mit dem $2p_z$-AO des A-Atoms zum bindenden $1\sigma_u$-MO und zum antibindenden $2\sigma_u$-MO.

Die AOs $2p_x$ und $2p_y$ des A-Atoms können aus Symmetriegründen weder mit dem $(1s+1s)$- noch mit dem $(1s-1s)$-Orbital kombinieren. Im AH_2-Molekül liegen sie daher wie im Atom unverändert als entartete Orbitale vor. In der Punktgruppe $D_{\infty h}$ werden sie als $^1\pi_u$-Orbitale klassifiziert.

An Hand allgemeiner Regeln können wir die MOs nun nach steigender Orbitalenergie ordnen: Die Energie nimmt mit abnehmendem s-Charakter oder mit der Zahl der Knotenflächen zu. Das $2\sigma_g$- und das $1\sigma_u$-MO sind zwar beide zwischen A und H bindend, aber im $1\sigma_u$-MO verläuft eine Knotenebene durch das A-Atom und führt dazu, daß dieses MO energetisch höher als das $2\sigma_g$-MO liegt. Mit dem gleichen Argument finden wir, daß das $2\sigma_u$-MO energetisch höher als das $3\sigma_g$-MO liegt.

7.3.1.1.2 Winkel HAH = 90°. Ist das AH_2-Molekül gewinkelt, müssen die AOs des A-Atoms, also $2s, 2p_x, 2p_y$ und $2p_z$, den irreduziblen Darstellungen a_1, a_2, b_1 und b_2 der Punktgruppe C_{2v} zugeordnet werden. Die entsprechende Charaktertafel ist in Tabelle A.11 im Anhang zu finden. Die verwendete Achsenbezeichnung ist in Bild 7.32 erklärt. Wie auch bei einem linearen AH_2-Molekül müssen die 1s-AOs der beiden H-Atome im gewinkelten AH_2-Molekül zu einem in-Phase- und einem außer-Phase-Orbital kombiniert werden. Wie Bild 7.31 zeigt, gehören diese den irreduziblen Darstellugen a_1 und b_2 an.

Das $(1s+1s)$-Orbital mit a_1-Symmetrie kann sowohl mit dem 2s- als auch mit dem $2p_z$-AO des A-Atoms kombinieren. Die daraus resultierenden MOs sind zusammen mit der Symmetrieklassifizierung am linken Bildrand in Bild 7.31 zu sehen. Das 1s-AO des A-Atoms hat die Symmetrie a_1. Wieder liegt es im Molekül nahezu unverändert vor und ist in Bild 7.31 nicht gezeigt. Das $2p_y$-AO des A-Atoms kann nur mit dem $(1s-1s)$-Orbital der beiden H-Atome kombinieren, während das $2p_x$-AO im AH_2-Molekül das $1b_1$-Orbital des freien Elektronenpaares bildet.

Die Reihenfolge der MOs wird wieder durch die Regel festgelegt, daß die Energie mit abnehmendem s-Charakter und mit der Zahl der Knotenflächen zunimmt. Einige Details in der energetischen Abfolge können aber nur experimentell geklärt werden.

In Bild 7.31 ist in dem sogenannten Walsh-Diagramm gezeigt, wie die MOs miteinander korrelieren, wenn der HAH-Winkel sich von 90° nach 180° ändert. A. D. Walsh hat solche Diagramme auch für viele andere Molekültypen aufgestellt (siehe auch Bibliographie). Die Korrelation der MOs sollte sich aus der Gestalt der MOs ergeben, die jeweils am rechten und linken Rand in Bild 7.31 gezeigt sind. Beachten Sie, daß die z-Achse im linearen Molekül zur y-Achse im gewinkelten Molekül wird.

Die Korrelation zwischen dem $3a_1$- und dem $1\pi_u$-Orbital verdient unsere besondere Aufmerksamkeit. Beim Übergang vom linearen zum gewinkelten Molekül erniedrigt sich die Symmetrie von $D_{\infty h}$ auf C_{2v}. Dann haben das stark bindende $2a_1$-Orbital und das $3a_1$-Orbital dieselbe Symmetrie und ähnliche Energien und können miteinander wechselwirken (mischen). Dabei nimmt das $3a_1$-MO zusätzlichen bindenden $2a_1$-Charakter an. Vergrößert sich der Bindungswinkel, geht dieser stabilisierende Effekt verloren, und die Energie des $3a_1$-MOs nimmt rasch zu. So kommt es, daß einige Moleküle bei elektronischer Anregung oder durch Ionisierung zu AH_2^+ nicht nur den Bindungswinkel ändern, sondern auch durch die Symmetrieänderung die Punktgruppe wechseln. Das kann nur in mehratomigen Molekülen passieren, und wir sind hier nur einem Beispiel von vielen begegnet.

Wir erhalten die Konfiguration des elektronischen Grundzustands oder eines angeregten Zustands eines AH_2-Moleküls, indem wir nach dem Aufbauprinzip die Elektronen paarweise, also mit antiparallelem Spin, in die MOs mit zunehmender Energie füllen. Dazu nehmen wir das Walsh-Diagramm in Bild 7.31 zu Hilfe und beachten, daß das $1\pi_u$-Orbital mit vier Elektronen besetzt werden kann. In Tabelle 7.8 ist zusammen mit der Grundkonfiguration auch die Konfiguration des ersten elektronisch angeregten Zustands einiger AH_2-Moleküle zusammengestellt; A ist dabei ein Element der ersten Periode. Ebenfalls sind in dieser Tabelle die elektronischen Zustände aufgelistet, die zu diesen Konfigurationen gehören. Die Zustände sind wie bei den zweiatomigen Molekülen durch Anwendung der Gl. (7.73) und unter Berücksichtigung des Elektronenspins erhältlich. Die Bezeichnung der Zustände folgt dem gleichen Schema wie bei den zweiatomigen Molekülen: Mit $\tilde{A}, \tilde{B}, \ldots$ werden die angeregten Zustände bezeichnet, die dieselbe Multiplizität wie der elektronische Grundzustand $\tilde{X}$ haben, und mit $\tilde{a}, \tilde{b}, \ldots$ die einer anderen Multiplizität. Die Tilde ˜ wird hinzugefügt, um Verwechslungen mit den Bezeichnungen der irreduziblen Darstellungen zu vermeiden. Die in Tabelle 7.8 angegebenen Bindungswinkel wurden durch Spektroskopie elektronischer Übergänge ermittelt. Die Moleküle LiH_2 und BeH_2 sind bisher unbekannt.

Das $1a_1$ oder $1\sigma_g$-Orbital ist nicht-bindend und bevorzugt daher weder die lineare noch die gewinkelte Geometrie. Die Energie ist für das $2\sigma_g$- und das $1\sigma_u$-MO bei einem Bindungswinkel von 180° (siehe Bild 7.31) am niedrigsten. Es wird daher vermutet, daß LiH_2 und BeH_2 im Grundzustand linear sind. Die Anregung eines Elektrons in das nächst höhere Orbital ($3a_1 - {}^1\Pi_u$) wirkt sich dramatisch auf die Molekülgeometrie aus, denn dieses Orbital bevorzugt eindeutig ein gewinkeltes Molekül. Es wird vermutet, daß das auch tatsächlich eintritt. Von vergleichbaren Molekülen wie BH_2 und CH_2 ist bekannt, daß der bindende Effekt eines Elektrons im ($3a_1 - {}^1\pi_u$)-Orbital die Wirkung der vier Elektronen in den ($2a_1 - 2\sigma_g$)- und ($1b_2 - 1\pi_u$)-Orbitalen, die in der linearen Geometrie

Tabelle 7.8 Konfigurationen des Grund- und ersten angeregten Zustands einiger AH_2-Moleküle

Molekül	Konfiguration	Zustand	∠HAH
LiH_2	$(1\sigma_g)^2(2\sigma_g)^2(1\sigma_u)^1$	$\tilde{X}\,^2\Sigma_u^+$	$180°(?)$
	$(1a_1)^2(2a_1)^2(3a_1)^1$	$\tilde{A}\,^2A_1$	$< 180°(?)$
BeH_2	$(1\sigma_g)^2(2\sigma_g)^2(1\sigma_u)^2$	$\tilde{X}\,^1\Sigma_g^+$	$180°(?)$
	$(1a_1)^2(2a_1)^2(1b_2)^1(3a_1)^1$	$\left\{\begin{array}{l}\tilde{a}\,^3B_2\\ \tilde{A}\,^1B_2\end{array}\right.$	$< 180°(?)$
BH_2	$(1a_1)^2(2a_1)^2(1b_2)^2(3a_1)^1$	$\tilde{X}\,^2A_1$	$131°$
	$(1\sigma_g)^2(2\sigma_g)^2(1\sigma_u)^2(1\pi_u)^1$	$\tilde{A}\,^2\Pi_u$	$180°$
CH_2	$(1a_1)^2(2a_1)^2(1b_2)^2(3a_1)^2$	$\tilde{a}\,^1A_1$	$102,4°$
	$(1a_1)^2(2a_1)^2(1b_2)^2(3a_1)^1(1b_1)^1$	$\left\{\begin{array}{l}\tilde{X}\,^3B_1\\ \tilde{b}\,^1B_1\end{array}\right.$	$136°$ $140°$
$NH_2(H_2O^+)$	$(1a_1)^2(2a_1)^2(1b_2)^2(3a_1)^2(1b_1)^1$	$\tilde{X}\,^2B_1$	$103,4°(110,5°)$
	$(1a_1)^2(2a_1)^2(1b_2)^2(3a_1)^1(1b_1)^2$	$\tilde{A}\,^2A_1$	$144°(180°)$
H_2O	$(1a_1)^2(2a_1)^2(1b_2)^2(3a_1)^2(1b_1)^2$	$\tilde{X}\,^1A_1$	$104,5°$

energieärmer sind, mehr als aufwiegt. Die Moleküle LiH_2 und BeH_2 sollten also vom linearen Grundzustand in einen gewinkelten angeregten Zustand wechseln.

Der Winkel im $\tilde{X}^2A_1$-Grundzustand des BH_2 beträgt 131°. Weil ein Elektron das $3a_1$-Orbital besetzt, ist das Molekül gewinkelt. Wird dieses Elektron in das $(1b_1-{}^1\Pi_u)$-Orbital angeregt, geht es in eine lineare Geometrie über, denn dieses Orbital bevorzugt keine bestimmte Geometrie.

Im CH_2-Molekül wird das $3a_1$-Orbital mit zwei Elektronen besetzt. Dadurch wird ein sehr kleiner Winkel von nur 102,4° erzwungen. Durch die Anregung eines dieser Elektronen in das $1b_1$-Orbital werden ein Singulett- und ein Triplettzustand erzeugt. Dabei weitet sich der Bindungswinkel zwar erwartungsgemäß, das Moleklül ist aber nach wie vor noch gewinkelt. Tatsächlich liegt der Triplettzustand $\tilde{X}^3B_1$ um 3165 cm^{-1} oder 37,86 kJ mol^{-1} energetisch etwas niedriger als der $\tilde{a}^1A_1$-Zustand. Der Triplettzustand ist damit der elektronische Grundzustand und der Singulettzustand ein tiefliegender angeregter Zustand. NH_2 zeigt die gleichen Geometrieänderungen, denn es weist gegenüber CH_2 nur ein Elektron mehr im $1b_1$-Orbital auf, das kaum Einfluß auf die Molekülgeometrie nimmt. H_2O^+ verhält sich genauso wie NH_2, denn es hat dieselbe Elektronenzahl.

In der Grundkonfiguration des H_2O-Moleküls befinden sich zwei Elektronen im $3a_1$-Orbital, so daß ein gewinkeltes Molekül stark bevorzugt wird. Die einzigen angeregten Zustände, die für H_2O bekannt sind, sind die, bei denen ein Elektron aus dem $1b_1$-Orbital in ein sogenanntes Rydberg-Orbital angeregt wird. Ein solches Orbital ist riesig im Vergleich zur Molekülgröße und ähnelt einem Atomorbital. Eben weil es so riesig ist, ähnelt es dem $1b_1$-Orbital und beeinflußt deshalb nicht die Geometrie. In diesen Rydberg-Zuständen weist H_2O daher einen ähnlichen Bindungswinkel wie im Grundzustand auf.

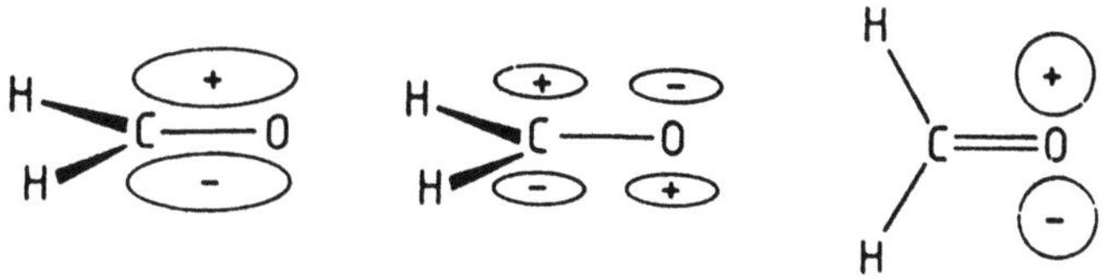

Bild 7.33 Die $1b_1(\pi)$-, $2b_1(\pi^*)$- und $2b_2(n)$-MOs des Formaldehyds

In dem in Bild 7.31 dargestellten MO-Diagramm stecken einige Näherungen. Eine sicherlich bedeutende Näherung ist, daß dieses Diagramm sich mit A nicht ändert. Die Übereinstimmung zwischen dem, was dieses Diagramm vorhersagt, und den beobachteten Bindungswinkeln sind trotzdem bemerkenswert. Aus Tabelle 7.8 ist ersichtlich, daß ein zweifach besetztes $3a_1$-Orbital zu Bindungswinkeln zwischen 102,4° und 110,5° führt. Ist dieses Orbital nur einfach besetzt, resultieren Winkel zwischen 131° und 144°; dabei bildet der $\tilde{A}^2A_1$-Zustand des H_2O^+ eine überraschende Ausnahme. In linearen Molekülen ist das $3a_1$-Orbital nicht besetzt.

H_3 und H_3^+ bilden Spezialfälle der AH_2-Moleküle, denn sie sind weder linear noch gewinkelt. Vielmehr handelt es sich hier um zyklische Moleküle, obwohl H_3 nur in elektronisch angeregten Zuständen existiert. Der Grundzustand ist instabil im Vergleich zu $H + H_2$.

7.3.1.2 Formaldehyd (H_2CO)

Dieses Molekül hat insgesamt sechzehn Elektronen, und zwölf davon interessieren uns nicht weiter. Sechs von diesen zwölf Elektronen befinden sich in bindenden σ-Orbitalen der C–O- und der C–H-Bindungen, je zwei weitere in den $1s$-Orbitalen des C- und des O-Atoms und zwei im $2s$-Orbital des O-Atoms. Übrig bleiben vier Valenzelektronen, die die höher liegenden MOs besetzen. Diese MOs zeigt Bild 7.33: Das bindende π-Orbital und das antibindende π^*-Orbital liegen zwischen C und O; das nicht-bindende $2p_y$-Orbital n ist am O-Atom lokalisiert. Die z-Achse liegt entlang der C–O-Bindung, und die x-Achse steht senkrecht auf der Molekülebene. Jedes Orbital wird nach den irreduziblen Darstellungen der C_{2v}-Punktgruppe klassifiziert (siehe Tabelle A.11 im Anhang). Die energetische Reihenfolge der MOs ist $\pi^* > n > \pi$. Die Grundkonfiguration ist also

$$\ldots (1b_1)^2(2b_2)^2 \tag{7.98}$$

mit einem $\tilde{X}^1A_1$-Grundzustand.

Die niedrigste Energie erfordert die Anregung eines Elektrons aus dem nicht-bindenden $2b_2$-Orbital in das antibindende $2b_1$-Orbital mit der Konfiguration

$$\ldots (1b_1)^2(2b_2)^2(2b_1)^1 \tag{7.99}$$

und den Zuständen $\tilde{a}^3A_2$ und $\tilde{A}^1A_2$.

Orbitalanregungen dieses Typs führen zu Zuständen, die ganz allgemein als $n\pi^*$-Zustände bezeichnet werden; Beispiele sind der eben erwähnte $\tilde{a}$- und der $\tilde{A}$-Zustand des Formaldehyds. Die Übergänge selbst, wie etwa die Übergänge ($\tilde{a}$–$\tilde{X}$) und ($\tilde{A}$–$\tilde{X}$) des Formaldehyds, heißen im Laborjargon (π^*–n)-Übergänge.

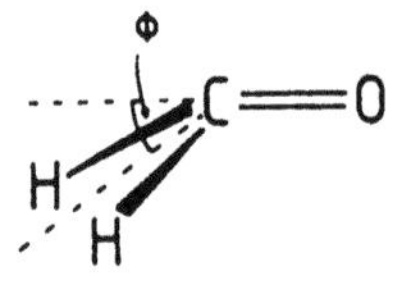

Bild 7.34
Formaldehyd ist im $\tilde{a}$- und im $\tilde{A}$-Zustand nicht planar

Auf relativ einfache Weise läßt sich ein (π^*-n)-Übergang von beispielsweise einem ($\pi^*-\pi$)-Übergang unterscheiden: Das Spektrum des ersteren wird blauverschoben, also zu kürzeren Wellenlängen hin, wenn ein Lösungsmittel wie z.B. Ethanol verwendet wird, das schwache Wasserstoffbrückenbindungen ausbilden kann. Dabei wird zwischen dem $1s$-Orbital des H-Atoms, das zur OH-Gruppe des Lösungsmittels gehört, und dem n-Orbital des Formaldehyds ein MO gebildet. Dadurch erhöht sich die Bindungsenergie des n-Orbitals, wodurch auch die erforderliche Energie für den (π^*-n)-Übergang zunimmt und dieser Übergang blauverschoben wird.

Besetzt ein Elektron das π^*-Orbital, wird das Molekül eine pyramidale Form wie in Bild 7.34 anstreben, denn dann kann das π^*-Orbital mit dem $1s + 1s$-Orbital der beiden H-Atome überlappen. Dadurch gewinnt das π^*-Orbital etwas an bindendem C—H-Charakter und kann dann auch mit dem $2s$-Orbital des Kohlenstoffatoms wechselwirken. Insgesamt ergibt sich durch diesen Gewinn an s-Charakter eine Stabilisierung der gewinkelten gegenüber der planaren Form des Moleküls im angeregten Zustand. So beträgt der Winkel ϕ (siehe Bild 7.34) für den $\tilde{A}^1A_2$-Zustand 38° und für den $\tilde{a}^3A_2$-Zustand 43°.

Bedingt durch die pyramidale Molekülstruktur müßten die Orbitale und elektronisch angeregten Zustände in der C_s-Punktgruppe neu klassifiziert werden (die entsprechende Charaktertafel findet sich in Tabelle A.1 im Anhang).

7.3.1.3 Benzol

Hückel hat eine sehr brauchbare MO-Näherung für Moleküle mit π-Elektronen vorgeschlagen, mit der sowohl der Grundzustand als auch elektronisch angeregte Zustände beschrieben werden können, die durch Übergänge von π-Elektronen entstehen. Solche Moleküle sind z.B. Formaldehyd, Ethylen, Buta-1,3-dien und Benzol.

Die Hückel-Methode basiert auf der LCAO-Methode, die wir schon in Abschnitt 7.2.1 bei den zweiatomigen Molekülen kennengelernt haben. Die LCAO-Methode ist aber nicht auf zweiatomige Moleküle beschränkt, sondern kann auch auf mehratomige Moleküle angewendet werden. Wir erhalten eine Säkulardeterminante des allgemeinen Typs

$$\begin{vmatrix} H_{11}-E & H_{12}-ES_{12} & \cdots & H_{1n}-ES_{1n} \\ H_{12}-ES_{12} & H_{22}-E & \cdots & H_{2n}-ES_{2n} \\ \vdots & \vdots & & \vdots \\ H_{1n}-ES_{1n} & H_{2n}-ES_{2n} & \cdots & H_{nn}-E \end{vmatrix} = 0. \tag{7.100}$$

Diese Gleichung ist völlig analog zur Säkulardeterminanten für zweiatomige Moleküle in Gl. (7.46). Hier ist nun n die Nummer des Atoms, H_{nn} sind die Coulomb-Integrale, H_{mn} (für $m \neq n$) die Resonanzintegrale und S_{mn} (für $m \neq n$) die Überlappungsintegrale. E ist wie in Gl. (7.46) die Orbitalenergie. Für die Determinante können wir kurz schreiben:

$$|H_{mn} - ES_{mn}| = 0. \tag{7.101}$$

Für $m = n$ ist $S_{mn} = 1$.

Für ein π-Elektronensystem hat Hückel die folgenden Näherungen angenommen:

1. Es werden nur Elektronen in π-Orbitalen betrachtet; die Elektronen in σ-Orbitalen werden vernachlässigt. In einem Molekül wie Ethylen stellt dies keine Näherung dar: Auf Grund der hohen Symmetrie des Moleküls können σ- und π-Orbitale nicht miteinander mischen, weil sie unterschiedliche Symmetrien haben. In Molekülen mit niedriger Symmetrie, wie z.B. 1-Buten ($CH_3CH_2CH{=}CH_2$), gehören die σ- und die π-MOs zur ***selben*** irreduziblen Darstellung. Trotzdem werden auch in diesen Molekülen die σ-MOs in der Hückel-Näherung vernachlässigt. Es wird angenommen, daß die σ-MOs energetisch wesentlich niedriger als die π-MOs liegen.

2. Die Überlappung der AOs selbst benachbarter Atome wird vernachlässigt. Für $m \neq n$ gilt also
$$S_{mn} = 0. \tag{7.102}$$

3. Das Coulomb-Integral H_{nn} (für $m = n$) ist für alle Atome gleich und wird mit α bezeichnet:
$$H_{nn} = \alpha. \tag{7.103}$$

4. Das Resonanzintegral H_{nm} (für $m \neq n$) ist für jedes Paar direkt gebundener Atome gleich und wird mit β bezeichnet:
$$H_{mn} = \beta. \tag{7.104}$$

5. Sind die Atome m und n nicht direkt miteinander verknüpft, soll das Resonanzintegral Null sein:
$$H_{mn} = 0. \tag{7.105}$$

Die Wellenfunktionen der π-Elektronen nach der Hückel-Methode lauten:

$$\psi = \sum_i c_i \chi_i. \tag{7.106}$$

Bei der LCAO-Methode haben wir für zweiatomige Moleküle in Gl. (7.36) eine ähnliche Formulierung gesehen. In der Hückel-Näherung werden aber für die χ_i nur die AOs verwendet, die an einem π-MO beteiligt sind; meistens werden das die $2p$-AOs der C-, N- oder O-Atome sein.

Für das Benzol brauchen wir im Rahmen der Hückel-Näherung nur die sechs $2p$-Orbitale der Kohlenstoffatome zu betrachten, die senkrecht zur Ringebene stehen. Die Säkulardeterminante lautet für Benzol:

$$\begin{vmatrix} x & 1 & 0 & 0 & 0 & 0 \\ 1 & x & 1 & 0 & 0 & 0 \\ 0 & 1 & x & 1 & 0 & 0 \\ 0 & 0 & 1 & x & 1 & 0 \\ 0 & 0 & 0 & 1 & x & 1 \\ 0 & 0 & 0 & 0 & 1 & x \end{vmatrix} = 0. \tag{7.107}$$

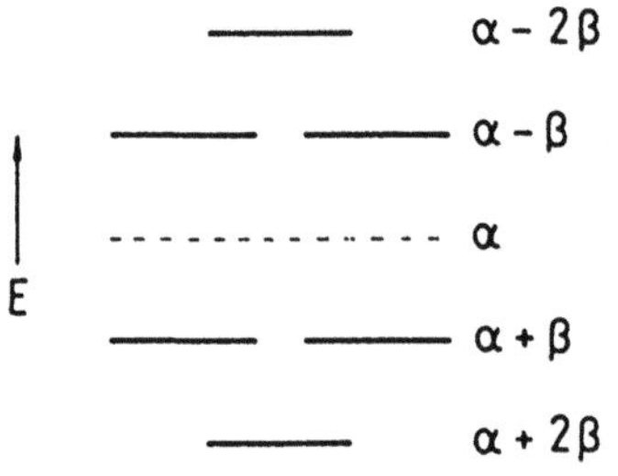

Bild 7.35
Energieniveaudiagramm für die Hückel-MOs des Benzols

Diese Determinante erhalten wir aus Gl. (7.100) und den Kürzungen, die in den Gln. (7.102) bis (7.105) angegeben sind. Wir haben außerdem

$$\frac{\alpha - E}{\beta} = x \tag{7.108}$$

gewählt.

Durch die Lösung des Gleichungssystems oder durch das einfachere Lösen der Säkulardeterminante in Gl. (7.107) erhalten wir als Ergebnisse

$$x = \pm 1, \pm 1 \text{ oder } \pm 2. \tag{7.109}$$

Mit Gl. (7.108) ergibt sich

$$E = \alpha \pm \beta, \alpha \pm \beta \text{ oder } \alpha \pm 2\beta. \tag{7.110}$$

Die Lösung $E = \alpha \pm \beta$ erscheint doppelt. Das bedeutet, daß die zugehörigen MOs mit $E = \alpha + \beta$ und die mit $E = \alpha - \beta$ jeweils zweifach entartet sind. Das ist im Energieniveaudiagramm in Bild 7.35 gezeigt. Wie üblich, ist das Resonanzintegral β eine negative Größe. Die zugehörigen sechs MO-Wellenfunktionen können auf die gleiche Weise erhalten werden, wie wir es bereits in Abschnitt 7.2.1.1 bei den zweiatomigen Molekülen beschrieben haben.

Die MO-Wellenfunktionen, die nach den irreduziblen Darstellungen der D_{6h}-Punktgruppe unter Verwendung der Charaktertafel (Tabelle A.36 im Anhang) klassifiziert worden sind, zeigt Bild 7.36. Es ist nur der Teil der Wellenfunktionen oberhalb der Ringebene des Benzolmoleküls dargestellt. Der Teil unterhalb der Ringebene sieht genauso aus, hat aber das umgekehrte Vorzeichen. Wie alle π-Orbitale in ebenen Molekülen sind auch diese antisymmetrisch bezüglich einer Spiegelung an der Ringebene. Die Energie nimmt mit der Zahl der Knotenflächen senkrecht zur Ringebene zu.

Wir erhalten die Grundkonfiguration des Benzols, indem wir die sechs Elektronen in die MOs mit der niedrigsten Energie füllen. Die Elektronen befanden sich ursprünglich in den $2p_z$-AOs des Kohlenstoffatoms, wobei die z-Achse senkrecht zur Ringebene steht. Wenn wir berücksichtigen, daß ein e-Orbital zweifach entartet ist und deshalb vier Elektronen aufnehmen kann, erhalten wir für die Grundkonfiguration des Benzols:

$$\ldots\ (1a_{2u})^2(1e_{1g})^4. \tag{7.111}$$

Wie bei allen Molekülen mit vollbesetzten Orbitalen ist auch hier der Grundzustand der totalsymmetrische Singulettzustand $\tilde{X}^1A_{1g}$.

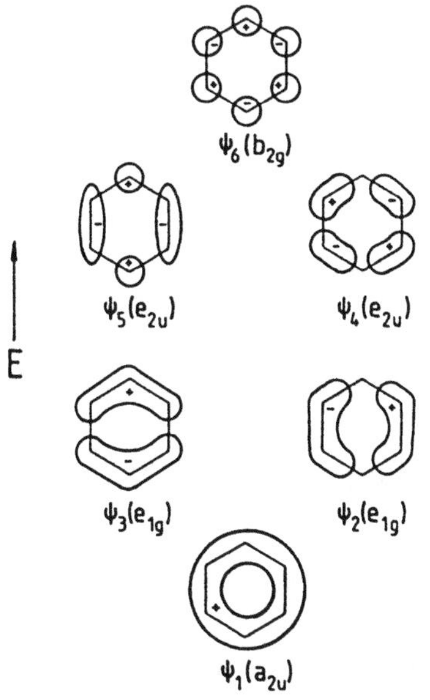

Bild 7.36
Hückel-MOs des Benzols

Durch Anregung eines Elektrons aus einem e_{1g}- in ein e_{2u}-Orbital erhalten wir die erste angeregte Konfiguration:

$$\ldots\ (1a_{2u})^2(1e_{1g})^3(1e_{2u})^1. \tag{7.112}$$

Die Zustände, die zu dieser Konfiguration gehören, sind dieselben, die zur Konfiguration $\ldots(1a_{2u})^2(1e_{1g})^1(e_{2u})^1$ gehören. Wir erinnern uns: Ein Loch in einem Orbital, also auch im e_{1g}-Orbital, kann wie ein einzelnes Elektron behandelt werden (siehe Abschnitt 7.1.2.3.2). Die Zustände dieser Konfiguration erhalten wir, indem wir wie bei der angeregten Konfiguration des N_2 in Gl. (7.76) verfahren. Die irreduzible Darstellung des Orbitalanteils der elektronischen Wellenfunktion ergibt sich nach der folgenden Gleichung:

$$\Gamma(\psi_e^o) = e_{1g} \times e_{2u} = B_{1u} + B_{2u} + E_{1u}. \tag{7.113}$$

In Gl. (4.29) haben wir ein ähnliches Ergebnis erhalten, als wir das Produkt $e \times e$ in der Punktgruppe C_{3v} gebildet haben. Die Gl. (7.113) läßt sich mit Hilfe der Charaktertafel der D_{6h}-Punktgruppe überprüfen. Zwei Elektronen (oder ein Elektron und ein Loch) in den teilweise besetzten Orbitalen können ihre Spins parallel oder antiparallel ausrichten. Damit ergeben sich für die in Gl. (7.112) angegebene Konfiguration insgesamt sechs Zustände: ${}^{1,3}B_{1u}$, ${}^{1,3}B_{2u}$ und ${}^{1,3}E_{1u}$. Die energetische Reihenfolge lautet für die Singulettzustände $\tilde{A}^1B_{2u}, \tilde{B}^1B_{1u}$ und $\tilde{C}^1E_{1u}$, wobei es einige Zweifel bei der Identifizierung des $\tilde{B}$-Zustandes gibt. Für die Triplettzustände lautet die Reihenfolge $\tilde{a}^3B_{1u}, \tilde{b}^3E_{1u}$ und $\tilde{c}^3B_{2u}$.

7.3.1.4 Molekülorbitale im Kristallfeld und im Ligandenfeld

Übergangsmetalle zeichnen sich gegenüber den anderen Elementen dadurch aus, daß ihre $3d$-, $4d$- bzw. $5d$-Orbitale teilweise besetzt sind. Im folgenden wollen wir uns nur mit den

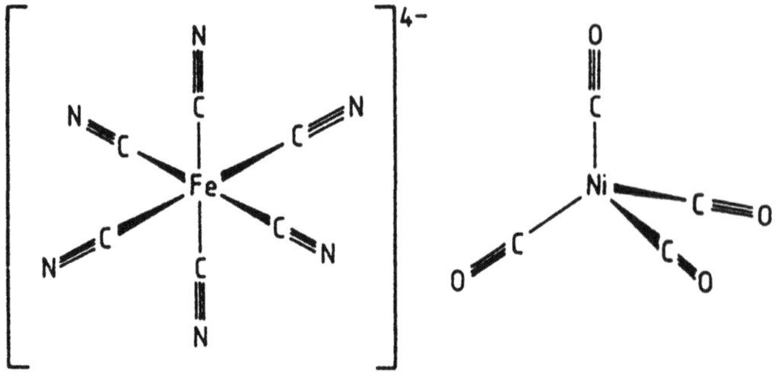

(a) (b)

Bild 7.37 (a) Oktaedrisches $[Fe(CN)_6]^{4-}$ und (b) tetraedrisches $Ni(CO)_4$

Elementen der ersten Übergangsperiode beschäftigen, also Sc, Ti, V, Cr, Mn, Fe, Co, Ni, Cu und Zn, bei denen die 3*d*-Orbitale aufgefüllt werden.

Die Übergangsmetalle neigen zur Komplexbildung, so beispielsweise auch das Eisencyanid-Ion $[Fe(CN)_6]^{4-}$, das Nickeltetracarbonyl $Ni(CO)_4$ oder das Kupfertetrachlorid-Ion $[CuCl_4]^{2-}$. Für diese Art von Molekülen wurden Methoden entwickelt, deren Namen „Ligandenfeldtheorie" und „Kristallfeldtheorie" die nahe Verwandtschaft zur MO-Theorie verschleiern.

Mit der etwas verwirrenden Vokabel „Ligand" wird ein Atom oder eine Atomgruppe bezeichnet, die an ein Zentralatom geknüpft ist. Dieser Begriff wurde eingeführt, weil die Bindungen in Komplexen sich gewöhnlich von den Bindungen in anderen Molekülen, wie z.B. in H_2O, unterscheiden. Der Unterschied ist aber eher quantitativer als qualitativer Natur, und es ist nicht ganz einzusehen, warum wir die beiden Wasserstoffatome im H_2O-Molekül nicht auch als Liganden bezeichnen sollten - tatsächlich wird das aber sehr selten vorkommen.

Die Liganden sind in einem Metallkomplex üblicherweise hochsymmetrisch um das Zentralatom angeordnet. So gruppieren sich sechs Liganden häufig oktaedrisch um das Zentralatom, wie z.B. in $[Fe(CN)_6]^{4-}$. Vier Liganden ordnen sich meist tetraedrisch um das Zentralatom, wie z.B. in $Ni(CO)_4$, oder quadratisch-planar, wie z.B. in $[CuCl_4]^{2-}$. In Bild 7.37 sind die Komplexverbindungen $[Fe(CN)_6]^{4-}$ und $Ni(CO)_4$ dargestellt. Wir wollen uns aber nur die regelmäßige oktaedrische Struktur im Detail ansehen.

Die höchsten besetzten MOs in einem Übergangsmetallkomplex können als gestörte 3*d*-Orbitale des Metallatoms beschrieben werden. Ist die Störung nur schwach, können die sechs Liganden als Punktladungen aufgefaßt werden, die die Ecken eines regelmäßigen Oktaeders besetzen. Das erinnert an die Störung der Na^+-Orbitale durch die sechs Cl^--Ionen, die im NaCl-Kristall oktaedrisch um ein Na^+-Ion angeordnet sind. Aus diesem Grund wird dieser Spezialfall der MO-Theorie als Kristallfeldtheorie bezeichnet.

Wenn die Liganden stärker mit dem Metallatom wechselwirken, müssen auch die Orbitale des Liganden berücksichtigt werden. Wir haben es dann mit der Ligandenfeldtheorie zu tun.

Tabelle 7.9 Aufspaltung der *d*-Orbitale in Ligandenfeldern verschiedener Symmetrien

Punktgruppe	*d*-Orbital				
	d_{z^2}	$d_{x^2-y^2}$	d_{xy}	d_{yz}	d_{xz}
O_h	$\longleftarrow e_g \longrightarrow$		$\longleftarrow$	t_{2g}	$\longrightarrow$
T_d	$\longleftarrow e \longrightarrow$		$\longleftarrow$	t_2	$\longrightarrow$
D_{3h}	a_1'	$\longleftarrow e' \longrightarrow$		$\longleftarrow e'' \longrightarrow$	
D_{4h}	a_{1g}	b_{1g}	b_{2g}	$\longleftarrow e_g \longrightarrow$	
$D_{\infty h}$	σ_g^+	$\longleftarrow \delta_g \longrightarrow$		$\longleftarrow \pi_g \longrightarrow$	
C_{2v}	a_1	a_1	a_2	b_2	b_1
C_{3v}	a_1	a_1	a_2	$\longleftarrow e \longrightarrow$	
C_{4v}	a_1	b_1	b_2	$\longleftarrow e \longrightarrow$	
D_{2d}	a_1	b_1	b_2	$\longleftarrow e \longrightarrow$	
D_{4h}	a_1	$\longleftarrow e_2 \longrightarrow$		$\longleftarrow e_3 \longrightarrow$	

7.3.1.4.1 ***Kristallfeldtheorie.*** Die fünf *d*-Orbitale kennen wir bereits aus Bild 1.8. Ordnen wir sechs Punktladungen oktaedrisch um diese Orbitale auf den kartesischen Achsen an, werden diese in charakteristischer Weise gestört und müssen dann in der Punktgruppe O_h an Hand der Charaktertafel (Tabelle A.43 im Anhang und Abschnitt 4.2.9) neu klassifiziert werden. Die Ergebnisse sind in Tabelle 7.9 zusammengefaßt. In dieser Tabelle werden auch die irreduziblen Darstellungen der *d*-Orbitale in Kristallfeldern mit tetraedrischer (T_d-) und anderen Symmetrien angegeben.

Wir wollen die Ergebnisse, die in Tabelle 7.9 aufgelistet sind, nicht ableiten. Wir stellen an Hand dieser Tabelle fest, daß die fünf entarteten *d*-Orbitale in einem regelmäßigen oktaedrischen Kristallfeld in einen Satz zweifach entarteter e_g-Orbitale und einen Satz dreifach entarteter t_{2g}-Orbitale aufspalten. Im d_{z^2}-Orbital und im d_{xy}-Orbital befindet sich der größte Teil der Elektronendichte entlang der Metall-Ligand-Bindung. Die Elektronen dieser Orbitale werden daher stärker durch die Punktladungen der Liganden abgestoßen als die Elektronen in den Orbitalen $3d_{xy}$, $3d_{xz}$ und $3d_{yz}$. Das $3d_{z^2}$- und das $3d_{x^2-y^2}$-Orbital, die beide zum e_g-Satz gehören, werden deshalb in ihrer Energie um den Betrag $\frac{3}{5}\Delta_o$ angehoben, während die Orbitale $3d_{xy}$, $3d_{xz}$ und $3d_{yz}$, die zum t_{2g}-Satz gehören, in ihrer Energie um $\frac{2}{5}\Delta_o$ abgesenkt werden. Δ_o ist die Aufspaltung zwischen den beiden Sätzen e_g und t_{2g}, wie es auch in Bild 7.38 skizziert ist. Dabei ist der Wert von Δ_o typisch, denn die Anregung eines Elektrons aus den t_{2g}- in ein e_g-Orbital erfolgt durch Absorption von sichtbarem Licht. Komplexverbindungen sind daher meist in charakteristischer Weise gefärbt.

Bild 7.39 verdeutlicht, wie die Elektronen in die t_{2g}- und e_g-Orbitale eingefüllt werden, wenn das Metallatom oder -Ion die Konfiguration d^1, d^2, d^3, d^8, d^9 oder d^{10} aufweist. Wie wir schon bei der Grundkonfiguration des O_2 in Gl. (7.59) gesehen haben, bevorzugen die Elektronen für eine minimale Energie in entarteten Orbitalen parallel ausgerichtete Spins. Beispielsweise hat das Cr^{3+}-Ion im $(Cr(H_2O)_6]^{3+}$-Komplex eine d^3-Konfiguration (gegenüber dem neutralen Atom hat Cr ein $3d$- und zwei $4s$-Elektronen abgegeben).

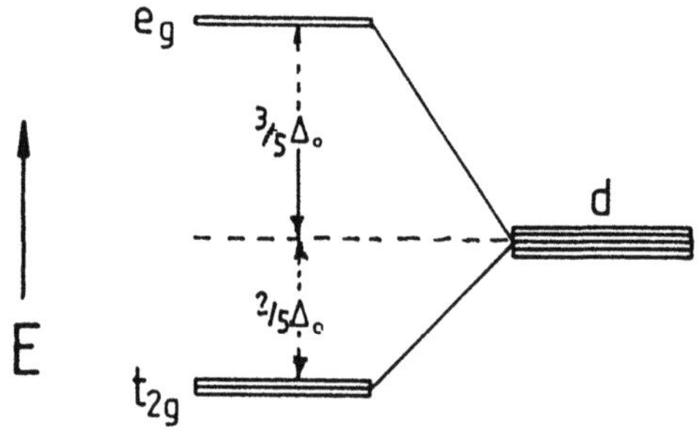

Bild 7.38 Aufspaltung der d-Orbitale in einem regelmäßig oktaedrischen Feld

Jedes dieser drei Elektronen besetzt ein anderes Orbital des t_{2g}-Satzes. Die Spins sind parallel ausgerichtet, und es resultiert ein Quartettgrundzustand. (Es handelt sich dabei um einen $\tilde{X}^4A_{2g}$-Zustand, aber wir wollen darauf verzichten, alle Zustände abzuleiten, die sich aus einer $(t_{2g})^3$-Konfiguration ergeben.)

Die Konfigurationen in Bild 7.39 ergeben sich eindeutig, wenn wir berücksichtigen, daß sich die Spins bevorzugt parallel ausrichten. Für die Konfigurationen d^4, d^5 und d^6 ist das allerdings nicht der Fall. In Bild 7.40 wird gezeigt, daß die Reihenfolge, in der die Orbitale mit Elektronen besetzt werden, in kritischer Weise von der Kristallfeldaufspaltung Δ_o abhängt. Ist diese Differenz klein, so werden die Elektronen bevorzugt die e_g-Orbitale mit paralleler Spinausrichtung besetzen (Bild 7.40(a)) und nicht unter Spinpaarung die t_{2g}-Orbitale auffüllen. Bei großer Aufspaltung Δ_o werden zunächst die t_{2g}-Orbitale mit gepaarten Spins besetzt (Bild 7.40(b)). Trifft die Konfiguration in Bild 7.40(a) auf einen Komplex zu, spricht man von einem High-Spin-Komplex. Liegt eine Konfiguration wie in Bild 7.40(b) vor, handelt es sich um einen Low-Spin-Komplex. Das Ligandenfeld wird dann auch entsprechend als schwach bzw. stark eingestuft.

So ist z.B. das Ligandenfeld im $[Cr(H_2O)_6]^{2+}$ schwach, und die d^4-High-Spin-Konfiguration führt zu einem Quintett ($\tilde{X}^5E_g$) im Grundzustand. Im $[Fe(CN)_6]^{4-}$ befindet sich die d^6-Konfiguration in einem starken Ligandenfeld. Die Folge ist eine Low-Spin-Konfiguration $(t_{2g})^6$. Weil alle Orbitale vollbesetzt sind, ist der Grundzustand ein ($\tilde{X}^1A_{1g}$)-Singulettzustand.

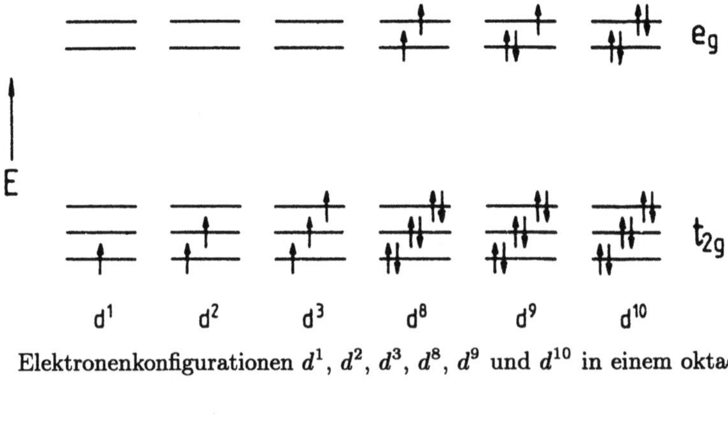

Bild 7.39 Elektronenkonfigurationen d^1, d^2, d^3, d^8, d^9 und d^{10} in einem oktaedrischen Komplex

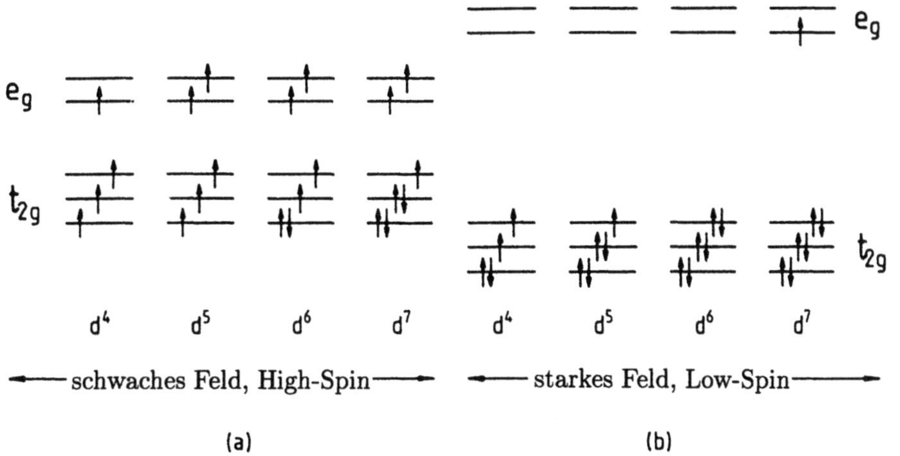

Bild 7.40 (a) Ein schwaches Ligandenfeld führt zu High-Spin-Komplexen, während (b) ein starkes Ligandenfeld Low-Spin-Komplexe erzeugt. Gezeigt sind die d^4-, d^5-, d^6- und d^7-Konfigurationen in einem oktaedrischen Ligandenfeld

7.3.1.4.2 Ligandenfeldtheorie. Wenn die Liganden sehr stark mit dem zentralen Metallatom wechselwirken, können sie nicht länger als Punktladungen betrachet werden. Vielmehr müssen nun auch die MOs des Liganden berücksichtigt werden.

Ein Ligand enthält im wesentlichen zwei Sorten von MOs: Die σ-MOs sind zylindersymmetrisch bezüglich der Metall-Ligand-Bindung und die π-MOs nicht. Die σ-Bindungen sind im allgemeinen stärker, wie uns das Beispiel des freien Elektronenpaars des CO in Carbonylkomplexen zeigt. Wir wollen uns nicht mit den π-Bindungen beschäftigen, sondern uns lieber auf σ-Bindungen in oktaedrischen Komplexen konzentrieren.

In Tabelle 7.10 sind die σ-MOs der Liganden in verschiedene Anordnungen und Punktgruppen klassifiziert worden. In einem oktaedrischen Komplex ML_6 spalten die sechs σ-Orbitale der Liganden in je eine Gruppe von a_{1g}-, e_g- und t_{2g}-Orbitalen auf. Das ist auf der rechten Seite in Bild 7.41 zu sehen. Die e_g-Orbitale des Liganden werden nun am stärksten mit den e_g-Orbitalen des Zentralatoms wechselwirken, die sich durch die Kristallfeldnäherung ergeben. Durch die Wechselwirkungen werden die Kristallfeldorbitale in ihrer Energie angehoben, während die Orbitale des Liganden in ihrer Energie abgesenkt werden, wie es in Bild 7.41 dargestellt ist. Dadurch erhöht sich natürlich die Aufspaltung Δ_o des Kristallfelds. Die Tendenz, eher Low-Spin- als High-Spin-Komplexe zu bilden, nimmt damit ebenfalls zu, wie z.B. in $[Fe(CN)_6]^{4-}$.

7.3.1.4.3 Elektronische Übergänge. Sowohl die elektronischen Grund- als auch die angeregten Zustände von Metallkomplexen führen meist zu einer komplizierten Vielfalt von Zuständen, die wir aber hier nicht ableiten wollen. Durch eine Tatsache allerdings vereinfacht sich die Interpretation elektronischer Übergänge in Übergangsmetallkomplexen. Die höchsten besetzbaren Orbitale sind in oktaedrischen Komplexen die e_g- und t_{2g}-Orbitale, unabhängig davon, ob wir die Komplexe nun mit der Kristallfeld- oder der Ligandenfeldnäherung behandeln. Der tiefgestellte Index „g" bedeutet, daß beide Orbitalsätze symmetrisch sind bezüglich einer Inversion. Die wiederholte Multiplikation von g mit

Tabelle 7.10 Irreduzible Darstellungen der σ-Orbitale der Liganden in verschiedenen Punktgruppen

Punktgruppe	irreduzible Darstellung des σ-Orbitals
O_h	$a_{1g} + e_g + t_{1u}$ (oktaedrisch ML_6)
T_d	$a_1 + t_2$ (tetraedrisch ML_4)
D_{3h}	$2a'_1 + a''_2 + e'$ (trigonal-bipyramidal ML_5)
D_{4h}	$a_{1g} + b_{1g} + e_u$ (quadratisch-planar ML_4)
	$2a_{1g} + a_{2u} + b_{1g} + e_u$ (*trans*-oktaedrisch $ML_4L'_2$)
$D_{\infty h}$	$\sigma_g + \sigma_u$ (linear ML_2)
C_{2v}	$a_1 + b_2$ (nicht-linear ML_2)
	$2a_1 + b_1 + b_2$ (tetraedrisch $ML_2L'_2$)
	$3a_1 + a_2 + b_1 + b_2$ (*cis*-oktaedrisch $ML_4L'_2$)
C_{3v}	$2a_1 + e$ (tetraedrisch ML_3L')
	$2a_1 + 2e$ (all-*cis*-oktaedrisch $ML_3L'_3$)
C_{4v}	$2a_1 + b_1 + e$ (quadratisch-pyramidal ML_4L')
	$3a_1 + b_1 + e$ (oktaedrisch ML_5L')
D_{2d}	$2a_1 + 2b_2 + 2e$ (dodekaedrisch ML_8)
D_{4d}	$a_1 + b_2 + e_1 + e_2 + e_3$ (quadratisch-antiprismatisch ML_8)

sich selbst ergibt wieder g. Alle elektronischen Grund- und angeregten Zustände, die sich durch besetzte e_g- und/oder t_{2g}-Orbitale ergeben, haben deshalb dieselbe g-Symmetrie. Wie bei den zweiatomigen Molekülen sind aber auch hier alle $(g-g)$-Übergänge verboten (siehe Gl. (7.71)).

Übergangsmetallkomplexe ***absorbieren*** aber im sichtbaren Bereich, wie die charakteristischen Farben der Komplexverbindungen zeigen. Die Frage erhebt sich, warum das passieren kann, wenn die Übergänge doch verboten sind. Der Grund liegt in einer möglichen Wechselwirkung zwischen der Elektronen- und der Vibrationsbewegung, so daß

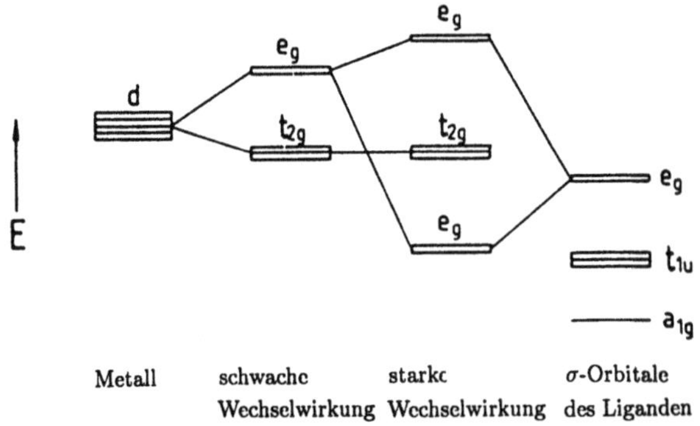

Bild 7.41 Störung der Kristallfeld-MOs durch die MOs eines Liganden

wieder einige Schwingungsübergänge erlaubt sind. Wir werden im Abschnitt 7.3.4.2.2 darauf zurückkommen.

7.3.2 Elektronische und vibronische Auswahlregeln

Bei den Atomen (Abschnitt 7.1) genügte uns ein Satz von Quantenzahlen, um die Auswahlregeln für elektronische Übergänge in Gleichungen auszudrücken. Bei den zweiatomigen Molekülen (Abschnitt 7.2.3) mußten wir zusätzlich zu den verfügbaren Quantenzahlen bei den heteronuklearen Molekülen noch eine bzw. bei den homonuklearen Molekülen noch zwei Symmetrieeigenschaften der elektronischen Wellenfunktionen berücksichtigen („+“, „−“, „g“, „u“), um die Auswahlregeln aufzustellen.

In nicht-linearen mehratomigen Molekülen verlieren die Quantenzahlen weiter an Bedeutung, mit Ausnahme der Quantenzahl des Gesamtspindrehimpulses $\boldsymbol{S}$. Die Auswahlregel

$$\Delta S = 0 \tag{7.114}$$

gilt nach wie vor, solange in dem Molekül nicht ein Atom mit großer Kernladungszahl vorhanden ist. So erscheinen z.B. die Singulett-Triplett-Übergänge in Benzol nur schwach im Spektrum, wesentlich intensiver aber im Spektrum des Iodbenzols.

Auch der Orbitalanteil der elektronischen Wellenfunktionen ψ_e^o muß für den Übergang zwischen zwei elektronischen Zuständen berücksichtigt werden. Die Auswahlregeln hierfür hängen aber sehr stark von den Symmetrieeigenschaften ab. (Die Auswahlregeln für elektronische Übergänge in Atomen und zweiatomigen Molekülen können in der Tat auch durch Symmetriebetrachtungen abgeleitet werden; es ist aber einfacher, die Quantenzahlen zu verwenden, sofern sie verfügbar sind.)

Bei elektronischen Übergängen wechselwirkt das Molekül größtenteils mit dem elektrischen Anteil der elektromagnetischen Strahlung (siehe auch Abschnitt 2.1). Es handelt sich daher bei den Auswahlregeln um Dipolauswahlregeln, die wir in ähnlicher Weise schon bei den Schwingungsübergängen mehratomiger Moleküle in Abschnitt 6.2.2.1 kennengelernt haben.

Die Intensität eines elektronischen Übergangs ist proportional zum Quadrat des Übergangsmoments $|\boldsymbol{R}_e|^2$, wobei für $\boldsymbol{R}_e$ gilt:

$$\boldsymbol{R}_e = \int \psi_e'^{*} \boldsymbol{\mu} \psi_e'' \, \mathrm{d}\tau_e . \tag{7.115}$$

Dieser Ausdruck ähnelt Gl. (6.44), die für einen Schwingungsübergang im Infrarotspektrum formuliert worden war. Bei einem erlaubten elektronischen Übergang muß $|\boldsymbol{R}_e| \neq 0$ sein. Aus Symmetriegründen muß die folgende Gleichung erfüllt sein:

$$\Gamma(\psi_e') \times \Gamma(\mu) \times \Gamma(\psi_e'') = A \tag{7.116}$$

für Übergänge zwischen nicht-entarteten Zuständen und

$$\Gamma(\psi_e') \times \Gamma(\mu) \times \Gamma(\psi_e'') \supset A \tag{7.117}$$

für Übergänge zwischen Zuständen, von denen mindestens einer entartet ist. Das Zeichen $\supset$ bedeutet „enthält“ und wurde bereits in Abschnitt 6.2.2.1 erläutert. A soll die totalsymmetrische Darstellung einer beliebigen Punktgruppe symbolisieren.

Die Größe $\boldsymbol{R}_e$ kann in Komponenten entlang der kartesischen Achsen zerlegt werden (siehe auch Gl. (2.20)):

$$\begin{aligned} R_{e,x} &= \int \psi_e'^* \mu_x \psi_e'' \, \mathrm{d}\tau_e, \\ R_{e,y} &= \int \psi_e'^* \mu_y \psi_e'' \, \mathrm{d}\tau_e, \\ R_{e,z} &= \int \psi_e'^* \mu_z \psi_e'' \, \mathrm{d}\tau_e. \end{aligned} \tag{7.118}$$

Außerdem gilt

$$|\boldsymbol{R}_e|^2 = (R_{e,x})^2 + (R_{e,y})^2 + (R_{e,z})^2. \tag{7.119}$$

Ein Übergang ist also erlaubt, wenn eine der Komponenten $R_{e,x}$, $R_{e,y}$ oder $R_{e,z}$ von Null verschieden ist. Analog zu Gl. (6.53) können wir als Bedingungen für einen erlaubten Übergang zwischen nicht-entarteten Zuständen formulieren:

$$\Gamma(\psi_e') \times \Gamma(T_x) \times \Gamma(\psi_e'') = A$$

und/oder

$$\Gamma(\psi_e') \times \Gamma(T_y) \times \Gamma(\psi_e'') = A \tag{7.120}$$

und/oder

$$\Gamma(\psi_e') \times \Gamma(T_z) \times \Gamma(\psi_e'') = A.$$

Ist einer der Zustände entartet, müssen wir „=“ durch „⊃“ ersetzen. T_x, T_y und T_z sind die Translationskomponenten entlang der kartesischen Achsen (siehe auch Abschnitt 6.2.2.1).

Ist das Produkt zweier irreduzibler Darstellungen die totalsymmetrische Darstellung, müssen beide Darstellungen identisch sein. Wir können damit Gl. (7.120) anders formulieren:

$$\Gamma(\psi_e') \times \Gamma(\psi_e'') = \Gamma(T_x) \text{ und/oder } \Gamma(T_y) \text{ und/oder } \Gamma(T_z). \tag{7.121}$$

Auch hier ersetzen wir „=“ durch „⊃“, wenn ein entarteter Zustand an dem Übergang beteiligt ist. Das ist die allgemeine Auswahlregel für Übergänge zwischen zwei elektronischen Zuständen.

Wenn der untere Zustand der totalsymmetrische Grundzustand eines Moleküls mit vollbesetzten Orbitalen ist, vereinfacht sich Gl. (7.121) zu

$$\Gamma(\psi_e') = \Gamma(T_x) \text{ und/oder } \Gamma(T_y) \text{ und/oder } \Gamma(T_z). \tag{7.122}$$

Das Ergebnis ist also dasselbe, wie wir es für einen erlaubten Schwingungsübergang erhalten haben.

Werden bei einem Übergang auch Schwingungen im oberen und/oder unteren Zustand angeregt, müssen wir das elektronische Übergangsmoment $\boldsymbol{R}_e$ in Gl. (7.115) durch das vibronische Übergangsmoment $\boldsymbol{R}_{e,v}$ ersetzen. $\boldsymbol{R}_{e,v}$ ist gegeben als

$$\boldsymbol{R}_{ev} = \int \psi_{ev}'^* \boldsymbol{\mu} \psi_{ev}'' \, \mathrm{d}\tau_{ev}. \tag{7.123}$$

$\psi_{e,v}$ ist eine vibronische Wellenfunktion. Mit derselben Argumentationskette wie für einen elektronischen Übergang können wir nun die Auswahlregel für einen vibronischen Übergang formulieren:

$$\Gamma(\psi_{ev}') \times \Gamma(\psi_{ev}'') = \Gamma(T_x) \text{ und/oder } \Gamma(T_y) \text{ und/oder } \Gamma(T_z). \tag{7.124}$$

Mit

$$\Gamma(\psi_{ev}) = \Gamma(\psi_e) \times \Gamma(\psi_v) \tag{7.125}$$

erhalten wir schließlich

$$\Gamma(\psi'_e) \times \Gamma(\psi'_v) \times \Gamma(\psi''_e) \times \Gamma(\psi''_v) = \Gamma(T_x) \text{ und/oder } \Gamma(T_y) \text{ und/oder } \Gamma(T_z). \tag{7.126}$$

Das Gleichheitszeichen muß wieder durch „$\supset$" ersetzt werden, sobald ein entarteter Zustand an dem Übergang beteiligt ist. Sehr oft wird entweder dieselbe Schwingung im oberen wie im unteren Zustand angeregt (dann ist $\psi'_v = \psi''_v$), oder es wird gar keine Schwingung im oberen oder unteren Zustand angeregt (dann ist ψ'_v oder ψ''_v totalsymmetrisch).

7.3.3 Chromophore

Chromophore basieren auf dem gleichen Konzept wie die Gruppenschwingungen (siehe Abschnitt 6.2.1). Wir haben dort festgestellt, daß bestimmte funktionelle Gruppen in unterschiedlichen Molekülen mit charakteristischer Wellenzahl schwingen. Genauso verhält es sich mit Chromophoren: Der elektronische Übergang einer bestimmten (farbgebenden) Gruppe findet bei einer charakteristischen Wellenzahl bzw. Wellenlänge statt, wobei Licht des sichtbaren und des ultravioletten Bereichs absorbiert wird.

Die Ethylen-Gruppe $R_2C{=}CR_2$ ist ein Beispiel für ein solches Chromophor. Egal, welches Molekül diese Gruppe enthält, z.B. $H_2C{=}CH_2$, $RHC{=}CH_2$ oder $RHC{=}CHR$, es tritt stets eine starke Absorptionsbande auf, deren maximale Intensität bei ca. 180 nm erreicht ist. Jedoch kann eine solche Gruppe nur dann als Chromophor wirken, wenn sie nicht mit einem anderen π-System konjugiert ist. So absorbieren z.B. Buta-1,3-dien und Benzol bei viel längeren Wellenlängen. Auch der Benzolring selbst kann als chromophore Gruppe aufgefaßt werden, die eine schwache, aber charakteristische Absorptionsbande bei ca. 260 nm zeigt (Benzol (siehe Abschnitt 7.3.1) oder z.B. Phenylcyclohexan).

Die Acetylen-Gruppe $-C{\equiv}C-$ absorbiert stark bei ca. 190 nm und die Allyl-Gruppe $R_2C{=}C{=}CR_2$ bei 225 nm.

Auch ein (π^*-n)-Übergang kann zur Identifizierung eines Chromophoren herangezogen werden. Ein solcher Übergang erscheint normalerweise als schwache Absorptionsbande bei längeren Wellenlängen als der $(\pi^*-\pi)$-Übergang, der ebenfalls zu dem Chromophor gehört. Die beiden Übergänge können auch interferieren. So zeigt z.B. eine Aldehydgruppe $-CHO$ wie Formaldehyd eine schwache Absorption bei ca. 280 nm (siehe Abschnitt 7.3.1.2). Ist die Aldehydgruppe aber mit einem π-System konjugiert, wie etwa in Benzaldehyd (C_6H_5CHO), kann sie nicht länger als eigenständiges Chromophor aufgefaßt werden.

Wie die Gruppenschwingungen können auch die Wellenlängen, bei denen ein Chromophor absorbiert, als, allerdings weniger brauchbares, analytisches Werkzeug herangezogen werden.

7.3.4 Vibrationsstruktur

Wir haben schon bei den elektronischen Übergängen der zweiatomigen Moleküle die beiden Kategorien vibronischer Übergänge kennengelernt: Progressionen und Sequenzen.

Diese sind in Bild 7.18 schematisch dargestellt. In einem mehratomigen Molekül gibt es mehrere Schwingungen, die die Symmetrie des Moleküls verringern können, im Gegensatz zu der einzigen totalsymmetrischen Schwingung eines zweiatomigen Moleküls.

7.3.4.1 Sequenzen

Sequenzen mit $\Delta v = 0$ (siehe Bild 7.18) sind am häufigsten anzutreffen, denn sie sind durch die Symmetrieauswahlregel in Gl. (7.126) erlaubt: Für diesen Fall ist nämlich $\psi'_v = \psi''_v$ und das Produkt $\Gamma(\psi'_v) \times \Gamma(\psi''_v)$ totalsymmetrisch. Im Prinzip können im Spektrum mehrere Sequenzen $\Delta v = 0$ auftreten, nämlich eine für jede der i Schwingungen. In der Praxis werden aber nur von Schwingungen mit hinreichend niedriger Wellenzahl Sequenzen gebildet, denn nur dann können die oberen Schwingungsniveaus ausreichend besetzt werden (siehe Gl. (7.83)). In einem planaren Molekül wird das üblicherweise eine Biegeschwingung aus der Molekülebene heraus sein.

7.3.4.2 Progressionen

7.3.4.2.1 Totalsymmetrische Schwingungen. Werden mit dem elektronischen Übergang totalsymmetrische Schwingungen angeregt, treten Progressionen wie bei den zweiatomigen Molekülen auf. Das in Abschnitt 7.2.5.3 vorgestellte Franck-Condon-Prinzip kann auch bei mehratomigen Molekülen auf jede einzelne der möglichen Schwingungen angewendet werden. Ändert sich die Geometrie bei einem elektronischen Übergang vom unteren in den oberen Zustand in Richtung einer Normalkoordinate, wird die zugehörige totalsymmetrische Schwingung angeregt und bildet eine Progression. Die Progressionslänge hängt wiederum von der Änderung der Geometrie ab, wie es in Bild 7.22 für ein zweiatomiges Molekül dargestellt wird. Die Intensitätsverteilung innerhalb einer Progression gibt Gl. (7.88) an, wobei über die Schwingungskoordinaten der tatsächlich angeregten Schwingung integriert werden muß.

Eine lange Progression bildet beispielsweise die CO-Streckschwingung, die bei dem $(\tilde{A}^1A_2-\tilde{X}^1A_1)$-Übergang des Formaldehyds angeregt wird (siehe Abschnitt 7.3.1.2). Bei diesem (π^*-n)-Übergang wird ein Elektron aus dem nicht-bindenden in das antibindende Orbital der CO-Gruppe angeregt. Dadurch erhöht sich die C=O-Bindungslänge von 1,21 Å auf 1,32 Å, und es resultiert eine lange Progression der C=O-Streckschwingung.

Ein weiteres Beispiel ist die $(\tilde{A}^1B_{2u}-\tilde{X}^1A_{1g})$-Bande des Benzols (siehe Abschnitt 7.3.1.3. Dabei wird ein Elektron aus einem e_{1g}- in ein stärker antibindendes e_{2u}-Orbital angeregt (das MO-Diagramm ist in Bild 7.36 abgebildet). Dadurch nimmt die Bindungslänge aller C−C-Bindungen von 1,397 Å auf 1,434 Å zu. In dem in Bild 7.42 dargestellten Absorptionsspektrum ist auch bei niedriger Auflösung eine lange Progression zu sehen, die durch die ν_1-Schwingung[14] hervorgerufen wird. Dabei handelt es sich um die Ringatmungsmode des Benzolrings, die in Bild 6.13(f) skizziert ist.

Vibronische Übergänge mehratomiger Moleküle werden mit einem Symbol $N^{v'}_{v''}$ bezeichnet: Die N-te Schwingung ist im unteren elektronischen Zustand mit der Quantenzahl v'' und im oberen elektronischen Zustand mit der Quantenzahl v' angeregt. Der

[14] Wir haben wieder die Numerierung nach Wilson verwendet (siehe Bibliographie des 6. Kapitels).

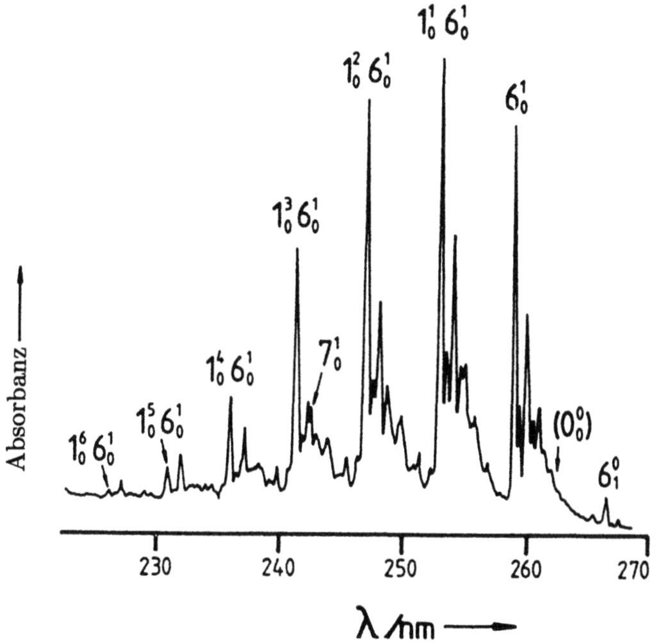

Bild 7.42 Die $(\tilde{A}^1B_{2u}-\tilde{X}^1A_{1g})$-Absorptionsbande des Benzols, aufgenommen mit niedriger Auflösung

reine elektronische Übergang heißt demnach 0_0^0. Wir haben dieses System bereits in Abschnitt 6.2.2.1 bei den reinen Vibrationsübergängen als eher selten angewendete Notation kennengelernt.

Die in Bild 7.42 dargestellte Progression basiert nicht auf einer 0_0^0-, sondern auf einer 6_0^1-Bande. Im folgenden Abschnitt werden wir uns mit den Gründen beschäftigen, warum eine nicht-totalsymmetrische Schwingung in einem elektronischen Bandensystem aktiv sein kann.

7.3.4.2.2 Nicht-totalsymmetrische Schwingungen. An Hand der allgemeinen Auswahlregel Gl. (7.126) erkennen wir, daß viele vibronische Übergänge erlaubt sind, bei denen eine nicht-totalsymmetrische Schwingung einfach angeregt wird. Als Beispiel betrachten wir Chlorbenzol, das zur Punktgruppe C_{2v} gehört, dessen Grundzustand $^1A_1$-Symmetrie hat und einen angeregten Zustand mit $^1B_2$-Symmetrie besitzt. Wir nehmen an, daß im oberen Zustand die X-te Schwingung mit b_2-Symmetrie einfach und im unteren elektronischen Zustand keine Schwingung angeregt ist. Wir erhalten damit aus Gl. (7.126):

$$\begin{aligned}\Gamma(\psi_e') \times \Gamma(\psi_v') \times \Gamma(\psi_e'') \times \Gamma(\psi_v'') &= B_2 \times B_2 \times A_1 \times A_1 \\ &= A_1 = \Gamma(T_z).\end{aligned} \tag{7.127}$$

In Bild 7.43 ist der vibronische Übergang X_0^1 in einem Energiediagramm gezeigt. Auch der Übergang X_1^0 ist eingezeichnet, bei dem dieselbe b_2-Schwingung nur im unteren Zustand angeregt ist. Beide vibronischen Übergänge sind erlaubt und entlang der z-Achse

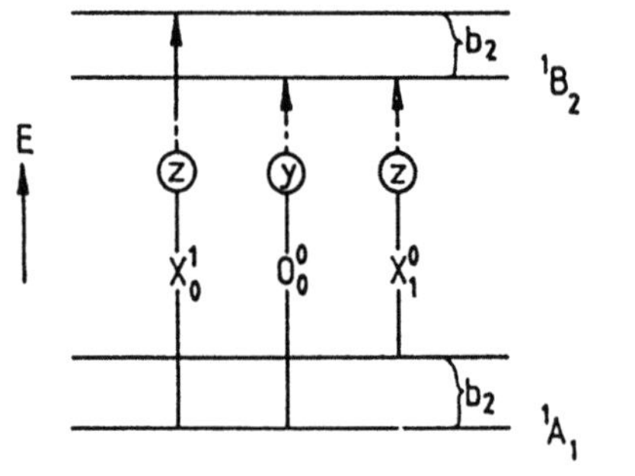

Bild 7.43
Einige erlaubte elektronische und vibronische Übergänge in einem Molekül mit C_{2v}-Symmetrie

polarisiert, denn das Produkt in Gl. (7.127) ist in beiden Fällen A_1. Der elektronische Übergang ist ebenfalls erlaubt, aber in y-Richtung polarisiert. An dieser Stelle erhebt sich die Frage, wodurch der vibronische Übergang seine Intensität erhält.

Tatsächlich ist es sehr häufig so, daß diese Übergänge gar keine Intensität erzielen. Es gibt viele vibronische Übergänge mit nicht-totalsymmetrischen Schwingungen, die zwar symmetrie-erlaubt sind, aber in der Praxis wegen ihrer geringen Intensität nicht beobachtet werden können. Eine Erklärung für diejenigen vibronischen Übergänge, die mit genügend hoher Intensität im Spektrum beobachtet werden können, wurde zuerst von Herzberg und Teller vorgeschlagen.

Die Näherung des Franck-Condon-Prinzips geht davon aus (siehe Abschnitt 7.2.5.3), daß der elektronische Übergang sehr schnell im Vergleich zur Kernbewegung ist. Daraus leitet sich das sehr wichtige Zwischenergebnis ab, daß das Übergangsmoment $\boldsymbol{R}_{ev}$ durch folgende Gleichung angenähert werden kann:

$$\boldsymbol{R}_{ev} = \boldsymbol{R}_e \int \psi_v'^* \psi_v'' \, \mathrm{d}Q. \tag{7.128}$$

Das elektronische Übergangsmoment wird also lediglich mit dem Überlappungsintegral der beteiligten Vibrationswellenfunktionen multipliziert. Im Gegensatz zu Gl. (7.88), die für vibronische Übergänge in zweiatomigen Molekülen abgeleitet wurde, wird in Gl. (7.128) r durch eine allgemeine Schwingungskoordinate Q ersetzt. Herzberg und Teller vermuteten, daß bei Anregung einer nicht-totalsymmetrischen Schwingung das Franck-Condon-Prinzip seine Gültigkeit verliert. Die Richtigkeit dieser Vermutung läßt sich belegen, wenn das Übergangsmoment in einer Taylor-Reihe entwickelt wird und dabei nur die beiden ersten Terme berücksichtigt werden:

$$\boldsymbol{R}_e \simeq (\boldsymbol{R}_e)_{\mathrm{eq}} + \sum_i \left(\frac{\partial \boldsymbol{R}_e}{\partial Q_i}\right)_{\mathrm{eq}} Q_i. \tag{7.129}$$

Der tiefgestellte Index „eq“ deutet an, daß um die Gleichgewichtskonfiguration des Moleküls entwickelt wird. Bis jetzt haben wir den zweiten Term auf der rechten Seite der Gleichung stets vernachlässigt. Gerade dieser Term erlaubt aber, daß sich $\boldsymbol{R}_e$ ändern kann, wenn die i-te Schwingung mit der Koordinate Q_i angeregt wird. Setzen wir diesen Ausdruck für $\boldsymbol{R}_e$ in Gl. (7.127) ein, erhalten wir:

$$\boldsymbol{R}_{ev} = \int \psi_v'^* \left[(\boldsymbol{R}_e)_{\mathrm{eq}} + \sum_i \left(\frac{\partial \boldsymbol{R}_e}{\partial Q_i}\right)_{\mathrm{eq}} Q_i \right] \psi_v'' \, \mathrm{d}Q_i. \tag{7.130}$$

Wir wollen beide Terme getrennt integrieren:

$$\boldsymbol{R}_{ev} = (\boldsymbol{R}_e)_{eq} \int \psi_v'^* \psi_v'' \, dQ_i + \sum_i \left(\frac{\partial \boldsymbol{R}_e}{\partial Q_i} \right)_{eq} \int \psi_v'^* Q_i \psi_v'' \, dQ_i. \tag{7.131}$$

Der erste Term auf der rechten Seite ist derselbe wie in Gl. (7.128). Herzberg und Teller regten an, daß der zweite Term, insbesondere $(\partial \boldsymbol{R}_e / \partial Q_i)_{eq}$, bei nicht-totalsymmetrischen Schwingungen von Null verschieden sein kann. Weil die Intensität proportional zu $|\boldsymbol{R}_{ev}|^2$ ist, verursacht genau dieser Term die Intensität solcher vibronischer Übergänge.

Als Beispiel für einen vibronischen Übergang, bei dem eine nicht-totalsymmetrische Schwingung beteiligt ist, haben wir eben den $(\tilde{A}^1B_2 - \tilde{X}^1A_1)$-Übergang im Chlorbenzol angesprochen. Hier hat die Schwingung ν_{29} b_2-Symmetrie. Die Wellenzahl beträgt im $\tilde{X}$-Zustand 615 cm^{-1} und im $\tilde{A}$-Zustand 523 cm^{-1}. In diesem Bandensystem sind die Übergänge 29_1^0 und 29_0^1 aktiv, ähnlich wie in Bild 7.43. Insgesamt gibt es zehn b_2-Schwingungen im Chlorbenzol, die aber alle weitaus weniger aktiv als ν_{29} sind. Das liegt daran, daß $(\partial \boldsymbol{R}_e / \partial Q_{29})_{eq}$ wesentlich größer ist als die entsprechenden Terme der anderen b_2-Schwingungen.

Der $(\tilde{A}^1B_2 - \tilde{X}^1A_1)$-Übergang des Chlorbenzols ist elektronisch erlaubt, denn $B_2 = \Gamma(T_z)$. Damit ist Gl. (7.122) erfüllt. Die 0_0^0-Bande und die Progressionen, die sich durch Anregung totalsymmetrischer Schwingungen für diese Bande ergeben, erzielen ihre Intensität auf die übliche Weise durch den ersten Term auf der rechten Seite der Gl. (7.131).

Ein besonders interessanter Fall ist die $\tilde{A}^1B_2 - \tilde{X}^1A_1$-Bande des Benzols (siehe Abschnitt 7.3.1.3), die in Bild 7.42 gezeigt ist. Es handelt sich hier um einen elektronisch verbotenen Übergang, denn die irreduzible Darstellung B_{2u} enthält keine der Translationskomponenten (siehe Tabelle A.36 im Anhang). $(\boldsymbol{R}_e)_{eq}$ ist deshalb Null, und die 0_0^0-Bande wird nicht beobachtet. Die gesamte Intensität ergibt sich aus dem zweiten Term auf der rechten Seite der Gl. (7.131). Den größten Beitrag hierzu liefert die e_{2g}-Schwingung ν_6. Der vibronische Übergang 6_0^1 ist erlaubt, weil die Symmetrieauswahlregel erfüllt ist:

$$B_{2u} \times e_{2g} = E_{1u} = \Gamma(T_x, T_y). \tag{7.132}$$

Dieser Übergang tritt mit beträchtlicher Intensität im Spektrum auf, denn $(\partial \boldsymbol{R}_e / \partial Q_6)_{eq}$ nimmt für diese Schwingung einen großen Wert an. Die anderen drei e_{2g}-Schwingungen ν_7, ν_8 und ν_9 sind deutlich weniger aktiv. In Bild 7.42 ist die sehr schwache 7_0^1-Bande zu sehen, ebenso wie die 6_1^0-Bande, die auf Grund des Boltzmann-Faktors so schwach ausgeprägt ist. Die Position der verbotenen 0_0^0-Bande ist ebenfalls gekennzeichnet.

Auch der $(\pi^* - n)$-Übergang $(\tilde{A}^1A_2 - \tilde{X}^1A_1)$ des Formaldelhyds (s. Abschnitt 7.3.1.2) ist elektronisch verboten, denn keine der Translationskomponenten gehört zur A_2-Darstellung (siehe Tabelle A.11 im Anhang). Von den nicht-totalsymmetrischen Schwingungen ist ν_4 in den Übergängen 4_1^0 und 4_0^1 die aktivste. Die ν_4-Schwingung ist die Biegeschwingung aus der Molekülebene heraus und hat die Symmetrie b_1 (siehe auch Kapitel 4, Aufgabe 3).

Es gibt zwei sehr interessante Gesichtspunkte in diesem System des Formaldehyds. Zum einen führt die pyramidale Konfiguration im $\tilde{A}$-Zustand (siehe Abschnitt 7.3.1.2) zu einer anharmonischen Potentialkurve für die ν_4-Schwingung. Der Kurvenverlauf ist nun W-förmig, wie die Potentialkurve der ν_2-Schwingung im Grundzustand des Ammoniaks (siehe Bild 6.38). Die Änderung der Geometrie beim Übergang vom $\tilde{X}$- zum

$\tilde{A}$-Zustand induziert eine Progression der ν_4-Schwingung. Das steht im völligen Einklang mit dem Franck-Condon-Prinzip. Zum anderen kann die 0_0^0-Bande mit sehr geringer Intensität beobachtet werden, obwohl sie elektronisch verboten ist. Der Übergang ist aber durch Auswahlregeln für magnetische Dipole erlaubt. Ein Übergang ist dann magnetisch erlaubt, wenn die irreduzible Darstellung des angeregten Zustands der irreduziblen Darstellung einer ***Rotation*** des Moleküls entspricht. In diesem Fall ist $A_2 = \Gamma(R_z)$ (siehe Tabelle A.11 im Anhang).

Alle elektronisch verbotenen Übergänge der regelmäßigen oktaedrischen Übergangsmetallkomplexe (siehe Abschnitt 7.3.1.4) werden durch nicht-totalsymmetrische Schwingungen induziert.

Bislang haben wir nur Fälle betrachtet, für die $(\partial \boldsymbol{R}_e/\partial Q_i)_{eq}$ in Gl. (7.131) bei nicht-totalsymmetrischen Schwingungen beträchtliche Werte annehmen kann. Es sind jedoch einige Fälle bekannt, in denen $(\partial \boldsymbol{R}_e/\partial Q_i)_{eq}$ auch für totalsymmetrische Schwingungen ν_X ziemlich groß ist. Das führt zu einer Intensitätszunahme der betreffenden vibronischen Übergänge X_1^0 und X_0^1.

7.3.5 Rotationsfeinstruktur

Für mehratomige Moleküle gilt dasselbe wie für zweiatomige Moleküle: Die Rotationsfeinstruktur in den Spektren elektronischer Übergänge ähnelt im Prinzip der Feinstruktur ihrer Vibrationsspektren. Die Auswahlregeln für den linearen, symmetrischen, sphärischen und asymmetrischen Rotator sind die gleichen, die wir schon in den Abschnitten 6.2.3.1 bis 6.2.3.4 diskutiert haben. Wie auch schon bei den zweiatomigen Molekülen besteht der Hauptunterschied zu den Vibrationsspektren darin, daß sich durch den elektronischen Übergang die Geometrie und damit auch die Rotationskonstanten wesentlich stärker ändern.

Beim Übergang vom elektronischen Grund- in einen angeregten Zustand wechselt meist ein Elektron von einem bindenden in ein weniger bindendes Orbital. Dadurch nimmt die Molekülgröße zu und die Rotationskonstante ab. Die Rotationsfeinstruktur wird deshalb zu niedrigeren Wellenzahlen verschoben. Die Spektren erscheinen stark asymmetrisch, im Gegensatz zu den typischerweise sehr symmetrischen Vibrations-Rotationsspektren.

Beispiele für eine Verschiebung von Banden sind in den Bildern 7.44 und 7.45 gezeigt. In Bild 7.44(a) sehen wir das Spektrum des 1,4-Difluorbenzols, das der Punktgruppe D_{2h} angehört. Abgebildet ist die 0_0^0-Bande des ($\tilde{A}^1B_{2u}$–$\tilde{X}^1A_{1g}$)-Übergangs. Die Feinstruktur erscheint als Überlagerung unzähliger nicht aufgelöster Rotationsübergänge mit dennoch wohldefinierten Strukturen (B_1^1 ist eine überlagerte, schwache Bande eines ähnlichen Typs von Übergängen). Der Charaktertafel ist zu entnehmen, daß $B_{2u} = \Gamma(T_y)$ ist. Der elektronische Übergang ist demzufolge in Richtung der y-Achse polarisiert, die in der Molekülebene liegt und senkrecht zur F–C- - -C–F-Linie steht. 1,4-Difluorbenzol ist ein asymmetrischer zigarrenförmiger Rotator, und weil die y-Achse auch die Trägheitsachse b ist, gelangen die Rotationsauswahlregeln des Typs B zur Anwendung (siehe Abschnitt 6.2.3.4). Das in Bild 7.44(b) gezeigte Spektrum ist durch eine Computersimulation entstanden. Die Rotationskonstanten des $\tilde{A}$-Zustandes wurden so lange variiert, bis die bestmögliche Übereinstimmung zwischen beobachtetem und berechnetem Spektrum erreicht war. Banden des Typs A oder des Typs C konnten zwar nicht als Konturen der

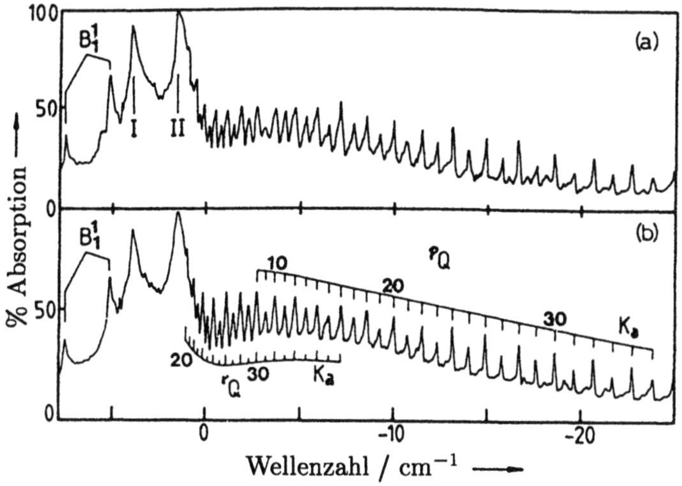

Bild 7.44 (a) Beobachtetes und (b) berechnetes Spektrum des 1,4-Difluorbenzols. Abgebildet ist die 0_0^0-Bande des $(\tilde{A}^1B_{2u}-\tilde{X}^1A_{1g})$-Übergangs. Dem Spektrum ist eine schwache Sequenz überlagert, die mit B_1^1 bezeichnet wird. (Aus: Cvitaš, T. und Hollas, J. M., *Mol. Phys.* **18**, 793, 1970)

Rotationsfeinstruktur identifiziert werden, sind aber zum Vergleich als Computersimulation in Bild 7.45 dargestellt. Die Simulation wurde mit den entsprechenden Auswahlregeln und denselben Rotationskonstanten wie in Bild 7.44(b) durchgeführt.

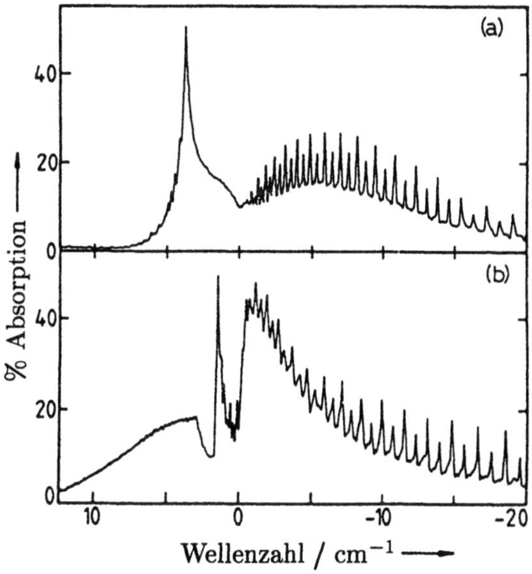

Bild 7.45 Berechnete Rotationsfeinstruktur des 1,4-Difluorbenzols für Übergänge (a) des Typs *A* und (b) des Typs *C*. Zur Berechnung wurden dieselben Rotationskonstanten wie für Bild 7.44(b) verwendet. (Aus: Cvitaš, T. und Hollas, J. M., *Mol. Phys.* **18**, 793, 1970)

Alle Banden, die die Bilder 7.44 und 7.45 zeigen, sind stark zu niedrigeren Wellenzahlen verschoben. Die verschiedenen Typen von Übergängen können zwar klar voneinander unterschieden werden. Für elektronische Übergänge ist es aber genauso typisch, daß die Banden des Typs A, B und C sich für verschiedene Moleküle in den Spektren auch recht verschieden darstellen. Wir können daher bei elektronischen und vibronischen Übergängen den drei Bandentypen keine charakteristischen Rotationskonturen zuordnen, wie wir es bei den Vibrations-Rotationsspektren des Ethylens (Bilder 6.28 bis 6.30) oder des Perdeuteronaphtalins (Bild 6.32) getan haben.

7.3.6 Diffuse Spektren

Mehratomige Moleküle neigen eher als zweiatomige Moleküle dazu, bei elektronischen Übergängen ein Kontinuum in ihrer Rotations- und sogar ihrer Vibrationsstruktur auszubilden. Diese Tendenz nimmt außerdem mit zunehmender Vibrationsenergie in einem elektronisch angeregten Zustand weiter zu. Diese Beobachtungen verlangen nach einer Erklärung, wobei repulsive Zustände, wie wir sie für zweiatomige Moleküle in Abschnitt 7.2.5.6 diskutiert haben, wohl keine Rolle spielen.

Die einfachste Erklärung ist sicherlich, daß in einem schmalen Wellenlängenbereich zuviele Übergänge stattfinden. So ergibt eine Schätzung, daß im Anthracen ($C_{14}H_{10}$) im Schnitt hundert Rotationsübergänge beim elektronischen Übergang ($\tilde{A}^1B_{1u}$–$\tilde{X}^1A_g$) auftreten. Sie liegen alle innerhalb der Halbwertsbreite einer durch den Doppler-Effekt begrenzten Rotationslinie. Auch die vibronischen Übergänge, und hier insbesondere die Sequenzen, häufen sich auf Grund der Vielzahl von Schwingungen (Anthracen hat sechsundsechzig Schwingungen) in einem sehr schmalen Wellenlängenbereich. Das Absorptionspektrum der ($\tilde{A}$–$\tilde{X}$)-Bande des Anthracens erscheint daher als quasi-kontinuierlich, selbst in der Gasphase und bei niedrigen Drücken.

Die Linienbreite $\Delta\tilde{\nu}$ eines Rotationsübergangs, der bei einem elektronischen oder vibronischen Übergang angeregt wird, hängt mit der Lebensdauer τ des angeregten Zustands und der Geschwindigkeitskonstanten erster Ordnung k für den Zerfall zusammen:

$$\Delta\tilde{\nu} = \frac{1}{2\pi c\tau} = \frac{k}{2\pi c}. \tag{7.133}$$

Diese Gleichung ergibt sich aus den Gln. (2.23) und (2.25). Wir betrachten den Absorptionsprozeß eines Moleküls von einem Singulettgrundzustand S_0 in den niedrigsten angeregten Singulettzustand S_1, wie es in Bild 7.46 dargestellt ist. Das Molekül kann aus dem Zustand S_1 unter Abgabe von Strahlung durch Fluoreszenz oder durch andere, strahlungslose Prozesse in den Grundzustand übergehen. Die Geschwindigkeitskonstante kann also in zwei Anteile zerlegt werden: Die eine Komponente k_r beinhaltet die Prozesse, die unter Emission von Strahlung ablaufen, und die andere Komponente k_{nr} die strahlungslosen Zerfallsprozesse:

$$\Delta\tilde{\nu} = \frac{1}{2\pi c}\left(\frac{1}{\tau_r} + \frac{1}{\tau_{nr}}\right) = \frac{k_r + k_{nr}}{2\pi c}. \tag{7.134}$$

In einem großen Molekül liegen die Rotations- und die Vibrationsniveaus eines beliebigen elektronisch angeregten Zustands so dicht beieinander, daß sie bei großen Vibrationsenergien ein Pseudo-Kontinuum bilden. Das ist in Bild 7.46 für die Zustände S_0, S_1 und den

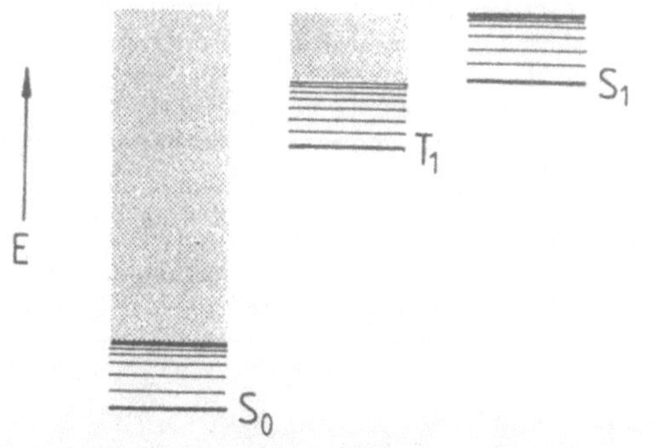

Bild 7.46 Die Zustände S_0, S_1 und T_1 eines mehratomigen Moleküls weisen Bereiche mit wenigen Vibrationszuständen und bei höheren Energien Pseudokontinua auf

niedrigsten angeregten Triplettzustand T_1 gezeigt; T_1 soll energetisch niedriger als S_1 liegen. Offensichtlich kann sogar der Schwingungsgrundzustand von S_1 mit den Pseudokontinua von S_0 und T_1 entartet sein. Der Übergang von S_1 nach S_0 (im Englischen: Internal Conversion) wird dadurch erheblich vereinfacht, ebenso wie der Übergang von S_1 nach T_1 (im Englischen: Intersystem Crossing). Beide Prozesse laufen strahlungslos ab und verringern damit die Quantenausbeute Φ_F der Fluoreszenz aus dem Zustand S_1. Die Quantenausbeute ist wie folgt definiert:

$$\Phi_F = \frac{\text{Zahl der fluoreszierenden Moleküle}}{\text{Zahl der absorbierten Quanten}}. \tag{7.135}$$

Für einige (S_1–S_0)-Übergänge ist Φ_F so klein, daß eine Fluoreszenz nicht beobachtet werden konnte.

Die Fluoreszenzlebensdauer τ_F kann direkt gemessen werden und entspricht der Lebensdauer des S_1-Zustands, wenn alle Zerfallskanäle berücksichtigt werden. Es gilt:

$$\tau_F = \frac{1}{k_r + k_{nr}}. \tag{7.136}$$

Auch Φ_F ist mit den beiden Komponenten der Geschwindigkeitskonstanten verknüpft:

$$\Phi_F = \frac{k_r}{k_r + k_{nr}}. \tag{7.137}$$

Durch Messen der beiden Größen τ_F und Φ_F können auch k_{nr} und k_{nr} bestimmt werden. In Tabelle 7.11 sind die Konstanten zusammengestellt, die für Benzol gemessen wurden. Die Fluoreszenz aus den $0^0, 6^1$ und $1^1 6^1$-Schwingungsniveaus des S_1 ($= \tilde{A}^1 B_{2u}$)-Zustands wurde bei niedrigen Drücken observiert, um Deaktivierung durch Stöße zu vermeiden. Die entsprechenden Schwingungsniveaus können selektiv durch Fluoreszenz aus einem einzelnen vibronischen Niveau besetzt werden (siehe Abschnitte 7.2.5.2 und 9.3.7). Die Raten der strahlungslosen Zerfallsprozesse des S_1-Zustands sind für alle drei vibronischen Niveaus gößer als diejenigen, die unter Emission von Licht ablaufen. Offensichtlich gibt es hier eine Abhängigkeit von der Schwingungsanregung, die sich auch in der Lebensdauer τ_F niederschlägt. Diese nimmt auf Grund der zunehmenden Dichte der Schwingungsniveaus

Tabelle 7.11 Quantenausbeute Φ_F der Fluoreszenz, Fluoreszenz-Lebensdauer τ_F und die Geschwindigkeitskonstanten k_r und k_{nr} (s. Text) des ^1S-Zustands von Benzol

vibronisches Niveau	Φ_F	τ_F/ns	k_r/s^{-1}	k_{nr}/s^{-1}
0^0	0,22	90	$2,4 * 10^{-6}$	$8,7 * 10^{-6}$
6^1	0,27	80	$3,4 * 10^{-6}$	$9,1 * 10^{-6}$
$1^1 6^1$	0,25	68	$3,7 * 10^{-6}$	$11,0 * 10^{-6}$

im Bereich des Pseudokontinuums ab. Es konnte gezeigt werden, daß der Übergang vom S_1- in den T_1-Zustand der dominierende Mechanismus ist.

Die Quantenausbeute Φ_F nimmt für den (S_1-S_0)-Übergang drastisch auf nahezu Null ab, wenn die Energie der vibronischen Niveaus, von denen die Emission startet, im Bereich zwischen 2000 und 3300 cm^{-1} (33,5 bis 39,5 kJ mol^{-1}) über dem Schwingungsgrundzustand des S_1-Zustands liegt. Offensichtlich existiert in diesem Energiebereich ein weiterer, dritter Zerfallskanal, dessen Mechanismus allerdings noch ungeklärt ist.

Aufgaben

1. Berechnen Sie für das Spektrum des Wasserstoffatoms, bei welchen Wellenlängen die ersten Linien der Serien mit $n'' = 90$ und $n'' = 166$ auftreten. Stellen Sie fest, in welchem Bereich des elektromagnetischen Spektrums diese Übergänge liegen.
2. Leiten Sie aus der Grundkonfiguration des Titans den Grundzustand ab. Welche Regeln verwenden Sie dazu? Leiten Sie ebenfalls die Zustände ab, die zur angeregten Konfiguration $KL3s^2 3p^6 4s^2 3d^1 4f^1$ gehören. Diskutieren Sie auch die möglichen Übergänge, die zwischen den Zuständen dieser Konfigurationen stattfinden können.
3. Welche der folgenden elektronischen Übergänge sind in einem zweiatomigen Molekül verboten? Warum?
$$(^1\Pi_g-^1\Pi_u),\ (^1\Delta_u^+-^1\Sigma_g^+)\ (^3\Phi_g-^1\Pi_g),\ (^4\Sigma_g^+-^2\Sigma_u^+)$$
4. Wie werden die Komponenten des elektronischen Zustands $^3\Delta_g$ für den Kopplungsfall (c) bezeichnet?
5. Leiten Sie die Zustände ab, die zu den folgenden Konfigurationen gehören:
$$\begin{array}{lll} C_2 & \ldots & (\sigma_u^* 2s)^2(\pi_u 2p)^3(\sigma_g 2p)^1 \\ NO & \ldots & (\sigma 2p)^1(\pi 2p)^4(\pi^* 2p)^2 \\ CO & \ldots & (\sigma^* 2s)^1(\pi 2p)^4(\sigma 2p)^2(\pi^* 2p)^1 \\ B_2 & \ldots & (\sigma_u^* 2s)^2(\pi_u 2p)^1(\pi_g^* 2p)^1 \end{array}$$
Welchen Grundzustand hat B_2?

6. In der nachstehenden Tabelle sind die Abstände zwischen den Schwingungsniveaus des CO im elektronisch angeregten Zustand $A^1\Pi$ aufgelistet. Berechnen Sie daraus die Werte für ω_e und $\omega_e x_e$ sowie die Dissoziationsenergie D_e.

$((v+1)-v)$	1–0	2–1	3–2	4–3	5–4	6–5
$[(G(v+1)-G(v))]/\mathrm{cm}^{-1}$	1484	1444	1411	1377	1342	1304

7. Berechnen Sie die Besetzungszahl des Niveaus $v = 1$ relativ zum Niveau $v = 0$ im elektronischen Grundzustand bei 293 K für die Moleküle H_2 ($\omega = 4401\,\mathrm{cm}^{-1}$), F_2 ($\omega = 917\ \mathrm{cm}^{-1}$) und I_2 ($\omega = 215\ \mathrm{cm}^{-1}$). Bei welcher Temperatur beträgt für jedes dieser Moleküle die relative Besetzung 0,500?

8. In der nachstehenden Tabelle sind die Kernabstände r_e für verschiedene Zustände der Moleküle CdH, Br_2 und CH zusammengestellt. Skizzieren Sie hierfür die Potentialkurven und schätzen Sie ab, wie sich die Intensität der $(v'' = 0)$-Progression im Absorptionsspektrum qualitativ ändert.

Molekül	Zustand	$r_e/\text{Å}$	Zustand	$r_e/\text{Å}$
CdH	$X^2\Sigma^+$	1,781	$A^2\Pi$	1,669
Br_2	$X^1\Sigma_g^+$	2,281	$B^3\Pi_{0_u^+}$	2,678
CH	$X^2\Pi$	1,120	$C^2\Sigma^+$	1,114

9. Bild 7.26 zeigt den *P*- und *R*-Zweig der 0-0-Bande des elektronischen Übergangs $(A^1\Sigma^+ - X^1\Sigma^+)$ des CuH-Moleküls. Messen Sie die Wellenzahlen der Rotationsübergänge dieses Spektrums aus, und bestimmen Sie an Hand dieser Meßwerte den Kernabstand r_0 für den *A*- und den *X*-Zustand; vernachlässigen Sie dabei die Zentrifugalverzerrung.

10. Diskutieren Sie kurz die Valenz-Molekülorbitale des AlH_2 und die Molekülgestalt im Grund- und ersten angeregten Singulettzustand.

11. Geben Sie für Formaldehyd die niedrigste MO-Konfiguration an, die bei einem $(\pi^* - \pi)$-Übergang entsteht, und leiten Sie die zugehörigen Zustände ab.

12. Zeigen Sie, daß die Determinante in Gl. (7.107) dieselben Ergebnisse liefert wie Gl. (7.109)

13. Welche Konfigurationen ergeben sich in der Kristallfeldnäherung für die folgenden Übergangsmetallkomplexe? $[Cu(H_2O)_6]^{2+}$, $[V(H_2O)_6]^{3+}$ und $[Mn(H_2O)_6]^{2+}$ sind High- Spin-Komplexe, $[Co(NH_3)_6]^{3+}$ ist ein Low-Spin-Komplex. Warum ist $[Mn(H_2O)_6]^{2+}$ farblos?

14. Der elektronische Übergang $(^1B_{3g} - ^1A_g)$ ist in Molekülen verboten, die der Punktgruppe D_{2h} angehören. Welche irreduzible Darstellung müßte eine Schwingung X haben, damit die Übergänge X_1^0 und X_0^1 erlaubt sind?

15. Zeigen Sie, daß die folgenden elektronischen Übergänge erlaubt sind:
    (a) $(^1E - ^1A_1)$ in Methylfluorid;
    (b) $(^1A_2'' - ^1A_1')$ in 1,3,5-Trichlorbenzol;
    (c) $(^1B_2 - ^1A_1)$ in Allen (CH_2=C=CH_2).

    In welche Richtung zeigt das Übergangsmoment? Welche Rotationsauswahlregeln sind gültig?

Bibliographie

Candler, C. (1964). *Atomic Spectra*, Hilger and Watts, London.
Condon, E. V. und Shortley, G. H. (1953). *The Theory of Atomic Spectra*, Cambridge University Press, London.
Coulson, C. A. (1961). *Valence*, Oxford University Press, Oxford
Coulson, C. A. und McWeeny, R. (1979). *Coulson's Valence*, Oxford University Press, Oxford.
Herzberg, G. (1944). *Atomic Spectra and Atomic Structure*, Dover, New York.
Herzberg, G. (1950). *Spectra of Diatomic Molecules*, Van Nostrand, New York.
Herzberg, G. (1966). *Electronic Spectra of Polyatomic Molecules*, Van Nostrand, New York.
Huber, K. P. und Herzberg, G. (1979). *Constants of Diatomic Molecules*, Van Nostrand Reinhold, New York.
Kettle, S. F. A. (1985). *Symmetry and Structure*, Wiley, London.
King, G. W. (1964). *Spectroscopy and Molecular Structure*, Holt, Rinehart und Winston, New York.
Kuhn, H. G. (1969). *Atomic Spectra*, Longman, London.
Murrell, J. N., Kettle, S. F. A. und Tedder, J. M. (1978). *Valence Theory*, Wiley, London.
Murrell, J. N., Kettle, S. F. A. und Tedder, J. M. (1978). *The Chemical Bond*, Wiley, London.
Rosen, B. (Herausgeber) (1970). *Spectroscopic Data Relative to Diatomic Molecules*, Pergamon, Oxford.
Steinfeld, J. I. (1974). *Molecules and Radiation*, Harper and Row, New York.
Walsh, A. D. (1953). *J. Chem. Soc.*, **1953**, 2260-2317.

8 Photoelektronenspektroskopie und verwandte Methoden

8.1 Photoelektronenspektroskopie

Photoelektronenspektroskopie untersucht die Elektronen, die durch Bestrahlen mit monochromatischem Licht von Atomen oder Molekülen emittiert werden. Diese sogenannten Photoelektronen haben wir bereits in Abschnitt 1.2 im Zusammenhang mit dem photoelektrischen Effekt kennengelernt. Erstmalig wurde dieser Effekt an Oberflächen leicht ionisierbarer Metalle beobachtet, wie z.B. den Alkalimetallen. Wird eine solche Oberfläche mit monochromatischem Licht von variabler Frequenz bestrahlt, kann erst ab einer bestimmten Grenzfrequenz ν_t Emission von Photoelektronen beobachtet werden. Erst ab dieser Frequenz ist die Photonenenergie groß genug, um die Austrittsarbeit Φ des Metalls zu überwinden. Dann gilt:

$$h\nu_\mathrm{t} = \Phi. \tag{8.1}$$

Bei höheren Frequenzen wird die verbleibende Energie in kinetische Energie der Photoelektronen umgewandelt:

$$h\nu = \Phi + \frac{1}{2}m_e v^2. \tag{8.2}$$

m_e ist die Masse und v_e die Geschwindigkeit der emittierten Photoelektronen.

Die Austrittsarbeit der Alkalimetalle beträgt nur wenige Elektronenvolt[1], so daß diese Metalle bereits durch Licht des nahen Ultravioletts ionisiert werden.

Die Photoelektronenspektroskopie nutzt in einer einfachen Erweiterung den photoelektrischen Effekt aus, indem hochenergetische Photonen verwendet werden. Nicht nur Festkörperoberflächen können mit dieser Methode untersucht werden, sondern auch Moleküle in der Gasphase. Auch hier gelten die Gln. 8.1 und 8.2, aber anstelle der Austrittsarbeit tritt die Ionisierungsenergie[2] I. Wir erhalten damit:

$$h\nu = I + \frac{1}{2}m_e v^2. \tag{8.3}$$

Einstein hat seine Theorie zum photoelektrischen Effekt bereits 1906 publiziert. Die Photoelektronenspektroskopie wurde aber erst zu Beginn der 60er Jahre, insbesondere von Siegbahn, Turner und Price, in der Form entwickelt, wie wir sie heute kennen. Wir wollen uns die Prinzipien der Photoelektronenspektroskopie an Hand eines Orbitaldiagramms klarmachen. Bild 8.1 zeigt schematisch die Orbitale eines Atoms oder Moleküls, das in der Gasphase vorliegen soll. Die AOs bzw. MOs sind in Rumpf- und Valenzorbitale eingeteilt, die alle nicht entartet sein sollen. Jedes Orbital kann also je zwei Elektronen mit antiparallelen Spins aufnehmen. Die Orbitalenergien werden relativ zu einem Energienullpunkt gemessen und sind stets negativ. Die Orbitalenergie entspricht der Energie,

[1] 1 eV = 96,485 kJ mol^{-1} = 8065,54 cm^{-1}.

[2] Häufig wird I als Ionisierungspotential bezeichnet. Gl. (8.3) verdeutlicht aber, daß I die Dimension einer Energie hat, und daher sollte der Ausdruck Ionisierungsenergie verwendet werden.

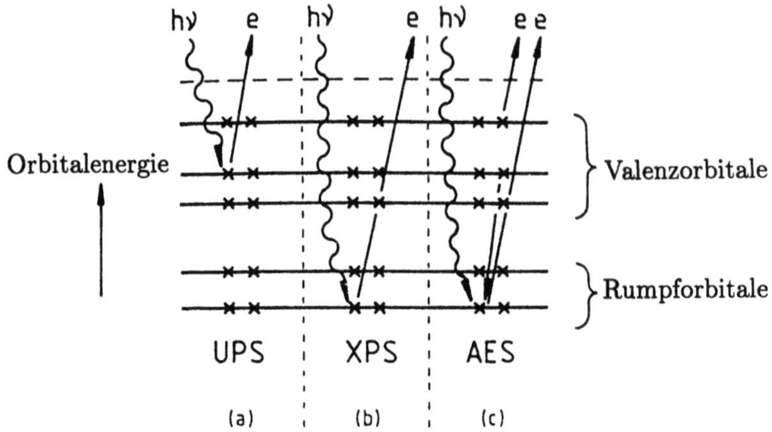

Bild 8.1 Diese Prozesse finden statt (a) bei der Ultraviolett-Photoelektronenspektroskopie UPS, (b) der Röntgen-Photoelektronenspektroskopie XPS und (c) der Auger-Elektronenspektroskopie AES

die aufgewendet werden muß, um ein Elektron aus diesem Orbital ins Unendliche zu entfernen. Die Valenz- oder Außenschalenelektronen haben eine größere Orbitalenergie als die Kern- oder Innenschalenelektronen. Um die Elektronen aus den inneren Schalen herauszuschlagen, wird eine monochromatische Lichtquelle des weichen Röntgenbereichs verwendet. Diese Technik wird daher als Röntgen-Photoelektronenspektroskopie oder kurz als XPS bezeichnet (Abkürzung für den englischen Ausdruck: X-ray photoelectron spectroscopy). Demgegenüber ist die Energie der fernen Ultraviolettstrahlung bereits ausreichend, um die Valenzelektronen zu entfernen. Entsprechend handelt es sich hierbei um die Ultraviolett-Photoelektronenspektroskopie, abgekürzt als UPS.

XPS und UPS beruhen beide auf demselben Effekt, und so erscheint die Unterteilung etwas willkürlich. Für beide Methoden werden aber verschiedene experimentelle Techniken eingesetzt, was durch die unterschiedlichen Bezeichnungen verdeutlicht wird.

Es gibt eine Fülle von Abkürzungen im Bereich der Photoelektronenspektroskopie und den verwandten Techniken, aber wir werden uns in diesem Abschnitt auf UPS und XPS konzentrieren. In den Abschnitten 8.2 und 8.3 werden wir uns dann mit AES, XRF und EXAFS beschäftigen. Auch ESCA, die Elektronenspektroskopie für die chemische Analyse, verdient eine kurze Erwähnung. Im Prinzip deckt die Elektronenspektroskopie einen weiten Bereich verschiedener Anwendungen und Techniken ab, bei denen Elektronen von einem Atom oder Molekül emittiert werden. ESCA wurde aber ursprünglich im Bereich der XPS entwickelt, und auch heute noch bezieht sich ESCA eher auf XPS als auf irgendeine andere Technik.

In Bild 8.1(a) und (b) sind die Prozesse skizziert, die bei XPS und UPS ablaufen. In beiden Fällen wird durch Bestrahlen ein Photoelektron aus dem Atom oder Molekül M emittiert und ein einfach positiv geladenes Teilchen erzeugt:

$$M + h\nu \longrightarrow M^+ + e. \qquad (8.4)$$

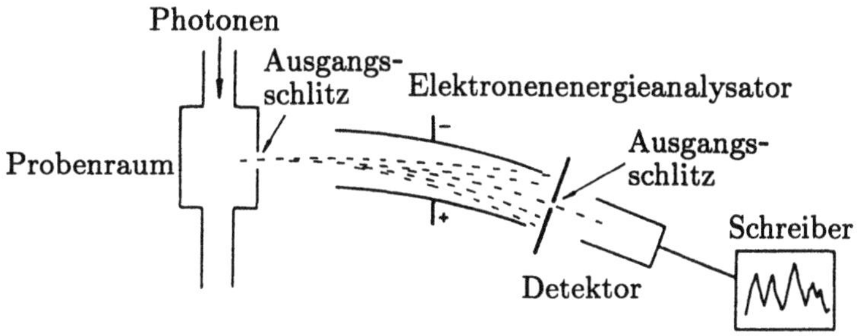

Bild 8.2 Die wichtigsten Komponenten eines Photoelektronenspektrometers

8.1.1 Experimentelle Methoden

Bild 8.2 zeigt die wichtigsten Komponenten eines UP- oder XP-Photoelektronenspektrometers. Durch Bestrahlen der Probe mit Photonen werden im Probenraum die erzeugten Photoelektronen in alle Richtungen emittiert. Einige treten durch den Ausgangsschlitz des Probenraums in den Elektronenenergieanalysator. Hier werden die Elektronen nach ihrer kinetischen Energie untersucht, etwa in der gleichen Weise wie die Ionen in einem Massenspektrometer. Die Elektronen verlassen den Analysator durch den Ausgangsschlitz und werden anschließend mit einen Detektor nachgewiesen. Bei einem Elektronenspektrum wird die Zahl der Elektronen pro Zeiteinheit (im Englischen: counts per second) ***entweder*** gegen die Ionisierungsenergie ***oder*** die kinetische Energie der Photoelektronen aufgetragen. (Manchmal ist einem Spektrum nicht genau zu entnehmen, welche Energie als Ordinate gewählt wurde; sie nehmen in die entgegengesetzte Richtung zu.)

8.1.1.1 Monochromatische Quellen ionisierender Strahlung

Eine UPS-Lichtquelle sollte den Bereich von mindestents 20 eV bis vorzugsweise 50 eV abdecken. Die untere Grenze ergibt sich aus der Tatsache, daß die niedrigste Ionisierungsenergie von Atomen und Molekülen typischerweise 10 eV beträgt. Darüberhinaus ist es wünschenswert, die Ionisierungsprozesse auch bei höheren Energien untersuchen zu können. Diesen Ansprüchen genügen die He- oder Ne-Gasentladungslampen, die Strahlung im fernen Ultraviolett erzeugen. Am häufigsten kommt die He-Lampe zum Einsatz, die hauptsächlich Licht mit einer Energie von 21,21 eV produziert, das durch den $(2^1P_1(1s^12p^1)–1^1S_0(1s^2))$-Übergang des He-Atoms bei 58,4 nm hervorgerufen wird (siehe auch Bild 7.9). Das ist die He(Iα)- oder He(I)-Strahlung.

Die Bedingungen in der He-Entladungslampe können so eingestellt werden, daß Helium vorzugsweise zu He^+ ionisiert wird. Die damit erzeugte He(II)-Strahlung mit der Energie 40,81 eV kommt durch den Übergang $((n = 2)–(n = 1))$ bei 30,4 nm zustande (analog zum ersten Übergang in der Lyman-Serie des Wasserstoffatoms (s. Bild 1.1). Mit Hilfe einer dünnen Al-Folie kann die He(I)-Strahlung nahezu vollständig ausgeblendet werden.

Wird Neon als Gas in der Entladungslampe verwendet, wird Strahlung mit den ***zwei*** dicht beieinander liegenden Wellenlängen von 74,4 und 73,6 nm erzeugt; das entspricht den Energien 16,67 und 16,85 eV. Als monochromatische Lichtquelle ist die Ne-Lampe weniger gut zu gebrauchen als die höherenergetische He-Entladungslampe.

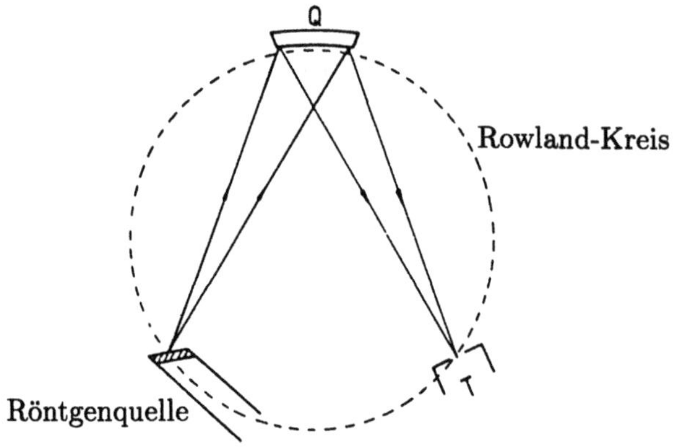

Bild 8.3 Röntgenmonochromator mit gebogenem Quarzkristall

Um Röntgenlicht zu erzeugen, wird eine Mg- oder Al-Oberfläche mit Elektronen beschossen, wobei ein Elektron aus der $K(n = 1)$-Schale herausgeschlagen wird. Das Loch in der K-Schale wird durch ein Elektron aus der höchsten besetzten Schale, also der $L(n = 2)$-Schale, aufgefüllt. Dabei wird Röntgenlicht emittiert. Die Mg$K\alpha$-Strahlung besteht hauptpsächlich aus einer Doppellinie bei 1253,7 und 1253,4 eV, während Al$K\alpha$-Strahlung eine Doppellinie bei 1486,7 und 1486,3 eV aufweist. Durch den Beschuß der Metalloberflächen mit Elektronen wird auch ***Bremsstrahlung*** erzeugt, die zusätzlich, neben einigen Satelliten, als intensitätsschwacher, kontinuierlicher Untergrund zu den Doppellinien auftritt. Sowohl die Bremsstrahlung als auch die Satelliten können mit einem Monochromator wie in Bild 8.3 eliminiert werden. Als konkaves Beugungsgitter wird für die Röntgenstrahlung ein gebogener Quarz Q verwendet. Die Röntgenlichtquelle und die Probenkammer T des Photoelektronenspektrometers werden in einem Rowland-Kreis aufgestellt. Der Durchmesser dieses Kreises ist genauso groß wie der Krümmungsradius des Beugungsgitters. Durch diese Anordnung wird die Strahlung einer Lichtquelle, die auf diesem Kreis liegt, an dem Gitter gebeugt und auf einen anderen Punkt, der ebenfalls auf diesem Kreis liegt, refokussiert.

Der Monochromator dient nicht nur dazu, um die unerwünschten Linien und die Bremsstrahlung zu entfernen, sondern auch, um die relativ große Linienbreite auf ca. 0,2 eV zu verringern, die sonst bei den Dubletts der Mg$K\alpha$- und der Al$K\alpha$-Linie 1 eV beträgt. Anders als bei UPS wird die Auflösung eines XP-Spektrums durch die Halbwertsbreite der ionisierenden Strahlung bestimmt. Die erzielte Auflösung von 0,2 eV (1600 cm^{-1}) ist aber immer noch schlecht im Vergleich zu der Halbwertsbreite einer He- oder Ne-Lichtquelle. Die Valenzelektronen werden daher wegen der wesentlich besseren Auflösung mit einer solchen Gasentladungslampe untersucht, obwohl auch unter Röntgenlicht die Valenzelektronen emittiert werden können.

Licht sowohl für den Röntgen- als auch den Ultraviolettbereich stellt ein Elektronenspeicherring oder Synchrotron zur Verfügung. In Bild 8.4 ist der Speicherring von Daresbury in England skizziert. In einem kleinen Linearbeschleuniger wird ein Elektronenstrahl erzeugt. Elektronen werden gepulst in das Booster-Synchrotron tangential injiziert, wo sie durch 500 MHz-Strahlung beschleunigt werden. Dadurch bilden sich Elektronenpakete aus, die einen zeitlichen Abstand von 20 ns zueinander haben. Durch Dipolablenkma-

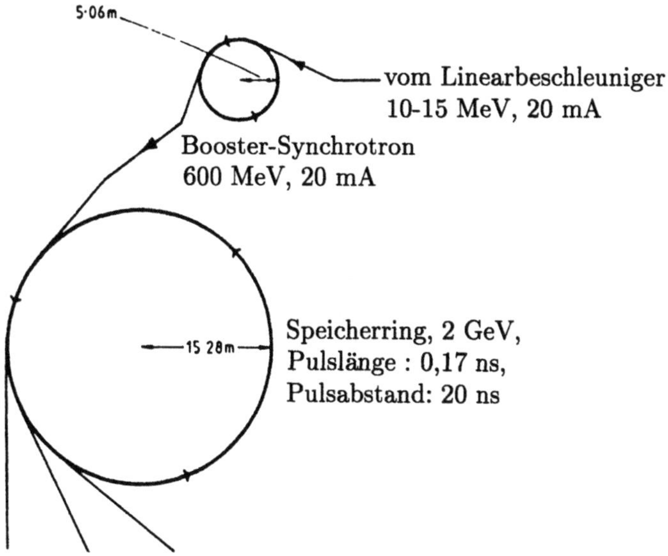

Bild 8.4 Der Speicherring in Daresbury, England

gnete werden die Elektronenpakete auf eine Kreisbahn gezwungen. Mit einer kinetischen Energie von 600 MeV werden die Elektronen tangential in den Speicherring injiziert, wo sie weiter auf 2 GeV beschleunigt werden. Anschließend muß nur noch wenig Energie aufgewendet werden, um die Elektronen auf ihrer Kreisbahn zu halten.

Die kreisenden Elektronen verlieren mit einer Halbwertszeit von ca. 8 h kontinuierlich Energie in Form von elektromagnetischer Strahlung. Diese Strahlung ist hauptsächlich in der Ringebene polarisiert und wird tangential zum Speicherring im Abstand von 20 ns mit einer Pulslänge von 0,17 ns abgestrahlt. Am Ring sind viele Strahlrohre angebracht, die zu den Meßplätzen führen. Die Synchrotronstrahlung überstreicht den gesamten Bereich vom fernen Infrarot bis zur Röntgenstrahlung. Der Hauptvorteil einer solchen Anlage gegenüber gewöhnlichen Laborlichtquellen ist aber die wesentlich höhere Lichtintensität, die insbesondere im fernen Infrarot und im Röntgenbereich um einen Faktor 10^5 bis 10^6 größer ist als bei konventionellen Quellen.

8.1.1.2 Elektronenenergieanalysatoren

Messen der kinetischen Energie der Photoelektronen (Gl. (8.3)) ist gleichbedeutend mit dem Messen ihrer Geschwindigkeit. Hierzu sind mehrere Methoden entwickelt worden, von denen vier in Bild 8.5 vorgestellt werden.

In einem Schlitzgitteranalysator, der in Bild 8.5(a) skizziert ist, werden die Photoelektronen der gasförmigen Probe entlang der Achse eines zylindrischen Elektronenkollektors erzeugt. An dem zylindrischen Abbremsgitter wird eine variable Bremsspannung angelegt. Wenn diese Bremsspannung gerade der Energie eines Teils der emittierten Photoelektronen entspricht, nimmt der detektierte Strom I ab. Trägt man den gemessenen

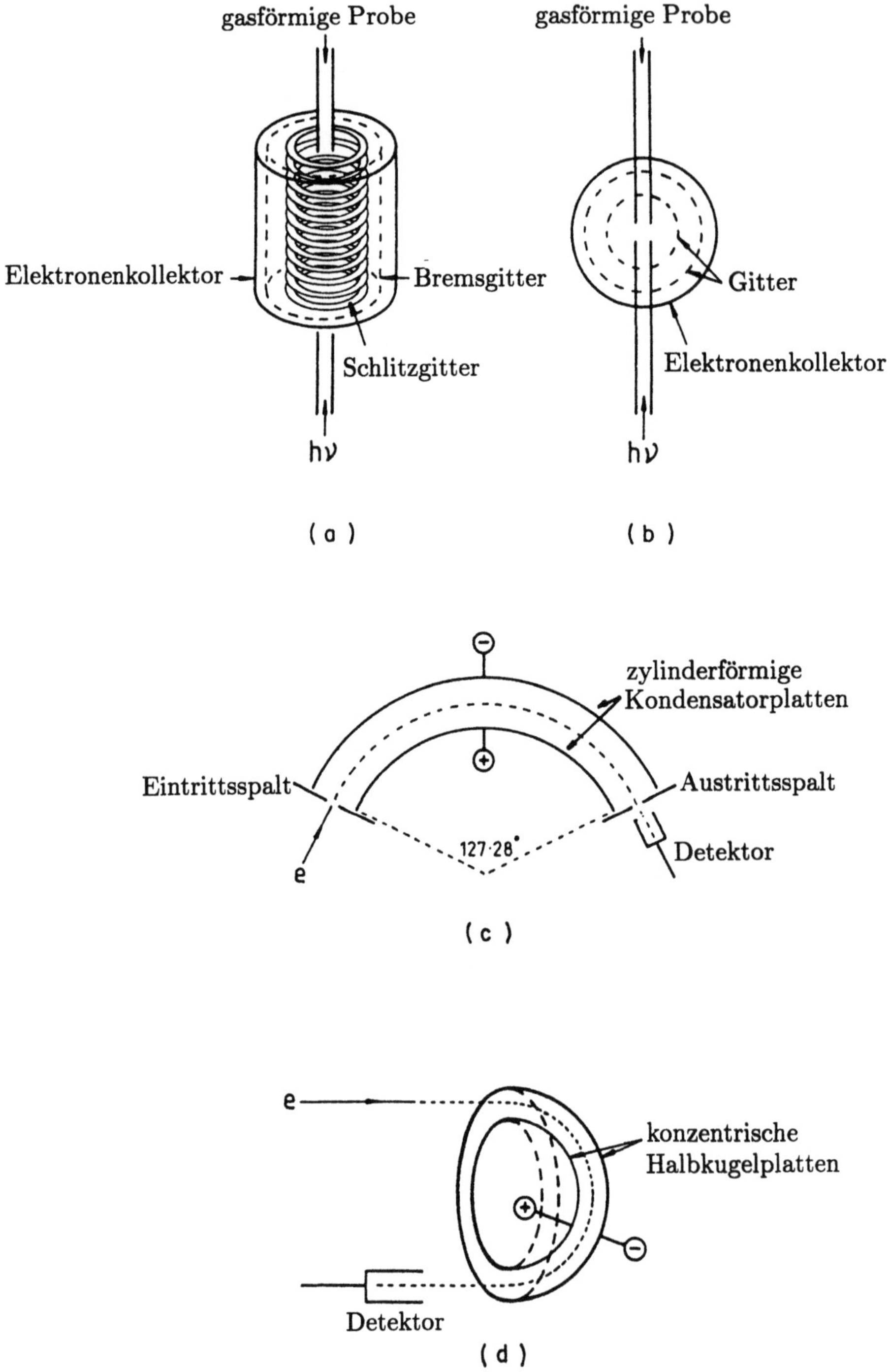

Bild 8.5 (a) Schlitzgitter-, (b) Kugelgitter-, (c) 127°-Zylinder- und (d) Halbkugelanalysator

Strom gegen die Bremsspannung V auf, so sind mehrere Stufen in der Strom-Spannungs-Kurve erkennbar. Jede Stufe entspricht jeweils einer Ionisierungsenergie der Probe. Mit Hilfe eines einfachen Schaltkreises können die Meßwerte differenziert werden. Trägt man die so gewonnene Ableitung $\mathrm{d}I/\mathrm{d}V$ gegen V auf, sind anstelle der Stufen nun die Peaks eines Photoelektronenspektrums zu sehen. Durch das Schlitzgitter werden nur die Photoelektronen detektiert, die senkrecht zur Zylinderachse emittiert werden.

Der Vorteil eines sphärischen Gitteranalysators (Bild 8.5(b)) ist, daß alle im Zentrum erzeugten Photoelektronen unabhängig von der Emissionsrichtung detektiert werden können. In der Zeichnung enthält dieser Analysator zwei Bremsgitter.

Die in den Bildern 8.5(a) und (b) gezeigten Analysatoren eignen sich besonders gut für die Untersuchung gasförmiger Proben. Die Analysatoren, die in den Bildern 8.5(c) und (d) dargestellt sind, werden gerne für die Spektroskopie von Festkörpern eingesetzt. Der 127°-Zylinderanalysator (Bild 8.5(c)) besteht aus zwei Kondensatorplatten, die zwei konzentrischen Zylinderausschnitten von genau 127,28° entsprechen. Zwischen beiden Kondensatorplatten liegt ein variables elektrisches Feld an. Die Elektronen können den Analysator nur dann durch den Austrittsspalt verlassen, wenn das angelegte Feld sie auf die eingezeichnete Kreisbahn zwingt. Die Elektronen werden nachgewiesen, während das Feld langsam variiert wird.

Der in Bild 8.5(d) skizzierte Halbkugelanalysator funktioniert im Prinzip auf die gleiche Weise, hat aber den Vorteil, daß mehr Photoelektronen eingesammelt werden können. Dieser Analysator besteht aus zwei konzentrischen Halbkugelplatten und wird häufig in der UP- und XP-Spektroskopie benutzt.

8.1.1.3 Elektronendetektoren

Wenn ein zylindrischer oder sphärischer Gitteranalysator eingesetzt wird, kann als Detektor ein einfaches Elektrometer verwendet werden. Das ist bei den anderen Analysatortypen auf Grund der geringen Zahl der nachgewiesenen Elektronen nicht mehr möglich. Stattdessen müssen Elektronenvervielfacher benutzt werden, die eine erheblich größere Empfindlichkeit aufweisen. Es sind zehn bis zwanzig Dynoden erforderlich, um einen meßbaren Strom zu erhalten. Alternativ kann auch ein Vielkanal-Elektronenvervielfacher verwendet werden. Dieser wird in der Brennebene des Analysators eingebaut und kann gleichzeitig Elektronen nachweisen, die über einen Energiebereich verteilt sind.

8.1.1.4 Auflösung

Wir haben bereits erwähnt, daß die Auflösung im XP-Spektrum hauptsächlich durch die Linienbreite der ionisierenden Strahlung bestimmt wird. Im UP-Spektrum hängt die Auflösung sehr stark davon ab, wie gut das Spektrometer von Streumagnetfeldern und nicht zuletzt auch vom Erdmagnetfeld abgeschirmt werden kann. Auch die Reinheit der Analysatoroberfläche beeinflußt die Auflösung. Diese nimmt ab, wenn die kinetische Energie der Elektronen weniger als ungefähr 5 eV beträgt. Als beste Auflösung wurde bisher 4 meV (32 cm^{-1}) in einem UPS-Experiment erzielt. Es handelt sich also um eine Methode mit sehr niedriger Auflösung, wenn wir UPS mit den bisher vorgestellten spektroskopischen Verfahren vergleichen. Die Rotationsfeinstruktur, die während des

Ionisierungsprozesses auftritt, können wir daher im UP-Spektrum von Gasen normalerweise nur sehr schwer beobachten. Bei Molekülen mit sehr kleinen Trägheitsmomenten, wie H_2 und H_2O, ist es jedoch gelungen, die Rotationsfeinstruktur aufzulösen. Wir wollen uns aber nicht weiter damit befassen.

Die Auflösung, die mit XPS erreicht werden kann, ist mit 0,2 eV (1600 cm^{-1}) viel zu gering, so daß selbst die Vibrationsstruktur des Ionisierungsprozesses in vielen Fällen nicht aufgelöst werden kann.

8.1.2 Ionisierungsprozesse und Koopmans' Theorem

Wir wollen uns nun mit dem Ionisierungsprozeß beschäftigen, der durch Gl. (8.3) beschrieben wird und sowohl für XPS als auch für UPS gilt. Dabei wird ein einfach positiv geladenes Teilchen gebildet.

Die Auswahlregel für einen solchen Prozeß ist ausgesprochen trivial: *Alle* Ionisierungen sind erlaubt.

Wird ein Atom ionisiert, muß die Änderung des Gesamtdrehimpulses des Prozesses ($M+h\nu \rightarrow M^{+}+e$) der elektrischen Dipolauswahlregel $\Delta l = \pm 1$ genügen (siehe Gl. (7.2)). Das Photoelektron kann jedoch *jeden* Impulsbetrag übernehmen. Wird z.B. ein Elektron aus einem d-Orbital entfernt ($l = 2$), hat das Photoelektron einen oder drei Drehimpulsquanten übernommen, je nachdem, ob $\Delta l = +1$ oder -1 beträgt. Die Wellenfunktion des wegfliegenden Elektrons kann generell als eine Überlagerung von $s, p, d, f, \ldots$-Wellenfunktionen beschrieben werden; in unserem Beispiel weist das emittierte Elektron lediglich p- und f-Charakter auf.

Auch bei den Molekülen unterliegt das Entfernen eines Elektrons keinerlei Beschränkungen. Der Hauptunterschied zu den Atomen liegt darin, daß auf Grund der niedrigeren Symmetrie die Wellenfunktionen des Moleküls selbst eine Mischung aus s-, p-, d-, f- ... AOs darstellen. Folglich wird auch das emittierte Elektron durch eine kompliziertere Mischung von s-, p-, d-, f- ... Wellenfunktionen beschrieben.

Die Bilder 8.5(a) und (b) erwecken den Eindruck, daß die Energie, die erforderlich ist, um ein Elektron aus einem Orbital zu entfernen, ein direktes Maß für die Orbitalenergie ist. Diese Aussage stimmt auch näherungsweise, und Koopmans hat dazu folgendes Theorem formuliert: „In einem Molekül mit abgeschlossenen Schalen entspricht die Ionisierungsenergie eines bestimmten Orbitals der negativen Orbitalenergie, die durch eine SCF-Rechnung bestimmt wurde“ (zur SCF-Methode siehe Abschnitt 7.1). Für ein bestimmtes Orbital i gilt also:

$$I_{\mathrm{i}} \simeq -\epsilon_{\mathrm{i}}^{\mathrm{SCF}}. \tag{8.5}$$

Das negative Vorzeichen rührt daher, daß die Orbitalenergien ϵ_{i} konventionsgemäß negativ sind.

Auf dem Niveau der einfachen Valenztheorie erscheint Koopmans' Theorem so selbstverständlich, daß es kaum einer speziellen Erwähnung bedarf. Dem ist nicht mehr so, wenn wir präzisere Theorien verwenden. Der Frage, warum Gl. (8.5) nur näherungsweise gilt, ist große Aufmerksamkeit gewidmet worden.

Die gemessene Ionisierungsenergie I_{i} ist die Energiedifferenz zwischen M und M^{+}. Die Näherung ist nun, diese Energiedifferenz mit der Orbitalenergie gleichzusetzen. Orbitale beruhen nun einmal auf einer bestimmten Theorie, und die Orbitalenergien können *nur* durch genaue Rechnungen erhalten werden; bei Mehr-Elektronen-Systemen ist auch das nur unter Schwierigkeiten möglich. Die experimentell zugänglichen Ionisierungsenergien sind die meßbaren Größen, die den Orbitalenergien am besten entsprechen.

Die größten Schwächen der SCF-Rechnungen tragen dazu bei, daß Koopmans' Theorem (Gl. (8.5)) nur näherungsweise gilt. Im einzelnen sind das:

1. Elektronenreorganisation. Die Orbitale des Ions M^+ unterscheiden sich von denen des Neutralteilchens M, weil ein Elektron weniger vorhanden ist. Die Elektronen in M^+ befinden sich demzufolge in Orbitalen, die sich gegenüber den Orbitalen von M reorganisiert haben. Es ist
$$\epsilon_i^{SCF}(M^+) \neq \epsilon_i^{SCF}(M). \tag{8.6}$$
2. Elektronenkorrelation. Die Elektronen eines Atoms oder Moleküls bewegen sich nicht unabhängig voneinander, ihre Bewegungen sind miteinander korreliert. Die entsprechende Korrelationsenergie bleibt in den meisten SCF-Rechnungen unberücksichtigt.
3. Relativistische Effekte. Das ist ebenfalls ein weit verbreitetes Defizit in SCF-Rechnungen, das sich besonders gravierend bei der Berechnung der Energien der Rumpforbitale auswirkt.

Für viele Moleküle mit abgeschlossenen Schalen stellt Koopmans' Theorem eine gute Näherung dar. N_2 bildet hier jedoch eine erwähnenswerte Ausnahme (siehe Abschnitt 8.1.3.2.2). Bei offenschaligen Molekülen, wie z.B. O_2 und NO, kann dieses Theorem nicht angewendet werden.

8.1.3 Photoelektronenspektren und ihre Interpretation

Die einfachste und vielleicht auch wichtigste Information, die wir einem Photoelektronenspektrum entnehmen können, ist die Ionisierungsenergie der Valenz- und Kernelektronen. Insbesondere für mehratomige Moleküle waren, bevor die Photoelektronenspektroskopie entwickelt wurde, nur wenige dieser Ionisierungsenergien bekannt. Die Ionisierungsenergien der Kernelektronen waren bis dahin überhaupt nicht zugänglich. Die gemessenen Ionisierungsenergien der kernnahen Orbitale zeigen aber die starke Abweichung dieser Orbitale von den AOs auf, die wir in unserer einfachen Valenztheorie benutzt haben.

In den folgenden Abschnitten werden wir jedodch einige Beispiele kennenlernen, die eindrucksvoll die Anwendbarkeit der durchaus einfachen Theorie der Valenzelektronen belegen. Wir werden sehen, daß wir sogar die Vibrationsstruktur erklären können, wenn wir Koopmans' Theorem, das für geschlossenschalige Moleküle gültig ist, ausnutzen.

8.1.3.1 Ultraviolett-Photoelektronenspektren von Atomen

Mit UPS können für Atome keine neuen Informationen gewonnen werden, die nicht auch mit anderen Techniken zugänglich wären. Außerdem ist der Dampfdruck vieler Elemente so niedrig, daß die entsprechenden UP-Spektren nur bei sehr hohen Temperaturen aufgenommen werden können. Ausnahmen bilden die Edelgase, Quecksilber und in gewissem

Umfang auch die Alkalimetalle. Wir wollen aber nur das Spektrum des Argons besprechen.

Das He(I)-UP-Spektrum des Argons ist in Bild 8.6 dargestellt; wie bereits erwähnt, entspricht He(I)-Licht einer Anregungsenergie von 21,21 eV. Die beiden Signale werden durch das Entfernen eines Elektrons aus dem $3p$-Orbital nach dem folgenden Schema hervorgerufen:

$$\mathrm{Ar}(KL3s^2 3p^6) \longrightarrow \mathrm{Ar}^+(KL3s^2 3p^5). \tag{8.7}$$

Mit unseren Kenntnissen aus Abschnitt 7.1.2.3 können wir ableiten, daß Ar die Grundkonfiguration $^1S_0$ hat. Die Grundkonfiguration des Ar^+ enthält aber zwei Zustände, $^2P_{1/2}$ und $^2P_{3/2}$. Weil $L = 1$ und $S = \frac{1}{2}$ ist, resultiert der ^2P-Term mit den beiden Komponenten $J = \frac{1}{2}$ und $\frac{3}{2}$. Diese beiden Ar^+-Zustände spalten durch Spin-Bahn-Wechselwirkung auf. Das $3p$-Orbital des Ar^+ ist mehr als halbvoll besetzt, und deshalb liegt ein invertiertes Multiplett vor. Gemäß der Regel 4 auf Seite 196 liegt der $^2P_{3/2}$-Zustand energetisch tiefer als der $^2P_{1/2}$-Zustand. Die Aufspaltung der beiden Signale um 0,178 eV spiegelt die Spin-Bahn-Wechselwirkung wider. Der Ionisierungsprozeß $(\mathrm{Ar}^+(^2P_{3/2}) - \mathrm{Ar}(^1S_0))$ ist ungefähr doppelt so intensiv wie $(\mathrm{Ar}^+(^2P_{1/2}) - \mathrm{Ar}(^1S_0))$. Das liegt daran, daß der $^2P_{3/2}$-Zustand vierfach entartet ist (M_J kann die Werte $\frac{3}{2}, \frac{1}{2}, -\frac{1}{2}$ und $-\frac{3}{2}$ annehmen) und der $^2P_{1/2}$-Zustand nur zweifach (hier gilt $M_J = \pm\frac{1}{2}$).

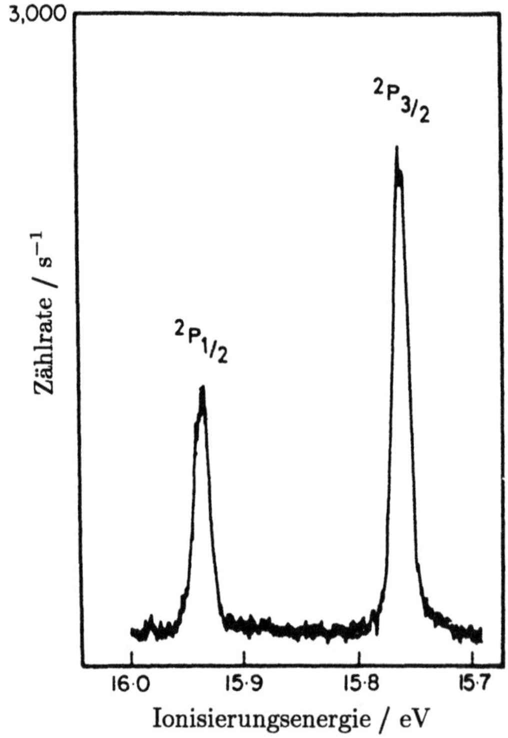

Bild 8.6 Das He(I)-UP-Spektrum des Argons. (Aus: Turner, D. W., Baker, C. Baker, A. D. und Brundle, C. R., *Molecular Photoelectron Spectroscopy*, Seite 41, Wiley, London, 1970)

Tabelle 8.1 Niedrigste Ionisierungsenergien einiger Edelgase

	I/eV	
	$^2P_{3/2}$	$^2P_{1/2}$
Ar	15,759	15,937
Kr	14,000	14,665
Xe	12,130	13,436

Ähnliche He(I)-UP-Spektren liefern Kr und Xe. Die Ionisierungsenergie nimmt mit zunehmender Ordnungszahl ab, während gleichzeitig die Spin-Bahn-Aufspaltung zunimmt. Die entsprechenden Werte sind in Tabelle 8.1 zusammengefaßt.

8.1.3.2 Ultraviolett-Photoelektronenspektren von Molekülen

8.1.3.2.1 Wasserstoff. Wie Bild 7.14 zeigt, lautet die Grundkonfiguration des H_2 $(\sigma_g 1s)^2$. Das He(I)-UP-Spektrum, das in Bild 8.7 dargestellt ist, entsteht durch Entfernen eines Elektrons aus dem $\sigma_g 1s$-MO, wobei der $X^2\Sigma_g^+$-Grundzustand von H_2^+ gebildet wird.

Offensichtlich besteht das Spektrum nicht aus einer einzigen, dem Ionisierungsprozeß entsprechenden Linie, sondern erinnert uns eher an eine vibronische Bande, wie wir sie von dem elektronischen Übergang eines zweiatomigen Moleküls her kennen (siehe Abschnitt 7.2.5.2). Das Franck-Condon-Prinzip, das wir in Abschnitt 7.2.5.3 vorgestellt haben, greift auch bei den Ionisierungsprozessen. Die Ionisierung wird daher am wahrscheinlichsten in den vibronischen Zustand des Ions erfolgen, in dem die Positionen und die Geschwindigkeiten der Kerne die gleichen sind wie im Molekül. Das ist für den Prozeß $(H_2^+(X^2\Sigma_g^+)–H_2(X^1\Sigma_g^+)$ in Bild 8.8 gezeigt; für einen elektronischen Übergang zeigt Bild 7.21 ein ähnliches Diagramm. Weil ein Elektron aus dem bindenden $\sigma_g 1s$-MO entfernt wird, resultiert daraus für das Ion ein größerer Gleichgewichtsabstand r_e; der Übergang in das $(v' = 2)$-Niveau ist am wahrscheinlichsten. In Bild 8.7 erkennen wir eine lange $(v'' = 0)$-Progression, die gerade bis zur Dissoziationsgrenze des H_2^+ bei $v' \simeq 18$ reicht.

Aus dem Abstand der Progressionsglieder können die Vibrationskonstanten ω_e, $\omega_e x_e$, $\omega_e y_e$, ... aus Gl. (6.16) für H_2^+ bestimmt werden. Daraus ergibt sich für den $X^2\Sigma_g^+$-Grundzustand des H_2^+-Ions als Vibrationswellenzahl $\omega_e = 2322$ cm^{-1}, die damit wesentlich kleiner als im H_2-Molekül ist (hier beträgt $\omega_e = 3115$ cm^{-1}). Daraus folgt, daß auch die Kraftkonstante im Grundzustand des H_2^+ kleiner ist als im H_2. Das wiederum bedeutet, daß die Bindung schwächer geworden ist, wie wir es ja auch erwartet haben.

Die Bilder 8.7 und 8.8 verdeutlichen, daß es zwei Möglichkeiten gibt, die Ionisierungsenergie zu definieren. Zum einen ist die adiabatische Ionisierungsenergie definiert als die Energie der $((v' = 0)–(v'' = 0))$-Ionisierung. Diese Größe kann jedoch mit einer beträchtlichen Unsicherheit behaftet sein, wenn die Progression so lang ist, daß die ersten Glieder nur mit sehr schwacher oder ohne Intensität auftreten. Zum anderen ist die vertikale Ionisierungsenergie als die Energie definiert, die dem Intensitätsmaximum der $(v'' = 0)$-Progression entspricht; das Maximum kann durchaus *zwischen* zwei Linien

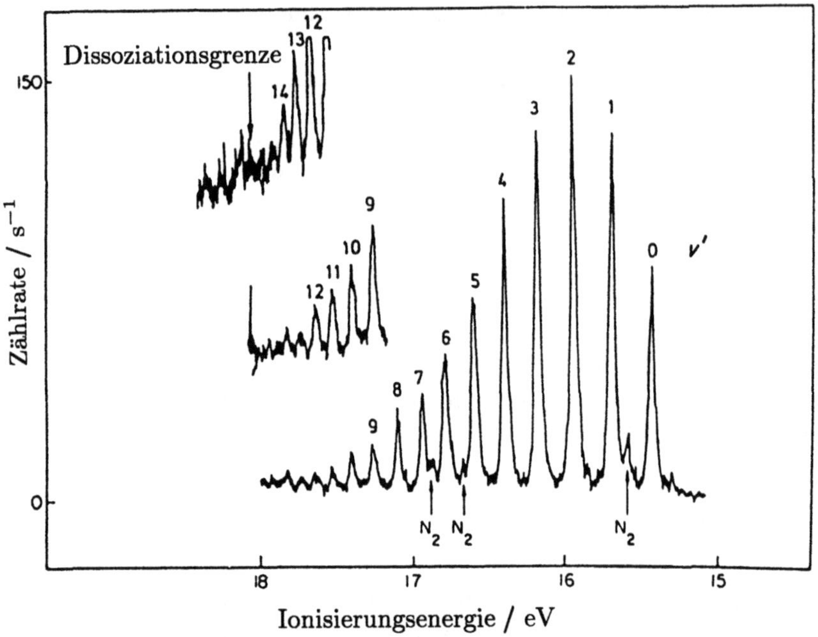

Bild 8.7 Das He(I)-UP-Spektrum von H_2. (Aus: Turner, D. W., Baker, C. Baker, A. D. und Brundle, C. R., ***Molecular Photoelectron Spectroscopy***, Seite 44, Wiley, London, 1970)

liegen. Die vertikale Ionisierungsenergie kann auch als die Energie definiert werden, die dem Übergang des Bandenschwerpunkts entspricht. Die Lage des Bandenschwerpunkts ist aber schwer zu bestimmen, wenn sich mehrere Banden überlappen.

Koopmans' Theorem in Gl. (8.5) bezieht sich auf die vertikale Ionisierungsenergie.

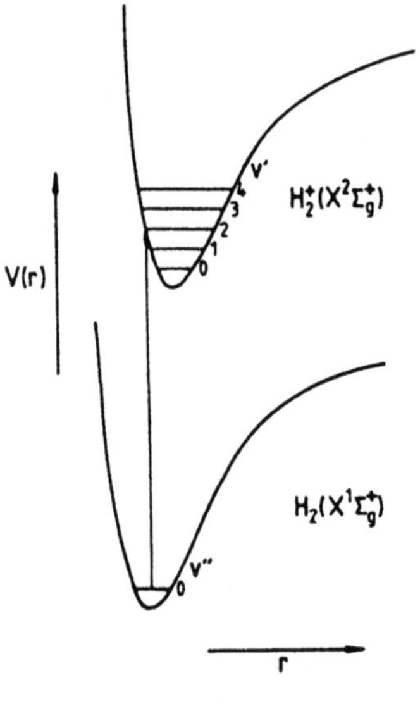

Bild 8.8
Das Franck-Condon-Prinzip greift auch beim Ionisierungsprozeß des H_2

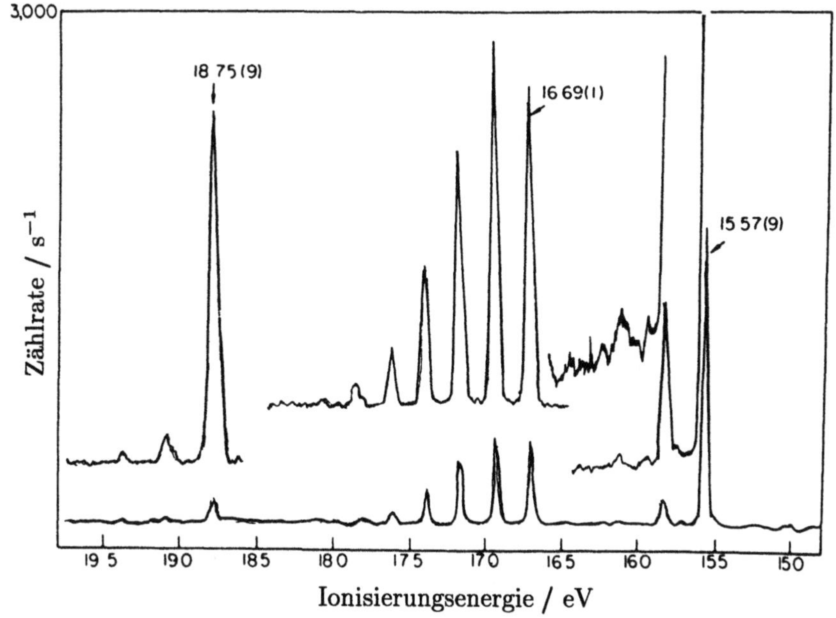

Bild 8.9 He(I)-UP-Spektrum des N_2. (Aus: Turner, D. W., Baker, C. Baker, A. D. und Brundle, C. R., ***Molecular Photoelectron Spectroscopy***, Seite 46, Wiley, London, 1970)

8.1.3.2.2 Stickstoff. Die Grundkonfiguration des N_2 ist in Gl. (7.57) angegeben. Das He(I)-UP-Spektrum ist in Bild 8.9 gezeigt.

An Hand des MO-Digramms in Bild 7.14 können wir die niedrigste adiabatische Ionisierungsenergie von 15,58 eV auf das Entfernen eines Elektrons aus dem $\sigma_g 2p$-MO zurückführen, während die zweite (16,69 eV) und die dritte Ionisierungsenergie (18,76 eV) durch das Entfernen eines Elektrons aus dem $\pi_u 2p$- und dem $\sigma_u^* 2s$-MO resultieren.

Am Beispiel des He(I)-UP-Spektrums des H_2 haben wir gesehen, daß eine lange Progression auch bei einem Ionisierungsprozeß auftreten kann. Mit Hilfe des Franck-Condon-Prinzips kann das in befriedigender Weise dadurch erklärt werden, daß ein Elektron aus einem stark bindenden Orbital entfernt wird. Wird ein Elektron aus einem stark antibindenden Orbital entfernt, erwarten wir einen kürzeren Abstand im Ion und wieder eine lange Progression. Dagegen ist eine kurze Progression zu erwarten und eine nur geringe Änderung des Kernabstands, wenn ein Elektron aus einem schwach oder nicht-bindenden MO entfernt wird (siehe auch Bild 7.22(a)).

Wir wenden das Franck-Condon-Prinzip auf das He(I)-UP-Spektrum des N_2 an. Die Bande, die durch den zweiten Ionisierungsprozeß hervorgerufen wird, zeigt eine lange Progression. Das ist konsistent mit unserer Interpretation: Hier wird ein Elektron aus dem bindenden $\pi_u 2p$-MO entfernt. Mit dem ersten und dem dritten Ionisierungsprozeß ist jeweils eine kurze Progression verknüpft. Offensichtlich ist der bindende bzw. antibindende Charakter des $\sigma_u 2p$- bzw. $\sigma_u^* 2s$-MOs nicht sehr stark ausgeprägt. Diese Beobachtungen stehen in Einklang mit Messungen der N_2^+-Bindungslänge, die für verschiedene angeregte Zustände mit der hochauflösenden Elektronenemissionsspektroskopie vorgenommen wurden. In Tabelle 8.2 werden diese Bindungslängen mit der des N_2-Grundzustands

Tabelle 8.2 Bindungslängen von N_2 und N_2^+ in verschiedenen elektronischen Zuständen

Molekül	MO-Konfiguration	Zustand	r_e/Å
N_2	$\ldots (\sigma_u^* 2s)^2 (\pi_u 2p)^4 (\sigma_g 2p)^2$	$X\,^1\Sigma_g^+$	1,097 69
N_2^+	$\ldots (\sigma_u^* 2s)^2 (\pi_u 2p)^4 (\sigma_g 2p)^1$	$X\,^2\Sigma_g^+$	1,116 42
N_2^+	$\ldots (\sigma_u^* 2s)^2 (\pi_u 2p)^3 (\sigma_g 2p)^2$	$A\,^2\Pi_u$	1,174 9
N_2^+	$\ldots (\sigma_u^* 2s)^1 (\pi_u 2p)^4 (\sigma_g 2p)^2$	$B\,^2\Sigma_u^+$	1,074

verglichen. So erkennen wir gegenüber der Bindungslänge des N_2-Grundzustands eine sehr kleine Zunahme im X-Zustand des N_2^+ und im A-Zustand eine sehr große. Die Bindungslänge im B-Zustand des N_2^+ ist ein wenig kürzer.

Die π-Orbitale sind zweifach entartet, während die σ-Orbitale nicht entartet sind. Wir können daher erwarten, daß die integrierte Intensität der zweiten Bande etwa doppelt so groß ist wie die der ersten oder der dritten Bande. Tatsächlich ist die zweite Bande auch die intensivste. Jedoch beeinflussen auch andere Faktoren die relative Intensität einer Bande, so daß daraus nur näherungsweise der Entartungsgrad eines Orbitals abgeschätzt werden kann.

SCF-Rechnungen sagen für das N_2^+ voraus, daß der $A^2\Pi_u$-Zustand *unterhalb* des $X^2\Sigma_g^+$-Zustands liegt. Diese Abweichung ist auf die Schwächen der Rechnungen zurückzuführen und ein Beispiel dafür, daß Koopmans' Theorem nicht länger gültig ist.

8.1.3.2.3 Bromwasserstoff. Die MOs der Halogenwasserstoffe sind im Prinzip sehr einfach. So werden z.B. in HCl folgende Valenzorbitale besetzt: Das $3p_x$- und das $3p_y$-AO des Cl-Atoms bildet das zweifach entartete MO der freien Elektronenpaare. Aus der Linearkombination des $3p_z$-AOs des Chlors und des $1s$-AOs des Wasserstoffatoms entsteht ein σ-artiges MO (s. hierzu auch Absch. 7.2.1.2 und Bild 7.15). Das He(I)-UP-Spektrum des HCl und der anderen Halogenwasserstoffe bestätigt dieses einfache Bild.

Bild 8.10 zeigt das He(I)-UP-Spektrum von HBr, in dem zwei Banden zu sehen sind. Die Bande mit der kleineren Ionisierungsenergie weist eine sehr kurze Progression auf. Das steht in Einklang mit der Interpretation, daß hier ein Elektron aus dem zweifach entarteten π_u-Orbital ($4p_x, 4p_y$-AO des Broms) entfernt wird, wobei es sich um das freie Elektronenpaar handelt. Diese Interpretation wird weiter durch die sehr ähnlichen Bindungslängen r_e der beteiligten Zustände bestätigt: Im $X^1\Sigma^+$-Grundzustand des HBr beträgt r_e 1,4144 Å und im $X^2\Pi$-Grundzustand des HBr^+ 1,4484 Å; diese Werte wurden mit der hochauflösenden Elektronenemissionsspektroskopie sehr präzise ermittelt.

Der $X^2\Pi$-Zustand ist in ein invertiertes Multiplett und durch starke Spin-Bahn-Wechselwirkung um 0,33 eV aufgespalten. Ursache für die starke Aufspaltung ist die hohe Kernladungszahl des Bromatoms. Zudem ist das Orbital, aus dem das Elektron entfernt wird, am Bromatom lokalisiert. Die Aufspaltung der $X^2\Pi$-Zustände beträgt für HCl 0,08 eV und für HI 0,66 eV. Das ist in Einklang mit unserer früheren Feststellung, daß die Aufspaltung von der Kernladungszahl abhängt (siehe Abschnitt 7.1.3).

Das Spektrum des HBr in Bild 8.10 zeigt für die nächste Bande eine ziemlich lange Progression, deren Maximum bei $v' = 2$ liegt. Wir erwarten auch eine lange Progression,

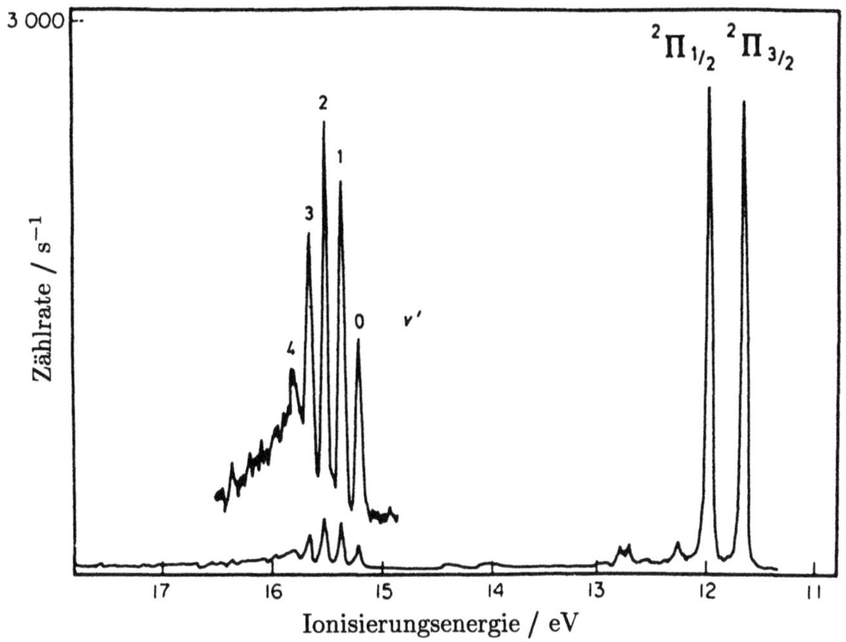

Bild 8.10 Das He(I)-UP-Spektrum des HBr. (Aus: Turner, D. W., Baker, C. Baker, A. D. und Brundle, C. R., *Molecular Photoelectron Spectroscopy*, Seite 57, Wiley, London, 1970)

denn hier wird ein Elektron aus dem stark bindenden σ-MO entfernt. Dabei wird der $A^2\Sigma^+$-Zustand des HBr^+ gebildet, dessen Bindungslänge r_e 1,6842 Å beträgt und damit um 0,27 Å größer als im neutralen HBr-Molekül ist. In den Σ^+-Zuständen gibt es keine Spin-Bahn-Wechselwirkung, denn diese haben keinen Bahndrehimpuls (siehe auch Abschnitt 7.2.2). Folglich ist auch keine Verdopplung der Banden im He(I)-UP-Spektrum zu beobachten.

8.1.3.2.4 ***Wasser.*** Die Grundkonfiguration des Wassers ist

$$\ldots\ (2a_1)^2(1b_2)^2(3a_1)^2(1b_1)^2. \qquad (8.8)$$

Der HOH-Winkel beträgt im $\tilde{X}^1A_1$-Grundzustand 104,5° (siehe auch Abschnitt 7.3.3.1 und Bild 7.31). Das He(I)-UP-Spektrum ist in Bild 8.11 wiedergegeben.

Wird ein Elektron aus dem $1b_1$-Orbital entfernt, sollte sich der Bindungswinkel beim Übergang in den $\tilde{X}^2B_1$-Grundzustand des H_2O^+ kaum ändern. Wir haben schon in Bild 7.31 gesehen, daß dieses Orbital keinen Bindungswinkel bevorzugt. Sowohl die symmetrische Streckschwingung ν_1 als auch die Biegeschwingung ν_2 zeigen sehr kurze Progressionen. Mit der hochauflösenden Elektronenemissionsspektroskopie wurde aber im $\tilde{X}^2B_1$-Zustand des H_2O^+-Moleküls ein unerwartet großer Bindungswinkel von 110,5° gemessen.

Einc starke Zunahme des Bindungswinkels wird allerdings erwartet, wenn ein Elektron aus dem $3a_1$-MO des H_2O-Moleküls entfernt und der $\tilde{A}^2A_1$-Zustand des H_2O^+ gebildet

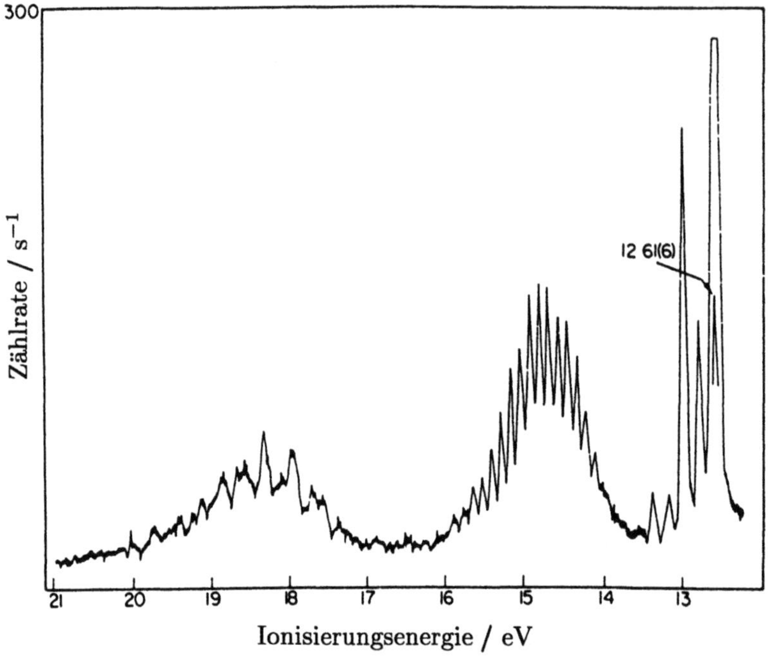

Bild 8.11 Das He(I)-UP-Spektrum des H_2O. (Wiedergegeben von Turner, D. W., Baker, C. Baker, A. D. und Brundle, C. R., ***Molecular Photoelectron Spectroscopy***, Seite 113, Wiley, London, 1970)

wird. Wie wir Bild 7.31 entnehmen können, bevorzugt dieses Orbital eine lineare Molekülgeometrie. Entsprechend ist auch eine lange Progression der Biegeschwingung ν_2 im Spektrum zu sehen, denn der Bindungswinkel hat sich auf 180° vergrößert (s. Tabelle 7.8).

Die dritte Bande mit einer sehr komplexen Vibrationsstruktur wird durch das Entfernen eines Elektrons aus dem $1b_2$-Orbital erzeugt. Dieses stark bindende Orbital bevorzugt ebenfalls eine lineare Molekülgeometrie. Vermutlich werden beide Schwingungen, ν_1 und ν_2, bei der Ionisierung angeregt, aber eine genauere Analyse ist auf Grund der Linienverbreiterung nur wenig sinnvoll.

8.1.3.2.5 ***Benzol.*** Bild 8.12 zeigt das He(I)-UP-Spektrum des Benzols. Dieses Spektrum wirft Interpretationsprobleme auf, die ganz typisch für große Moleküle sind. Zum einen gibt es enorme Schwierigkeiten, den Anfang einer Bande zu bestimmen, wenn diese mit benachbarten Banden überlappt. Zudem können Vibrationsstrukturen im allgemeinen nicht aufgelöst werden. Zuverlässige MO-Rechnungen helfen bei der Zuordnung des Bandenursprungs. Bei der Analyse von Spektren großer Moleküle gehen häufig Experiment und Theorie Hand in Hand. Zusätzliche Informationen können erhalten werden, wenn die kinetische Energie der emittierten Photoelektronen winkelabhängig gemessen wird. Mit diesen Untersuchungen lassen sich die überlappenden Banden auch leichter zuordnen. Wir werden uns aber mit diesem Punkt nicht weiter befassen.

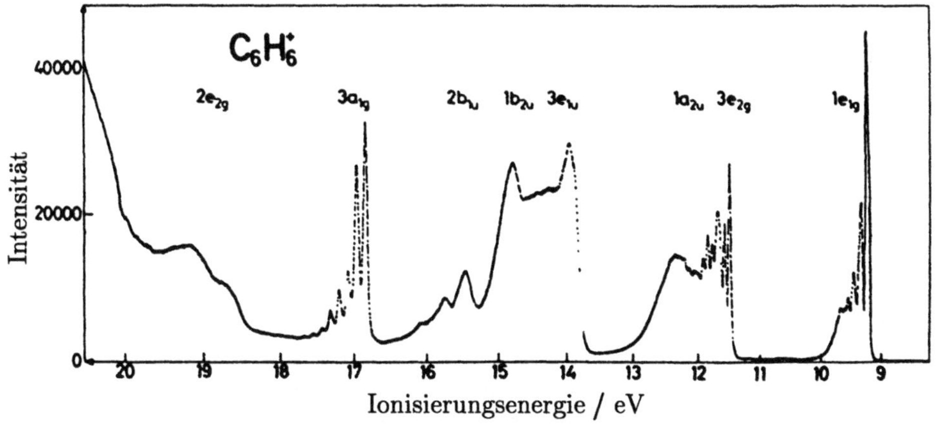

Bild 8.12 Das He(I)-UP-Spektrum des Benzols. (Aus: Karlsson, L. Mattsson, L., Jadrny, R. Bergmark, T. und Siegbahn, K., ***Physica Scripta*, 14**, 230, 1976)

In Abschnitt 7.3.1.3 haben wir gesehen, daß die π-MOs des Benzols im Rahmen der Hückel-Theorie allein aus den $2p_z$-AOs der sechs Kohlenstoffatome erhalten werden können. Die Grundkonfiguration des Benzols ist im Rahmen dieser Näherung

$$\ldots\ (1a_{2u})^2(1e_{1g})^4. \tag{8.9}$$

An Hand des Spektrums in Bild 8.12 und mit Unterstützung einer guten MO-Rechnung kann die Bande mit der niedrigsten Ionisierungsenergie auf das Entfernen eines Elektrons aus dem $1e_{1g}\pi$-Orbital zurückgeführt werden. Andererseits erzeugt das Entfernen eines Elektrons aus dem $1a_{2u}\pi$-Orbital die dritte und nicht die zweite Bande im gemessenen Spektrum. Die zweite, vierte, fünfte, ... Bande rühren alle von der Emission eines Elektrons aus einem σ-Orbital her. Dieses Beispiel verdeutlicht uns, wie irreführend es sein kann, wenn für die höchsten besetzten Orbitale nur π-Elektronen berücksichtigt werden.

Vibrationsstrukturen können bestenfalls teilweise aufgelöst werden. Die sehr komplexen Strukturen der ersten und der dritten Bande könnten zum Teil durch einen Jahn-Teller-Effekt hervorgerufen werden. Dieser Effekt kann insbesondere dann auftreten, wenn das Molekül in einem entarteten E- oder T-Zustand vorliegt. Durch den Jahn-Teller-Effekt wird das Molekül verzerrt, um diese Entartung aufzuheben. Nur in der siebten Bande ist eine relativ einfache Struktur zu erkennen. Hier wird ein Elektron aus dem $3a_{1g}$-Orbital entfernt. Es liegt eine lange Progression der ν_1-Schwingung vor, also der Ringatmungsschwingung mit a_{1g}-Symmetrie (siehe Bild 6.13(f)). Das ist in Einklang mit der Emission des Elektrons aus dem σ-Orbital einer CC-Bindung.

8.1.3.3 Röntgen-Photoelektronenspektren von Gasen

In Abschnitt 8.1 haben wir gesehen, daß Röntgenphotonen Elektronen aus den kernnahen Orbitalen eines Atoms herausschlagen können, unabhängig davon, ob es sich um ein freies Atom oder um ein Atom in einem Molekül handelt. Bislang sind wir in unserer Valenztheorie davon ausgegangen, daß die Kernelektronen Orbitale besetzen, die sich nicht von den AOs der entsprechenden Atome unterscheiden. XPS demonstriert, daß diese Annahme meist, wenn auch nicht immer, zutrifft.

Diesen Punkt veranschaulicht uns das in Bild 8.13 gezeigte XP-Spektrum einer 2:1-Mischung aus CO und CO_2. Hier wurde mit Mg$K\alpha$-Strahlung (1253,7 eV) angeregt. Um ein Elektron aus dem 1s-Orbital des Kohlenstoffs herauszuschlagen, wird als C 1s-Ionisierungsenergie für CO 295,8 eV und für CO_2 297,8 eV benötigt. Beide Signale erscheinen gut aufgelöst im Spektrum. Auch die O 1s-Ionisierungsenergien von 541,1 eV für CO und 539,8 eV für CO_2 können deutlich getrennt werden.

Zwei Merkmale fallen bei diesen Spektren ins Auge. Zum einen stellen wir fest, daß die Ionisierungsenergie des O 1s auf Grund der größeren Kernladungszahl wesentlich größer ist als die Ionisierungsenergie des C 1s. Zum anderen hängt die Ionisierungsenergie eines speziellen Orbitals eines bestimmten Atoms offensichtlich von der unmittelbaren Umgebung im Molekül ab. Dieser Effekt wird unter dem Begriff chemische Verschiebung zusammengefaßt. Der gleiche Begriff wird auch in der NMR-Spektroskopie benutzt. Allerdings ist damit die Verschiebung eines Kernspinsignals gemeint. So kann beispielsweise der Kernspin eines Protons mehr oder weniger effektiv durch benachbarte Gruppen vom angelegten Magnetfeld abgeschirmt werden.

Die chemische Verschiebung ΔE_{nl} eines XPS-Signals eines Atoms mit gegebener Hauptquantenzahl n und der Quantenzahl des Bahndrehimpulses l beträgt in einem Molekül M:

$$\Delta E_{nl} = [E_{nl}(\mathrm{M}^+) - E_{nl}(\mathrm{M})] - [E_{nl}(\mathrm{A}^+) - E_{nl}(\mathrm{A})]. \tag{8.10}$$

Die Verschiebung $[E_{nl}(\mathrm{A}^+) - E_{nl}(\mathrm{A})]$ wird relativ zur Ionisierungsenergie des betreffenden Orbitals im freien Atom A gemessen. Mit der Näherung von Koopmans' Theorem gilt:

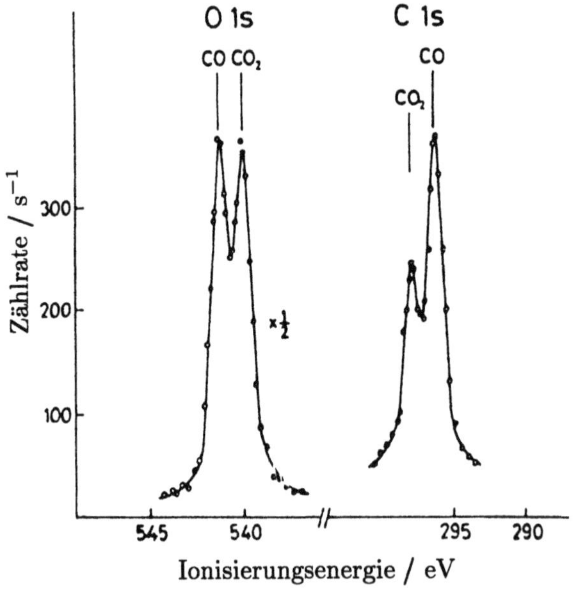

Bild 8.13 Sauerstoff 1s- und Kohlenstoff 1s-XP-Spektren einer 2:1-Gasmischung aus CO und CO_2; ionisiert wurde mit Mg$K\alpha$-Strahlung. (Aus: Allan, C. J. und Siegbahn, K. (November 1971), ***Publikationsnummer UUIP-754***, Seite 48, Uppsala University Institute of Physics)

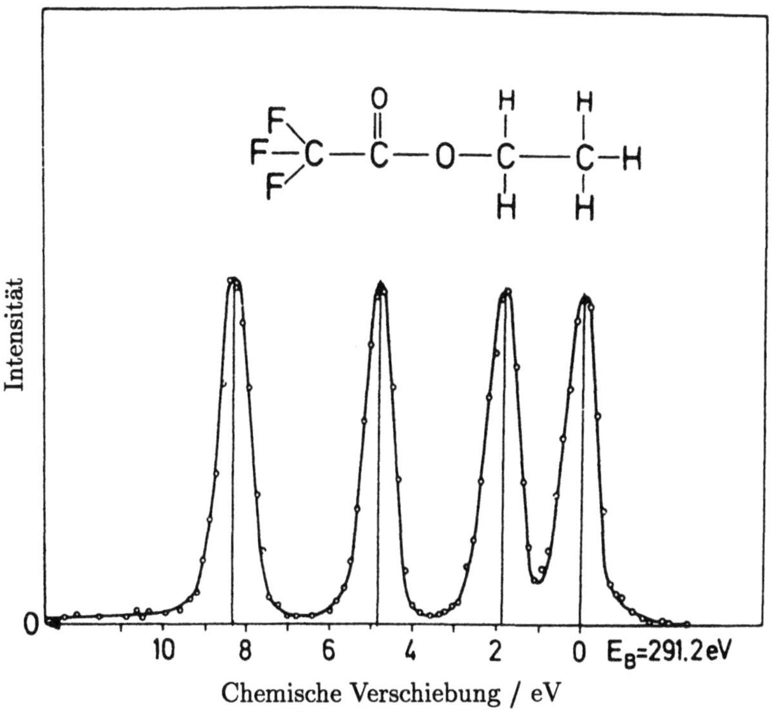

Bild 8.14 Das C 1*s*-XP-Spektrum von Ethyltrifluoracetat zeigt die chemische Verschiebung relativ zu einer Ionisierungsenergie von 291,2 eV; ionisiert wurde mit monochromatisierter Al$K\alpha$-Strahlung. (Aus: Gelius, U, Basilier, E. Svensson, S., Bergmark, T. und Siegbahn, K., *J. Electron Spectrosc.*, **2**, 405, 1974)

$$\Delta E_{nl} \simeq -\epsilon_{nl}(\text{M}) + \epsilon_{nl}(\text{A}). \tag{8.11}$$

ϵ_{nl} ist die berechnete Orbitalenergie.

Die chemische Verschiebung ist mit der Elektronendichte der Valenzelektronen verknüpft. Es erscheint daher vernünftig, die Änderungen der chemischen Verschiebung mit der Elektronegativität der benachbarten Atome zu verbinden. Ein schönes Beispiel dafür bietet uns das C 1*s*-XP-Spektrum von Ethyltrifluoracetat $CF_3COOCH_2CH_3$. Bild 8.14 zeigt das Spektrum, das mit monochromatisierter Al$K\alpha$-Strahlung erzeugt wurde.

Zumindest für dieses Molekül können im Spektrum die C 1*s*-Signale mit sehr einfachen Elektronegativitätsargumenten richtig zugeordnet werden. Das Kohlenstoffatom der CF_3-Gruppe ist an drei stark elektronegative Fluoratome geknüpft, die die Elektronendichte am Kohlenstoffatom verringern. Dadurch werden aber die kernnahen 1*s*-Elektronen stärker an das Kohlenstoffatom gebunden, und die chemische Verschiebung ist hier am größten. Das Kohlenstoffatom der C=O-Gruppe ist mit zwei relativ stark elektronegativen Sauerstoffatomen verbunden, die einen ähnlichen, aber nicht so stark ausgeprägten Effekt hervorrufen. Zu dieser Gruppe gehört also die zweitgrößte chemische Verschiebung. Das Kohlenstoffatom der CH_2-Gruppe ist nur an ein elektronegatives Sauerstoffatom gebunden und zeigt daher die drittgrößte chemische Verschiebung. Die

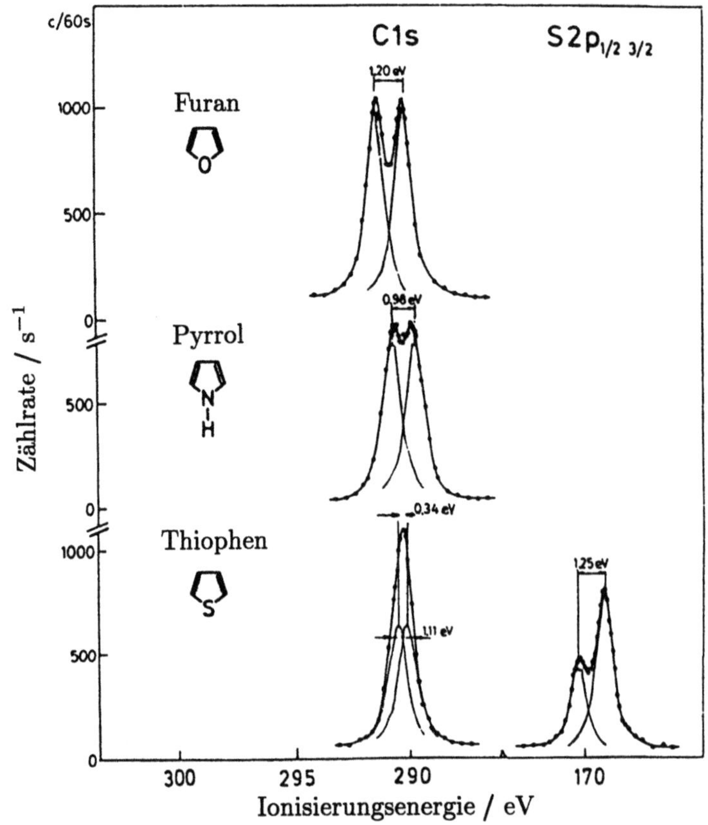

Bild 8.15 Das C 1*s*-XP-Spektrum von Furan, Pyrrol und Thiophen; auch das S 2*p*-Spektrum des Thiophens ist abgebildet. (Aus: Gelius, U., Allan, C. J., Johansson, G., Siegbahn, H., Allison, D. A. und Siegbahn, K. ***Physica Scripta*, 3**, 237, 1971)

niedrigste Ionisierungsenergie und damit die kleinste chemische Verschiebung ist für das Kohlenstoffatom der CH_3-Gruppe zu verzeichnen.

In Bild 8.15 sind die C 1*s*-Spektren von Furan, Pyrrol und Thiophen abgebildet. Die Elektronegativität nimmt in der Reihe O > N > S ab. Entsprechend verschiebt sich die C 1*s*-Linie zu niedrigeren Ionisierungsenergien von Furan über Pyrrol zu Thiophen. Außerdem ist die C 1*s*-Linie in allen Spektren in zwei Anteile aufgespalten, die jeweils durch die zwei verschiedenen Arten von Kohlenstoffatomen mit unterschiedlicher chemischer Umgebung hervorgerufen werden. Das Kohlenstoffatom in Position 2 ist näher an dem elektronegativen Heteroatom als das Kohlenstoffatom in Position 3 und verursacht daher die Linie mit der höheren Ionisierungsenergie. Die Aufspaltung wird mit abnehmender Elektronegativität kleiner. Im Falle des Thiophens rücken die beiden Linien so dicht zusammen, daß sie nur nach einer Entfaltung identifiziert werden können.

In Bild 8.15 ist auch das S 2*p*-Spektrum des Thiophens aufgenommen. Durch Spin-Bahn-Wechselwirkung ist das Signal des Rumpflochzustands in ein invertiertes Multiplett aufgespalten, bestehend aus den Komponenten $^2P_{1/2}$ und $^2P_{3/2}$.

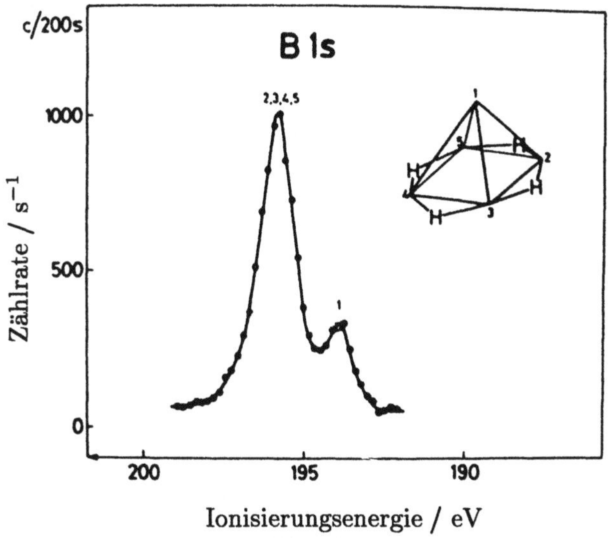

Bild 8.16 Das Bor 1*s*-XP-Spektrum des B_5H_9; ionisiert wurde mit Mg$K\alpha$-Strahlung. (Aus: Allison, D. A., Johansson, G., Allan, C. J., Gelius, U., Siegbahn, H., Allison, J. und Siegbahn, K., *J. Electron Spectrosc.*, **1**, 269, 1972-73)

Bild 8.16 zeigt das B 1*s*-Spektrum des B_5H_9-Moleküls. Die Boratome besetzen jeweils die Ecken einer quadratischen Pyramide. Die vier Boratome in den Ecken des Quadrats werden durch vier Wasserstoffatome verbrückt; außerdem ist an jedes Boratom ein endständiges Wasserstoffatom geknüpft. Die vier Boratome der quadratischen Grundfläche verursachen das intensive Signal bei der höheren Ionisierungsenergie, während das Signal bei der niedrigeren Ionisierungsenergie dem Boratom zuzuordnen ist, das die Spitze der Pyramide bildet.

Das XP-Spektrum von B_5H_9 zeigt, daß die chemische Verschiebung auch zur Strukturbestimmung eines Moleküls herangezogen werden kann; hier konnte sogar zwischen mehreren möglichen Strukturen unterschieden werden. In der Literatur sind viele Beispiele dieser Anwendung der chemischen Verschiebung dokumentiert. In ähnlicher Weise wird die chemische Verschiebung auch in der NMR-Spektroskopie ausgenutzt. Es gibt aber einen sehr wichtigen Unterschied: In einem XP-Spektrum gibt es keine Wechselwirkung zwischen dicht beieinander liegenden Linien, wie uns das Beispiel der C 1*s*-Linie im Thiophen-Spektrum in Bild 8.15 zeigt. Dagegen wird ein NMR-Spektrum bei ähnlicher chemischer Verschiebung auf Grund der Spin-Spin-Wechselwirkung komplexer.

In Abschnitt 8.1.1.4 haben wir erfahren, daß die Auflösung eines XP-Spektrums bestenfalls 0,2 eV (1600 cm^{-1}) beträgt, sofern ein Monochromator für die Röntgenstrahlung verwendet wird. Obwohl diese Auflösung damit immer noch wesentlich schlechter ist als in einem UP-Spektrum, kann unter besonders günstigen Umständen auch in einem XP-Spektrum eine Vibrationsstruktur beobachtet werden. Als Beispiel zeigen wir in Bild 8.17 das C 1*s*-XP-Spektrum von Methan. Das Entfernen eines C 1*s*-Elektrons führt zu einer festeren Bindung der übrigen Elektronen und damit zu einer Verkürzung der C−H-Bindungslängen. Dadurch wird das Molekül insgesamt kleiner, und zwar in Richtung der C−H-Streckschwingung. In Bild 8.17 ist eine schlecht aufgelöste Progression dieser

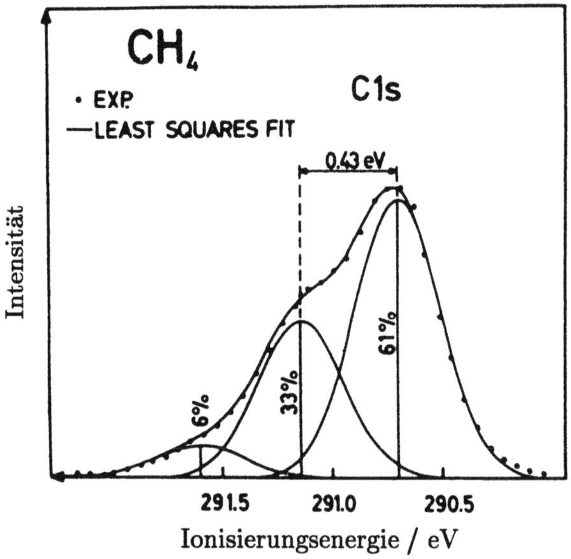

Bild 8.17 Die kurze und schlecht aufgelöste Progression der ν_1-Schwingung des CH_4^+-Ions im C 1s-XP-Spektrum von Methan; ionisiert wurde mit einer monochromatisierten Röntgenquelle. (Aus: Gelius, U., Svensson, S., Siegbahn, H., Basilier, E., Faxålf, Å. und Siegbahn, K., *Chem. Phys. Lett.*, **28**, 1, 1974)

ν_1-Schwingung zu sehen, die wieder mit dem Franck-Condon-Prinzip (siehe Abschnitt 7.2.5.3) gedeutet werden kann. Die Wellenzahl der C–H-Streckschwingung nimmt von 2917 cm^{-1} im neutralen CH_4-Molekül auf 3500 cm^{-1} im CH_4^+-Ion zu und steht damit in Einklang mit einer kürzeren C–H-Bindungslänge.

8.1.3.4 Röntgen-Photoelektronenspektren von Festkörpern

Sowohl UPS als auch XPS werden mit großem Erfolg zur Untersuchung von Festkörpern eingesetzt. Um Adsorptionsprozesse an Oberflächen zu studieren, scheint UPS die empfindlichste Meßmethode zu sein. Wir erwarten nämlich, daß die Valenzorbitale, die mit UPS spektroskopiert werden können, am stärksten von der Adsorptionsgeometrie beeinflußt werden. So sollten wir an Hand von UP-Spektren entscheiden können, ob Stickstoffmoleküle mit der Molekülachse senkrecht oder parallel auf einer Eisenoberfläche adsorbieren. Im allgemeinen ist das auch möglich, nur sind die Signale im UP-Spektrum eines Festkörpers zu stark verbreitert. Mehr Informationen sind daher aus einem XP-Spektrum erhältlich.

In Bild 8.18 ist das XP-Spektrum einer Goldfolie gezeigt, auf deren Oberfläche Quecksilber adsorbiert wurde. Sowohl das Gold- als auch das Quecksilber-Dublett entstehen durch das Entfernen eines 4f-Elektrons. Die erzeugten $^2F_{5/2}$- und $^2F_{7/2}$-Zustände des Ions sind durch die Quantenzahlen $L = 3$, $S = \frac{1}{2}$ und $J = \frac{5}{2}$ oder $\frac{7}{2}$ charakterisiert. Auf diese Weise kann weniger als 0,1 Prozent einer Quecksilbermonolage nachgewiesen werden.

Bild 8.19 zeigt die XP-Spektren von Cu, Pd und einer Legierung aus 60% Cu und 40% Pd, die alle ein kubisch-flächenzentriertes Gitter aufweisen. Im Spektrum des Kup-

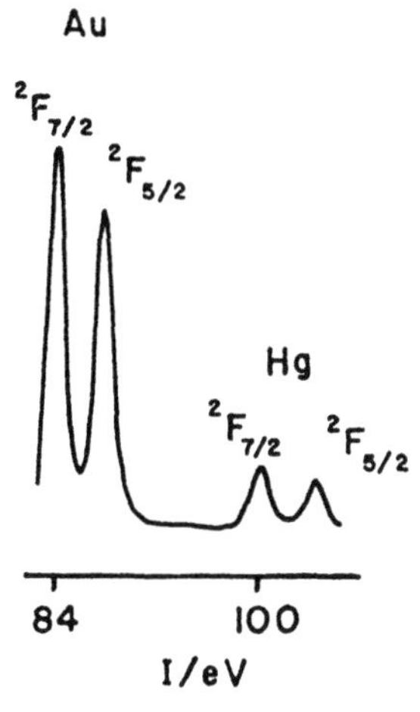

Bild 8.18
XP-Spektrum einer Goldfolie, auf deren Oberfläche Quecksilber adsorbiert wurde. (Aus: Brundle, C. R., Roberts, M. W., Latham, D. und Yates, K., *J. Electron Spectrosc.*, **3**, 241, 1974)

fers ist nur der $^2P_{3/2}$-Zustand abgebildet, der durch das Entfernen eines $2p$-Elektrons hervorgerufen wird; der $^2P_{1/2}$-Zustand liegt außerhalb des Bereichsausschnitts.

Die Tatsache, daß Metalle den elektrischen Strom leiten, ist auf die freie Beweglichkeit aller Valenzelektronen durch den gesamten Festkörper zurückzuführen. Wir können uns diese Elektronen in Orbitalen vorstellen, die über die ganze Probe delokalisiert sind. Die Valenzelektronen besetzen diese Orbitale mit zunehmender Energie. Die Energie des höchsten besetzten Orbitals ist die sogenannte Fermi-Energie E_F. Das Cu-Spektrum in Bild 8.19 zeigt das charakteristisch breite Signal des Valenzbandes; die Lage der Fermi-Kante bei der Energie E_F ist ebenfalls eingezeichnet. Das Pd-Spektrum zeigt ähnliche Strukturen wie das Cu-Spektrum. Durch das Entfernen eines $3d$-Elektrons werden die Zustände $^2D_{3/2}$ und $^2D_{5/2}$ gebildet; die Signale sind entsprechend zugeordnet. Die Fermi-Kante ist im Pd-Spektrum besser erkennbar als im Cu-Spektrum.

Das Spektrum der Legierung unterscheidet sich von den Spektren der reinen Metalle. So scheint die Form der Fermi-Kante von der Zusammensetzung der Legierung abzuhängen. Das Signal im Cu-Spektrum, das durch die Bildung des $^2P_{3/2}$-Zustands hervorgerufen wird, ist im Spektrum der Legierung um 0,94 eV verschoben und etwas verbreitert. Auch die beiden Pd-Peaks sind, wenn auch nur wenig, verschoben. Dafür ist die Halbwertsbreite dieser Signale um über 50% kleiner als im Spektrum des reinen Pd.

In Bild 8.20 wird gezeigt, wie ein Adsorptionsprozeß als Funktion zunehmender Bedeckung mit Hilfe des XP-Spektrums verfolgt werden kann. Auch das Verhalten bei Temperaturerhöhung kann studiert werden. Hier wird die Adsorption von Stickstoffmonoxid (NO) auf einer Eisenoberfläche untersucht. Die Spektren 2, 3 und 4 zeigen den Einfluß zunehmender Bedeckung bei 85 K auf die N $1s$-Ionisierungsenergie. Bei kleinen Bedeckungen (Spektrum 2) dissoziiert NO größtenteils in Stickstoff- und Sauerstoffatome. Das Signal bei 397 eV wird durch das Entfernen eines $1s$-Elektrons eines adsorbierten Stickstoffatoms hervorgerufen. Das wesentlich schwächere Signal bei ca. 400 eV entspricht dem N $1s$-Peak von undissoziiertem NO. Wird die Bedeckung weiter erhöht (Spektren 3 und 4), nimmt auch der Anteil an undissoziiertem NO zu. Wie Spektrum 5 zeigt, erfolgt bei Erwärmen der Probe auf 280 K nahezu vollständige Dissoziation.

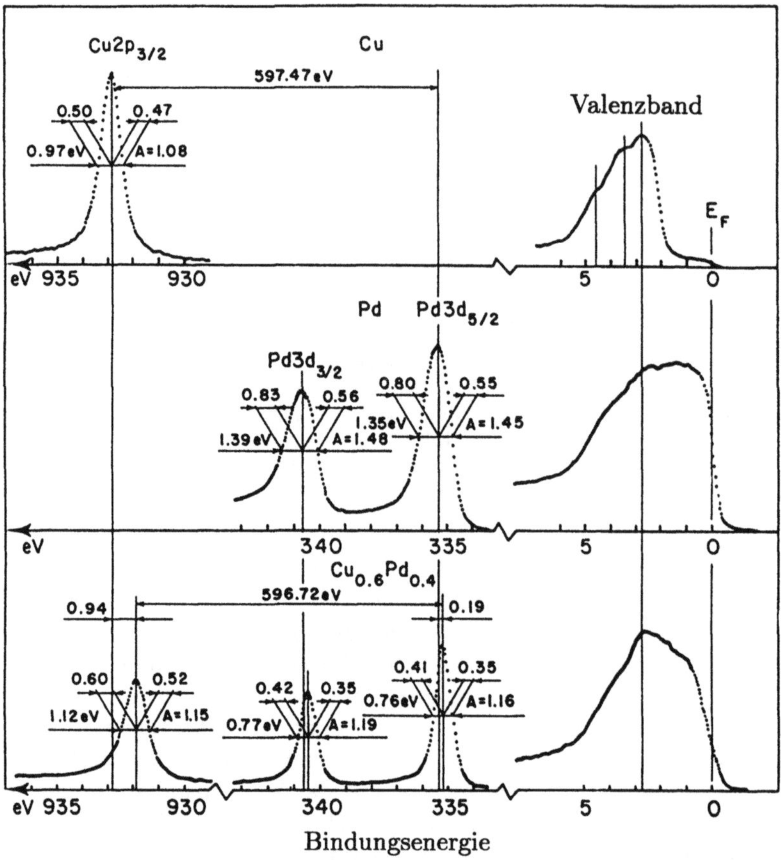

Bild 8.19 XP-Spektren von Cu, Pd und einer Legierung aus 60% Cu und 40% Pd (kubisch-flächenzentriertes Gitter). Der abgebildete Bereich umfaßt die Ionisierungsenergien der Kern- und der Valenzelektronen. Die „Bindungsenergie" entspricht der Ionisierungsenergie, gemessen relativ zur Fermi-Energie des Kupfers. (Aus: Siegbahn, K., *J. Electron Spectrosc.*, **5**, 3, 1974)

Diese Schlußfolgerungen werden durch die O 1*s*-Spektren bestätigt, die in der rechten Hälfte in Bild 8.20 dargestellt sind. Das Signal bei 529 eV ist atomarem Sauerstoff zuzuordnen. Das Signal bei 530,5 eV, das durch undissoziiertes NO verursacht wird, kann aber nicht so gut aufgelöst werden wie das entsprechende N 1*s*-Signal.

8.2 Auger-Elektronen- und Röntgenfluoreszenzspektroskopie

Bild 8.1(c) zeigt schematisch die Prozesse, die während der Auger-Elektronenspektroskopie (AES) ablaufen. In einer ersten Stufe wird durch ein hochenergetisches Photon ein Elektron aus einem Rumpforbital des Atoms A herausgeschossen:

$$A + h\nu \longrightarrow A^+ + e. \tag{8.12}$$

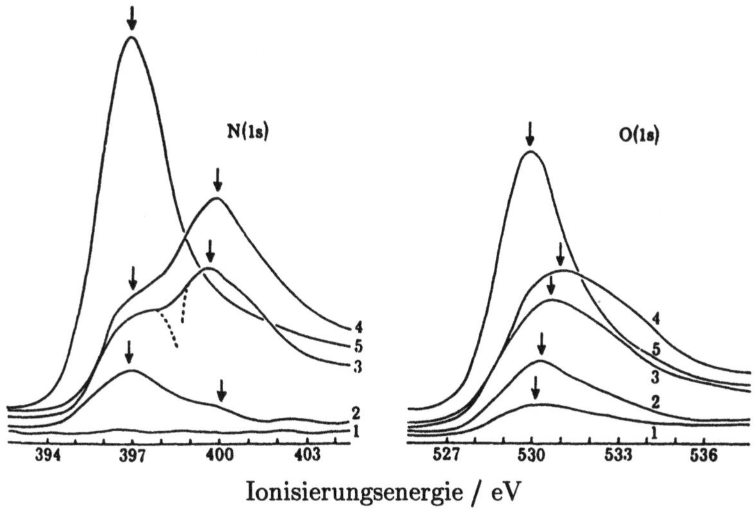

Bild 8.20 XP-Spektrum von Stickstoffmonoxid NO, das auf einer Eisenoberfläche adsorbiert ist; es sind die Ionisierungsenergien von Stickstoff $1s$ und Sauerstoff $1s$ abgebildet. 1. Fe-Oberfläche bei 85 K. 2. Angebot von $2,65 * 10^{-5}$ Pa NO für 80 s bei 85 K. 3. Wie in 2, aber Angebot für 200 s. 4. Wie in 2, aber Angebot für 480 s. 5. Nach Erwärmen auf 280 K. (Aus: Kishi, K. und Roberts, M. W., *Proc. R. Soc. Lond.*, **A352**, 289, 1976)

In der zweiten Stufe füllt ein Elektron aus einem energetisch höher liegenden Orbital das im ersten Schritt erzeugte Loch auf. Die dabei freiwerdende Energie führt zur Emission eines zweiten Elektrons, dem Auger-Elektron, aus einem der energetisch höher liegenden Orbitale:

$$A^+ \longrightarrow A^{2+} + e. \qquad (8.13)$$

Es mag zwar recht anschaulich sein, sich zwei aufeinanderfolgende Prozesse vorzustellen, die nach der anfänglichen Ionisierug zu A^+ stattfinden. Tatsächlich laufen aber der Elektronentransfer und die Erzeugung des Auger-Elektrons simultan ab.

In Bild 8.1(c) sind die Valenzorbitale als die höher energetischen Orbitale angenommen worden, aus denen die Emission des Auger-Elektrons erfolgt. In den meisten Fällen wird jedoch bei der AE-Spektroskopie ein weiteres Rumpforbital beteiligt sein. Aus diesem Grund kann diese Methode nicht auf die Elemente Wasserstoff und Helium angewendet werden.

In Bild 8.21 sind schematisch die Rumpforbitale $1s, 2s, 2p$ und $3s$ eines Atoms gezeigt. Durch die Absorption eines Röntgenphotons wird ein Loch z.B. im $1s$-Orbital erzeugt. Es entsteht das Ion A^+ und ein Photoelektron, das uns aber an dieser Stelle nicht weiter interessiert. Das hochangeregte Ion A^+ kann nun in zwei konkurrierenden Prozessen seine Energie abgeben: Bei der Röntgenfluoreszenz (im Englischen: X-ray fluorescence XRF) kann beispielsweise ein $2p$-Elektron das Loch im $1s$-Orbital auffüllen, wobei gleichzeitig ein Röntgenphoton emittiert wird. XRF stellt eine wichtige und eigenständige analytische Technik dar.

Konkurrierend zur Röntgenfluoreszenz kann als zweite Möglichkeit der Auger-Prozeß stattfinden. Die Energie, die beim Übergang des $2p$-Elektrons in das Loch im $1s$-Orbital frei wird, führt zur Emission eines weiteren Elektrons, z.B. aus dem $2s$-Orbital. Die

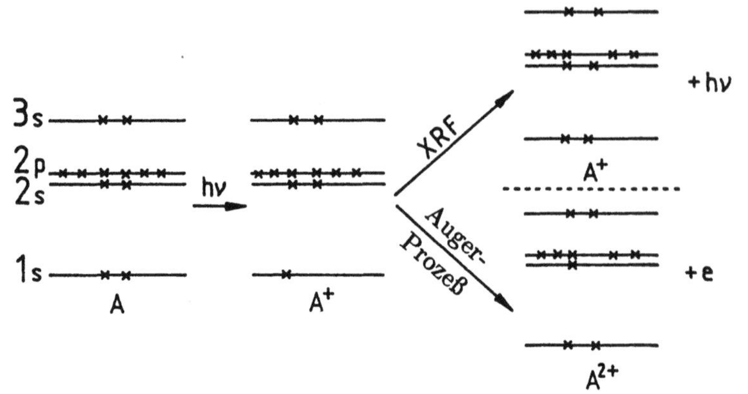

Bild 8.21 Die konkurrierenden Prozesse Röntgenfluoreszenz und Emission eines Auger-Elektrons

Energiedifferenz trägt das Auger-Elektron als kinetische Energie mit sich. Die Quantenausbeute der Röntgenfluoreszenz ist, im Gegensatz zur Auger-Elektronenausbeute, bei den leichteren Elementen im allgemeinen kleiner, wenn im Primärprozeß ein Loch im $1s$-Orbital erzeugt wird.

Zwischen beiden Techniken besteht ein sehr wichtiger Unterschied. Die Photonen, die bei der Röntgenfluoreszenz gebildet werden, können aus einer Tiefe von 40 000 Å den Festkörper verlassen. Elektronen können aber maximal nur eine 20 Å dicke Schicht des Festkörpers durchqueren. Aus diesem Grund wird AES hauptsächlich zur Untersuchung von Festkörperoberflächen eingesetzt, während XRF Informationen aus dem Volumen eines Festkörpers oder einer Flüssigkeit liefert.

8.2.1 Auger-Elektronenspektroskopie

8.2.1.1 Experimenteller Aufbau

Wird monochromatische Röntgenstrahlung zur Ionisierung verwendet, ist das AES-Experiment ähnlich wie bei XPS aufgebaut (siehe Abschnitt 8.1.1). Bei AES wird allerdings die kinetische Energie der Auger-Elektronen gemessen. Alternativ kann auch ein monochromatischer Elektronenstrahl den Auger-Prozeß anregen. Die Energie E eines Elektrons in diesem Elektronenstrahl gibt folgende Gleichung an:

$$E = (2eVm_ec^2)^{1/2}. \tag{8.14}$$

Dabei wird das Elektron mit der Ladung e und der Masse m_e durch eine Spannung V beschleunigt. Die untersuchte Schichtdicke einer Festkörperoberfläche wird allein durch die Ausdringtiefe der Auger-Elektronen bestimmt (diese beträgt ca. 20 Å). Es ist daher völlig egal, ob die Auger-Elektronen im Volumen des Festkörpers durch Röntgenlicht oder aber durch den Elektronenstrahl im oberflächennahen Bereich gebildet werden.

Die kinetische Energie der Auger-Elektronen kann mit verschiedenen Analysatortypen gemessen werden. Am häufigsten und erfolgreichsten wird jedoch ein zylindrischer Spiegelanalysator verwendet, der in Bild 8.22 skizziert ist. Die innere der beiden zylindrischen

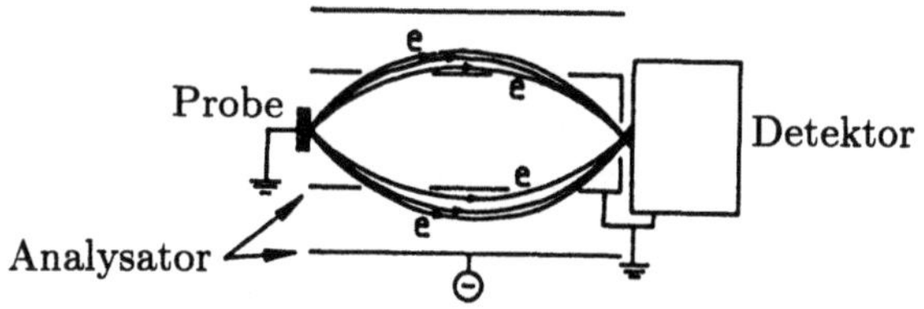

Bild 8.22 Zylindrische Spiegelanalysatoren werden für die Auger-Spektroskopie eingesetzt

koaxialen Platten ist geerdet, während an die äußere Platte eine variable negative Spannung angelegt wird. Die von der Probe stammenden Auger-Elektronen können durch die Öffnungen der inneren Platte in den Analysator gelangen. Sie können aber nur dann durch den zweiten Satz von Öffnungen auf den Detektor treffen, wenn ihre kinetische Energie gerade der Spannung V entspricht, die an der äußeren Platte angelegt ist. Im Auger-Elektronenspektrum wird die Zahl der Elektronen, die den Detektor erreicht haben, als Funktion von V aufgetragen. Mit diesem Analysatortyp können Auger-Elektronen nachgewiesen werden, die in einen Winkelbereich von 360° emittiert werden.

8.2.1.2 Prozesse bei der Emission von Auger-Elektronen

Ein gängiges Beispiel für den Auger-Prozeß zeigt Bild 8.23. Ein Elektron wird aus der K-Schale, also aus einem 1s-Orbital, mit einer Energie E_p emittiert; für die Auger-Spektroskopie spielt dieses Elektron keine Rolle. Das Loch in der K-Schale kann nun durch ein Elektron aus der L-Schale aufgefüllt werden; in dem in Bild 8.23 gezeigten Beispiel ist das ein Elektron aus dem L_{I}- (oder 2s)-Orbital. Dabei wird die Energie $E_K - E_{L_{\mathrm{I}}}$ frei. Diese Energie wird dazu benutzt, ein Auger-Elektron aus dem L_{II}-Orbital zu emittieren. Die restliche Energie wird vollständig in kinetische Energie E_A des Auger-Elektrons verwandelt.

Es ist sehr wichtig, zwischen L_{I} und L_{II} bzw. M_{II} und M_{III} usw. zu unterscheiden. Diese Bezeichnungsweise wird insbesondere bei der Spektroskopie kernnaher Elektronen verwendet.

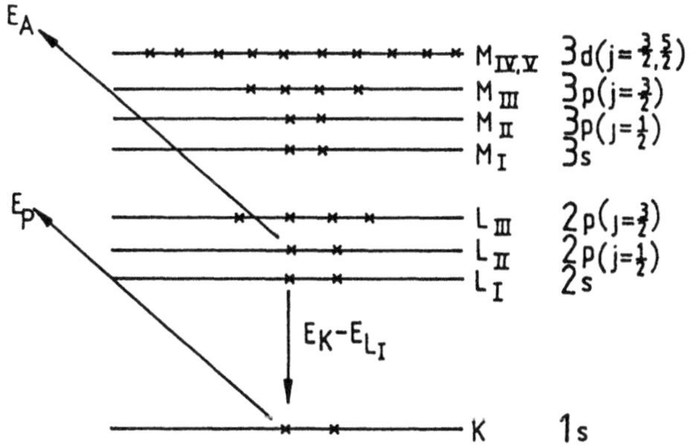

Bild 8.23 Der $KL_{\mathrm{I}}L_{\mathrm{II}}$-Auger-Prozeß

Wird ein Elektron beispielsweise aus einem $2p$-Orbital emittiert, so wird ein $^2P_{1/2}$- oder $^2P_{3/2}$-Rumpflochzustand gebildet, wenn wir die Valenzelektronen außer acht lassen. Diese beiden Zustände ergeben sich aus der $2p^5$-Rumpfkonfiguration des Ions (siehe Abschnitt 7.1.2.3). Diese beiden Zustände unterscheiden sich in ihrer Energie. Wir können daher das Elektron so beschreiben, als würde es aus Orbitalen verschiedener Energien emittiert. In unserem Beispiel handelt es sich dann um ein $2p_{1/2}$- oder ein $2p_{3/2}$-Orbital. Wir erinnern uns an Gl. (7.7): $j = l + s, l + s - 1, \ldots, |l - s| = \frac{3}{2}, \frac{1}{2}$. Das $2p_{1/2}$-Orbital ist zweifach und das $2p_{3/2}$-Orbital vierfach entartet, denn es gilt $m_j = j, j - 1, \ldots, -j$. Aus diesem Grund kann das $2p_{1/2}$-Orbital zwei Elektronen aufnehmen und das $2p_{3/2}$-Orbital vier Elektronen, wie es auch in Bild 8.23 eingezeichnet ist. In gleicher Weise werden die Bezeichnungen $M_{\mathrm{I}}, M_{\mathrm{II}}$ und M_{III} unterschieden.

Die kinetische Energie des Auger-Elektrons ergibt sich aus der folgenden Gleichung:

$$E_K - E_{L_{\mathrm{I}}} = E'_{L_{\mathrm{II}}} + E_A. \tag{8.15}$$

E_K und $E_{L_{\mathrm{I}}}$ sind die Bindungsenergien[3] des neutralen Atoms. Bei $E'_{L_{\mathrm{II}}}$ handelt es sich um die Bindungsenergie eines Elektrons im L_{II}-Orbital des Ions, denn hier liegt ja bereits ein Loch im L_{I}-Orbital vor.

Der Auger-Prozeß unseres Beispiels wird mit $K{-}L_{\mathrm{I}}L_{\mathrm{II}}$, alternativ mit $KL_{\mathrm{I}}L_{\mathrm{II}}$ oder vereinfacht mit KLL beschrieben. Allerdings gibt es keine einheitliche und standardisierte Nomenklatur.

Auf der linken Seite der Gl. (8.15) steht die Differenz zweier Bindungsenergien $E_K - E_{L_{\mathrm{I}}}$. Diese Bindungsenergien ändern sich zwar mit der chemischen (oder auch physikalischen) Umgebung des betreffenden Atoms. Die Änderung wird für E_K und $E_{L_{\mathrm{I}}}$ in etwa gleich groß sein, so daß der Einfluß der Umgebung auf die Energiedifferenz $E_K - E_{L_{\mathrm{I}}}$ sehr klein ist. Die gleiche Argumentation greift für den ionischen Zustand, so daß die rechte Seite der Gl. (8.15) ($E'_{L_{\mathrm{II}}} + E_A$) ebenfalls nur wenig durch die Umgebung beeinflußt wird. Das bedeutet aber umgekehrt, daß dieser Effekt für E_A ähnlich groß sein muß wie für $E'_{L_{\mathrm{II}}}$. Wie in einem XP-Spektrum sind deshalb auch in einem Auger-Spektrum chemische Verschiebungen zu beobachten.

8.2.1.3 Beispiele von Auger-Spektren

Als Beispiel für die chemische Verschiebung zeigen wir in Bild 8.24 das Auger-Spektrum des Thiosulfats $S_2O_3^{2-}$; als Probe wurde hierzu festes $Na_2S_2O_3$ verwendet. Das Ion ist tetraedrisch aufgebaut und hat daher zwei verschiedene Arten von Schwefelatomen. Eines weist die formale Oxidationsstufe +6 auf und das andere die Oxidationsstufe −2. Im Spektrum sind daher zwei Signale des $KL_{\mathrm{II,III}}L_{\mathrm{II,III}}$-Auger-Übergangs zu sehen. Der Unterschied in der chemischen Verschiebung kann für L_{II} und L_{III} nicht aufgelöst werden. Der Rumpflochzustand des S^{2+}, der durch die Prozesse der Gln. 8.12 und 8.13 hervorgerufen wird, gehört zur Konfiguration $1s^2 2s^2 2p^4 3s^2 \ldots$. In Abschnitt 7.1.2.3.2 haben wir gesehen, daß zwei äquivalente p-Elektronen oder -Lücken die drei Terme $^1S, ^3P$ und ^1D erzeugen. In diesem Beispiel ist aber nur der Term ^1D mit dem $^1D_2$-Zustand beteiligt.

In Bild 8.25 ist das $KL_{\mathrm{II,III}}L_{\mathrm{II,III}}$-Auger-Spektrum einer Mischung aus den Gasen SF_6, SO_2 und OCS abgebildet. Die einzelnen Spezies können klar voneinander unterschie-

[3]Die Bindungsenergie ist die negative Orbitalenergie.

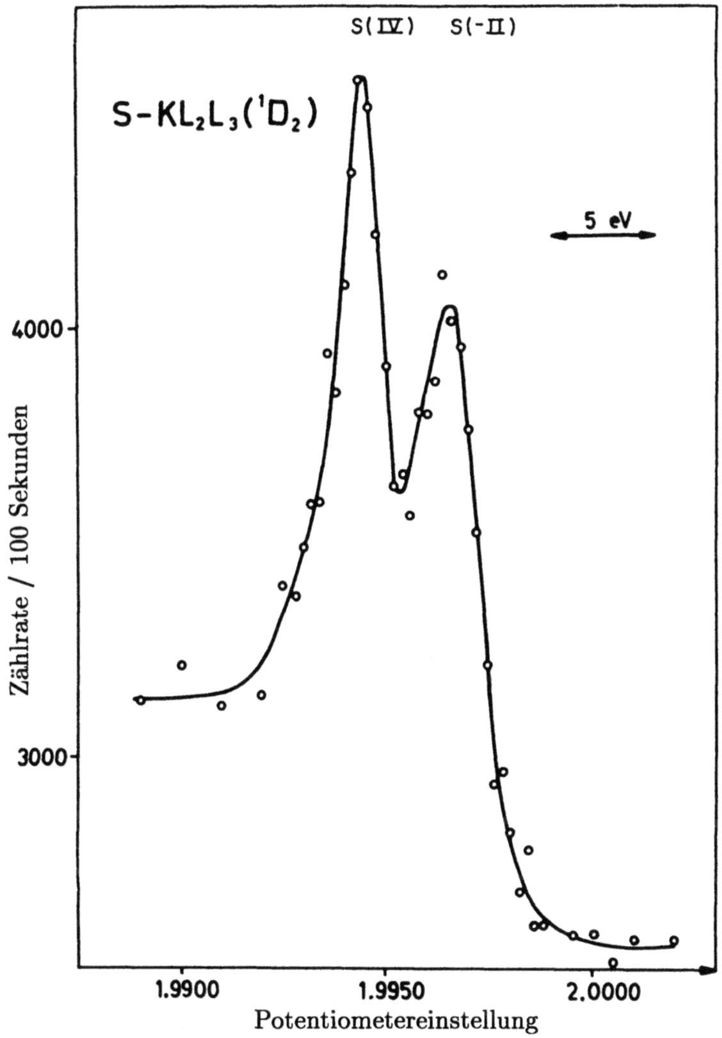

Bild 8.24 Das Spektrum des $KL_{\mathrm{II,III}}L_{\mathrm{II,III}}(^1D_2)$-Auger-Übergangs von Schwefel in $Na_2S_2O_3$. (Aus: Fahlmann, A., Hamrin, K., Nordberg, R., Nordling, C. und Siegbahn, K., ***Physics Letters,*** **20**, 156, 1966)

den werden. Die drei intensiven Signale rühren von dem $^1D_2$-Rumpflochzustand des S^{2+} her. Es sind zusätzlich auch drei schwache Signale zu erkennen, die durch den $^1S_0$-Rumpflochzustand verursacht werden. In Bild 8.25 ist auch das S $2p$-XP-Spektrum dieser Gasmischung aufgenommen. Jedes Dublett ist auf die Zustände $^2P_{1/2}$ und $^2P_{3/2}$ von S^+ zurückzuführen.

In Bild 8.26 ist das $KL_{\mathrm{II,III}}L_{\mathrm{II,III}}$-Auger-Spektrum des Natriums in kristallinem NaCl gezeigt. Auch hier kann die Bildung des $^1D_2$-Rumpflochzustands und, etwas schwächer ausgeprägt, des $^1S_0$-Rumpflochzustands von Na^{2+} festgestellt werden. Außerdem sind weitere Signale zu erkennen, die durch zusätzliche Prozesse verursacht werden. Dabei

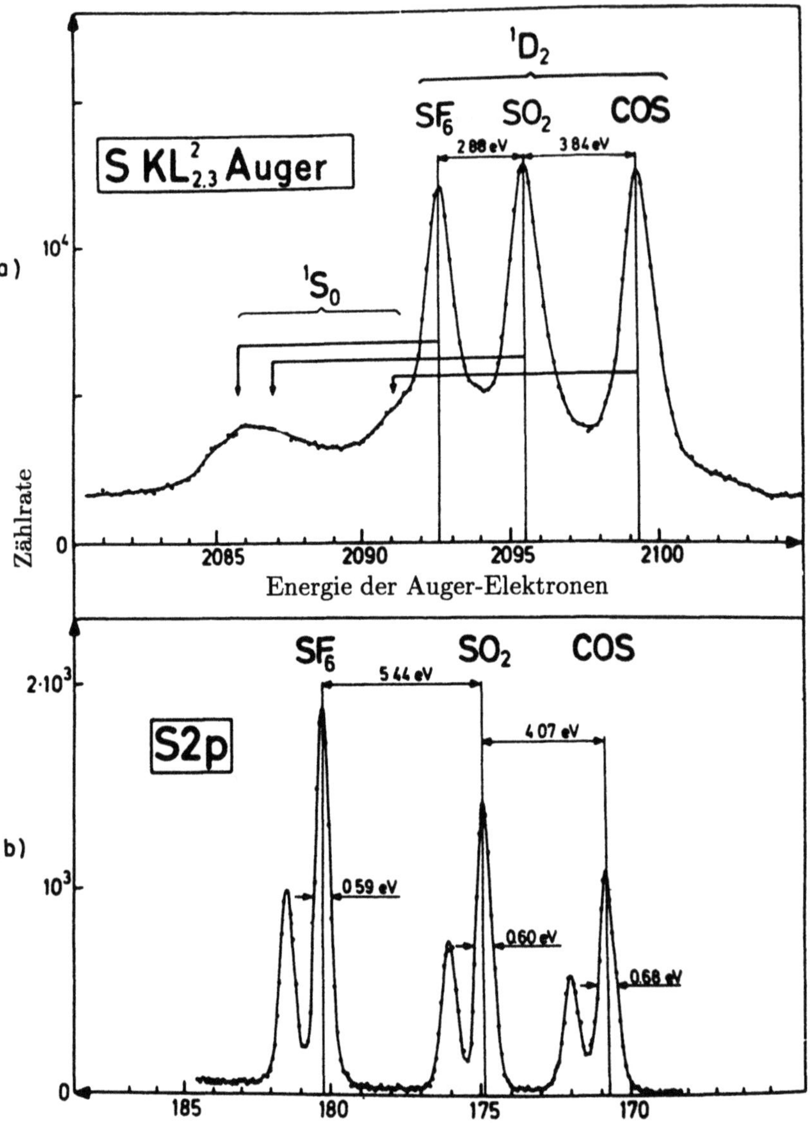

Bild 8.25 (a) Das $KL_{\mathrm{II,III}}L_{\mathrm{II,III}}(^1D_2)$-Auger-Spektrum von Schwefel in einer Gasmischung aus SF_6, SO_2 und OCS. Zum Vergleich: (b) Das S 2p-XP-Spektrum einer Mischung der gleichen Gase. (Aus: Aslund, L., Kelfve, P., Siegbahn, H., Goscinski, O., Fellner-Feldegg, H. Hamrin, K., Blomster, B. und Siegbahn, K., *Chem. Phys. Lett.*, **40**, 353, 1976)

schlägt das Photoelektron, das im Primärschritt erzeugt wurde, auf Grund seiner kinetischen Energie E_p ein zweites Photoelektron heraus. In diesem Fall ist es ein 2s-Elektron, und so resultiert die Konfiguration $1s^1 2s^1 2p^6 \ldots$. Es handelt sich dabei um einen sogenannten shake-off-Prozeß. Wird das Loch im 1s-Orbital durch ein 2p-Elektron aufgefüllt,

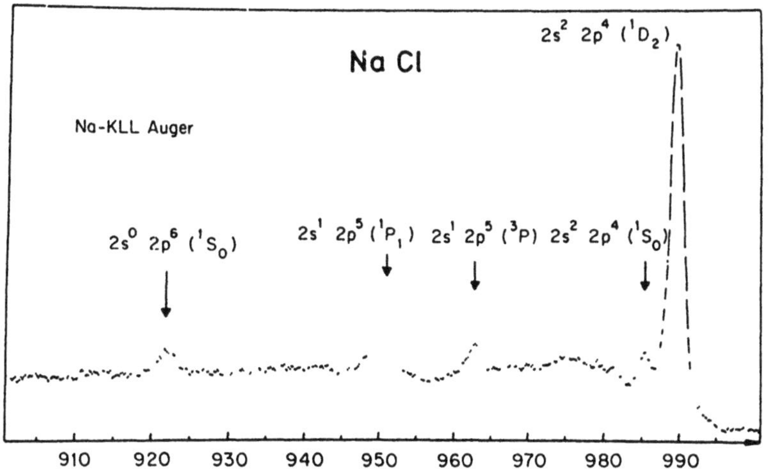

Bild 8.26 Das $KL_{\text{II,III}}L_{\text{II,III}}(^1D_2$ und $^1S_0)$-Auger-Spektrum von Natrium in festem NaCl. (Aus: Siegbahn, K. (Juni 1976), ***Publikationsnummer*** *UUIP-940*, Seite 81, Uppsala University Institute of Physics)

entstehen die Rumpflochzustände $^1P_1$ und $^3P_2$, $^3P_1$, $^3P_0$; die drei ^3P-Terme können nicht aufgelöst werden. Füllt ein $2s$-Elektron die Lücke im $1s$-Orbital auf, bildet sich ein $^1S_0$-Rumpflochzustand.

In Bild 8.27 wird gezeigt, wie sich das $KL_{\text{II,III}}L_{\text{II,III}}$-Auger-Spektrum von Magnesium ändert, wenn die Metalloberfläche oxidiert wird. In beiden Spektren sind zwei Signale zu erkennen, die den beiden Rumpflochzuständen $^1D_2$ und $^1S_0$ des Mg^{2+} zugeordnet werden können und zu der Konfiguration $1s^22s^22p^4\ldots$ gehören. Im Spektrum des MgO ist eine chemische Verschiebung von 5 eV gegenüber dem Spektrum des Mg festzustellen. Das entsprechende XP-Spektrum, das in Bild 8.27 als Einschub abgebildet ist, zeigt eine deutlich kleinere chemische Verschiebung. Im Auger-Spektrum sind auch einige Satelliten zu erkennen, die teilweise durch shake-off-Prozesse hervorgerufen werden. Dabei werden die Konfigurationen $1s^22s^12p^5\ldots$ und $1s^22s^02p^6\ldots$ gebildet, wie wir sie eben für das Na-Spektrum in Bild 8.26 diskutiert haben.

8.2.2 Röntgenfluoreszenzspektroskopie

8.2.2.1 Experimenteller Aufbau

Wie bei AES besteht auch bei XRF der Primärschritt darin, ein Elektron aus einem Rumpforbital des Atoms A herauszuschlagen und damit das hoch angeregte Ion A^+ zu erzeugen (siehe auch Bild 8.21). Das kann entweder mit einem Elektronenstrahl der entsprechenden Energie oder mit Röntgenlicht geschehen. Bei den ersten Arbeiten in der Röntgenfluoreszenzspektroskopie wurde noch ein hochenergetischer Elektronenstrahl verwendet. Heutzutage wird nahezu ausschließlich mit Röntgenlicht ionisiert.

Üblicherweise wird eine Coolidge-Röhre als Röntgenlichtquelle verwendet. Dabei werden Elektronen durch Heizen eines Wolframglühfadens erzeugt, der auch gleichzeitig als

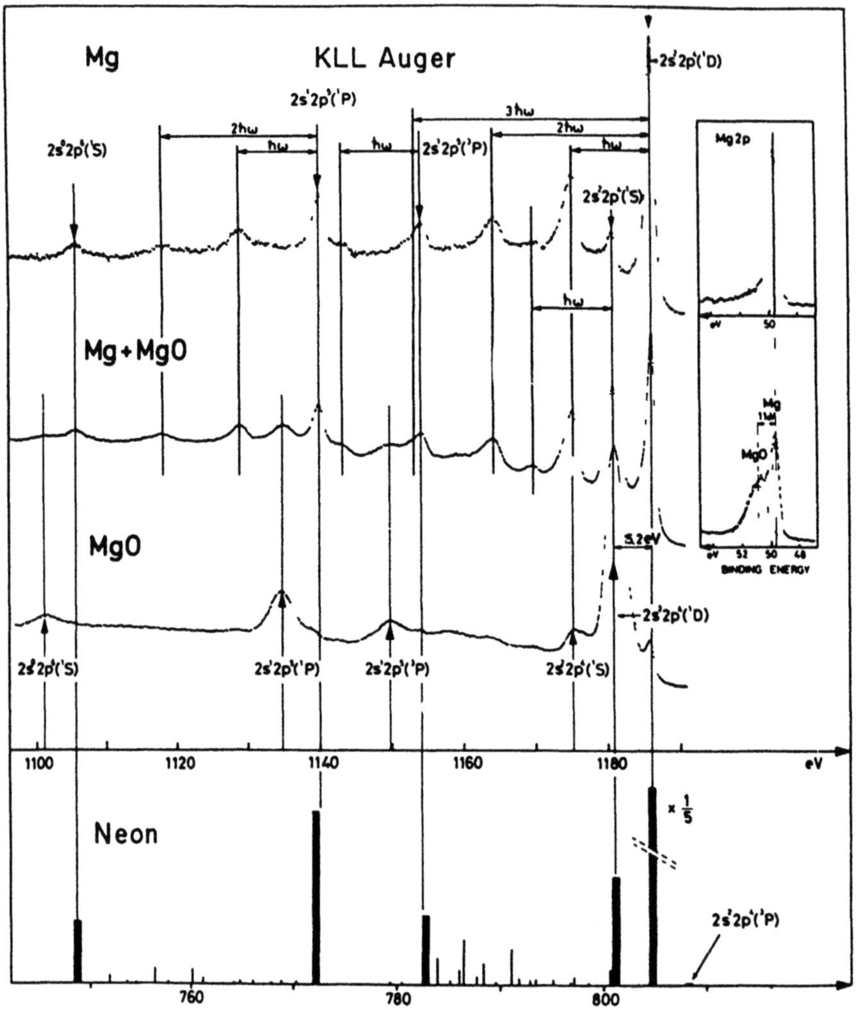

Energie der Auger-Elektronen

Bild 8.27 Der $KL_{\mathrm{II,III}}L_{\mathrm{II,III}}$-Auger-Spektrum des Magnesiums, wie es sich durch Oxidation der Oberfläche ändert und wie es mit dem Auger-Spektrum des Neons vergleichbar ist. (Aus: Siegbahn, K., *J. Electron Spectrosc.*, **5**, 3, 1974)

Kathode geschaltet ist. Die Elektronen werden zur Anode hin beschleunigt, die aus W, Mo, Cr, Cu, Ag, Ni, Co oder Fe besteht. Die Wahl des Anodenmaterials hängt davon ab, welcher Wellenlängenbereich abgedeckt werden soll. Mit der Coolidge-Röhre können Wellenlängen bis hinab zu 10 Å erzeugt werden; bei noch kürzeren Wellenlängen wird die Intensität zu niedrig. Daher können mit XRF nur Elemente mit einer Ordnungszahl > 12 (Magnesium) untersucht werden. Die XRF-Spektren der leichteren Elemente sind allerdings häufig verbreitert. Daher ist eine Analyse wenig sinnvoll, und die Beschränkung stellt keinen großen Verlust dar.

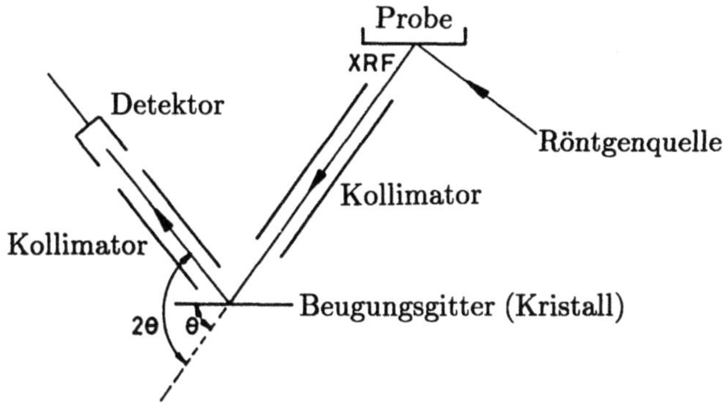

Bild 8.28 Wellenlängendispersives Röntgen-Spektrometer

In Bild 8.28 ist der Aufbau eines XRF-Experiments skizziert. Die Röntgenstrahlen treffen auf die feste oder flüssige Probe, die dann ihrerseits Röntgenfluoreszenzlicht im Wellenlängenbereich 0,2–20 Å emittiert. Das Fluoreszenzlicht wird an einem flachen Kristall gestreut, der meist aus Lithiumfluorid besteht. Der Kristall dient hier als Beugungsgitter, genauso wie auch ein Quarzkristall als Röntgenmonochromator verwendet wird (siehe Bild 8.3). Das Fluoreszenzlicht kann mit einem Szintillationszähler oder einem Halbleiterdetektor nachgewiesen werden. Alternativ können auch die Ionen gezählt werden, die das Fluoreszenzlicht in einem strömenden Gas, beispielsweise Argon, erzeugt.

Um den gewünschten Wellenlängenbereich des Fluoreszenzlichts abtasten zu können, muß der Kristall langsam gedreht werden, um den Winkel θ zu ändern. Dabei muß der Detektor ebenfalls gedreht werden, allerdings mit der doppelten Winkelgeschwindigkeit 2θ; der Detektor steht nämlich in einem Winkel von 2θ zum Strahl der Röntgenfluoreszenz.

Alternativ kann auch ein energiedispersives Spektrometer verwendet werden, bei dem auf den Kristall als dispergierendes Element verzichtet wird. Stattdessen wird ein Detektor benutzt, auf den das ungestreute Röntgenfluoreszenzlicht fällt. Als Ausgangssignal werden Pulse verschiedener Spannungen erzeugt, die den verschiedenen Wellenlängen (Energien) entsprechen. Diese Energien können mit einem Vielkanal-Analysator getrennt werden.

Ein solches energiedispersives Spektrometer arbeitet billiger und schneller, wenn es zur Analyse vieler Elemente benutzt wird, leidet allerdings unter einer schlechteren Nachweisgrenze und geringerer Auflösung.

8.2.2.2 Prozesse bei der Röntgenfluoreszenz

In Bild 8.29 sind die gängigen Prozesse dargestellt, die während der Röntgenfluoreszenz XRF auftreten. Vergleichen wir diese Abbildung mit Bild 8.23, die die gewöhnlichen Auger-Prozesse abbildet, stellen wir die gleiche Bezeichnungsweise für die Energieniveaus für AES und XRF fest.

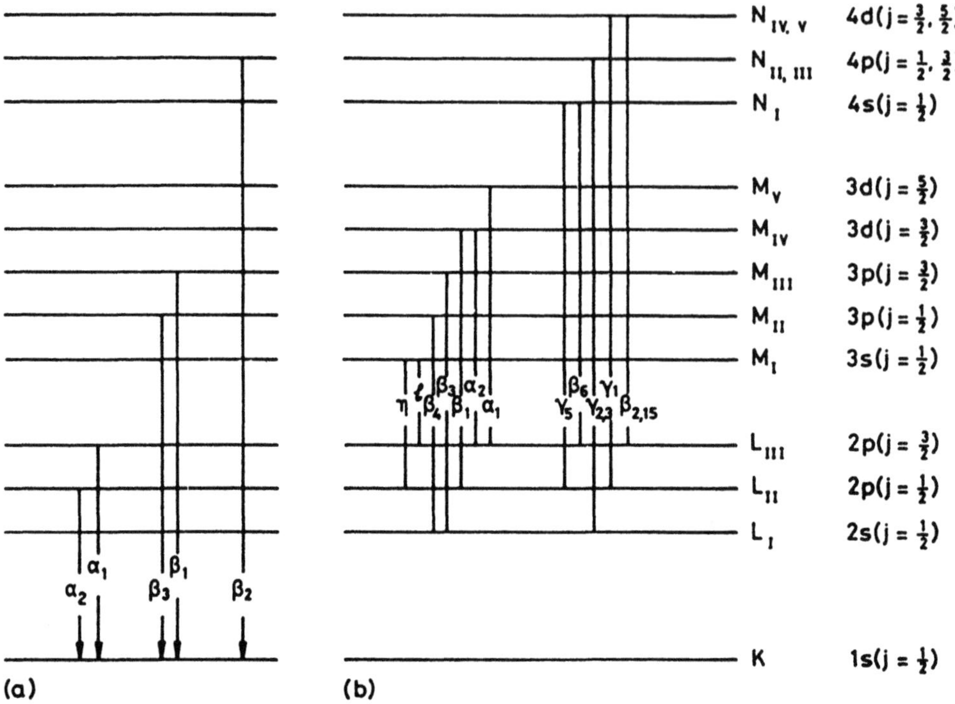

Bild 8.29 Röntgenfluoreszenzübergang, der (a) ein K-Emissionsspektrum und (b) ein L-Emissionsspektrum liefert. Die Energieniveaus sind willkürlich skaliert

Bild 8.29(a) stellt den Fall dar, bei dem ein Elektron aus der K-Schale des Atoms herausgeschlagen wurde. Diese Lücke kann mit Elektronen aus einer anderen Schale aufgefüllt werden, wobei ein sogenanntes K-Emissionsspektrum entsteht. Bild 8.29(b) demonstriert die Bildung eines L-Emissionsspektrums, wobei Elektronen ein Loch in der L-Schale auffüllen.

Die Quantenausbeute der Röntgenfluoreszenz nimmt mit steigender Kernladungszahl ab und ist für die L-Emission kleiner als für die K-Emission.

Für einen XRF-Übergang gelten die folgenden Auswahlregeln:

$$\Delta n \geq 1; \quad \Delta l = \pm 1; \quad \Delta j = 0, \pm 1.$$

Die Quantenzahlen beziehen sich auf das Elektron, das die Lücke auffüllt. Diese Auswahlregeln unterscheiden sich gravierend von denen der Auger-Spektroskopie. So ist z.B. der Übergang $2s{-}1s$ ($L_{\rm I}{-}K$) im $KL_{\rm I}L_{\rm II}$-Auger-Prozeß erlaubt (siehe Bild 8.23), aber als XRF-Übergang wegen $\Delta l = 0$ verboten. Dieser offensichtliche Widerspruch rührt daher, daß für die Auswahlregeln des Auger-Prozesses lediglich der Anfangszustand des Atoms und der Endzustand des doppelt geladenen Ions relevant sind. Der intermediäre Prozeß des einfach geladenen Ions spielt dabei keine Rolle. Die Auswahlregeln des gesamten Auger-Prozesses lauten:

$$\Delta L = 0; \quad \Delta S = 0; \quad \Delta J = 0.$$

Hier beziehen sich die Quantenzahlen auf das gesamte Atom bzw. Ion.

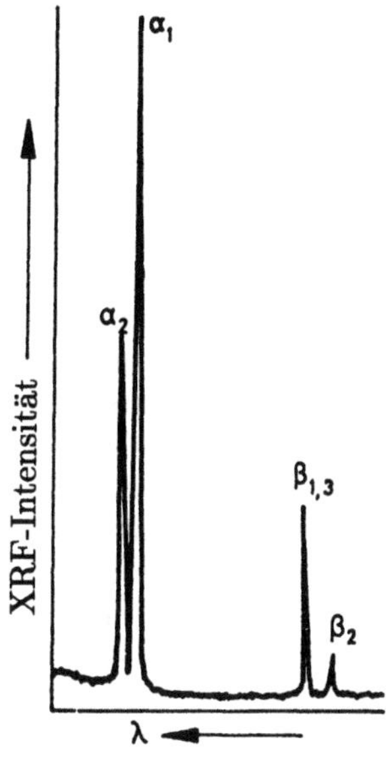

Bild 8.30
K-Emissionsspektrum von Zinn. Die Übergänge α_1 und β_1 liegen bei 0,491 und 0,426 Å. (Aus: Jenkins, R., ***An Introduction to X-ray Spectroscopy***, Seite 22, Heyden, London, 1976)

In Abschnitt 8.2.1.2 haben wir gesehen, daß durch die chemische Verschiebung in einem Auger-Spektrum Atome in verschiedener Umgebung identifiziert werden können. Die chemische Verschiebung in XRF ist normalerweise zu wenig ausgeprägt, als daß sie in irgendeiner Weise ausgenutzt werden könnte. Der Grund hierfür ist, daß für XRF die Energiedifferenz $E_K - E_{L_{II}}$ die ausschlaggebende Größe ist. Der Einfluß der Umgebung hat aber für E_K und $E_{L_{II}}$ etwa den gleichen Betrag und das gleiche Vorzeichen und wird sich damit gegenseitig aufheben. XRF wird daher für einen sehr präzisen, quantitativen Nachweis eines Elements eingesetzt und nicht so sehr für eine Strukturanalyse.

8.2.2.3 Beispiele von Röntgenfluoreszenzspektren

Als Beispiel ist in Bild 8.30 das K-Emissions-XRF-Spektrum von festem Zinn gezeigt. Es sind vier intensive Übergänge zu erkennen. Für die Bezeichnung dieser Übergänge gibt es unglücklicherweise keine einheitliche Nomenklatur. Die Übergänge bei niedrigeren Energien werden als α-Gruppe und die bei höheren Energien als β-Gruppe bezeichnet. Die Indizes 1, 2, ... werden im allgemeinen, aber nicht immer, in der Reihenfolge abnehmender Intensität angegeben. Der β_1-Übergang ist folglich der intensivste Übergang der β-Gruppe.

Die Aufspaltung zwischen den Übergängen α_1 und α_2 ist auf Spin-Bahn-Wechselwirkung zurückzuführen, also auf die Kopplung zwischen Elektronenspin- und Bahndrehimpulsen (siehe auch Abschnitt 7.1.2.3). Diese verursacht eine Aufspaltung der L_{II}- und L_{III}-Niveaus. Die Aufspaltung nimmt mit zunehmender Kernladungszahl Z zu; für Zinn mit $Z = 50$ hat die Aufspaltung zwischen α_1 und α_2 bereits beträchtliche Ausmaße angenommen. Die Wellenlängen dieser Übergänge betragen 0,491 und 0,495 Å und können leicht getrennt beobachtet werden. Das entspricht einer Aufspaltung von 206 eV zwischen den Niveaus L_{II} und L_{III}. Der α_1-Übergang ist wegen des größeren Entartungsgrads des oberen Niveaus ungefähr doppelt so intensiv wie der α_2-Übergang. Gemäß unseren Ausführungen in Abschnitt 8.1.3.1 beträgt der Entartungsgrad $2j + 1$.

Die Spin-Bahn-Wechselwirkung nimmt mit zunehmender Quantenzahl des Bahndrehimpulses l ab. Das wird durch die kleinere Aufspaltung der beiden β-Übergänge verdeutlicht, die nur noch 70 eV beträgt und nicht aufgelöst werden kann.

Bei Elementen mit niedrigerer Kernladungszahl als Zinn ist die α_1–α_2-Aufspaltung auf Grund der geringeren Spin-Bahn-Wechselwirkung kleiner. Für Calcium mit $Z = 20$ kann die Aufspaltung von nur 3 eV normalerweise nicht mehr aufgelöst werden.

Mit abnehmender Kernladungszahl gewinnen zwei weitere Effekte für das K-Emissions-XRF-Spektrum an Bedeutung. Zum einen treten zunehmend intensitätsschwache Satellitenübergänge bei kleineren Wellenlängen als der des Hauptübergangs auf. Diese finden in den zweifach positiv geladenen Ionen statt, die zu einem Bruchteil durch die anregende Röntgenstrahlung erzeugt werden können. Zum anderen treten bei einigen Übergängen zunehmend breite Banden anstelle der sonst üblichen scharfen Linien auf. Hier spielen die Einflüsse von Atomorbitalen auf die Molekülorbitale eine Rolle. Dieser Effekt wird z.B. im K-Emissionsspektrum des Sauerstoffs bei den Übergängen ($2s$–$1s$) und ($2p$–$1s$) beobachtet.

In einem XRF-Spektrum können mit ganz geringer Intensität auch verbotene Übergänge beobachtet werden, die durch Störungen von benachbarten Atomen hervorgerufen werden. So erscheinen im Spektrum des Zinns, wie auch bei einigen anderen Elementen, die Übergänge ($3d$–$1s$) und ($4d$–$1s$), die eigentlich durch die Auswahlregeln verboten sind.

An Hand von Bild 8.29(b) ist ersichtlich, daß ein L-Emissionsspektrum erheblich komplexer ist als ein K-Emissionsspektrum. Das bestätigt das L-Emissionsspektrum von Gold, das in Bild 8.31 gezeigt ist. Abgesehen von den beiden Übergängen l und η, sind drei Gruppen von Übergängen festzustellen, die mit α, β und γ bezeichnet werden. Die intensivsten Übergänge jeder Gruppe sind jeweils α_1, β_1 und γ_1.

Bei den L-Emissionsspektren der Elemente mit einer Kernladungszahl $Z < 40$ fehlt der β_2-Übergang. In Atomen wie Gold und Elementen mit noch größerer Ordnungszahl ist dieser Übergang dagegen sehr intensiv.

Die Linien im L-Spektrum einiger Atome können verbreitert sein, wenn ihre M- oder N-Schalen bei der Bildung von Molekülorbitalen beteiligt sind. Aus diesem Grund wird ein M-Emissionsspektrum, bei dem also im Primärschritt ein Loch in der M-Schale erzeugt worden ist, verstärkt zur Linienverbreiterung neigen.

8.3 Röntgenabsorptionsfeinstruktur

Bereits in den 30er Jahren wurden Experimente zur Röntgenabsorption durchgeführt. Als kontinuierliche Röntgenquelle wurde damals die Bremsstrahlung (siehe Abschnitt 8.1.1.1) verwendet, zusammen mit einem dispersiven Spektrometer und einem Film als Detektor. Absorbiert eine Probe Röntgenstrahlung, kann der Absorptionskoeffizient a wie üblich mit dem Lambert-Beer-Gesetz ermittelt werden:

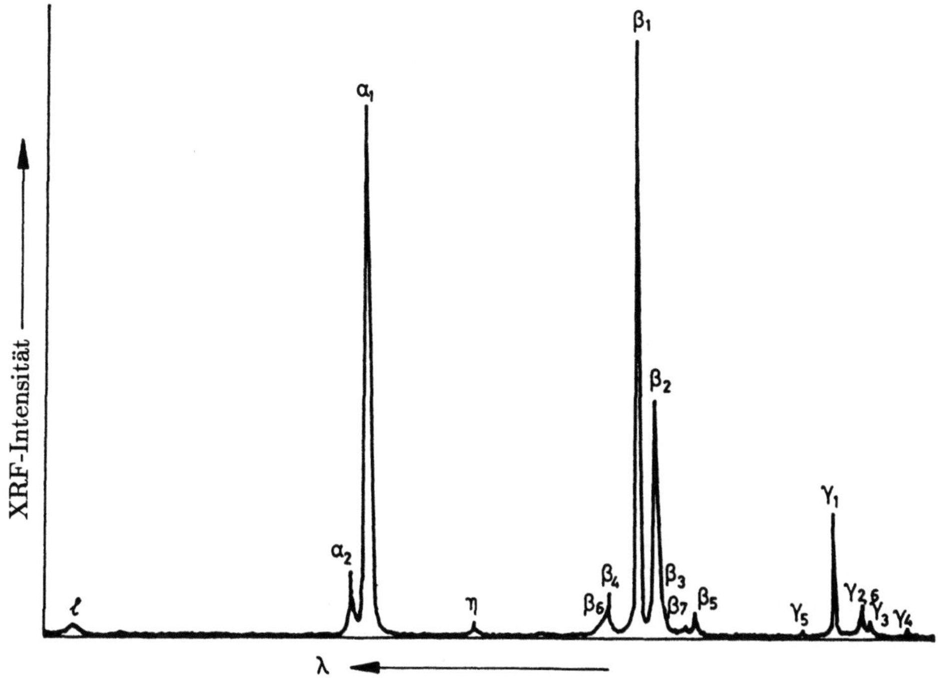

Bild 8.31 *L*-Emissionsspektrum von Gold. Die α_1-Linie liegt bei 1,277 Å und die γ_1-Linie bei 0,927 Å. (Aus: Jenkins, R., ***An Introduction to X-ray Spectroscopy***, Seite 28, Heyden, London, 1976)

$$al = \log_{10}\left(\frac{I_0}{I}\right). \tag{8.16}$$

Diese Gleichung entspricht Gl. (2.16). I_0 und I sind die Intensitäten der einfallenden und der durchgelassenen Strahlung. l ist die Weglänge in der absorbierenden Probe.

In diesen Experimenten wurde festgestellt, daß jede Absorptionslinie asymmetrisch ist. Eine lang abfallende Flanke ist bis hin zu hohen Photonenenergien zu erkennen, und auch auf der niederenergetischen Seite der Absorptionskante sind einige scharfe Strukturen wie in Bild 8.32 zu sehen. Eine K-Absorptionskante entsteht durch Entfernen eines Elektrons aus der K-Schale oder dem $1s$-Orbital. Die Strukturen vor dieser Kante rühren daher, daß das Elektron zunächst in unbesetzte Orbitale wie $5p$ oder $5d$ angeregt wird, statt daß es vollständig herausgeschlagen wird. Die Kante selbst zeigt den Beginn des Ionisierungskontinuums an, wie es in Bild 8.33 für das Entfernen eines $1s$-Elektrons dargestellt ist. Daraus ist ersichtlich, daß die Röntgenabsorption sehr eng mit den Prozessen verknüpft ist, die auch bei XPS ablaufen (siehe Abschnitt 8.1); bei XPS wird jedoch monochromatische Röntgenstrahlung zur Ionisierung verwendet.

In einigen Fällen wurde bei der Röntgenabsorption auch eine gewisse Feinstruktur entdeckt. Dabei sind der langsam abfallenden Flanke Intensitätsänderungen überlagert, wie sie auch in Bild 8.32 zu sehen sind. Diese Struktur wird als EXAFS bezeichnet und ist die Abkürzung für den englischen Ausdruck Extended X-ray Absorption Fine Structure.

Die Studien der EXAF-Strukturen wurden lange Jahre nach ihrer Entdeckung nicht

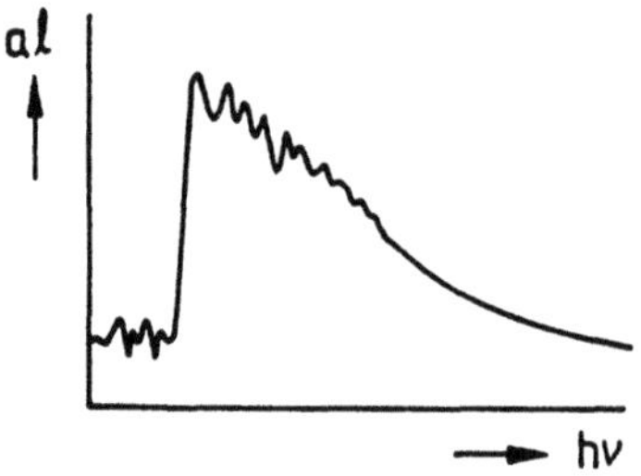

Bild 8.32
Eine Röntgenabsorptionskante

weiter vertieft, bis die Synchrotronstrahlung als kontinuierliche Röntgenquelle zur Verfügung stand (zu den Speicherringen siehe Abschnitt 8.1.1.1). Synchrotronstrahlung ist um den Faktor 10^5 bis 10^6 intensiver als die Strahlung herkömmlicher Quellen. Sie hat zudem den Vorteil, daß sie kontinuierlich durchstimmbar ist. Erst durch die speziellen Eigenschaften dieser Strahlungsquelle wurde EXAFS zu einer der wichtigsten Methoden der Strukturanalyse von Festkörpern.

In Bild 8.34 ist der prinzipielle Aufbau eines EXAFS-Experiments dargestellt. Die kontinuierliche Strahlung des Synchrotronspeicherrings wird durch ein konkaves Torroidgitter und unter flachem Einfallswinkel fokussiert. Als Beugungsgitter wird ein Doppelkristallmonochromator verwendet (siehe Abschnitt 8.1.1.1). Der Monochromator kann langsam über den benötigten Bereich der Photonenenergie durchgestimmt werden. Die Intensität I_0 des Strahls, der auf die Probe fällt, wird mit der Ionenkammer 1 gemessen. Dazu werden die gebildeten Ionen gezählt. Die Intensität I des Strahls, der die Probe wieder verläßt, wird auf die gleiche Weise mit der Ionenkammer 2 gemessen.

Besteht die Probe aus einem einatomigen Gas, wie z.B. Krypton, ist auf der hochenergetischen Seite des Absorptionssignals keine EXAF-Struktur zu sehen. Bei zweiatomigen Gasen wie Br_2 wird jedoch EXAFS beobachtet, denn EXAFS wird durch Interferenzen von Elektronenwellen verursacht. In Abschnitt 1.1 haben wir gelernt, daß ein Elektron auch als de-Broglie-Welle beschrieben werden kann. Das Photoelektron, das aus einem Bromatom emittiert wird, kann als solche Welle an dem zweiten Bromatom gestreut werden und mit der einfallenden Welle interferieren. Offensichtlich hängt das Interferenzmuster sehr stark vom Kernabstand ab, daneben auch von einigen anderen Parametern. Dieser Effekt erinnert an die Elektronenbeugung in Gasen und in Festkörpern, die wir schon in Abschnitt 1.1 erwähnt haben.

EXAFS wird hauptsächlich zur Untersuchung von ungeordneten Materialien und amorphen Festkörpern eingesetzt. In Bild 8.35(b) wird gezeigt, wie die Welle des Photoelek-

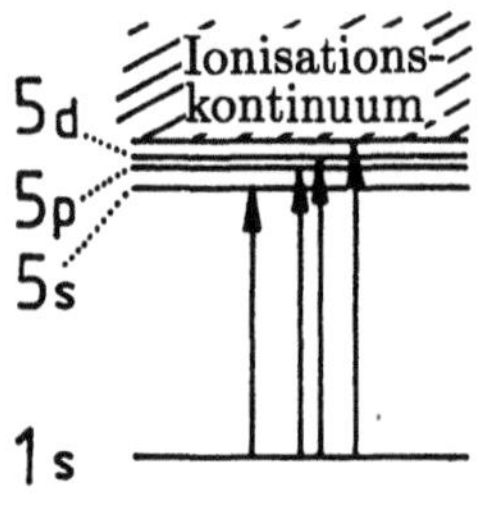

Bild 8.33
Bildung einer Röntgenabsorptionskante und ihrer Feinstruktur

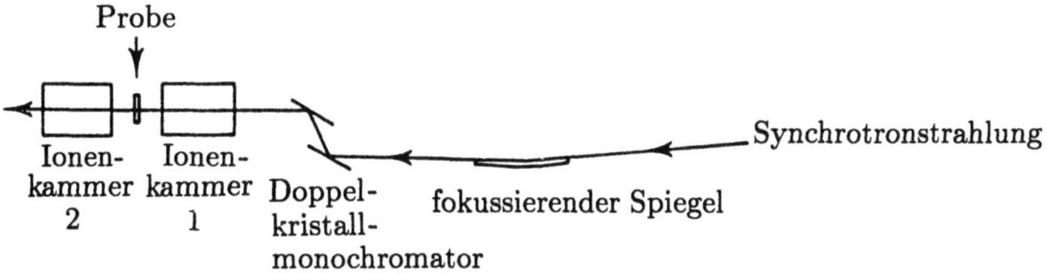

Bild 8.34 Aufbau eines EXAFS-Experiments

trons, das von Atom A emittiert wird, an den nächsten Nachbaratomen B in einem kristallinen Material gestreut wird.

Üblicherweise wird zur theoretischen Beschreibung von EXAFS nicht die Wellenlänge λ des Photoelektrons benutzt, sondern der Wellenvektor k, der mit dieser Welle verknüpft ist. Zwischen λ und k besteht der folgende Zusammenhang:

$$k = \frac{2\pi}{\lambda}. \tag{8.17}$$

Auch aus der Energie des Photoelektrons $(h\nu - I)$ aus Gl. (8.3) kann k berechnet werden:

$$k = \left[\frac{2m_e(h\nu - I)}{\hbar^2}\right]^{1/2}. \tag{8.18}$$

m_e ist die Elektronenmasse.

In einem EXAFS-Experiment wird der Absorptionskoeffizient a gemessen, der auch in Gl. (8.16) auftritt. Wir definieren einen Absorptionskoeffizienten a_0, der die Absorption ohne EXAFS beschreiben soll; dieser kann aus dem steil abfallenden Untergrund (siehe Bild 8.32) erhalten werden. Die geringfügige Änderung von a, die durch EXAFS hervorgerufen wird, drückt $\chi(k)$ aus:

$$\chi(k) = \frac{a_0 - a}{a_0}. \tag{8.19}$$

Diese Größe kann mit dem Kernabstand R_j zwischen den streuenden Atomen und anderen Parametern verknüpft werden:

Bild 8.35 Interferenz zwischen gestreuten Photoelektronen (a) in einem gasförmigen zweiatomigen Molekül und (b) in kristallinem Material

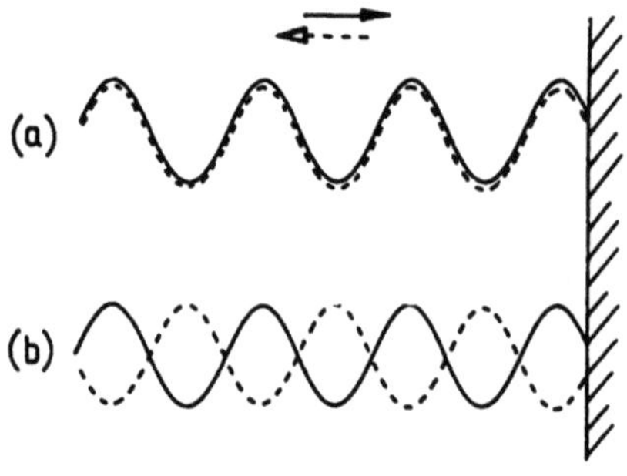

Bild 8.36 Streuung einer Elektronenwelle (a) ohne Phasenänderung und (b) mit einer Phasenänderung von π (180°)

$$\chi(k) = \sum_j -\frac{N_j\,|f_j(k,\pi)|}{kR_j^2}\,\mathrm{e}^{-2\sigma_j^2k^2}\,\mathrm{e}^{-2R_j/\lambda}\,\sin[2kR_j + \delta_j(k)]. \qquad (8.20)$$

N_j ist die Zahl der streuenden Atome, die sich im Abstand R_j zu dem Atom befinden, in dem das Photoelektron erzeugt wird. $|f_j(k,\pi)|$ ist die Amplitude der am j-ten Atom rückgestreuten Welle. $\exp(-2\sigma_j^2k^2)$ wird als Debye-Waller-Faktor bezeichnet und berücksichtigt die Schwingungsbewegung in einem Molekül bzw. die Unordnung in einem Kristall mit einer quadratisch gemittelten Amplitude σ_j. Mit dem Faktor $\exp(-2R_j/\lambda)$ wird der Verlust von Photoelektronen durch inelastische Streuung zugelassen. Der sin[...]-Term stellt den Wellencharakter des Photoelektrons dar. Wird eine Elektronenwelle gestreut, kann sich dabei die Phase ändern. In Bild 8.36(a) ist gezeigt, wie eine Welle ohne Phasenänderung gestreut wird. In Bild 8.36(b) ist eine Phasenänderung von 180° dargestelllt; dabei ändert sich sin x nach sin $(x+\pi)$; π ist der Phasenwinkel. In Gl. (8.20) wird für jedes Atom j ein Phasenwinkel $\delta_j(k)$ angenommen.

$\chi(k)$ ist experimentell aus einem Absorptionsspektrum wie in Bild 8.32 zugänglich, nachdem das schwach abfallende Untergrundsignal abgezogen wurde. Übrig bleibt eine Summe von Sinus-Wellen, deren Wellenlänge benötigt wird, um den Abstand R_j zu bestimmen. Das setzt allerdings die Kenntnis des Phasenfaktors $\delta_j(k)$ voraus. Mit Hilfe der Fourier-Transformation können aus einer Überlagerung von Sinus-Wellen die einzelnen Wellenlängen bestimmt werden. In Abschnitt 3.3.3 haben wir uns im Zusammenhang mit den Interferometern damit beschäftigt.

Bild 8.37 zeigt als Beispiel einer solchen Analyse die Daten einer Germaniumprobe. Germanium hat dieselbe Kristallstruktur wie Diamant. Bild 8.37(a) zeigt die Absorptionskante mit der überlagerten EXAF-Struktur. In Bild 8.37(b) ist der flache Untergrund abgezogen worden; die daraus resultierenden Werte für $\chi(k)$ wurden dann wegen des k^{-1}-Faktors in Gl. (8.20) mit k multipliziert. Diese Daten müssen dann noch mit k^2 multipliziert werden, weil die Rückstreuamplitude $|f_j(k,\pi)|$ proportional zu k^{-2} ist. Diese Werte werden dann gegen k aufgetragen, und als Ergebnis ist eine Überlagerung von Sinus-Wellen zu sehen. Nach der Fourier-Transformation erhält man die Darstellung in Bild 8.37(c). Hier ist bei ungefähr 2,2 Å ein größeres Signal zu sehen, das den vier nächsten Nachbarn in der tetraedrischen Diamantstruktur entspricht; die anderen, schwächeren

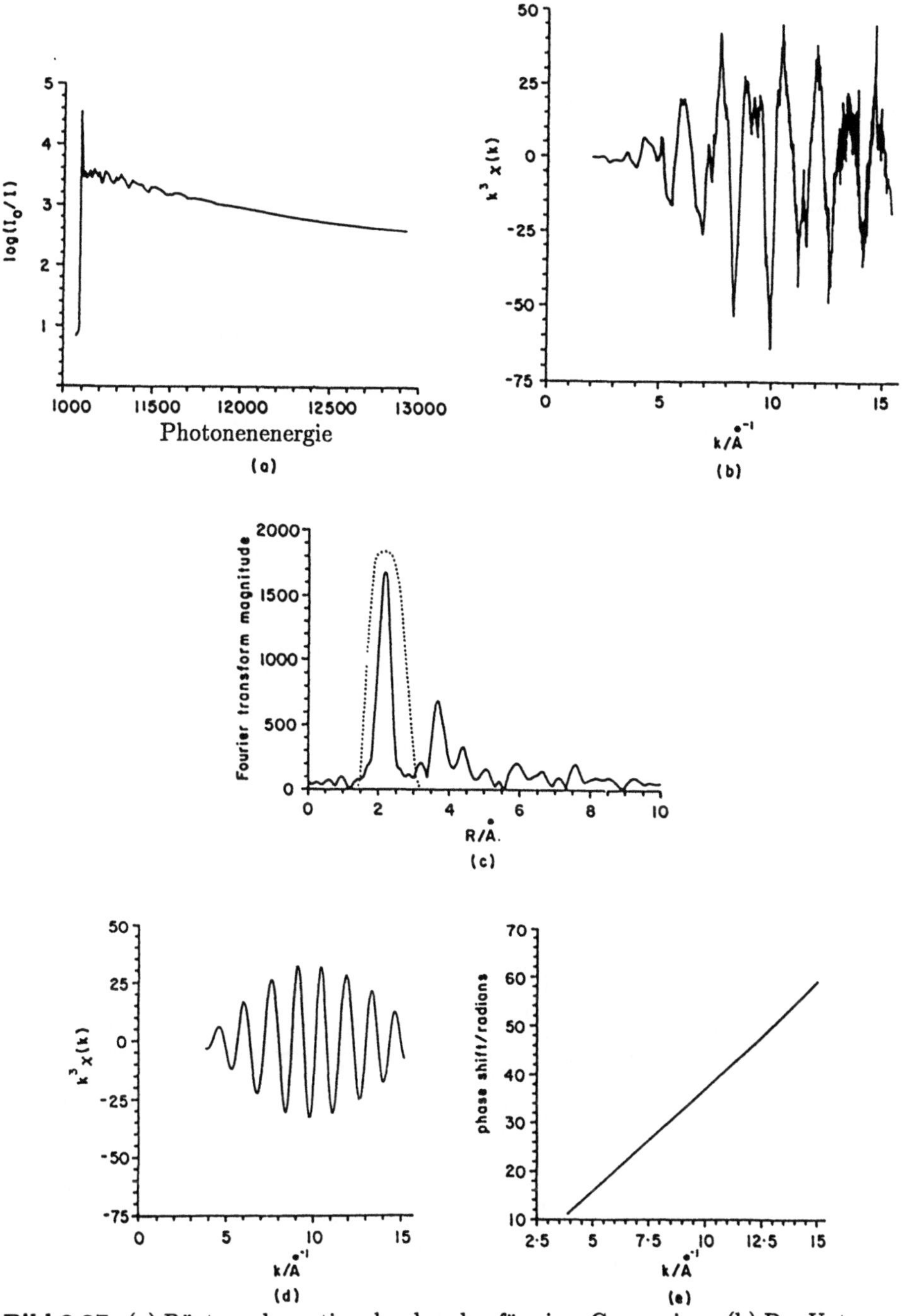

Bild 8.37 (a) Röntgenabsorption durch pulverförmiges Germanium. (b) Der Untergrund ist subtrahiert und die Daten sind anschließend mit k^3 multipliziert worden. (c) Fourier-Transformation von (b). (d) Daten von (c) gefiltert und in den k-Raum rücktransformiert. (e) Änderung der Phasenverschiebung mit k. (Aus: Eisenberger, P. und Kincaid, B. M., *Science,* **200**, 1441, 1978)

Signale sind auf weiter entfernte Nachbarn zurückzuführen. Die Daten in Bild 8.37(c) werden noch einmal „gefiltert“ , so daß nur der Teil zwischen den gepunkteten Linien erhalten bleibt; dieser Vorgang wird als Fourier-Filterung bezeichnet. Dieser Teil wird wieder in den k-Raum Fourier-rücktransformiert. Das Ergebnis dieser Operation ist in Bild 8.37(d) gezeigt. Gleichzeitig wird daraus die Phasenverschiebung $\delta(k)$ erhalten. In Bild 8.37(e) ist gezeigt, wie sich $\delta(k)$ mit k ändert.

Die Rohdaten müssen digitalisiert werden, um in der beschriebenen Weise mit einem Computer verarbeitet werden zu können.

In Bild 8.38 wird gezeigt, wie EXAFS zur Strukturaufklärung eingesetzt werden kann. Als Beispiel dient die Bestimmung der Mo–S- und Mo–N-Bindungslängen in kristallinem Tris(2-Aminobenzylthiolat)Mo(VI), einer oktaedrischen Verbindung mit drei bidentaten Liganden. Bild 8.38(a) zeigt die bereits gefilterten experimentellen Daten; aufgetragen ist hier $k^3\chi(k)$ gegen k. Diese Daten können nicht durch eine Simulation reproduziert werden, die die Koordination des Molybdänatoms an ein Schwefelatom mit nur einem Abstand R_j berücksichtigt (gestrichelte Kurve). Offenbar handelt es sich hier um zwei überlagerte Wellen mit verschiedenen Wellenlängen. Eine mögliche Erklärung ist, daß die Schwefelatome in zwei verschiedenen Positionen mit jeweils anderem Abstand R_j vorliegen. Wahrscheinlicher ist jedoch, daß es zwei verschiedene Arten von Nachbaratomen gibt. In Bild 8.38(b) werden die experimentellen Daten mit berechneten verglichen (gestrichelte Kurve), wobei Beiträge von Schwefel- und Stickstoffatomen einbezogen wurden. Eine gute Übereinstimmung mit den experimentellen Daten wird erzielt, wenn ein Mo–S-Abstand von 2,42 Å und ein Mo–N-Abstand von 2,00 Å angenommen wird; die Unsicherheit beträgt typischerweise 0,01 Å.

Mit EXAFS können auch so komplexe Moleküle wie Proteine untersucht werden. In Bild 8.39 sehen wir die EXAF-Strukturen, die bei der Absorption durch die Eisena-

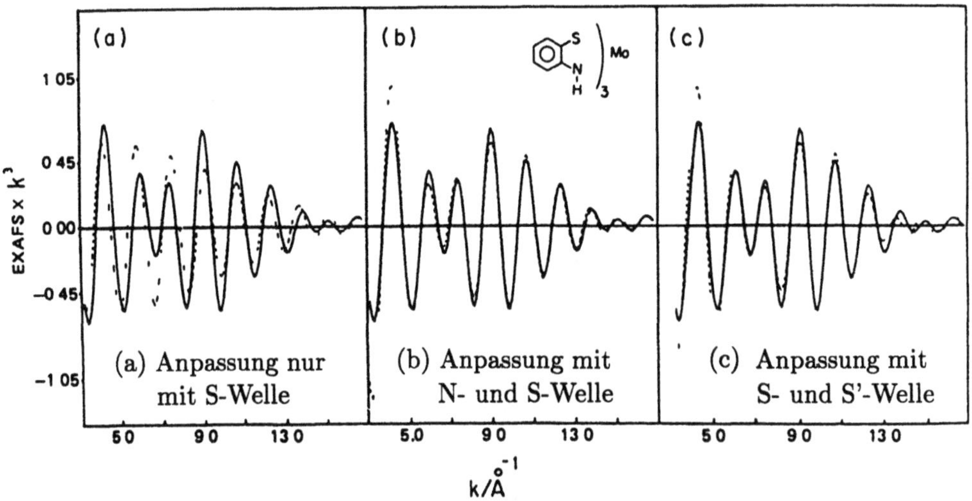

Bild 8.38 Kurvenanpassung an die Mo-EXAFS-Daten von $Mo(SC_6H_4NH)_3$ unter Berucksichtigung von (a) nur einem Schwefelatom und (b) je einem Schwefel- und Stickstoffatom als nachste Nachbarn (Aus Winnick, H , Doniach, S (Herausgeber) ***Synchrotron Radiation Research***, Seite 436, Plenum, New York, 1980)

tome eines Proteins entstehen. Das Protein enthält drei verschiedene Grundtypen aktiver Eisen-Schwefel-Zentren. In Bild 8.39(a) wurde vor der Fourier-Rücktransformation der oben beschriebene Filter für den Bereich 0,9 bis 3,5 Å angewendet. Dadurch entsteht nur eine Welle, die durch vier identische Fe-S-Abstände in Rubredoxin hervorgerufen wird. In Bild 8.39(b) und (c) sind als Beispiel die entsprechenden EXAF-Strukturen von pflanz-

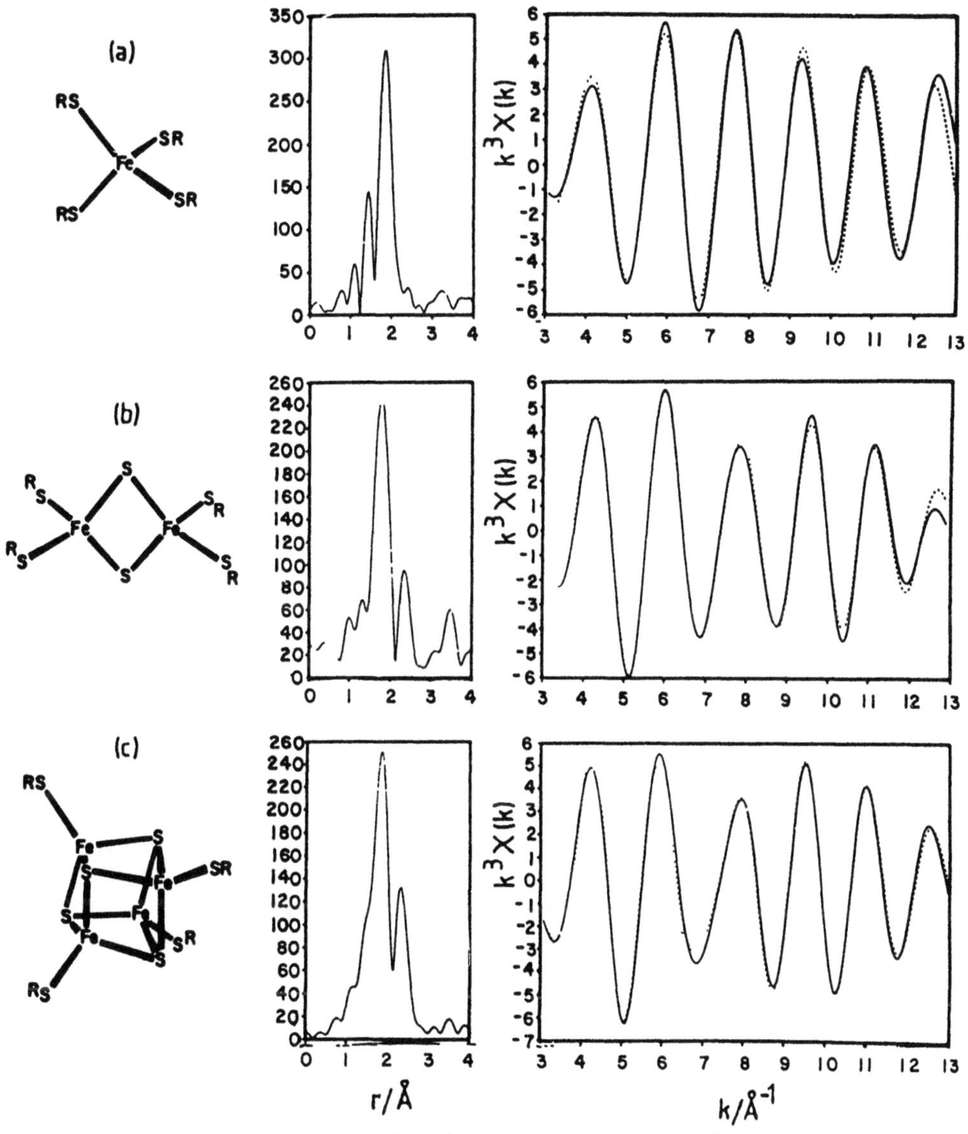

Bild 8.39 Fourier-transformierte (links) und im Bereich 0,9-3,5 Å gefilterte und Fourier-rücktransformierte (rechts) Fe-EXAF-Strukturen von (a) Rubredoxin, (b) pflanzlichem und (c) bakteriellem Ferrodoxin; die Strukturen sind ebenfalls abgebildet. (Aus: Teo, B. K., Joy, D. C. (Herausgeber) *EXAFS Spectroscopy*, Seite 15, Plenum, New York)

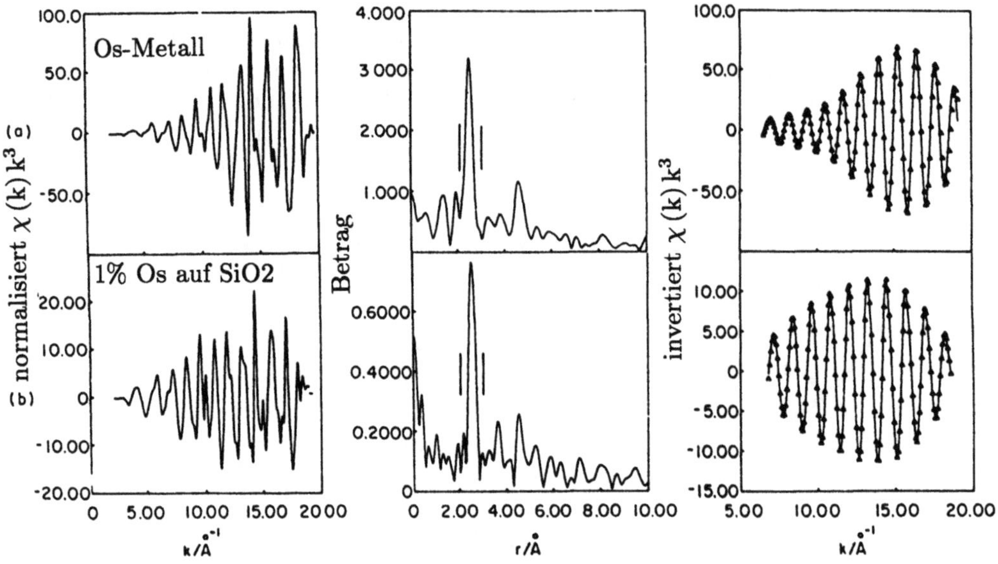

Bild 8.40 $k^3\chi(k)$ EXAFS-Signal von (a) Osmiummetall und (b) 1% Osmium auf einem Siliziumträger. Signal, Fourier-Transformierte und nach Filterung Rücktransformierte. (Aus: Winnick, H., Doniach, S. (Herausgeber) ***Synchrotron Radiation Research***, Seite 413, Plenum, New York, 1980)

lichen und bakteriellen Ferrodoxinen dargestellt. Hierbei handelt es sich jeweils um die Überlagerung zweier Wellen, die auf zwei verschiedene Arten von Fe–S-Verbindungen hinweisen, in Übereinstimmung mit den abgebildeten Strukturvorschlägen.

Die EXAF-Strukturen ändern sich mit zunehmender Unordnung eines Festkörpers. Als Beispiel zeigt Bild 8.40 die Os-EXAFS-Signale in metallischem Osmium und in einem Katalysator, bei dem 1% Osmium in Form kleiner Cluster auf einer Siliziumoxidoberfläche fein verteilt ist. Das Hauptsignal in dem Fourier-transformierten Spektrum ist auf die nächsten Os–Os-Nachbarn zurückzuführen. Dieses Signal ist im Spektrum des reinen Metalls (ca. 3,2) viel intensiver als im Spektrum des Katalysators (ca. 0,8), was auf mehr Os–Os-Bindungen hinweist. Vergleichen wir die gefilterten und rücktransformierten Spektren, stellen wir fest, daß die einzelne Welle im Spektrum des Katalysators rascher gedämpft wird als im Spektrum des reinen Metalls. Diese Dämpfung ist auf den Faktor $\exp(-2\sigma_j^2 k^2)$ in Gl. (8.20) zurückzuführen. σ_j ist ein Maß für die Unordnung in der Probe und offensichtlich für den Katalysator größer. Nach Auswertung der Daten erhält man für die Zahl der nächsten Nachbarn $N_1 = 8,3 \pm 2,0$ im Falle des Katalysators; im reinen, kubisch-flächenzentrierten Metall ist ein Os-Atom von 12 nächsten Nachbarn umgeben. Die größere Unordnung im Katalysator wird durch den Wert von σ angezeigt: $\Delta\sigma_1^2 = \sigma_1^2(\text{Katalysator}) - \sigma_1^2(\text{Metall}) = 0,0022 \pm 0,0002$.

Die EXAFS-Methode kann auf verschiedene Elemente in derselben Probe oder für verschiedene Absorptionskanten, wie z.B. 1s, 2s oder 2p desselben Elements angewendet werden.

Auch Auger-Elektronen können solche Interferenzmuster wie die normalen Photoelektronen erzeugen. Diese Technik ist besonders nützlich zur Untersuchung von Oberflächen und wird daher als SEXAFS bezeichnet (im Englischen: Surface EXAFS). Als Beispiel führen wir die Adsorption von Br_2 auf Kohlenstoff an, das in diesem Fall zu 50% aus Kohlenstoffkristalliten und zu 50% aus Graphit besteht. Unter Ausnutzung des linear polarisierten Lichts des Speicherrings konnte gezeigt werden, daß bei einer Brombedeckung von 20% einer Monolage die Ausrichtung der Br–Br-Bindung zur Oberfläche statistisch verteilt ist; in dem Bedeckungsbereich von 60% bis 90% sind die Brommoleküle mit ihrer Kernverbindungsachse parallel zur Oberfläche orientiert.

Aufgaben

1. Welche Merkmale werden die wichtigsten im He(I)-UP-Spektrum von Quecksilberdampf sein?
2. Welche niedrig liegenden Zustände des NO^+ werden wohl im He(I)-UP-Spektrum des NO zu beobachten sein? Geben Sie an, ob Sie jeweils eine lange oder eine kurze Progression erwarten.
3. Messen Sie die Bandenlagen des UP-Spektrums in Bild 8.7 so genau wie möglich aus. Verwenden Sie diese Werte, um ω_e und $\omega_e x_e$ nach den Gln. 7.82 und 6.18 für den elektronischen Grundzustand des H_2^+ zu bestimmen.
4. Überlegen Sie, welche Lage die Bindungsenergien im O 1s- und C 1s-XP-Spektrum einer Mischung aus gasförmigem Acetonitril und CO_2 relativ zueinander einnehmen. Warum?
5. Leiten Sie aus den Konfigurationen, die bei einem KLM-Auger-Übergang im Kryptonatom auftreten, die zugehörigen Rumpflochzustände ab.
6. Von Platin-Metall sind die EXAF-Strukturen bei 300 und bei 673 K gemessen worden. Welche qualitativen Unterschiede erwarten Sie? Wieviele nächste Nachbarn liegen in einer solchen Struktur vor? Zeichnen Sie zur Verdeutlichung ein Diagramm.

Bibliographie

Burhop, E. H. S., (1952). ***The Auger Effect and Other Radiationless Transitions***, Cambridge University Press, London.

Carlson, T. A. (1975). ***Photoelectron and Auger Spectroscopy***, Plenum, New York.

Eland, J. H. D. (1974). ***Photoelectron Spectroscopy***, Butterworth, London.

Rabalais, J. W. (1977). ***Principles of Ultraviolet Photoelectron Spectroscopy***, Wiley, New York.

Roberts, M. W. und McKee, C. S. (1978). ***Chemistry of the Metal-Gas Interface***, Oxford University Press, Oxford.

Siegbahn, K., Nordling, C., Fahlman, A. Nordberg, R., Hamerin, K., Hedman, J., Johansson, G., Bergmark, T., Karlsson, S.-E., Lindgren, I. und Lindberg, B. (1967). ***Electron Spectroscopy for Chemical Analysis- Atomic, Molecular, and Solid State Structure Studies by Means of Electron Spectroscopy***, Almqvist and Wiksells, Uppsala.

Teo, B. K. und Joy, D. C. (Herausgeber) (1981). ***EXAFS Spectroscopy***, Plenum, New York.

Winnick, H. und Doniach, S. (Herausgeber) (1980) ***Synchrotron Radiation Research***, Plenum, New York.

9 Laser und Laserspektroskopie

9.1 Allgemeine Diskussion

9.1.1 Allgemeine Merkmale und Eigenschaften

Das Wort „Laser" ist ein Akronym, das sich aus den Anfangsbuchstaben des englischen Ausdrucks „**l**ight **a**mplification by the **s**timulated **e**mission of **r**adiation" zusammensetzt, zu deutsch also die Lichtverstärkung durch stimulierte Emission von Strahlung. Wird Licht im Mikrowellenbereich verstärkt, wird oft die Bezeichnung „Maser" benutzt. Als erstes Gerät dieser Art wurde 1954 der Ammoniakmaser konstruiert. Zunehmend wurden auch für die anderen Bereiche des elektromagnetischen Spektrums Laser entwickelt, die zunächst im infraroten, dann im sichtbaren und schließlich im ultravioletten Bereich des Spektrums arbeiteten.

In Abschnitt 2.2 haben wir gesehen, daß Licht sowohl spontan (Gl. (2.4)) als auch induziert (stimuliert) emittiert werden kann. Den stimulierten Prozeß beschreibt die folgende Gleichung (siehe auch Gl. (2.5)):

$$\mathrm{M}^* + hc\tilde{\nu} \longrightarrow \mathrm{M} + 2hc\tilde{\nu}. \tag{9.1}$$

Der Name deutet bereits an, daß Laserlicht ausschließlich durch die stimulierte Emission entsteht. Bei den Lichtquellen, die wir in Kapitel 3 kennengelernt haben, wird Strahlung ausschließlich spontan emittiert.

Damit überhaupt induzierte Emission aus dem oberen Niveau eines Zwei-Niveau-Systems erfolgen kann, muß eine Populationsinversion vorliegen. Die Besetzungszahl N_n des oberen Zustands n muß also größer sein als die Besetzungszahl N_m des unteren Zustands m, $N_n > N_m$. Im normalen thermischen Gleichgewicht ist aber gemäß der Boltzmann-Verteilung (Gl. (2.11)) $N_n < N_m$. Die Besetzungsinversion kann durch einen energieaufwendigen Prozeß erzwungen werden, der als „Pumpen" bezeichnet wird. Ist in einem Medium, sei es nun fest, flüssig oder gasförmig, auf irgendeine Art und Weise eine Besetzungsinversion herbeigeführt worden, spricht man von einem aktiven Medium. Dieses verstärkt gemäß Gl. (9.1) die einfallende Strahlung, indem pro einfallendem Photon zwei Photonen emittiert werden.

Um aus einem einfachen Verstärker einen Oszillator zu machen, ist, elektronisch gesehen, eine positive Rückkopplung erforderlich. Dazu wird das Lasermedium zwischen zwei Spiegeln in einer sogenannten Laserkavität eingesperrt. Der eine Spiegel gewährleistet Totalreflexion, während der andere Spiegel ein wenig durchlässig ist; ein Teil der stimulierten Strahlung kann also das Lasermedium als Laserlicht verlassen. Von den vielen möglichen Designs ist die planparallele Anordnung der beiden Spiegel wie in Bild 9.1 die denkbar einfachste. Der Abstand d zwischen den beiden Spiegeln muß ein Vielfaches der halben Wellenlänge $n\lambda/2$ sein. Hierfür ist eine extrem präzise Ausrichtung erforderlich. Die Resonanzfrequenz ν der Kavität beträgt dann:

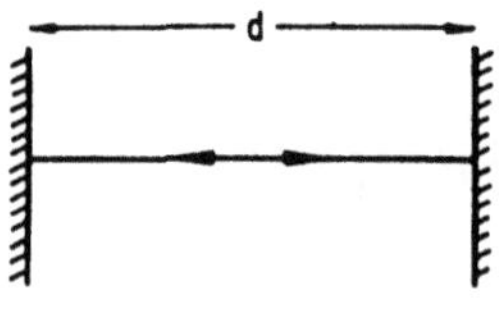

Bild 9.1
Eine Laserkavität mit zwei planparallelen Spiegeln

$$\nu = \frac{nc}{2d}. \tag{9.2}$$

Die reflektierenden Oberflächen der Spiegel sind auf spezielle Weise bedampft. Dabei wechseln sich Lagen mit hoher und niedriger Dielektrizitätszahl ab (z.B. TiO_2 und SiO), um eine möglichst vollständige Reflexion bei der Wellenlänge zu gewährleisten, die für den Laser spezifisch ist. Die sonst zur Bedampfung üblichen Materialien wie Aluminium, Silber und Gold reflektieren nicht stark genug. Einer der beiden Spiegel wird so bedampft, daß 1 bis 10 Prozent der stimulierten Strahlung aus der Kavität als Laserlicht ausgekoppelt werden können.

Im Initialisierungsschritt werden in der Kavität Photonen mit der Energie $hc\tilde{\nu}$ spontan emittiert. Die Photonen, die in einem Winkel von 90° auf einen der Spiegel treffen, verbleiben in der Kavität und erzeugen auf diese Weise einen Photonenfluß, der schließlich hoch genug ist, um die stimulierte Emission anzuregen. Man sagt, das aktive Medium hat begonnen zu lasen.

Das Laserlicht hat die folgenden vier, außergewöhnlichen Eigenschaften:

Parallelität: Das Laserlicht, das die Kavität verläßt, ist streng parallel. Das liegt daran, daß die Resonanzbedingung eine extrem präzise Ausrichtung erfordert. Die Divergenz des Laserstrahls beträgt daher nur wenige Milliradianten.

Monochromasie: Wenn die Energieniveaus n und m in Bild 2.2(a) wie im Falle eines gasförmigen Mediums scharf definiert sind, wird durch die Planck'sche Bedingung die Wellenlänge festgelegt. Aber auch für flüssige oder feste Lasermedien ist die Wellenlänge durch die Abmessungen der Laserkavität eingeschränkt: Es werden nur die Wellenlängen verstärkt, die der Resonanzbedingung Gl. (9.2) genügen.

Helligkeit: Diese Größe ist definiert als die Leistung, die pro Flächeneinheit von dem teildurchlässigen Spiegel pro fester Raumwinkeleinheit emittiert wird. Im Vergleich zu den konventionellen Lichtquellen ist Laserlicht extrem hell. Selbst nicht so leistungsstarke Laser, wie der Helium-Neon-Laser mit nur 0,5 mW, sind heller, weil einfach die Leistung auf einen sehr kleinen Raumwinkel konzentriert ist.

Kohärenz: Die normalen Lichtquellen erzeugen alle nicht-kohärentes Licht. Das bedeutet, daß die elektromagnetischen Wellen zweier Photonen mit gleicher Wellenlänge im allgemeinen nicht in Phase schwingen. Laserstrahlung ist sowohl zeitlich als auch räumlich kohärent. Die zeitliche Kohärenz hält lange an, und die räumliche Kohärenz reicht über relativ große Entfernungen. Die Kohärenz des Laserlichts macht es so attraktiv für intensives, lokales Erhitzen, zum Beispiel beim Metallschneiden und -schweißen. Auch in der Holographie wird Laserlicht eingesetzt.

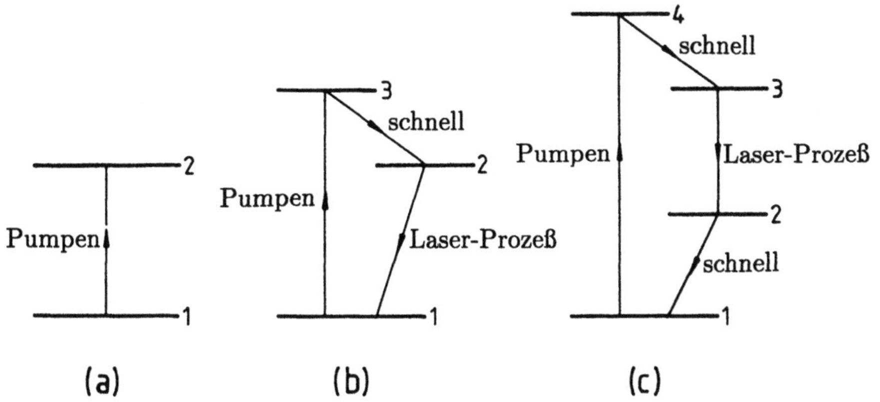

Bild 9.2 (a) Zwei-, (b) Drei- und (c) Vier-Niveau-System als Laser

9.1.2 Methoden zur Erzeugung der Populationsinversion

Gl. (9.1) erweckt den Eindruck, die stimulierte Emission sei ein energieerzeugender Vorgang: Es wird nur ein Energiequant absorbiert, aber zwei Energiequanten emittiert. Durch diesen Prozeß wird zwar die Lichtverstärkung erreicht (daher auch der Ausdruck „light amplification“ im Akronym), aber es ist Energie erforderlich, um im System M nach M* anzuregen. In der gesamten Energiebilanz ist daher kein Gewinn zu verzeichnen, denn die Energie, die zur Anregung benutzt wird, wird bei der stimulierten Emission wieder als Laserlicht abgestrahlt. Auch die Effizienz des Gesamtprozesses ist sehr niedrig. Die Effizienz des Stickstoffgaslasers beträgt beispielsweise nur 0,1 Prozent. Der in dieser Hinsicht beste Laser ist der Halbleiter-(Dioden-)Laser mit einer Effizienz von ca. 30 Prozent.

Bevor wir uns mit den verschiedenen Möglichkeiten des Pumpens beschäftigen, wollen wir uns zunächst die unterschiedlichen Arten von Energieniveausystemen der laseraktiven Medien klarmachen.

Bislang haben wir lediglich die stimulierte Emission in einem Zwei-Niveau-System wie in Bild 9.2(a) betrachtet. Solche Lasersysteme sind allerdings sehr ungewöhnlich; als Beispiel werden wir in Abschnitt 9.2.8 den Excimerlaser kennenlernen. Unter Gleichgewichtsbedingungen ist das Niveau 2 geringer besetzt als das Niveau 1 (siehe Gl. (2.11)). Handelt es sich bei Niveau 2 um ein energetisch hoch liegendes Schwingungsniveau oder einen elektronischen Zustand, wird die Besetzungszahl vernachlässigbar klein. Durch Pumpen mit der Energie $E_2 - E_1$ wird zunächst die Absorption überwiegen, bis schließlich Sättigung erreicht ist (siehe Abschnitt 2.3.4.2), und die Besetzungszahlen der beiden Niveaus gleich groß sind. Bei weiterem Pumpen finden Absorption und stimulierte Emission mit derselben Rate statt. Normalerweise kann also Besetzungsinversion in einem Zwei-Niveau-System nicht erreicht werden.

Um Besetzungsinversion zwischen zwei Niveaus zu erzielen, sind üblicherweise Drei- oder Vier-Niveau-Systeme nötig, wie sie in Bild 9.2(b) und (c) dargestellt sind.

In einem Drei-Niveau-System wird die Besetzungsinversion auf folgende Weise erreicht: Die Anregung des 3–1-Übergangs (Pumpen) verringert zum einen die Besetzungszahl des Niveaus 1, zum anderen wird rasch eine hohe Besetzung im Niveau 2 aufgebaut, sofern der 3–2-Übergang schnell und effizient erfolgt. Die Lichtverstärkung (die Laseraktivität) findet bei dem 2–1-Übergang statt.

Mit einem Vier-Niveau-System kann eine Besetzungsinversion zwischen zwei Niveaus noch besser aufgebaut werden. Das wird in dem in Bild 9.2(c) gezeigten Beispiel dadurch erzielt, daß zum einen das Niveau 3 durch den schnellen Prozeß des 4–3-Übergangs rasch besetzt wird. Zum anderen verringert sich die Besetzungszahl des Niveaus 2 rasch durch den schnellen 2–1-Übergang.

Es kommen auch Lasersysteme zum Einsatz, bei denen zwischen den Niveaus 3 und 4 sowie zwischen den Niveaus 1 und 2 noch weitere Zustände liegen, wobei stets die Übergänge zu den tieferliegenden Zuständen sehr schnell erfolgen. Aber auch diese komplexeren Systeme werden als Vier-Niveau-Systeme bezeichnet.

Es ist nicht nur schwierig, die Besetzungsinversion aufzubauen, sondern auch sie aufrechtzuerhalten. Tatsächlich ist es bei den meisten Lasern nicht möglich, durch ständiges Pumpen eine kontinuierlich andauernde Besetzungsinversion zu erhalten. Stattdessen wird in diesen Systemen Besetzungsinversion dadurch erzielt, daß mit nur kurzen, hochenergetischen Pulsen gepumpt wird. Der Laser arbeitet dann gepulst, im Gegensatz zu den CW- (continuous wave-) Lasern, die kontinuierlich Laserlicht zur Verfügung stellen.

Unabhängig davon, ob es sich um ein Zwei-, Drei- oder Vier-Niveau-System handelt, kann der obere Zustand sowohl durch elektrisches als auch durch optisches Pumpen gesättigt werden. Beide Verfahren können sowohl für gepulste als auch für kontinuierliche Laser eingesetzt werden.

Optisches Pumpen erfordert den Energietransfer von einer hochintensiven Lichtquelle zum Lasersystem und wird insbesondere bei Festkörper- und Flüssigkeitslasern eingesetzt. Den benötigten hohen Photonenfluß stellt für eine kurze Zeit z.B. eine Blitzlichtlampe zur Verfügung. Diese wird mit einem Inertgas betrieben und auch für die Blitzlichtphotolyse benutzt (siehe auch Abschnitt 3.5.4). Das Ergebnis ist ein gepulster Laser, dessen Taktfrequenz mit der Wiederholungsrate der Pumpquelle identisch ist. Optisches Pumpen kann für einige Laser im CW-Betrieb mit Wolfram-Iod-, Krypton- oder Quecksilberentladungslampen erreicht werden.

Elektrisches Pumpen wird bei Gas- und Halbleiterlasern angewendet. Bei einem Gaslaser wird dazu in dem Gas eine elektrische Entladung gezündet. Die Entladung kann entweder durch Mikrowellenstrahlung induziert werden, die von außen in die Zelle eingespeist wird, oder durch Anlegen einer Hochspannung zwischen zwei Elektroden, die sich innerhalb der Zelle befinden. Das eigentliche Pumpen geschieht dann durch Stöße zwischen den Gasteilchen oder mit Elektronen, die in der Entladung mit hoher kinetischer Energie erzeugt werden.

Bei einigen Gaslasern ist es sinnvoll, eine Mischung aus dem Gas M, in dem der Laserübergang stattfindet, und einem weiteren Gas N zu verwenden. Dabei wird N lediglich zu N^* angeregt, das dann durch Stöße seine Energie an M weitergibt:

$$M + N^* \longrightarrow M^* + N. \qquad (9.3)$$

Idealerweise ist N^* ein langlebiger, metastabiler Zustand, dessen Energie etwa so groß ist wie die des Zustands von M^*, der gesättigt werden soll.

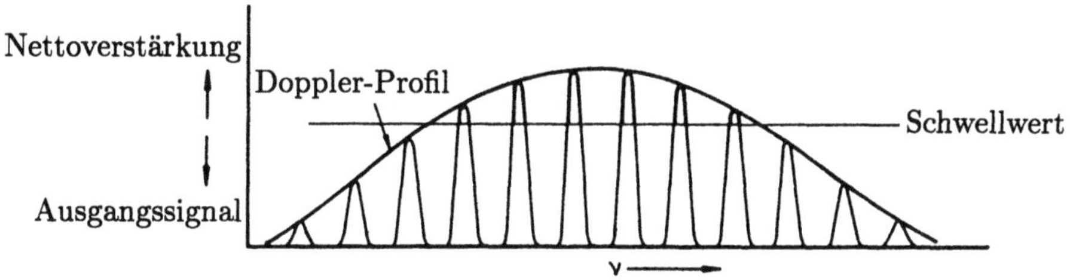

Bild 9.3 Die Doppler-Breite beschränkt die Zahl der axialen (hier: 12) Lasermoden

9.1.3 Schwingungsmoden von Laserkavitäten

Es gibt verschiedene Arten von Resonanzbedingungen in einer Laserkavität, die für die Erzeugung der Strahlung eine Rolle spielen. Die Kavität[1] können wir uns als einen viereckigen Hohlkörper mit quadratischem Querschnitt vorstellen. Es gibt nun zwei Arten von Oszillationsmoden: die transversale und die axiale (oder longitudinale) Mode. Diese Kavitätsmoden sind senkrecht bzw. parallel zur Ausbreitungsrichtung der Laserstrahlung orientiert.

Eine transversale Mode wird mit TEM_{nl} bezeichnet. Dabei steht TEM für transversales elektrisches und magnetisches (Feld); die ganzzahligen Indizes n und l geben die Zahl der vertikalen bzw. horizontalen Knotenebenen der Oszillation an. Normalerweise wird die TEM_{00}-Mode bevorzugt, die eine Gauß-förmige Intensitätsverteilung senkrecht zur Ausbreitungsrichtung aufweist (siehe Bild 2.5).

Von weitaus größerer Bedeutung ist die Anzahl der Axialmoden. Die verschiedenen möglichen Frequenzen werden durch Gl. (9.2) gegeben. Der Frequenzabstand $\Delta\nu$ zwischen den Axialmoden beträgt demnach

$$\Delta\nu = \frac{c}{2d}. \tag{9.4}$$

Beispielsweise beträgt der Abstand zwischen den Axialmoden einer 50 cm langen Kavität 300 MHz (0,01 cm^{-1}).

In der Praxis tritt Laseraktivität nur dann ein, wenn n in Gl. (9.2) so gewählt wird, daß die entsprechende Resonanzfrequenz innerhalb der Linienbreite des Laserübergangs liegt. Bei einem gasförmigen aktiven Medium wird das häufig die Doppler-Breite sein (siehe Abschnitt 2.3.2). In Bild 9.3 ist der Fall dargestellt, bei dem zwölf axiale Moden innerhalb des Doppler-Profils liegen. Die Modenzahl des Laserstrahls hängt auch davon ab, wie groß der Anteil der ausgekoppelten Laserstrahlung ist. In unserem Beispiel in Bild 9.3 wurde sie so gewählt, daß die sogenannte Schwellwertbedingung sechs axiale Moden im Laserstrahl zuläßt. Die Nettoverstärkung des Lasers ist ein Maß für die Intensität.

Bild 9.3 verdeutlicht, daß die Linienbreite einer einzigen axialen Mode des Lasers sehr viel kleiner als die Doppler-Breite ist. Normalerweise arbeitet man mit einen Laser im Mehr-Moden-Betrieb. Für die hochauflösende Spektroskopie ist es aber wünschenswert, daß der Laser nur mit einer Mode betrieben wird. Eine Möglichkeit, dies zu erreichen, geht aus Gl. (9.4) hervor: Die Länge der Laserkavität d muß so klein sein, daß nur eine axiale

[1] Im Deutschen wird oft auch der Ausdruck „Resonator" für die englische Bezeichnung „cavity" verwendet; wir werden im folgenden ausschließlich von der ebenso gebräuchlichen „Kavität" sprechen (Anm. d. Übers.).

Mode innerhalb des Doppler-Profils liegt. Diese Methode kann nur bei den Infrarotlasern angewendet werden, denn hier liegt die Doppler-Breite in der Größenordnung von 100 MHz. Egal, auf welche Weise ein Ein-Moden-Laser erreicht wird, gegenüber einem Mehr-Moden-Laser ist mit erheblichen Intensitätseinbußen zu rechnen.

9.1.4 Güteschaltung

Der Güte- oder Qualitätsfaktor Q einer Laserkavität ist wie folgt definiert:

$$Q = \frac{\nu}{\Delta\nu}. \tag{9.5}$$

$\Delta\nu$ ist die Linienbreite der Laserstrahlung. Q kann auch als „Auflösungsvermögen“ der Kavität aufgefaßt werden, wie sie in Gl. (3.3) für das dispergierende Element eines Spektrometers definiert ist. Im Ein-Moden-Betrieb ist $\Delta\nu$ kleiner und damit Q größer als im Mehr-Moden-Betrieb. Die Energie E_c, die von der Kavität gespeichert wird, und die Energie E_t, die pro Zeiteinheit die Laserkavität verlassen kann, ist mit Q über folgende Beziehung verknüpft:

$$Q = \frac{2\pi\nu E_c t}{E_t}. \tag{9.6}$$

Durch die Güteschaltung (Q-Switching) kann ein intensiver Laserpuls erzeugt werden. Das Prinzip ist das folgende: Für eine kurze Zeitdauer wird der Gütefaktor Q der Laserkavität verringert, indem verhindert wird, daß die Welle zwischen den Spiegeln vor- und rückwärts reflektiert wird. In diesem Zeitraum erhöht sich die Besetzungszahl des oberen Zustands wesentlich stärker, als es bei einem konstant hohen Q-Wert möglich wäre. Dann läßt man Q durch geeignete Maßnahmen sehr groß werden. Dieser Zyklus wird wiederholt, wobei sehr kurze Laserpulse entstehen. Die Pulsdauer Δt steht in direktem Zusammenhang mit der Pulsleistung P_p und der Energie E_p:

$$P_p = \frac{E_p}{\Delta t}. \tag{9.7}$$

Die sehr kurze Pulsdauer erhöht die Pulsleistung enorm. Auf diese Weise werden „Riesenpulse“ erzeugt.

Es werden verschiedene Methoden zur Güteschaltung benutzt. Ein rotierender Spiegel innerhalb der Laserkavität stellt im Prinzip eine einfache Möglichkeit dar. Häufiger wird aber eine Pockels-Zelle verwendet.

Eine Pockels-Zelle besteht aus elektrooptischem Material, das erst dann doppelbrechend wird, wenn eine elektrische Spannung angelegt wird. Linear polarisiertes Licht wird durch ein solches Material im allgemeinen elliptisch polarisiert. Doppelbrechende Kristalle sind Ammoniumdihydrogenphosphat ($(NH_4)H_2PO_4$) oder ADP, Kaliumdihydrogenphosphat (KH_2PO_4) oder KDP und Kaliumdideuterophosphat (KD_2PO_4) oder KD*P. Sie können bei Lasern eingesetzt werden, die Laserlicht im Sichtbaren liefern.

Bild 9.4 zeigt, wie die Güteschaltung einer Laserkavität mit einer Pockels-Zelle verwirklicht wird. Durch den Polarisator P wird die Strahlung in der Kavität linear polarisiert. Das Licht wird beim Durchtritt durch die Pockels-Zelle zirkular polarisiert, wenn an der Zelle eine Spannung anliegt. Durch Reflexion am Spiegel M_1 wird die Polarisationsrichtung umgekehrt. Beim zweiten Durchtritt durch die Pockels-Zelle wird das Licht linear

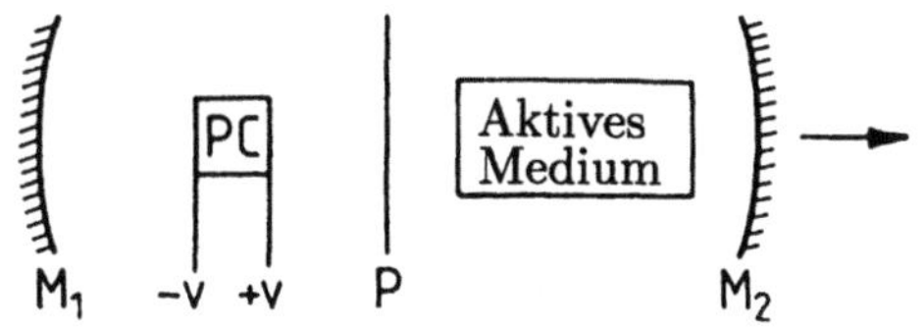

Bild 9.4 Der Gebrauch einer Pockels-Zelle (PC) zur Güteschaltung einer Laserkavität

polarisiert; die Polarisationsebene ist aber um 90° zur ursprünglichen Polarisationsebene gedreht, und das Licht kann deshalb nicht mehr den Polarisator passieren. Erst wenn die angelegte Spannung ausgeschaltet wird, kann der gütegeschaltete Riesenpuls durch den zweiten Spiegel M_2 aus der Kavität austreten. Die Wahl der Zeitpunkte für das Ein- und Ausschalten der Spannung bestimmt die Leistung und die Dauer des Laserpulses.

9.1.5 Modenkopplung

Durch die Güteschaltung werden schon sehr kurze Laserpulse erzeugt, die 10 bis 200 ns dauern können. Laserpulse im Pikosekunden-Bereich (10^{-12} s) können durch Modenkopplung (mode locking) erzeugt werden. Diese Technik ist nur im Mehr-Moden-Betrieb des Lasers möglich und erfordert die Anregung mehrerer axialer Moden der Kavität, allerdings mit der richtigen Amplituden- und Phasenbeziehung. Normalerweise ist diese Beziehung zufälliger Natur.

Jede axiale Mode ist durch ein bestimmtes Muster von Knotenebenen charakterisiert. Den Frequenzabstand $\Delta\nu$ zwischen den Moden gibt Gl. (9.4) an. Wenn die Strahlung in der Kavität bei einer Frequenz von $c/2d$ moduliert werden kann, können sowohl die Amplituden als auch die Phasen der Kavitätsmoden miteinander gekoppelt werden. Das liegt daran, daß die Zeit t_r, die die Strahlung für einen Umlauf in der Kavität benötigt, durch folgende Beziehung gegeben ist:

$$t_\mathrm{r} = \frac{2d}{c}. \tag{9.8}$$

Das Ergebnis einer solchen Modenkopplung stellt Bild 9.5 für den Fall dar, daß die Kavität mit sieben Moden betrieben wird. Nur die Moden, die einen Knoten an den Enden der Kavität aufweisen, tragen zum Ausgangssignal des Lasers bei; alle anderen Moden werden ausgeblendet.

Die Pulsbreite Δt beträgt auf halber Höhe:

$$\Delta t = \frac{2\pi}{(2N+1)\Delta\nu}. \tag{9.9}$$

$(2N+1)$ ist die Zahl der angeregten axialen Moden und $\Delta\nu$ der Frequenzabstand.

Eine Methode der Modenkopplung für Laser, die im sichtbaren Spektralbereich arbeiten, besteht darin, einen akustischen Modulator in die Kavität einzubauen und bei einer Frequenz von $\nu = c/2d$ zu betreiben.

Als Folge der Unschärferelation (Gl. (1.16)) nimmt die Linienbreite mit der extrem kurzen Laserpulsdauer zu. Wenn die Pulsbreite sehr schmal ist, kann die Pulsenergie nur

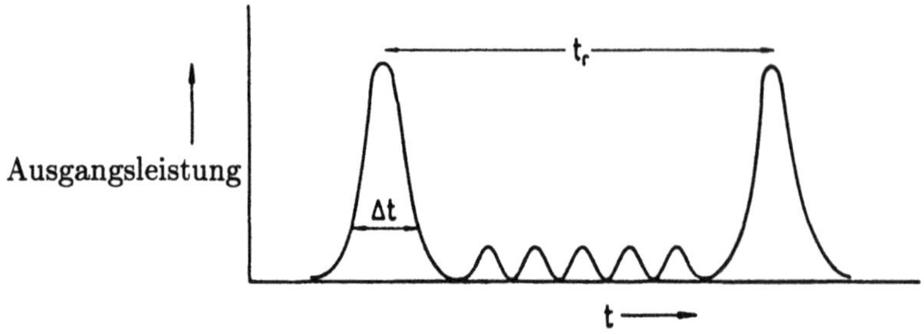

Bild 9.5 Fünf von sieben axialen Moden können in einer Kavität durch Modenkopplung ausgeblendet werden

schwer präzise gemessen werden, weil die Pulsbreite nur wenige Vielfache der Wellenlänge umfaßt. Beispielsweise beträgt bei einer Pulsbreite von 40 ps die Frequenzunschärfe ungefähr 40 GHz (0,13 cm^{-1}); die Frequenzunschärfe kann näherungsweise aus $(2\pi\Delta t)^{-1}$ berechnet werden. So sind auch Femtosekunden-Pulse (10^{-15} s) erzeugt worden.

9.1.6 Frequenzvervielfachung

Bei der Diskussion des Raman-Effekts haben wir bereits gelernt, daß das oszillierende elektrische Feld $\boldsymbol{E}$ der einfallenden Strahlung in der Probe ein elektrisches Dipolmoment $\boldsymbol{\mu}$ induziert; beide Größen werden über die Polarisierbarkeit $\boldsymbol{\alpha}$ miteinander verknüpft:

$$\boldsymbol{\mu} = \boldsymbol{\alpha}\boldsymbol{E}. \tag{9.10}$$

Das ist allerdings nur eine Näherung, und $\boldsymbol{\mu}$ sollte besser in einer Potenzreihe in $\boldsymbol{E}$ entwickelt werden:

$$\begin{aligned} \boldsymbol{\mu} &= \boldsymbol{\mu}^{(1)} + \boldsymbol{\mu}^{(2)} + \boldsymbol{\mu}^{(3)} + \ldots \\ &= \boldsymbol{\alpha}\boldsymbol{E} + \tfrac{1}{2}\boldsymbol{\beta}\boldsymbol{E}.\boldsymbol{E} + \tfrac{1}{6}\boldsymbol{\gamma}\boldsymbol{E}.\boldsymbol{E}.\boldsymbol{E} + \ldots . \end{aligned} \tag{9.11}$$

$\boldsymbol{\beta}$ ist die Hyperpolarisierbarkeit und $\boldsymbol{\gamma}$ die zweite Hyperpolarisierbarkeit. Alle Effekte, die auf die zweite (und höhere) Potenz zurückgeführt werden können, werden als nichtlineare Effekte bezeichnet. Normalerweise sind diese Effekte vernachlässigbar klein. Mit dem Laser werden jedoch sehr hohe Leistungen und damit auch große Feldstärken $\boldsymbol{E}$ erreicht. Die nicht-linearen Effekte sind dann nicht länger vernachlässigbar.

Die Größe des oszillierenden elektrischen Feldes ist gegeben als

$$E = A \sin 2\pi\nu t. \tag{9.12}$$

A ist dabei die Amplitude und ν die Frequenz. Außerdem gilt:

$$E^2 = A^2(\sin 2\pi\nu t)^2 = \tfrac{1}{2}A^2(1 - \cos 2\pi 2\nu t). \tag{9.13}$$

Wegen des $\boldsymbol{\mu}^{(2)}$-Terms enthält also die gestreute Strahlung auch einen Anteil mit der ***doppelten*** Frequenz (oder der ***halben*** Wellenlänge) der einfallenden Strahlung. Dieses Phänomen wird als Frequenzverdopplung (second harmonic generation) bezeichnet. Im allgemeinen werden durch die höheren Potenzen in Gl. (9.11) auch die drei-, vierfachen usw. Frequenzen erzeugt.

Frequenzvervielfachung kann mit verschiedenen Kristallen erreicht werden. Als Beispiele seien ADP, KDP und KD*P genannt, die wir bereits in Abschnitt 9.1.4 erwähnt haben. Frequenzvervielfachung kann auch mit Kaliumpentaborat KB_5O_8 (KPB), β-Bariumborat BaB_2O_4 (BBO) und Lithiumniobat Li_3NbO_4 erzielt werden. Jedes Material kann nur in einem begrenzten Wellenlängenbereich im Sichtbaren eingesetzt werden. Die große Bedeutung dieser Materialien erwächst aus der Tatsache, daß durch Frequenzvervielfachung die zahlreichen Laser, die den sichtbaren Spektralbereich abdecken, nun auch im nahen Ultraviolett betrieben werden können, wo es nur sehr wenige Laser gibt.

Die Effizienz der Frequenzverdopplung ist häufig nur sehr gering (wenige Prozent); in Einzelfällen kann sie aber auch 20 bis 30 Prozent betragen.

9.2 Einige Laser

9.2.1 Der Rubin- und der Alexandritlaser

1954 wurde von Townes und seinen Mitarbeitern der Ammoniakmaser konstruiert, der Licht im Mikrowellenbereich verstärkt. Der nächste wichtige Schritt in der Entwicklung von Lasern war der Rubinlaser. Dieser arbeitet im roten Bereich des Spektrums und wurde 1960 von Maiman vorgestellt. Hierbei handelt es sich um einen Feststofflaser. Die blaßrosa Farbe des Rubins rührt von den 0,5 Gewichtsprozent Cr_2O_3 her, die im Gitter des Al_2O_3 eingebaut sind.

Das eigentliche Lasermedium ist das Cr^{3+}-Ion. Es ist in einer so niedrigen Konzentration im Rubinkristall enthalten, daß es als freies Ion betrachtet werden kann. Die Grundkonfiguration des Cr^{3+}-Ions ist $KL3s^2 3p^6 3d^5$ (vergleiche auch Tabelle 7.1), zu der insgesamt acht Terme gehören (siehe Tabelle 7.2). Von diesen ist der ^4F-Term gemäß den Hundschen Regeln (siehe Abschnitt 7.1.2.3.2) der energetisch niedrigste Term und damit auch der Grundterm. Der niedrigste elektronisch angeregte Term ist der ^2G-Term. Jedes der Cr^{3+}-Ionen befindet sich in einem Kristallfeld mit nahezu oktaedrischer Symmetrie (siehe Abschnitt 7.3.1.4.1). In der oktaedrischen Punktgruppe O_h wird der ^4F-Grundterm in die Zustände $^4A_2$, $^4T_1$ und $^4T_2$ aufgespalten, während zu dem angeregten Term ^2G die Zustände $^2A_1$, ^2E, $^2T_1$ und $^2T_2$ gehören. Von all diesen Zuständen bildet der $^4A_2$-Zustand den Grundzustand; relativ niedrig liegende, angeregte Zustände sind $^4T_1$, $^4T_2$, ^2E und $^2T_2$. Bild 9.6(a) stellt die Verhältnisse schematisch dar.

Durch geringe Abweichungen des Kristallfeldes von der oktaedrischen Symmetrie sind die Zustände $^4T_1$ und $^4T_2$ verbreitert. Die Zustände $^2T_2$ und ^2E sind zwar schärfer, dafür ist aber der ^2E-Zustand aus demselben Grund in zwei Komponenten aufgespalten, die um 29 cm^{-1} auseinanderliegen. Die Besetzungsinversion und folglich auch die Laseraktivität erfolgt zwischen den Zuständen ^2E und $^2A_2$. Durch optisches Pumpen werden zunächst die Zustände $^4T_2$ oder $^4T_1$ besetzt; dazu wird Licht im Wellenlängenbereich von 510 bis 600 nm oder von 360 bis 450 nm benötigt. Wie uns Bild 9.6(a) verdeutlicht, handelt es sich bei dem Rubinlaser um ein Drei-Niveau-System. Durch die Verbreiterung der Zustände $^4T_2$ und $^4T_1$ ist das Pumpen mit einer Blitzlichtlampe effektiv (siehe Abschnitt 3.5.4). Die Lampe kann helixförmig um den Rubinkristall gewickelt werden, wie es auch in Bild 9.6(b) dargestellt ist. Dieser Aufbau wird in einem Reflektor untergebracht. Die beiden

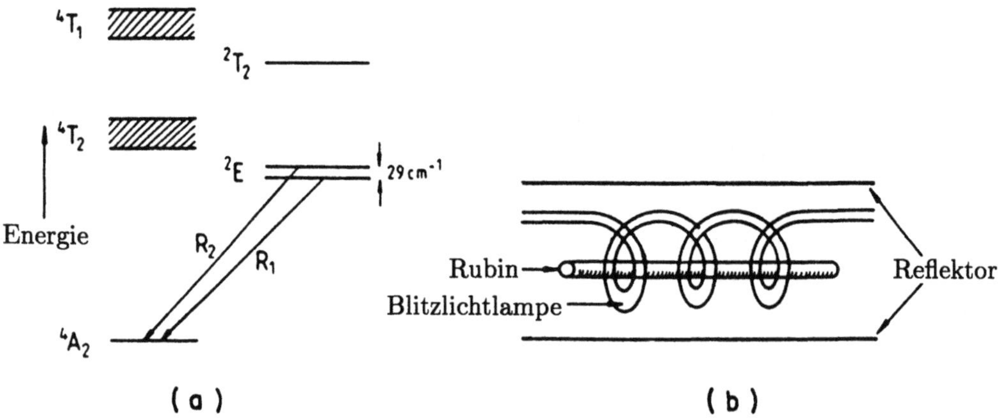

Bild 9.6 (a) Die niedrig liegenden Energieniveaus von Cr^{3+} im Rubin. (b) Schematischer Aufbau eines Rubinlasers

Spiegel befinden sich direkt an den Enden des Rubinkristalls. Typische Abmessungen dieses Kristalls sind 2 cm im Durchmesser und 20 cm in der Länge.

Die in Bild 9.6(a) eingezeichneten Übergänge R_1 und R_2 finden bei 694,3 und bei 693,4 nm statt; der Laserprozeß ist aber hauptsächlich der R_1-Übergang. Dieser Laser wird normalerweise gepulst betrieben, weil eine große Wärmemenge zwischen den Pulsen abfließen muß. Die Effizienz des Rubinlasers beträgt weniger als 0,1 Prozent und liegt in der typischen Größenordnung eines Drei-Niveau-Lasers.

Alexandrit enthält wie Rubin geringe Anteile von Cr^{3+}, die aber in das Gitter von Chrysoberyll $BeAl_2O_4$ eingebaut sind. Dabei besetzen die Cr^{3+}-Ionen zwei symmetrisch nicht-äquivalente Al^{3+}-Gitterplätze. Im Gegensatz zum Rubinlaser wird in dieser Umgebung der $^4A_2$-Zustand des Cr^{3+} durch Ankopplung an die Gitterschwingungen verbreitert.

Alexandrit liefert eine Laserwellenlänge von 680,4 nm; bei dem entsprechenden Übergang handelt es sich um einen ähnlichen Übergang wie R_1 beim Rubinlaser (siehe Bild 9.6(a)). Es wird keinerlei Schwingung im $^4A_2$-Zustand angeregt. In Alexandrit ist jedoch der ($^4T_2$–$^4A_2$)-Übergang als Laserprozeß von größerer Bedeutung. Weil diese beiden Zustände durch Ankopplung an die Gitterschwingungen verbreitert sind, bezeichnet man den Alexandritlaser manchmal auch als vibronischen Laser. Durch die Verbreiterung der beteiligten Zustände kann dieser Laser über den großen Wellenlängenbereich von 720 bis 800 nm durchgestimmt werden. Das ist ein großer Vorteil des Alexandritlasers gegenüber dem Rubinlaser, der nur bei zwei Wellenlängen betrieben werden kann.

Außerdem zeichnet sich der Alexandritlaser durch eine höhere Effizienz aus, weil es sich hierbei um einen Vier-Niveau-Laser handelt. In Bild 9.2(c) ist das vierte Niveau ein vibronischer Zustand und das dritte Niveau der Schwingungsgrundzustand des $^4T_2$-Zustands. Analog ist Niveau 1 der Schwingungsgrundzustand des $^4A_2$-Zustands und Niveau 2 ein vibronischer Zustand. Weil es sich bei Niveau 2 um einen angeregten Zustand handelt, ist dieser bei Raumtemperatur kaum besetzt; Besetzungsinversion zwischen den Niveaus 3 und 2 kann also in relativ einfacher Weise erhalten werden. Tatsächlich bildet das Niveau 2 ein kontinuierliches Band von Schwingungsniveaus, die sich über einen weiten Energiebereich erstrecken. Deshalb kann auch der Alexandritlaser über einen großen Wellenlängenbereich durchgestimmt werden.

Wie der Rubinlaser wird auch der Alexandritlaser mit einer Blitzlichtlampe gepumpt. Dabei können Energiepulse von ungefähr 1 J erzielt werden. Durch Frequenzverdopplung sind auch Wellenlängen im Bereich von 360 bis 400 nm zugänglich.

9.2.2 Der Titan-Saphir-Laser

Der erste Laser war der Rubinlaser, den wir im vorangegangen Abschnitt vorgestellt haben. Eine bemerkenswerte Eigenschaft dieses Lasers ist, daß die gesamte zur Verfügung stehende Leistung in ein oder zwei Wellenlängen konzentriert ist. Diese Eigenschaft weisen übrigens die meisten Laser auf. Es stellte sich allerdings relativ rasch als Nachteil heraus, daß die Wellenlänge nicht für andere Anwendungsbereiche geändert werden konnte.

Der Farbstofflaser war historisch gesehen der erste durchstimmbare Laser (siehe Abschnitt 9.2.10). Der Alexandritlaser (Abschnitt 9.2.1) wurde erst 1970 als durchstimmbarer Feststofflaser eingeführt; 1982 wurde dann der Titan-Saphir-Laser vorgestellt. Dieser Feststofflaser kann über den Wellenlängenbereich von 670 bis 1100 nm durchgestimmt werden, während der Alexandritlaser lediglich den Bereich 720 bis 800 nm abdeckt.

Als Lasermedium wird im Titan-Saphir-Laser ein Saphirkristall (Al_2O_3) eingesetzt, der zu ungefähr 0,1 Gewichtsprozent Ti_2O_3 enthält. Hier liegt Titan als Ti^{3+} vor. Zwischen den Energieniveaus dieses Ions findet der Laserübergang statt.

Der Tabelle 7.1 entnehmen wir, daß die Grundkonfiguration des Ti^{3+} $KL3s^23p^63d^1$ ist. Das Kristallfeld, das auf das Ion wirkt, führt zu einer Aufspaltung der Energieniveaus der $3d$-Orbitale. Es entsteht ein Satz dreifach entarteter t_2-Orbitale und ein energetisch höher liegender Satz zweifach entarteter e-Orbitale (siehe Bild 7.38). Im $^2T_2$-Grundzustand befindet sich das d-Elektron in dem energieärmeren t_2-Orbital, während im angeregten ^2E-Zustand das Elektron im energetisch höheren e-Orbital vorliegt. Die Energiedifferenz zwischen beiden Zuständen beträgt 19 000 cm^{-1}. Die Zustände sind allerdings in weitere Komponenten aufgespalten und an die Schwingungen des Kristallgitters angekoppelt. Die Besetzungsinversion zwischen diesen Zuständen wird auf die gleiche Weise wie beim Alexandritlaser aufgebaut. Schlußendlich liegt wieder ein vibronischer Laser mit einem Vier-Niveau-System vor. Der Wellenlängenbereich kann von 670 bis 1100 nm durchgestimmt werden.

Abgesehen von dem erweiterten Wellenlängenbereich kann der Titan-Saphir-Laser im Gegensatz zum Alexandritlaser sowohl gepulst als auch im CW-Modus betrieben werden. Für die CW-Betriebsart wird das Pumpen mit einem CW-Argonionenlaser vorgenommen (s. Abschnitt 9.2.5). Die Ausgangsleistung beträgt dann 5 W. Wird der Laser gepulst betrieben, wird normalerweise mit einem gepulsten Nd^{3+}:YAG-Laser gepumpt (s. nächsten Abschnitt); in dieser Betriebsart kann eine Pulsenergie von 100 mJ erreicht werden.

9.2.3 Der Neodym-YAG-Laser

Befindet sich das Nd^{3+}-Ion in einer geeigneten Festkörpermatrix, kann zwischen den Energieniveaus dieses Ions ein Laserprozeß ausgelöst werden. Als Matrix werden di-

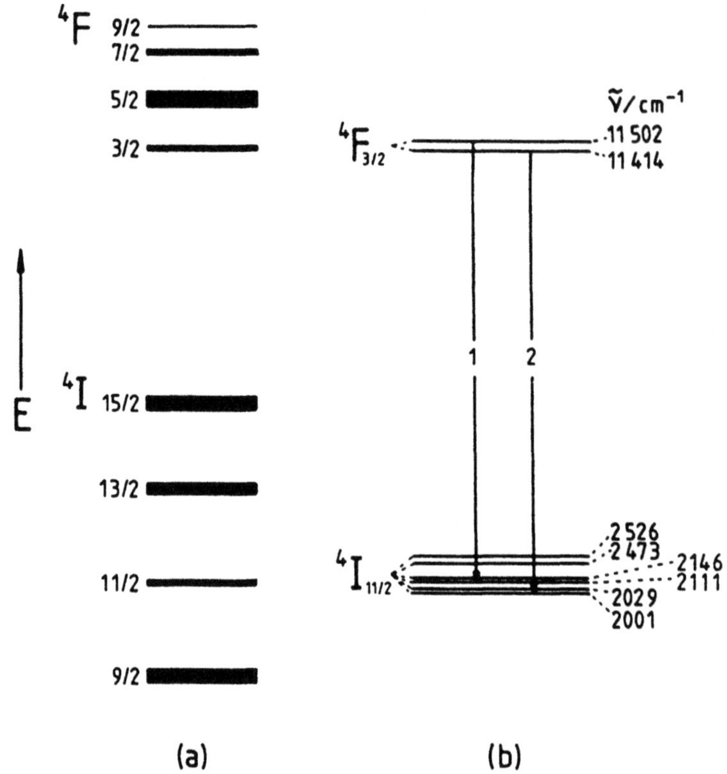

Bild 9.7 Energieniveaus (a) des freien Nd^{3+}-Ions und (b) des Nd^{3+}-Ions im Kristallfeld

verse Materialien, darunter einige Spezialgläser, verwendet. Am häufigsten wird Yttrium-Aluminat-Garnet $Y_3Al_5O_{12}$) eingesetzt (daher auch die Abkürzung YAG).

Das Neodymatom hat die Grundkonfiguration $\ldots 4d^{10}4f^45s^25p^66s^2$ und einen $^5I_4$-Grundzustand (siehe Tabelle 7.1). Im Nd^{3+}-Ion liegt $\ldots 4d^{10}4f^35s^25p^6$ als Grundkonfiguration vor, zu der die Terme ^4I und ^4F gehören; zwischen diesen beiden Termen findet der Laserprozeß statt. Für den ^4I-Term gilt $L = 6$ und $S = \frac{3}{2}$; in der Russell-Saunders-Kopplung resultieren daraus für J die Werte $\frac{15}{2}$, $\frac{13}{2}$, $\frac{11}{2}$ und $\frac{9}{2}$ (siehe Abschnitt 7.1.2.3). Dabei handelt es sich um ein normales Multiplett. Dem niedrigsten J-Wert ist also die niedrigste Energie zuzuweisen. Das ist in Bild 9.7(a) dargestellt, ebenso das Multiplett des ^4F-Terms.

Der wichtigste Laserübergang findet hauptsächlich zwischen den Zuständen $^4F_{3/2}$ und $^4I_{11/2}$ statt und liegt bei einer Wellenlänge von 1,06 μm. Weil der $^4I_{11/2}$-Zustand nicht der Grundzustand ist, handelt es sich hier wieder um ein Vier-Niveau-System wie in Bild 9.2(c). Folglich ist der Nd-YAG-Laser wesentlich effizienter als der Rubinlaser.

Im freien Nd^{3+}-Ion ist der ($^4F_{3/2}$–$^4I_{11/2}$)-Übergang gleich zweimal verboten, denn er verstößt gegen die ($\Delta L = 0, \pm 1$)- und die ($\Delta J = 0, \pm 1$)-Auswahlregel (siehe Abschnitt 7.1.6). Im YAG-Gitter wird der $^4I_{11/2}$-Zustand durch das Kristallfeld in sechs und der $^4F_{3/2}$-Zustand in zwei Komponenten aufgespalten. Bild 9.7(b) veranschaulicht diese Aufspaltung. Insgesamt gibt es acht Übergänge zwischen diesen Komponenten, die alle bei ca.

1,06 μm liegen. Wichtig sind jedoch die im Bild eingezeichneten beiden Übergänge. Bei Raumtemperatur dominiert Übergang 1 bei einer Wellenlänge von 1,0648 μm, während bei 77 K Übergang 2 bei 1,0612 μm überwiegt.

Für den CW-Betrieb kann mit einer Kryptonbogenlampe gepumpt werden. Gepulst liefert der Nd:YAG-Laser allerdings wesentlich mehr Leistung; gepumpt wird dann mit einer Blitzlichtlampe.

Der Nd-YAG-Stab ist einige Zentimeter lang und enthält 0,5 bis 2,0 Gewichtsprozent Nd^{3+}. Die Frequenz des Nd^{3+}:YAG-Lasers kann durch entsprechende Kristalle vervielfacht werden, weil die Signalleistung bei gepulster Betriebsart in den Wellenlängen 533, 355 bzw. 266 nm groß genug ist.

9.2.4 Der Dioden- oder Halbleiterlaser

Diese Feststofflaser arbeiten im nahen Infrarot und gerade noch im sichtbaren Bereich des elektromagnetischen Spektrums. Dem Laserprozeß liegen aber andere Mechanismen als beim Rubin- und Nd^{3+}:YAG-Laser zugrunde.

Bild 9.8 zeigt schematisch das Leitungsband[2] C und das leere Valenzband V eines Festkörpers. Bei einem Metall sind wie in Bild 9.8(a) diese beiden Bänder nicht voneinander getrennt, während sie bei einem Isolator wie in Bild 9.8(c) durch eine Bandlücke deutlich voneinander getrennt sind. Bei einem Halbleiter wiederum ist diese Bandlücke wie in Bild 9.8(b) hinreichend klein, so daß durch einfaches Erwärmen des Festkörpers die Elektronen vom Leitungs- in das Valenzband angeregt werden können. Bei $T = 0\,K$ sind alle Energieniveaus $E < E_F$ besetzt; bei einem Halbleiter liegt die Fermi-Energie E_F zwischen den Bändern.

Halbleiter können auch aus Isolatoren hergestellt werden; zu diesem Zweck werden durch Dotieren gezielt Verunreinigungen eingefügt. Bild 9.9 stellt zwei verschiedene Möglichkeiten dar, wie diese Dotierungen in einem Isolator Halbleitereigenschaften herbeiführen. Weist das Fremdatom ein Valenzelektron mehr als das Ausgangsmaterial auf, resultiert ein n-Halbleiter. Durch die Dotierung entstehen weitere gefüllte Bänder I, die wie in Bild 9.9(a) energetisch nahe beim Leitungsband des Isolators liegen. Zum Beispiel verringert sich bei Silizium (Elektronenkonfiguration $KL3s^23p^2$) durch Dotierung mit

[2] Die Bänder eines Festkörpers können als delokalisierte Orbitale aufgefaßt werden, die sich über die ganze Probe ausdehnen.

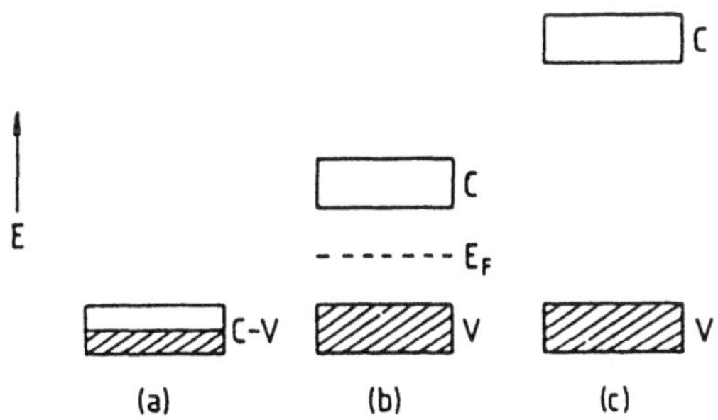

Bild 9.8 Leitungsband C und Valenzband V (a) eines Metalls, (b) eines Halbleiters und (c) eines Isolators

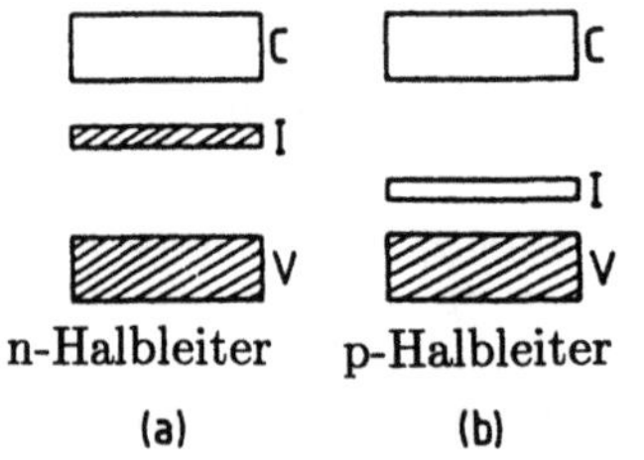

Bild 9.9
Durch Dotierung erzeugte Energieniveaus I (a) in einem n- und (b) in einem p-Halbleiter

Phosphor (Elektronenkonfiguration $KL3s^23p^3$) die Bandlücke auf ungefähr 0,05 eV. Aus dem Hochtemperaturhalbleiter Silizium wird damit ein Raumtemperaturhalbleiter, denn bei Raumtemperatur beträgt kT ungefähr 0,025 eV.

Die Dotierung kann auch mit Fremdatomen erfolgen, die ein Valenzelektron weniger als das Ausgangsmaterial aufweisen. Es entsteht wie in Bild 9.9(b) ein zusätzliches leeres Band I, das nahe dem Valenzband des Isolators liegt. Silizium wird zum p-Halbleiter, wenn es mit Aluminium (Elektronenkonfiguration $KL3s^23p^1$) dotiert wird; die Bandlücke beträgt hier ungefähr 0,08 eV.

In einem Halbleiterlaser sind ein p- und n-Halbleiter mit demselben Ausgangsmaterial zu einer sogenannten Halbleiterdiode verbunden. Die Konzentration an Fremdatomen ist recht hoch, so daß die Energien des Leitungs- und des Valenzbandes in den beiden Halbleiterhälften gegenüber dem reinen Ausgangsmaterial stark verschoben sind, wie es in Bild 9.10(a) skizziert ist. Die Bänder sind bis zum Fermi-Niveau mit der Energie E_F gefüllt.

Wird an der Grenze zwischen beiden Halbleiterhälften („junction") eine Spannung angelegt, fließen Elektronen von der n- in die p-leitende Hälfte; dabei soll die negative Elektrode mit der n-leitenden Hälfte verbunden sein und die positive Elektrode mit der p-leitenden Hälfte. Positive Löcher wandern dann in umgekehrter Richtung von der p- in die n-leitende Hälfte. Wie Bild 9.10(b) zeigt, ändern sich durch die angelegte Spannung auch die beiden Fermi-Energien $E'_F(n)$ und $E''_F(p)$ dergestalt, daß eine Besetzungsinversion in der Nähe der Grenzschicht aufgebaut wird. Das Ergebnis ist Laseraktivität. Halbleiterlaser sind ein Beispiel für die recht ungewöhnlichen Zwei-Niveau-Systeme. Wie wir bereits

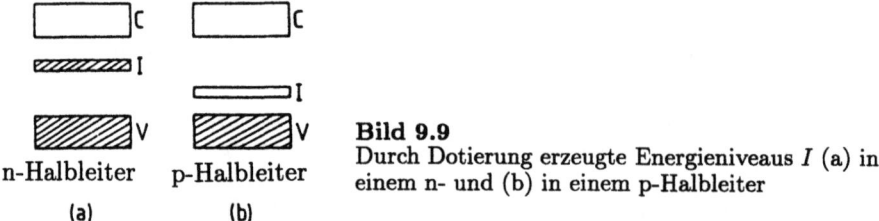

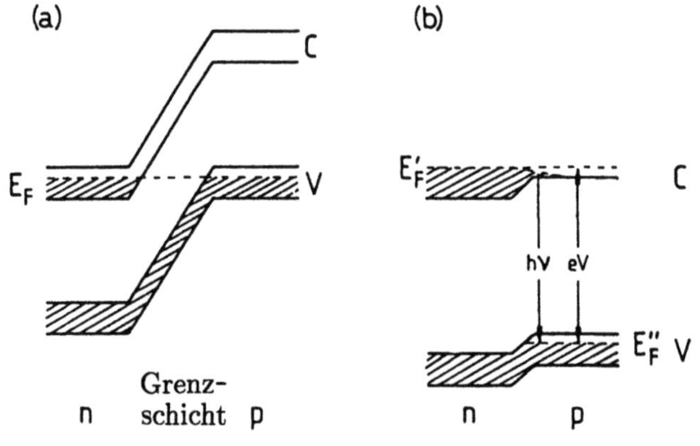

Bild 9.10 (a) Das Fermi-Niveau in der Nähe der p-n-Grenzschicht. (b) Durch Anlegen einer Spannung unterscheiden sich die Fermi-Niveaus der beiden Hälften

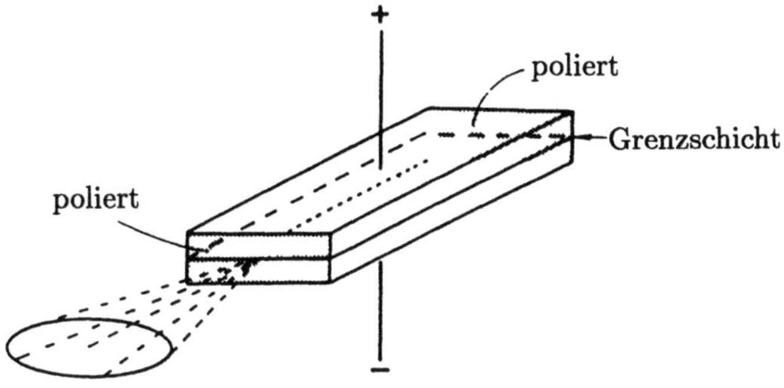

Bild 9.11 Ein Halbleiter- (oder Dioden-) Laser

in Abschnitt 9.1.2 besprochen haben, kann in solchen Systemen die Besetzungsinversion nicht durch Pumpen erreicht werden.

Ein typischer Halbleiterlaser ist sehr kompakt: Die Länge beträgt nur einige Millimeter und die effektive Dicke ungefähr 2 μm. In Bild 9.11 ist ein solcher Halbleiterlaser skizziert.

Je nach gewünschtem Wellenlängebereich werden für den Halbleiterlaser verschiedene Materialien benutzt. Beispielsweise wird der Bereich von 2,8 bis 30 μm durch Halbleiter abgedeckt, die eine Bleilegierung mit variabler Zusammensetzung wie $Pb_{1-x}Sn_xSe$ oder $PbS_{1-x}Se_x$ enthalten. Zwar können Halbleiterlaser durchgestimmt werden, aber der durchstimmbare Bereich ist für einen gegebenen Laser sehr begrenzt. Ein größerer Bereich kann nur mit einer ganzen Serie dieser Laser abgedeckt werden. Eine grobe Einstellung der Wellenlänge wird durch ein Kühlaggregat erreicht, mit dem die Temperatur kontrolliert und geändert werden kann.

Die beiden Enden der Laserdiode werden zur Erhöhung der internen Reflektivität poliert. Wie Bild 9.11 darstellt, ist dadurch der Laserstrahl einer solchen Kavitätsgeometrie stark aufgefächert, was für Laser recht unüblich ist.

Halbleiterlaser gehören mit einer Effizienz von ca. 30 Prozent zu den effizientesten Lasern.

9.2.5 Der Helium-Neon-Laser

Der Helium-Neon-Laser ist ein CW-Laser, einfach und zuverlässig in der Bedienung und nicht allzu teuer, wenn es sich dabei um einen Laser mit geringer Leistung handelt.

Die Laseraktivität findet zwischen zwei angeregten Zuständen des Neonatoms in einem Vier-Niveau-System statt; Helium wird lediglich dazu benötigt, um die Energie der Pumpquelle aufzunehmen und durch Stöße auf die Neonatome zu übertragen. Das Energieniveaudiagramm zeigt Bild 9.12.

Der Helium-Neon-Laser wird elektrisch durch eine Entladung gepumpt. Die Entladung wird entweder durch Anlegen einer Hochspannung zwischen zwei Elektroden gezündet, die sich in dem He-Ne-Gasgemisch befinden, oder durch Einstrahlen von Mikrowellen von außen. Die Heliumatome werden durch Stöße mit den Elektronen, die durch die Entladung entstanden sind, in verschiedene Zustände angeregt. Von diesen sind die Zustände 2^3S_1 und 2^1S_0 metastabil und daher langlebig, weil hier der Übergang in den elektronischen Grundzustand $^1S_0$ verboten ist (siehe Abschnitt 7.1.5).

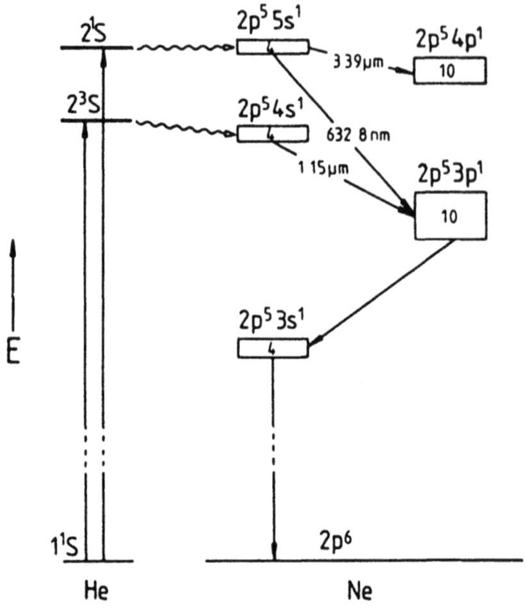

Bild 9.12 Energieniveaus des Heliums und des Neons, die für den He-Ne-Laser von Bedeutung sind. Die Zahl der Zustände, die zu den verschiedenen Konfigurationen des Neons gehören, wird in den Kästen angegeben

In der Grundkonfiguration des Neons $1s^2 2s^2 2p^6$ liegt ein $^1S_0$-Zustand vor. Die angeregten Zustände können nicht durch die Russell-Saunders-Kopplung beschrieben werden. Trotzdem entstehen durch die Konfigurationen $\ldots 2p^5 ns^1$ bzw. $\ldots 2p^5 np^1$ mit $n > 2$ vier bzw. zehn Zustände, also genauso viel, wie wir auch bei einer Russell-Saunders-Kopplung erwarten (siehe Abschnitt 7.1.2.3). Diese Zustände werden durch die Kästen in Bild 9.12 angedeutet. Wir befassen uns nicht weiter mit den Näherungen, die zur Beschreibung dieser Zustände nötig sind.

Die Zustände, die zur $\ldots 2p^5 5s^1$-Konfiguration des Neons gehören, haben ungefähr die gleiche Energie wie der 2^1S_0-Zustand des Heliums. Die Energieübertragung ist bei Stößen zwischen solchen Molekülen besonders effizient, und die entsprechenden Zustände des Neons können daher besonders rasch besetzt werden. In gleicher Weise werden die Zustände des Neons, die zur $\ldots 2p^5 4s^1$-Konfiguration gehören, durch Stöße mit He-Atomen besetzt, die im 2^1S_1-Zustand vorliegen. Die Lebensdauer der Zustände der $\ldots 2p^5 ns^1$-Konfiguration liegt in der Größenordnung von 100 ns, während die Lebensdauer der Zustände der $\ldots 2p^5 np^1$-Konfiguration ungefähr 10 ns beträgt. Das sind optimale Voraussetzungen für eine Laseraktivität des Vier-Niveau-Systems, wobei die Besetzungsinversion zwischen den $\ldots 2p^5 ns^1$- und den $\ldots 2p^5 np^1$-Zuständen des Neons vorliegt.

Die ersten Laserübergänge des He-Ne-Systems wurden im Infraroten entdeckt. Hier gibt es eine Gruppe von fünf Übergängen bei einer Wellenlänge nahe 1,15 μm, wobei die intensivste Linie bei 1,1523 μm auftritt und den Übergängen ($\ldots 2p^5 4s^1 - \ldots 2p^5 3p^1$) zuzuordnen ist. Die Übergänge ($\ldots 2p^5 5s^1 - \ldots 2p^5 3p^1$) liegen im roten Bereich, wobei die Linie bei 632,8 nm die intensivste ist.

Durch die Übergänge $(\dots 2p^5 5s^1 - \dots 2p^5 4p^1)$ werden Infrarotlinien bei 3,39 μm erzeugt, die nicht besonders nützlich sind. Durch diese Übergänge werden aber die Zustände der $\dots 2p^5 5s^1$-Konfiguration depopuliert, was zu einer Intensitätsabnahme der Laserlinie bei 632,8 nm führt. Um die Übergänge bei 3,39 μm zu unterdrücken, werden speziell bedampfte Kavitätsspiegel verwendet, die nur für die Wellenlänge 632,8 nm ausgelegt sind. Alternativ kann auch ein Prisma so in die Kavität eingebaut werden, daß die infrarote Strahlung des unerwünschten Übergangs aus der Kavität ausgekoppelt wird.

Der Übergang von den $\dots 2p^5 3p^1$-Zuständen in die $\dots 2p^5 3s^1$-Zustände erfolgt rasch. Weil aber die $\dots 2p^5 3s^1$-Zustände eine große Lebensdauer haben, wächst damit auch die Wahrscheinlichkeit, daß die Strahlung des Übergangs $(\dots 2p^5 3p^1 - \dots 2p^5 3s^1)$ reabsorbiert wird (radiation trapping) und die Besetzungszahl der $\dots 2p^5 3p^1$-Zustände dadurch wieder zunimmt. Das setzt wiederum die Effizienz der Übergänge bei 632,8 nm und 1,15 μm herab. Die $\dots 2p^5 3s^1$-Zustände werden durch Stöße mit der Wand der Entladungsröhre depopuliert. Aus diesem Grund werden schmale Röhren mit nur wenigen Millimeter Durchmesser verwendet.

In Bild 9.13 ist der prinzipielle Aufbau eines Helium-Neon-Lasers skizziert. In diesem Beispiel wird die Entladung durch Elektroden gezündet, die sich im Gasgemisch befinden. Typischerweise wird hierfür eine Mischung aus zehn Teilen Helium und einem Teil Neon bei einem Gesamtdruck von 1 Torr verwendet. An den beiden Enden der Entladungsröhre sind Fenster im Brewster-Winkel eingebaut, um übermäßigem Strahlungsverlust durch Mehrfachtransmission vorzubeugen. Werden die Fenster im 90°-Winkel zur optischen Achse des Lasers angebracht, geht bei jedem Durchtritt durch die Fenster ein gewisser Anteil des Laserlichts verloren. Werden die Fenster dagegen wie im Bild gezeigt im Brewster-Winkel ϕ orientiert, geht lediglich ein Teil des Laserlichts durch Reflexion während des ersten Durchgangs verloren und bei weiteren Durchgängen nicht mehr. Bild 9.13 zeigt auch, daß die unpolarisierte Strahlung, die innerhalb der Kavität auf die Brewster-Fenster trifft, sowohl im reflektierten als auch im transmittierten Strahl linear polarisiert ist; die Ebenen stehen dabei senkrecht zueinander. Das Laserlicht ist also linear polarisiert.

Der Brewster-Winkel ist gegeben als

$$\tan \phi = n. \tag{9.14}$$

n ist der Brechungsindex des Fenstermaterials und variiert (wie ϕ) mit der Wellenlänge. Im sichtbaren Bereich ändert sich ϕ für Glas ($\simeq 57°$) aber nur wenig.

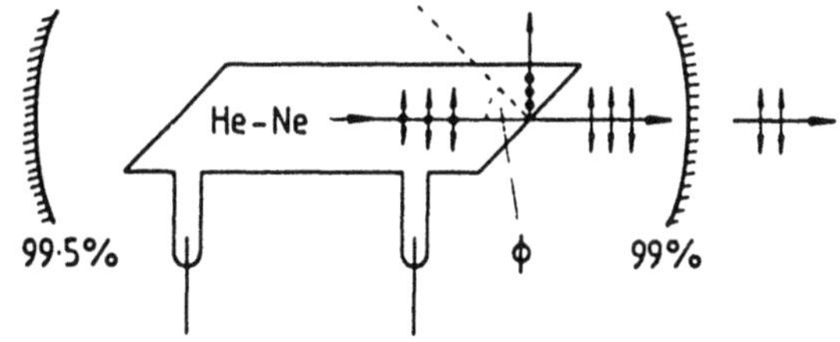

Bild 9.13
Ein Helium-Neon-Laser

9.2.6 Der Argonionen- und der Kryptonionenlaser

Laseraktivität findet in den Edelgasionen Ne^+, Ar^+, Kr^+ und Xe^+ statt, aber am brauchbarsten sind der Argon- und der Kryptonionenlaser.

Diese Edelgaslaser sind sehr ineffizient, was zum Teil darauf zurückzuführen ist, daß zunächst das Atom ionisiert und in diesem Ion Besetzungsinversion erzeugt werden muß. Diese Ineffizienz verursacht große Probleme beim Abtransport der erzeugten Wärmemenge. Teilweise kann dies durch Verwendung von BeO-Elektroden kompensiert werden, denn Berylliumoxid ist ein hervorragender Wärmeleiter. Bei diesem Verfahren wird im Ar- bzw. Kr-Gas ein Plasma bei niedrigen Spannungen und hohen Stromstärken gezündet. Zusätzlich muß mit Wasser gekühlt werden.

Die meisten Ar^+- und Kr^+-Laser werden kontinuierlich betrieben. In der Plasmaröhre mit einer lichten Weite von 2 bis 3 mm herrscht normalerweise ein Druck von ungefähr 0,5 Torr. Leistungen bis zu 40 W, die sich über mehrere Laserwellenlängen verteilen, können damit erreicht werden.

Die Spektroskopie der Edelgaslaser ist im allgemeinen weniger gut bekannt als die der Atomlaser. In der Tat wurde die Laseraktivität der Edelgasionen nur durch Zufall entdeckt. Erst später wurde versucht, die verschiedenen Übergänge zuzuordnen; allerdings fehlt bis heute eine genaue Kenntnis der Energieniveaus.

Die Grundkonfiguration des Ar^+-Ions ist $KL3s^23p^5$ und gibt Anlaß zu einem invertierten Multiplett, das aus den Komponenten $^2P_{1/2}$ und $^2P_{3/2}$ besteht. Die Zustände, die an den Laserübergängen beteiligt sind, entstehen durch Anregung eines $3p$-Elektrons in $4s, 5s, 4p, 5p, 3d, 4d, \ldots$-Orbitale. Analog dazu muß im Kr^+-Ion das $4p$-Elektron angeregt werden. Die Konfiguration $KL3s^24p^4$ des Ar^+-Ions verursacht die Terme ^1S, ^3P, und ^1D (siehe Abschnitt 7.1.2.3). Bei den meisten Laserübergängen sind ^3P-Rumpflochzustände mit einem in das $4p$-Orbital angeregten Elektron beteiligt.

Der Ar^+-Laser liefert ca. zehn Linien im Wellenlängenbereich zwischen 454 und 529 nm; die intensivsten Linien liegen bei 488,0 und 514,5 nm. Der Kr^+-Laser erzeugt ungefähr neun Linien im Bereich zwischen 476 und 800 nm; hier ist die Linie bei 647,1 nm am intensivsten. Häufig wird ein Gemisch aus Argon- und Kryptongas verwendet; damit ist ein hinreichend großer Wellenlängenbereich verfügbar.

9.2.7 Der Stickstoff(N_2)-Laser

Die Molekülorbitalkonfiguration des N_2 haben wir bereits ausführlich in Abschnitt 7.2.1.1 diskutiert. Die Grundkonfiguration beschreibt Gl. (7.57); als abkürzende Schreibweise verwenden wir $\ldots(\sigma_u^*2s)^2(\pi_u2p)^4(\sigma_g2p)^2$. Der zugehörige Grundzustand ist $X^1\Sigma_g^+$. Wird ein Elektron in höhere Orbitale angeregt, entstehen Singulett- und Triplettzustände. An dieser Stelle brauchen wir uns nur mit den Triplettzuständen zu befassen; insbesondere interessieren uns nun die Zustände[3] $A^3\Sigma_u^+$, $B^3\Pi_g$ und $C^3\Pi_u$. In Tabelle 9.1 sind die MO-Konfigurationen dieser Zustände zusammen mit den Gleichgewichtsabständen r_e aufgelistet.

[3]Wir erinnern uns, daß die Bezeichnung A, B und C anstelle von a, b und c für die Triplettzustände des N_2 nicht der üblichen Konvention folgt.

Tabelle 9.1 Konfigurationen und Bindungslängen von N_2

Zustand	MO-Konfiguration	r_e/Å
$X\,^1\Sigma_g^+$	$\ldots\ (\sigma_u^*2s)^2(\pi_u 2p)^4(\sigma_g 2p)^2$	1,0977
$A\,^3\Sigma_u^+$	$\ldots\ (\sigma_u^*2s)^2(\pi_u 2p)^3(\sigma_g 2p)^2(\pi_g^*2p)^1$	1,2866
$B\,^3\Pi_g$	$\ldots\ (\sigma_u^*2s)^2(\pi_u 2p)^4(\sigma_g 2p)^1(\pi_g^*2p)^1$	1,2126
$C\,^3\Pi_u$	$\ldots\ (\sigma_u^*2s)^1(\pi_u 2p)^4(\sigma_g 2p)^2(\pi_g^*2p)^1$	1,1487

Bei einer Hochspannungsentladung in Stickstoffgas entsteht ein tiefrosa Glühen, das im wesentlichen auf zwei elektronische Banden zurückzuführen ist. Die $B-A$-Bande, die auch als erste positive Bande bezeichnet wird, erstreckt sich vom roten bis in den grünen Bereich, während sich die $C-B$-Bande (die zweite positive Bande) vom blauen Bereich bis ins nahe Ultraviolett ausdehnt. Die Banden werden als „positiv“ bezeichnet, weil man zunächst annahm, daß Übergänge im N_2^+-Ion beteiligt sind.

Laseraktivität kann für einige wenige Übergänge in beiden Bandensystemen erreicht werden, aber die $C-B$-Bande ist als Lasersystem von größerer Bedeutung, zumal es sich hierbei um den ersten Ultraviolettlaser handelte. Wir werden uns daher nur mit dem $C-B$-System befassen.

An Hand der Gleichgewichtsabstände, die in Tabelle 9.1 zusammengefaßt sind, stellen wir fest, daß das Minimum der Potentialkurve des C-Zustands nahezu senkrecht über dem Minimum der Potentialkurve des X-Grundzustands liegt; diese Situation ist in Bild 7.20(b) dargestellt. Demgegenüber sind die Potentialminima des B- und des A-Zustands zu größeren Bindungslängen r_e verschoben. Daraus resultiert für Stöße zwischen Elektronen und Molekülen beim Übergang vom ($v'' = 0$)-Niveau des Grundzustands in das ($v' = 0$)-Niveau des C-Zustands für das ($C-X$)-System ein größerer Wirkungsquerschnitt als für die entsprechenden Übergänge des $A-X$- bzw. des $B-X$-Systems. Eine Besetzungsinversion kann zwischen dem ($v = 0$)-Niveau des C-Zustands und dem ($v = 0$)-Niveau des B-Zustands aufgebaut werden. Laseraktivität ist sowohl für den (0–0)- als auch den (0–1)-Übergang des $C-B$-Systems beobachtet worden. Allerdings wird der Laserprozeß dadurch eingeschränkt, daß die Lebensdauer des B-Zustands (10 μs) ***länger*** ist als die des C-Zustands (40 ns). Eine Laseraktivität wird dadurch nicht unmöglich gemacht, erfordert allerdings gepulsten Betrieb. Die Pulsdauer muß dabei kleiner als die Lebensdauer des C-Zustands sein.

Der prinzipielle Aufbau eines Stickstofflasers ist in Bild 9.14 skizziert. Eine gepulste Hochspannung von 20 kV, die durch eine Funkenstrecke oder ein Thyratron ausgelöst wird, wird quer zur Kavität angelegt. Es wird nur ein Spiegel verwendet, um die Ausgangsleistung zu verdoppeln. Die Laserpulse dauern typischerweise 10 ns bei einer Spitzenleistung von bis zu 1 MW. Die maximale Wiederholungsrate beträgt 100 Hz, wenn längs strömendes Gas verwendet wird. Bei quer strömendem Gas können so hohe Wiederholungsraten nicht erzielt werden.

Ein Stickstofflaser wird normalerweise bei der Wellenlänge des (0–0)-Übergangs der $C-B$-Bande (337 nm) betrieben.

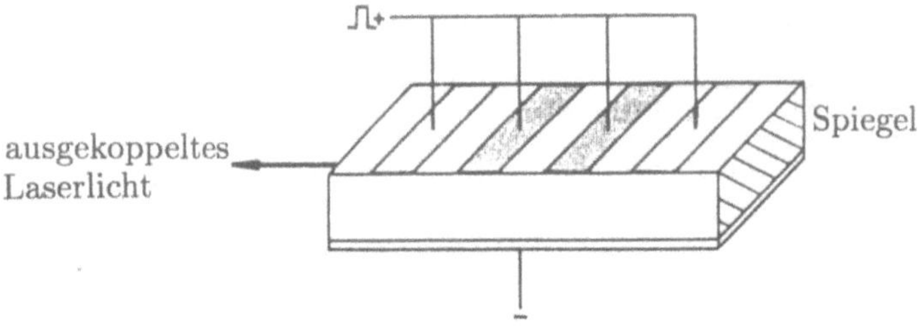

Bild 9.14
N_2-Laserkavität

9.2.8 Der Excimer- und der Exciplexlaser

Ein Excimer ist ein Dimer, das nur in einem angeregten Zustand stabil ist und im Grundzustand rasch dissoziiert. Beispiele für solche Excimeren sind die Edelgasdimeren. In Abschnitt 7.2.5.6 haben wir bereits He_2 kennengelernt, wobei der $X^1\Sigma_u^+$-Grundzustand repulsiv und der angeregte $A^1\Sigma_u^+$-Zustand gebunden ist (siehe auch Bild 7.24(a)).

Wir können uns vorstellen, daß in einem solchen System leicht eine Besetzungsinversion und damit auch eine Laseraktivität erzielt werden kann, denn die Lebensdauer der Moleküle im repulsiven Zustand ist mit nur wenigen Pikosekunden extrem kurz. Dann liegt auch der Fall eines Zwei-Niveau-Lasers vor. Die Besetzungsinversion zwischen beiden Niveaus wird natürlich nicht durch Pumpen erreicht. Vielmehr werden die Moleküle durch Stöße untereinander in den oberen Zustand angeregt, sofern mindestens einer der beiden Stoßpartner sich im angeregten Zustand befindet. Die Effizienz solcher Laser ist mit ungefähr 20 Prozent sehr hoch.

Auf dieser Basis wurde ein Xe_2-Excimerlaser konstruiert. Von weitaus größerer Bedeutung sind jedoch die Edelgas-Halogenid-Laser. Auch bei diesen ist der Grundzustand repulsiv und der angeregte Zustand gebunden. Dieser zweiatomige Komplex aus zwei ***verschiedenen*** Atomen wird als Exciplex bezeichnet (aus dem Englischen: ***exci***ted com***plex***). Im angeregten Zustand ist ein solcher Komplex stabil, dissoziiert aber rasch im Grundzustand. Trotz dieses deutlichen Unterschieds zwischen Excimeren und Exciplexen ist es allgemein üblich, beide Lasertypen als Excimerlaser zu bezeichnen.

Excimerlaser sind mit diversen aktiven Medien gebaut worden, darunter NeF, ArF, KrF, XeF, ArCl, KrCl, XeCl, ArBr, KrBr, XeBr, KrI und XeI.

Anfangs wurden die Moleküle durch einen Elektronenstrahl angeregt, heutzutage wird zu diesem Zweck eine Entladung quer zur Kavität angelegt, wie es auch beim Stickstofflaser üblich ist (siehe auch Bild 9.14). So kann ein Excimerlaser leicht als Stickstofflaser betrieben werden, indem einfach das Gas gewechselt wird.

Das Gasgemisch aus Inertgas, Halogengas und Helium, das als Puffer dient, wird in einem Excimerlaser in einem geschlossenen Kreislauf gepumpt, der aus einem Reservoir und der Kavität gebildet wird.

Die folgenden Beispiele geben einen Eindruck von dem Wellenlängenbereich wieder, der durch Excimerlaser abgedeckt wird: ArF (193 nm), KrF (248 nm), XeF (351 nm), KrCl (222 nm), XeCl (308 nm) und XeBr (282 mn). Der Grundzustand dieser Moleküle ist nicht vollständig repulsiv, sondern schwach bindend. Wie in Bild 9.15 angedeutet ist, weisen die entsprechenden Potentialkurven ein flaches Minimum auf. Im Falle des XeF ist dieses Minimum mit einer Tiefe von 1150 cm^{-1} relativ stark ausgeprägt. Deshalb gibt

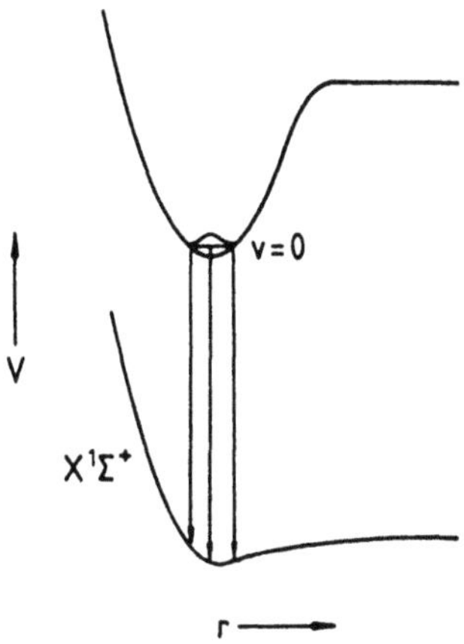

Bild 9.15
Potentialkurven eines schwach gebundenen Grundzustands und eines stark gebundenen angeregten Zustands eines Edelgashalogenids

es hier ein paar Schwingungsniveaus, und der XeF-Laser kann wegen mehrerer möglicher Übergänge durchgestimmt werden.

Die Strahlung von Excimerlasern ist gepulst, ihre maximale Pulsrate beträgt ca. 200 Hz. Im Vergleich zum Stickstofflaser ist die Spitzenleistung von 5 MW recht hoch.

9.2.9 Der Kohlendioxidlaser

Der CO_2-Laser arbeitet im Infraroten und zeichnet sich durch hohe Leistung und eine große Effizienz von ungefähr 20 Prozent aus.

CO_2 hat drei Normalschwingungen: die symmetrische Streckschwingung ν_1, die Biegeschwingung ν_2 und die antisymmetrische Streckschwingung ν_3. Diese Schwingungen gehören zu den irreduziblen Darstellungen σ_g^+, π_u und σ_u^+; die Wellenzahlen der Grundschwingungen betragen 1354, 673 und 2396 cm^{-1}. Einige Schwingungsniveaus, die zur Laseraktivität beitragen, sind in Bild 9.16 eingezeichnet; die Nomenklatur der einzelnen Übergänge haben wir bereits auf Seite 85 erörtert. In erster Linie ist für die Laseraktivität der Übergang $3_0^1 2_2^0$ bei 10,6 μm wichtig, aber auch der Übergang $3_0^1 1_1^0$ bei 9,6 μm kann als ein Laserprozeß ausgenutzt werden.

Das 3^1-Niveau kann teils durch Stöße zwischen Molekülen und Elektronen besetzt werden, teils durch Stöße mit Stickstoffmolekülen, die im $(v = 1)$-Zustand vorliegen. Der $(v = 1)$-Zustand ist metastabil, denn der Übergang in das $(v = 0)$-Niveau ist verboten (siehe Abschnitt 6.1.1). Wie Bild 9.16 veranschaulicht, liegt der $(v = 1)$-Zustand des Stickstoffmoleküls nur 18 cm^{-1} unterhalb des 3^1-Niveaus des CO_2-Moleküls; der Energietransfer ist also für diese Anregung besonders effizient. Die höheren Schwingungsniveaus des N_2 und die ν_3-Schwingung des CO_2 sind miteinaner nahezu entartet. Deshalb werden durch den Energietransfer auch die Niveaus $3^2, 3^3, \ldots$ besetzt. Diese angeregten Zustände relaxieren rasch in das 3^1-Niveau.

Die unteren Zustände[4] 1^1 und 2^2 der Laserübergänge verlieren ihre Energie durch den

[4]Die Zuordnung dieser Zustände ist vor einiger Zeit umgekehrt worden; an dieser Stelle wird bereits die neue Zuordnung benutzt.

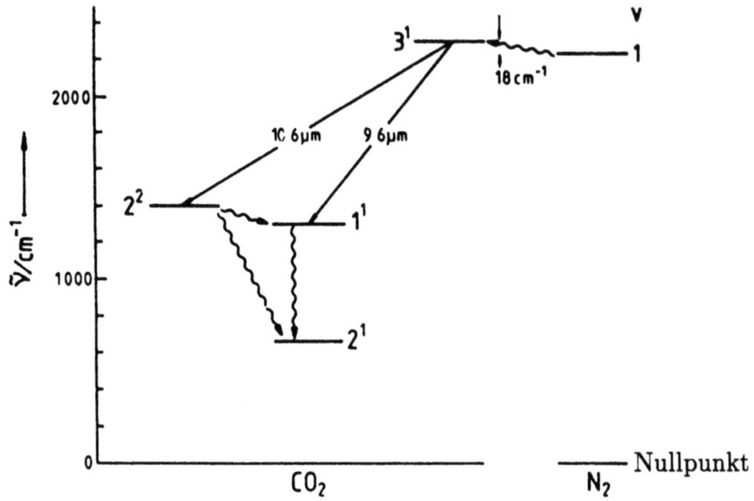

Bild 9.16 Die Schwingungsniveaus von CO_2 und N_2, die für den CO_2-Laser wichtig sind

Übergang in den 2^1-Zustand. Dieser wiederum wird rasch durch Stöße mit den Heliumatomen der verwendeten CO_2:N_2:He-Gasgemische depopuliert.

Die Lebensdauern sowohl des oberen als auch des unteren Zustands werden durch Stöße beeinflußt; stets hat aber der obere Zustand in diesen Gasgemischen die längere Lebensdauer.

In den CO_2-Laser wird Energie durch eine elektrische Entladung eingespeist, die in der Gasmischung gezündet wird. Die Kavität kann ein geschlossenes System sein; in diesem Fall muß der Gasmischung etwas Wasserdampf zugesetzt werden, damit gebildetes CO wieder zu CO_2 reagieren kann. Häufiger strömt jedoch das Gas längs, oder besser noch quer, durch die Kavität. Der CO_2-Laser kann sowohl gepulst als auch kontinuierlich betrieben werden; im CW-Modus kann eine Leistung bis zu 1 kW erreicht werden.

Jedes Schwingungsniveau weist eine Rotationsfeinstruktur auf, wie wir sie ausführlich für lineare Moleküle in Abschnitt 6.2.3.1 diskutiert haben. Das gilt auch für die Schwingungsniveaus der Laserübergänge. Der $3_0^1 1_1^0$-Übergang ist ein $(\Sigma_u^+ - \Sigma_g^+)$-Übergang; hierbei entsteht ein P- und ein R-Zweig mit $\Delta J = -1$ bzw. $+1$, wie es in ähnlicher Weise auch bei der 3_0^1-Bande des HCN-Moleküls in Bild 6.23 zu beobachten ist. Auch die $3_0^1 2_2^0$-Bande weist als $(\Sigma_u^+ - \Sigma_g^+)$-Übergang einen P- und einen R-Zweig auf.

Solange die Kavität nicht auf eine bestimmte Wellenlänge eingestellt ist, finden die Vibrations-Rotationsübergänge im P-Zweig mit höherer Intensität statt. Bei normalen Lasertemperaturen sind insbesondere die beiden Rotationsniveaus $J' = 22$ und $J' = 21$ des 3^1-Zustands am stärksten besetzt, so daß der $P(22)$-Übergang der intensivste ist. Diese Linie ist deswegen so dominant, weil die thermische Besetzungsumverteilung der Rotationsniveaus wesentlich schneller erfolgt als die Populationsabnahme durch die stimulierte Emission.

Die Kavität kann mit Hilfe eines Prismas auf einen bestimmten Übergang eingestellt werden. Besser wird hierzu jedoch ein Spiegel durch ein Beugungsgitter ersetzt (nicht der Endspiegel, durch den die Laserstrahlung ausgekoppelt wird).

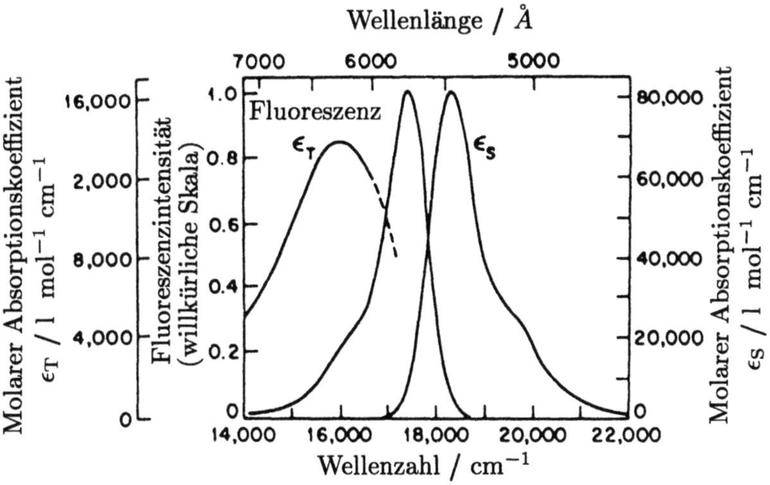

Bild 9.17 Absorptions- und Fluoreszenzspektrum einer methanolischen Lösung von Rhodamin B ($5*10^{-5}$ mol dm^{-3}). Die mit ϵ_T bezeichnete Kurve wird durch den (T_2–T_1)-Absorptionsprozeß hervorgerufen (Prozeß 8 in Bild 9.18); die mit ϵ_S bezeichnete Kurve entspricht Prozeß 1. (Aus: Dienes, A. und Shank, C. V., Kapitel 4 in ***Creation and Detection of the Excited State*** (Herausgeber W. R. Ware), Vol. 2, Seite 154, Marcel Dekker, New York, 1972)

9.2.10 Der Farbstofflaser

Laseraktivität wurde in Lösungen von Farbstoffen erstmals 1966 von Lankard und Sorokin entdeckt. Auf der Basis dieser Beobachtung wurde der erste Laser entwickelt, der über einen beträchtlichen Wellenlängenbereich durchgestimmt werden kann. Farbstofflaser (Dye-Laser) sind auch deshalb ungewöhnlich, weil hier das aktive Medium eine Flüssigkeit ist.

Eine charakteristische Eigenschaft von Farbstoffen ist ihre durch Absorption verursachte Farbe. Der Übergang vom elektronischen Grundzustand S_0 in den ersten angeregten Singulettzustand S_1 liegt nämlich für diese Moleküle im sichtbaren Bereich. Weiterhin ist für einen Farbstoff eine Oszillatorstärke f (siehe Gl. (2.18)) von nahezu Eins charakteristisch; auch die Quantenausbeute der Fluoreszenz ϕ_F (s. Gl. (7.135)) ist fast Eins.

In Bild 9.17 sind diese Merkmale für den Farbstoff Rhodamin B dargestellt. Das Maximum der typisch breiten ($S_1 - S_0$)-Absorptionsbande liegt bei ungefähr 548 nm; der maximale molare Extinktionskoeffizient ϵ_{max} weist einen ungewöhnlich hohen Wert von 80 000 dm^3 mol^{-1} cm^{-1} (siehe Gl. (2.16)). Die Fluoreszenzkurve verhält sich spiegelbildlich zur Absorptionskurve, wie es auch im allgemeinen der Fall ist. Wichtig für die Laseraktivität ist jedoch, daß das Fluoreszenz- und das Absorptionsmaximum nicht zusammenfallen. Wäre das der Fall, würde ein großer Anteil des Fluoreszenzlichts reabsorbiert werden.

Ein typisches Energieniveaudiagramm eines Farbstoffmoleküls ist in Bild 9.18 schematisch gezeigt; auch die niedrigsten elektronischen Singulett- und Triplettzustände S_0, S_1, S_2, T_1 und T_2 sind eingezeichnet. Zu jedem dieser Zustände gehören eine Fülle von Vibrations- und Rotationsniveaus, die durch Stöße zwischen den Molekülen in der Flüssigkeit so verbreitert sind, das ein Kontinuum von Zuständen entsteht. Infolgedessen

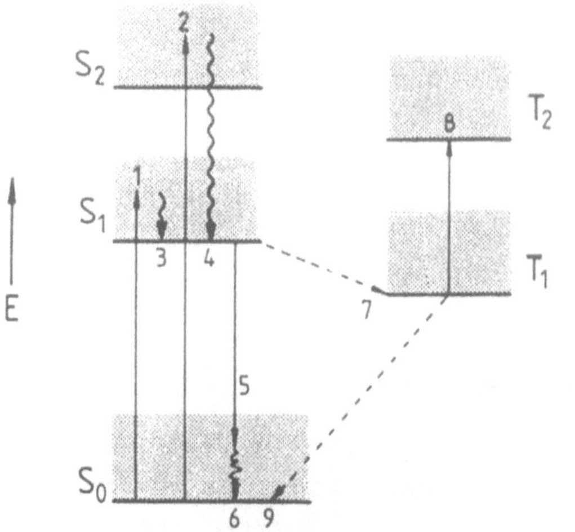

Bild 9.18 Energieniveaudiagramm eines Farbstoffmoleküls; die wichtigsten Prozesse für eine Laseraktivität sind eingezeichnet

weist das Absorptionsspektrum keinerlei Feinstruktur in der Bande auf; Bild 9.17 ist ein typisches Beispiel für das Spektrum einer Flüssigkeit.

Abhängig von der gewählten Pumpmethode kann der Zustand S_1 durch einen (S_1-S_0)- oder einen (S_2-S_0)-Absorptionsprozeß besetzt werden; diese Übergänge sind mit 1 bzw. 2 in Bild 9.18 bezeichnet. Durch Stöße werden diese angeregten Zustände rasch in den Schwingungsgrundzustand deaktiviert; das wird durch die Schlangenlinien 3 und 4 in Bild 9.18 angedeutet. Die Vibrations-Rotations-Relaxation von Prozeß 3 geschieht innerhalb von 10 ps. Nach der Relaxation sind im Zustand S_1 die Energieniveaus wie im thermischen Gleichgewicht besetzt, also gemäß der Boltzmann-Verteilung (Gl. (2.11)).

Der Zustand S_1 kann seine Energie entweder in Form von Strahlung oder in einem strahlungsfreien Prozeß verlieren; in Bild 9.18 wird dies durch 5 und 7 symbolisiert. Prozeß 5 entspricht einer Fluoreszenz; die dabei abgegebene Strahlung ist die Laserstrahlung. In Bild 9.18 endet dieser Übergang in einem angeregten Schwingungsniveau des elektronischen Grundzustands. Diese Tatsache ist die Ursache dafür, daß der Farbstoff als Laser arbeiten kann, und eine Folge des Franck-Condon-Prinzips (siehe Abschnitt 7.2.5.3).

Die Form des breiten Absorptionsspektrums, das Bild 9.17 zeigt, ist typisch für ein laser-fähiges Farbstoffmolekül. Das Absorptionsmaximum liegt bei kürzeren Wellenlängen als der 0_0^0-Übergang. Dieser findet bei der Wellenlänge statt, bei der sich die Absorptions- und die Fluoreszenzkurve überschneiden. Die Form der Absorptionskurve ist auf die Änderung der Molekülgestalt zurückzuführen, die durch den Übergang von S_0 nach S_1 verursacht wird. Die Änderung wird dabei vorzugsweise in Richtung einer oder mehrerer Normalkoordinaten erfolgen (siehe auch Diskussion in den Abschnitten 6.2.4.1, 6.2.4.3 und 7.3.4.2), so daß Übergänge zu angeregten Schwingungsniveaus von S_1 am wahrscheinlichsten sind. Aus den gleichen Gründen wird die Emission aus dem Schwingungsgrundzustand von S_1 am wahrscheinlichsten zu angeregten Schwingungsniveaus von S_0 führen. Die Lebensdauer der Fluoreszenz τ_r für spontane Emission aus dem Zustand S_1 liegt in der Größenordnung von 1 ns. Demgegenüber läuft der Relaxationsprozeß 6 (wie auch der entsprechende Prozeß 3) innerhalb von 10 ps ab. Als Ergebnis liegt nach den Prozessen 1 und 3 eine Besetzungsinversion zwischen dem Nullpunktsniveau des S_1-Zustands und den angeregten Schwingungsniveaus des Grundzustands S_0 vor. In diese Niveaus kann Emission erfolgen, wenn sie thermisch vernachlässigbar gering besetzt sind.

Die Besetzungszahl des S_1-Zustands kann sich auch durch Absorption der Fluoreszenzstrahlung vermindern, wobei das Molekül in den S_2-Zustand angeregt wird. Das gilt natürlich nur, wenn die Wellenlänge des Fluoreszenzlichts dem (S_2−S_1)-Übergang entspricht. S_1 kann auch durch strahlungslose Übergänge depopuliert werden, wie durch Internal Conversion nach S_0 oder durch Intersystem Crossing nach T_1; diese beiden Prozesse haben wir bereits in Abschnitt 7.3.6 diskutiert. Der Übergang S_1−T_1 (Prozeß 7 in Bild 9.18) spielt in Farbstoffmolekülen die größte Rolle. Hierbei handelt es sich um einen spin-verbotenen Übergang, dessen Lebensdauer in der Größenordnung von 100 ns liegt. Die Lebensdauer des S_1-Zustands ist mit der Lebensdauer τ_{nr} der strahlungslosen Zerfallsprozesse und der Lebensdauer τ_{r} der Übergänge, die unter Emission von Strahlung ablaufen, verknüpft:

$$\frac{1}{\tau} = \frac{1}{\tau_{\mathrm{r}}} + \frac{1}{\tau_{\mathrm{nr}}}. \qquad (9.15)$$

Die Fluoreszenz ist der dominierende Zerfallskanal, denn hier beträgt die Lebensdauer τ_{r} nur wenige Nanosekunden.

T_1 ist ein langlebiger Zustand, denn der Übergang T_1−S_0 (Prozeß 9 in Bild 9.18) ist spin-verboten. Je nach Molekül und je nach der Konzentration gelösten Sauerstoffs kann die Lebensdauer τ_T dieses Zustands von 100 ns bis zu 1 ms betragen. Wenn $\tau_T > \tau_{\mathrm{nr}}$ ist, kann eine sehr hohe Konzentration von Molekülen im T_1-Zustand aufgebaut werden. Bei vielen Farbstoffmolekülen überlappt nun die intensive, spin-erlaubte (T_2−T_1)-Absorptionsbande (Prozeß 8 in Bild 9.18) mit der (S_1−S_0)-Emissionsbande und kann deshalb auch daraus angeregt werden. Die Effizienz des Lasers wird dadurch beträchtlich herabgesetzt. Bild 9.17 demonstriert, daß dies ein wichtiger Prozeß in Rhodamin B ist.

Um diesen Vorgang zu verhindern, kann gepulst gepumpt werden, wobei die Wiederholungsrate so niedrig gewählt werden muß, daß T_1 nach S_0 relaxieren kann. Soll der Laser kontinuierlich betrieben werden, muß entweder τ_T hinreichend kurz sein, oder es muß ein Farbstoff gewählt werden, dessen (T_2−T_1)-Absorptionskurve sich nicht mit der Fluoreszenzkurve überschneidet.

Es stehen viele Farbstoffe zur Auswahl, von denen jeder einzelne einen Wellenlängenbereich $\Delta\lambda$ von 20 bis 30 nm abdeckt. Mit den Farbstofflasern kann insgesamt der Bereich vom Ultravioletten (365 mn) bis ins nahe Infrarote (ca. 930 nm) ausgeschöpft werden. Die Farbstoffe werden in sehr geringer Konzentration verwendet; typisch sind Konzentrationen von 10^{-2} bis 10^{-4} mol dm^{-3}.

Durch eine mögliche Frequenzverdopplung stellen die Farbstofflaser insgesamt einen durchstimmbaren Wellenlängenbereich von 220 bis 930 nm zur Verfügung. Allerdings ist hierbei mit verschiedenen Intensitäten und unterschiedlichen Schwierigkeitsgraden zu rechnen. Der ausgedehnte Wellenlängenbereich und die Möglichkeit, den Laser durchzustimmen, lassen die Farbstofflaser zu den wohl gebräuchlichsten und nützlichsten Lasern im sichtbaren und ultravioletten Bereich werden.

Ein gepulster Farbstofflaser kann mit einer Blitzlichtlampe gepumpt werden. Diese Lampe umgibt die Zelle, durch die der Farbstoff fließt. Auf diese Weise können vom

Farbstofflaser Anregungspulse mit ca. 1 μs Dauer und einer Energie von ca. 100 mJ erreicht werden. Die Wiederholungsrate ist mit ungefähr 30 Hz relativ gering.

Häufiger wird ein gepulster Farbstofflaser jedoch mit einem Stickstoff-, Excimer- oder Nd^{3+}:YAG-Laser gepumpt. Sowohl der Stickstoff- als auch ein Xenonfluoridlaser regen zunächst mit ihren Wellenlängen von 337 bzw. 351 nm den Farbstoff in einen Singulettzustand an, der energetisch höher als der S_1-Zustand liegt. Je nach verwendetem Farbstoff wird die Frequenz des Nd^{3+}:YAG-Lasers entweder verdoppelt (532 nm) oder verdreifacht (355 nm). Die Effizienz der Frequenzverdreifachung ist allerdings sehr gering. Deshalb wird vorzugsweise die frequenzverdoppelte Strahlung des Farbstofflasers (Wellenlänge λ_D) mit der einfachen Grundfrequenz des Nd^{3+}:YAG-Lasers (Wellenlänge $\lambda_F = 1,0648$ μm) gemischt. Das wird mit Hilfe eines doppelbrechenden (nicht-linearen) Kristalls wie KDP erreicht (siehe Abschnitt 9.1.6). Die resultierende Wellenlänge λ beträgt

$$\frac{1}{\lambda} = \frac{1}{\lambda_D} + \frac{1}{\lambda_F}. \tag{9.15a}$$

Hier sind Pulsraten von 50 Hz üblich.

CW-Farbstofflaser werden meist mit einem Argonionenlaser gepumpt. In dieser Betriebsart werden Leistungen von ungefähr 1 W erzielt; ein gepulster Farbstofflaser liefert Spitzenleistungen bis zu 1 MW.

Die Farbstofflösung muß sowohl bei einem gepulsten als auch bei einem kontinuierlich arbeitenden Farbstofflaser ständig bewegt werden, um Überhitzung und Zersetzung zu verhindern. In einem gepulsten Laser fließt die Farbstofflösung kontinuierlich durch die Zelle. Wird der Laser bei nur geringen Wiederholungsraten und niedriger Leistung betrieben, ist die Verwendung eines Magnetrührers ausreichend. Bei einem CW-Farbstofflaser schießt der Farbstoff als Strahl durch die Laserkavität.

9.2.11 Einige allgemeine Bemerkungen über aktive Lasermedien

In den vorangegangenen Abschnitten haben wir nur einige wenige ausgewählte Beispiele von Lasertypen kennenlernen können. So haben wir den CO-, H_2O-, HCN-, Farbzentren- und chemischen Laser nicht besprochen; diese Laser arbeiten alle im Infrarot. Auch der grüne Kupferdampflaser wurde nicht erwähnt. Die vorgestellten Beispiele erwecken den Eindruck, daß die verwendeten Lasermedien stark unterschiedlich und willkürlich ausgewählt worden sind. Daß zum Beispiel Neonatome Laseraktivität im Helium-Neon-Laser zeigen, heißt noch lange nicht, daß auch Ar, Kr und Xe laser-aktiv sind – sie sind es auch nicht. Aus dem gleichen Grund kann auch CS_2, obwohl mit CO_2 chemisch verwandt, nicht als aktives Lasermedium eingesetzt werden.

Wir können einfach nicht davon ausgehen, daß jedes Atom oder Molekül Laseraktivität aufweist. Wir sollten es als Zufall auffassen, daß es in einem extrem komplexen Satz von Energieniveaus einiger weniger Atome und Moleküle ein Paar (oder mehrere Paare) von Zuständen gibt, zwischen denen eine Besetzungsinversion aufgebaut und damit ein Laser gebildet werden kann.

9.3 Die Anwendung von Lasern in der Spektroskopie

Seit 1960, als zunehmend intensive, monochromatische Laser zur Verfügung standen, gab es einen enormen Antrieb, diese auch in vielfältiger Weise in der Spektroskopie einzusetzen.

Eine der ersten Anwendungen der zunächst nicht durchstimmbaren Laser waren natürlich alle Varianten der Raman-Spektroskopie, sei es nun in der festen, flüssigen oder der Gasphase. Die experimentellen Techniken, die explizit von der Laserstrahlung Gebrauch machen, haben wir bereits in Abschnitt 5.3.1 vorgestellt. Mit dieser Technik hat sich die Qualität der Spektren stark verbessert, wie die Bilder 5.17 und 6.9 eindrucksvoll belegen. So zeigt Bild 5.17 das reine Rotationsspektrum von $^{15}N_2$ und Bild 6.9 das Raman-Spektrum des ($v = 1-0$)-Vibrations-Rotationsübergangs von CO. Beide Spektren entstanden durch Anregung mit einem Argonionenlaser.

Laserstrahlung ist wesentlich intensiver als alle herkömmlichen Lichtquellen, die vor 1960 für die Raman-Spektroskopie verwendet wurden, wie z.B. die Quecksilberdampflampe. Durch die höhere Intensität der anregenden Strahlung können nun solche Übergänge beobachtet werden, die im Raman-Spektrum nur schwach ausgeprägt sind. Auch die erreichbare Auflösung ist durch die schmalen Linienbreiten des Laserlichts erheblich verbessert worden.

Neben den konventionellen Raman-Experimenten sind heute mit den Hochleistungslasern und durch Güteschaltung neue Varianten der Raman-Spektroskopie zugänglich. Insbesondere der nicht-lineare Zusammenhang zwischen induziertem Dipol und oszillierendem elektrischen Feld kann damit studiert werden (siehe Gl. (9.11)). Diese Phänomene werden unter dem Oberbegriff nicht-lineare Raman-Effekte zusammengefaßt.

In vielen Bereichen der Spektroskopie macht sich, abgesehen von der Raman-Spektroskopie, ein Nachteil von Lasern bemerkbar: Viele Laser können nicht durchgestimmt werden. Insbesondere im Infraroten, wo durchstimmbare Laser eher eine Seltenheit sind, behilft man sich damit, daß die Energieniveaus der Probe verschoben werden. Das kann zum einen durch Anlegen eines elektrischen Feldes an die Probe erreicht werden; diese Technik wird als Laser-Stark-Spektroskopie bezeichnet. Zum anderen kann auch ein magnetisches Feld die atomaren oder molekularen Energieniveaus so verschieben, daß die zu untersuchenden Übergänge mit dem Laser angeregt und studiert werden können; dann spricht man von der laser-magnetischen Resonanz- oder Laser-Zeeman-Spektroskopie.

Die Wellenlänge einiger Laser kann auch dadurch geändert werden (z.B. beim CO_2-Infrarotlaser), daß entsprechende Isotope des aktiven Lasermediums eingesetzt werden. Wie wir bereits in Abschnitt 6.1.3.2 besprochen haben, ändern sich dadurch die Wellenlängen der Schwingungsübergänge und damit auch die Wellenlänge der Laserstrahlung beträchtlich.

In den Bereichen des elektromagnetischen Spektrums, in denen ein durchstimmbarer Laser zur Verfügung steht, kann der Laser auch als kontinuierliche Strahlungsquelle eingesetzt werden. Auf die gleiche Weise wird ja auch ein Klystron oder ein backward-wave-Oszillator in der Mikrowellen- oder Mikrometerspektroskopie verwendet (siehe Abschnitt 3.4.1). Dabei wird die Absorbanz (Gl. (2.16)) als Funktion der Frequenz oder Wellenzahl der Laserstrahlung gemessen. Mit dieser Technik kann mit einem Diodenlaser ein Infrarotabsorptionsspektrum aufgenommen werden. Elektronische Übergänge können mit größerer Empfindlichkeit spektroskopiert werden, wenn die dadurch ausgelösten Sekundärprozesse untersucht werden. Solche Sekundärprozesse erfolgen direkt nach dem eigentlichen Absorptionsübergang und sind daher unmittelbar mit diesen verknüpft. Die Fluoreszenz, Dissoziation, Prädissoziation und die Ionisation sind Beispiele für Sekundärprozesse. Auf diese Weise werden Spektren erhalten, die den entsprechenden Absorptionsspektren sehr ähneln.

Hier wird uns klar, daß es keine allgemeine Anwendung von Lasern in der Spektroskopie gibt; vielmehr ist auf diesem Gebiet eine Fülle von zum Teil recht trickreichen Techniken entwickelt worden, von denen wir nur einige wenige Beispiele beschreiben können.

9.3.1 Hyper-Raman-Spektroskopie

Wir wissen bereits aus Gl. (5.43), daß Strahlung in Materie ein Dipolmoment induziert. Weiter haben wir in Gl. (9.11) gesehen, daß die Stärke des induzierten Dipolmoments zu einem geringen Teil auch proportional zum Quadrat der oszillierenden elektrischen Feldstärke $\boldsymbol{E}$ der einfallenden Strahlung ist. Dieses Feld kann beträchtliche Stärken annehmen, wenn ein gütegeschalteter Laser auf die Probe fokussiert wird. Dadurch wird die Hyper-Raman-Streuung, die proportional zur Hyperpolarisierbarkeit $\boldsymbol{\beta}$ ist, so intensiv, daß sie auch detektiert werden kann.

Hyper-Raman-Streuung findet bei einer Wellenlänge $2\tilde{\nu}_0 \pm \tilde{\nu}_{\mathrm{HR}}$ statt; $\tilde{\nu}_0$ ist die Wellenlänge der anregenden Strahlung, $-\tilde{\nu}_{\mathrm{HR}}$ bzw. $+\tilde{\nu}_{\mathrm{HR}}$ sind die Stokes- bzw. anti-Stokes-Linien der Hyper-Raman-Streuung. Letztere kann gut von der Raman-Streuung unterschieden werden, die ja um $\tilde{\nu}_0$ liegt, ist aber selbst mit einem gütegeschalteten Laser wesentlich schwächer als diese.

Die Wellenzahl $2\tilde{\nu}_0$ wird der Hyper-Rayleigh-Streuung zugeordnet, analog zur Wellenlänge der Rayleigh-Streuung bei $\tilde{\nu}_0$ (siehe Abschnitt 5.3.2). Im Gegensatz zur Rayleigh-Streuung, die ***immer*** auftritt, ist Hyper-Rayleigh-Streuung nur dann möglich, wenn die Probe kein Inversionszentrum i aufweist (siehe Abschnitt 4.1.3). Frequenzverdoppelte Laserstrahlung (siehe Abschnitt 9.1.6) entsteht durch Hyper-Rayleigh-Streuung an doppelbrechenden Kristallen wie ADP und KDP. Eine zwingende Voraussetzung für diese Kristalle ist daher, daß die Einheitszelle kein Inversionszentrum aufweisen darf.

Die Auswahlregeln für molekulare Schwingungen, die durch Hyper-Raman-Streuung angeregt werden, sind in der folgenden Gleichung zusammengefaßt:

$$\Gamma(\psi_v') \times \Gamma(\beta_{ijk}) \times \Gamma(\psi_v'') = A \text{ (oder } \supset A). \tag{9.16}$$

Für die Raman-Streuung gelten in analoger Weise die Gln. (6.64) und (6.65). ψ_v' und ψ_v'' sind die Wellenfunktionen des oberen und des unteren Schwingungszustands; i, j und k kann entweder x, y oder z symbolisieren; A ist die totalsymmetrische Darstellung der Punktgruppe, zu der das Molekül gehört. Wenn der untere Zustand der Schwingungsgrundzustand ist, gilt $\Gamma(\psi_v'') = A$. Damit vereinfacht sich Gl. (9.16) zu:

$$\Gamma(\psi_v') = \Gamma(\beta_{ijk}). \tag{9.17}$$

Die Hyperpolarisierbarkeit ist ein Tensor mit achtzehn Elementen β_{ijk}. Wir wollen uns nicht weiter mit den Symmetrieeigenschaften dieses Tensors beschäftigen, sondern uns nur auf die wesentlichen Aussagen der Gl. (9.17) konzentrieren:

1. Schwingungen, die im Infraroten erlaubt sind, sind auch beim Hyper-Raman-Effekt erlaubt.
2. Liegt in einem Molekül ein Inversionszentrum vor, so haben alle Hyper-Raman-aktiven Schwingungen u-Symmetrie, verhalten sich also antisymmetrisch bezüglich einer Inversion.
3. Einige Schwingungen, die sowohl Raman- als auch infrarot-inaktiv sind, können im Hyper-Raman-Spektrum erlaubt sein. So wurden gelegentlich Schwingungen, die in Raman-Spektren kondensierter Materie beobachtet wurden, auf Effekte der Hyperpolarisierbarkeit zurückgeführt.

In Bild 9.19 ist das Hyper-Raman-Spektrum von gasförmigen Ethan C_2H_6 abgebildet. Ethan gehört zur Punktgruppe D_{3d} (siehe Bild 4.11(i) und Tabelle A.28 im Anhang) und besitzt ein Inversionszentrum. Aus diesem Grund tritt keine Hyper-Rayleigh-Streuung bei $2\tilde{\nu}_0$ auf. Die Schwingungen a_{1u}, a_{2u} und e_u sind im Hyper-Raman-Spektrum erlaubt und im Raman-Spektrum verboten; im Infrarotspektrum sind nur die a_{2u}-und die e_u-Schwingung erlaubt. Relativ zu $2\tilde{\nu}_0$ ist bei ca. 3000 cm^{-1} eine intensive Streuung zu be-

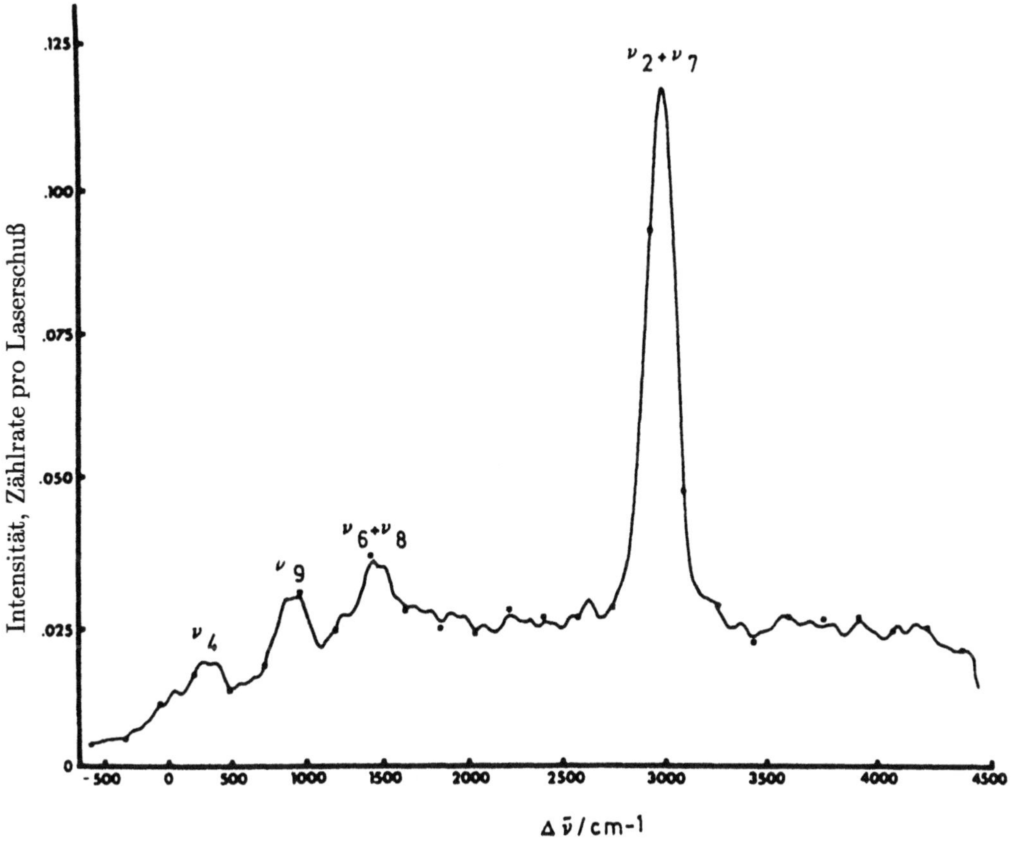

Bild 9.19 Das Hyper-Raman-Spektrum von Ethan. (Aus: Verdick, J. F., Peterson, S. H., Savage, C. M. und Maker, P. D., *Chem. Phys. Lett.*, **7**, 219, 1970)

obachten, die auf die Kombination zweier Banden zurückzuführen ist: der $2_0^1(\nu_2)$- und der $7_0^1(\nu_7)$-Bande; ν_2 bzw. ν_7 sind die a_{2u}- bzw. e_u-Schwingungen der CH-Streckschwingung. Auch die Streuung bei 1400 cm^{-1} wird durch die Koinzidenz zweier Schwingungsbanden verursacht: die 6_0^1- und die 8_0^1-Bande; ν_6 bzw. ν_8 sind die a_{2u}- und die e_u-Schwingung der CH_3-Deformationsschwingung. Die 9_0^1-Bande tritt bei $\Delta\tilde{\nu} \simeq 900\,cm^{-1}$ auf; ν_9 ist die e_u-Biegeschwingung des gesamten Moleküls. Am interessantesten ist jedoch die 4_0^1-Bande bei $\Delta\tilde{\nu} \simeq 300\,cm^{-1}$, denn ν_4, die a_{1u}-Torsionsschwingung um die C–C-Bindung (siehe Abschnitt 6.2.4.4.3), ist sowohl im Raman- als auch im Infrarotspektrum verboten.

9.3.2 Stimulierte Raman-Spektroskopie

Im Gegensatz zur normalen Raman-Spektroskopie wird bei der stimulierten (induzierten) Raman-Spektroskopie das Licht, das von der Probe gestreut wird, in ***Vorwärts***richtung beobachtet. Das Streulicht wird also in Richtung der anregenden Strahlung, bzw. in einem relativ kleinen Winkel dazu, detektiert.

Wie Bild 9.20(a) zeigt, wird das Licht eines gütegeschalteten Rubinlasers durch eine Linse L auf eine Zelle C fokussiert, die die flüssige Probe, hier ist es Benzol, enthält. Das Licht der stimulierten Raman-Streuung wird in Vorwärtsrichtung und in einem Winkel von ca. 10° mit einem Detektor D eingesammelt. Wenn als Detektor ein photographischer Farbfilm verwendet wird, sind im so gemessenen Spektrum breite konzentrische Ringe zu sehen. Wie Bild 9.20(b) andeutet, sind die Kreise im Zentrum dunkelrot und ändern sich zum Rand hin nach grün. Die Wellenzahlen nehmen dabei von $\tilde{\nu}_0$ (und $\tilde{\nu}_0 - n\tilde{\nu}_1$) im Zentrum bis auf $\tilde{\nu}_0 + 4\tilde{\nu}_1$ zum Rand hin zu. ν_1 ist die Ringatmungsmode des Benzols (siehe Bild 6.13(f)). Die gemessenen Wellenzahlen der konzentrischen Ringe werden durch die Serie $\tilde{\nu}_0 + n\tilde{\nu}_1$ (mit $n = 0$ bis 4) beschrieben, wobei der Abstand zwischen den Ringen

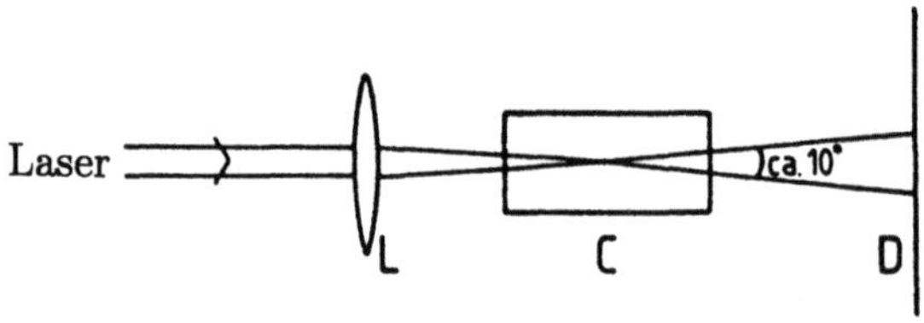

(a)

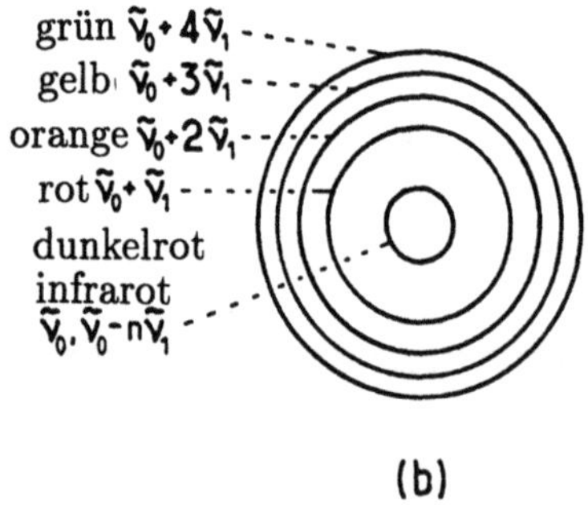

(b)

Bild 9.20 (a) Experimenteller Aufbau für die stimulierte Raman-Spektroskopie. (b) In Vorwärtsrichtung sind konzentrische Kreise zu beobachten; Beispiel: flüssiges Benzol

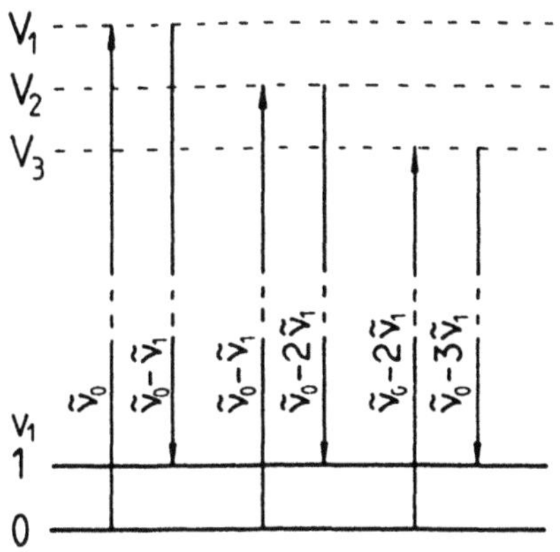

Bild 9.21
Übergänge, die durch den stimulierten Raman-Effekt im Benzol auftreten

konstant $\tilde{\nu}_1$ beträgt. Das entspricht genau der Energiedifferenz des ($v = 1{-}0$)-Übergangs der ν_1-Schwingung von 992 cm^{-1}.

Bild 9.21 verdeutlicht, warum die Ringe in gleichen Abständen voneinander erscheinen und nicht im Abstand der anharmonischen Intervalle 1–0, 2–1, 3–2, ... Durch die einfallende Laserstrahlung mit der Wellenlänge $\tilde{\nu}_0$ wird das Molekül in einen virtuellen Zustand V_1 angeregt. Von hier aus kann es in das Schwingungsniveau $v = 1$ übergehen. Die Intensität dieser Stokes-Streuung mit der Wellenlänge $\tilde{\nu}_0 - \tilde{\nu}_1$ beträgt in Vorwärtsrichtung ca. 50 Prozent der anregenden Laserstrahlung. Dadurch können andere Moleküle in einen virtuellen Zustand V_2 angeregt werden, die das Licht mit der Wellenlänge $\tilde{\nu}_0 - 2\tilde{\nu}_1$ streuen, usw.

Der stimulierte Raman-Effekt kann nur bei Schwingungen beobachtet werden, die mit der größten Intensität im Raman-Spektrum auftreten. Im Falle des Benzols ist das die ν_1-Schwingung.

Die Laserstrahlung $\tilde{\nu}_0$ kann also mit großer Effizienz durch Streuung zu der Stokes-Linie mit größerer Wellenlänge verschoben werden. Das wird auch bei gepulsten Laser ausgenutzt, die ansonsten nicht durchstimmbar sind. Zu diesem Zweck wird häufig Wasserstoffgas unter hohem Druck als eine solche Raman-Shift-Einheit eingesetzt; das ($v = 1{-}0$)-Intervall des Wasserstoffs entspricht einer Wellenlänge von 4160 cm^{-1}.

9.3.3 Kohärente Anti-Stokes-Raman-Spektroskopie

Für die kohärente Anti-Stokes-Raman-Streuung CARS ist Wellenmischung erforderlich. Dieses allgemeine Phänomen haben wir in Abschnitt 9.1.6 bei der Frequenzverdopplung mit doppelbrechenden Kristallen kurz vorgestellt. Bei CARS werden drei Wellen miteinander gemischt: zwei einfallende Lichtwellen mit der Wellenzahl $\tilde{\nu}$ und die gestreute Welle mit der Wellenzahl $2\tilde{\nu}$.

In einem CARS-Experiment wird die Probe mit zwei Lasern verschiedener Wellenzahlen bestrahlt, wobei $\tilde{\nu}_1 > \tilde{\nu}_2$ gelten soll. Durch dieses *Vier*wellenmischen wird Strahlung mit einer Wellenzahl $\tilde{\nu}_3$ erzeugt:

$$\tilde{\nu}_3 = 2\tilde{\nu}_1 - \tilde{\nu}_2 = \tilde{\nu}_1 + (\tilde{\nu}_1 - \tilde{\nu}_2). \tag{9.18}$$

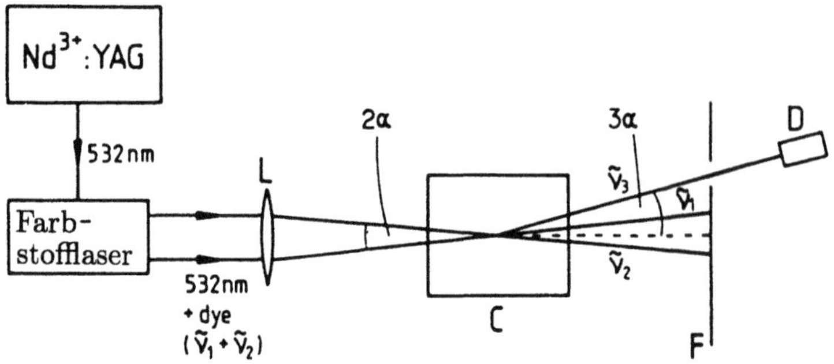

Bild 9.22 Aufbau eines CARS-Experiments

Die Effizienz des Wellenmischens ist größer, wenn $\tilde{\nu}_1 - \tilde{\nu}_2 = \tilde{\nu}_i$ erfüllt ist; hier ist $\tilde{\nu}_i$ die Wellenzahl eines Raman-aktiven Schwingungs- oder Rotationsübergangs der Probe.

Die gestreute Strahlung $\tilde{\nu}_3$ liegt bei höheren Wellenzahlen als $\tilde{\nu}_1$ und ist außerdem kohärent; daher rührt auch der Name CARS. Auf Grund der kohärenten Streuung und der hohen Effizienz bei der Erzeugung von $\tilde{\nu}_3$ bildet die CARS-Strahlung einen kollimierten, laser-ähnlichen Strahl.

Die Auswahlregeln für CARS sind identisch mit denen für die spontane Raman-Streuung. CARS hat aber den Vorteil wesentlich höherer Intensitäten.

Der prinzipielle Aufbau eines CARS-Experiments ist in Bild 9.22 skizziert. Um die Wellenzahl $(\tilde{\nu}_1 - \tilde{\nu}_2)$ aus Gl. (9.18) zu verändern, wird ein Laser mit fester Wellenzahl $\tilde{\nu}_1$ und ein Laser mit durchstimmbarer Wellenzahl $\tilde{\nu}_2$ benutzt. In dem gezeigten Beispiel wird die frequenzverdoppelte Laserstrahlung des Nd^{3+}:YAG-Lasers (Wellenzahl $\tilde{\nu}_1 = 532$ nm) benutzt. Derselbe Nd^{3+}:YAG-Laser wird als Pumplaser für den durchstimmbaren Farbstofflaser (Wellenzahl $\tilde{\nu}_2$) verwendet. Beide Laserstrahlen werden durch die Linsen L in die Probenzelle C fokussiert; sie schließen dabei einen kleinen Winkel 2α ein. Die kollimierte CARS-Strahlung verläßt die Zelle unter einem Winkel 3α zur optischen Achse. Räumlich wird die CARS-Strahlung durch ein einfaches Lochblendefilter F von $\tilde{\nu}_1$ und $\tilde{\nu}_2$ getrennt. Mit dem Detektor D wird die CARS-Strahlung nachgewiesen. Es können feste, flüssige oder gasförmige Proben spektroskopiert werden.

Für das Vierwellenmischen haben wir in Gl. (9.18) zwei Photonen mit der Wellenzahl $\tilde{\nu}_1$ und ein Photon mit der Wellenzahl $\tilde{\nu}_2$ angenommen. In Wirklichkeit ist Vierwellenmischen mit einem Photon $\tilde{\nu}_1$ und zwei Photonen $\tilde{\nu}_2$ genauso wahrscheinlich. Es resultiert eine Welle mit der Wellenzahl $\tilde{\nu}_4$:

$$\tilde{\nu}_4 = 2\tilde{\nu}_2 - \tilde{\nu}_1 = \tilde{\nu}_2 - (\tilde{\nu}_1 - \tilde{\nu}_2). \tag{9.19}$$

Hier erscheint $\tilde{\nu}_4$ bei niedrigerer Wellenzahl als $\tilde{\nu}_2$, es ergibt sich also eine Stokes-Welle. Diese Strahlung wird daher mit kohärenter Stokes-Raman-Streuung (CSRS) bezeichnet. Die Gln. (9.18) und (9.19) sind analog zueinander, und so ist zunächst nicht einzusehen, warum die CARS-Methode bevorzugt verwendet wird. Bei CSRS hat allerdings die erzeugte Welle $\tilde{\nu}_4$ eine kleinere Wellenzahl als die beiden erzeugenden Wellen $\tilde{\nu}_1$ und $\tilde{\nu}_2$, und es kann daher leicht zu einer Überschneidung mit der Fluoreszenzkurve der Probe kommen.

9.3.4 Laser-Stark(oder laser-elektrische Resonanz)-Spektroskopie

In Abschnitt 5.2.3 haben wir bereits den Stark-Effekt kennengelernt. Dabei spalten die Rotationsniveaus eines linearen oder symmetrischen Rotators bei Anwesenheit eines elektrischen Feldes auf. Alle Rotationsniveaus, die zu den verschiedenen Schwingungsniveaus gehören, werden aufgespalten, so daß auch in der Rotationsfeinstruktur eines Schwingungsspektrums in der Gasphase die Aufspaltung zu beobachten ist. Durch leichte Änderungen des angelegten elektrischen Feldes können also verschiedene Übergänge des Probenmoleküls zur Koinzidenz mit der festen Wellenzahl eines Infrarotlasers gebracht werden. Diese Technik der Laser-Stark-Spektroskopie wird manchmal auch als laser-elektrische Resonanz bezeichnet, um die nahe Verwandschaft zur laser-magnetischen Resonanz aufzuzeigen, bei der ein magnetisches Feld angelegt wird.

Bei den ersten Laser-Stark-Experimenten war die Absorptionszelle noch außerhalb der Laserkavität angebracht. Wie Bild 9.23 zeigt, ist es aber inzwischen auch möglich, die Zelle innerhalb der Kavität unterzubringen. Die Laserkavität wird durch einen Spiegel M und ein Gitter G begrenzt; das Gitter selektiert die Wellenlänge bei Lasern, die wie der CO_2- und der CO-Laser mehrere Laserlinien zur Verfügung stellen. Die Absorptionszelle ist von der Laserkavität durch ein Fenster W getrennt, das im Brewster-Winkel eingebaut ist (siehe Gl. (9.14)). Die Stark-Elektroden S sind nur wenige Millimeter voneinander entfernt, damit ein elektrisches Feld mit möglichst großer Feldstärke (ca. 50 kV cm^{-1}) aufgebaut werden kann. Ein Teil der Laserstrahlung fällt als Verlust auf den Detektor D.

Bild 9.24 zeigt einen Teil des Laser-Stark-Spektrums des gewinkelten Moleküls FNO; hier wurde mit einem CO-Infrarotlaser bei einer Wellenlänge von 1870,430 cm^{-1} gearbeitet. Alle Übergänge zeigen die Stark-Komponenten der ${}^{q}P_7(8)$-Rotationslinie des 1_0^1-Schwingungsübergangs; ν_1 ist die N–F-Streckschwingung. Zur Bezeichnung des Rotationsübergangs haben wir den Symbolismus verwendet, der für symmetrische Rotatoren benutzt wird (FNO kann zu dieser Molekülklasse gezählt werden). Dabei wird mit q angegeben, daß $\Delta K = 0$ ist und mit P, daß $\Delta J = -1$ ist. Die Zahlen stehen für $K'' = 7$ und $J'' = 8$ (siehe Abschnitt 6.2.3.2). In einem elektrischen Feld spaltet jedes J-Niveau in $(J+1)$ Komponenten auf (siehe Abschnitt 5.2.3), von denen jede durch den zugehörigen Wert von $|M_J|$ charakterisiert ist. Wenn die anregende Strahlung wie in diesem Fall senkrecht zum elektrischen Feld polarisiert ist, lautet die Auswahlregel $\Delta M_J = \pm 1$. Von den resultierenden Stark-Komponenten sind in Bild 9.24 acht zu sehen.

Aus einem solchen Spektrum können sowohl die Rotationskonstanten der beiden Schwingungszustände als auch das Dipolmoment jedes dieser Zustände erhalten werden.

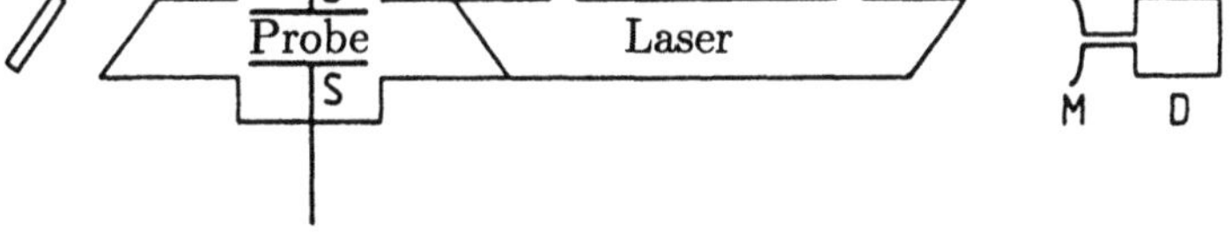

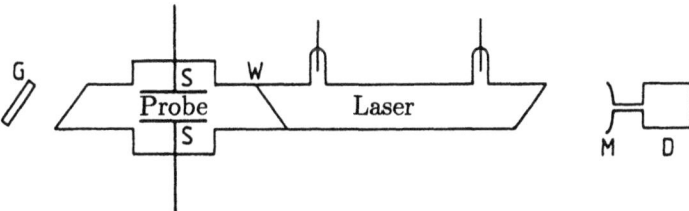

Bild 9.23 Laser-Stark-Spektroskopie; die Absorptionszelle ist hier innerhalb der Laserkavität eingebaut

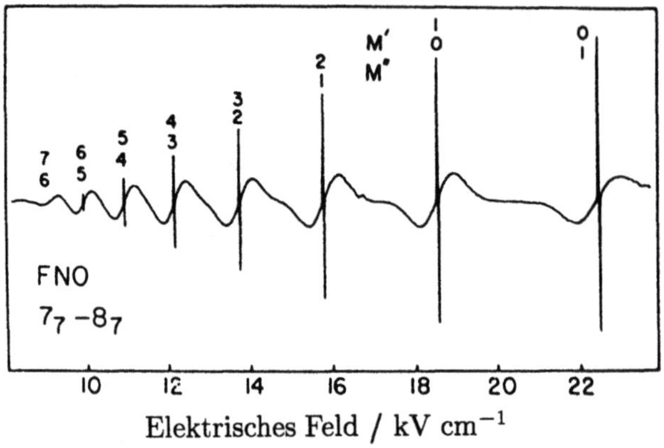

Bild 9.24 Laser-Stark-Spektrum von FNO; zu sehen sind die Lamb-Dips der $^{q}P_7(8)$-Rotationslinie des 1_0^1-Schwingungsübergangs. (Aus: Allegrini, M., Johns, J. W. C. und McKellar, A. R. W., *J. Molec. Spectrosc.*, **73**, 168, 1978)

Die ungewöhnliche Linienform ist ein wichtiges Merkmal des Laser-Stark-Spektrums in Bild 9.24. Die ∼-Struktur dieser Linien ist auf die Modulation des elektrischen Feldes nach der phasensensitiven Messung zurückzuführen. In Bild 9.25 wird die Wirkung der Spannungsmodulation schematisch für eine Linie demonstriert, deren Halbwertsbreite nur durch den Doppler-Effekt begrenzt wird. Dabei wird das Potential V zwischen den Platten kontinuierlich geändert (gesweept), während die Laserwellenlänge konstant bleibt. Die Modulation von V ist sinusförmig und von kleiner Amplitude. Wie wir Bild 9.25(a) entnehmen können, verursacht eine kleine Abnahme der Modulationsspannung auf der ansteigenden Flanke der Linie auch eine kleine Abnahme des Signals; eine geringe Zunahme der Modulationsspannung bewirkt eine kleine Zunahme des Signals: Modulation und Signal sind in Phase. Entsprechend sind auf der abfallenden Flanke der Linie die Modulation und das Signal außer Phase.

Das Ergebnis einer phasensensitiven Messung ist in Bild 9.25(b) gezeigt. Am Detektor wird ein positives Signal gemessen, wenn die Modulation und das einfache Signal in Phase sind. Ein negatives Signal resultiert, wenn Modulation und Signal außer Phase sind. Erreicht die Intensität der Linie ihren Maximalwert, wird ein Nullsignal detektiert. Auf diese Weise wird aus der in Bild 9.25(a) dargestellten Linie die erste Ableitung gebildet.

Als weiteres Merkmal sehen wir in Bild 9.24 im Zentrum jeder ∼-förmigen Linie eine scharfe Spitze. An dieser Stelle ist im Übergang Sättigung eingetreten. Das haben wir bereits in Abschnitt 2.3.4.2 im Zusammenhang mit den Lamb-Dips in der Millimeter- und Mikrometerspektroskopie diskutiert. Wir haben gesehen, daß dieses Phänomen insbesondere dann auftritt, wenn die Energieniveaus dicht beieinander liegen. Sättigung liegt vor, wenn die Besetzungszahlen N_n und N_m des oberen Zustands (n) und des unteren Zustands (m) gleich groß sind. Ist ein reflektierender Spiegel an einem Ende der Absorptionszelle eingebaut, kann wie in Bild 2.5 ein Lamb-Dip in der Absorptionskurve beobachtet werden.

Bei Übergängen, die im Infraroten, Sichtbaren oder Ultravioletten stattfinden, liegen die Energieniveaus m und n naturgemäß weiter auseinander. Aber auch hier können

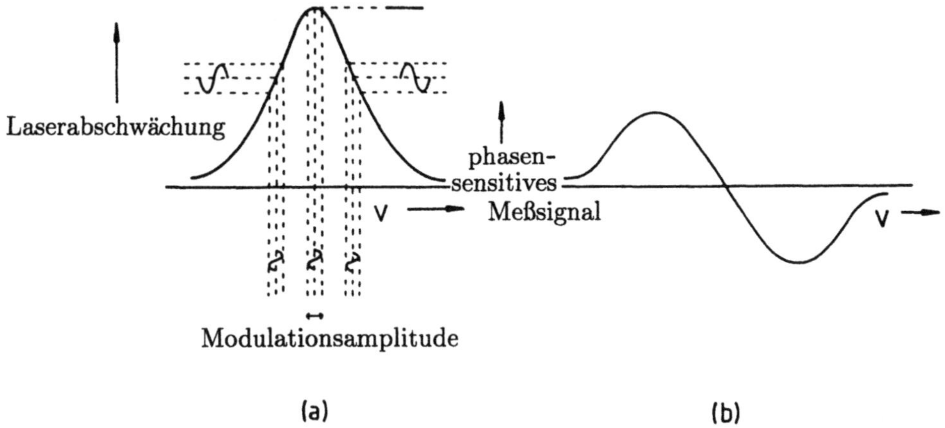

Bild 9.25 (a) Eine Doppler-Linie. (b) Das Ergebnis von Modulation und phasensensitiver Detektion

Sättigungseffekte eintreten, wenn N_n zwar sehr groß, aber dennoch deutlich kleiner als N_m ist.

In einer Probe, die sich wie in Bild 9.23 innerhalb der Laserkavität befindet, kann auch leicht Sättigung erreicht werden; entsprechend weist dann die Doppler-Linie wie in Bild 9.26(a) einen Lamb-Dip auf. Durch Modulation und phasensensitive Detektion wird die erste Ableitung dieses Signals erhalten; das Ergebnis ist in Bild 9.26(b) zu sehen. In gleicher Weise sind auch die merkwürdigen Linienformen in Bild 9.24 entstanden; dort handelt es sich also auch um die erste Ableitung eines Lamb-Dips. Offensichtlich kann die Lage eines Linienzentrums wesentlich genauer gemessen werden, wenn ein Lamb-Dip beobachtet wird.

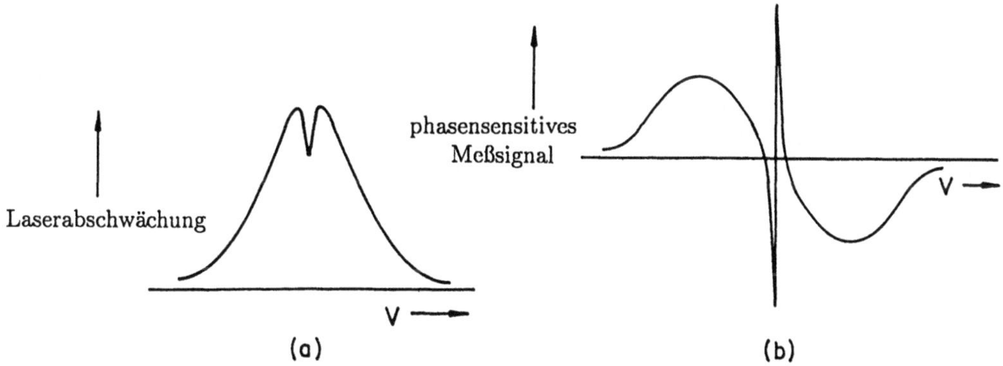

Bild 9.26 (a) Doppler-Linie mit Lamb-Dip. (b) Wie in (a), aber mit Modulation und phasensensitiv gemessen

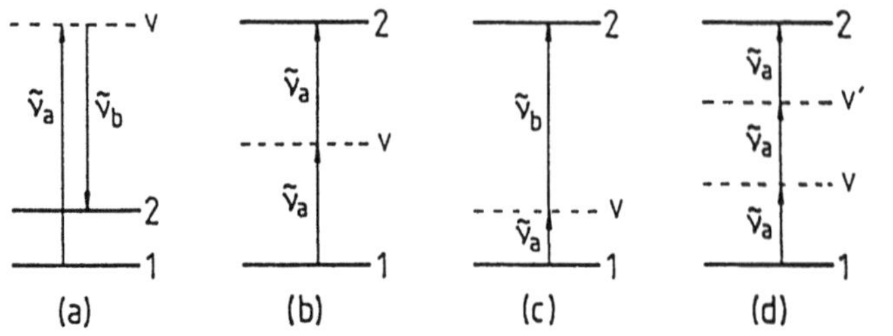

Bild 9.27 Beispiele für Mehr-Photonen-Prozesse: (a) Raman-Streuung, (b) Absorption von zwei identischen Photonen, (c) Absorption von zwei verschiedenen Photonen, (d) Absorption von drei identischen Photonen

9.3.5 Zwei-Photonen- und Mehr-Photonen-Absorption

Wir haben in Abschnitt 9.1.6 gesehen, daß hohe Photonendichten erzeugt werden, wenn der Laserstrahl zur Frequenzvervielfachung auf doppelbrechende Kristalle fokussiert wird. Genauso kann auch eine Probe zwei Photonen der Laserstrahlung mit der Wellenzahl $\tilde{\nu}_L$ absorbieren, wenn ein Übergang bei der Wellenzahl $2\tilde{\nu}_L$ existiert, der auch durch die Absorption von nur einem Photon angeregt werden kann. Zwei Photonen werden allerdings nur dann gleichzeitig absorbiert, wenn die entsprechenden Auswahlregeln dies zulassen.

Die Zwei-Photonen-Absorption kann auch gut mit der Raman-Streuung verglichen werden. Bild 9.27(a) belegt, daß der Raman-Übergang zwischen den Zuständen 1 und 2 ein echter Zwei-Photonen-Prozeß ist. Das erste Photon mit der Wellenzahl $\tilde{\nu}_a$ regt das Molekül vom Zustand 1 in den virtuellen Zustand V an, und das zweite Photon wird bei der Wellenzahl $\tilde{\nu}_b$ emittiert.

Bei einem Zwei-Photonen-Absorptionsprozeß wird das Molekül durch das erste Photon vom Zustand 1 in den virtuellen Zustand V angeregt und mit dem zweiten Photon von V in den Zustand 2. Wie bei der Raman-Spektroskopie ist auch hier der virtuelle Zustand kein Eigenzustand des Moleküls. Die beiden Photonen können, müssen aber nicht die gleiche Energie haben. Die Bilder 9.27(b) und (c) geben ein Beispiel. Es können auch mehr als zwei Photonen beim Übergang von 1 nach 2 absorbiert werden, wie es in Bild 9.27(d) für die Absorption von drei Photonen dargestellt ist.

Im Mikrowellenbereich sind Zwei-Photonen-Prozesse beobachtet worden, wenn ein Klystron mit hoher Intensität benutzt wurde. Im Infraroten, Sichtbaren und im Ultravioletten kann nur mit einem Laser die erforderliche hohe Photonendichte erreicht werden.

Weil auch die Raman-Streuung ein Zwei-Photonen-Prozeß ist, gelten für die Absorption von zwei Photonen die gleichen Auswahlregeln wie bei der Raman-Schwingungsspektroskopie. Bei einem elektronischen Übergang muß für die Absorption von zwei Photonen die folgende Auswahlregel erfüllt sein:

$$\Gamma(\psi_e') \times \Gamma(S_{ij}) \times \Gamma(\psi_e'') = A \text{ (oder } \supset A). \quad (9.20)$$

ψ_e'' und ψ_e' sind die Wellenfunktionen des unteren und des oberen Zustands. S_{ij} sind die Elemente eines Zwei-Photonen-Tensors $\boldsymbol{S}$, der mit dem Polarisierbarkeitstensor $\boldsymbol{\alpha}$ in Gl. (5.42) vergleichbar ist. Insbesondere gilt:

$$\Gamma(S_{ij}) = \Gamma(\alpha_{ij}). \quad (9.21)$$

Offensichtlich entspricht Gl. (9.20) den Gln. (6.64) und (6.65), die für die Schwingungsübergänge im Raman-Spektrum gelten.

Die Auswahlregeln für Zwei-Photonen-Prozesse unterscheiden sich von der elektrischen Dipolauswahlregel für die Absorption eines Photons. Es können Zustände besetzt werden, die sonst nicht zugänglich sind. Ein Beispiel wollen wir uns im Detail ansehen: die Absorption von zwei Photonen bei einem elektronischen Übergang.

Es gibt mehrere Möglichkeiten, die Absorption von zwei oder mehreren Photonen festzustellen; in Bild 9.28 werden zwei solche Möglichkeiten dargestellt. Wird z.B. die Wellenlänge eines durchstimmbaren Farbstofflasers im Absorptionsbereich eines Moleküls variiert, kann dabei das Molekül durch Absorption von zwei oder mehr Photonen elektronisch oder vibronisch angeregt werden. Nun kann z.B. die Fluoreszenz aus diesem Zustand beobachtet werden, wie das in Bild 9.28(a) angedeutet ist. Die gesamte Intensität des ungestreuten Fluoreszenzlichts wird als Funktion der Laserwellenlänge aufgetragen, und man erhält ein Zwei-Photonen-Fluoreszenzspektrum. Bild 9.28(b) verdeutlicht eine weitere Möglichkeit, mit der die Zwei-Photonen-Absorption verfolgt werden kann. Dabei wird das Molekül durch zwei Photonen in einen Eigenzustand 2 angeregt und durch ein drittes Photon ionisiert. Ein solcher Vorgang wird als (2 + 1)-Mehr-Photonen-Ionisierungsprozeß bezeichnet; es können aber auch (2 + 2)- und (3 + 1)-Prozesse beobachtet werden. Die erzeugten Ionen werden mit einer negativ geladenen Platte gesammelt und ihre Zahl gegen die Laserwellenlänge aufgetragen. Auf diese Weise entsteht ein Mehr-Photonen-Ionisationsspektrum. Diese Methode wird dann eingesetzt, wenn die Quantenausbeute der Fluoreszenz zu niedrig ist und die erste Methode daher nicht angewendet werden kann.

Als Beispiel betrachten wir das Zwei-Photonen-Fluoreszenzspektrum von 1,4-Difluorbenzol, das in Bild 9.29 gezeigt ist. 1,4-Difluorbenzol gehört zur Punktgruppe D_{2h}. Der Übergang vom elektronischen Grundzustand in den ersten angeregten Singulettzustand ist $(\tilde{A}^1B_{2u}–\tilde{X}^1A_g)$. Der Tabelle A.32 im Anhang entnehmen wir, daß $B_{2u} = \Gamma(T_y)$ gilt. Gemäß Gl. (7.122) ist daher dieser elektronische Übergang in einem Ein-Photonen-Prozeß erlaubt. Der Übergang ist in y-Richtung polarisiert, die in der Molekülebene und senkrecht zur F–C- - -C–F-Achse liegt. In Bild 7.44(a) ist das Spektrum der 0_0^0-

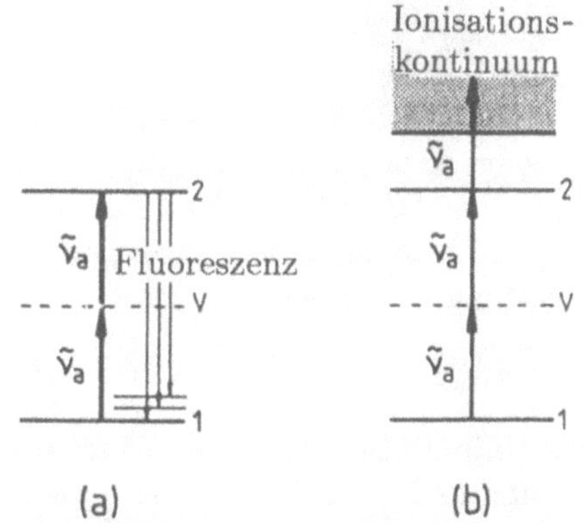

Bild 9.28 Die Absorption von zwei (oder mehr) Photonen kann aufgezeichnet werden: (a) durch Messen des gesamten, ungestreuten Fluoreszenzlichts oder (b) durch Zählen der Ionen, die durch ein weiteres Photon produziert werden

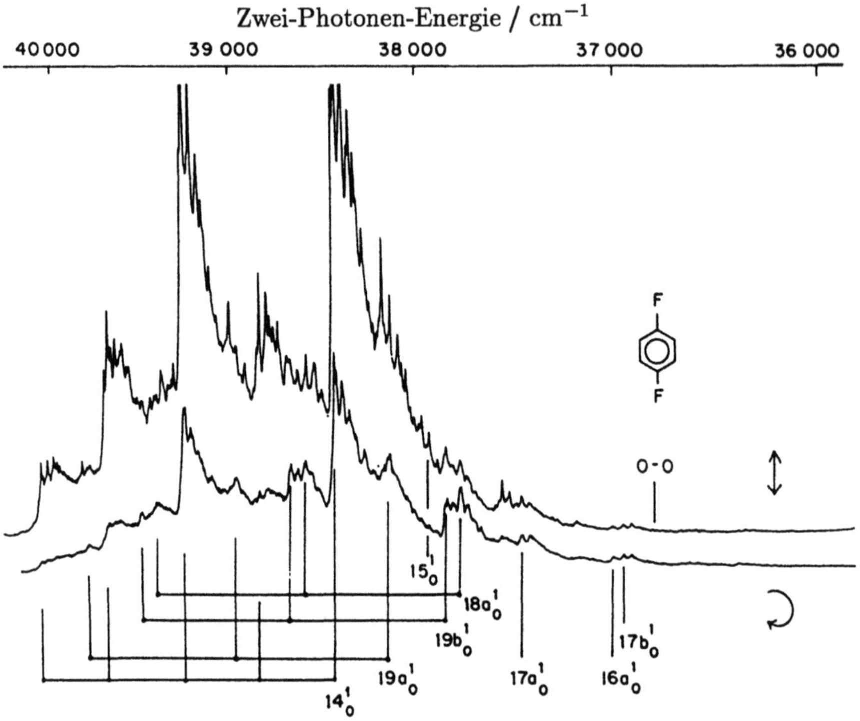

Bild 9.29 Zwei-Photonen-Fluoreszenzspektrum von 1,4-Difluorbenzol. Das obere Spektrum wurde mit linear polarisiertem Licht und das untere mit zirkular polarisiertem Licht aufgenommen; die Unterschiede werden aber hier nicht weiter behandelt. (Aus: Robey, M. J. und Schlag, E. W., *Chem. Phys.*, **30**, 9, 1978)

Bande gezeigt. Laut Charaktertafel ist aber $B_{2u} \neq \Gamma(\alpha_{ij})$. Der Übergang ist also als Zwei-Photonen-Prozeß verboten. Wie in der Raman-Spektroskopie sind für ein Molekül mit Inversionszentrum $(u \leftrightarrow g)$-Übergänge verboten, $(g \leftrightarrow g)$- und $(u \leftrightarrow u)$-Übergänge dagegen erlaubt.

Wie jedoch Bild 9.29 belegt, zeigt 1,4-Difluorbenzol ein reichhaltiges Zwei-Photonen-Fluoreszenzspektrum. Die Position der verbotenen 0_0^0-Bande ist im Spektrum mit der Bezeichnung 0–0 angedeutet. Sämtliche beobachteten Schwingungsübergänge sind auf nicht-totalsymmetrische Schwingungen zurückzuführen, ähnlich wie wir es schon für Benzol in Abschnitt 7.3.4.2.2 diskutiert haben. Auch das Zwei-Photonen-Übergangsmoment kann ungleich Null werden, wenn bestimmte Schwingungen angeregt werden.

Die allgemeine Auswahlregel lautet also anstelle von Gl. (9.20):

$$\Gamma(\psi'_{ev}) \times \Gamma(S_{ij}) \times \Gamma(\psi''_{ev}) = A \text{ (oder } \supset A). \tag{9.22}$$

Ist der untere Zustand das Nullpunktsniveau des elektronischen Grundzustands, gilt $\Gamma(\psi''_{ev}) = A$. Die Gln. (9.21) und (9.22) vereinfachen sich dann zu

$$\Gamma(\psi'_{ev}) = \Gamma(S_{ij}) = \Gamma(\alpha_{ij}) \tag{9.23}$$

oder

$$\Gamma(\psi'_e) \times \Gamma(\psi'_v) = \Gamma(\alpha_{ij}). \tag{9.24}$$

Bild 9.29 entnehmen wir, daß in diesem Zusammenhang ν_{14} die wichtigste Schwingung ist[5]. Bei dieser b_{2u}-Schwingung werden die C–C-Bindungslängen alternierend gestreckt und gestaucht. Für den 14^1_0-Übergang wird damit unter Verwendung der Charaktertafel aus Gl. (9.24):

$$\Gamma(\psi'_e) \times \Gamma(\psi'_v) = B_{2u} \times b_{2u} = A_g = \Gamma(\alpha_{xx}, \alpha_{yy}, \alpha_{zz}). \tag{9.25}$$

Dieser Übergang ist also erlaubt. Bild 9.29 verdeutlicht, daß andere nicht-totalsymmetrische Schwingungen bei der vibronischen Kopplung weitaus weniger aktiv sind.

9.3.6 Mehr-Photonen-Dissoziation und Isotopentrennung mit Lasern

1971 wurde entdeckt, daß einige molekulare Gase Lumineszenz (Fluoreszenz oder Phosphoreszenz) zeigen, wenn ein gepulster CO_2-Laser auf die gasförmige Probe fokussiert wird. Um diesen Effekt zu beobachten, muß unbedingt ein gepulster Laser verwendet werden, denn nur damit können die erforderlichen hohen Leistungen erreicht werden (es wurde ein Laser mit einer Spitzenleistung von ca. 0,5 MW benutzt). Auch die Lumineszenz kann erst detektiert werden, wenn der Laserpuls abgeklungen ist. Dieser Effekt wurde z.B. an den Gasen CCl_2F_2, SiF_4 und NH_3 festgestellt. Diese Gase weisen alle eine Vibrations-Rotationsbande im Infrarot auf, die mit einem der Laserübergänge des CO_2-Lasers zusammenfällt. Als lumineszierende Spezies wurden C_2, SiF bzw. NH_2 identifiziert.

Erst durch die gleichzeitige Absorption sehr vieler Infrarotphotonen kann ein Molekül dissoziieren; dazu sind je nach Photonen- und Dissoziationsenergie ungefähr 30 Photonen nötig. Der Vorgang wird als Mehr-Photonen-Dissoziation bezeichnet.

Die Theorie eines solchen Prozesses ist nicht trivial. Bild 9.30 stellt den Mechanismus dar: Ein Laser-Photon $\tilde{\nu}_L$ hat die gleiche Energie wie der ($v = 1-0$)-Übergang des betreffenden Moleküls; die nachfolgende Absorption von Photonen regt das Molekül sukzessive in höhere Schwingungsniveaus an – Stufe für Stufe wie bei einer Leiter. Bild 9.29 verdeutlicht, daß die Energie der Laserstrahlung auf Grund der Anharmonizität *nur* mit der Energie des (1–0)-Übergangs übereinstimmt. Je höher die Schwingungsniveaus liegen, desto weniger ist die Laserstrahlung in Übereinstimmung mit der Energiedifferenz zwischen den Schwingungsniveaus – die Leiterstufen sind eben nicht äquidistant. Zu jedem Schwingungsniveau gehört aber auch ein ganzer Satz von Rotationsniveaus, der die Anharmonizität in gewisser Weise so kompensieren kann, daß die Laserstrahlung dennoch einen Vibrations-Rotationsübergang resonant anregen kann. Das ist zumindest für die Schwingungsniveaus bis etwa $v = 3$ gegeben. Bei höheren Schwingungsenergien nimmt die Dichte von Vibrations-Rotationszuständen zu. Das gilt insbesondere für mehratomige Moleküle, denn die Zahl der möglichen Normalschwingungen wächst mit der Zahl der Atome im Molekül. Diese hohe Zustandsdichte kann als Quasikontinuum aufgefaßt werden. In ähnlicher Weise haben wir in Abschnitt 7.3.6 argumentiert, um die diffusen Spektren von elektronischen Übergängen in mehratomigen Molekülen zu erklären. In Bild 9.30 ist dieses Quasikontinuum eingezeichnet; hierzu tragen alle Schwingungen außer derjenigen bei, deren diskrete Niveaus in der linken Bildhäfte gezeigt sind. Das

[5] Entsprechend der Wilson-Numerierung für Benzol (siehe Bibliographie in Kapitel 6).

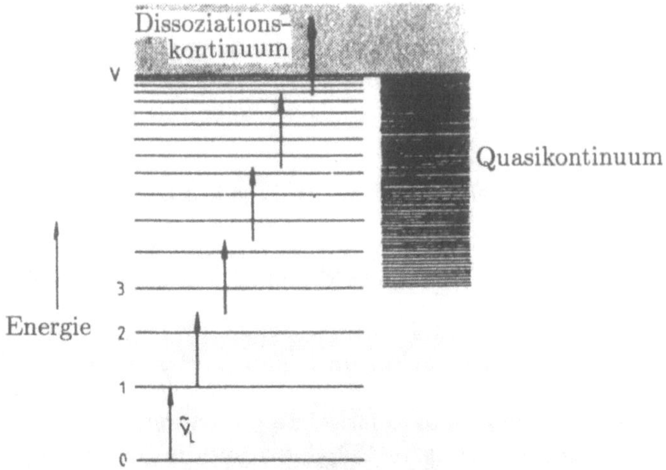

Bild 9.30 Energieniveaudiagramm der Schwingungszustände für die Mehr-Photonen-Dissoziation

Quasikontinuum und die zusätzliche Verbreiterung der Energieniveaus, die durch die hohe Leistung des Lasers hervorgerufen wird, ermöglichen es, daß auch die oberen Stufen der Mehr-Photonen-Dissoziationsleiter erreichbar sind.

Die Ausbeute an Dissoziationsprodukten kann sehr klein sein. Es stehen aber empfindliche Nachweismethoden zur Verfügung. In Bild 9.31 ist das Prinzip der Laser-induzierten Fluoreszenz skizziert. Hier soll ein zweiter Laser, der Nachweislaser, die Fluoreszenz in einem der Dissoziationsprodukte anregen. Die Strahlen des CO_2- und des Nachweislasers stehen im 90°-Winkel zueinander. Die Fluoreszenz wird mit einem Photomultiplier detektiert, der senkrecht zu beiden Laserstrahlen aufgebaut ist. Mit diesem Aufbau kann z.B. NH_2 nachgewiesen werden, das bei der Dissoziation von Hydrazin (N_2H_4) oder Methylamin (CH_3NH_2) gebildet wird. Als Nachweislaser wurde ein durchstimmbarer Farbstofflaser bei einer Wellenlänge von 598 nm verwendet. Diese Wellenlänge entspricht genau dem 2^9_0-Übergang der elektronischen ($\tilde{A}^2A_1 - \tilde{X}^2B_1$)-Bande von NH_2; ν_2 ist die Biegeschwingung des NH_2. Es wurde die Gesamtfluoreszenz des 2^9-Niveaus aufgezeichnet.

Die Mehr-Photonen-Dissoziation findet eine enorm wichtige Anwendung in der Isotopentrennung. Zu diesem Zweck wird nicht nur die hohe Laserleistung benötigt, sondern auch die extrem monochromatische Laserstrahlung. Unter günstigen Voraussetzungen ist es dann möglich, daß die Laserstrahlung selektiv von nur einem Isotop absorbiert wird. Dieses Isotop wird dann selektiv dissoziiert, so daß sich die verschiedenen Isotope sowohl in den Dissoziationsprodukten als auch in den undissoziierten Molekülen anreichern.

Diese Technik wurde zuerst auf die Isotopenanreicherung von ^{10}B und ^{11}B angewendet; das natürliche Vorkommen von ^{10}B und ^{11}B beträgt 18,7 und 81,3 Prozent. Wird BCl_3 mit einem CO_2-Laser bei der Wellenzahl 958 cm^{-1} bestrahlt, dissoziiert das Molekül durch Anregung der 3^1_0-Schwingungsbande; ν_3 ist eine e'-Schwingung des planaren Moleküls, das der Punktgruppe D_{3h} angehört. Für eines der Dissoziationsprodukte wurde die Reaktion mit O_2 zu BO nachgewiesen. Die freiwerdende chemische Reaktionsenergie wird in Form von Strahlung von BO emittiert. Diese als Chemilumineszenz bezeich-

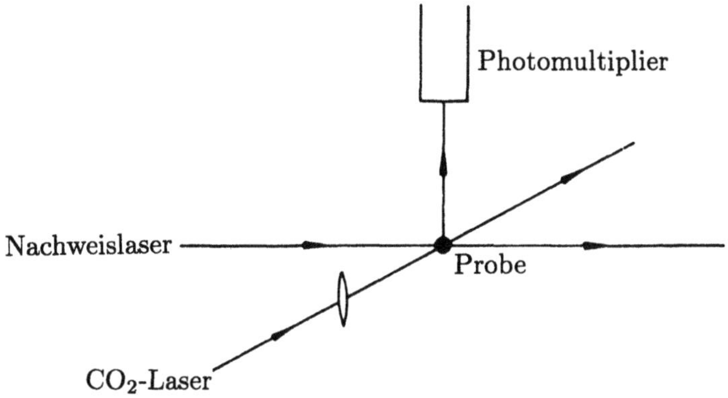

Bild 9.31 Nachweis von Dissoziationsprodukten durch Laser-induzierte Fluoreszenz

nete Strahlung tritt im sichtbaren Bereich auf und ist auf die $(A^2\Pi - X^2\Sigma^+)$-Fluoreszenz zurückzuführen. Bestrahlung in die 3_0^1-Bande von $^{10}BCl_3$ bzw. $^{11}BCl_3$ erzeugt die Chemilumineszenz von ^{10}BO bzw. ^{11}BO. Die Fluoreszenz der beiden Moleküle kann deutlich voneinander getrennt beobachtet werden.

In Bild 9.32 wird demonstriert, wie durch Bestrahlung mit einem gepulsten CO_2-Laser Isotope in SF_6 angereichert werden können. Dabei wird die 3_0^1-Schwingungsbande bei 945 cm^{-1} von $^{32}SF_6$ angeregt; ν_3 ist die stark infrarot-aktive t_{2u}-Biegeschwingung. Die natürliche Häufigkeit beträgt für ^{32}S 95,0 %, für ^{34}S 4,24 %, für ^{33}S 0,74 % und für ^{36}S 0,17 %. Bild 9.32 belegt, daß der Anteil von $^{32}SF_6$ nach der Bestrahlung so stark abgenommen hat, daß nunmehr $^{32}SF_6$ und $^{34}SF_6$ zu gleichen Anteilen vorliegen.

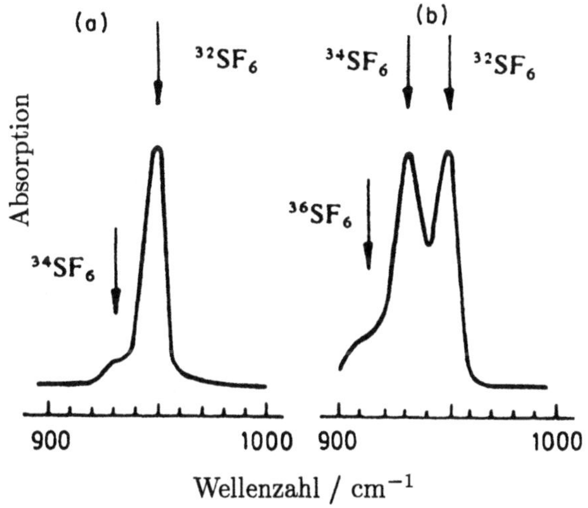

Bild 9.32 Isotopenanreicherung von SF_6 durch Mehr-Photonen-Dissoziation; es wurde selektiv die 3_0^1-Schwingungsbande von $^{32}SF_6$ angeregt. Die gezeigten Absorptionsspektren wurden (a) vor und (b) nach der Bestrahlung aufgenommen. (Aus: Letokhov, V.S., ***Nature, Lond.***, **277**, 605, 1979)

9.3.7 Laser-induzierte Fluoreszenz

In Abschnitt 7.2.5.2 haben wir die elektronischen Bandenspektren von zweiatomigen Molekülen besprochen, die in der Gasphase in Emission aufgenommen wurden. Wir haben dabei gesehen, daß die Progression von nur einem Schwingungsniveau (wie z.B. $v' = 2$ in Bild 7.18) nur unter ganz bestimmten Bedingungen beobachtet werden kann. Dazu muß das Molekül selektiv von $v'' = 0$ nach $v' = 2$ angeregt werden. Weiterhin darf das Molekül vor und während der Emission keine Stöße mit anderen Molekülen oder mit den Gefäßwänden erleiden. Unter diesen Umständen erfolgt dann die Emission (normalerweise Fluoreszenz) aus nur einem einzigen Schwingungsniveau mit $v'' = 2$. Diese Technik wird als Single Vibronic Level Fluorescence SVLF bezeichnet; im deutschen Sprachgebrauch wird hierfür der allgemeinere Ausdruck Laser-induzierte Fluoreszenz LIF benutzt. Die Dispersion der Fluoreszenzstrahlung mit einem Spektrometer erzeugt ein Spektrum, das Informationen über die Schwingungsniveaus des Grundzustands liefert. Diese Technik gewinnt insbesondere dann an Bedeutung, wenn die elektronischen Übergänge von großen Molekülen spektroskopiert werden. Diese weisen ja eine Fülle von Schwingungsbanden auf, so daß sich im Absorptions- und Emissionsspektrum mehrere Progressionen überlagern.

Noch bevor entsprechende Laser auf dem Markt waren, haben Parmenter und andere 1970 SVLF-Spektren, insbesondere das von Benzol, gemessen. Hierzu haben sie die Strahlung einer intensiven Hochdruck-Xenonbogenlampe (siehe Abschnitt 3.4.4) verwendet und mit Hilfe eines Monochromators einen passenden Wellenlängenbereich von 20 cm^{-1} Breite ausgewählt. Mit dieser Strahlung wurde dann eine bestimmte Absorptionsbande der Probe angeregt.

Ideale Lichtquellen für derlei Experimente sind die Farbstofflaser, deren Strahlung nötigenfalls auch frequenzverdoppelt werden kann. Die Strahlung ist sehr intensiv, die Bandbreite schmal ($\leq 1\,cm^{-1}$), und die Wellenzahl kann vom sichtbaren Bereich bis ins nahe Ultraviolett durchgestimmt werden, um eine beliebige Absorptionsbande anzuregen.

Pyrazin gehört zur Punktgruppe D_{2h}. Der Charaktertafel (Tabelle A.32 im Anhang) entnehmen wir, daß $B_{3u} = \Gamma(T_x)$ gilt. Die 0_0^0-Bande ist also entlang der x-Achse polarisiert; diese steht senkrecht zur Molekülebene.

Als Beispiele sind in Bild 9.33 die SVLF-Spektren von Pyrazin (siehe Bild 5.1(h)) und Perdeuteropyrazin gezeigt. Hier wurden jeweils die 0_0^0-Absorptionsbanden des $(\tilde{A}^1B_{3u}-\tilde{X}^1A_g)$-Übergangs spektroskopiert. Bei einem Druck von ca. 3 Torr kann nur das Fluoreszenzspektrum des $(v' = 0)$-Schwingungsniveaus des $\tilde{A}^1B_{3u}$-Zustands gemessen werden, denn nur in diesem Niveau hat das Molekül vor der Emission keine Stöße erlitten.

Die Spektren in Bild 9.33 zeigen die Progressionen der ν_{6a}-, ν_{9a}- und der ν_{10a}-Schwingung[6]. Die ν_{6a}-und die ν_{9a}-Schwingung sind totalsymmetrisch; jede Bande jeder dieser Progressionen ist entlang der x-Achse polarisiert. Die ν_{10a}-Schwingung gehört dagegen zur irreduziblen Darstellung b_{1g}. Für die $10a_1^0$-Bande lautet daher die Gl. (7.127):

$$\Gamma(\psi_e') \times \Gamma(\psi_e'') \times \Gamma(\psi_v'') = B_{3u} \times A_g \times b_{1g} = B_{2u} = \Gamma(T_y). \tag{9.26}$$

Die Bande ist deshalb in y-Richtung polarisiert; die y-Achse liegt in der Molekülebene

[6]Auch diese Notation lehnt sich an Wilsons Numerierung der Benzolschwingungen an (siehe Bibliographie von Kapitel 6).

und senkrecht zur N···N-Verbindungslinie. Perdeuteropyrazin ist ein asymmetrischer, pfannkuchenförmiger Rotator, bei dem die x-Achse die c-Trägheitsachse und die y-Achse die a-Trägheitsachse bildet. Aus diesem Grund weist die 0_0^0-Bande eine C-Typ-Kontur und die $10a_1^0$-Bande eine A-Typ-Kontur auf; entsprechend gelten auch die verschiedenen Rotationsauswahlregeln (siehe Abschnitt 7.3.5).

Wenn die Laserlinie auf den 0_0^0-Übergang abgestimmt wird, kann nur ein Teil der Rotationskontur abgedeckt werden. Die Folge ist, daß nur eine begrenzte Zahl von Rotationsniveaus im elektronisch angeregten Zustand besetzt wird. Bei niedrigen Drücken kann das Molekül weder Schwingungs- noch Rotationsenergie verlieren; es kann also nicht in eine Boltzmann-Verteilung relaxieren. Die Rotationsstrukturen in Bild 9.33 weisen daher nur Teile der kompletten Rotationskontur auf. Wenn wir zum Beispiel im Spektrum des Perdeuteropyrazins die Kontur der $6a_1^0$-Bande mit der Kontur der $10a_1^0$-Bande vergleichen, stellen wir ein einzelnes, scharfes Signal in der Kontur vom C-Typ und zwei scharfe Signale in der Kontur des A-Typs fest. Auch im Spektrum des Pyrazins sind solche „Kontur-Fragmente" zu sehen. Dieses Spektrum ist allerdings etwas komplizierter, weil sich die Molekülgeometrie in den beiden elektronischen Zuständen unterscheidet: Im $\tilde{A}$-Zustand bildet die y-Achse die a-Trägheitsachse, während sie im $\tilde{X}$-Zustand der Trägheitsachse b entspricht.

Die Zuordnung der einzelnen Fragmente ist in Bild 9.33 gegeben.

Die Intensität der $10a_1^0$-Bande und die der anderen damit verbundenen Banden sowie die Intensität der $10a_3^0$-Bande rührt vom Herzberg-Teller-Effekt bei der vibronischen Kopplung her; diesen Effekt haben wir in Abschnitt 7.3.4.2.2 vorgestellt.

Wir haben schon in Abschnitt 6.1.3.2 erwähnt, daß die Schwingungsniveaus (außer $v = 1$) des elektronischen Grundzustands von zweiatomigen Molekülen häufig nicht mit der Schwingungsspektroskopie, sondern besser mit der Emissionsspektroskopie elektronischer Übergänge zugänglich sind. Von den elektronisch angeregten Zuständen ist der Übergang zu den hochliegenden Schwingungsniveaus des elektronischen Grundzustands durch das Franck-Condon-Prinzip erlaubt. An Hand dieser Übergänge kann die Potentialkurve bestimmt werden.

Wir können auf ähnliche Weise auch wertvolle Informationen über die Potentialfläche des elektronischen Grundzustands von mehratomigen Molekülen durch Emissionsspektroskopie erhalten. Hierfür ist insbesondere die SCLF-Spektroskopie eine der wichtigsten Methoden.

9.3.8 Spektroskopie von Molekülen in Überschallstrahlen

Ein Effusionsstrahl entsteht, wenn Atome oder Moleküle durch einen schmalen Spalt oder eine kleine Lochblende mit einer Abmessung von ungefähr 20 μm gepumpt werden. Auf der Hochdruckseite der Apparatur herrscht ein Druck von nur wenigen Torr (siehe Abschnitt 2.3.4.1). Mit dieser Technik kann die Druckverbreiterung beseitigt und die Doppler-Breite spektraler Linien erheblich reduziert werden. Weil die Spaltbreite bzw. der Lochdurchmesser d wesentlich kleiner als die mittlere freie Weglänge λ ist, also

$$d \ll \lambda_0. \tag{9.27}$$

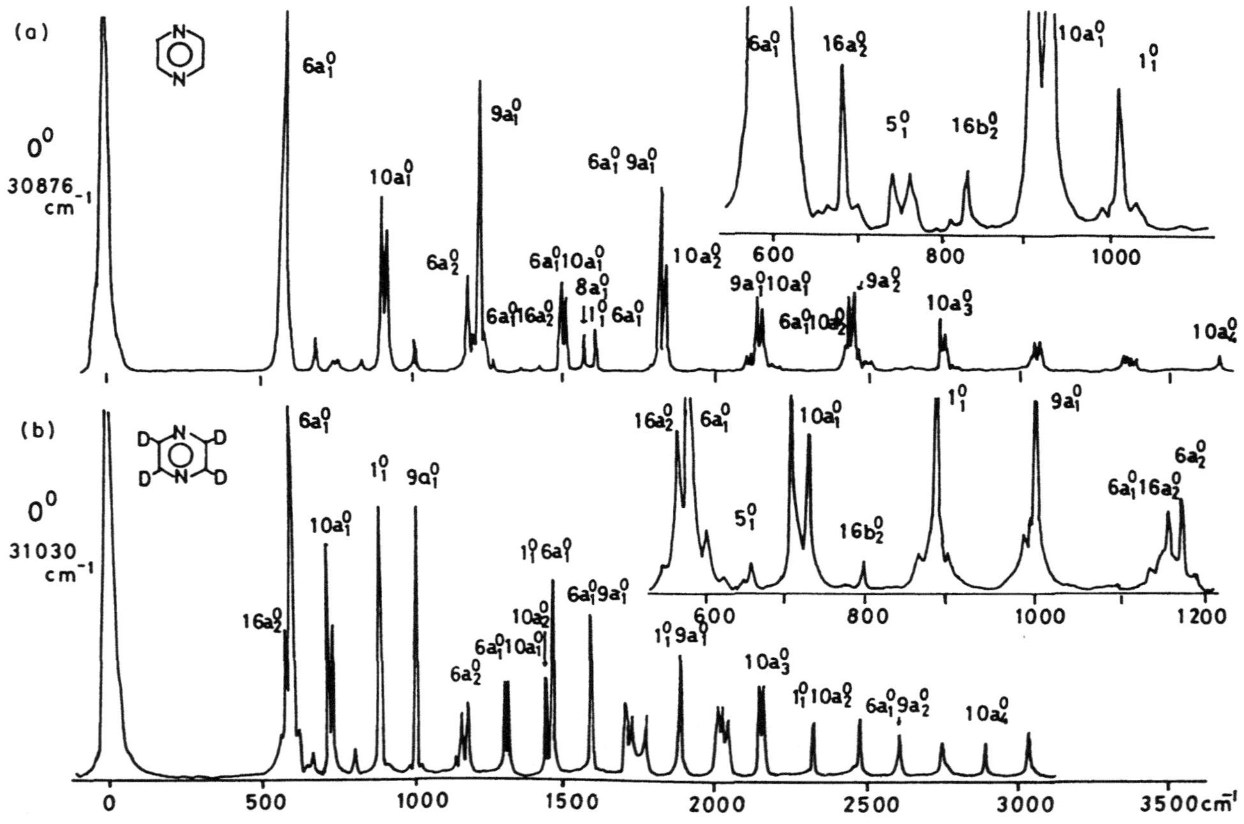

Bild 9.33 SCLF-Spektren von (a) Pyrazin und (b) Perdeuteropyrazin; die Emission aus dem ($v' = 2$)-Schwingungsniveau des $\tilde{A}^1 B_{3u}$-Zustands wird nicht durch Stöße beeinflußt. (Aus: Udagawa, Y., Ito, M. und Suzuka, I., *Chem. Phys.*, **46**, 237, 1980.)

gilt, erfolgen keinerlei Stöße zwischen den Teilchen in oder hinter der Lochblende. Folglich herrscht auch dieselbe Maxwellsche Geschwindigkeitsverteilung wie im Gasreservoir vor, aus dem der Effusionsstrahl erzeugt wird.

1951 haben sich Kantrowitz und Grey überlegt, was wohl passiert, wenn die folgende Bedingung gewählt wird:

$$d \gg \lambda_0. \tag{9.28}$$

d soll dabei ca. 100 μm und der Druck einige Atmosphären betragen. Zahlreiche Stöße in und unmittelbar hinter der Lochblende (oder der Düse) werden die Folge sein. Die zufällige Bewegung der Gasteilchen wird dadurch in einen Massefluß umgewandelt, der in Richtung des erzeugten Strahls strömt. Dieser Fluß ist dabei nicht nur streng ausgerichtet, sondern weist auch eine ganz schmale Geschwindigkeitsverteilung auf. Die Translationstemperatur T_{tr} kann in solchen Strahlen wesentlich kleiner als 1 K sein. Das liegt daran, daß die Geschwindigkeit jedes einzelnen Teilchens im Strahl im Vergleich zu der Geschwindigkeit benachbarter Teilchen sehr klein ist. Außerdem erleiden die Teilchen nur sehr selten Stöße. Die Abkühlung setzt sich bis weit hinter die Düse fort, wo immer noch Stöße stattfinden. Ein solcher Fluß wird als hydrodynamisch bezeichnet. Finden keine Stöße mehr statt, hat sich ein Molekularstrahl gebildet. T_{tr} nimmt im Molekularstrahl nicht weiter ab. Weiterhin reduziert sich auch in einem Molekularstrahl die Druck- und die Doppler-Verbreiterung, analog zu einem Effusionsstrahl. Die Strömung eines Effusionsstrahls ist immer molekular.

Warum werden diese Strahlen (oder Düsenstrahlen) von den Effusionsstrahlen durch den Zusatz Überschall unterschieden? Diese Beschreibung ist etwas irreführend, weil zum einen auch in einem Effusionsstrahl sich die Teilchen mit Überschallgeschwindigkeit bewegen können und weil zum anderen dadurch impliziert wird, daß irgendetwas mit den Teilchen passiert, wenn sie sich mit Überschall bewegen; das ist aber nicht der Fall. Mit diesem Zusatz soll angedeutet werden, daß sich die Teilchen dann mit *sehr* hoher Mach-Zahl von ca. 100 bewegen können. Die Mach-Zahl ist folgendermaßen definiert:

$$M = \frac{u}{a}. \tag{9.29}$$

u ist die Geschwindigkeit des Masseflusses und a die lokale Schallgeschwindigkeit; diese ist wiederum definiert als:

$$a = \left(\frac{\gamma k T_{\text{tr}}}{m}\right)^{1/2}. \tag{9.30}$$

Für einatomige Gase gilt $\gamma = C_p/C_v = 5/3$. Normalerweise werden nämlich Helium oder Argon in Überschallstrahlen verwendet. m ist die Masse der Gasteilchen. Sehr große Mach-Zahlen werden nicht wegen hoher Flußgeschwindigkeiten u erreicht (tatsächlich können Geschwindigkeiten erzielt werden, die doppelt so groß sind wie die Schallgeschwindigkeit in Luft), sondern weil a wegen der niedrigen Translationstemperatur T_{tr} so klein ist.

Wenn ein besonders niedriger Hintergrunddruck in der Kammer erforderlich ist, in die das Gas einströmt, kann der Strahl im Bereich der hydrodynamischen Strömung durch sogenannte Skimmer ausgedünnt werden. Ein Skimmer ist ein speziell konstruierter Kollimator, der vermeiden soll, daß sich Schockwellen zurück in das Gas ausbreiten und T_{tr}

erhöhen. Das durch Skimmen entfernte Gas kann in eine separate Vakuumkammer abgepumpt werden. Im Bereich der molekularen Strömung kann der Strahl weiter kollimiert werden. Auf diese Weise erhält man schlußendlich den sogenannten Überschallstrahl. Wird kein Skimmer verwendet, wird stattdessen ein Düsenstrahl produziert, der kollimiert oder auch nicht kollimiert sein kann. Üblicherweise werden ungeskimmte Strahlen für spektroskopische Zwecke verwendet. Auf der Hochdruckseite der Düse können die Moleküle auch mit einem Helium- oder Argonstrahl gemischt werden (im Englischen: seeded = gesät). Durch die vielen Stöße werden die Moleküle weiter abgekühlt. Wir müssen allerdings zwischen Translations-, Rotations- und Vibrationstemperaturen unterscheiden. Die Translationstemperatur der Moleküle ist dieselbe wie die des Helium- oder Argonstrahls und kann weniger als 1 K betragen.

Die Rotationstemperatur ist als die Temperatur definiert, die die Boltzmann-Verteilung der Rotationsniveaus beschreibt. Für ein zweiatomiges Molekül ist das zum Beispiel die Temperatur, die in Gl. (5.15) auftaucht. Durch Stöße wird die Translationstemperatur wesentlich effektiver verringert als die Rotationstemperatur. Rotationstemperaturen sind daher relativ hoch, können aber auch bis auf 1 K absinken.

Die Vibrationstemperatur ist für einen zweiatomigen, harmonischen Oszillator durch Gl. (5.22) gegeben. Das „Abkühlen" von Schwingungszuständen ist noch weniger effizient, und so liegen Vibrationstemperaturen typischerweise bei 100 K. Bei mehratomigen Molekülen ist diese Temperatur aber sehr stark von der betreffenden Schwingung abhängig.

Das Abkühlen von Schwingungszuständen ist allerdings ausreichend, um schwach gebundene Komplexe zu stabilisieren, wie sie etwa bei einer van der Waals- oder einer Wasserstoffbrückenbindung vorliegen. So konnte zum Beispiel das reine Rotationsspektrum und die Struktur von Komplexen wie Ar···H-Cl

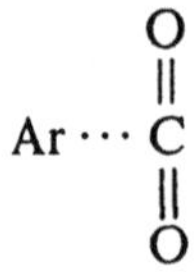

$$\text{Ar} \cdots \underset{\underset{O}{\parallel}}{\overset{\overset{O}{\parallel}}{C}} \quad \text{und} \quad \underset{H}{\overset{H}{\underset{\diagdown}{O}}} \cdots H-\overset{H}{\overset{\diagup}{O}} \quad ,$$

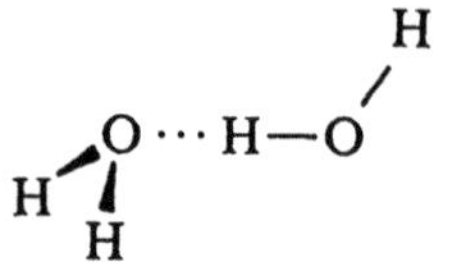

untersucht werden, das in einem Überschallstrahl gebildet wurde. Klemperer und andere waren die ersten, die diese Technik für spektroskopische Zwecke ausnutzten. Sie untersuchten Übergänge zwischen Rotationsniveaus, die durch ein elektrisches Feld gestört worden waren (Stark-Effekt).

Auch elektronische Übergänge von Molekülen können in Überschallstrahlen untersucht werden. Dazu wird mit dem Laserstrahl eines durchstimmbaren Farbstofflasers der Überschallstrahl im Bereich der molekularen Strömung durchschnitten und die Gesamtintensität der Fluoreszenz gemessen. Wenn die Wellenlänge des Lasers über den Bereich einer Absorptionsbande durchgestimmt wird, erzeugt man ein Fluoreszenzspektrum, das dem entsprechenden Absorptionsspektrum sehr stark ähnelt. Auf diese Weise ist das Spektrum von individuellen Molekülen, von van der Waals-Komplexen im Trägergas Helium oder Argon, wasserstoffverbrückten oder van der Waals-Dimeren oder aber auch von großen Clustern erhältlich.

Als Beispiel ist in Bild 9.34 das Spektrum von s-1,2,4,5-Tetrazin-Dimeren gezeigt, die über Wasserstoffbrückenbindungen miteinander verknüpft sind. s-1,2,4,5-Tetrazin wurde bei einem Druck von 4 atm in das Heliumträgergas eingebracht; der Druck von s-1,2,4,5-

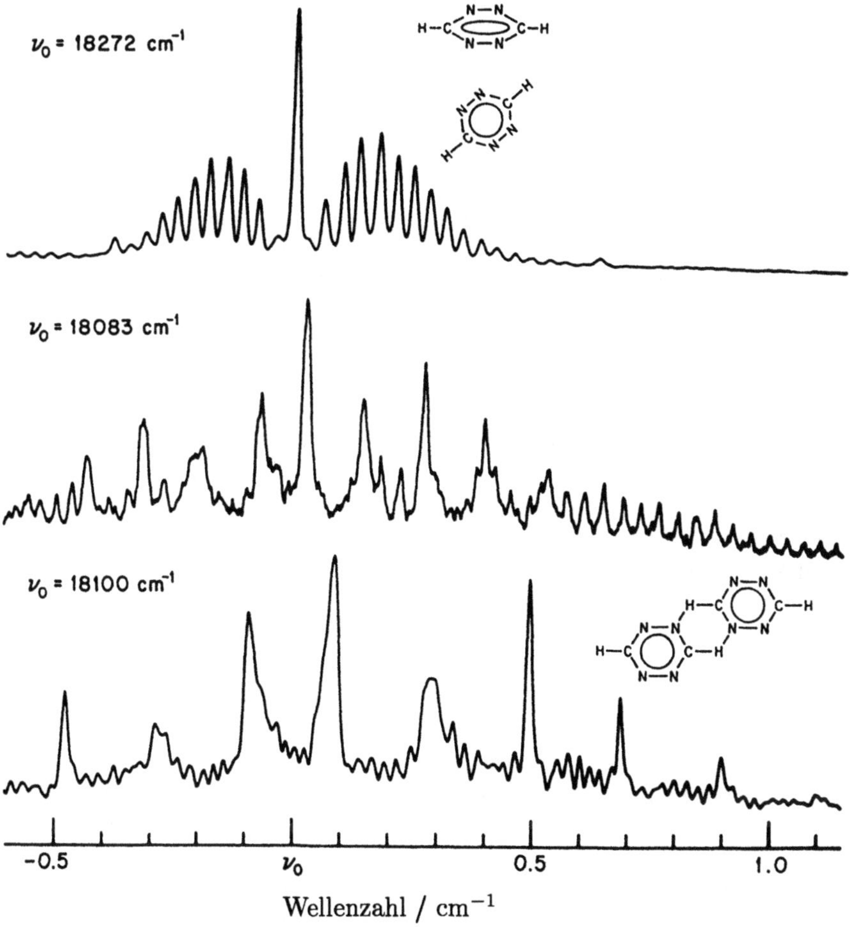

Bild 9.34 Rotationsstruktur der 0_0^0-Bande im Fluoreszenzspektrum von *s*-Tetrazin-Dimeren bei ca. 552 nm. Unten: 0_0^0-Bande des planaren Dimeren. Mitte: 0_0^0-Bande des T-förmigen Dimeren; der Übergang ist in der Monomereinheit im senkrechten Balken des T's lokalisiert. Oben: 0_0^0-Bande des T-förmigen Dimeren; der Übergang ist in der Monomer-Einheit im waagrechten Balken des T's lokalisiert. (Aus: Haynam, C. A., Brumbaugh, D. V. und Levy, D. H., *J. Chem. Phys.*, **79**, 1581, 1983)

Tetrazin betrug dabei 0,001 atm. Das Gemisch wurde durch eine Düse mit 100 μm Durchmesser expandiert. Mit einem hochauflösenden Farbstofflaser (0,005 cm^{-1}) wurde der Überschallstrahl 5 mm hinter der Düse beleuchtet.

Die drei Banden in Bild 9.34 zeigen eine gut aufgelöste Rotationsstruktur und eine Rotationstemperatur von 1 K. Computersimulationen bestätigten, daß es sich bei allen drei Spektren jeweils um die 0_0^0-Bande von Dimeren handelt. Das untere Spektrum ist einem planaren Dimeren zuzuordnen, das, wie gezeigt, über zwei Wasserstoffatome verbrückt ist. Das elektronische Übergangsmoment ist beim ($\tilde{A}^1B_{3u}$–$\tilde{X}^1A_g$, π^*–n)-Übergang des Monomeren senkrecht zur Ringebene polarisiert. Das Rotationsspektrum der unteren

Molekülebene des Dimeren steht. Kurve ist nur mit der Simulation vereinbar, wenn das Übergangsmoment senkrecht zur

Die beiden oberen Spektren in Bild 9.34 sind die Rotationsstrukturen der 0_0^0-Bande eines angenähert T-förmigen Dimeren. Eines der Wasserstoffatome der Monomereneinheit, die den senkrechten Balken des T's bildet, wird durch die π-Elektronendichte des anderen Ringes des Dimeren angezogen. Die Ebenen beider Ringe stehen, wie gezeigt, senkrecht zueinander, aber das T ist nicht symmetrisch. Statt eines 90°-Winkels schließen die beiden Balken einen Winkel von 50° bzw. 130° ein. Der elektronische Übergang ist in einem der beiden Ringe lokalisiert. Die obere Kurve ist das Spektrum des 0_0^0-Übergangs in dem Ring, der den waagrechten Balken des T's bildet. Die mittlere Kurve ist dem 0_0^0-Übergang in dem Ring zuzuordnen, der den senkrechten Balken des T's bildet.

Man könnte sich nun vorstellen, daß die geringe Zahl von Molekülen im Überschallstrahl die Nachweisempfindlichkeit stark einschränkt. Zwei Effekte kompensieren aber die geringe Teilchenzahl des Überschallstrahls. Zum einen wird durch das starke Abkühlen der Rotationszustände die Gesamtintensität einer Bande auf nur sehr wenige Rotationsübergänge konzentriert. Zum anderen wird durch die Abkühlung der Schwingungszustände die Besetzungszahl des Nullpunktniveaus sehr stark erhöht, so daß auch die Gesamtintensität einer Schwingungsbande auf einige wenige Schwingungsübergänge konzentriert ist.

Die Fluoreszenzspektren von großen Molekülen vereinfachen sich, wenn ein entsprechender Überschallstrahl spektroskopiert wird. Auf Grund der starken Abkühlung werden auch die niedrig liegenden Schwingungsniveaus des elektronischen Grundzustands nicht mehr besetzt. Auf diese Weise können Schwingungsübergänge auftauchen, die im entsprechenden Gasphasenspektrum unter der Fülle der möglichen Schwingungsbanden untergehen. Diese Schwingungsstruktur kann sehr wichtige Informationen über die Struktur des Moleküls im elektronischen Grund- oder einem angeregten Zustand liefern.

In Bild 9.35 ist ein Teil des $(\tilde{A}^1B_{2u}-\tilde{X}^1A_g(S_1-S_0))$-Fluoreszenzspektrums von 1,2,4,5-Tetrafluorbenzol in einem Überschallstrahl gezeigt. Das Spektrum wird von einer langen Progression der ν_{11}-Schwingung dominiert. Hierbei handelt es sich um eine Schwingung mit b_{2u}-Symmetrie, wobei alle Fluoratome in einer schmetterlingsähnlichen Bewegung oberhalb bzw. unterhalb der Ringebene schwingen. Die vibronischen Auswahlregeln fordern, daß Δv_{11} gerade sein muß. Es sind Übergänge bis $v_{11} = 10$ zu beobachten; maximale Intensität wird bei $v_{11} = 2$ erreicht. Das Franck-Condon-Prinzip sagt uns, daß sich die Molekülgeometrie beim Übergang vom Grund- in den angeregten Zustand ändert. Der Grundzustand ist planar, während der angeregte Zustand nicht planar ist, sondern wie ein Schmetterling geformt ist. Die C–F-Bindungen sind um 11° aus der Ringebene gekippt.

Im angeregten Zustand können sich die Fluoratome ober- oder unterhalb der Ebene des Benzolrings befinden. Die Potentialfunktion der ν_{11}-Schwingung verläuft also W-förmig wie in Bild 6.38. Eine Anpassung der experimentell gemessenen Schwingungsniveaus an Gl. (6.93) ergibt 78 cm^{-1} als Barrierenhöhe zur planaren Molekülgeometrie.

Wird die Laserwellenlänge so eingestellt, daß sie einem bestimmten vibronischen Übergang entspricht, kann damit gezielt ein bestimmtes vibronisches Niveau besetzt werden. Weil die Teilchen im Bereich der molekularen Strömung keine Stöße mehr im Strahl erleiden, kann die Fluoreszenz aus genau dem vibronischen Niveau detektiert werden, das vorher durch Absorption des Laserlichts selektiv besetzt worden ist. Auf diese Weise

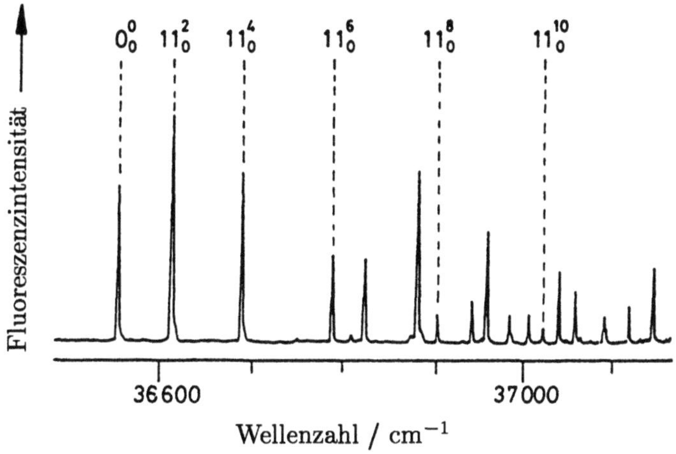

Bild 9.35 Ausschnitt aus dem Fluoreszenzspektrum des 1,2,4,5-Tetrafluorbenzols in einem Überschallstrahl. (Aus: Okuyama, K., Kakinuma, T., Fuji, M., Mikami, N. und Ito, M., *J. Chem. Phys.*, **90**, 3948, 1986)

werden SVLF-Spektren bei niedrigen Rotations- und Vibrationstemperaturen erhalten; ähnliche Spektren haben wir in Abschnitt 9.3.5 besprochen, die in der Gasphase und bei Raumtemperatur aufgenommen worden waren. Im Überschallstrahl haben wir allerdings den Vorteil, daß es nicht so viele benachbarte Absorptionsbanden gibt.

Bild 9.36 zeigt das SVLF-Spektrum von Styrol $C_6H_5CH{=}CH_2$ nach der Anregung des 0_0^0-Übergangs in der $(\tilde{A}^1A'-\tilde{X}^1A'(S_1-S_0))$-Bande. Eine auffällige Progression zeigt die ν_{42}-Schwingung; das ist eine Torsionsbewegung der Vinylgruppe um die C(1)−C(α)-Bindung. Die vibronischen Auswahlregeln erlauben nur Übergänge mit geradem Δv_{42}; zu beobachten sind die Übergänge mit $v_{42}'' = 0, 2, 4, 6$ und 10. Es konnten noch mehr Schwingungsniveaus mit geraden und ungeraden Werten für v_{42}'' identifiziert werden. Mit diesen wurde versucht, die Torsionsbewegung einer Potentialfunktion wie in Gl. (6.96) anzupassen. Die folgende Funktion gibt die Meßergebnisse am besten wieder:

$$V(\phi)/\mathrm{cm}^{-1} = 1070\,(1-\cos 2\phi) - 275\,(1-\cos 4\phi) + 7\,(1-\cos 6\phi). \qquad (9.31)$$

Im einzelnen gelten die Parameter $V_2 = 1070$ cm^{-1}, $V_4 = -275$ cm^{-1} und $V_6 = 7$ cm^{-1}; für $\phi = 0°$ liegt die planare Konfiguration vor.

Zwei gegenläufige Effekte beeinflussen die Planarität des Styrolmoleküls. Zum einen bevorzugt die Konjugation zwischen den Doppelbindungen der Vinylgruppe und des Benzolrings die planare Molekülgeometrie. Dagegen kann die direkte Wechselwirkung zwischen der Doppelbindung der Vinylgruppe und dem nächsten benachbarten C-Atom im Benzolrest dadurch verringert werden, daß die Vinylgruppe aus der Ebene herausgedreht wird. Damit wird auch eine mögliche sterische Hinderung zwischen den Wasserstoffatomen der Vinylgruppe und des Benzolrings reduziert. Es zeigt sich, daß die Konjugation der dominierende Effekt ist. Das Molekül ist daher im elektronischen Grundzustand planar.

Die Potentialfunktion in Gl. (9.31) hat eine Periode von π. Um die Vinylgruppe so zu verdrehen, daß sie senkrecht zum Benzolring steht, ist eine Barrierenhöhe von 1070 cm^{-1} zu überwinden. Durch den großen negativen Wert von V_4 verläuft die Potentialkurve

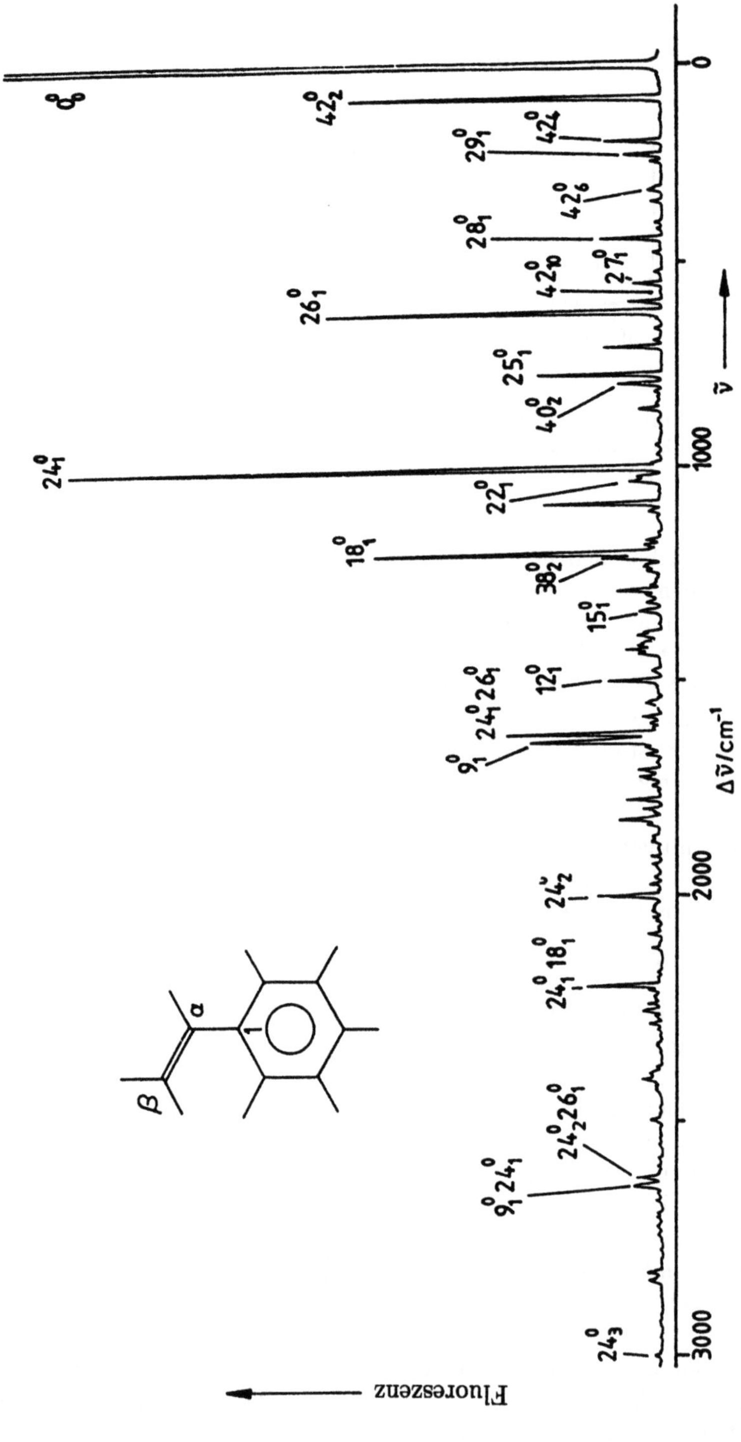

Bild 9.36 SVLF-Spektrum von Styrol in einem Überschallstrahl; es wurde die 0^0_0-Bande angeregt

sehr flach. Die Schwingungsniveaus liegen sehr dicht beieinander; für den ($v'' = 1-0$)-Übergang ist z.B. nur eine Energie von 38 cm^{-1} erforderlich, so daß die Vinylgruppe sehr leicht aus der Molekülebene herausgedreht werden kann. Das Molekül ist deshalb annähernd planar.

Aufgaben

1. Die Kavität eines Farbstofflasers ist 10,34 cm lang und auf 533,6 nm eingestellt. Wieviele halbe Wellenzüge können sich in dieser Kavität ausbilden? Wie muß die Länge der Kavität geändert werden, damit sich diese Zahl um Eins erhöht? Welche Konsequenzen ergeben sich daraus für die Durchstimmbarkeit einer solchen Kavität? Wie lange braucht die Laserstrahlung für einen ganzen Umlauf in der Kavität?
2. Zeigen Sie, daß der dritte Term in Gl. (9.11) Strahlung der Frequenz 3ν zur Folge hat, wenn Strahlung mit der Frequenz ν auf einen doppelbrechenden Kristall fällt.
3. Zeichnen Sie für den stimulierten Raman-Effekt in H_2 ein ähnliches Diagramm wie in Bild 9.21. Hohe Drücke von H_2 werden verwendet, um die Strahlung eines KrF-Lasers durch stimulierte Raman-Streuung zu verschieben. Berechnen Sie die beiden Wellenlängen der so verschobenen Strahlung, die der KrF-Laserstrahlung am nächsten sind.
4. Welche irreduziblen Darstellungen sind für das CARS-Spektrum von CH_4 erlaubt?
5. Im Zwei-Photonen-Spektrum in Bild 9.29 gehören die Schwingungen ν_{18a}, ν_{17b}, ν_{16a} bzw. ν_{15} zu den irreduziblen Darstellungen b_{1u}, b_{3u}, a_u bzw. b_{2u}. Zeigen Sie, daß die Übergänge $18a_0^1$, $17b_0^1$, $16a_0^1$ und 15_0^1 symmetrie-erlaubt sind.

Bibliographie

Andrews, D. L. (1985). ***Lasers in Chemistry***, Springer-Verlag, Berlin.
Beesley, M. J. (1976). ***Lasers and Their Applications***, Taylor and Francis, London.
Demtröder, W.(1993). ***Laserspektroskopie***, Springer-Verlag, Berlin.
Lengyel, B. A. (1971). ***Lasers***, Wiley-Interscience, New York.
Siegman, A. E. (1971). ***An Introduction to Lasers und Masers***, McGraw-Hill, New York.
Svelto, O. (1976). ***Principles of Lasers*** (übersetzt von D. C. Hanna), Heyden, London.

A Charaktertafeln

Verzeichnis der Tabellen:

Tabelle A.1

C_s	I	σ		
A'	1	1	T_x, T_y, R_z	$\alpha_{xx}, \alpha_{yy}, \alpha_{zz}, \alpha_{xy}$
A''	1	−1	T_z, R_x, R_y	α_{yz}, α_{xz}

Tabelle A.2

C_i	I	i		
A_g	1	1	R_x, R_y, R_z	$\alpha_{xx}, \alpha_{yy}, \alpha_{zz}, \alpha_{xy}, \alpha_{xz}\alpha_{yz}$
A_u	1	-1	T_x, T_y, T_z	

Tabelle A.3

C_1	I	
A	1	Alle R, T, α

Tabelle A.4

C_2	I	C_2		
A	1	1	T_z, R_z	$\alpha_{xx}, \alpha_{yy}, \alpha_{zz}, \alpha_{xy}$
B	1	-1	T_x, T_y, R_x, R_y	α_{yz}, α_{xz}

Tabelle A.5

C_3	I	C_3	C_3^2		
A	1	1	1	T_z, R_z	$\alpha_{xx}+\alpha_{yy},\ \alpha_{zz}$
E	$\left\{\begin{matrix}1\\1\end{matrix}\right.$	$\begin{matrix}\epsilon\\\epsilon^*\end{matrix}$	$\left.\begin{matrix}\epsilon^*\\\epsilon\end{matrix}\right\}$	$(T_x, T_y),\ (R_x, R_y)$	$(\alpha_{xx}-\alpha_{yy}, \alpha_{xy}),\ (\alpha_{yz}, \alpha_{xz})$

$\epsilon = \exp(2\pi i/3),\ \epsilon^* = \exp(-2\pi i/3)$

Tabelle A.6

C_4	I	C_4	C_2	C_4^3		
A	1	1	1	1	T_z, R_z	$\alpha_{xx}+\alpha_{yy},\ \alpha_{zz}$
B	1	-1	1	-1		$\alpha_{xx}-\alpha_{yy},\ \alpha_{xy}$
E	$\left\{\begin{matrix}1\\1\end{matrix}\right.$	$\begin{matrix}i\\-i\end{matrix}$	$\begin{matrix}-1\\-1\end{matrix}$	$\left.\begin{matrix}-i\\i\end{matrix}\right\}$	$(T_x, T_y),\ (R_x, R_y)$	$(\alpha_{yz}, \alpha_{xz})$

Tabelle A.7

C_5	I	C_5	C_5^2	C_5^3	C_5^4		
A	1	1	1	1	1	T_z, R_z	$\alpha_{xx}+\alpha_{yy},\ \alpha_{zz}$
E_1	1	ϵ	ϵ^2	ϵ^{2*}	ϵ^*	$(T_x, T_y),\ (R_x, R_y)$	$(\alpha_{yz}, \alpha_{xz})$
	1	ϵ^*	ϵ^{2*}	ϵ^2	ϵ		
E_2	1	ϵ^2	ϵ^*	ϵ	ϵ^{2*}		$(\alpha_{xx}-\alpha_{yy},\ \alpha_{xy})$
	1	ϵ^{2*}	ϵ	ϵ^*	ϵ^2		

$\epsilon = \exp(2\pi i/5),\ \epsilon^* = \exp(-2\pi i/5)$

Tabelle A.8

C_6	I	C_6	C_3	C_2	C_3^2	C_6^5		
A	1	1	1	1	1	1	T_z, R_z	$\alpha_{xx}+\alpha_{yy},\ \alpha_{zz}$
B	1	-1	1	-1	1	-1		
E_1	1	ϵ	$-\epsilon^*$	-1	$-\epsilon$	ϵ^*	$(T_x, T_y),\ (R_x, R_y)$	$(\alpha_{xz}, \alpha_{yz})$
	1	ϵ^*	$-\epsilon$	-1	$-\epsilon^*$	ϵ		
E_2	1	$-\epsilon^*$	ϵ	1	ϵ^*	$-\epsilon$		$(\alpha_{xx}-\alpha_{yy},\ \alpha_{xy})$
	1	$-\epsilon$	ϵ^*	1	ϵ	$-\epsilon^*$		

$\epsilon = \exp(2\pi i/6),\ \epsilon^* = \exp(-2\pi i/6)$

Tabelle A.9

C_7	I	C_7	C_7^2	C_7^3	C_7^4	C_7^5	C_7^6		
A	1	1	1	1	1	1	1	T_z, R_z	$\alpha_{xx}+\alpha_{yy},\ \alpha_{zz}$
E_1	1	ϵ	ϵ^2	ϵ^3	ϵ^{3*}	ϵ^{2*}	ϵ^*	$(T_x, T_y),\ (R_x, R_y)$	$(\alpha_{xz}, \alpha_{yz})$
	1	ϵ^*	ϵ^{2*}	ϵ^{3*}	ϵ^3	ϵ^2	ϵ		
E_2	1	ϵ^2	ϵ^{3*}	ϵ^*	ϵ	ϵ^3	ϵ^{2*}		$(\alpha_{xx}-\alpha_{yy},\ \alpha_{xy})$
	1	ϵ^{2*}	ϵ^3	ϵ	ϵ^*	ϵ^{3*}	ϵ^2		
E_3	1	ϵ^3	ϵ^*	ϵ^2	ϵ^{2*}	ϵ	ϵ^{3*}		
	1	ϵ^{3*}	ϵ	ϵ^{2*}	ϵ^2	ϵ^*	ϵ^3		

$\epsilon = \exp(2\pi i/7),\ \epsilon^* = \exp(-2\pi i/7)$

Tabelle A.10

C_8	I	C_8	C_4	C_8^3	C_2	C_8^5	C_4^3	C_8^7		
A	1	1	1	1	1	1	1	1	T_z, R_z	$\alpha_{xx}+\alpha_{yy},\ \alpha_{zz}$
B	1	−1	1	−1	1	−1	1	−1		
E_1	1	ϵ	i	$-\epsilon^*$	−1	$-\epsilon$	$-i$	ϵ^*	$(T_x,T_y),\ (R_x,R_y)$	$(\alpha_{xz},\alpha_{yz})$
	1	ϵ^*	$-i$	$-\epsilon$	−1	$-\epsilon^*$	i	ϵ		
E_2	1	i	−1	$-i$	1	i	−1	$-i$		$(\alpha_{xx}-\alpha_{yy},\ \alpha_{xy})$
	1	$-i$	−1	i	1	$-i$	−1	i		
E_3	1	$-\epsilon^*$	$-i$	ϵ	−1	ϵ^*	i	$-\epsilon$		
	1	$-\epsilon$	i	ϵ^*	−1	ϵ	$-i$	$-\epsilon^*$		

$\epsilon = \exp(2\pi i/8),\ \epsilon^* = \exp(-2\pi i/8)$

Tabelle A.11

C_{2v}	I	C_2	$\sigma_v(xz)$	$\sigma_v'(yz)$		
A_1	1	1	1	1	T_z	$\alpha_{xx},\alpha_{yy},\alpha_{zz}$
A_2	1	1	−1	−1	R_z	α_{xy}
B_1	1	−1	1	−1	T_x, R_y	α_{xz}
B_2	1	−1	−1	1	T_y, R_x	α_{yz}

Tabelle A.12

C_{3v}	I	$2C_3$	$3\sigma_v$		
A_1	1	1	1	T_z	$\alpha_{xx}+\alpha_{yy},\alpha_{zz}$
A_2	1	1	−1	R_z	
E	2	−1	0	$(T_x,T_y),\ (R_x,R_y)$	$(\alpha_{xx}-\alpha_{yy},\alpha_{xy}),\ (\alpha_{xz},\alpha_{yz})$

Tabelle A.13

C_{4v}	I	$2C_4$	C_2	$2\sigma_v$	$2\sigma_d$		
A_1	1	1	1	1	1	T_z	$\alpha_{xx}+\alpha_{yy},\alpha_{zz}$
A_2	1	1	1	−1	−1	R_z	
B_1	1	−1	1	1	−1		$\alpha_{xx}-\alpha_{yy}$
B_2	1	−1	1	−1	1		α_{xy}
E	2	0	−2	0	0	$(T_x,T_y),\ (R_x,R_y)$	$(\alpha_{xz},\alpha_{yz})$

Tabelle A.14

C_{5v}	I	$2C_5$	$2C_5^2$	$5\sigma_v$		
A_1	1	1	1	1	T_z	$\alpha_{xx}+\alpha_{yy}, \alpha_{zz}$
A_2	1	1	1	−1	R_z	
E_1	2	$2\cos 72°$	$2\cos 144°$	0	(T_x, T_y), (R_x, R_y)	$(\alpha_{xz}, \alpha_{yz})$
E_2	2	$2\cos 144°$	$2\cos 72°$	0		$(\alpha_{xx}-\alpha_{yy}, \alpha_{xy})$

Tabelle A.15

C_{6v}	I	$2C_6$	$2C_3$	C_2	$3\sigma_v$	$3\sigma_d$		
A_1	1	1	1	1	1	1	T_z	$\alpha_{xx}+\alpha_{yy}, \alpha_{zz}$
A_2	1	1	1	1	−1	−1	R_z	
B_1	1	−1	1	−1	1	−1		
B_2	1	−1	1	−1	−1	1		
E_1	2	1	−1	−2	0	0	(T_x, T_y), (R_x, R_y)	$(\alpha_{xz}, \alpha_{yz})$
E_2	2	−1	−1	2	0	0		$(\alpha_{xx}-\alpha_{yy}, \alpha_{xy})$

Tabelle A.16

$C_{\infty v}$	I	$2C_{\infty v}^{\phi}$	$\cdots$	$\infty\sigma_v$		
$A_1 \equiv \Sigma^+$	1	1	$\cdots$	1	T_z	$\alpha_{xx}+\alpha_{yy}, \alpha_{zz}$
$A_2 \equiv \Sigma^-$	1	1	$\cdots$	−1	R_z	
$E_1 \equiv \Pi$	2	$2\cos\phi$	$\cdots$	0	(T_x, T_y), (R_x, R_y)	$(\alpha_{xz}, \alpha_{yz})$
$E_2 \equiv \Delta$	2	$2\cos 2\phi$	$\cdots$	0		$(\alpha_{xx}-\alpha_{yy}, \alpha_{xy})$
$E_3 \equiv \Phi$	2	$2\cos 3\phi$	$\cdots$	0		
$\vdots$	$\vdots$	$\vdots$	$\cdots$	$\vdots$		

Tabelle A.17

D_2	I	$C_2(z)$	$C_2(y)$	$C_2(x)$		
A	1	1	1	1		$\alpha_{xx}, \alpha_{yy}, \alpha_{zz}$
B_1	1	1	−1	−1	T_z, R_z	α_{xy}
B_2	1	−1	1	−1	T_y, R_y	α_{xz}
B_3	1	−1	−1	1	T_x, R_x	α_{yz}

Tabelle A.18

D_3	I	$2C_3$	$3C_2$		
A_1	1	1	1		$\alpha_{xx}+\alpha_{yy}, \alpha_{zz}$
A_2	1	1	−1	T_z, R_z	
E	2	−1	0	(T_x, T_y), (R_x, R_y)	$(\alpha_{xx}-\alpha_{yy}, \alpha_{xy})$, $(\alpha_{xz}, \alpha_{yz})$

Tabelle A.19

D_4	I	$2C_4$	$C_2(=C_4^2)$	$2C_2'$	$2C_2''$		
A_1	1	1	1	1	1		$\alpha_{xx}+\alpha_{yy}, \alpha_{zz}$
A_2	1	1	1	−1	−1	T_z, R_z	
B_1	1	−1	1	1	−1		$\alpha_{xx}-\alpha_{yy}$
B_2	1	−1	1	−1	1		α_{xy}
E	2	0	−2	0	0	(T_x, T_y), (R_x, R_y)	$(\alpha_{xz}, \alpha_{yz})$

Tabelle A.20

D_5	I	$2C_5$	$2C_5^2$	$5C_2$		
A_1	1	1	1	1		$\alpha_{xx}+\alpha_{yy}, \alpha_{zz}$
A_2	1	1	1	−1	T_z, R_z	
E_1	2	$2\cos 72°$	$2\cos 144°$	0	(T_x, T_y), (R_x, R_y)	$(\alpha_{xz}, \alpha_{yz})$
E_2	2	$2\cos 144°$	$2\cos 72°$	0		$(\alpha_{xx}-\alpha_{yy}, \alpha_{xy})$

Tabelle A.21

D_6	I	$2C_6$	$2C_3$	C_2	$3C_2'$	$3C_2''$		
A_1	1	1	1	1	1	1		$\alpha_{xx}+\alpha_{yy}, \alpha_{zz}$
A_2	1	1	1	1	−1	−1	T_z, R_z	
B_1	1	−1	1	−1	1	−1		
B_2	1	−1	1	−1	−1	1		
E_1	2	1	−1	−2	0	0	(T_x, T_y), (R_x, R_y)	$(\alpha_{xz}, \alpha_{yz})$
E_2	2	−1	−1	2	0	0		$(\alpha_{xx}-\alpha_{yy}, \alpha_{xy})$

Tabelle A.22

C_{2h}	I	C_2	i	σ_h		
A_g	1	1	1	1	R_z	$\alpha_{xx}, \alpha_{yy}, \alpha_{zz}, \alpha_{xy}$
B_g	1	−1	1	−1	R_x, R_y	α_{xz}, α_{yz}
A_u	1	1	−1	−1	T_z	
B_u	1	−1	−1	1	T_x, T_y	

Tabelle A.23

C_{3h}	I	C_3	C_3^2	σ_h	S_3	S_3^5		
A'	1	1	1	1	1	1	R_z	$\alpha_{xx} + \alpha_{yy},\ \alpha_{zz}$
A''	1	1	1	−1	−1	−1	T_z	
E'	1	ϵ	ϵ^*	1	ϵ	ϵ^*	(T_x, T_y)	$(\alpha_{xx} - \alpha_{yy},\ \alpha_{xy})$
	1	ϵ^*	ϵ	1	ϵ^*	ϵ		
E''	1	ϵ	ϵ^*	−1	$-\epsilon$	$-\epsilon^*$	(R_x, R_y)	$(\alpha_{xz}, \alpha_{yz})$
	1	ϵ^*	ϵ	−1	$-\epsilon^*$	$-\epsilon$		

$\epsilon = \exp(2\pi i/3),\ \epsilon^* = \exp(-2\pi i/3)$

Tabelle A.24

C_{4h}	I	C_4	C_2	C_4^3	i	S_4^3	σ_h	S_4		
A_g	1	1	1	1	1	1	1	1	R_z	$\alpha_{xx} + \alpha_{yy},\ \alpha_{zz}$
B_g	1	−1	1	−1	1	−1	1	−1		$\alpha_{xx} - \alpha_{yy},\ \alpha_{xy}$
E_g	1	i	−1	$-i$	1	i	−1	$-i$	(R_x, R_y)	$(\alpha_{xz}, \alpha_{yz})$
	1	$-i$	−1	i	1	$-i$	−1	i		
A_u	1	1	1	1	−1	−1	−1	−1	T_z	
B_u	1	−1	1	−1	−1	1	−1	1		
E_u	1	i	−1	$-i$	−1	$-i$	1	i	(T_x, T_y)	
	1	$-i$	−1	i	−1	i	1	$-i$		

Tabelle A.25

C_{5h}	I	C_5	C_5^2	C_5^3	C_5^4	σ_h	S_5	S_5^7	S_5^3	S_5^9		
A'	1	1	1	1	1	1	1	1	1	1	R_z	$\alpha_{xx}+\alpha_{yy},\ \alpha_{zz}$
E_1'	1	ϵ	ϵ^2	ϵ^{2*}	ϵ^*	1	ϵ	ϵ^2	ϵ^{2*}	ϵ^*	(T_x, T_y)	
	1	ϵ^*	ϵ^{2*}	ϵ^2	ϵ	1	ϵ^*	ϵ^{2*}	ϵ^2	ϵ		
E_2'	1	ϵ^2	ϵ^*	ϵ	ϵ^{2*}	1	ϵ^2	ϵ^*	ϵ	ϵ^{2*}		$(\alpha_{xx}-\alpha_{yy},\ \alpha_{xy})$
	1	ϵ^{2*}	ϵ	ϵ^*	ϵ^2	1	ϵ^{2*}	ϵ	ϵ^*	ϵ^2		
A''	1	1	1	1	1	−1	−1	−1	−1	−1	T_z	
E_1''	1	ϵ	ϵ^2	ϵ^{2*}	ϵ^*	−1	$-\epsilon$	$-\epsilon^2$	$-\epsilon^{2*}$	$-\epsilon^*$	(R_x, R_y)	$(\alpha_{xz}, \alpha_{yz})$
	1	ϵ^*	ϵ^{2*}	ϵ^2	ϵ	−1	$-\epsilon^*$	$-\epsilon^{2*}$	$-\epsilon^2$	$-\epsilon$		
E_2''	1	ϵ^2	ϵ^*	ϵ	ϵ^{2*}	−1	$-\epsilon^2$	$-\epsilon^*$	$-\epsilon$	$-\epsilon^{2*}$		
	1	ϵ^{2*}	ϵ	ϵ^*	ϵ^2	−1	$-\epsilon^{2*}$	$-\epsilon$	$-\epsilon^*$	$-\epsilon^2$		

$\epsilon = \exp(2\pi i/5),\ \epsilon^* = \exp(-2\pi i/5)$

Tabelle A.26

C_{6h}	I	C_6	C_3	C_2	C_3^2	C_6^5	i	S_3^5	S_6^5	σ_h	S_6	S_3		
A_g	1	1	1	1	1	1	1	1	1	1	1	1	R_z	$\alpha_{xx}+\alpha_{yy},\ \alpha_{zz}$
B_g	1	−1	1	−1	1	−1	1	−1	1	−1	1	−1		
E_{1g}	1	ϵ	$-\epsilon^*$	−1	$-\epsilon$	ϵ^*	1	ϵ	$-\epsilon^*$	−1	$-\epsilon$	ϵ^*	(R_x, R_y)	$(\alpha_{xz}, \alpha_{yz})$
	1	ϵ^*	$-\epsilon$	−1	$-\epsilon^*$	ϵ	1	ϵ^*	$-\epsilon$	−1	$-\epsilon^*$	ϵ		
E_{2g}	1	$-\epsilon^*$	$-\epsilon$	1	$-\epsilon^*$	$-\epsilon$	1	$-\epsilon^*$	$-\epsilon$	1	$-\epsilon^*$	$-\epsilon$		$(\alpha_{xx}-\alpha_{yy},\ \alpha_{xy})$
	1	$-\epsilon$	$-\epsilon^*$	1	$-\epsilon$	$-\epsilon^*$	1	$-\epsilon$	$-\epsilon^*$	1	$-\epsilon$	$-\epsilon^*$		
A_u	1	1	1	1	1	1	−1	−1	−1	−1	−1	−1	T_z	
B_u	1	−1	1	−1	1	−1	−1	1	−1	1	−1	1		
E_{1u}	1	ϵ	$-\epsilon^*$	−1	$-\epsilon$	ϵ^*	−1	$-\epsilon$	ϵ^*	1	ϵ	$-\epsilon^*$	(T_x, T_y)	
	1	ϵ^*	$-\epsilon$	−1	$-\epsilon^*$	ϵ	−1	$-\epsilon^*$	ϵ	1	ϵ^*	$-\epsilon$		
E_{2u}	1	$-\epsilon^*$	$-\epsilon$	1	$-\epsilon^*$	$-\epsilon$	−1	ϵ^*	ϵ	−1	ϵ^*	ϵ		
	1	$-\epsilon$	$-\epsilon^*$	1	$-\epsilon$	$-\epsilon^*$	−1	ϵ	ϵ^*	−1	ϵ	ϵ^*		

$\epsilon = \exp(2\pi i/6)$, $\epsilon^* = \exp(-2\pi i/6)$

Tabelle A.27

D_{2d}	I	$2S_4$	C_2	$2C_2'$	$2\sigma_d$		
A_1	1	1	1	1	1		$\alpha_{xx}+\alpha_{yy}, \alpha_{zz}$
A_2	1	1	1	−1	−1	R_z	
B_1	1	−1	1	1	−1		$\alpha_{xx}-\alpha_{yy}$
B_2	1	−1	1	−1	1	T_z	α_{xy}
E	2	0	−2	0	0	(T_x, T_y), (R_x, R_y)	$(\alpha_{xz}, \alpha_{yz})$

Tabelle A.28

D_{3d}	I	$2C_3$	$3C_2$	i	$2S_6$	$3\sigma_d$		
A_{1g}	1	1	1	1	1	1		$\alpha_{xx}+\alpha_{yy}, \alpha_{zz}$
A_{2g}	1	1	−1	1	1	−1	R_z	
E_g	2	−1	0	2	−1	0	(R_x, R_y)	$(\alpha_{xx}-\alpha_{yy}, \alpha_{xy})$, $(\alpha_{xz}, \alpha_{yz})$
A_{1u}	1	1	1	−1	−1	−1		
A_{2u}	1	1	−1	−1	−1	1	T_z	
E_u	2	−1	0	−2	1	0	(T_x, T_y)	

Tabelle A.29

D_{4d}	I	$2S_8$	$2C_4$	$2S_8^3$	C_2	$4C_2'$	$4\sigma_d$		
A_1	1	1	1	1	1	1	1		$\alpha_{xx}+\alpha_{yy}, \alpha_{zz}$
A_2	1	1	1	1	1	−1	−1	R_z	
B_1	1	−1	1	−1	1	1	−1		
B_2	1	−1	1	−1	1	−1	1	T_z	
E_1	2	$\sqrt{2}$	0	$-\sqrt{2}$	−2	0	0	(T_x, T_y)	
E_2	2	0	−2	0	2	0	0		$(\alpha_{xx}-\alpha_{yy}, \alpha_{xy})$
E_3	2	$-\sqrt{2}$	0	$\sqrt{2}$	−2	0	0	(R_x, R_y)	$(\alpha_{xz}, \alpha_{yz})$

Tabelle A.30

D_{5d}	I	$2C_5$	$2C_5^2$	$5C_2$	i	$2S_{10}^3$	$2S_{10}$	$5\sigma_d$		
A_{1g}	1	1	1	1	1	1	1	1		$\alpha_{xx}+\alpha_{yy}, \alpha_{zz}$
A_{2g}	1	1	1	−1	1	1	1	−1	R_z	
E_{1g}	2	$2\cos 72°$	$2\cos 144°$	0	2	$2\cos 72°$	$2\cos 144°$	0	(R_x, R_y)	$(\alpha_{xz}, \alpha_{yz})$
E_{2g}	2	$2\cos 144°$	$2\cos 72°$	0	2	$2\cos 144°$	$2\cos 72°$	0		$(\alpha_{xx}-\alpha_{yy}, \alpha_{xy})$
A_{1u}	1	1	1	1	−1	−1	−1	−1		
A_{2u}	1	1	1	−1	−1	−1	−1	1	T_z	
E_{1u}	2	$2\cos 72°$	$2\cos 144°$	0	−2	$-2\cos 72°$	$-2\cos 144°$	0	(T_x, T_y)	
E_{2u}	2	$2\cos 144°$	$2\cos 72°$	0	−2	$-2\cos 144°$	$-2\cos 72°$	0		

Tabelle A.31

D_{6d}	I	$2S_{12}$	$2C_6$	$2S_4$	$2C_3$	$2S_{12}^5$	C_2	$6C_2'$	$6\sigma_d$		
A_1	1	1	1	1	1	1	1	1	1		$\alpha_{xx}+\alpha_{yy}, \alpha_{zz}$
A_2	1	1	1	1	1	1	1	−1	−1	R_z	
B_1	1	−1	1	−1	1	−1	1	1	−1		
B_2	1	−1	1	−1	1	−1	1	−1	1	T_z	
E_1	2	$\sqrt{3}$	1	0	−1	$-\sqrt{3}$	−2	0	0	(T_x, T_y)	
E_2	2	1	−1	−2	−1	1	2	0	0		$(\alpha_{xx}-\alpha_{yy}, \alpha_{xy})$
E_3	2	0	−2	0	2	0	−2	0	0		
E_4	2	−1	−1	2	−1	−1	2	0	0		
E_5	2	$-\sqrt{3}$	1	0	−1	$\sqrt{3}$	−2	0	0	(R_x, R_y)	$(\alpha_{xz}, \alpha_{yz})$

Tabelle A.32

D_{2h}	I	$C_2(z)$	$C_2(y)$	$C_2(x)$	i	$\sigma(xy)$	$\sigma(xz)$	$\sigma(yz)$		
A_g	1	1	1	1	1	1	1	1		$\alpha_{xx}, \alpha_{yy}, \alpha_{zz}$
B_{1g}	1	1	−1	−1	1	1	−1	−1	R_z	α_{xy}
B_{2g}	1	−1	1	−1	1	−1	1	−1	R_y	α_{xz}
B_{3g}	1	−1	−1	1	1	−1	−1	1	R_x	α_{yz}
A_u	1	1	1	1	−1	−1	−1	−1		
B_{1u}	1	1	−1	−1	−1	−1	1	1	T_z	
B_{2u}	1	−1	1	−1	−1	1	−1	1	T_y	
B_{3u}	1	−1	−1	1	−1	1	1	−1	T_x	

Tabelle A.33

D_{3h}	I	$2C_3$	$3C_2$	σ_h	$2S_3$	$3\sigma_v$		
A_1'	1	1	1	1	1	1		$\alpha_{xx}+\alpha_{yy}, \alpha_{zz}$
A_2'	1	1	−1	1	1	−1	R_z	
E_1'	2	−1	0	2	−1	0	(T_x, T_y)	$(\alpha_{xx}-\alpha_{yy}, \alpha_{xy})$
A_1''	1	1	1	−1	−1	−1		
A_2''	1	1	−1	−1	−1	1	T_z	
E_1''	2	−1	0	−2	1	0	(R_x, R_y)	$(\alpha_{xz}, \alpha_{yz})$

Tabelle A.34

D_{4h}	I	$2C_4$	C_2	$2C_2'$	$2C_2''$	i	$2S_4$	σ_h	$2\sigma_v$	$2\sigma_d$		
A_{1g}	1	1	1	1	1	1	1	1	1	1		$\alpha_{xx}+\alpha_{yy}, \alpha_{zz}$
A_{2g}	1	1	1	−1	−1	1	1	1	−1	−1	R_z	
B_{1g}	1	−1	1	1	−1	1	−1	1	1	−1		$\alpha_{xx}-\alpha_{yy}$
B_{2g}	1	−1	1	−1	1	1	−1	1	−1	1		α_{xy}
E_g	2	0	−2	0	0	2	0	−2	0	0	(R_x, R_y)	$(\alpha_{xz}, \alpha_{yz})$
A_{1u}	1	1	1	1	1	−1	−1	−1	−1	−1		
A_{2u}	1	1	1	−1	−1	−1	−1	−1	1	1	T_z	
B_{1u}	1	−1	1	1	−1	−1	1	−1	−1	1		
B_{2u}	1	−1	1	−1	1	−1	1	−1	1	−1		
E_u	2	0	−2	0	0	−2	0	2	0	0	(T_x, T_y)	

Tabelle A.35

D_{5h}	I	$2C_5$	$2C_5^2$	$5C_2$	σ_h	$2S_5$	$2S_5^2$	$5\sigma_d$		
A_1'	1	1	1	1	1	1	1	1		$\alpha_{xx}+\alpha_{yy}, \alpha_{zz}$
A_2'	1	1	1	−1	1	1	1	−1	R_z	
E_1'	2	2 cos 72°	2 cos 144°	0	2	2 cos 72°	2 cos 144°	0	(T_x, T_y)	
E_2'	2	2 cos 144°	2 cos 72°	0	2	2 cos 144°	2 cos 72°	0		$(\alpha_{xx}-\alpha_{yy}, \alpha_{xy})$
A_1''	1	1	1	1	−1	−1	−1	−1		
A_2''	1	1	1	−1	−1	−1	−1	1	T_z	
E_1''	2	2 cos 72°	2 cos 144°	0	−2	−2 cos 72°	−2 cos 144°	0	(R_x, R_y)	$(\alpha_{xz}, \alpha_{yz})$
E_2''	2	2 cos 144°	2 cos 72°	0	−2	−2 cos 144°	−2 cos 72°	0		

Tabelle A.36

D_{6h}	I	$2C_6$	$2C_3$	C_2	$3C_2'$	$3C_2''$	i	$2S_3$	$2S_6$	σ_h	$3\sigma_d$	$3\sigma_v$		
A_{1g}	1	1	1	1	1	1	1	1	1	1	1	1		$\alpha_{xx}+\alpha_{yy}, \alpha_{zz}$
A_{2g}	1	1	1	1	−1	−1	1	1	1	1	−1	−1	R_z	
B_{1g}	1	−1	1	−1	1	−1	1	−1	1	−1	1	−1		
B_{2g}	1	−1	1	−1	−1	1	1	−1	1	−1	−1	1		
E_{1g}	2	1	−1	−2	0	0	2	1	−1	−2	0	0	(R_x, R_y)	$(\alpha_{xz}, \alpha_{yz})$
E_{2g}	2	−1	−1	2	0	0	2	−1	−1	2	0	0		$(\alpha_{xx}-\alpha_{yy}, \alpha_{xy})$
A_{1u}	1	1	1	1	1	1	−1	−1	−1	−1	−1	−1		
A_{2u}	1	1	1	1	−1	−1	−1	−1	−1	−1	1	1	T_z	
B_{1u}	1	−1	1	−1	1	−1	−1	1	−1	1	−1	1		
B_{2u}	1	−1	1	−1	−1	1	−1	1	−1	1	1	−1		
E_{1u}	2	1	−1	−2	0	0	−2	−1	1	2	0	0	(T_x, T_y)	
E_{2u}	2	−1	−1	2	0	0	−2	1	1	−2	0	0		

Tabelle A.37

$D_{\infty h}$	I	$2C_{\infty v}^{\phi}$	$\cdots$	$\infty\sigma_v$	i	$2S_{\infty v}^{\phi}$	$\cdots$	∞C_2		
$A_{1g} \equiv \Sigma_g^+$	1	1	$\cdots$	1	1	1	$\cdots$	1		$\alpha_{xx}+\alpha_{yy}, \alpha_{zz}$
$A_{2g} \equiv \Sigma_g^-$	1	1	$\cdots$	−1	1	1	$\cdots$	−1	R_z	
$E_{1g} \equiv \Pi_g$	2	$2\cos\phi$	$\cdots$	0	2	$-2\cos\phi$	$\cdots$	0	(R_x, R_y)	$(\alpha_{xz}, \alpha_{yz})$
$E_{2g} \equiv \Delta_g$	2	$2\cos 2\phi$	$\cdots$	0	2	$2\cos 2\phi$	$\cdots$	0		$(\alpha_{xx}-\alpha_{yy}, \alpha_{xy})$
$E_{3g} \equiv \Phi_g$	2	$2\cos 3\phi$	$\cdots$	0	2	$-2\cos 3\phi$	$\cdots$	0		
$\vdots$	$\vdots$	$\vdots$	$\cdots$	$\vdots$	$\vdots$	$\vdots$	$\cdots$	$\vdots$		
$A_{1u} \equiv \Sigma_u^+$	1	1	$\cdots$	1	−1	−1	$\cdots$	−1	T_z	
$A_{2u} \equiv \Sigma_u^-$	1	1	$\cdots$	−1	−1	−1	$\cdots$	1		
$E_{1u} \equiv \Pi_u$	2	$2\cos\phi$	$\cdots$	0	−2	$2\cos\phi$	$\cdots$	0	(T_x, T_y)	
$E_{2u} \equiv \Delta_u$	2	$2\cos 2\phi$	$\cdots$	0	−2	$-2\cos 2\phi$	$\cdots$	0		
$E_{3u} \equiv \Phi_u$	2	$2\cos 3\phi$	$\cdots$	0	−2	$2\cos 3\phi$	$\cdots$	0		
$\vdots$	$\vdots$	$\vdots$	$\cdots$	$\vdots$	$\vdots$	$\vdots$	$\cdots$	$\vdots$		

Tabelle A.38

S_4	I	S_4	C_2	S_4^3		
A	1	1	1	1	R_z	$\alpha_{xx}+\alpha_{yy},\ \alpha_{zz}$
B	1	-1	1	-1	T_z	$\alpha_{xx}-\alpha_{yy},\ \alpha_{xy}$
E	$\left\{\begin{matrix}1\\1\end{matrix}\right.$	$\begin{matrix}i\\-i\end{matrix}$	$\begin{matrix}-1\\-1\end{matrix}$	$\left.\begin{matrix}-i\\i\end{matrix}\right\}$	$(T_x,T_y),\ (R_x,R_y)$	$(\alpha_{yz},\alpha_{xz})$

Tabelle A.39

S_6	I	C_3	C_3^2	i	S_6^5	S_6		
A_g	1	1	1	1	1	1	R_z	$\alpha_{xx}+\alpha_{yy},\ \alpha_{zz}$
E_g	$\left\{\begin{matrix}1\\1\end{matrix}\right.$	$\begin{matrix}\epsilon\\\epsilon^*\end{matrix}$	$\begin{matrix}\epsilon^*\\\epsilon\end{matrix}$	$\begin{matrix}1\\1\end{matrix}$	$\begin{matrix}\epsilon\\\epsilon^*\end{matrix}$	$\left.\begin{matrix}\epsilon^*\\\epsilon\end{matrix}\right\}$	(R_x,R_y)	$(\alpha_{xx}-\alpha_{yy},\ \alpha_{xy}),\ (\alpha_{xz},\alpha_{yz})$
A_u	1	1	1	-1	-1	-1	T_z	
E_u	$\left\{\begin{matrix}1\\1\end{matrix}\right.$	$\begin{matrix}\epsilon\\\epsilon^*\end{matrix}$	$\begin{matrix}\epsilon^*\\\epsilon\end{matrix}$	$\begin{matrix}-1\\-1\end{matrix}$	$\begin{matrix}-\epsilon\\-\epsilon^*\end{matrix}$	$\left.\begin{matrix}-\epsilon^*\\-\epsilon\end{matrix}\right\}$	(T_x,T_y)	

$\epsilon=\exp(2\pi i/3),\ \epsilon^*=\exp(-2\pi i/3)$

Tabelle A.40

S_8	I	S_8	C_4	S_8^3	C_2	S_8^5	C_4^3	S_8^7		
A	1	1	1	1	1	1	1	1	R_z	$\alpha_{xx}+\alpha_{yy},\ \alpha_{zz}$
B	1	-1	1	-1	1	-1	1	-1	T_z	
E_1	$\left\{\begin{matrix}1\\1\end{matrix}\right.$	$\begin{matrix}\epsilon\\\epsilon^*\end{matrix}$	$\begin{matrix}i\\-i\end{matrix}$	$\begin{matrix}-\epsilon^*\\-\epsilon\end{matrix}$	$\begin{matrix}-1\\-1\end{matrix}$	$\begin{matrix}-\epsilon\\-\epsilon^*\end{matrix}$	$\begin{matrix}-i\\i\end{matrix}$	$\left.\begin{matrix}\epsilon^*\\\epsilon\end{matrix}\right\}$	(T_x,T_y)	
E_2	$\left\{\begin{matrix}1\\1\end{matrix}\right.$	$\begin{matrix}i\\-i\end{matrix}$	$\begin{matrix}-1\\-1\end{matrix}$	$\begin{matrix}-i\\i\end{matrix}$	$\begin{matrix}1\\1\end{matrix}$	$\begin{matrix}i\\-i\end{matrix}$	$\begin{matrix}-1\\-1\end{matrix}$	$\left.\begin{matrix}-i\\i\end{matrix}\right\}$		$(\alpha_{xx}-\alpha_{yy},\ \alpha_{xy})$
E_3	$\left\{\begin{matrix}1\\1\end{matrix}\right.$	$\begin{matrix}-\epsilon^*\\-\epsilon\end{matrix}$	$\begin{matrix}-i\\i\end{matrix}$	$\begin{matrix}\epsilon\\\epsilon^*\end{matrix}$	$\begin{matrix}-1\\-1\end{matrix}$	$\begin{matrix}\epsilon^*\\\epsilon\end{matrix}$	$\begin{matrix}i\\-i\end{matrix}$	$\left.\begin{matrix}-\epsilon\\-\epsilon^*\end{matrix}\right\}$	(R_x,R_y)	$(\alpha_{xz},\alpha_{yz})$

$\epsilon=\exp(2\pi i/8),\ \epsilon^*=\exp(-2\pi i/8)$

Tabelle A.41

T_d	I	$8C_3$	$3C_2$	$6S_4$	$6\sigma_d$		
A_1	1	1	1	1	1		$\alpha_{xx}+\alpha_{yy}+\alpha_{zz}$
A_2	1	1	1	-1	-1		$(\alpha_{xx}+\alpha_{yy}-2\alpha_{zz},\ \alpha_{xx}-\alpha_{yy})$
E	2	-1	2	0	0		
$T_1\equiv F_1$	3	0	-1	1	-1	(R_x,R_y,R_z)	
$T_2\equiv F_2$	3	0	-1	-1	1	(T_x,T_y,T_z)	$(\alpha_{xx},\alpha_{xz},\alpha_{yz})$

Tabelle A.42

T	I	$4C_3$	$4C_3^2$	$3C_2$		
A	1	1	1	1		$\alpha_{xx}+\alpha_{yy}+\alpha_{zz}$
E	$\left\{\begin{matrix}1\\1\end{matrix}\right.$	$\begin{matrix}\epsilon\\\epsilon^*\end{matrix}$	$\begin{matrix}\epsilon^*\\\epsilon\end{matrix}$	$\left.\begin{matrix}1\\1\end{matrix}\right\}$		$(\alpha_{xx}+\alpha_{yy}-2\alpha_{zz},\alpha_{xx}-\alpha_{yy})$
$T\equiv F$	3	0	0	−1	(T_x,T_y,T_z), (R_x,R_y,R_z)	$(\alpha_{xx},\alpha_{xz},\alpha_{yz})$

$\epsilon=\exp(2\pi i/3)$, $\epsilon^*=\exp(-2\pi i/3)$

Tabelle A.43

O_h	I	$8C_3$	$6C_2$	$6C_4$	$3C_2'(=3C_4^2)$	i	$6S_4$	$8S_6$	$3\sigma_h$	$6\sigma_d$		
A_{1g}	1	1	1	1	1	1	1	1	1	1		$\alpha_{xx}+\alpha_{yy}+\alpha_{zz}$
A_{2g}	1	1	−1	−1	1	1	−1	1	1	−1		
E_g	2	−1	0	0	2	2	0	−1	2	0		$(\alpha_{xx}+\alpha_{yy}-2\alpha_{zz},\ \alpha_{xx}-\alpha_{yy})$
$T_{1g}\equiv F_{1g}$	3	0	−1	1	−1	3	1	0	−1	−1	(R_x,R_y,R_z)	
$T_{2g}\equiv F_{2g}$	3	0	1	−1	−1	3	−1	0	−1	1		$(\alpha_{xx},\alpha_{xz},\alpha_{yz})$
A_{1u}	1	1	1	1	1	−1	−1	−1	−1	−1		
A_{2u}	1	1	−1	−1	1	−1	1	−1	−1	1		
E_u	2	−1	0	0	2	−2	0	1	−2	0		
$T_{1u}\equiv F_{1u}$	3	0	−1	1	−1	−3	−1	0	1	1	(T_x,T_y,T_z)	
$T_{2u}\equiv F_{2u}$	3	0	1	−1	−1	−3	1	0	1	−1		

Tabelle A.44

O	I	$8C_3$	$6C_2$	$6C_4$	$3C_2'(=3C_4^2)$		
A_1	1	1	1	1	1		$\alpha_{xx}+\alpha_{yy}+\alpha_{zz}$
A_2	1	1	−1	−1	1		$(\alpha_{xx}+\alpha_{yy}-2\alpha_{zz},\ \alpha_{xx}-\alpha_{yy})$
E	2	−1	0	0	2		
$T_1\equiv F_1$	3	0	−1	1	−1	$(T_x,T_y,T_z),\ (R_x,R_y,R_z)$	
$T_2\equiv F_2$	3	0	1	−1	−1		$(\alpha_{xx},\alpha_{xz},\alpha_{yz})$

Tabelle A.45

K_h	I	$\infty C_\infty\phi\ldots$	$\infty S_\infty\phi\ldots$	i		
S_g	1	1	1	1		$\alpha_{xx}+\alpha_{yy}+\alpha_{zz}$
S_u	1	1	−1	−1		
P_g	3	$1+2\cos\phi$	$1-2\cos\phi$	1	(R_x,R_y,R_z)	
P_u	3	$1+2\cos\phi$	$-1+2\cos\phi$	−1	(T_x,T_y,T_z)	
D_g	5	$1+2\cos\phi+2\cos 2\phi$	$1-2\cos\phi+2\cos 2\phi$	1		$(\alpha_{xx}+\alpha_{yy}-2\alpha_{zz},\ \alpha_{xx}-\alpha_{yy},\ \alpha_{xy},\ \alpha_{yz})$
D_u	5	$1+2\cos\phi+2\cos 2\phi$	$-1+2\cos\phi-2\cos 2\phi$	−1		
F_g	7	$1+2\cos\phi+2\cos 2\phi$ $+\,2\cos 3\phi$	$1-2\cos\phi+2\cos 2\phi$ $-\,2\cos 3\phi$	1		
F_u	7	$1+2\cos\phi+2\cos 2\phi$ $+\,2\cos 3\phi$	$-1+2\cos\phi-2\cos 2\phi$ $+\,2\cos 3\phi$	−1		
⋮	⋮	⋮	⋮	⋮		

Atom- und Molekülverzeichnis

Die Einträge in diesem Verzeichnis sind zuerst nach der Anzahl der Atome in den Molekülen geordnet. Danach sind die Einträge alphabetisch sortiert.

Die Kennzeichnung der Isotope folgt dem bereits im Text verwendeten System. Abgesehen von sehr wenigen Ausnahmen sind nur die Kerne gekennzeichnet, die *nicht* die häufigste Spezies sind.

Für die meisten Moleküle mit mehr als drei Atomen ist der Name des Moleküls in Klammern nach der chemischen Formel angegeben. In den meisten Fällen werden dabei die allgemein üblichen und nicht die systematischen Namen angegeben, zum Beispiel für C_2H_4 Ethylen und nicht Ethen.

Ein Atom

Zwei Atome

Drei Atome

Vier Atome

Fünf Atome

Sechs Atome

Sieben Atome

Acht Atome

Neun Atome

C_4H_4S (Thiophen), Photoelektronenspektrum, 290
HC_7N (Cyanotriacetylen), interstellar, 110
$Ni(CO)_4$ (Nickeltetracarbonyl)
— Molekülorbitale, 252
— Symmetrieelemente, 79

Zehn Atome

$CH_2=CHCH=CH_2$ (*s-cis*-Buta-1,3-dien), Torsionsschwingung, 176, 178
$CH_2=CHCH=CH_2$ (*s-trans*-Buta-1,3-dien)
— Symmetrieelemente, 70 ff, 78
— Torsionsschwingung, 176, 178
$C_4H_4N_2$ (Pyrazin)
— Hauptträgheitsachsen, 95
— Laser-Fluoreszenz, induziert, 358, 360
$C_4{}^2H_4N_2$ (Perdeuteropyrazin) Laser-Fluoreszenz, induziert, 360
C_4H_5N (Pyrrol), Photoelektronenspektrum, 290

Elf Atome

$CH_3CH=CHCHO$ (*s-trans*-Crotonaldehyd
— Infrarot-Spektrum, 147
— Raman-Spektrum, 147 ff
HC_9N (Cyanotetraacetylen), interstellar, 110

Zwölf Atome

C_4H_8 (Cyclobutan), Ringatmungsschwingung, 175
C_6H_6 (Benzol)
— ($\tilde{A}^1 B_{2u}$–$\tilde{X}^1 A_{1g}$)-Übergang, 260, 263
— Chromophor, 259
— dritter Zerfallskanal, 268
— Druckverbreiterung, 36
— Hauptträgheitsachsen, 95
— lokale Schwingung, 171
— Molekülorbitale, 248 ff
— Photoelektronenspektrum, 286 ff
— stimuliertes Raman-Spektrum, 347
— Symmetrieelemente, 68, 70, 79
$C_2H_5CH=CH_2$ (1-Buten), Molekülorbitale, 249
$CH_3CH=CHCOOH$ (*s-cis*-Crotonsäure), Rotationsspektrum, 107
$CH_3CH=CHCOOH$ (*s-trans*-Crotonsäure), Rotationsspektrum, 107
C_6H_5Cl (Chlorbenzol), ($\tilde{A}^1 B_2$–$\tilde{X}^1 A_1$)-Übergang, 263
C_6H_4ClF (2-Chlorfluorbenzol)
— Dipolmoment, 89
— Schwingungen, 143
$C_6H_4F_2$ (1,4-Difluorbenzol), ($\tilde{A}^1 B_{2u}$–$\tilde{X}^1 A_g$)-Übergang, 264 ff, 353 ff
$C_6H_2F_4$ (1,2,4,5-Tetrafluorbenzol), ($\tilde{A}^1 B_{2u}$–$\tilde{X}^1 A_g$)-Übergang, 364 ff
$(NH_4)H_2PO_4$ (Ammoniumdihydrogenphosphat, ADP)
— Frequenzvervielfachung (harmonic generation), 325, 344
— Güteschaltung, 322

Mehr als zwölf Atome

C_5H_8 (Cyclopenten), Ringatmungsschwingung, 175 ff
C_6H_5OH (Phenol)
— Torsionsschwingung, 176, 178
— Vibrationen, 145 ff
$[Fe(CN)_6]^{3-}$, (Hexacyanoferrat-(III)), Symmetrieelemente, 80
$[Fe(CN)_6]^{4-}$, (Hexacyanoferrat-(II)), Molekülorbitale, 252
B_5H_9 (Pentaboran-9), Photoelektronenspektrum, 291
$CF_3COOC_2H_5$ (Ethyltrifluoracetat), Photoelektronenspektrum, 289
$CH_3CHFCHFCH_3$ (2,3-Difluorbutan), Chiralität, 75
$C_6H_5NH_2$ (Anilin)
— Inversionsbarriere, 174
— Struktur, 124
— Symmetrieelemente, 77
C_6H_5CHO (Benzaldehyd), chromophore Gruppe CHO, 259
KB_5O_8 (Kaliumpentaborat, KPB), Frequenzvervielfachung (harmonic generation), 325
$C_6H_5CH_3$ (Toluol)
— Dipolmoment, 90
— Torsionsschwingung, 176, 178
$C_6H_3(OH)_3$ (1,3,5-Trihydroxybenzol), Symmetrieelemente, 78
$C_6H_5CH=CH_2$ (Styrol), Torsionsschwingung, 176, 365 ff

Stichwortverzeichnis

Der Photoeffekt

von Klaus Herrmann

1994. VIII, 246 Seiten mit zahlreichen Abbildungen und Diagrammen. Kartoniert.
ISBN 3-528-06459-5

Aus dem Inhalt: Einführung – Äußerer Photoeffekt – Innerer Photoeffekt – Nichtlineare Photoeffekte – Wissenschaftliche Anwendungen – Photoelektrischer Strahlungsnachweis – Ausblick: Photoeffekte und Technologiefortschritt.

Dieses Lehrbuch für Physiker, Elektrotechniker und Elektroniker führt in die physikalischen Grundlagen des inneren und äußeren Photoeffekts ein und weist Wege zur optimalen Anwendung bei allen Problemen der Strahlungsmessung. Durch die Entwicklung von Heteroübergängen, MQW-Strukturen und Supergittern sowie durch viele meßtechnische Fortschritte ist eine wesentliche Bereicherung des Gebiets eingetreten, die hier auf einheitlicher festkörperphysikalischer Grundlage dargestellt wird. Das Buch wird jedem von Nutzen sein, der Strahlungsempfänger entwickelt oder anwendet und dabei bis an physikalische Grenzen vorstößt.

Über den Autor: Prof. Dr. Klaus Herrmann ist Professor am Institut für Festkörperphysik der Humboldt-Universität in Berlin.

Verlag Vieweg · Postfach 58 29 · 65048 Wiesbaden

vieweg

MIX
Papier aus verantwortungsvollen Quellen
Paper from responsible sources
FSC® C105338

If you have any concerns about our products,
you can contact us on
ProductSafety@springernature.com

In case Publisher is established outside the EU,
the EU authorized representative is:
Springer Nature Customer Service Center GmbH
Europaplatz 3, 69115 Heidelberg, Germany

Printed by Libri Plureos GmbH
in Hamburg, Germany